建筑新技术

8

苗展堂　宋晔皓　主　编
郭娟利　栗德祥　副主编

中国建筑工业出版社

图书在版编目（CIP）数据

建筑新技术 8/苗展堂，宋晔皓主编. —北京：中国建筑工业出版社，2019.1
ISBN 978-7-112-22973-4

Ⅰ.①建… Ⅱ.①苗… ②宋… Ⅲ.①建筑工程-高技术 Ⅳ.①TU-39

中国版本图书馆 CIP 数据核字（2018）第 266724 号

《建筑新技术》是系列丛书，已经出版 7 本，主要介绍新技术在建筑领域中的应用。本书主要内容包括建筑节能技术、建筑物理环境、建筑工业化、可持续城市、社区等领域的研究成果，探讨了建筑领域的传统技术与新型技术的承接及应用。

本书可供广大建筑设计人员、建筑科研人员以及有关专业师生参考。

责任编辑：许顺法
责任校对：王　瑞

建筑新技术
8
苗展堂　宋晔皓　主　编
郭娟利　栗德祥　副主编
*
中国建筑工业出版社出版、发行（北京海淀三里河路 9 号）
各地新华书店、建筑书店经销
霸州市顺浩图文科技发展有限公司制版
北京圣夫亚美印刷有限公司印刷
*
开本：787×1092 毫米　1/16　印张：23½　字数：583 千字
2018 年 12 月第一版　2018 年 12 月第一次印刷
定价：**90.00** 元
ISBN 978-7-112-22973-4
（33045）

目　录

·建筑节能技术

中西方绿色建筑发展对比及其与建筑教学的结合 …… 康帼（1）

夏热冬冷地区农村低能耗住宅设计策略研究——以湖北黄石某农村住宅设计为例 …… 朱丽，吴琼，孙勇（9）

寒冷地区学校建筑走廊低能耗设计策略探究 …… 张安晓，孙艳晨，黄琼，Regina Bokel，Andy van den Dobbelsteen（16）

寒冷地区小型公共建筑节能改造实践 …… 王立雄，周涵宇，韩春刚，王海滨，苗君强（24）

文化视角下的天津既有多层住宅节能改造模式研究 …… 常艺，宋昆（32）

基于绿色能源被动应用的城市高密度区地下公园原型构思设计 …… 汪丽君，孙旭阳，史学鹏（41）

世博建筑的材料表达 …… 史建军，戴路（49）

当代资源环境视角下的低能耗低成本建筑设计方法研究——以两次国际竞赛获奖作品为例 …… 刘世达（55）

基于被动式理念的场地规划排水系统设计策略探讨 …… 陈彬，崔艳秋（64）

根植于本土的被动式生态颐养中心方案设计——以“台达杯”获奖作品“warm house”为例 …… 孙宁晗，崔艳秋（69）

金属表皮新技术在我国的应用 …… 荆子洋，尉东颖（76）

基于美学与技术特性的光伏一体化屋面集成设计方法探析 …… 王杰汇，郭娟利（82）

建筑师视角的低能耗设计策略研究——以中建工程中心项目为例 …… 宋宇辉，陈敬煊（90）

传统材料表观下的构造更新——10 年的 3 个工程案例 …… 张键（94）

·建筑物理环境

城市拟保护声景主观评价因子研究 …… 韩国珍，马蕙，贾怡红（100）

基于风环境模拟的远郊营地集装箱建筑群体设计研究——以克拉玛依地区为例 …… 柳琳娜（106）

京西地区民居夏季热环境测试研究 …… 潘明率（117）

大空间声能衰减规律测量中最优声源点数研究 …… 王超，孔雪姣（124）

健康住宅评价标准体系发展历程简析 …… 叶青，王琛，李昕阳，汪江华，赵强（131）

基于声景观优化的太行山区南部传统村落保护策略研究 …… 冯华（142）

LED 光源在室内空间设计中的可塑性探讨——以餐饮空间为例 …… 邱景亮，邓炎（151）

国内外对建筑自然采光的研究方法简况 …… 赵华（157）

我国高校食堂热舒适度研究——以武汉大学两食堂为例 …… 朱敦煌，荆子洋（162）

浅谈太原某居住区室内外风环境数值模拟研究 …… 欧阳文，郭娟利，吕亚军（169）

• 建筑工业化

基于结构围护集成的轻型纸板腔体拱设计研究 …… 汪丽君，史学鹏，孙旭阳（180）
装配式组合结构体系在停车楼设计中的应用 …… 卞洪滨，刘子安，张锡治，郑涛（188）
基于 SWOT 分析的片装式盒子建筑发展对策研究 …… 张书，张玉坤，董颖欢（192）
动态建筑表皮类型化研究 …… 冯刚，王哲宁（201）
3D 打印建筑技术应用研究——以上海言诺 3D 打印梦工厂项目为例 …… 杨倩，王凤涛，邹越（215）
既有公共建筑改造 BIM 模型中外围护结构构件族库创建研究 …… 郎冰，崔艳秋（223）
基于 BIM 平台的某地下车库碰撞检查与优化分析 …… 李闻达，崔艳秋（229）
基于家具厨卫模块化理念的极小公寓设计初探 …… 荆子洋，廖路喆（237）
BIM 技术在工业化建筑全生命周期中的应用研究 …… 郭娟利，冯宏欣，王杰江（246）
隔震建筑火灾危险性研究 …… 王岚，王国辉，孙佳琦（254）
高层建筑人员竖向安全疏散研究现状综述 …… 王丽，田洪晨，曾坚（260）

• 可持续城市、社区

中国三线城市历史景观保护与利用研究 …… 刘天航，张春彦（269）
城市中心区灾害风险评价与适灾韧性设计策略 …… 王峤，臧鑫宇（274）
BIM-VR 耦合模型应用方法初步研究——以教学为例 …… 白雪海（281）
STEPS 软件在历史街区消防安全适应性规划中的应用实践——以宾州古城节孝祠片区为例 …… 许熙巍，李会娟，曾鹏，朱剡（289）
人本尺度城市形态视角下的小微公共空间与情感反应关联机制研究——以天津五大道历史街区为例 …… 汪丽君，刘荣伶（296）
多尺度下海绵城市水空间格局的构建——以洮南市海绵城市专项规划为例 …… 许熙巍，郭晓君，黄颜晨，曾鹏（304）
历史街区的可持续发展评估认证体系探析 …… 许熙巍，赵炜瑾（314）
城市再生视野下高密度城区绿地系统多维网络化建构规划实践研究 …… 左进，董菁，李晨（322）
可持续发展观下的建筑寿命研究 …… 陈健，戴路（331）
明代海防军事聚落体系交通网络结构初探——以威海地区为例 …… 谭立峰，曹迎春（336）
低影响开发模式下的居住组团雨水生态设施系统规划设计研究——以河南省驻马店石庄新社区规划为例 …… 苗展堂，权海源，姜慧（342）
京津冀地区全域水系统生态修复规划思路探究——以河北省昌黎县为例 …… 吴正平，刘京，张建国（353）
生态城市关键性指标体系对比分析 …… Alheji Ayman Khaled B，王立雄（361）

建筑节能技术

中西方绿色建筑发展对比及其与建筑教学的结合

康恒
天津大学建筑学院

摘　要： 本文对于近代绿色建筑发展同现代大学建筑教育的结合点进行了历史梳理，结合对比调查结果总结中西两方面的可持续性知识融入教学的模式，并且提出了教学制度对于融入模式的影响，希望可以为相关教学的进一步改革提供启示。

关键词： 绿色建筑；课程模式；建筑教学；融入；结合

我国当今严峻的环境问题已经无法等待技术以及能源的再一轮革新，各种恶化的可能性已经从计算机生成的模拟现实变成无法靠人工有效遏制的 PM2.5。而建筑以各种方式影响着社会的健康和环境，市场对于“绿色建筑”的需求已经越来越迫切。绿色建筑的物质构成体系已经给建筑面貌带来了改变，不但改变了传统的建筑设计方式，而且影响了关于建筑的评价。

在过去的 20 年里，建筑教育的职业目标定位于培养合格的专业建筑师，而随着时代变迁，绿色可持续建筑的相关知识被纳入到建筑学课程体系当中，教育目标已经逐渐转变为培养能够胜任绿色建筑设计、保护利用自然资源、减少环境恶化的建筑师。

近年来，我国各大高校也在积极开展针对绿色建筑教学的改革和实践。但是既往研究对于其教学发展历史的梳理较少，因此也导致了关于绿色知识如何融入教学体系中的疑惑和困扰。对于绿色建筑同建筑教育的结合点、知识融入以及吸纳模式等方面的研究可以为解决这些困惑给予一定程度的启发。

1　中西绿色建筑发展同建筑教学的结合点

1.1　西方绿色建筑发展及教学结合

对于建筑如何适应地域和气候的影响问题，西方社会于 20 世纪初已经开始了相关研究。20 世纪 40～50 年代，尽管当时现代主义建筑盛行于世，仍然有一些建筑师的作品体现了朴素的绿色思想，这些建筑师将气候和地域条件作为建筑设计的重要影响因素。路易斯·康（Louis Kahn）、保罗·鲁道夫（Paul Rudolph）、奥斯卡·尼迈耶（Oscar Niemeyer）等建筑师的一系列作品中都充分体现了这一点。但是笔者在查阅20世纪60年代以前的文献中，却极少发现“节能”“环境保护”等词汇。直到1962年，由美国生物海洋学家蕾切尔·卡逊（Rachel Carson）撰写的《寂静的春天》一经出版，便成了开启世界环境保护运动大门的钥匙。自此在后现代主义思潮之下，便逐渐萌生了新一轮有关于环境保护的社会思潮，绿色建筑便是在这股思潮中孕育萌芽。在经历了40年的形成发展期，绿色建筑目前已经成为世界公认的建筑类型。

1987年，世界环境与发展委员会（World Commission on Environment and Development，WCED）的成员们把经过4年研究和充分论证的报告——《我们共同的未来》(Our Common Future）提交给联合国大会。报告中正式阐述了“可持续发展”(Sustainable Development）的概念和模式，并且进一步强调了可持续发展理念在教育中扮演着十分重要的角色。世界自然保护联盟（International Union for Conservation of Nature，IUCN）在1991年又面向社会重申了教育课程对于环境保护的重要性，要求全社会应对可持续性理念的进一步深化继续转变教育的态度。

从20世纪80年代开始，国外的一些高校便在本科建筑教育阶段设置与可持续发展和生态技术方面相关的课程。20世纪90年代末，随着绿色建筑体系发展的逐渐清晰，其内涵和外延也在被不断完善和补充。绿色建筑已经从生态建筑的大领域中独立细分出来，并且逐渐将可持续的理念贯穿于建筑的全生命周期中。特别是1998年美国国家建筑认证委员（the National Architectural Accrediting Board，NAAB）制定的评估标准中，明确提出了有关环境保护的问题，其中对于学生教育要建立“环境保护意识”以及“理解环境保护原理方面的信息”，并且具有“正确地将原则运用于设计方案的能力”作出了明确的要求。

1999年5月国际建筑师协会以“21世纪的建筑学”为主题举办了第20次会议，并且发布了《北京宪章》，该报告对于建筑学教育发展指出了新的方向，即“建筑学的发展之路是以新的观念对待21世纪建筑学的发展，这将带来一轮新的建筑运动，包括建筑科学技术的进步和艺术的创造等”[1]。《北京宪章》的发表把发展绿色建筑作为新的要求和挑战提到了建筑学教育发展的轨道之上，同时也标志着绿色建筑作为传统建筑学的补充部分被正式宣告纳入到现代建筑教育的大体系中来。

2002年国际建筑师协会又颁布了《环境建设教育指导方针》，再次重申建筑学教育在可持续发展框架下的重要职责，指出“建筑教育是终身教育。环境保护方面的教育是从学龄前教育到中小学教育，到专业教育以及后续教育的长期过程”。此次会议不仅提出了相应的指导方针，而且更加具体地实施了建成环境教育（Building Environment Education，BEE）项目。该项目主题是建筑及其他物质文化教育，包括城市设计、建筑与景观设计教学、历史场所保护，以及由此引发的社会议题。该项目主要对象为2～18岁儿童及青少年，旨在让参与者更加关心建成环境与自然环境的协调适应发展[1]。

新的设计规范与行业标准要求建筑设计从业人员需要接受过相关的绿色可持续建筑设计教育，因此越来越多的建筑类院校开始纷纷尝试将绿色可持续性知识融入其课程体系当中。传统建筑教育需要面临绿色建筑的迅速发展而作出改革。类似英、美这样的国家，其建筑教育以强调职业性为特色，即使是在其研究型大学教育中，建筑学科的教育仍旧十分重视培养学生的设计能力和就业能力。据美国国家建筑认证委员会（NAAB）统计数据显示，有关绿色可持续性相关的知识在 2004 年被结合并入高校建筑类课程，在讲授理论课方面加入了实现可持续性原则的理论基础知识，在实践方面将绿色可持续性设计原则融入了设计工作室的教学中。2008 年后国外高校的绿色建筑教育进入了全面推广的阶段，各相关权威机构开始对于可持续类课程的开设和设置提出了相应标准和规范。结合世界绿色建筑发展的时序（图 1），可以看出在绿色建筑发展同建筑教育的结合方面，国外发达国家在其自有教育体系制度完备的情况下基本上是以社会思潮以及市场需求为导向，以教育执行标准作为政策措施来推进绿色建筑教育的发展。

1.2 我国绿色建筑发展同建筑教学的结合点

从我国这方面来看，现代意义上的绿色建筑在我国起步较晚，其发展在我国大致分为三个阶段：1986—1995 年为探索起步阶段，1996—2005 年为研究发展阶段，2006 年至今为全面推广阶段。笔者可查询到的最早记录与绿色节能技术相关的大学学术活动见于张永铨发表的《被动式太阳房》，该文章发表于 1979 年 3 月的《建筑技术通讯（暖通空调）》期刊中。文章整理记述了 1978 年 6 月法国建筑师雅克 · 米歇尔（J. Michel）来我国进行技术座谈的相关内容，该座谈的主要内容是有关被动式太阳房的建造及材料等介绍。可见我国部分研究人员在世界绿色建筑研究发展的起步阶段已经开始了对于相关绿色节能技术的关注。

1980 年香港大学成立了城市规划及环境管理研究中心，提供城市规划及相关范畴的研究课题，并广泛进行香港和珠三角地区的可持续发展问题研究。在香港建筑师学会制定的评估标准要求学生“掌握生态学基本原理和建筑师在建筑设计与城市设计中应负的环境与资源保护责任”[2]。而在该阶段，我国建筑类院校对于绿色建筑设计的研究混杂于二级学科中，研究重点仍旧放在解决现实问题的科研项目中。

2002 年是建筑教育同绿色建筑发展结合的关键点，此次国际建筑师协会不仅在政策指导性文件《环境建设教育指导方针》中明确了建筑教育面向可持续性知识结合的具体方面，并且实施了相关的改革措施与实验项目。同样 2002 年也是我国高等建筑教育结合绿色建筑教学的时间点：清华大学于 2002 年应米兰理工大学建筑学院和拉维莱特建筑学院的邀请加入了国际学生“生态建筑”合作设计小组项目，正式开启了相关可持续性知识融入我国建筑教学课程体系的改革之路。2004 年以前与绿色建筑设计相关的工作主要以科研院所、高校等的研究和推动为主，此一时期的“绿色建筑”仍潜藏在“生态建筑”“可持续建筑”的名词之下。但是同国际研究水平相似，我国建筑类院校对于生态，可持续发展等问题的争论和辨析也处于模糊阶段。

2006 年 1 月 1 日开始实施的《中华人民共和国可再生能源法》从法律层面上明确规定要求使用可再生能源，在市场方面也体现出当时社会对于研究人才的迫切需要。但建筑类院校对于这方面的研究并没有形成规模效应，现时的法律法规在相应的教育环节没有得到充分的宣传、贯彻，特别是在相关课程设置上没有相应地进行充实和调整[3]。我国对于绿色建筑的研究是以“建筑节能”为先导和重点而开始的，建筑节能的发展和推动开展较早，在政策和制度上面已经有了足够的重视。但是由于特殊国情，我国大学建筑教育直到 1992 年才确立 5 年制本科学制，在建立建筑教育体制以及评估认证标准方面也刚刚成形。教学内容滞后于国家的相关政策的问题还是没有得到进一步重视。

在其后“十一五”国家科技支撑计划中，我国在科研方面展开了“绿色建筑全生命周

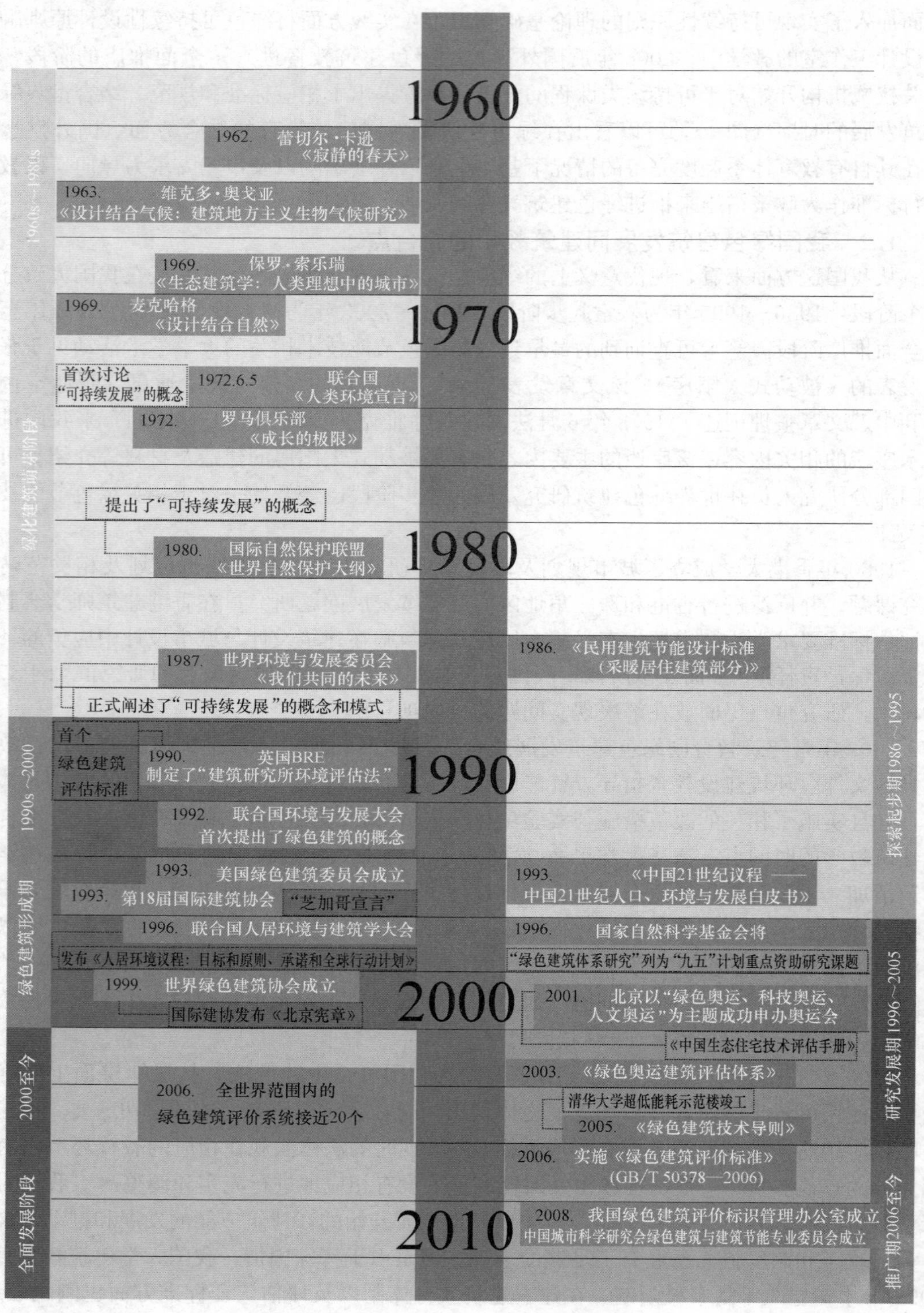

图 1 绿色建筑发展时序对比图（来源：自绘）

期设计关键技术研究”“绿色建筑设计与施工的标准规范研究”等课题，一批绿色建筑相关技术的书籍也陆续出版。以此为基础，先后推出了《绿色建筑设计导则》《绿色建筑评价标准》《绿色建筑评价技术细则（试行）》等标准。从2008年开始，我国建筑教育正式开始步入了面向绿色建筑教学改革的起步阶段。绿色建筑的概念普及也在社会范围内取得了广泛的认同，因此从这一时期开始的高校教学纷纷以“绿色建筑”作为课题和主旨在科研以及课程内容方面开始尝试转型，一些原以“生态建筑”与“可持续建筑”为标题的课程逐渐转向了“绿色建筑”。随着我国绿色建筑实践的增多以及相关可持续技术研究的进步，在开展绿色建筑相关教育改革的方面我国高校也进行了多种形式的教学实践，并取得了一定成绩。但是对比世界发展水平来看，目前我国高校的绿色建筑设计教育还处于推广阶段，并未成熟。

2 知识融入模式

大部分英美院校的建筑系均在大学本科课程的第一学年中引入有限的可持续性知识，仅包括环境设计以及可持续性的理论基础原理。在本科第一学年的设计工作室项目中对此类知识不作掌握要求。而在第二学年的课程中，绿色可持续类知识的教授既包括理论课又包括实践应用类课程。在本科学习阶段（Part Ⅰ）的最后一年中，课程设置的重点放在设计工作室项目中。在这个阶段重点要求学生的设计中结合前面所学到的绿色建筑设计知识，实际应用到建筑设计项目中。在硕士研究生（Part Ⅱ）课程中，与可持续类知识相关课程的开展变得更加广泛，无论是理论类还是实践类课程均有多方面涉及。这样做的目的不仅是为了响应认证委员会的要求，培养具有建筑实践能力的硕士学位建筑师，更深层次的目的在于从研究生中培养出特殊专业知识领域的专家。

我国应对绿色建筑教育所作出的改革也参考了与欧美相应的课程融入模式。虽然在不同学年其融入模式也有所不同，但是融入比权重最高的也均为设计类课程。在改革开始阶段一般采取设置绿色建筑设计专题训练或者结合毕业设计选题等方式，而如今学生可以在讲授型理论课上学习绿色可持续性的相关知识，在工作室的讲座和研讨会中对物理环境下的绿色建筑设计进行探索和学习，通过在设计工作室、工作营、案例分析以及场地踏勘中积累实践经验；并且还可以利用技术、仿真模拟、测量等软件和适当的教学工具来进行建筑性能的分析。这种多学科领域相互支持贯穿于整个教学过程当中。关于绿色建筑知识融入整个课程体系的模式，在此基础上可以总结出4种类型的融入结构模型。

1）线性平行式

该模式是指绿色知识类课程在本学科的各个领域以平行的模式存在（图2）。因此，这就使得理论类（非设计类课程）和实践类（工作室或设计课）课程无法进行整合。这种模式在一般出现在第一学年当中，例如作为通识教育在第一学年会进行生态建筑概论类课程的讲授，但是在相应的设计课程中对于是否应用可持续性设计策略则不做要求。

2）全面整合式

这是一种多学科交互覆盖的模式（图3）。与绿色可持续性建筑相关的知识在改革之前往往被涵盖在其他课程之内，该模式抽分这些课程中与绿色建筑设计相关的知识点，将其融入实践类设计课程中进行讲授，再辅助开展其他相关的理论课程。这就包括以设计工作室方式为主的教学模式，其在实践课程中进行建筑设计的教学同时也讲授有关环境影响的相关理论知识。例如，俄亥俄州立大学以及康奈尔大学，均只在其设计工作室中开设与绿色可持续性设计有关的实践类科目。还有较早开展绿色建筑教学之一的我国清华大学，最初也是在本科三年级开展生态建筑 studio 课程，其 2010 年至今课程的题目均为临界空间生态再造。清华大学的教学体系中将四个专业知识整合成“四位一体”的结构，即从建筑、规划、景观、技术四方面均开展相关绿色可持续性知识的融入。并且在研究生阶段的国际硕士班中设置了绿色建筑设计 studio，以设计实践的形式讲授绿色建筑可持续性知识。

图 2　线性平型模式

来源：自绘

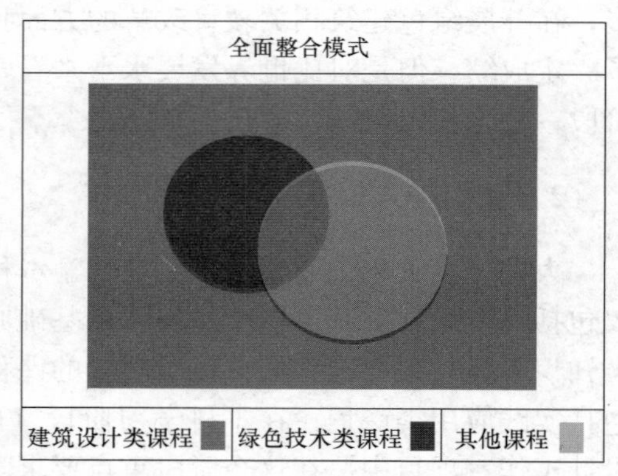

图 3　全面整合模式

来源：自绘

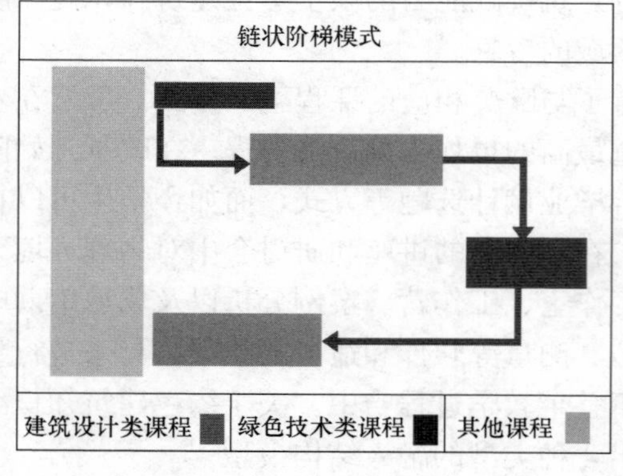

图 4　链状阶梯模式

来源：自绘

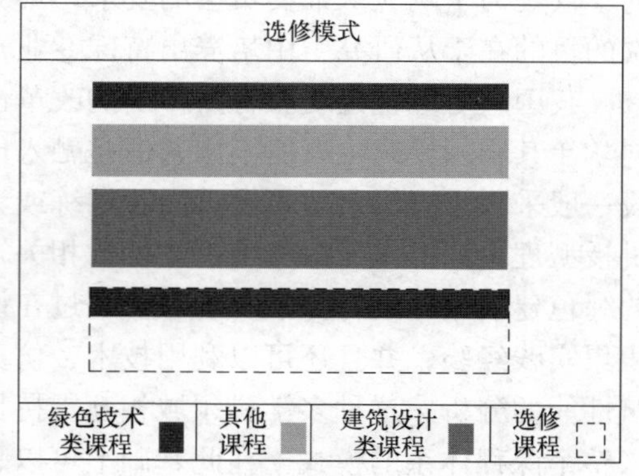

图 5　选修模式

来源：自绘

3）链状阶梯式

该模式表示将可持续类相关知识在一系列学科领域内进行教授（图 4）。先期以理论课而非设计课的形式开展绿色可持续性知识的教学，而后再与建筑设计课程结合。例如西安建筑科技大学，其拥有建筑应用技术学科的教育优势，多年来致力于强调以绿色建筑性能为设计导向的教学。在建筑学本科教学过程中逐步体现和落实“生态建筑、建筑与环境共生、多学科渗透”的建筑技术科学教学理念，将绿色节能技术作为设计的重要环节融入建筑设计课程中，邀请建筑物理、建筑设备与建筑结构等相关专业的教师参与课程指导[4]。

4）选修模式

在课程大纲中提供多种关于绿色建筑知识的选修课程鼓励学生进行选修（图 5）。例如宾夕法尼亚大学建筑学院（PennDesign）在其本科课程中只设置了与可持续性相关的选修课，与绿色可持续建筑设计相关的理论课和实践课则是在研究生阶段才开始广泛开展。但是英国大学在选修类课程的开设方面显得十分谨慎，例如谢菲尔德大学的绿色知识类选修课程的比例也只占到了可持续类课程总比例的 19%。但是作为选修课，因其选择依赖于学生学习的兴趣，这就影响了绿色可持续类相关课程的教学内容深度。

3 教学制度对于融入模式的影响

中西方不同的教育制度也影响了建筑教育体系对于绿色建筑相关知识的吸纳。目前，两个世界范围内影响最大的建筑师认证机构分别是英国的注册建筑师委员会（Architects Registration Board，ARB）和美国的全国建筑资格认证委员会（Architectural Accreditation Board，NAAB）。这两个委员会的建立不但为建筑学教育系统提供了适宜的达标准则，而且在提升建筑设计专业性和卓越性因素方面起到了极大的促进作用，并且在绿色可持续知识同教学体系的融合上提出了硬性的标准和要求。

英美两国的建筑教育体制与职业资格制度紧密结合。例如 NAAB 不仅是美国建筑学专业学位的授权认证机构，也是核准建筑类院校教学课程是否达标，并且制定相应标准及认证制度的国际权威机构，同样还是颁发美国职业注册建筑师资格执照的机构。截至目前，据 NAAB 网站公布数据显示，绿色建筑知识类课程的设置标准需要达到 150 学分，其中最少 45 学分的课程是非建筑的。NAAB 对于学生能力的考核有一套体系指标，即 SPC 学生成绩标准（Student Performance Criteria），其中包括 3 类共 34 个指标。第一类指标是技术能力、理论知识以及综合建造实践能力。在第一类指标中有关环境系统、人类行为学以及可持续设计的子项有 13 个。第二类指标包括领导和实践能力，其中的 9 个子项关于建筑成本控制、建筑作用和实习。第三类指标是批判性思维以及表达能力，其中的 10 个子项是关于传统性以及学术能力的评价。根据其网站公布的教学课程大纲中与可持续性相关的综合知识统计显示，在美国建筑类院校本科学习阶段中，可持续性知识占比在第一学年约为 5%，第二、第三学年约为 17%，第四学年约为 22%，而在硕士研究生阶段占比约为 35%以上。不但在数据占比方面呈现出递增的趋势，而且在融合程度以及具体实践方面也呈现出进阶的模式。

ARB 将建筑教育的过程视分为 3 个组成部分。第一部分（Part Ⅰ）也就是本科阶段，第二部分（Part Ⅱ）硕士文凭获得阶段，第三部分（Part Ⅲ）即专业实践和注册考试，但是在完成第三部分之前必须完成（算上本科阶段一年的专业实习实践）至少两年的实践经验积累，因此还需要至少一年的时间才能完成第三部分进而取得职业资格证书。这样的学制使得想获得英国注册建筑师身份的学生需要至少 7 年的时间完成学业，当然所有接受完此类建筑教育的学生均需要参加英国 ARB 规定的注册考试。在 Part Ⅰ 以及 Part Ⅱ的 ARB 的综合考核标准包括 11 个主项，分别由 33 个子项组成。其涉及范围包括美学、技术、结构、规划以及造价等。在这些考核标准中就有与可持续性相关的一些子项，例如在建筑与人、环境之间的关系方面，建筑物对于环境的影响方面以及可持续性设计导则等。并且还涉及一些潜在物理问题以及技术标准，其中包括视听舒适度设计原则、热舒适性设计，可持续设计导则中相关的环境舒适系统设计以及在建筑设计项目中整合以上各方面的能力。除了前两个部分的这些指标外，Part Ⅲ中的一些专业性标准也对可持续性有所涉及，例如在强调推进环境立法以及可持续性法律框架建设进程方面。

而我国的建筑学教育基本按照5年制本科阶段，2～3年硕士阶段的模式。这种学制可能导致本科与硕士阶段的授课内容存在重复，以及学制年限过长的问题。有些大学据此也进行了相应的改革，如南京大学所采取的建筑学通识教育和本硕贯通培养，即“2（通识）＋2(专业)＋2(研究生)”模式，趋近于国际上以硕士作为建筑学职业学位的“3＋2”模式。以及同济大学采取的“4＋M”模式，为具有不同能力和兴趣的学生提供不同的出口[5]。

我国学科专业指导委员会以及建筑学专业评估委员会对于绿色建筑知识的占比等并未作出行政化的标准规定。在2016年全国建筑学一级学科评估中，有30所高校参评（其中14所具有“博士一级”授权），前8名的学校分别是清华大学、东南大学、天津大学、同济大学、华南理工大学、哈尔滨工业大学、西安建筑科技大学、重庆大学。我国“老八所”的建筑院校格局仍旧没有改变。在这几所高校中目前仍旧未设置绿色建筑相关学位，其课程改革也主要是以改进原有教学体系，融入绿色可持续知识为主。据各校公布相关资料统计，在最初将绿色可持续知识融入传统教学体系方面，一般存在3种方式：从科研转型教学、设置设计专题课程、以特色课程为导向。大多数高校在课程开设方面均选择从设计课程入手，加入绿色建筑或生态建筑的专题，并且依据课程具体内容和要求增加绿色设计策略应用方面的专题讲座，或者阶段性地加入技术单元教学以及软件应用教学作为补充，有些则把绿色建筑设计的理念贯穿于某一设计课程的始终。

4 结语

纵观现代建筑—节能建筑—生态建筑—绿色建筑的演变过程，绿色建筑是基于全球多种危机，结合低能耗技术，以及被动式设计、生态学设计的基本原则，融合最新的“地球环保”理念形成的全面性、系统性的设计思潮[6]。绿色建筑是可持续发展建筑在特定时期的具体表现，它的演变过程，如实地反映了20世纪人类所经历的能源危机、生态失衡、全球可持续发展威胁的一系列困境[7]。我国的绿色建筑教育以及绿色建筑的发展在时间上同国外形式相比并没有极大程度的滞后，但是在技术应用程度和学科交叉广度上存在较大的差异。这还需要厘清内部关键问题，在面临今后学科发展的挑战中作出积极的应对。

参考文献

[1] 仲德崑，陈静．生态可持续发展理念下的建筑学教育思考［J］．建筑学报，2007（1）：1-4.
[2] 鲍家声．建筑教育发展与改革［J］．新建筑，2000（1）：8-11.
[3] 张军杰，宫东海，于江．建筑教育中可持续设计理念的培养［J］．高等建筑教育，2008（17）：10-12.
[4] 徐小东，鲍莉．基于可持续理念的建筑教育实践——以东南大学三年级绿色建筑设计教育为例［J］．中国建筑教育，2011（4）：36-39.
[5] 顾大庆．美院、工学院和大学——从建筑学的渊源谈建筑教育的特色［J］．城市建筑，2015（6）：15-19.
[6] 林宪德．绿色建筑计划［M］．台北：詹氏书局编辑部，1996：6.
[7] 刘先觉．生态建筑学［M］．北京：中国建筑工业出版社，2008：316.

夏热冬冷地区农村低能耗住宅设计策略研究
——以湖北黄石某农村住宅设计为例*

朱丽，吴琼，孙勇

天津大学建筑学院

摘　要：本文以湖北黄石某农村产业化住宅设计为例，探讨了可再生能源利用，提出了一种遵循农村聚落发展特点的能源互联网阵列体系的产能型住宅的设计模式；设计从建筑学的角度出发考虑将乡村特有空间院落形式、历史文脉、乡村肌理，与太阳能的利用进行一体化设计，同时整合当地适宜的绿色低碳技术，最终设计出充分利用太阳能又反映地域文化特征的低能耗农村产业化住宅。

关键词：太阳能；农村住宅；低能耗；绿色技术

目前，我国农村地区房屋建筑面积约 278 亿 m^2，其中 90%以上是居住建筑，占全国房屋建筑面积的 65%，农村住宅节能是城乡一体化与国家节能减排战略的重中之重[1-3]。建设“阳光与美丽乡村”成为建设者工作的重点，如何“留得住青山绿水，记得住乡愁”成为新农村建设的目标[4]。改革开放以来，农村经济得到了长足的发展，农村住宅建设量日益增加，能源消耗也迅速增长。针对农村住宅现状与建设特点，加快研究基于建筑全生命周期的被动式节能设计，优先选择适宜的低能耗设计策略，大力进行太阳能等可再生能源等与建筑一体化设计，成为提高我国农村住宅绿色低碳设计的关键[5]。促进节能设计技术的应用，从根本上实现建筑节能目标，从而推动新农村建设的可持续发展。

本文以夏热冬冷热工分区中黄石地区某农村住宅设计为例，通过分析农村住宅的使用特点、住宅空间构成及其能耗特点，结合当地太阳能资源情况，提出了建筑学视角下新型农村住宅设计中对太阳能的利用及绿色低碳技术应用展示策略，为夏热冬冷地区及我国其他地区农村住宅的建设提供了技术应用及设计思路借鉴与参考。

1　项目概况

项目用地位于湖北省东南部黄石市，长江中游南岸。该地区属于亚热带季风气候，四季分明，气候温和、湿润，冬寒期短，全年雨量充沛。居住建筑单体要求每户建筑面积 200～250m^2，占地面积 150m^2，层数 2 层，以当地农村住房为原型，每户设有自家小院，户型设计满足日常生活使用，空间包括起居、卧室厨房、储藏室及辅助用房等基本空间。

2　气候适应性技术策略分析

黄石地处北纬 29°30′～30°15′，东经 114°31′～115°30′。年平均气温 16.4℃，夏季气

* 基金项目：国家自然科学基金项目（51478297）；国家教育部与国家外国专家局高等学校学科创新引智计划——低碳城市与建筑创新引智基地（B13011）

温高，冬季气温低，最热月平均 29.2℃，最冷月平均 3.9℃。年平均降水量 1382.6mm，年平均降雨日 132d 左右。全年日照 1699h，太阳能资源富裕。境内多东南风，年平均风速为 2.17m/s，极大风速 24.8m/s。基地周边湖泊众多，建筑需要考虑防潮。

通过对该区域地理气候环境特点的分析，在进行技术策略选择时要与本地区地域特征相呼应；基于黄石地区的气候特点，农村地区住宅设计中需要考虑冬季房屋采暖保温和夏季房间的通风隔热问题，同时可以利用良好的日照条件采用大量太阳能光伏发电与太阳能热水系统。

3 设计构思

以建筑学的角度，从乡村记忆为出发点，以农村住宅原有的老房子为设计原型，考虑如何在保留农村住宅肌理、农村生活习惯的同时，结合当地气候环境特点与现代的产业化技术相结合。采用新旧结合的设计思路，“新”体现在对新型技术包括工业化组装技术和对太阳能的利用，以及新型建筑表皮形式等设计策略的应用表达，“旧”体现在对家庭住宅阶段性发展变化的情感记忆的保留与当地传统建筑材料的再应用，最后将绿色技术、建筑艺术与功能三者进行整合设计。

4 设计策略

设计以问题导向为切入点，从以下四个问题开始构思：

（1）如何保留农村住宅的特点？

（2）如何反映产业住宅的特点？

（3）如何针对黄石地区利用太阳能资源？

（4）如何考虑应用被动式节能技术？

以黄石传统住宅老房子为原型，保留农村住宅的坡屋顶和庭院，在此基础上增加一层工业化的建筑表皮（图 1）这层表皮限定出了农村住宅中的庭院空间，同时又可作为应对外界气候变化的一层“外衣”，可以打开也可以闭合，这层表皮可以作为收集太阳能的能量性产出表皮。在建筑形式构成上，外层表皮统一，而里边的功能房间体块可以根据具体功能要求随意布置，布局形式多样，也可以随着家庭人数结构的变化而改动，反映新旧住宅时代变迁。技术应用上考虑太阳能应用与建筑的一体化结合。夏天考虑建筑表皮遮阳，庭院垂直绿化遮阳等（图 2）；冬天利用被动式太阳能房形成温室（图 3）。同时，考虑住宅的产业化建设，根据任务书要求每户占地面积 150m²，项目采用 7m×7.5m 的模块化体量，形成一个居住单元，三个模块组合成一户；模块化设计便于工业化、标准化的投入大量生产。

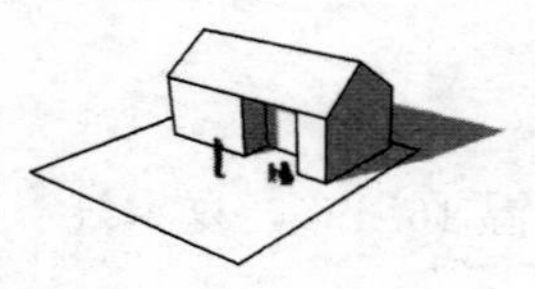
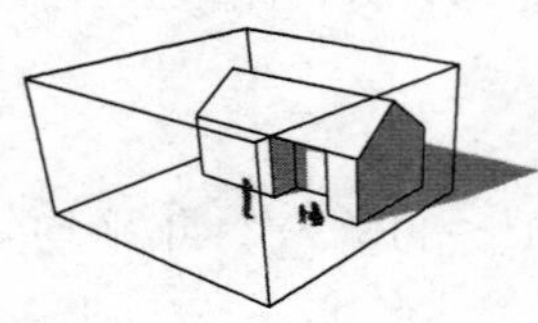
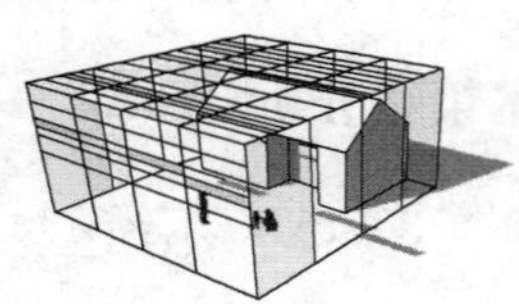
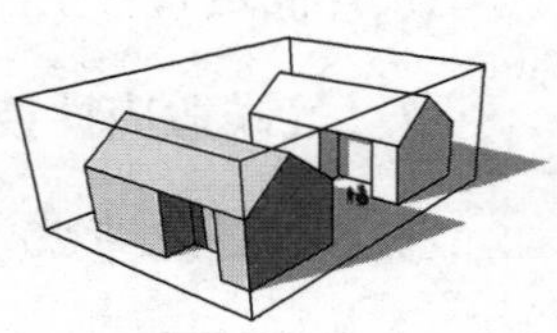

图 1　方案构思过程示意图

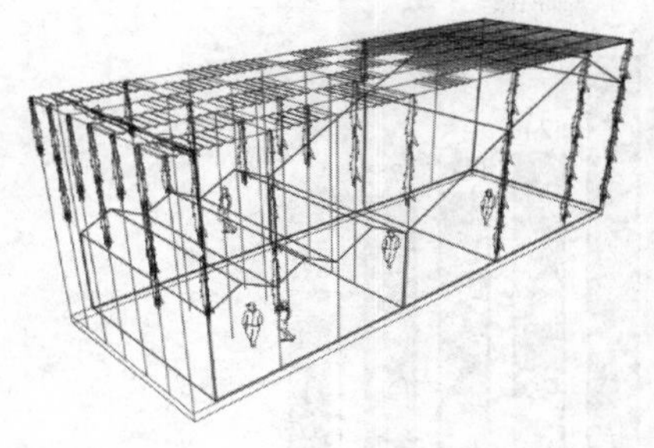

图 2 夏季屋面垂直绿化遮阳示意图

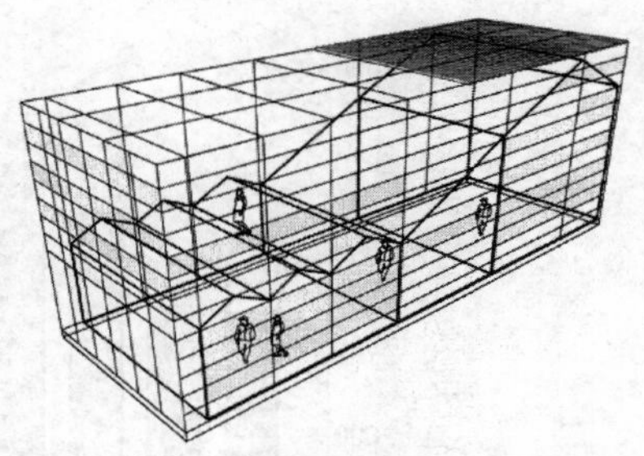

图 3 冬季外墙表皮薄膜保温示意图

5 技术应用分析

根据湖北黄石地区气候特点，农村住宅设计中主要考虑冬季房屋保温，夏季房屋隔热通风，同时注重建筑的防潮。因此设计中的绿色技术主要是通过对太阳能在建筑中的主、被动利用技术的合理选择和应用。设置外层可调式动态光伏表皮，可根据需要开启与闭合，夏季遮阳，冬季保温，屋顶放置部分真空管集热器，同时作为收集太阳能的能量表皮；在被动式节能技术上采用冬季阳光房，利用文丘里效应和热压通风等原理加速庭院内部过渡季节的通风。

5.1 可再生能源——太阳能的利用

湖北黄石地区位于我国太阳能资源较丰富区域，考虑夏热冬冷热工分区的气候特点，设计中大量地利用太阳能资源，采用太阳能光伏发电、太阳能热水系统、被动式太阳能阳光房。探索农村独栋住宅与太阳能系统结合的产业化构件和建造方式，同时结合农村村落聚聚的发展肌理引入了以每户为一个发电单元的光伏发电阵列概念，每户房屋作为一个太阳能收集器发电单元用于产能发电，多个住宅成组串联布置，整个村庄形成一个由多个发电单元组成的太阳能发电网络，将收集的电量集中储存用于村庄的公共设施如村民活动中心的用电等（图 4）。

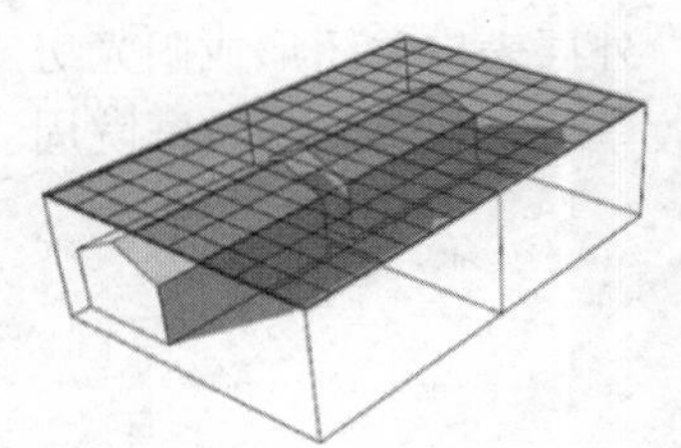

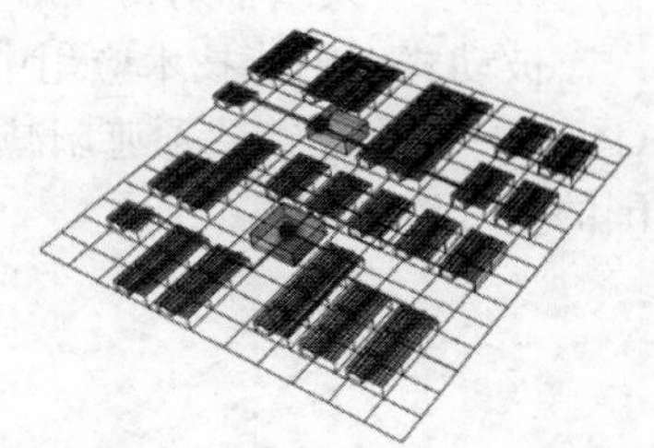

图 4 农村聚落肌理下的太阳能矩阵构思示意图

5.1.1 光伏发电

通过 ECOTECT 模拟软件计算每户屋顶，光伏板最佳倾角静止状态下，全年太阳能光伏板接受太阳最大吸收辐射量如图 5 所示。

5.1.2 光伏发电量的计算及节能收益

年发电量（kWh）＝当地年总辐射能（kWh/m^2）×光伏方阵面积（m^2）×组件转换效率×修正系数

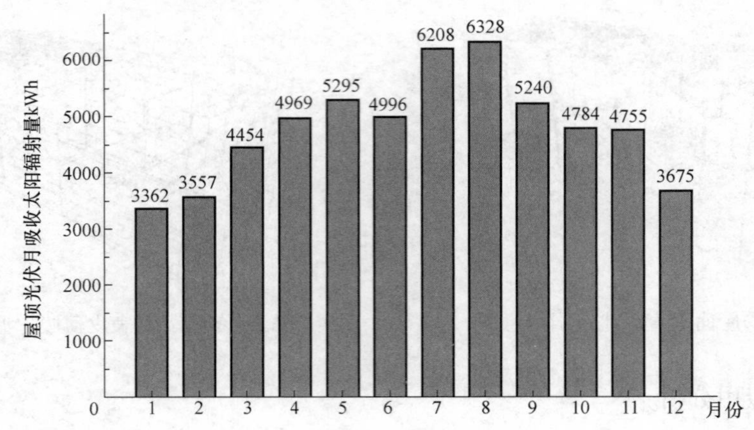

图 5　屋顶光伏板太阳能辐照度吸收量

修正系数 $K=K_1 \cdot K_2 \cdot K_3 \cdot K_4 \cdot K_5$

其中，K_1为组件长期运行的衰减系数，取 0.8；K_2为灰尘遮挡组件及温度升高造成组件功率下降修正，取 0.82；K_3为线路修正，取 0.95；K_4为逆变器效率，取 0.85；K_5为光伏方阵朝向及倾斜角修正系数，取 0.9。当地年太阳辐射量参见图 8，每月吸收量之和即 57621.86kWh，因此计算得到：

年发电量＝57621×18%×0.8×0.82×0.95×0.85×0.9＝4944.7kWh

节约能源情况见表 1。

节约能源数量表　　**表 1**

折合标准煤	折合电	折合天然气	折合柴油	减少 CO_2 排放量
0.605t	4944.7kWh	498.64m³	0.315t	1.63t

5.2　被动式太阳能技术利用——建筑遮阳与通风

5.2.1　太阳辐射得热对比分析

被动式太阳能技术应用中主要考虑冬季增加太阳辐射得热，外层表皮关闭形成阳光房(图 6)；夏季建筑屋顶遮阳减少内部房间辐射得热（图 7）；过渡季节增加房间内及庭院周围的空气流动。

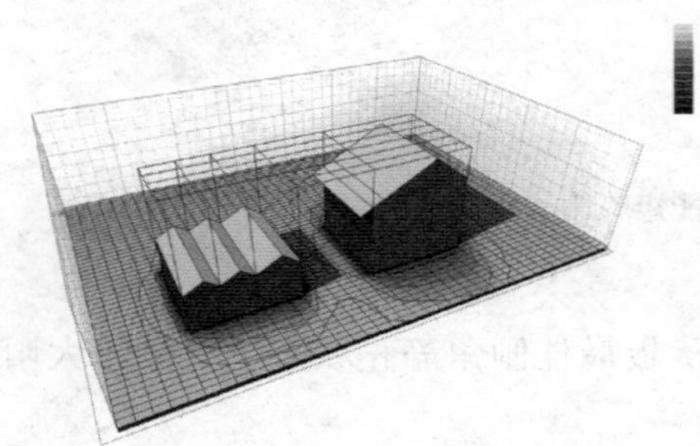

图 6　冬季收起屋顶表皮增加房屋辐射得热示意图

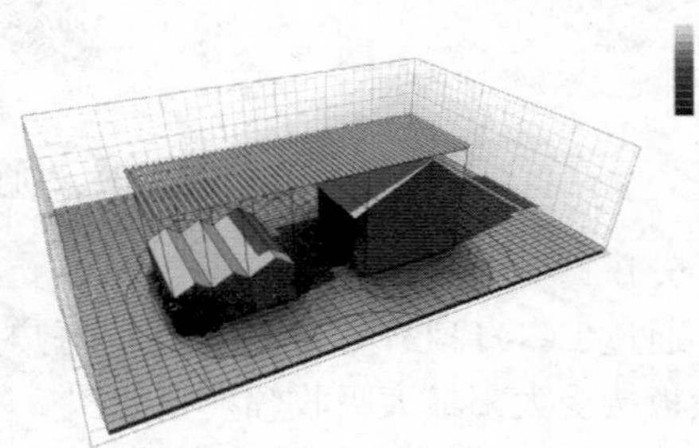

图 7　夏季屋顶光伏遮阳示意图

5.2.2 建筑通风与防潮

底层架空增加建筑周围风环境，防止屋面潮湿；建筑南北形成穿堂风，北向二层屋顶上的光伏板经过太阳辐射温度增加，与坡屋顶形成文丘里风帽效应，加大庭院通风（图 8～图 11）。

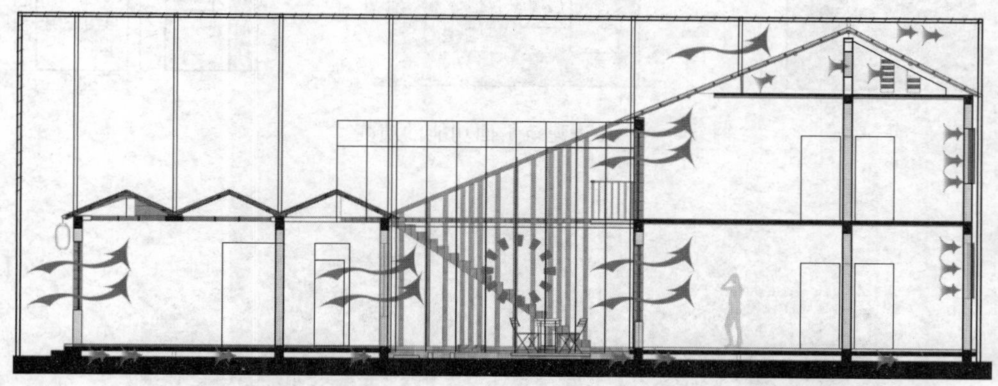

图 8 建筑通风示意图

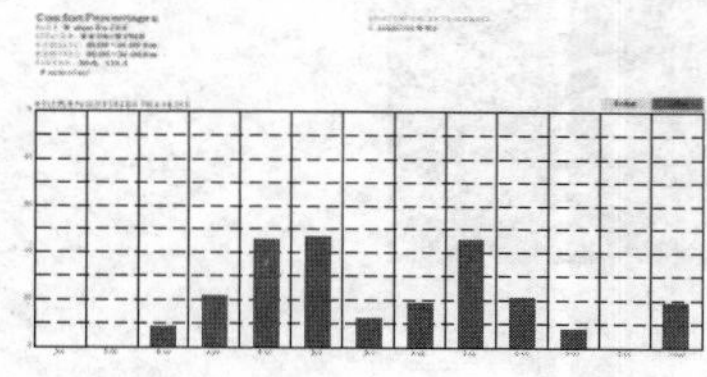

图 9 自然通风前后节能效果对比

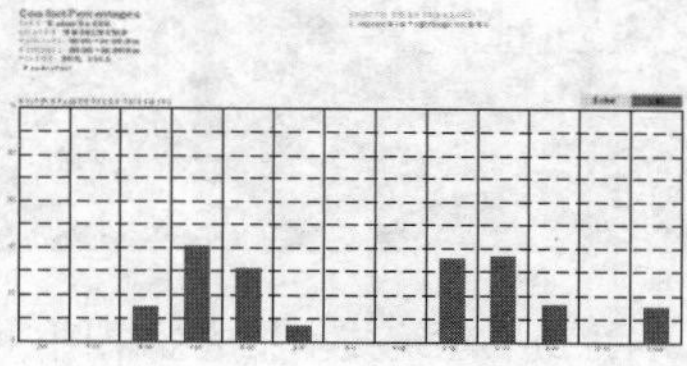

图 10 夜间通风前后节能效果对比

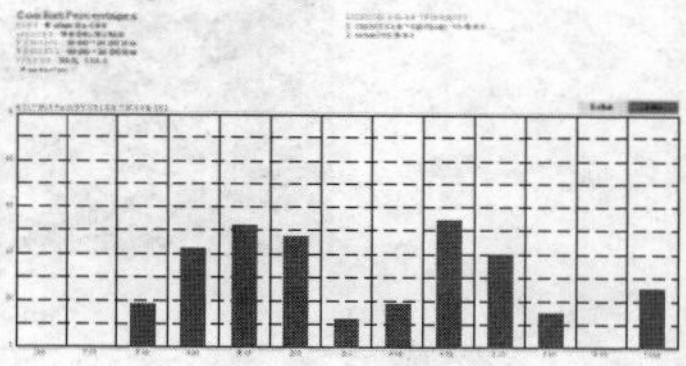

图 11 自然通风＋夜间通风前后节能效果对比

5.3 建筑工业化——模块化设计与建造

模块化指的是为了易于装配或灵活使用而设计的组件单元。在工厂生产出各个建筑系统的组件单元，并进行模块化施工建造。对比传统现场建造，预制式模块化建筑的经济又高效环保。方案在户型设计方面，布局方正。卫生间和厨房集中布置并进行整体设计。设计采用 7m×7.5m 的模块化体量，作为一个满足基本需求的居住单元，同时考虑到家庭成员年龄结构的变化，可以根据对功能先的需求进行重新组合设计。该住宅提供了一个由三个模块组成（图 12）的方案示意。建筑平面功能的演变如图 13 所示。效果图如图 14、图 15 所示。

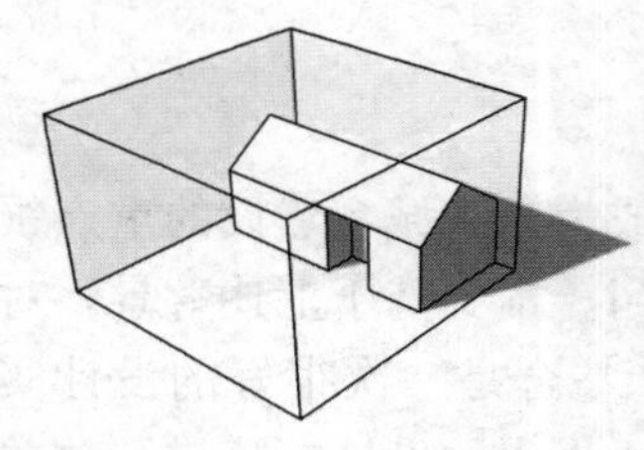

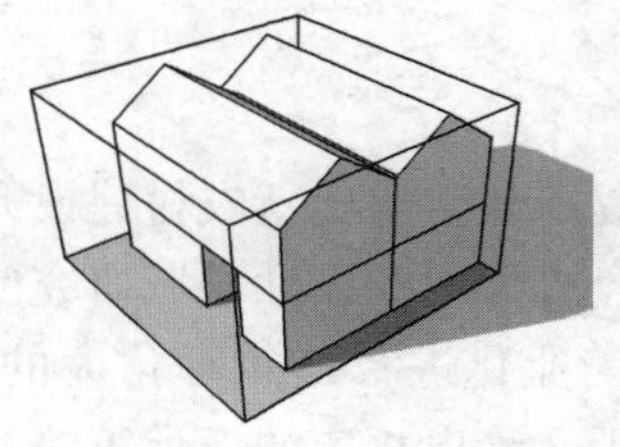

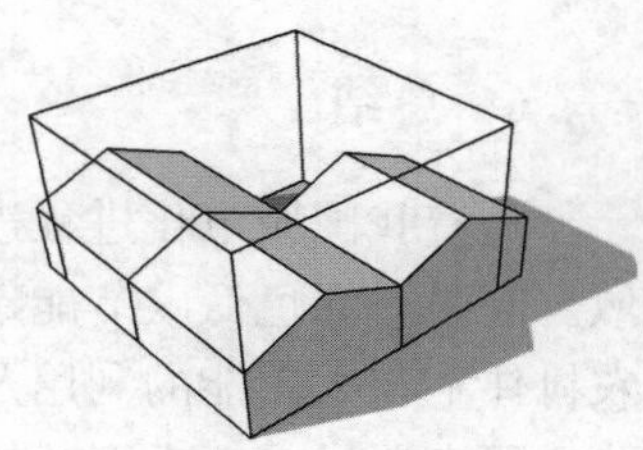

图 12 建筑模块单元组合

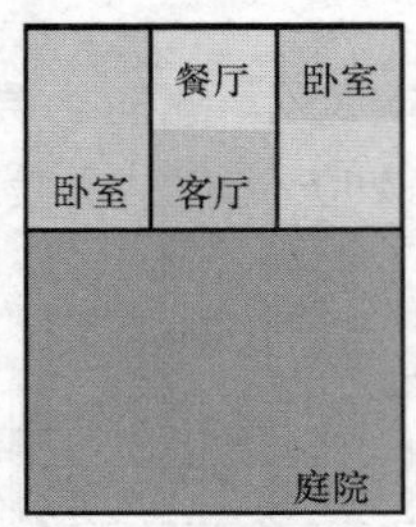

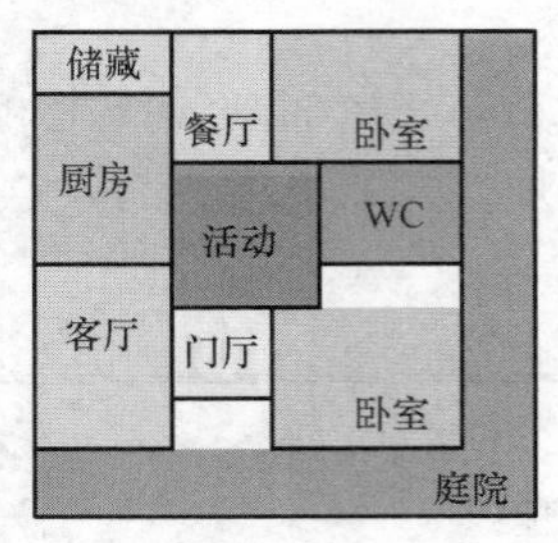

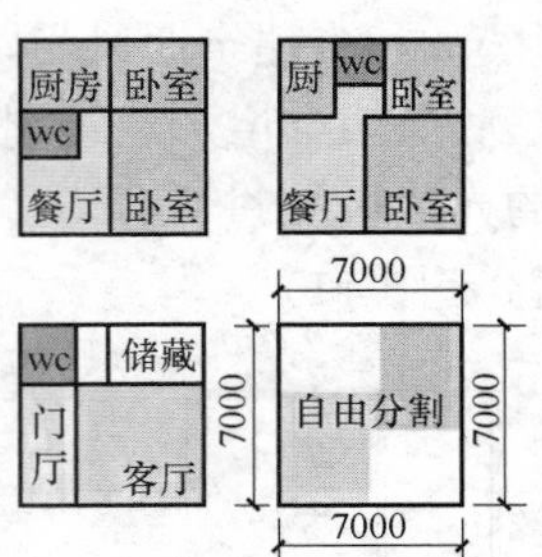

图 13　建筑平面功能的演变

图 14　建筑技术集成效果图

图 15　建筑侧立面庭院效果图

6　总结

随着我国城市化进程进入后程饱和阶段，新农村建设开始成为未来城乡建设的重点领域。同时，绿色低碳节能建筑已经成为现在设计领域研究的热门。本文基于上述背景，对农村住宅与太阳能的利用及结合工业化进行建筑师角度的设计整合是一次很好的设计实践，研究通过前期方案的构思分析，给出相应的设计策略，并所提出的设计策略进行效益评价。整个设计研究过程给未来新型农村住宅设计建造提供了很好的案例研究和实践参考。

参 考 文 献

［1］ 邹瑜，宋波，刘晶. 对国家标准《农村居住建筑节能设计标准》的解读［J］. 暖通空调，2013，43（5）：77-81.

［2］ 解万玉，蒋赛百，鲁闻君，等. 农村住宅节能现状与节能设计策略研究［J］. 建筑节能，2014，43（278）：53-55.

［3］ 刘鸣，陈滨，张宝刚，等. 北方地区低能耗自循环农村住宅实践性能分析［J］. 建筑技术，2012，43（7）：612-613.

［4］ 台达杯国际太阳能建筑设计竞赛设计任务书［Z］. 2015.

［5］ 朱吉顶，孙荣荣. 夏热冬冷地区农村住宅节能设计与技术措施［J］. 建筑技术，2011，42（6）：557-559.

［6］ 宋凌，太阳能建筑一体化工程案例集［M］. 北京：中国建筑工业出版社，2013.

［7］ 孔祥娟，绿色建筑和低能耗建筑设计实例精选［M］. 北京：中国建筑工业出版社，2008.

寒冷地区学校建筑走廊低能耗设计策略探究*

张安晓[1]，孙艳晨[1]，黄琼[1]，Regina Bokel[2]，Andy van den Dobbelsteen[2]
1 天津大学建筑学院；2 代尔夫特理工大学建筑与环境学院

摘　要： 本文探讨了寒冷地区学校走廊设计与建筑能耗的关系，研究根据走廊设计将寒冷气候区学校建筑划分为三种空间类型，提取影响建筑能耗的走廊设计要素，包括走廊形式和朝向、温度控制、不透明围护结构设计、窗户设计、通风和冷风渗透，并模拟分析年采暖、制冷，照明和总能耗。结果表明，走廊形式和朝向对建筑能耗影响最大，而不透明围护结构对建筑能耗影响最小。通过组合最有利的走廊设计要素可分别降低内廊式学校建筑能耗6%，降低封闭外廊式学校建筑能耗17%。

关键词： 学校建筑；走廊设计；建筑节能；寒冷气候区

学校建筑在公共建筑中占据很大的比重。研究表明，作为耗能较大的建筑类型，学校建筑通过一定的节能手段可以降低25%的碳排放[1]。近年已有学者从建筑设计角度探讨学校设计对建筑能耗或环境的影响，关注重点多集中于学校建筑中占比最大的教室空间[2]。但是，针对学校公共空间如走廊设计的研究却甚少，而这些公共空间同样占有整体建筑能耗的一部分[3]。此外，学校建筑的公共空间在学生课间休息及交流上扮演重要的角色，研究表明舒适的公共空间对于学生的学习成绩会有潜在影响[4]。实际上，对建筑公共空间性能的研究目前很少，尽管已有研究者对公共空间某些特定的节能措施如温度控制进行了探讨[3]，但是诸如公共空间的几何特征或洞口设计等其他要素却很少被关注。公共空间不同的设计要素对建筑能耗的相对重要性更无人问津。因此，对学校建筑公共空间设计要素的节能研究是必要的。

1　研究方法

本研究以学校建筑走廊空间为例，探讨寒冷气候区学校建筑公共空间的节能潜力和节能策略。首先提取寒冷气候区学校建筑走廊设计特征并建立基准模型。其次，对与能耗相关的走廊设计要素进行分类，并运用DesignBuilder软件进行模拟[5]。再次，对各走廊设计要素进行敏感性分析得出不同要素的相对重要性。最后，将拥有最佳节能效果的单一设计要素组合为新的走廊设计，计算优化后的建筑能耗，得出走廊空间设计的节能潜力和节能策略。

1.1　学校建筑模型

根据既往研究及实际调研将寒冷气候区学校建筑依据走廊特征进行分类[6]，确立三种走廊设计类型（图1）：内廊式，教室排布在走廊的两侧；封闭外廊式，教室沿着一条封闭的走廊分布在一侧；开放外廊式，教室沿着一条开放的走廊分布在一侧。

选取寒冷地区最典型且数量最多的学校建筑形体——长方体，在DesignBuilder软件

* 基金项目：国家重点研究计划（No. 2016YFC0700200）；国家自然科学基金（No. 51338006）。

内廊式

封闭外廊式

开放外廊式

图 1　寒冷气候区学校建筑走廊类型

中建立模型。每种走廊类型的学校建筑拥有相同数量和体积的房间，如表 1 所示。建筑外墙、内墙及屋面的传热系数分别设置为 0.35W/(m^2·K)、1.05W/(m^2·K) 及 0.49W/(m^2·K)。室内人员活动时间为周一至周五 8：00—12：00 及 14：00—17：00。值得注意的是，占据全年 95 天的学校寒暑假及国家节假日被排除在人员活动时间外。另外根据中小学设计规范，教室的最小照度值设置为 300lx，走廊及楼梯的最小照度值设置为 100lx[7]。

三种学校建筑模型及相应走廊设计要素　　表 1

	内廊式	封闭外廊式	开放内廊式
建筑形态			
平面布局			
			N　普通教室　专用教室　卫生间及水房　楼梯　走廊
朝向	南向,西向,北向,东向	南向,西向,北向,东向	南向、西向、北向、东向
走廊宽度(m)	1.5＊、2.4[a]、3[a]	1.5＊、2.4[a]、3[a]	1.5＊、2.4[a]、3[a]
走廊温度控制(℃)	16～26＊、14～28、12～30	16～26＊、14～28、12～30	—
走廊外墙传热系数[W/(m^2·K)]	0.35＊、0.30、0.25[b]	0.35＊、0.30、0.25[b]	—
走廊屋面传热系数[W/(m^2·K)]	0.49＊、0.35、0.15[b]	0.49＊、0.35、0.15[b]	—
走廊窗户玻璃	单层玻璃、双层玻璃＊、三层玻璃、双层 Low-E 玻璃	单层玻璃、双层玻璃＊、三层玻璃、双层 Low-E 玻璃	单层玻璃、双层玻璃＊、三层玻璃、双层 Low-E 玻璃
走廊窗墙比	20%、30%、40%＊	20%、30%、40%＊	20%、30%、40%＊
走廊机械通风率[m^3/(h·p)]	10、19＊、30m^3/h·p	10、19＊、30	—
走廊冷风渗透率(ac/h)	0.75、1.0＊、1.5	0.75、1.0＊、1.5	—

＊　基准模型参数。

a　从 20 世纪 80 年代至今三个时期学校建筑的走廊宽度平均值。

b　建筑实践中最佳参数设置[5]。

1.2 走廊空间特征

研究将学校建筑走廊空间设计要素分为五类：形式和朝向、温度控制、不透明围护结构、窗户、通风和渗透（表 1）。朝向及形式方面，设计考虑了四个主朝向：南向（0°）、西向（90°）、北向（180°）及东向（270°）。朝向的变化是通过顺时针旋转整个建筑得到的。走廊宽度设置为 1.5m、2.4m 及 3.0m，分别代表在三个时期（20 世纪 80 年代以前、20 世纪 80 年代、20 世纪 90 年代至今）建造的学校建筑的走廊宽度[8]。温度控制方面，根据现行学校设计规范，学校建筑走廊的温度范围为 16～26℃[7]。对于两种封闭式走廊建筑类型（内廊式和封闭外廊式），增加模拟 14～28℃及 12～30℃两种温度范围，对于开放式走廊建筑类型（开放外廊式），则不予讨论。不透明围护结构方面，走廊外墙的传热系数由 0.35W/(m^2·K）变化为 0.30W/(m^2·K）及 0.25W/(m^2·K)，走廊屋面的传热系数由 0.49W/(m^2·K）变化为 0.35W/(m^2·K）及 0.15 W/(m^2·K)。窗户设计方面，原有的双层玻璃被分别替换为单层玻璃、三层玻璃及 Low-E 双层玻璃。表 2 列出了每种窗户玻璃的光热属性。另外根据规范，走廊的窗墙比变化范围设置为 20%～40%[7]。对于内廊式和封闭外廊式建筑类型，窗户的变化被应用于走廊的外墙上，对于开放外廊式类型，窗户的变化被应用于靠近走廊的教室外墙上。最后，对于封闭式走廊建筑类型（内廊式和封闭外廊式），增加模拟了不同的走廊机械通风率及冷风渗透率。

不同窗户玻璃类型参数 **表 2**

窗户玻璃类型	太阳能透射率	传热系数[W/(m^2·K)]
单层透明玻璃 6mm	0.82	5.78
双层透明玻璃 6mm/13mm 中空/6mm	0.70	2.70
三层透明玻璃 6mm/6mm 中空/6mm/6mm 中空/6mm	0.61	2.13
双层 Low-E 玻璃 6mm/13mm 中空/6mm	0.57	1.76

1.3 气象数据

研究采用了寒冷气候区典型城市天津（39.13°N，117.20°E）的气象数据作为模拟气象数据来源，其年太阳辐射及干球温度变化如图 2 所示。

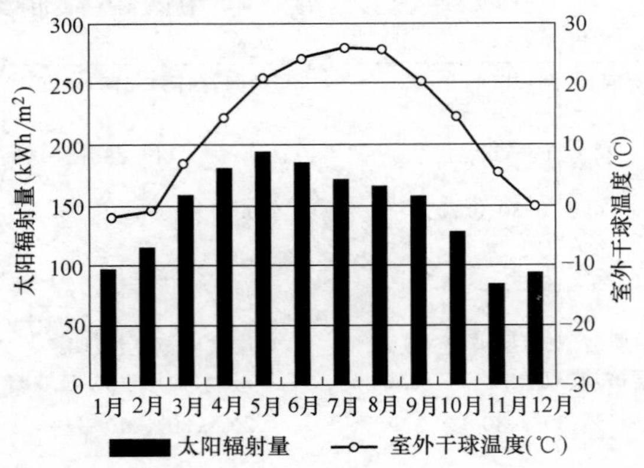

图 2 天津地区年太阳辐射量及室外干球温度变化

2 结果及讨论

2.1 单一走廊设计要素的影响

图 3 表示走廊形式和朝向对学校建筑能耗的影响。开放式外廊建筑由于走廊空间不需

要采暖制冷调节而总能耗最低，而封闭外廊式学校建筑的总能耗最高。此外，南向和北向建筑的总能耗相比另外两个朝向较低，这主要是由于较低的制冷能耗造成的，而采暖和照明能耗变化则很小。走廊宽度方面，走廊宽度的增加使得内廊式和封闭外廊式建筑能耗增加，但对开放外廊式建筑却影响甚小。图 4 表示走廊形式造成的走廊空间能耗变化，可以看出，前两种类型建筑总能耗的增加主要是因为走廊自身能耗的增加造成的。

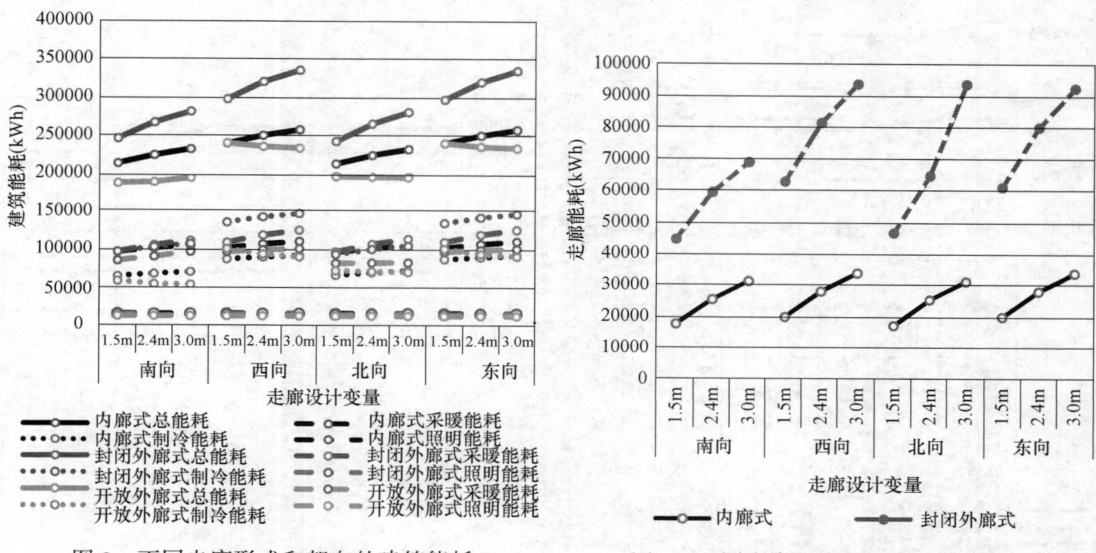

图 3　不同走廊形式和朝向的建筑能耗

图 4　不同走廊形式和朝向的走廊能耗

温度控制方面，内廊式和封闭外廊式建筑能耗均随着走廊温度控制范围的增大而减小，封闭外廊式的能耗变化要比内廊式更明显（图 5）。其原因是内廊式建筑的走廊与外界接触面积相对封闭外廊式较小，因此更有利于维持走廊空间内部的温度。由图 6 可看出，通过温度控制，封闭外廊式的走廊空间能耗可降低约 29000kWh，而内廊式的走廊空间可降低能耗仅约 11000kWh。

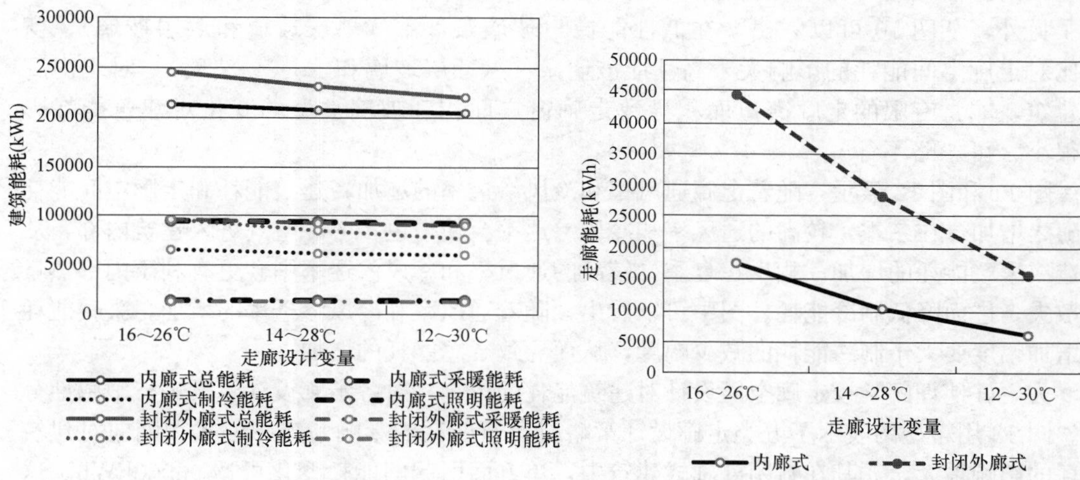

图 5　不同走廊温度控制范围的建筑能耗

图 6　不同走廊温度控制范围的走廊能耗

对于不透明围护结构设计，走廊外墙及屋面传热系数的变化对建筑能耗的影响很小（图 7、图 8），这表明在寒冷气候区仅增加走廊空间墙体及屋面的保温性能而不考虑其他设计要素可能并不会高效节能。在国家“三步节能”的基础上，建筑墙体及屋面的隔热性能已有很大的提升，这导致通过不透明围护结构传导的热量占比越来越小，在此基础上对墙体及屋面的提升空间有限。

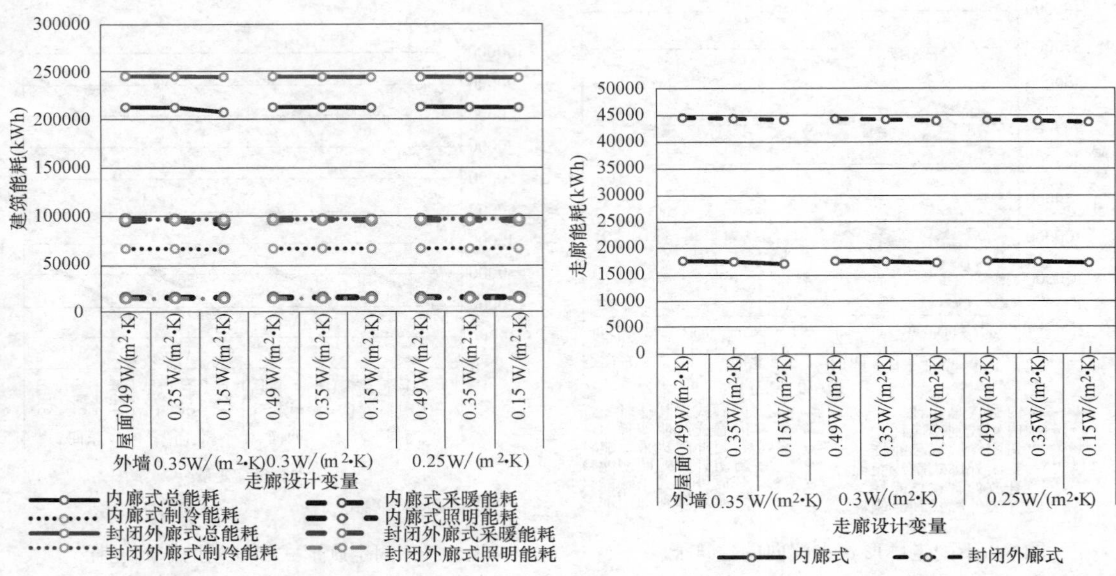

图 7　不同走廊不透明围护结构设计的建筑能耗　　图 8　不同走廊不透明围护结构设计的走廊能耗

图 9 表示走廊窗户面积和类型对建筑能耗的影响。Low-E 双层玻璃在封闭外廊式建筑中的表现要优于其他三种玻璃类型，但是其对内廊式和开放外廊式建筑却几乎没有影响。窗户面积方面，对于封闭外廊式和开放外廊式建筑，随着走廊窗户面积的减小，采暖能耗在增加而制冷能耗在减少。其采暖与制冷能耗变化幅度的不同导致封闭外廊式建筑的总能耗随着窗墙比减小而减小，而开放外廊式的总能耗随着窗墙比减小而增大。另外，从图 10 可以看出，在低性能窗户玻璃条件下（单层玻璃和双层玻璃），窗墙比对走廊空间能耗的影响大于高性能玻璃条件（三层玻璃和 Low-E 玻璃）。对于内廊式建筑，非常有限的走廊窗户面积导致走廊窗户面积和玻璃类型的变化对建筑能耗影响很小，可忽略不计。

图 11 和图 12 显示，随着走廊通风率和冷风渗透率的增加，建筑能耗和走廊空间能耗都随之增加。在冬季，较高的通风率和冷风渗透率会使得更多的冷空气进入建筑内部，从而造成采暖能耗的增加；相反在夏季，较高的通风率和冷风渗透率则会更有利于内部热量的散失，进而降低制冷能耗。图中可以看出，随着通风率和冷风渗透率的增加，采暖能耗的增加幅度要大于制冷能耗的减少幅度，从而导致了总能耗的增加。

为更好地理解学校走廊空间设计对建筑能耗的影响，对各走廊设计要素进行敏感性分析。图 13 用箱型图表示了五类走廊设计策略对建筑能耗的影响。走廊形式和朝向对建筑能耗的影响最大，尤其在封闭外廊式建筑中，单方面引起的能耗变化可达 93000kWh。这表明走廊在形式和朝向设计方面节能潜力巨大，但也最有可能导致能耗浪费。相反，走廊空间不透明围护结构设计对建筑能耗影响最小。窗户设计方面，窗户面积和玻璃类型对封闭外廊式和开放外廊式建筑能耗影响较大，而对内廊式建筑的能耗影响很小。温度控制对封闭外廊式建筑能耗影响要大于内廊式，而通风和冷风渗透对封闭外廊式和内廊式建筑能耗影响相近。

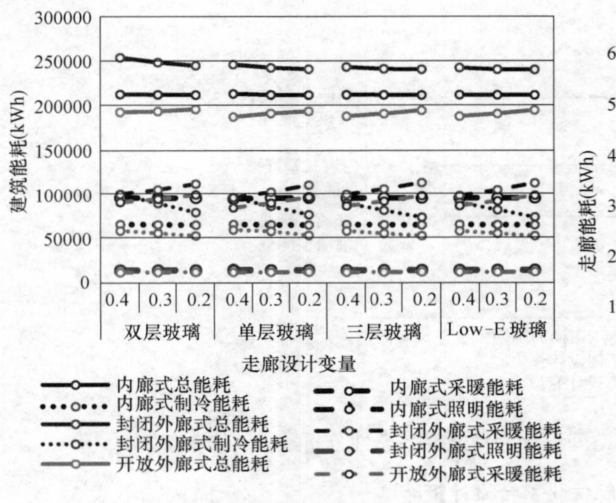

图 9 不同走廊窗户设计的建筑能耗

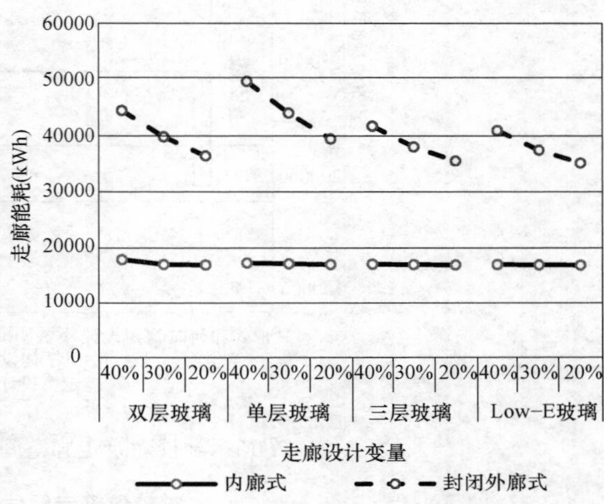

图 10 不同走廊窗户设计的走廊能耗

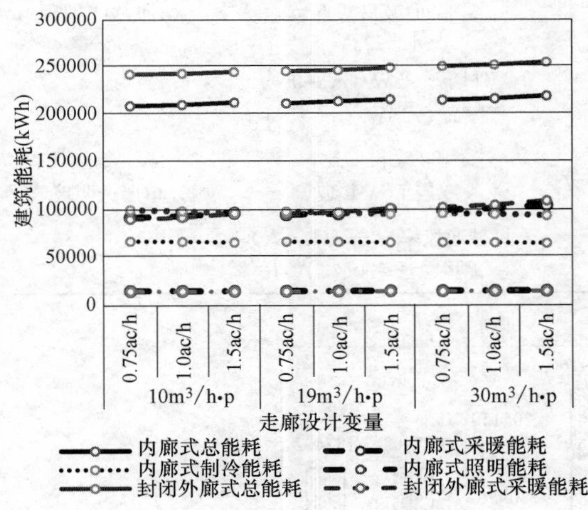

图 11 不同走廊通风率和冷风渗透率的建筑能耗

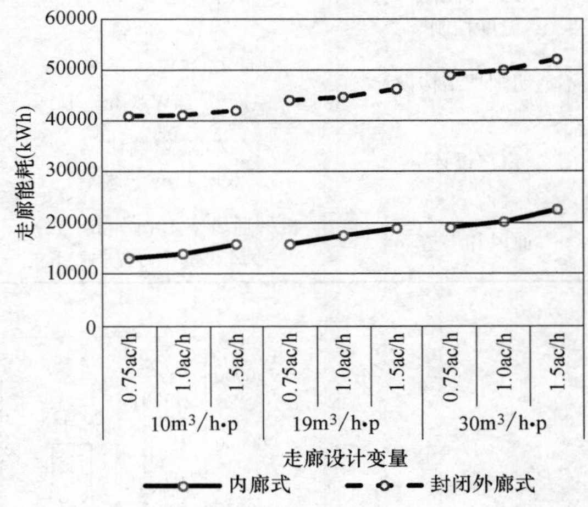

图 12 不同走廊通风率和冷风渗透率的走廊能耗

2.2 走廊设计整合策略

根据上述分析，定义新的走廊整合设计策略，将每类设计要素中节能效果最好的策略整合为新的学校建筑走廊设计（表 3）。计算此走廊整合设计的建筑能耗值，并与优化前的基准建筑能耗值相比较可以得出，内廊式和封闭外廊式建筑的走廊空间具有很大节能潜力，开放外廊式建筑的走廊空间节能潜力则甚微（图 14）。内廊式建筑通过走廊设计优化可降低建筑能耗 6%，封闭外廊式建筑则可降低建筑能耗达 17%。而对于开放外廊式，由于基准模型中走廊设计要素与最优模型走廊要素相同，所以能耗没有变化。

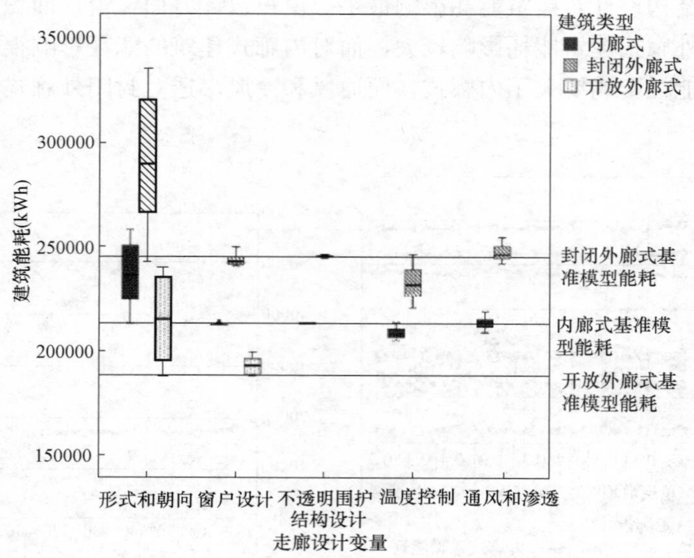

图 13　学校建筑走廊空间设计变量能耗敏感性分析

学校建筑走廊优化整合设计策略　　**表 3**

	内廊式	封闭外廊式	开放外廊式
形式和朝向	北向，宽度 1.5 m	北向，宽度 1.5 m	南向，宽度 1.5 m
温度控制	12～23℃	12～23℃	—
不透明围护结构设计	外墙 0.35W/(m² · K)， 屋面 0.15W/(m² · K)	外墙 0.25W/(m² · K)， 屋面 0.15W/(m² · K)	—
窗户设计	20% 窗墙比， 双层 Low-E 玻璃	20% 窗墙比， 双层 Low-E 玻璃	40%窗墙比， 单层透明玻璃
通风和渗透	机械通风率 10m³/(h · 人)， 冷风渗透率 0.75 次/h	机械通风率 10m³/(h · 人)， 冷风渗透率 0.75 次/h	—

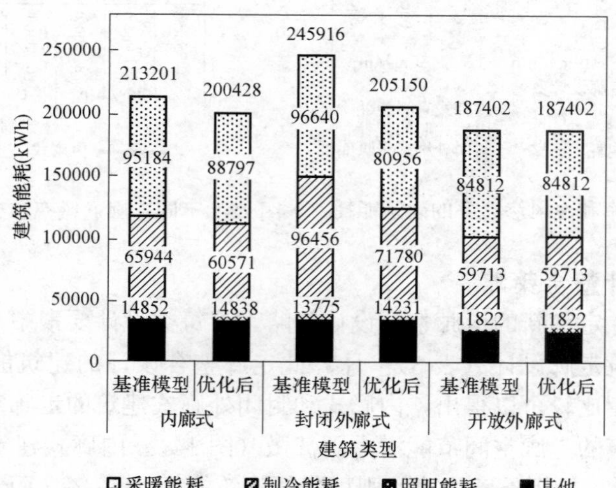

图 14　优化后模型与基准模型的建筑能耗比较

3 结论

本文研究了学校建筑三种走廊空间类型设计要素对建筑能耗的影响，涉及的走廊设计要素有：形式与朝向、温度控制、不透明围护结构设计、窗户设计、通风及冷风渗透。得出的主要结论如下：

（1）开放外廊式建筑能耗最低，而封闭外廊式建筑能耗最高。

（2）走廊形式和朝向对建筑总能耗的影响最大。南向和北向的建筑能耗较其他朝向较低；对于内廊式和封闭外廊式建筑，减小走廊宽度有一定的节能效果，但对开放外廊式建筑效果甚微。

（3）对于内廊式和封闭外廊式学校建筑，走廊设计为20%窗墙比并配以双层Low-E玻璃节能效果最佳；而对于开放外廊式学校建筑，走廊设计为40%窗墙比并配以单层玻璃节能效果最佳。另外，内廊式学校建筑由于走廊空间窗户较小，因而在节能方面提升幅度有限。

（4）增加封闭式走廊的温度控制范围以及降低走廊空间的通风率和冷风渗透率都能降低建筑全年能耗。其中，温度控制对封闭外廊式建筑的影响要大于内廊式，而通风率和冷风渗透率对封闭外廊式和内廊式建筑的能耗影响相近。

（5）走廊不透明围护结构设计对学校建筑节能效果影响很小。

（6）整合优化后的走廊空间设计可以降低内廊式建筑能耗6%，封闭外廊式建筑能耗17%；而对于开放外廊式建筑，基准建筑的走廊设计要素已为最佳。

在设计学校建筑时，建筑师应该不只关注教室空间，也应该重视走廊空间的设计。根据实际条件恰当地设计走廊空间形式及朝向，并结合窗户设计、温度控制、通风及冷风渗透控制可显著降低学校建筑能耗。本文的研究成果从节能角度为建筑师最初的决策提供依据和借鉴，有利于建筑业整体节能减排目标的实现。

参 考 文 献

[1] Zhou X, Yan J, Zhu J, et al. Survey of energy consumption and energy conservation measures for colleges and universities in Guangdong province [J]. Energy and Buildings, 2013, 66: 112-118.

[2] Perez Y V, Capeluto I G. Climatic considerations in school building design in the hot - humid climate for reducing energy consumption [J]. Applied Energy, 2009, 86 (3): 340-348.

[3] Pitts A, Saleh J B. Potential for energy saving in building transition spaces [J]. Energy and Buildings, 2007, 39 (7): 815-822.

[4] Kwong Q J, Adam N M, Tang S H. Effect of environmental comfort factors in enclosed transitional space toward work productivity [J]. American Journal of Environmental Sciences, 2009, 5 (3): 315.

[5] Tindale A. Designbuilder software [M]. Stroud, Gloucestershire, Design-Builder Software Ltd, 2005.

[6] 张宗尧，李志民. 中小学建筑设计 [M]. 北京：中国建筑工业出版社，2000.

[7] 中华人民共和国住房和城乡建设部. GB 50099—2011 中小学建筑设计规范 [S]. 北京：中国建筑工业出版社，2011.

[8] 王旭. 城市小学校交往空间构成及设计方法 [D]. 西安：西安建筑科技大学，2007.

寒冷地区小型公共建筑节能改造实践*

王立雄[1]，周涵宇[1]，韩春刚[2]，王海滨[3]，苗君强[4]

1 天津大学建筑学院；2 东营市建筑设计研究院；3 东营市园林君；4 东营市城乡规划局

摘　要：我国存在大量既有小型公共建筑，设计时往往未充分考虑其运行效果，有诸多建筑物理性能缺陷，如何对这类建筑进行有效的节能改造，并保证今后的独立运行具有重要意义。本文选取东营科技园内一小型公建为研究对象，对其进行被动式、主动式、智能化技术选型及优化分析，运用 VE-LUX、Airpak、PVsyst6 对光环境、风环境及太阳能板设置进行模拟计算，最终改造成既舒适又节能的零能耗建筑，探索一种新的既有小型建筑改造设计方法及流程。

关键词：节能改造；零能耗；小型公共建筑；技术整合

鉴于全球能源及环境状况，建筑能效要求越来越高。我国大量既有建筑由于建筑设计方法传统，存在诸多物理性能缺陷，导致建筑能耗水平高，用户舒适程度低，因此，既有建筑的节能改造，提高能效及舒适度，成为我国当前的紧迫问题。国内外的绿色建筑实践大多集中在住宅及大中型公共建筑，对城市公园以及其他地方中散落的小型公共建筑的实践及研究较少，在设计上也并不重视，开展这类有独特地理环境限制的小型建筑的节能改造设计研究实践，具有极大的意义。由于环境限制，建筑需满足孤岛运行，本文改造策略基于主、被动技术的全面整合，并实现其智能化运行，将技术优势发挥到最大，最终实现能源自给自足，达到独立运行的标准。

1　项目概况

目标建筑位于东营市科技园生态谷内湖中心岛，四面环湖，远离主城区、噪声、光污染。区位环境好，属典型寒冷气候区气候条件。东营市气温 1 月最冷，月平均气温 −3.0℃；7 月最热，月平均气温 26.6℃，需做好冬季保温夏季防热措施；全年平均相对湿度 65%，相对湿度较高，需做好防潮措施；年平均风速较大，一般在 3.2～4.6m/s，春季风速最大，需做好气流组织设计；东营市的年平均太阳总辐射量为 1441kWh/(m^2·年)，太阳能资源稳定丰富，可利用太阳能光伏光热供能。

目标建筑目前存在的问题主要有如下几点：

（1）围护结构：墙体和架空楼板无保温措施，造成大量热量损失，能耗高；夏季屋顶受到最多的太阳辐射，而屋顶目前无隔热设施。

（2）窗户：建筑开窗效果不理想，对采光、得热影响不利；建筑过于狭长，无法形成有效的自然通风流线；目前无任何遮阳设施，易造成眩光，夏季得热量过大。

（3）冷热：对全年的负荷进行模拟，得到全年的逐时负荷。单位面积热负荷达到 71.5kWh/m^2，单位面积照明负荷 14.4kWh/m^2，累计该建筑平均年能耗指标 85.9kWh/m^2，

* 十三五国家重点研发计划《目标和效果导向的绿色建筑设计新方法及工具》（2016YFC0700200），国家自然科学基金重点项目《寒冷气候区低能耗公共建筑空间设计理论与方法》（51338006）

高于节能建筑标准 38kWh/m^2。[3-4]

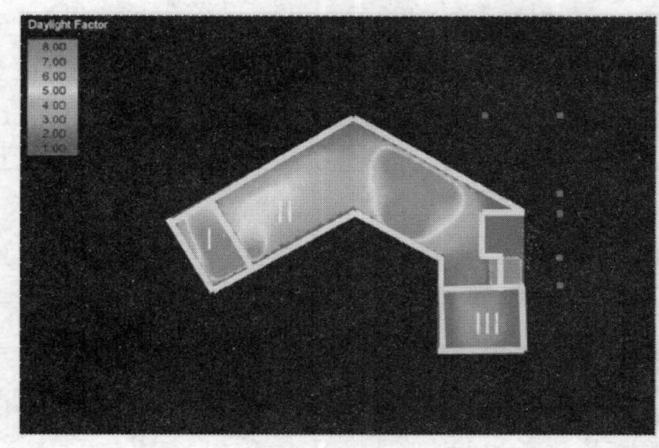

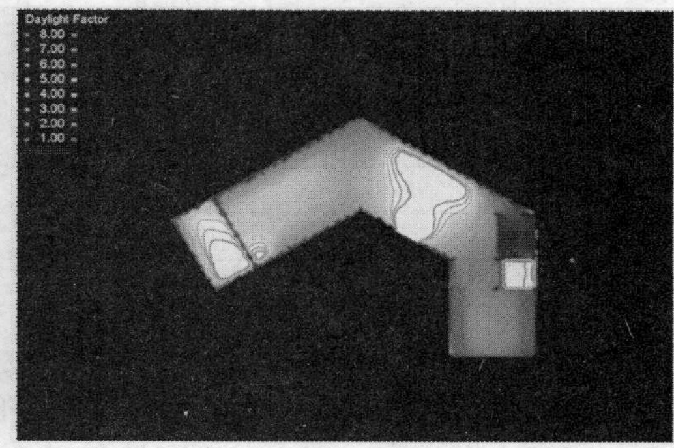

图 1 一层采光模拟

2 被动式技术方案

2.1 采光模拟

项目位于东营（东经 118°5′，北纬 38°15′），在我国光气候分区中属于Ⅲ区，光气候系数 K 值为 1.00，室外天然采光设计照度值为 15000lx，参考平面为 0.75m。目标建筑作为展览建筑，依据规范《建筑采光设计标准》GB 50033—2013 中的侧面采光系数标准值。用模拟软件 VELUX 对室内采光进行模拟，并与采光标准做对比，从而确定采光改造方案（图 1～图 3，表 1）。

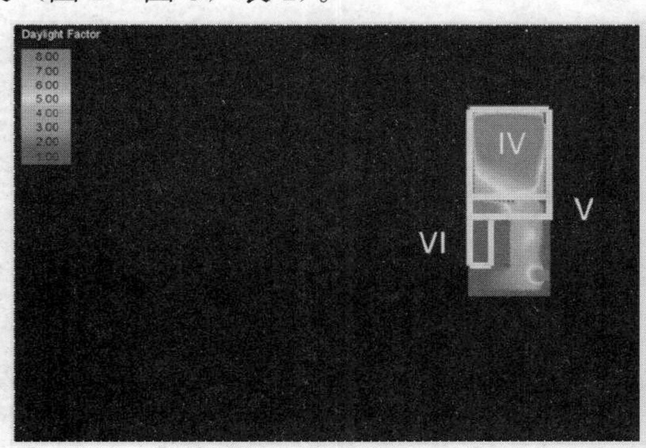

图 2 二层采光模拟

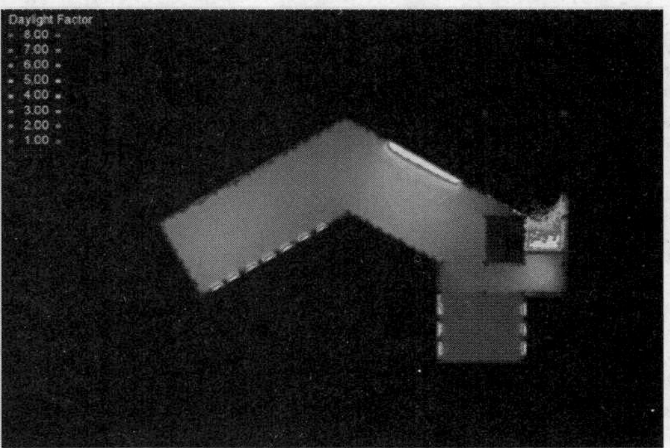

图 3 楼梯间采光模拟

采光模拟结果统计[5] **表 1**

位置	功能区	模拟采光系数值	规范采光系数值
Ⅰ区	设备间	6.67%	1.0%
Ⅱ区	展厅	4.05%	3.0%
Ⅲ区	展厅	1.4%	3.0%
Ⅳ区	会议室	8.4%	3.0%
Ⅴ区	连接通道	8.5%	2.0%
Ⅵ区	卫生间	0.4%	1.0%
Ⅶ区	楼梯间	2.0%	1.0%

经计算模拟，Ⅱ区需改大窗户面积，Ⅵ区需引入导光管，解决展厅及卫生间采光不足问题。另外需要在不同的位置使用不同的遮阳方式，通过模拟得出Ⅱ区和Ⅳ区的东向立面为遮阳的重点，采用夹层设置自动控制百叶的中空玻璃复合高性能窗，既可以隔绝夏天辐射得热，又能结合自动控制系统控制天然采光，南向立面采用室外横向遮阳，西向立面采用室外遮阳卷棚，东北向立面采用室外竖向遮阳。达到遮阳效果最好，经济性最优，展示不同的遮阳形式的目标。

2.2 通风模拟

良好的自然通风可以有效排除房间余热、改善室内湿热环境。东营夏季主导风向南偏东风，平均风速 3.6m/s。使用 Airpak 模拟建筑夏季自然通风，优化夏季窗的开启策略，以达到最佳的自然通风效果。图 4～图 11 为模拟距地面 1.5m 高处风速分布云图。

1）一层通风优化

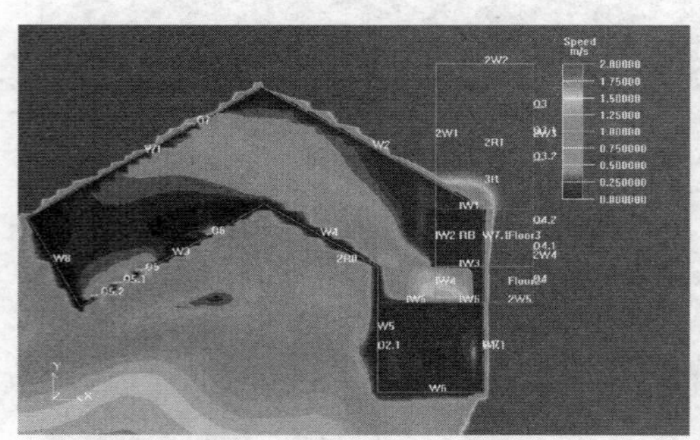

图 4 方案 1.1 风速分布云图

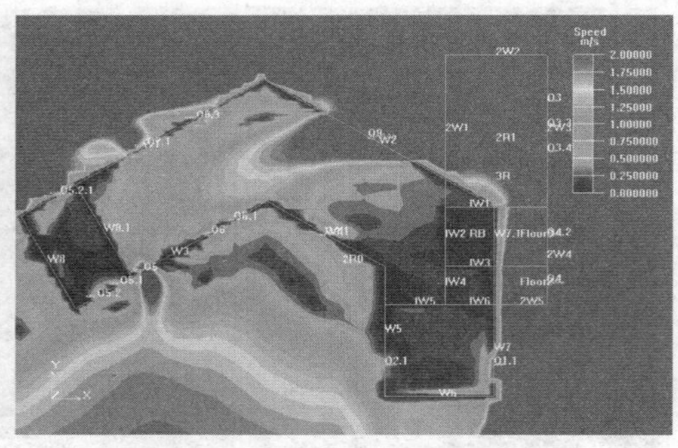

图 5 方案 1.2 风速分布云图

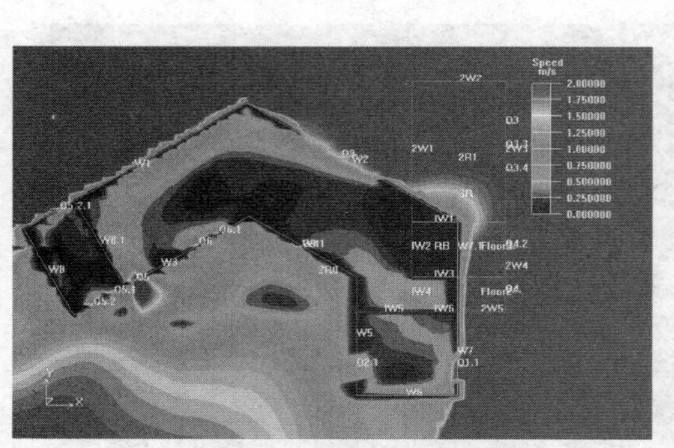

图 6 方案 1.3 风速分布云图

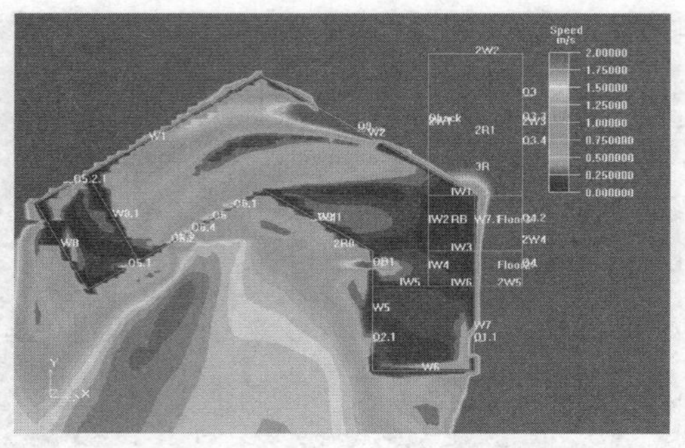

图 7 方案 1.4 风速分布云图

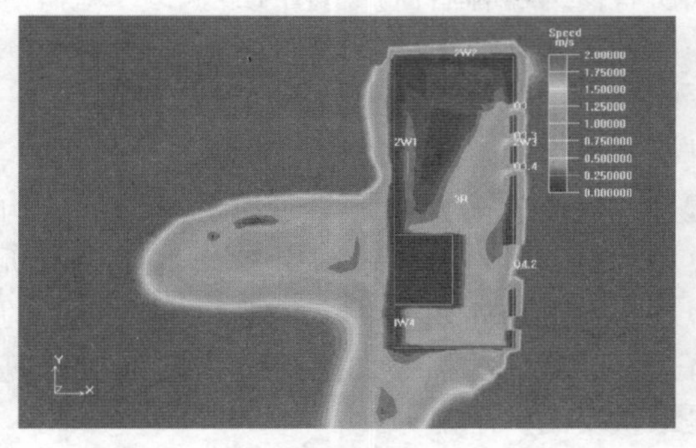

图 8　方案 2.1 风速分布云图

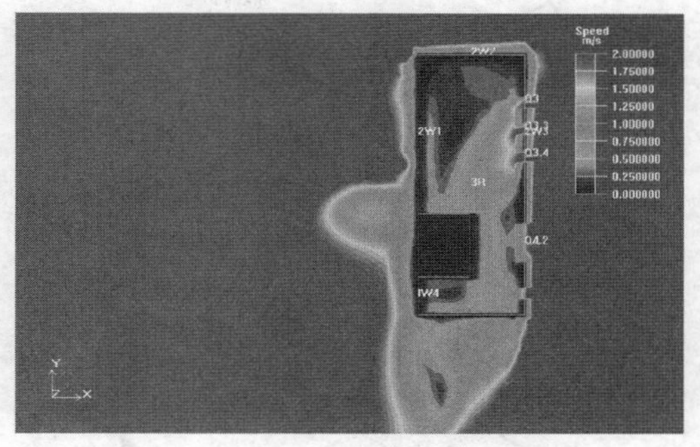

图 9　方案 2.2 风速分布云图

方案 1.1：保持原有洞口及分区，模拟结果显示底层空气流动差，无法满足夏季自然通风的需求。

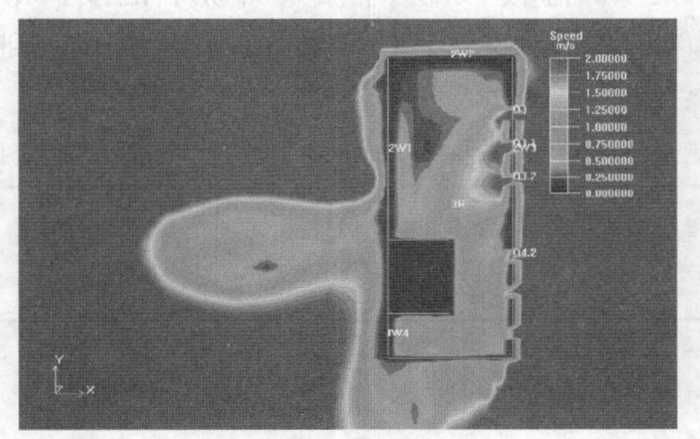

图 10　方案 2.3 风速分布云图

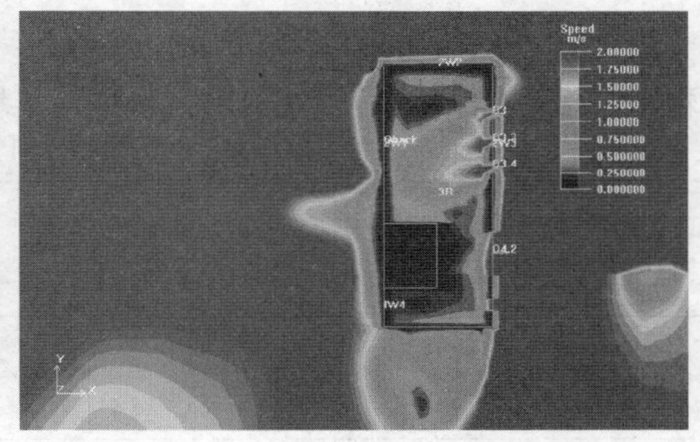

图 11　方案 2.4 风速分布云图

方案 1.2：北侧加增设备间进行功能分区优化；增加东南向迎风面开窗及东侧开窗，虽然风速整体加强，但是北侧风速较大楼梯间较小，分布不均，

方案 1.3：保持东南向迎风面的开窗，与西北侧窗形成有效的空气流线，风速分布均匀，大大优化了室内的空气流动，有利于夏季自然通风。同时入口处室外风场相对于方案 1.1 有较大提高。

方案 1.4：保持东南向迎风面的开窗，西北侧关闭长条窗，而打开接近中央的四个高窗，室内空气流动流畅且均匀。为目前方案最优。同时入口处室外风场非常均匀，无旋涡湍流区。

2）二层通风优化

方案 2.1：保持原有洞口及分区，模拟结果显示空气流动不均，无法满足自然通风的舒适要求。

方案 2.2、2.3：在原有洞口基础上扩大窗口面积，使得夏季通风可在局部二层室内均匀分布，提高了接待室的风环境品质及空气质量

方案 2.4：保持方案 2.2、2.3 扩大窗口面积，继而打开接待室北部的窗，使得接待室内的空气流动形成穿堂风，风场分布不如方案 2.3 均匀，最终确定方案 2.3。

根据通风模拟分析，确定最终可开启窗户方案为，西南向的小高窗，东向大窗及东南

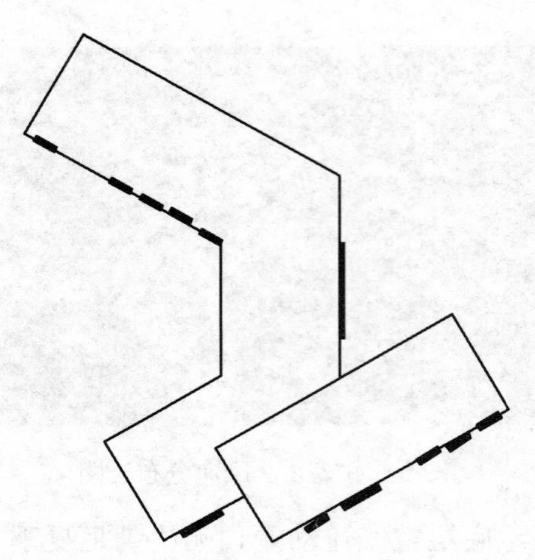

图 12　可开启窗户示意图

向所有窗为可开启窗户（图 12）。

2.3　围护结构

建筑围护结构起到内外环境阻隔的作用，其受到诸多自然环境因素的影响，比如温度、湿度、气流、雨雪、太阳辐射，而围护结构良好的保温性能是所有绿色建筑的关键。所以在建筑的改造过程中，为确保室内环境的舒适、降低能源损失，围护结构的保温修复是最重要的一个部分。

改造采用外保温，以提高空间的利用率、避免热桥、提高室内的热舒适度。对比目前最常用的两种外保温材料聚氨酯保温板 PU 和聚苯保温板 EPS，需要做外保温的围护结构有墙体 400m^2 及屋面 200m^2，对比为达到相同传热系数 0.21 所需聚氨酯保温板以及聚苯保温板。

外保温材料性能及价格对比　　表 2

	导热系数［W/(m·K)］	建议厚度（mm）	传热系数［W/(m^2·K)］	总面积（m^2）	总体积（m^3）	保温板价格（元/m^3）	人工费（元/m^3）	估算价格（元）
聚氨酯保温板 PU	0.021	100	0.21	600	60	800	25	49500
聚苯保温板 EPS	0.034	160	0.2125	600	96	260	25	27360

聚氨酯保温板 PU 喷涂发泡在外墙面具有极强的附着力，有良好的保温性能；聚苯保温板 EPS 所需投资费用小，但保温层厚度较厚（表 2）。

3　主动式技术方案

纯被动房无法满足寒冷气候区公共建筑的使用要求。采用“被动优先，主动优化”的原则，利用被动技术缩短主动技术开启时间，降低设备安装功率，从而节省初始造价，减少运行费用。

3.1　供暖通风及空气调节

冷热系统源端使用地源热泵，利用浅层地热；末端采用地埋管供热、风机盘管制冷制热、通风热回收系统、新风净化系统，确定各系统构造做法，模拟优化以达到最佳舒适性。

用地源热泵可以解决夏季供冷和部分冬季供暖的需求，园区打井已经存在，可以直接就近使用，节省打井的成本。冬季使用地暖，满足人的舒适要求，室温由下向上递减，室内温度更均匀，而且节省了安装暖气片和管道的面积，使得室内面积增加 2%～3%，风机盘管起辅助作用。夏季考虑当地的湿度较大，所以没有采用顶棚辐射供冷末端，防止工作时冷凝的发生，而是采用风机盘管来供冷。

为保证室内空气品质，安装机械通风系统，夏季主要自然通风，不采用机械通风；冬季尽量密闭，采用机械通风，另外对新风机组采用热回收。不采用换热装置的情况下，室内外温差达到 20℃，假设新风量为 1 次风/h，损失的热量大约为 5kW，采用板式换热器，换热效率达到 60%以上，可以使得负荷至少降低 3kW。

3.2　太阳能光电应用

采用太阳能 PV 板+市政电的发电方式，确定太阳能 PV 板可用面积，分析太阳能的年发电量。首先进行建筑用电负荷估算，日最大耗电量为 75.316kWh，年总耗电量为 8505.68kWh（表 3）。

用 PVsyst6 模拟得到太阳能板布置方案，选择单晶硅太阳能发电，效率 15%；方位角 0°，即正南，倾斜角 34°的太阳能板。经模拟计算得出年发电量 8500kWh/年，所需电池板面积 43m^2（建筑屋顶总面积 184.18m^2），装机容量是 6.4kW，投资 6.26 万元。模拟结果如图 13、图 14 所示。

建筑用电负荷估算　　　　表 3

设备		功率（W）	个数（个）	每日运行时间（h）	每日耗电量（kWh）	运行月份（月）	年度耗电量（kWh）
照明	灯 1	24	13	4	1.248	12	455.27
	灯 2	13	9	4	0.468	12	170.73
空调新风系统	热泵机组制冷	3200	1	10	32	3(6 月至 8 月)	2918.4
	热泵机组制热	2500	1	10	25	3(12 月至来年 2 月)	2280
	地源侧水泵	380	1	10	3.8	6(6 月至 8 月,12 月至来年 2 月)	693.12
	末端侧水泵	450	1	10	4.5	6(6 月至 8 月,12 月至来年 2 月)	820.8
	风机盘管	450	1	10	4.5	6(6 月至 8 月,12 月至来年 2 月)	820.8
	新风机组	380	1	10	3.8	3(12 月至来年 2 月)	346.56
总耗电量					75.316		8505.68

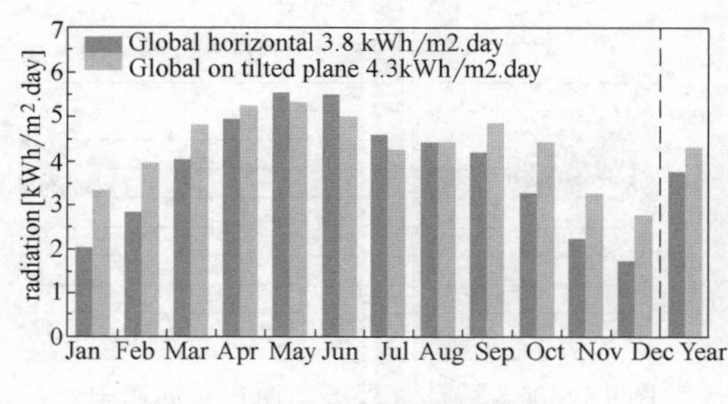

图 13　太阳能系统接收辐射量

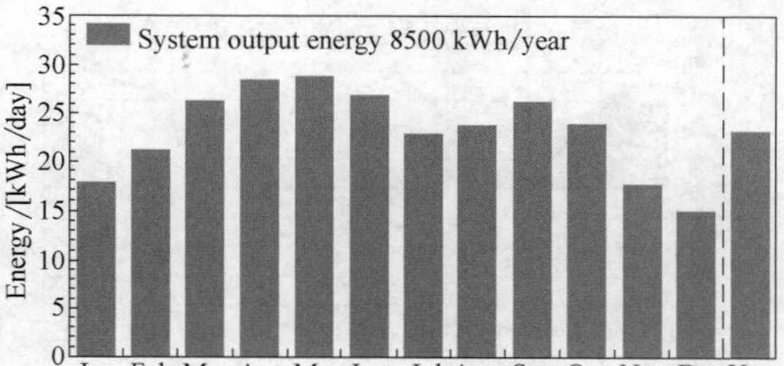

图 14　太阳能系统能量输出

4　智能控制方案

根据风、光、热、湿等物理环境监测、空气质量监测、太阳辐射监测、能耗计量，保证室内舒适度同时降低能耗，确定具体实施方案。

4.1 被动技术控制方案

可调开窗：监测室外气候（温湿度、风速）、室内空气质量、室外空气质量，在不同情况下调节不同的开窗方式及开窗大小。当室外气候过冷或过热，不开窗；室内空气质量优于室外空气质量，不开窗；室内空气质量差于室外空气质量，开窗。

可调遮阳：监测太阳高度角、太阳辐射度、室内照度水平，在不同情况下调节不同的遮阳角度及是否开启遮阳。当太阳高度角小，全遮阳；太阳辐射度高时，遮阳；室内照度水平低时，不遮阳，综合考虑上述因素，确定遮阳方式。

4.2 主动技术控制方案

机械通风：监测室内空气质量（甲醛、二氧化碳浓度），确定通风功率。根据室内多个测点测得的空气质量，进行分区自动调节机械通风。

照明：感应控制器感应人员位置，确定室内各分区使用状况，从而调节灯具开启状态；监测室内照度，确定灯具开启状态及开灯功率；同时照度均匀度应符合规范。

地源热泵：监测室内温度，确定地源热泵的开启大小。根据室内多个测点测得的室内温度，进行分区调节。

5 改造效果分析

通过能耗模拟分析各技术的节能贡献率及整体方案的节能效果（图 15～图 18）。

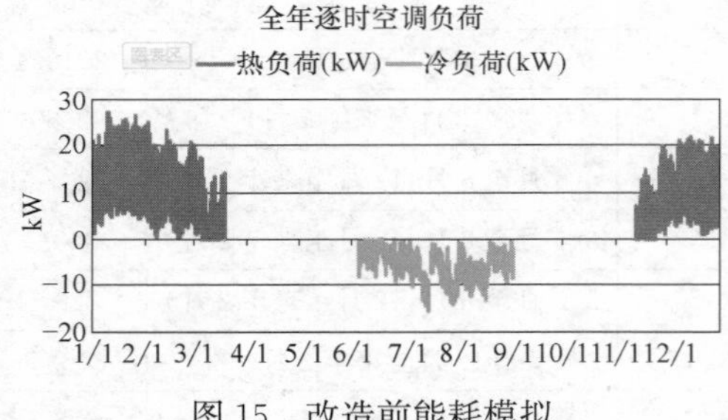

图 15 改造前能耗模拟

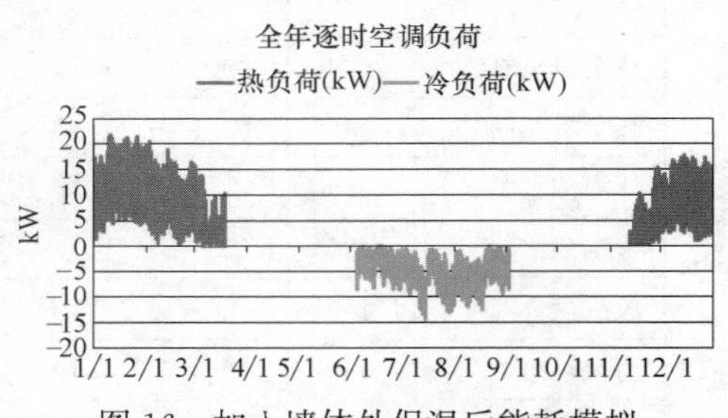

图 16 加入墙体外保温后能耗模拟

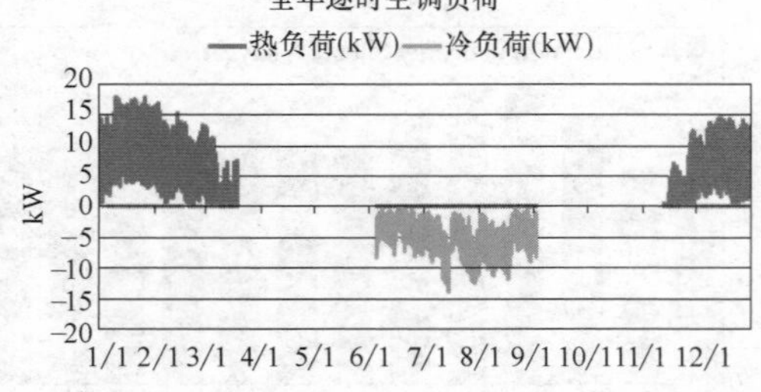

图 17 加入墙体外保温、窗户保温遮阳后能

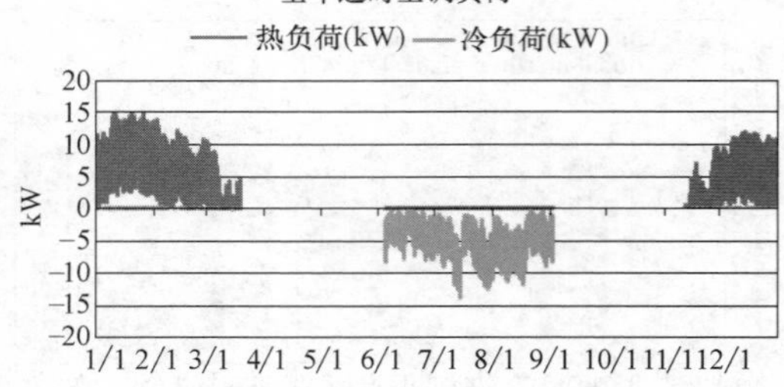

图 18 加入墙体外保温、窗户保温遮阳、通风耗模拟热回收后能耗模拟

未经改造的房子能耗模拟情况，热负荷 28kW；加入外保温之后热负荷从 28kW 减小到 22kW，保温节能率 21.4%；再加入窗户保温遮阳之后，热负荷从 22kW 减小到 18kW，窗户节能率 18.2%；再加入通风热回收后，最终的热负荷减小到 15kW，节能率 16.7%。

改造前后能耗对比 **表 4**

类别		改造前(kWh/m^2)	改造后(kWh/m^2)
暖通	热	27.98	24.5
	冷	43.55	
照明		14.4	7
总计		85	31.5

改造后年单位能耗 31.5kWh/m^2，低于节能公建要求 38kWh/m^2（表 4）。[3-4]

6 总结

该改造的关键是实现被动策略、高效设备和可再生能源之间的良好平衡，实现建筑零能耗，满足节能要求，并可满足孤岛运行。首先对目标建筑基地环境进行分析；然后提出被动式技术方案，被动设计有助于改善室内舒适度，降低建筑物的能源消耗，改造措施有外保温、遮阳、开窗、建筑绿化；在被动式技术的基础上提出主动技术方案，有冷热联供系统、太阳能光电，合理利用可再生能源及高效的设备，在节能的基础上满足室内环境舒适要求；最后针对主被动技术提出智能控制方案，所有这些主被动技术由智能化系统控制，将改善效果发挥到最大。

东营科技园小房子，作为典型独立运行的小型公共建筑，基于本次设计所形成的新方法、新产品、新技术及一系列改造优化设计流程，可在寒冷地区进行推广应用，对改造其他小型公共建筑具有借鉴作用。

参 考 文 献

[1] 杨维，李灿，李义，等．某小型绿色建筑设计理念及应用实践［J］．建筑科学，2014（12）：36-42.

[2] 张弘，李珺杰，董磊．零能耗建筑的整合设计与实践——以清华大学 O-House 太阳能实验住宅为例［J］．世界建筑，2014（1）：114-117，128.

[3] 中华人民共和国住房和城乡建设部．GB 50189—2015 公共建筑节能设计标准［S］．北京：中国建筑工业出版社，2015.

[4] 山东省墙材革新与建筑节能办公室主编．DBJ 14—036—2006 山东省公共建筑节能设计标准［S］．2006.

[5] 中国建筑科学研究院．GB 50033—2013 建筑采光设计标准［S］．北京：中国建筑工业出版社，2013.

[6] 彭梦月．中国首个被动式低能耗建筑的实践和思考——秦皇岛“在水一方”示范项目［J］．动感（生态城市与绿色建筑），2015（1）：91-96.

[7] 杨向群，高辉．零能耗太阳能住宅建筑设计理念与技术策略——以太阳能十项全能竞赛为例［J］．建筑学报，2011（8）：97-102.

[8] 吴伟东，高辉，邢金城，等．零能耗太阳能建筑主动技术优化评价方法研究［J］．太阳能学报，2015，（9）：2204-2210.

[9] 房涛，高辉，郭娟利，等．德国被动房对我国建筑节能发展的启示——以寒冷地区居住建筑为例［J］．新建筑，2013（4）：37-40，36.

文化视角下的天津既有多层住宅节能改造模式研究*

常艺，宋昆
天津大学建筑学院

摘　要： 本文以20世纪80—90年代天津既有多层住宅为研究对象，以文化视角下的住宅风貌继承与发扬为出发点，从文化风貌延续性、节能性、经济性三方面进行分析，提出一套具有可行性的既有多层住宅节能改造模式；在文化视角节能改造模式的指导下，构建一套围护结构节能改造技术方案；选取天津大学新园村一期对所设计的技术方案进行模拟与分析，得出在文化视角节能改造模式下既有多层住宅节能改造所能达到的目标值。

关键词： 文化风貌；节能改造；既有多层住宅

天津既有多层住宅的发展定型期为1976—1995年，长条式平面、清水砖墙外立面、平屋面构成这一时期多层住宅的主要文化风貌特征（图1）。然而伴随着节能减排工作的迫在眉睫和住户对生活质量要求的提高，天津对既有多层住宅节能改造的工作逐步展开，其中在外墙节能改造中主要以采用整体外保温技术为主（即现行节能改造模式），将原有清水砖墙完全覆盖，以天津市河西区景福里为例（图2）。

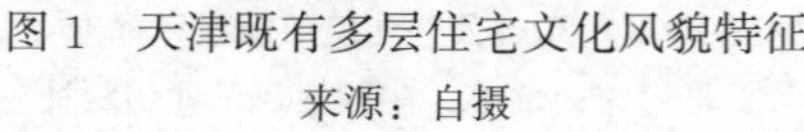

图1　天津既有多层住宅文化风貌特征
来源：自摄

图2　现行节能改造后住宅风貌特征
来源：自摄

由图1和图2对比可知，现行节能改造模式将大幅改变住宅原有风貌，失去住宅原有文化特色。此外，天津既有多层住宅区多集中在城市中心区或次中心区，这些区域是天津城市历史文化风貌发展的主要片区，其建筑特色、人文环境集中体现了天津的城市文化特征。因此，基于上述分析，需要对天津既有多层住宅提出一套有针对性和可行性的节能改造方案。

1　文化视角下的节能改造模式分析

文化视角下的节能改造模式（以下简称“文化模式”）是指在既有多层住宅外围护结构系统（包括外墙、外窗、屋面、热桥等部位）中，外墙为370mm厚实心黏土砖墙，自

* 基金项目：教育部哲学社会科学研究重大课题攻关项目（15JZD025）。

身具有良好的保温性能，而热桥、外窗、屋面等薄弱环节保温性能较差的基础上，提出一套不采用外墙整体保温措施，仅对薄弱环节进行保温处理，从而形成系统匹配和综合优化的节能改造模式，建立一套“低干扰、低成本、小目标”的节能改造技术方案，并得出在文化视角下节能改造所能达到的目标值。

1.1 文化模式提出的动因分析

1）既有多层住宅区多集中在城市中心区或次中心区，集中体现天津城市文化风貌

1980 年 8 月 11 日，天津市政府“关于消除震灾加速住宅恢复重建的决定”中，提出在中心城区内老六片——和平区贵阳路片、河西区大营门片、河北区黄纬路片、河东区大直沽片、南开区东南角片、红桥区大胡同片（图 3）进行修、拆、改、建。从 1981 年至 1993 年先后开辟了真理道（1976 年）、小海地（1976 年）、丁字沽（1979 年）、密云路（1979 年）、长江道（1979 年）、天拖南（1979 年）、建昌道（1979 年）、北仓（1979 年）、体院北（1980 年）、民权门（1981 年）、新立新村、47 中北（1981 年）、万新村（1983 年）、王顶堤（1984 年），共 14 个住宅区（图 4）。这一时期住宅集中体现了天津既有文化风貌。

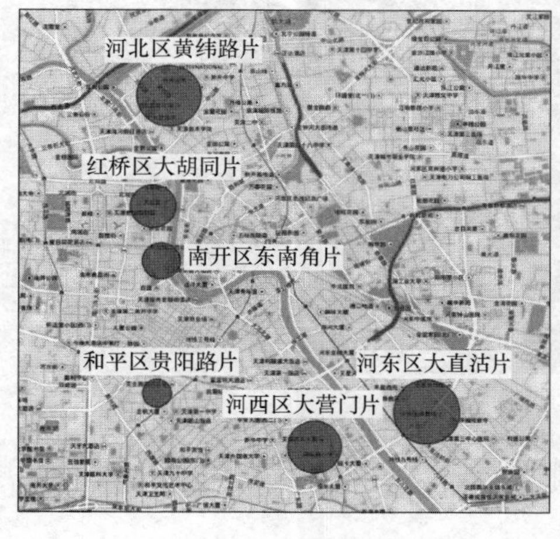

图 3　天津市内老六片分布图

来源：自绘

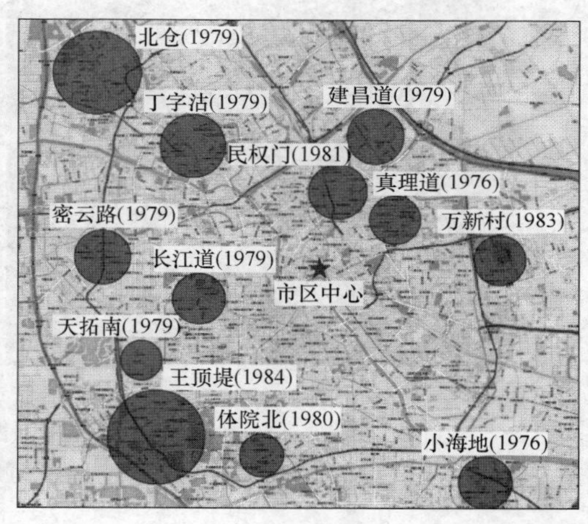

图 4　1981—1993 年开辟的 14 个住区分布

来源：自绘

2）既有多层住宅存量大，节能改造潜力大

根据“部科技与产业化发展中心”对天津既有住区的调研数据可知，通过对中心城区旧楼区进行拉网式调查摸底，市内六区和环城四区外环以内，2000 年以前建成的影响居民正常使用的小区（不包括已列入拆迁计划小区、历史风貌保护建筑、超出设计年限未经加固处理的楼房和新建商品房小区）共有 6924 万 m^2。通过统计可知，从 1976 年震后到 2000 年间，既有住宅存量较大（图 5）。

此外，天津 1991 年开始实施一步节能，存量较大的既有多层住宅处于节能设计的萌芽期，具有较大的节能改造潜力，因此，对这部分住宅进行节能改造成为当前的首要任务。

3）外墙自身保温性好，热桥及外窗保温性差

20 世纪 80—90 年代天津既有多层住宅多为砖混结构，外墙多为 370mm 厚实心黏土

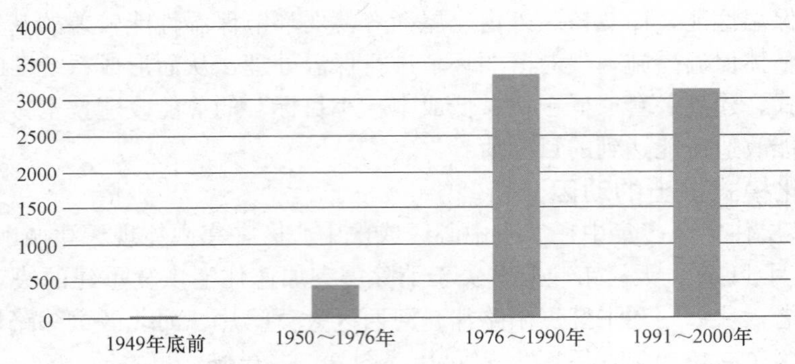

图 5　天津既有住宅（含高层住宅）现状统计

来源：笔者根据部科技与产业发展中心《天津调研报告》数据绘制

砖墙，保温性能好。而窗洞口过梁、阳台、檐口等热桥部位，传热系数较大，且未进行保温，热损失量较大。

图 6　天津市河西区鹤望里外窗现状

来源：自摄

外窗多为单层玻璃窗，保温性能极差。虽然居民后期自行将外窗更换为推拉式的单层塑钢玻璃窗，相对于原有外窗，其热工性能了一定的改善，但依然存在耗热量较大等不足之处（图 6）。

1.2　现行节能改造模式对天津既有多层住宅文化风貌的影响

本节选取天津市红桥区桃花园南里住宅节能改造前后对比现状为例（图 7），对现行节能改造模式对住宅文化风貌影响继续分析。桃花园南里采用现行节能改造模式，外墙采用整体外贴保温板进行外墙节能改造，由图 7 可得出，改造后的住宅风貌与原有住宅风貌形成鲜明对比，文化风貌被大幅改变。

2　以文化模式为指导的节能改造技术方案设计

2.1　热桥及公共走道内墙保温技术

本文将采用 FLIR 红外热像仪对既有住宅中热桥存在位置进行判断，通过其生成的热像图和温度值来判断住宅中的热桥部位（图 8）。

图 7　天津市红桥区桃花园南里外墙节能改造前后现状
来源：自摄

图 8　红外热像仪判断热桥位置
来源：王立雄提供

图 9　天津既有多层住宅外墙空调孔洞现状
来源：自摄

热桥及公共走道内墙保温技术构造做法与传统的外墙外保温做法相同，对窗洞口过梁、阳台、檐口等热桥部位、公共走道内墙涂抹保温浆料，此种做法不受地区气候类型的限制，可推广使用。此外，公共走道内涂保温浆料，缓解了楼梯间北向外窗在冬季所造成的冷风渗透，施工简易，对提高住户对节能改造工程的积极性起到了促进作用。

图 10　外墙管件洞口气密性处理
来源：自摄

此外，因住宅在使用功能上的需要，空调室外机位及厨房排风口等管件需要在外墙预留的孔洞也会造成空气渗透（图 9）；同时，外墙管件孔洞还易造成热桥效应，造成能耗损失。在施工过程中，通常忽略对穿墙孔洞的封堵或仅在预埋管件与墙体之间涂抹一道密封膏封堵，而密封膏有其自身使用年限，经常年使用性能减弱，会导致穿墙孔洞处出现透风和渗水等现象。因此，在进行节能改造工程中，对外墙孔洞的密封性处理可以通过外包 PVC 套管，套管与外墙洞口之间选用发泡聚氨酯或岩棉填充，从而提高外墙孔洞处的密封性，增强外墙整体保温性能（图 10）。

2.2　外窗节能改造技术

外窗是影响室内热环境和建筑节能的主要因素，其热量损失主要体现在：窗框和玻璃部分的传热损失；外窗缝隙的冷风渗透。在文化模式指导下，对外窗节能设计方案如表 1。

外窗节能改造方案设计 表1

<table>
<tr><th>改造措施</th><th colspan="2">具体做法</th></tr>
<tr><td rowspan="2">外窗构件更新</td><td>外窗玻璃</td><td>Low-E 玻璃</td></tr>
<tr><td>外窗窗框</td><td>塑钢窗框</td></tr>
<tr><td rowspan="3">其他弥补性节能措施</td><td>外窗开启方式</td><td>平开式</td></tr>
<tr><td>原有外窗气密性改造</td><td>加装密封条或使用密封胶</td></tr>
<tr><td>外窗遮阳</td><td>安装遮阳设施</td></tr>
<tr><td rowspan="2">各位置及朝向外窗节能技术选择</td><td>南向、西向、东向</td><td>更换双玻塑钢 Low-E 玻璃窗；安装遮阳设施</td></tr>
<tr><td>北向</td><td>更换三玻塑钢 Low-E 玻璃窗</td></tr>
</table>

来源：自绘

2.3 屋面节能改造技术

在整个围护结构体系中，屋面所损失的能耗仅次于外墙和外窗，但对顶层房屋来说，屋面却占据了其围护结构较大的比例，因此屋面的保温性能对顶层房屋室内热环境的影响至关重要。表2为文化模式下屋面节能改造的方案设计。

屋面节能改造方案设计 表2

<table>
<tr><th>改造措施</th><th colspan="3">具体做法</th></tr>
<tr><td rowspan="3">平改坡技术</td><td>坡屋面类型选择</td><td colspan="2">四坡顶形式</td></tr>
<tr><td>屋架结构选择</td><td colspan="2">轻钢屋架</td></tr>
<tr><td>屋面瓦选择</td><td colspan="2">合成树脂瓦</td></tr>
<tr><td rowspan="3">平改平技术</td><td>无保温系统屋面</td><td colspan="2">修复原屋面裂缝，在其上重新做防水层；防水层上铺保温层</td></tr>
<tr><td rowspan="2">有保温系统屋面</td><td>更换原有保温层</td><td>根据原保温层现状确定是否更换新保温层</td></tr>
<tr><td>增厚原有保温层</td><td>需对原有屋面承载力进行计算，应用较少</td></tr>
<tr><td rowspan="2">平改坡与平改平技术选择</td><td>平改坡</td><td colspan="2">邻近城市主要干道的住宅</td></tr>
<tr><td>平改平</td><td colspan="2">住区内部的住宅</td></tr>
</table>

来源：自绘

3 节能改造技术方案模拟分析——以天津大学新园村一期为例

3.1 住区现状及存在问题分析

1）住区现状

天津大学新园村一期（图11）住区建筑面积5410.24m^2，主体形状基本为矩形，南北朝向，建筑层数为6层，建筑高度18.2m；建筑结构为砖混结构，外墙为370mm厚实心黏土砖，抗震烈度为7度，建筑耐火等级为2级。

2）存在问题

通过实地调研，对住宅现状存在问题总结如表3所示。

3.2 模拟方案设计与分析

1）模拟方案设计

图 11 “天津大学新园村一期”现状图

来源：自摄

住宅现状存在问题 **表 3**

	阳台、檐口	空调、厨房排气口孔洞	外窗
现状			
存在问题	出挑的阳台、檐口混凝土构件造成热量散失	空调和厨房排风口处气密性差，加大冬季室外冷风渗透量	密封性差；推拉式开启方式，耗能较大

来源：图片自摄

针对上述存在问题，选取天津大学新园村一期 A 单元进行有针对性的节能改造方案设计，即选取住宅原有的方案、文化模式方案和现行模式方案分别进行模拟与分析（表 4）。

模拟方案设计 **表 4**

方案			方案一（原有方案）	方案二（文化模式）	方案三（现行模式）
外墙	A	370mm 厚实心黏土砖墙	√		
	B	热桥及公共走道涂 30mm 保温浆料		√	
	C	外贴 50mm 厚石墨聚苯板			√

续表

方案			方案一 （原有方案）	方案二 （文化模式）	方案三 （现行模式）
外窗	A	单层塑钢玻璃窗	√		
	B	南向双玻塑钢 low-E 窗 北向三玻塑钢 low-E 窗		√	
	C	统一更换双玻塑钢 low-E 窗			√
屋面	A	平屋面	√		
	B	平改平		√	√
	C	平改平			

（注：A 为原有方案；B 为文化模式下的技术选择；C 为现行模式下的技术选择。）

来源：自绘

2）模拟分析

选用清华大学建筑科学系开发的建筑热环境模拟分析工具 DeST-h 对住宅建立模型进行能耗模拟分析，其围护结构参数如表 5 所示。

各方案围护结构参数表［单位：W/(m² · K)］ **表 5**

方案	外墙平均传热系数	外窗传热系数	屋面传热系数
方案一	4.12	6.40	0.72
方案二	1.95	2.30/1.80	0.47
方案三	0.89	2.30	0.47

来源：自绘

3.3 结果分析

1）节能性分析

将表 5 中三组方案的围护结构参数输入能耗模拟软件分别进行模拟，计算出天津大学新园村一期 A 单元住宅全年累计冷热负荷指标（图 12）。根据图 12 模拟结果，可计算得出文化模式下的方案二节能率为 56%，可达到二步节能；现行模式下的方案三节能率为 68%，可达到三步节能。

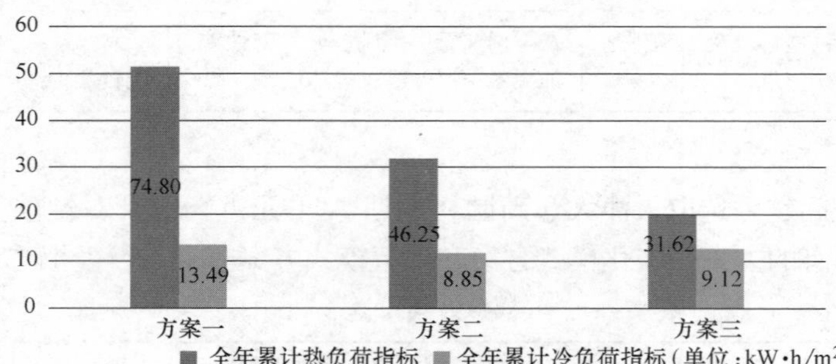

图 12 各方案全年累计冷热负荷指标

来源：自绘

2）文化风貌分析

表 6 对方案二和方案三从既有文化风貌展开分析，文化模式指导下的节能改造仅对热桥部位进行保温处理，不仅更新了建筑立面，并继承与延续了既有住宅风貌；而现行模式

指导下的节能改造方案，外墙整体加装保温板，改变了既有住宅的风貌。

各方案文化风貌分析　　表 6

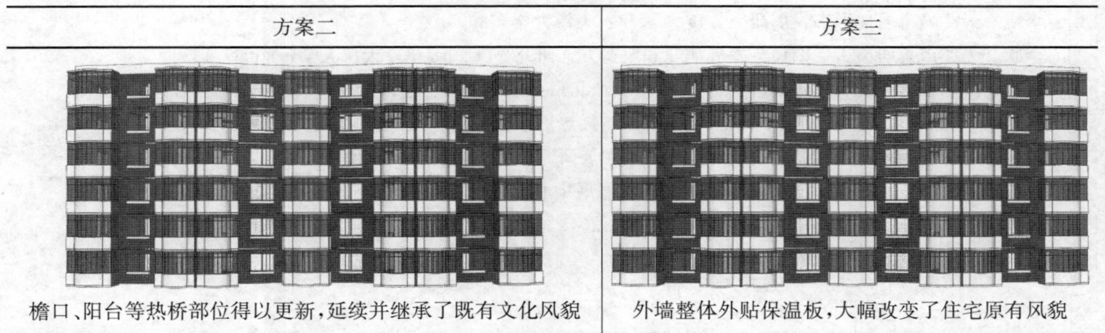

方案二	方案三
檐口、阳台等热桥部位得以更新，延续并继承了既有文化风貌	外墙整体外贴保温板，大幅改变了住宅原有风貌

来源：自绘

3）经济性分析

节能改造所需的成本问题一直是节能改造工程中政府以及住户需要着重考虑的问题，其关系着节能改造工程的可行性与可实施性。图 13 将方案二和方案三外墙、外窗、屋面节能改造所需材料费用（不含施工等其他费用）分别进行统计，经计算得出方案二的改造材料总费用比方案三节省了 33%，其中外墙的材料费用可节省 71%。因此，文化模式可极大降低节能改造所需的成本。

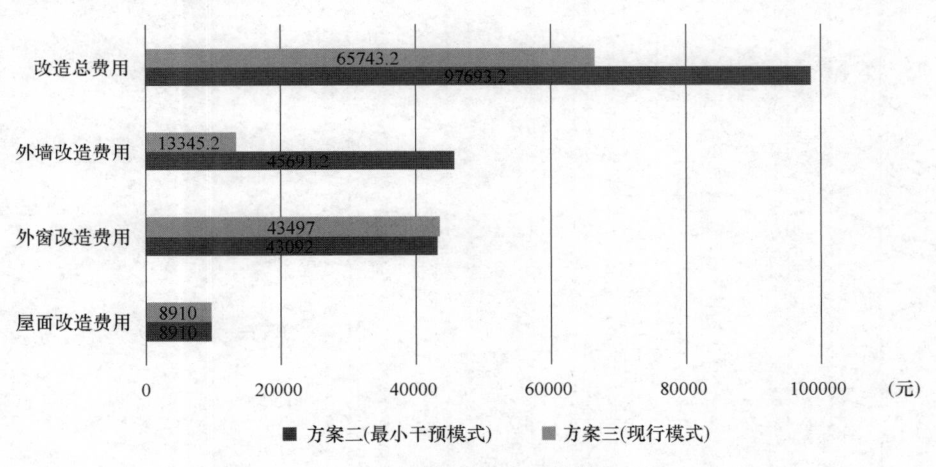

图 13　各方案节能改造材料费用

来源：自绘

4　结论

对于外墙为 370mm 厚实心黏土砖墙，自身具有良好的保温性能，选取文化视角下的节能改造模式进行节能改造，不仅提高了既有住宅的节能性，同时还继承并延续了城市文化风貌，降低了节能改造过程中的人力、物力以及财力，最终还可以将施工对居民正常生活的干扰最小化。另一方面，文化视角下的节能改造模式构建“低干扰、低成本、小目标”的节能改造技术方案，可以形成一套“居民自愿、政府推动、多渠道融资、可推广”的节能改造模式。

参 考 文 献

［1］ 李斌．天津城市居住形态发展研究［D］．天津：天津大学，2005.
［2］ 李欣．天津市集居型多层旧住宅发展演变和改造方式研究［D］．天津，天津大学，2006：14.
［3］ 王清勤，唐曹明．既有建筑改造技术指南［M］．北京：中国建筑工业出版社，2012：136-174.
［4］ 王立雄，陈燕南，刘畅．居住建筑窗墙面积比与耗热量指标关系研究［J］．建筑新技术：2012（6）：141-146.
［5］ 顾放，王卉．天津地区居住建筑节能设计技术发展研究［J］．建筑学报，2013（S1）：176-179.
［6］ 尹伯悦．天津调研报告［R］．部科技与产业化发展中心，2015.
［7］ 张金钟．建筑外门窗对节能的影响［J］．门窗，2016（8）：23-25.
［8］ 中国建筑改造网．http：//www. chinabrn. cn/.

基于绿色能源被动应用的城市高密度区地下公园原型构思设计

汪丽君，孙旭阳，史学鹏
天津大学建筑学院

摘　要： 基于快速城市化进程中城市高密度区出现的土地资源紧缺、公共空间匮乏和空间品质低下的问题，本文提出了地下公园的构想。首先，对高密度区地下公园原型的概念进行了界定，分析其天然优劣势并对其运行模式进行思考。之后，通过“概念图解＋模型”的方式论述了地下公园原型的基本设计思路并基于绿色能源的被动应用对原型内部空间进行了优化设计，以期为城市高密度区地下空间的生态利用和城市可持续发展提供创新的思路和科学的方法。

关键词： 地下公园原型；采光通风井；太空冷源；储热蓄冷系统

随着城市化的快速发展，城市原本的高密度区变得更加拥挤，高层建筑鳞次栉比、交通通行拥堵不堪、公共空间愈加缺乏，仅有的公共空间如高密度区的街角小公园、高架桥下的绿地公园等也存在着噪声嘈杂、空气污染、可达性差等诸多问题……面对这些问题，我国政府先后颁布了多份引导城市集约化发展，强调城市“地上地下立体开发与综合利用”等涉及城市地下空间开发政策的文件。但由于技术和成本的制约，目前我国地下空间的利用仍主要停留在地下停车、地下商业或地下交通等有限的领域中，那么，如何拓展地下空间的利用维度，更加科学合理地利用地下空间，运用清洁高效的设计来提升城市高密度区的生态运行是值得研究和思考的问题。

1　地下公园的初步构想与概念界定

图 1　城市高密度区林立的建筑，拥堵的交通与无人问津的街角公园
来源：调研时拍摄

1.1　地下公园构想的初步形成

城市中的公园空间作为“城市之肺”，承担着改善既有生态环境、为市民提供休闲活动和交流锻炼场所的重要作用（图1）通常意义上的公园一般指地上公园，但面对城市高密度区土地资源紧缺、人口集中、地面和上部空间已经被开发利用到接近极致的现状，我们能不能设想另外一种可能——地下公园，这类公园可能存在于城市高密度区具备条件的地下（这些条件包括，地下没有高大建筑物的深层地基，土壤本身的湿度和紧实度满足需求等等），从而为地上释放出宝贵的空间，扩大城市高密度区空间容量的同时提升空间整体的生态品质。

1.2　地下公园原型的概念界定

基于城市高密度区地下公园的初步构想，本文拟定高密度区地下公园原型作为研究对象。其中，城市高密度区并没有具体密度数值的限定，泛指城市中建筑密度相对高、土地相对稀缺、人员相对集中的区域。地下公园指的是全地下公园空间，而非覆土或半地下公园空间，之所以进行概念界定，是因为全地下公园空间和覆土或半地下公园空间在土地利用、设计方法和空间舒适度需求侧重上存在本质差别。除此之外，本文进一步将研究对象界定为地下公园原型而非个案，主要是由于城市高密度区形态多样，而多样的地面空间形态和建筑现状会直接影响地下公园的设计，因而进行个案研究并不具有普适性，但如果我们将其抽象出来，提炼出极简可变的单元化设计方法和思路，形成地下公园原型，会更具推广借鉴意义。

2　地下公园的优劣势分析与运行模式构思

2.1　地下公园所具备的天然优势

2.1.1　有效避免城市噪声干扰

城市高密度区整日噪声嘈杂，汽车鸣笛声、商场广告声、人群喧哗声声声入耳，而地下公园处于全地下环境，可以很好地隔绝这些城市噪声，获得相对安静的内部空间环境。

2.1.2　更容易获得洁净的空气

密度区空气质量普遍不佳，汽车尾气、工厂废气、连续雾霾经常使暴露在地上公园的人们成了“自动吸尘器”和“人肉吸霾机”，相比地上公园，地下公园由于处在全地下，只需在与地面进行空气交换的位置设置过滤装置即可实现内部空气的洁净。

2.1.3　能实现天然的冬暖夏凉

大部分地上公园并不能获得很好的温度条件，以北方为例，冬天公园中人们穿着厚厚的棉衣还会瑟瑟发抖，而夏天由于高温暴晒一般很少有人会在白天来公园，只有到了晚上公园才成为人们聚集的热闹场所，与地上公园相比，地下公园周围全是土壤，具备类似西北窑洞的天然热工优势——冬暖夏凉。

2.2　地下公园不可忽视的短板劣势

2.2.1　耗费巨大的人力物力资金

虽然地下公园相比地上公园具备许多天然优势，但不可否认，建造地下公园需要大量的土方工程和室内环境优化工程，而这必然会耗费巨大的人力物力资金，初期建设投入大，成本和风险都很高。所以首先需要考虑的是如何最大限度将地降低建设成本和将来的运行成本，这也是本研究以绿色能源的被动应用为侧重的主要原因之一。

2.2.2 所处地下带给人的压抑感

地下公园另一个不可忽视的短板就是由于其位于地下，会或多或少带给人压抑感，这种天然的压抑感需要通过针对性设计，比如引入自然光线、培植绿色植物、提升温湿度舒适感、创造具备吸引力的活动场地等来改善，使在地下公园活动的人们能够有良好的体验，这些都需要在地下公园原型设计中进行细致考虑。

图 2 非工作时段内城市高密度区空旷的地下停成场
来源：调研时拍摄

2.3 基于优劣分析的运行模式构思

由于地下公园的建造需要耗费巨大的人力物力资金，单纯地"开挖建造"地下公园并不是最好的选择，相反，将地下已经存在的闲置甚至荒废的空间，或者某些固定时间段内会被闲置的空间利用起来，通过改造将其变成"地下公园"会是更理想的状态。比如，城市高密度区地下停车场并非所有时间段内都会停满车，实际停车的数量与工作高峰时段有很大关系（图 2），那么，可不可以在停车需求量小的时间段内，在停车场内分隔出能够满足停车数量的区域用来停车，其他区域则变成地下公园供附近的人们使用。

另外，地下公园应该不是单独存在的，它可能与地下的超市、商场甚至地铁融为一体，既可能是一片比较大的地下公园，也可能是类似"口袋公园"一样的一小处地下公共空间，它的存在形式和运行模式取决于人们对它的需求和它周边的地上地下空间现状。

3 地下公园原型的基本设计思路和内部环境优化

基于以上关于地下公园的构想和思考，以下将从基本设计思路、内部环境优化和上部空间的可能设想三个方面对城市高密度区地下公园原型进行设计、探讨和研究。

3.1 基本设计思路

地下公园原型的基本设计思路是将地下空间单元变成一个人们愿意在其中锻炼活动和休闲交往的空间。这个空间要能够和地面进行方便的交通联系，能够提供给身处其中的人们新鲜干净的空气，舒适的温度和适宜的光线，并且应该能够和地上公园一样，生长着各种植物，有着满足人们不同活动需求的场地（图 3）。

要实现这些，首先要解决的问题就是地下公园原型与地面之间的交通联系，为使人们方便地到达地面以上，可以设计楼梯或者电梯上下，但相比楼梯，电梯更加适合。原因如

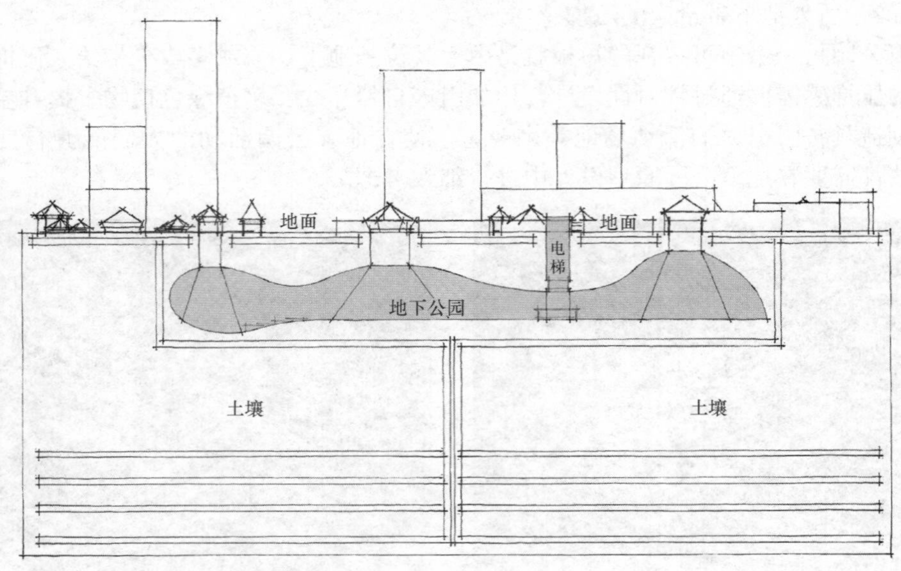

图 3　地下公园原型雏形剖面草图

来源：自绘

下：①楼梯不适用于无障碍人群；②地下公园位于城市高密度区，上部土壤内可能存在管线、构筑物、小型基础等，为了不对这些已存在物造成影响，上部土壤层厚度至少要保证有 15m，加上公园原型本身的高度按 10m 计算，公园原型底部到地面的总距离约为 25m，这个高度普通人走楼梯都会比较吃力。基于以上原因，设计电梯作为连接地下公园原型与地面的垂直交通。至此，地下公园原型的雏形——“地下空间＋垂直交通联系”就基本形成了。

3.2　基于绿色能源被动应用的内部环境优化设计

在原型雏形形成之后，基于绿色能源的被动应用对其内部空间环境进行了优化设计。

3.2.1　以自然采光和被动通风为核心的采光通风井设计

在地下公园原型中，人们虽然能够方便地到达地面以上，但原型内部并没有自然采光，空气也不流通，基于此，设计了若干采光通风井来解决这一问题（图 4）。原理如下：采光井是从地面开始向下挖一条垂直的通道，通到原型顶部，这样地面以上的阳光就能够通过这条通道照到原型内部，若干采光井便可保证内部的基本采光需求。采光井之所以同时又具备被动通风功能，一是由于采光井的烟囱形状对原型内部空气起到拔风作用，二是采光井上部高出地面的部分被设计为不同的高度，这样不同风阻形成的风压差会进一步促进原型与地面以上的空气进行循环流动交换。

为了避免地面以上的垃圾杂尘进入采光通风井，在井上部设计了坡面透明悬空盖板作为“防尘帽”，“防尘帽”不仅防尘，还可以防止不良天气中雨雪水的进入。“防尘帽”被设计成坡面是为了防止雨雪杂尘的堆积，除此之外，“防尘帽”是透明的，不会影响采光效果，同时“防尘帽”通过钢丝悬空支撑与采光通风井连接，地下公园原型中的空气可以通过钢丝之间的大块空隙流动出来，因而也不会影响采光通风井的通风效果。

采光通风井设计将自然界原有的自然光和自然风等绿色能源通过被动方式引入到地下

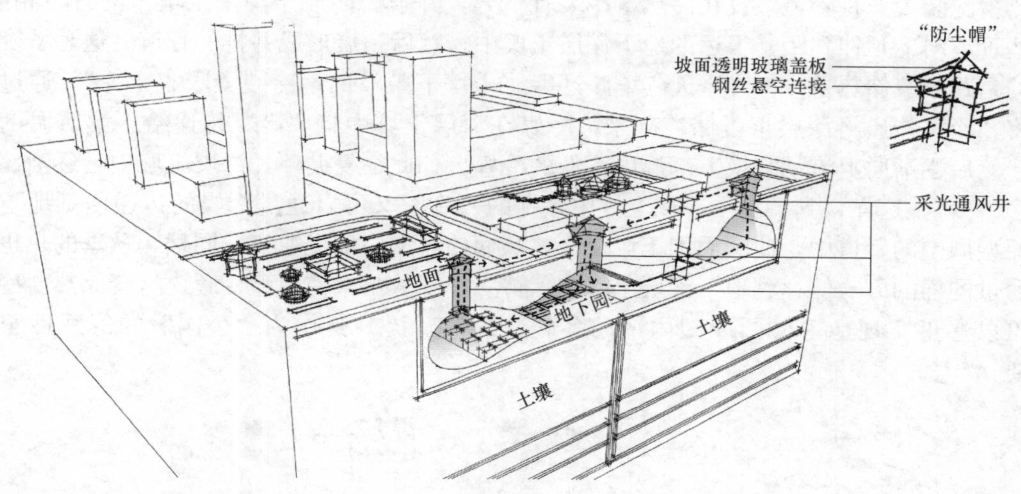

图 4 地下公园原型采光通风井

来源：自绘

公园原型中，使身处其中的人们能够获得温和充足的自然光线和新鲜流动的空气，在很大程度上减轻了所处地下的压抑感，同时能够降低运行过程中的能耗成本。

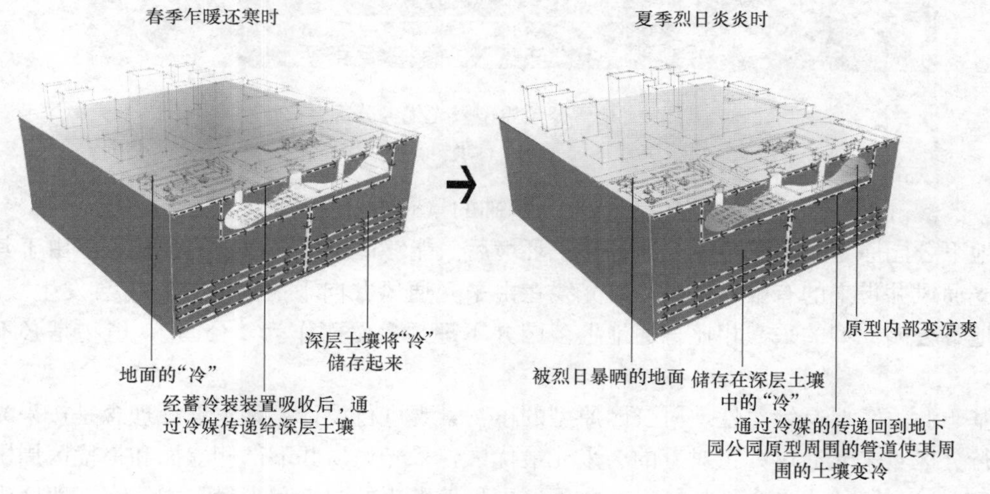

图 5 地下公园原型储热蓄冷系统在春夏两季的跨季节蓄冷原理

来源：自绘

3.2.2 以太空冷源利用为核心的储热蓄冷系统设计

地下公园原型虽然具备冬暖夏凉的天然优势，但由于它距地面的垂直距离并不是很大，内部环境温度受地面以上室外环境温度的影响仍然不可忽视，并且其相对封闭的空间产生的冬季潮湿感和夏季闷热感很可能带给人们冬季更冷、夏季更热的感觉温度。基于此，对原型进行了以太空冷源利用为核心的储热蓄冷系统设计（图 5）。

原理如下：太空冷源是地球表面“冷”的来源，在原型所对应的上部地面土壤中敷设储热蓄冷装置，将管道敷设在储热蓄冷装置下方，并与公园原型周围土壤中的管道相通，这些管道向下延伸到距其很远的地下深层土壤中，然后拓展形成并排的管道。这套系统实现的是跨季节储热蓄冷，春季天气乍暖还寒，土壤下敷设的蓄冷装置吸收“冷”，通过冷媒将“冷”传递给深层土壤储存起来，冷媒在深层土壤中将“冷”传递给土壤后温度变高，然后逐渐向上流动替换上部温度很低的冷媒，如此往复循环，深层土壤中会逐渐储存很多“冷”。这样，到了夏季，在土壤中储存的“冷”又可以通过冷媒的传递回到地下公园原型周围的管道中，使其周围土壤变冷，从而使原型内部变凉爽。同理，秋季的热也可以通过同样的方式储存到地下深层土壤中，待冬季释放出来使原型变暖。这套储热蓄冷系统可以真正实现地下公园原型内部的冬暖夏凉，对提升其作为“公园”的舒适性至关重要。

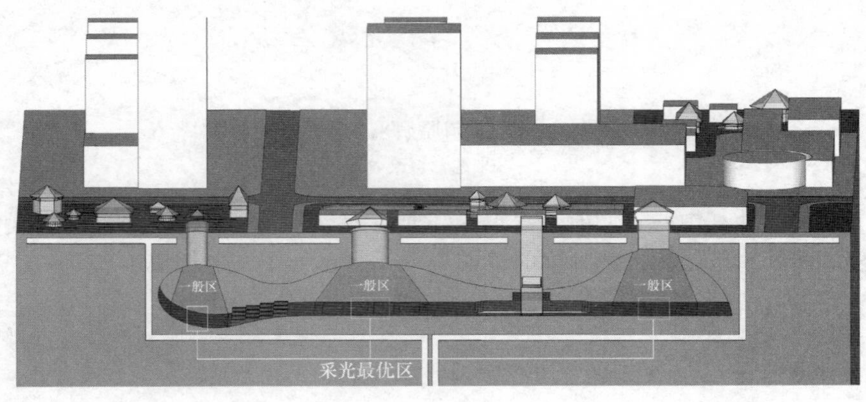

图 6　地下公园原型采光优劣分区

来源：自绘

3.2.3　以采光优劣和植物生长特性为基础的景观设计

地下公园原型具备了冬暖夏凉的热工环境后，能够适合不同植物的生长，但由于其只有采光通风井带来的有限自然光，且光线在由采光通风井向下照射的过程中会发生衰减，所以地下公园原型的采光相比普通地上公园并不理想，然而作为“公园”，植物是必不可少的。

基于此，需要有针对性地对公园原型的植物景观进行设计。基本设计理念是按采光优劣进行分区：采光通风井正对着的为采光最优区，采光通风井下部侧立面和最优区周围为采光一般区，其他为采光不足区。在最优区内种植喜阴的灌木和少量乔木，在一般区内架设藤条竹竿等以培育攀缘植物或种植蕨类藓类植物，在采光不足区设置非植物类景观和活动场地。如此一来，人们置身其中，便能欣赏到多种类多层次的植物景观，从而提升了在地下公园活动时的身心愉悦感，同时植物还具有净化空气，增加含氧量等功能，能够为地下公园营造良好的微气候环境（图 6）。

3.2.4　以行为特征和活动需求为依据的场地功能设计

作为“公园”，地下公园原型除了采光通风和温度景观这些条件以外，还需要能够满足不同活动需求的场地，基于此对其进行了场地功能设计：可供人们坐下休息聊天的宽台阶，锻炼场地，以及可供大妈跳广场舞的台子及相应影像音响设备（地上公园跳广场舞多

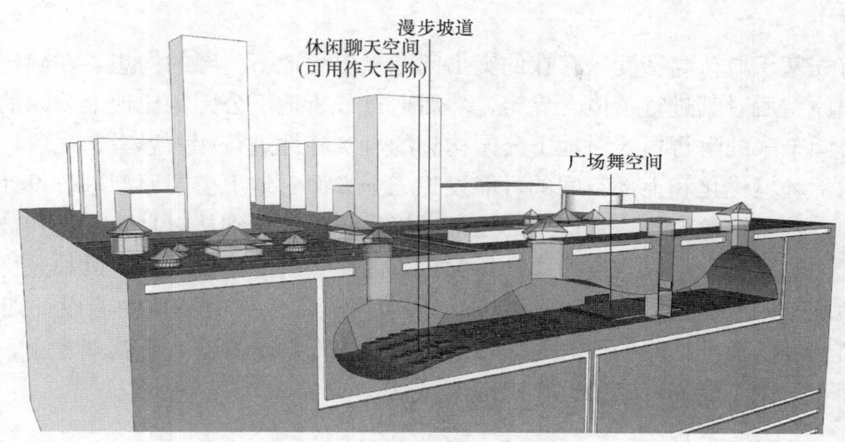

图 7　地下公园原型场地功能设计

来源：自绘

为一人领舞，地下公园免于风吹日晒，对设备的损坏程度低，可安装大屏幕音响等永久性广场舞设备）。这些场地设计以人的行为模式为依据，结合地下公园本身特质，目的是使人能够在其中获得更好的活动体验（图 7）。

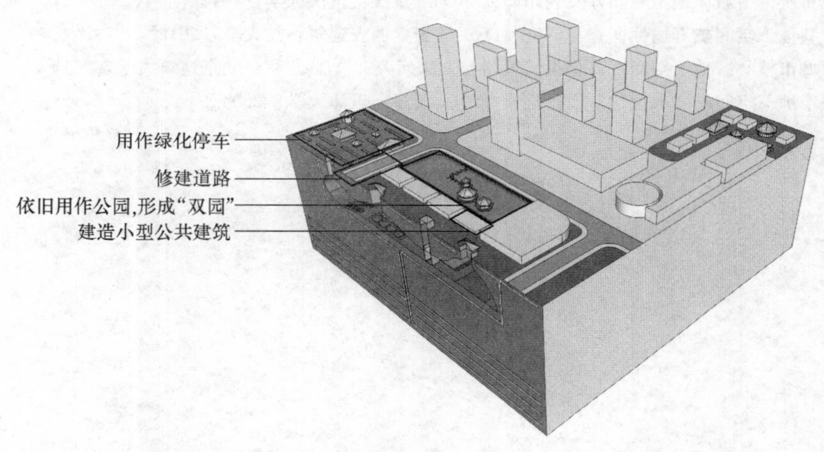

图 8　地下公园原型上部被释放空间的可能设想

来源：自绘

3.3　上部空间的可能设想

作为城市高密度区的地下公园原型，它的重要意义之一在于能够释放出稀缺的地上空间那么，这些被释放出来的空间能够被用来干什么呢？首先，被释放出来的地上空间可以用来修建道路缓解城市交通压力；或者，被释放出来的地上空间可以用来建造小型公共建筑，之所以强调小型是因为大型建筑物地基可能会与地下公园产生相互干扰；再或者，被释放出来的地上空间可以依旧是城市公园从而形成地上地下“双园”的格局。总之，只要不对地下公园产生影响，被释放出来的地上空间可以用作任何用途（图 8）。

4 小结

本文首先基于城市高密度区存在的突出问题提出了地下公园的构想，在确定研究对象为地下公园原型后对其进行了概念界定，然后通过分析地下公园相比地上公园的天然优劣势和地下公园未来的运行模式对地下公园构想的可实施性进行深入思考。之后，从基本设计思路、内部环境优化和上部空间的可能设想三个方面对地下公园原型进行设计、探讨和研究。其中，基于绿色能源被动应用的内部环境优化设计分别从以自然采光和被动通风为核心的采光通风井设计，以太空冷源利用为核心的储热蓄冷系统设计，以采光优劣和植物生长特性为基础的景观设计和以行为特征及活动需求为依据的场地功能设计四个角度进行。城市高密度区地下空间的研究是一项宏大的研究专题，本着“苔花如米小，也学牡丹开”的精神，希望本研究能够为此作出绵薄贡献。

参考文献

[1] 陈志龙编. 中国城市地下空间发展蓝皮书［M］. 上海：同济大学出版社，2016.

[2] 冯潇. 低线公园畅想：开启未来地下绿色空间［J］. 风景园林，2013（2）：68-71.

[3] 王敏. 城市发展对地下空间的需求研究［D］. 上海同济大学，2006.

[4] 袁红，赵世晨，戴志中. 论地下空间的城市空间属性及本质意义［J］. 城市规划学刊，2013（1）：85-89.

[5] 王波. 城市地下空间开发利用问题的探索与实践［D］. 北京：中国地质大学（北京），2013.

[6] 杜莉莉. 重庆市主城区地下空间开发利用研究［D］. 重庆：重庆大学，2013.

[7] 李倩. 公共地下空间热舒适性调查与研究［D］. 西安：西安建筑科技大学，2015.

[8] 王兆雄. 城市核心区地下空间一体化设计策略与方法研究［D］. 北京：北京建筑大学，2013.

[9] 李梁. 城市地下空间的“人性化”设计探索［D］. 天津：天津大学，2004.

世博建筑的材料表达*

史建军[1]，戴路[2]

1 华润置地华北大区设计管理部　2 天津大学建筑学院

摘　要：本文将材料表达相关的理论基础和世博建筑的实践相结合，剖析了建筑材料表达在世博会建筑历史上的更替和趋势，对建筑材料如何提高和开拓艺术表现力做了阐释，以期在对于传统建筑材料的个性表达，或者对于传统建筑未曾涉及的新兴材料探索方兴未艾的今天，为建筑师的设计思路创新提供新的视野和思考。

关键词：世界博览会；建筑材料；材料表达；上海世博会

世界博览会是一项全球性质的、非营利性的展览活动，规模较大，各个参展国家（后期又有企业的加入）在世博会上展示最新先进工业产品、科技，交流文化成果。世博会上各具特色的建筑材料应用反映了各国建筑师对建筑材料表达的重视。在现代建筑倡导建筑形体与空间设计的主流思想中，以一批明星建筑师为代表的设计师不断尝试实践，他们把建筑材料的个性表达作为又一个突破点，将一座座新颖动人的建筑带入人们视野。

1　世博建筑材料更迭演进

建筑材料是构成建筑的元素，是建筑师赖以表达自己创作思想的基础。建筑材料随着科技水平的提高而不断发展，常常引领建筑设计的变革。建筑材料在世博会中的应用，也是往往领先于时代水平。每一届的世博会的场馆，都会有新的建筑材料出现，这同时也体现了材料表达对于世博建筑的重要作用。

建筑形式总是伴随着新材料、新技术的发明以及人类的审美价值的改变而发生着改变。18 世纪中叶的工业革命使西方国家生产力得到极大提升，建筑材料也有了革命性的改进。由古代砖石、木头等天然的建筑材料转变为铸铁、玻璃等工业化的建筑材料，建筑形式也由之前的沉重、牢固的形象变为空灵、通透，并且使得室内较大空间成为可能。1851 年的伦敦水晶宫就是运用铸铁和玻璃建造的大空间、包容性的现代展厅，铸铁和玻璃通过水晶宫这一载体登上历史舞台并逐渐成为当时建筑的主流材料。1889 年埃菲尔铁塔的设计运用了金属拱和桁架受力的计算，首次将外露的金属结构用于建筑商，突破了传统的设计理念。19 世纪以来，建筑科技有了长足的发展，新技术新材料的应用也越来越广泛。钢、混凝土以及钢筋混凝土的出现又推动了建筑思潮以及设计理论的进步。成本低，性能高，可塑性强，适应性广的钢筋混凝土解放了墙体，使建筑的空间自由成为可能。钢筋混凝土的框架体系使建筑更高，空间更灵活；钢筋混凝土的薄壳结构使建筑跨度更大，外形更生动；钢筋混凝土的预制装配技术使建筑施工更迅速，结构更坚固。这一切都对现代建筑的发展至关重要。20 世纪中叶树脂材料和膜结构的发展迎来了高分子材料应用的高峰。新材料、新结构、新造型颠覆了传统建筑的形象，成为现代建筑的有益补

* 基金项目：国家自然科学基金（项目批准号：51308379），天津市自然科学基金（合同编号：16JCYBJC22000）

充。近些年来人们对于生态和可持续发展的关注又引入了绿色建筑、绿色材料的概念。

2 世博建筑材料的发展趋势

2.1 由结构性表达转向装饰性表达

世博会建筑属于展览类建筑，展厅的特殊功能使得多数世博建筑需要满足大面积、无柱网、高度足够的空间要求。从一开始摒弃传统的墙体承重之后，世博建筑的结构形式便不断发展。历届世博会中，建筑师运用拱、网架、框架、薄壳、悬索等结构形式表达主题思想的优秀建筑很多，世博建筑特点之一的时代进步性决定了它承担世博会展示任务的同时也是展示独特创新结构的载体。建筑师总是在进行受力计算保证结构合理的前提下，结合结构形式创造新颖的建筑体态，这在 20 世纪 70 年代以前尤为明显。随着时代的发展，建筑界对于简单的大空间的追求逐渐显出疲态，而将着眼点由力量的表达转向美的表达，建筑材料也由结构性表达转向装饰性表达。例如 2000 年汉诺威世博会赫尔佐格设计的“大屋顶”双曲面伞状网架结构（图 1），2010 年上海世博会的世博轴（图 2），都在表达形态的缓和柔美，通透灵动，弧线与异型的非线性设计弱化了大空间大体量的压迫感。

图 1 汉诺威世博会“大屋顶”，图片来源：http：//news.hexun.com

图 2 上海世博会世博轴

图 3 汉诺威世博会大屋顶，图片来源：《建筑世博会》

图 4 爱知世博会丰田馆，图片来源：《爱知印象》

2.2 对于绿色、生态材料的探索

1974 年，美国斯波坎世界环境博览会第一次将国际社会共同面临的环境问题摆在人们面前，自此，历届世博会开始关注环境问题。20 世纪 90 年代之后，环境保护和生态平衡的问题被人们更广泛的关注，社会各界都将注意力集中在了全球性环境问题的解决方法和人类可持续的生存途径上。而建筑与自然，人与自然的关系向来是建筑师致力于研究和探讨的范围。在建筑材料方面，对于绿色、生态材料的探索也就成了建筑师关注的课题。更新期的世博会建筑都将绿色生态作为设计的主题之一，就像布莱恩·爱德华兹（Brian Edwards）所说，“美存在于以最小的资源获得最大限度的丰富性和多样性——这也是可持续时代一个重要的目标。”

通常情况下，建筑材料的生产加工和运输都要消耗不可再生的能源，并且产生一定的污染。建筑材料是否是绿色材料、生态材料，取决于生产过程中的耗能和将材料从生产地点运送到建筑地点的耗能。就地取材的砾石、木材、混凝土和砌砖是最符合要求的绿色生态材料。由于世博建筑临时性的特征，混凝土等自重大，拆除后难以继续使用，不符合循环利用的标准。木材作为纯天然、低能耗、可以循环利用的建筑材料再适合不过。因此，木材在最近几届的世博会中应用十分广泛，例如 2000 年汉诺威世博会中，卒姆托设计的瑞士馆，赫尔佐格设计的世博会大屋顶等（图 3）。此外，还有一些非传统的建筑材料的发展也体现着绿色生态的趋势。2005 年爱知世博会丰田馆是以“地球循环型展馆”为设计理念建造的（图 4）。高达 30m 的展馆外框使用了 4600 吨轻钢支撑起框架，整个框架没有焊接以利于展览结束后的钢材回收；场馆弧形外墙为了实现回收再利用的原则使用旧报纸和树脂膜等废弃物品重制的 6mm 厚的再生纸板，这种再生纸板经过特殊处理，防水耐热且不易燃烧，是完全环保的材料；场馆内墙采用了能净化空气、吸收二氧化碳的绿色植物材料孟买麻。绿色的材料使得“零排放”的可持续设计成为可能。

2.3 新技术主导下的材料

材料的不断推陈出新是一种不可阻挡的趋势，由此引发的建筑革命也是建筑发展的重要推动力。传统的砖石、木材等建筑材料在使用数千年之后，新材料例如钢铁、玻璃、塑料、混凝土等借着机械工程等科技的发展成为主流，现如今已经再常见不过了。之后，膜结构、塑料材料等高分子材料的发展给人们带来大空间建筑讨论的高峰，纸材料也可以作为建筑的主要构成材料，这些材料帮助建筑师构建丰富多彩的建筑形象和灵活多变的建筑空间。

耐候钢材即是随着技术发展而产生的新型建筑材料。它是在普通的碳钢中加入铜、镍、钛、铬等耐腐蚀的元素而成，价格低廉而且具有很好的抗腐蚀性。耐候钢表面的致密的非晶态氧化层保护膜可以阻止空气中的水分和氧气与钢材本体接触，从而延长期使用寿命。而且耐候钢表面铁锈般的质感使其成为天然的装饰材料（图 5、图 6）。

上海世博会德国馆的表面是由聚酯纤维（PES）编织而成的半透明网状膜材料。半透明的材质效果源于横竖交织所产生的网眼，通透的表皮有利于表面空气的流通，在炎热的夏天有着节能的作用。同时，膜材料的表面均匀的覆盖着 PVC 涂层，使其看起来有金属的质感，装饰效果更强（图 7、图 8）。

图 5 耐候钢的应用 1——上海世博会卢森堡馆

图 6 耐候钢的应用 2——上海世博会澳大利亚馆

图 7 上海世博会德国馆 PES 编织的表皮纹理

图 8 上海世博会德国馆

3 上海世博会建筑材料表达策略

上海世博会中引起人们广泛关注的场馆，不但形式上追随最前卫的造型，而且在建筑材料的选择上别具一格，有很强的实验性，新材料应接不暇。建筑材料的运用在近年来呈现着两种趋势，一方面不断追求返璞归真与自然相关的元素，另一方面高科技的材料把建筑的表面武装成了一系列静谧的装置的组合。建筑师使用木材、藤条、钢材、ETFE 膜等建筑材料精心构建创造出各具特色的场馆。他们选择表达的出发点不同，所以产生的效果和给人的感受也不尽相同。其对材料的使用，大体可以归结为以下几个策略。

3.1 可持续性策略

建筑界对于可持续性生态设计的思潮可以追溯到赖特（Frank L. Wright）的有机建筑（Organic Architecture）以及柯里亚（Charles Correa）的形式追随气候（Forms Follow Climate）等，在1993年"为了可持续未来的设计"国际建协大会召开后，对于可持续设计的探索更深入人心。2010年上海世博会中，各场馆设计中对于材料的运用都建立起取材自然和循环使用的意识。很多场馆在主要建筑材料选择上都使用了可再生的地方性材料，尽量避免使用破坏环境、产出废弃物、高能耗的建筑材料，有的甚至使用旧的材料加工重制而成（表1）。

上海世博会场馆可持续材料的应用　　表1

场馆名称	可持续性材料	场馆名称	可持续性材料
越南馆	可持续使用的竹材料	冰岛馆	外墙采用冰岛火山岩制成
马来西亚馆	可循环使用的油棕、塑胶等材料	芬兰馆	以标签纸和塑料边角料制成的可回收材料
巴西馆	环保型可回收的木材	挪威馆	木材为结构材料，外墙竹子装饰
西班牙馆	藤条编织而成的藤板	葡萄牙馆	天然环保可回收的软木材料
瑞士馆	帷幕用可天然降解大豆纤维制成	上海企业联合馆	废旧光盘再造的聚碳酸酯塑料
德中同行之家	结构材料为竹子，材料皆可回收	石油馆	新型绿色石油衍生品
韩国企业联合馆	外立面采用合成树脂膜材料，拆除后可制成环保手提袋	温哥华案例馆	绿色环保材料
万科馆	天然麦秸秆压制而成的板材	上海案例馆	废弃物再生砌块，旧有钢材再利用
宁波案例馆	明清时期的瓦爿	马德里案例馆	外墙采用竹子围合

可持续性策略在建筑材料选择上符合3R原则，即Reduce——减量化原则、Reuse——再利用原则、Recycle——再循环原则。用最少的材料和资源来完成设计，避免材料的浪费；建筑材料可以无损耗的重复使用，即方便拆卸易地再装配；如若产出废弃物，那么废弃物可重新制成建筑材料循环使用。上海世博会秉承了可持续发展的原则，各个参展场馆也结合新技术，运用新智慧，通过先进的系统、设备和技术，探求生态建筑之道，充分体现了人类生活、自然环境和科学技术之间的协调关系（图9～图11）。

图9　上海世博会挪威馆

图10　上海世博会万科馆

图11　万科馆墙体细部

3.2 地域性策略

世博会是世界各国交流的盛会，是体现本国地域特色、人文特色的好机会。一国之馆应该要以小见大，展现民族本色，让本国人们涌起对自己文化的亲切感和认同感，也给各国游客认识了解的机会。表皮的感官效果是人们首先接触和认知建筑的第一印象，作为构建表皮的材料，则是表达建筑文化情感、体现地域性特色的重要手段。对于材料的地域性的表达，可分为地域性材料的选择和地域性图案符号的暗示（图 12～图 15）。

图 12　上海世博会阿联酋馆

图 13　上海世博会葡萄牙馆

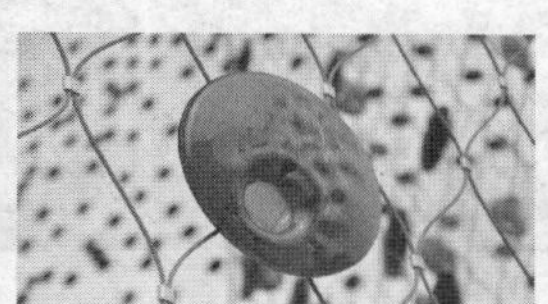
图 14　瑞士馆红色构件

图 15　瑞士馆

3.3　创新性策略

各个国家的场馆在世博会的舞台上争奇斗艳，都想成为游客眼中最闪亮最吸引人的一个。随着计算机辅助设计的广泛应用以及 Rhino 等非线性软件的推广，任何的建筑形态或者结构形式都成为可能，另外，结合先进的技术材料和措施给游客带来新鲜的未来感，更可让游客感受到高技、科幻的技术倾向。

2010 年上海世博会瑞士馆是由布赫纳和布伦德勒（Buchner&Bruendler）建筑事务所设计，主题为“城市空间与自然和谐”（图 14、图 15）。场馆在概念设计上强调城市与乡村和谐共存，人类、自然与科学协调平衡。最具特色的是其创新的帷幕设计。瑞士馆异型的屋面顶部固定着银色金属网状帷幕围合着建筑，金属网是由大豆纤维制成，天然环保，金属网上面固定着红色半透明的构件——“纽扣”，“纽扣”构件中的太阳能媒质可以吸收太阳光中的能量加以储存，在芯片的控制之下为 LED 灯提供能量来使其点亮。金属网表面挂满了集合着光能收集，光能存储，控制芯片，LED 系统于一体的“纽扣”，夜间闪闪发光，创造出光影帷幕的效果。有风的时候，16m 高的金属网随风而动，张弛有度的漂浮在建筑周围，结合闪闪发光的半透明红色构件，这样的视觉效果成为最吸引人的创新设计。

3.4　体验性策略

现代社会是信息化的社会，人们可以从各种渠道获得丰富的信息资源，而且信息表达的途径也不拘泥于传统的形式。媒体信息正在浸入人们生活的方方面面，各种简化和变异的符号信息、变换的建筑外观形态正成为建筑师让人们感受建筑、体验建筑的方式之一。

在上海世博会中，张永和主持设计的上海企业联合馆就是强调建筑体验性的一例（图 16）。随着科技的进步，越来越多的技术组件固化到建筑中间成为重要的一部分。上海企业联合馆不像传统的建筑，甚至材料的应用也是迥异，它是一个开放的、多变的、流动的空间，联合馆的围护结构不是由传统的密实、封闭的材料围合，而是选用了技术网络立方体包裹而成。外立面的 LED 灯管和喷雾系统可以调节建筑的外观形象和室内的感官感受，使游客体验到多变自由的建筑。复杂的连接结构和感官多变的技术向人们表达了工业时代的向上、进步的精神以及信息时代人们天马行空的想象力。

4　启发和反思

新材料的不断发展为建筑设计的创新带来的无限可能，在对传统审美逐渐厌倦的今

图 16　上海联合馆 LED 等控制外观效果

天，这是建筑师探寻新的创作空间的又一个着眼点。对于传统建筑材料的重新表达，或者结合新兴的材料的探索，结合创意的构造形式来形成别具一格的表皮风格成为很多设计师创作的重要方面。这样的思路和倾向由来已久并且带来了许多优秀的建筑作品，例如路易·康（Louis I. Kahn）对于砖，安藤忠雄（Tadao Ando）对于清水混凝土，维尔·阿雷兹（Wiel Arets）对于 U 型玻璃，海默特·扬（Helmut Jahn）对于玻璃幕墙。但同时也出现很多跟风之作，不从建筑的本源出发，对于材料使用上追逐流行元素的行为经不起时间的考验，对于新材料的盲目追求，不考虑人性化的过度装饰等现象值得建筑师反思。建筑师应该了解建筑材料的色彩、质感、构造方式、给人的心理感受等各个方面，想要将建筑表达得淋漓尽致，就要对建筑材料有透彻的了解。正如路易斯·康所说："……如果你忠实于你的材料，并且知道它究竟怎么样，那你所创造的东西就是美的。"在这个普遍浮躁的社会条件下，如何克制自己的表现欲望，真正由内而外的运用材料表达建筑，是每一个建筑师应该思考的内容。

参　考　文　献

［1］　蔡军，张健．历届世博会建筑设计研究（1851—2005）［M］．北京：中国建筑工业出版社，2009.

［2］　中国建筑工业出版社编．二〇一〇年上海世博会建筑［M］．北京：中国建筑工业出版社．2010.

［3］　褚智勇．建筑设计的材料语言［M］．北京：中国电力出版社．2006.

［4］　胡晔旻，张灿辉．世博会所展示的建筑表皮材料［J］．建筑材料，2011，第 7 期．

［5］　胡新燕．世博会建筑与现代建筑发展的相互作用研究［D］．大连：大连理工大学，2011.

［6］　布莱恩·爱德华兹，可持续性设计［M］．周玉鹏译．北京：中国建筑工业出版社，2003.

当代资源环境视角下的低能耗低成本建筑设计方法研究
——以两次国际竞赛获奖作品为例

刘世达

天津大学建筑学院

摘　要：文章以笔者在“博地杯”2013 国际绿色建筑设计大赛的获奖作品和 2016 年北京宣西（北）·院落营造计划国际概念设计竞赛的获奖作品为例，阐述了在当代环境和条件下，以资源环境视角进行低能耗低成本的建筑设计方法；展现了从房屋单体到城市环境的思维转变，也认识到该方法对建筑教育、教学的积极意义，希望以此引起读者对相关话题的关注与思考。

关键词：资源环境；竞赛；低成本；建筑节能

建筑节能和低成本绿色建筑是当代社会的热点话题，也是当代建筑发展的突破口之一。当代社会的建筑新技术、新材料为传统的建筑设计提供了新方法和新思路，而越发严重的环境问题和资源短缺也为当代建筑设计提出了新要求。由于建筑体的设计、建造周期相对较长，诸多新思路、新策略通过建筑设计竞赛的方式呈现。这一趋势在建筑教育与教学领域多有反映。近年来，以绿色建筑、建筑节能为主题的建筑设计竞赛越来越多，而其他主题的竞赛也提出了相关要求。

笔者在本科和硕士研究生就读期间曾多次参与相关的设计竞赛，并且在不同的竞赛方案中综合应用全生命周期、低能耗、低成本和城市资源环境统筹等建筑设计方法，最终获得了“博地杯”2013 国际绿色建筑设计大赛二等奖和 2016 年北京宣西（北）·院落营造计划国际概念设计竞赛三等奖。在推进设计概念到设计成果的过程中，低能耗、低成本的建筑设计方法成为一条重要的思考线索。本文将通过两次竞赛的经历，阐述对应用该设计方法的思维转变，为相关领域的研究和讨论提供参考。

1　竞赛背景与经历

“博地杯”2013 国际绿色建筑设计大赛内容　　**表 1**

建筑类型	文化艺术中心
建筑面积	5000m^2
基地	自选;推荐基地:大连西郊森林公园
条件	全生命周期评估方法;被动式节能设计; 废弃、可循环材料循环利用;建筑性能定性分析及说明
标准	《绿色建筑评价标准》

“博地杯”2013 国际绿色建筑设计大赛由天津大学建筑学院、《城市·环境·设计》（杂志社）和北京博地澜屋建筑规划设计有限公司主办，获得了国内主要建筑院校和相关媒体的关注和参与。该竞赛主题为“未来绿建筑”，由青年职业建筑师和在校学生同时参与，目的是为了推进对绿色建筑的思考、理解、认识和掌握。在绿色建筑和建筑节能方面，竞赛提供了相当具体的设计要求（表 1）。2013 年的第一届竞赛由德国知名建筑师托马斯·

赫尔佐格（Thomas Herzog）担任主要评委。竞赛吸引了国内、国际知名院校和相关行业的广泛关注。最终来自同济大学建筑与城市规划学院的团队获得了一等奖（图 1）。笔者所在团队，以作品“漫步苇墙木架间——校园文化艺术中心设计”获得了二等奖（图 2）。

图 1　一等奖作品

来源：来自竞赛官方网站。参见：竞赛组委会．“博地杯”2013 国际绿色建筑设计大赛结果揭晓［EB/OL］. 2017-08-01. http：//badi2013. uedmagazine. net/index. php? id=11.

图 2　笔者所在团队的二等奖作品

“博地杯”2013 国际绿色建筑设计大赛内容　　表 2

建筑类型	不　限
建筑面积	依具体院落而定
基地	北京市西城区宣西、宣北地区的 10 处院落
条件	保护性改造；可实施图纸和说明； 废弃、可循环材料循环利用；建筑性能定性分析及说明
标准	《北京市西城区宣西风貌协调区详细规划》

2016 年北京宣西（北）·院落营造计划国际概念设计竞赛由北京市西城区政府和北京燕广置业有限责任公司主办，同样对参赛人员不作限制。该竞赛宣武门外的宣西、宣北两处为基地，提供了 10 处院落进行保护、改造设计（表 2）。参与者需提出可实践的设计方案，以供开发商推进实际建设。竞赛评委邀请了住建部国家历史文化名城专家委员会委员王世仁、宣南文化研究会副会长于德祥等知名专家。该竞赛吸引了来自欧洲、美国等地的国际设计团体和来自中国建筑设计研究院、同济大学建筑设计研究院、北京市建筑设计研究院等国内知名设计公司的团体参加。最终来自比利时的设计团队获得了一等奖（图 3）。笔者所在的团队以作品“四号院应征设计方案”获得了三等奖（图 4）。

图 3　一等奖作品汇报文本封面

来源：来自竞赛官方网站。参见：竞赛组委会．2016 年北京宣西（北）·院落营造计划国际概念设计竞赛结果通告［EB/OL］. http：//www. akiact. com. 2017-07-06.

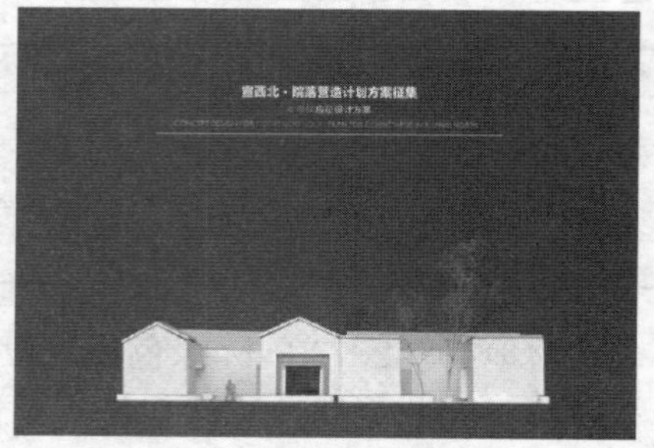

图 4　笔者所在团队的三等奖作品汇报文本封面

2 两个竞赛方案：从房屋到城市

“博地杯”竞赛不限制场地，因此竞赛团队决定将场地设置在天津大学和南开大学的交界处。从城市的角度看，天津市是典型的华北城市，位于中纬度欧亚大陆东岸，主要受季风环流的支配，是东亚季风盛行的地区。这里四季分明，夏季炎热，冬季寒冷，年平均气温12℃左右。该市冬春季风速最大，夏秋季风速最小，而且冬、夏时间长，共有243～270d。6—8月降水量占全年的75%左右。

具体来看，方案所在的基地位于一个长有大量芦苇的湖泊东侧，正是天津大学、南开大学之间，也有一条尚未开放的道路连通城市居民区和主干道。为了应对学生、教师愈发增多的文化需求，基地附近近年已经建设了多座教学楼，一座游泳馆和若干篮球场（图5）。设计团队设想了未来大学艺术文化生活的多种可能，提出在基地处设计一座两校共享的学生文化艺术中心，以促进学生、教师的交流，并且为附近居民提供一处文化设施。由于场地较为开阔，其日照十分充分，但冬季风速大，河岸处风速达到了6.2m/s以上。夏季则风速适宜（图6、图7）。

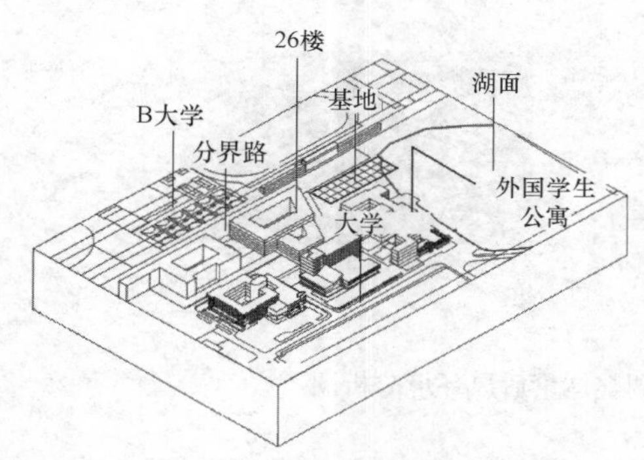

图5 方案基地周边环境轴测图

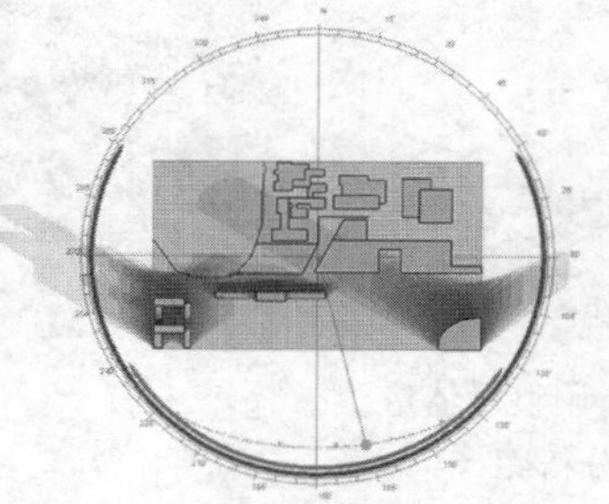

图6 基地日照分析图

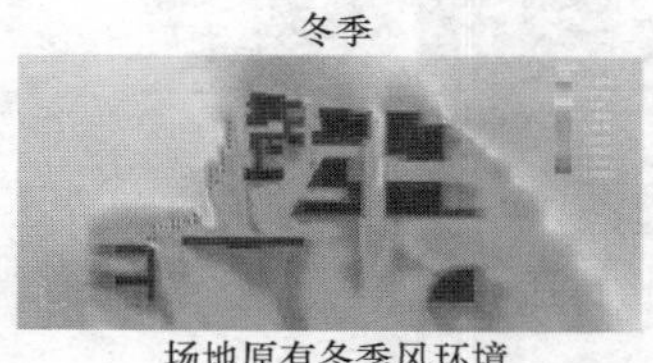

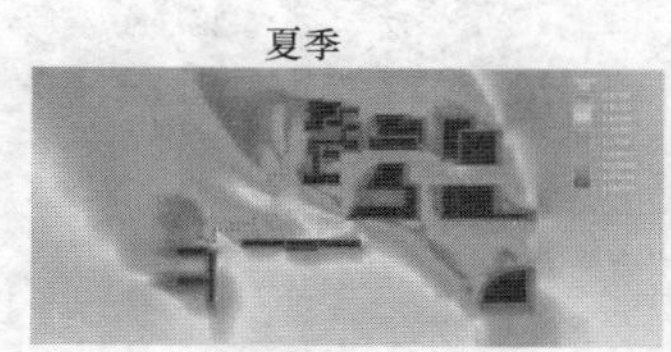

图7 基地风环境分析图

团队首先尝试限制面积条件下体形系数最小的方形坡屋顶体量进行测试。此体量虽然可以将冬季风速降低至适宜情况，但场地东侧大片区域风速低至1.5m/s以下。此外，夏季风速受到较大影响，难以出现4.6m/s以上的风速对建筑进行自然通风（图8、图9）。随后，团队尝试在首层设置通风廊道和通高庭院，同时结合结构构件尺寸和对适用人群的调研结果，以8m为模数进行操作。除去设置通风廊道，团队结合风环境测试结果、日照效果和基地同湖泊、街道的空间关系，将方案西侧的实体打开为灰空间，作为临湖平台使用，同时保留外部框架以阻挡冬季风。方案从东向西设置为逐步升高的退台式，解决基地东侧通风不良的问题（图 10）。此时，风环境测试的结果显示从西北来的冬季风被有效阻挡，而东南来的夏季风则可以进入多个教学楼围合其的区域（图 11）。不过此方案中仍有多个地方的微气候不佳。经过一轮平面布局的调整后，团队从构造层面提出解决方案：设置挡风活页，形成双层墙体，灵活应对夏、冬两季不同的风环境。双层墙体也被布置在首层的通风廊道中，以多次阻挡冬季风。夏季时，墙体转动，活页打开，保证建筑内部的自然通风（图 12、图 13）。

图 8　基本体量分析图

m/s
6.20780
5.43182
4.65585
3.87988
3.10390
2.32793
1.55195
0.775975
0.000000
湖面风被阻挡，
局部风环境不佳
体量介入后冬季风环境

m/s
6.20780
5.43182
4.65585
3.87988
3.10390
2.32793
1.55195
0.775975
0.000000
湖面风加强，东部风
减小
体量介入后夏季风环境

图 9　体量介入后风环境分析图

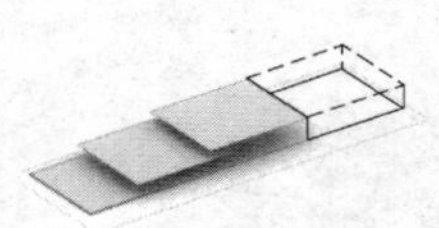

图 10　调整后体量分析图

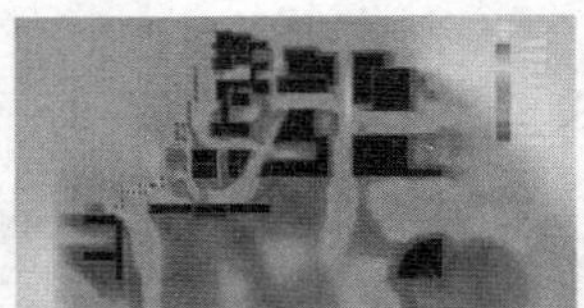

图 11　调整体量后风环境分析图

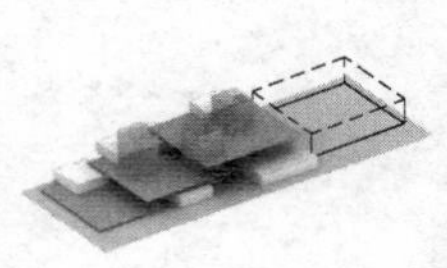

图 12　深化后体量分析图

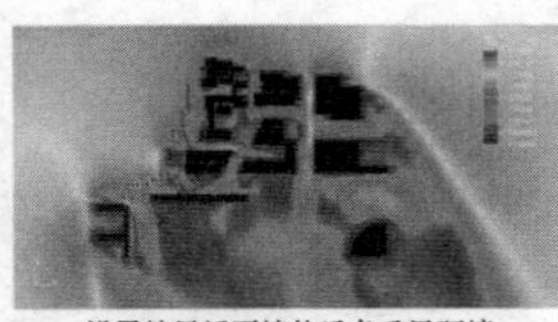

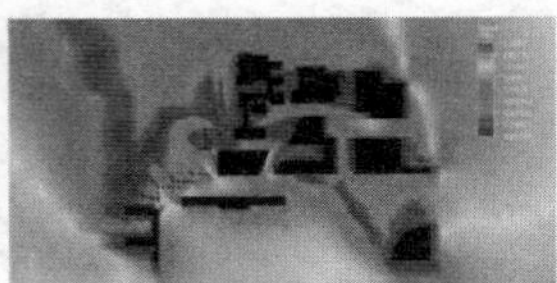

图 13　深化体量后风环境分析图

随后，模数化的结构布局进一步与通高庭院结合：三个庭院在平面上均匀布置，庭院之间以及庭院与外墙的距离是半跨，让每个室内空间都能够同时和建筑外墙开窗及通风廊道或是天窗连通，形成空气对流（图 14、图 22）。方案的剖面设计进一步细化：底层楼地板抬起，与基础间留出一段距离，设置卵石铺地，与活页双层墙和通高庭院的综合作用，形成空气对流。这也和场地情况结合，应对了日间、夜间不同的微气候：即可以夏季完全打开，自然通风降温；也可以冬季完全封闭，产生温室效应，进行被动式太阳能加温，也能提高空调加温效率，降低能耗（图 15～图 21，图 23）。低能耗设计策略也提供了平面布局和空间设计的新思路：建筑中心部分可以串联东西向的开放面和内部的通高庭院，因此更多地将展厅空间、咖啡厅等休闲空间设置中心偏南的部分，将教师、多媒体厅等空间布置在中心偏北的部分。

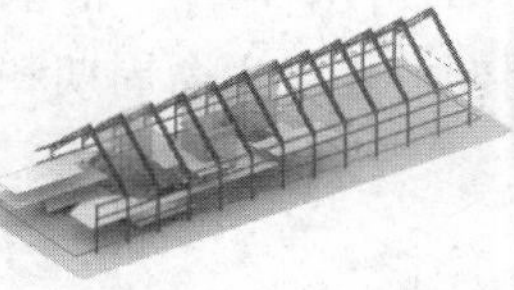

图 14　进一步细化后体量分析图

图 15　有庭院处夏季常温时降温示意图

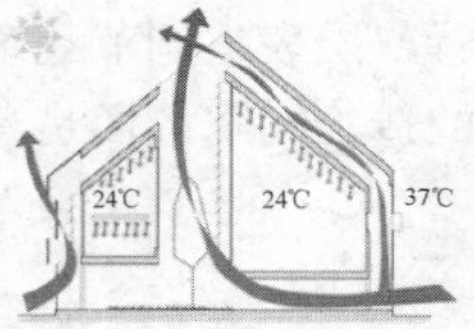

图 16　有庭院处夏季高温时降温示意图

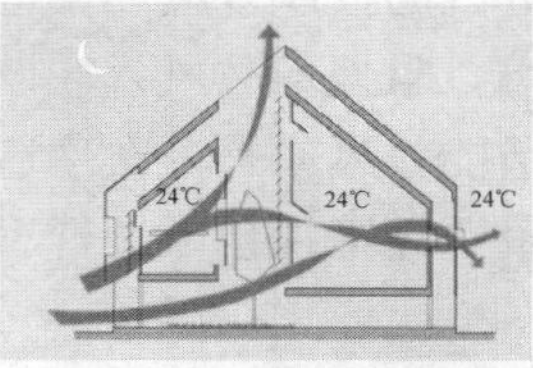

图 17　有庭院处夏季夜晚散热示意图

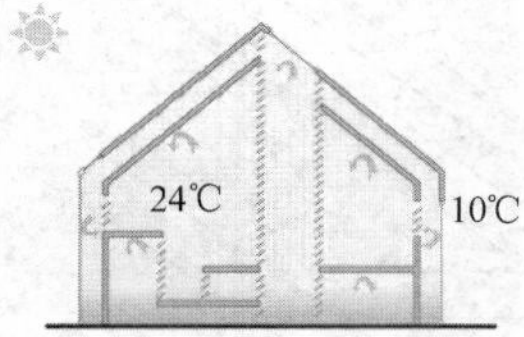

图 18　有庭院处冬季日间升温示意图

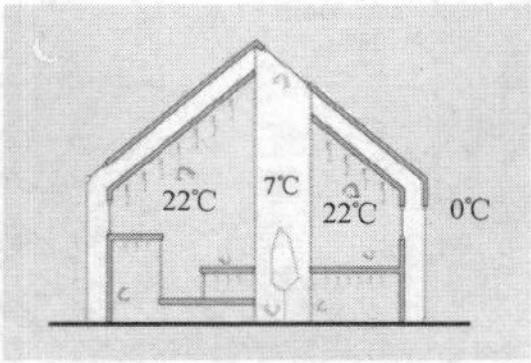

图 19　有庭院处冬季夜间保温示意图

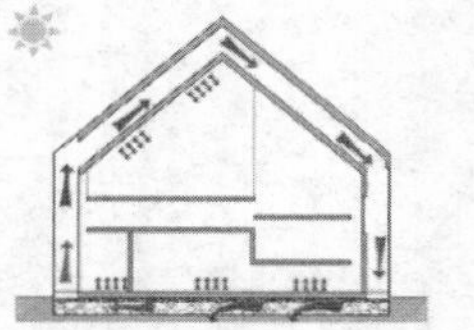

图 20　无庭院处冬季日间保温示意图

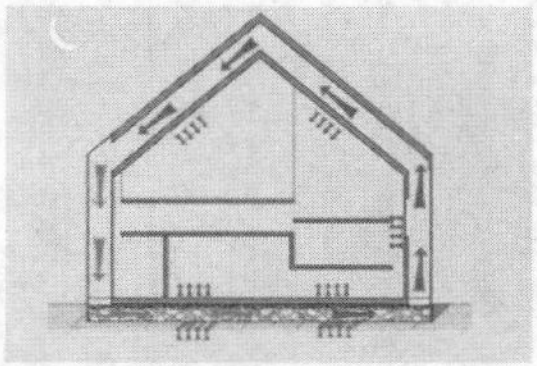

图 21　无庭院处冬季夜间保温示意图

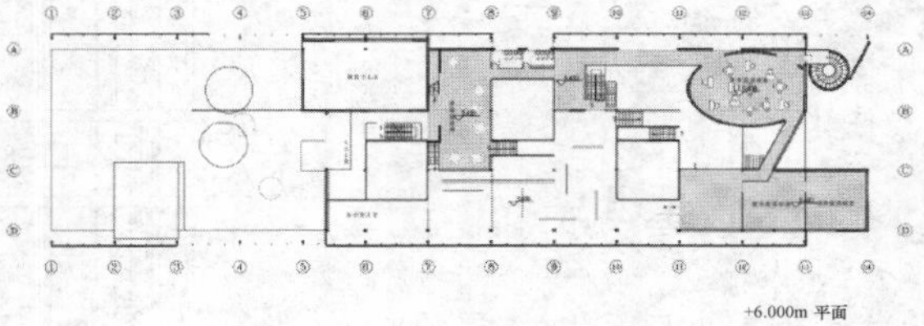

图 22　三层平面示意图

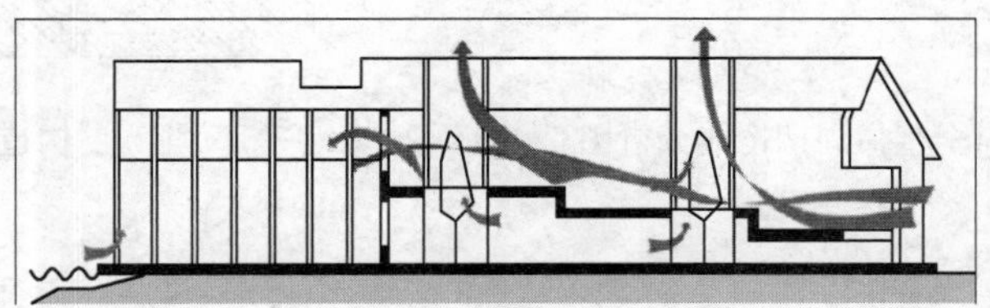

图 23　夏季利用临湖微气候和通高庭院降温示意图

方案主要结构使用使用寿命长的钢材、混凝土等。屋面和外墙面使用木材。其中屋顶使用加强防水处理的木材，外墙面使用普通处理方法的木材。经过 15 年左右的损耗后，屋顶木材还可以被处理后再用到楼梯、固定家具等室内构件上，降低造价（图 24）。立面的活页墙面和窗户开启扇固定在 60mm×160mm 截面的层压木柱上，与建筑主结构脱离，隔绝冷桥。木材本身是很好的保温隔热材料。木板和木龙骨之间加上以芦苇为材料的保温板，立面展现木材肌理，结构和墙体能够因此显现出其实际材料和构造，其关系也可以清晰呈现（图 25）。同时，方案利用场地中的芦苇，将其制作成芦苇层压板，用作内墙构件。层压板可定期替换。破损、陈旧的层压板可被分解，放回场地作为养料使用（图 26）。

总体而言，方案提出了以下五点绿色设计策略：①集中体量，使得体形系数更小，利于保温；②控制房间进深，插入通高庭院加强采光通风；③建筑底层局部架空，利用通高庭院的拔风效应，促进夏季采光通风；④通高庭院设置天窗，底层通风道设置活动挡风隔墙，阻挡冬季风；⑤设置双层表皮调节建筑室内外环境微气候。方案不仅仅着眼于一时的节能效果或是单次建造的造价问题，而是着眼于更长的使用、维护周期，在全生命周期和资源环境视角下进行思考。

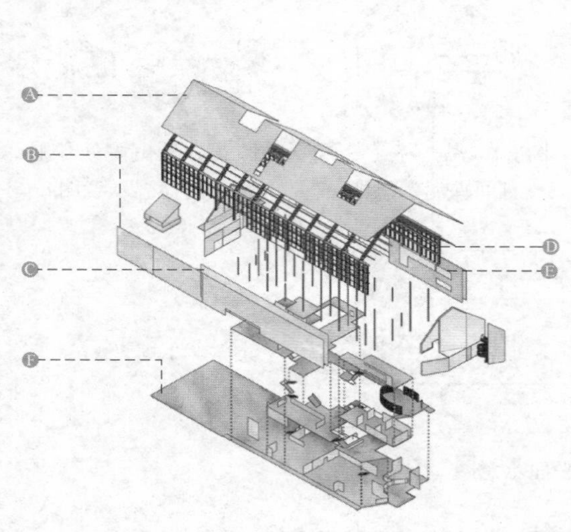

图 24　主要建筑材料全生命周期性能分析图

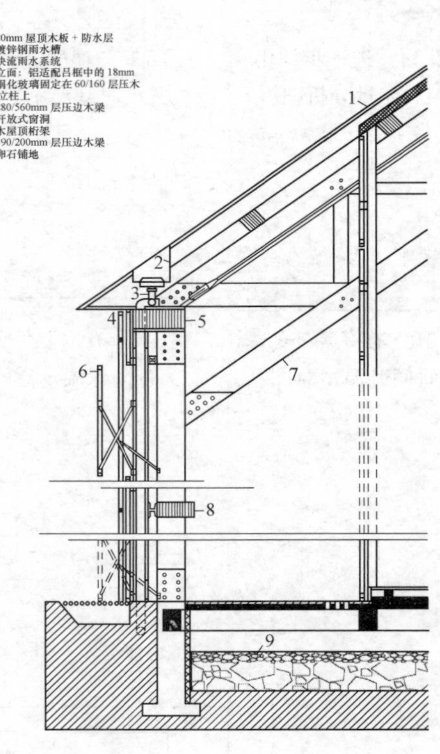

图 25　构造细部图

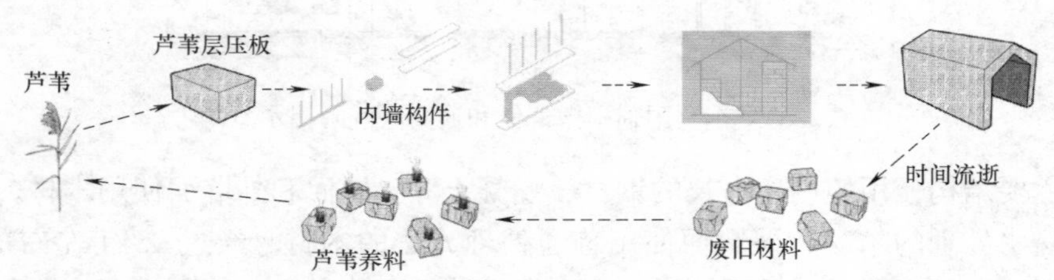

图 26　湖岸芦苇循环利用示意图

“宣西（北）”竞赛在“博地杯”竞赛三年后。笔者所在的设计团队基于“博地杯”方案的思考，对如何在城市环境下进行低能耗、低造价建筑设计再次进行尝试。方案选择的基地为 4 号院落，位于北京南二环，是一片正在等待重建的地区。团队不仅考虑在技术上考虑建筑策略，也从社会运营、社会资源整合的角度进行考虑。

北京市和天津市距离仅113km，但气候特征略有不同。北京纬度更北，且周围多山。虽然两地年平均气温相似，但北京无霜期更短，而且北京南部位于山前迎风坡区，降水时间更长，降水量更多，达到600～700mm，高于天津市内平均降水量。宣西（北）的地块都是街道狭窄的胡同，排水系统不完善，违建、增建多，沿街常出现各种电线杆、电箱（图27、图28）。院落建筑破损也相对严重，保温、隔热性能都有一定问题。另外，由于北京特殊的建设历史——多次被毁坏后重新建设，导致其地面标高的特殊性：胡同街道标高往往高于庭院地面和室内地面标高。这也是胡同区房屋常常发生雨水倒灌的原因。

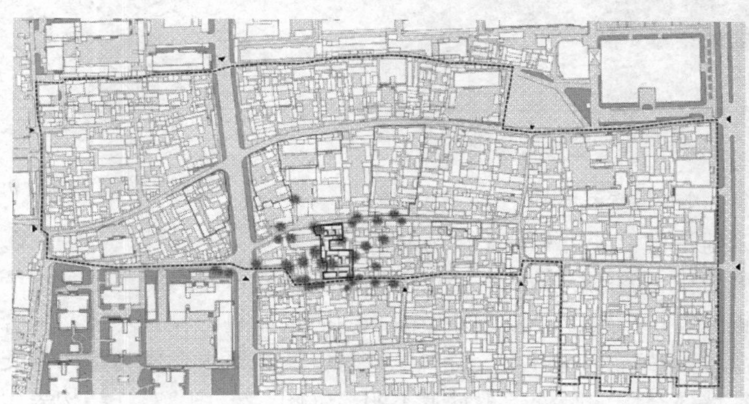

图27　方案基地所在区域总平面图

因此，在设计过程中，团队更注意从区域整体策略到建筑构造实施的可实现性入手，也利用改造设计的机会促进胡同空间的更多可能性。方案将胡同街道的地面构造进行重新设计：电线电缆地下化，铺设透水铺地（图28、图29）。同时利用胡同区特殊的地面标高情况，方案在院落内继续下挖，设置水池，连通城市水网，将街道、建筑屋面留下的雨水统一收集，通过地下管道排入城市水网。庭院内的水池也能形成更好的景观效果（图30）。此外，胡同区域由于建筑密度高，冬季风速不大，主要问题是如何在夏季通风降温。在建筑节能策略上，方案继承“博地杯”方案的思考，保留原有建筑完整的体量状态，拆除部分加建，降低体形系数；大进深的建筑内加入有可开启天窗的室内庭院；将数个独立的加建体量打开成为室外空间，加强庭院通风（图31）。

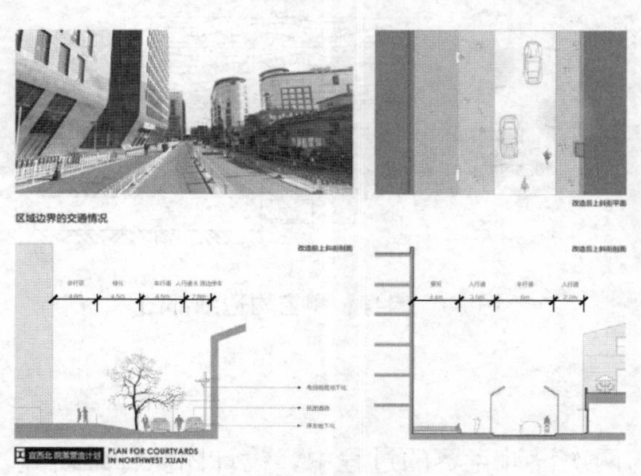

图28　胡同临街改造示意图

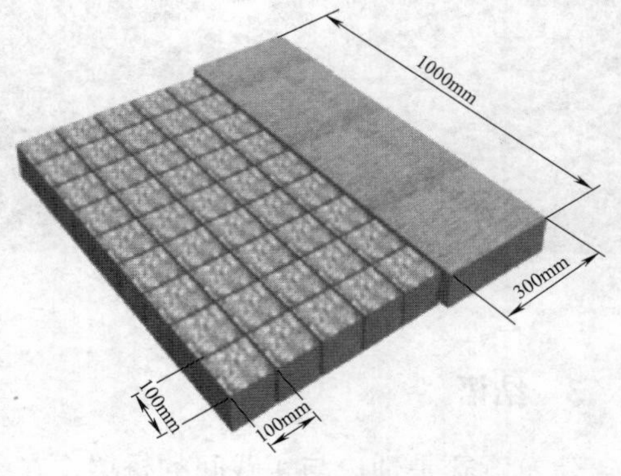

图29　透水铺地示意图

图 30　水池庭院效果图

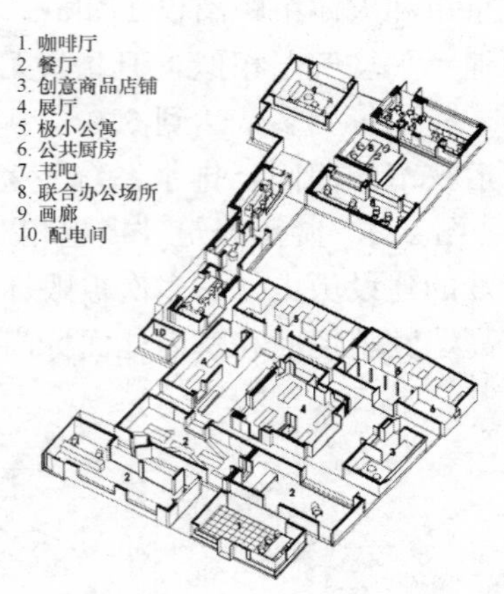

图 31　方案轴测分析图

考虑到未来建造的低造价和施工简易状态，方案将窗户设计成 3 种：①中空玻璃直接固定在外凸的飘窗中，省去隔热的窗框；②飘窗旁设置可开启的木窗，用于通风换气；③飘窗主结构为钢龙骨，内设保温板，外设涂透明防水涂料的胶合木板，配合保温混凝土结构墙，达到保温、隔热标准。因此，窗户也只对应视线要求，成为室内外交流的洞口。而通风木窗隐藏在墙体空隙的暗处，视觉上不明显（图 32、图 33）。结构采用新建混凝土墙承重，回收现场拆除的砖作为完成面材料。屋顶结构尽量保留原有木屋架。情况不佳、必须拆除的屋架则更换为三角形轻型钢屋架。屋面用波纹镀锌钢，以期和原有的砖、木、瓦材料产生对比。

图 32　飘窗效果图

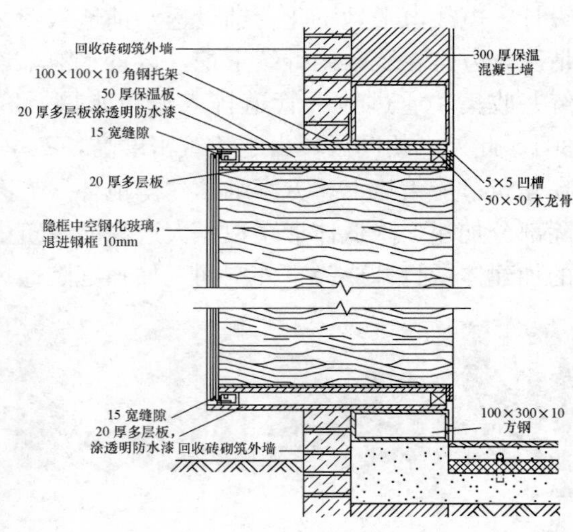

图 33　墙身、飘窗构造细部图

3　结语

建筑竞赛是理论与实践间的桥梁。在参与两次设计竞赛的过程中，设计团队仔细研究和学习了各类绿色建筑评价方法和体系，也通过各种环境评估软件、节能软件对设计方案进行评判、比对和推敲。这个过程中，对绿色建筑和建筑节能思维模式的综合运用尤为关键。在时隔三年的两次设计竞赛经历中，团队的设计方法也逐步向城市资源综合运用、统筹社会分工配合的方向发展。

对于建筑教育而言，低能耗、低成本条件下的建筑设计方法实际上提出了更为基本的话题：对建筑设计而言，什么样的技术是合理的？如何真正高效利用当地自然、社会资源？如何认识建筑建造过程是多专业综合工作的成果？可以说，就建筑教学的内容、组织和目标等方面而言，绿色建筑设计竞赛对相关思考提出了值得参考的模板。

致谢：

本文的写作受益于杨崴老师的帮助和指导，笔者的设计、研究过程也得到了杨崴老师、贡小雷老师和孙璐老师的帮助和支持，更依赖于设计、研究团队的协力。团队成员包括：李翔、曹峻川、赵克仑、王西。在此，笔者对以上各位表示由衷的感谢。

参考文献

[1] 中国建筑科学研究院，上海市建筑科学研究院. GB/T 50378—2006 绿色建筑评价标准［S］. 北京：中国建筑工业出版社，2006.

[2] 李路明. 国外绿色建筑评价体系略览［J］. 世界建筑，2002（5）：68-70.

[3] 仇保兴. 从绿色建筑到低碳生态城［J］. 城市发展研究，2009，16（7）：1-11.

[4] 杨崴，曾坚. 高技乡土——高技建筑的地域化倾向［J］. 哈尔滨工业大学学报，2005（2）：276-279.

[5] 杨崴. 传统民居与当代建筑结合点的探求——中国新型地域性建筑创作研究［J］. 新建筑，2000，（2）：9-11.

[6] 杨向群，高辉. 零能耗太阳能住宅建筑设计理念与技术策略——以太阳能十项全能竞赛为例［J］. 建筑学报，2011（8）：97-102.

[7] 江亿. 超低能耗建筑技术及应用［M］. 北京：中国建筑工业出版社，2005.

[8] 詹姆斯·马力·欧康纳. 被动式节能建筑［M］. 李婵，译. 沈阳：辽宁科学技术出版社，2015.

[9] 中华人民共和国建设部. 绿色建筑评价标准［M］. 李婵，译. 沈阳：辽宁科学技术出版社，2015.

[10] 北京市规划委员会，北京市城市规划设计研究. 北京旧城胡同实录［M］. 北京：中国建筑工业出版社. 1970：31.

基于被动式理念的场地规划排水系统设计策略探讨

陈彬，崔艳秋

山东建筑大学　建筑城规学院

摘　要： 传统的场地排水系统以防止雨水内涝、快速排出场地雨水为目的，往往忽略了对于水资源的利用。本文探讨在场地规划排水系统设计中，如何统筹场地内各种元素综合解决排水问题，缓解城市排水压力。同时融入被动式设计理念，利用场地雨水回馈场地本身，合理利用水资源。改善场地微气候，提高环境质量。

关键词： 场地排水系统；被动式；场地规划

现代城市规划中，排水系统的设计作为其重要的工作内容，承担着保护人民生活环境的重要责任，是城市建设水平的重要特征。而随着城市化进程的不断发展，如何实现水资源的合理利用逐渐成为人们对排水系统新的要求。水作为海绵城市的核心元素，科学的排水系统可以大大增加城市的环境适应性，杜绝或减少洪涝灾害的发生。而被动式的设计理念同样追求资源的回收再利用。本文将被动式理念引入到场地排水系统的设计中，探讨与被动式理念相结合的场地规划排水系统设计。

1　场地排水系统与地面铺装

1.1　地面铺装选型

地面铺装就其功能属性来讲可分为软质铺装和硬质铺装。软质铺装对应绿化与景观，硬质铺装对应道路与广场。地面铺装与水体相结合构成了整个的场地设计。

硬质铺装在传统的场地设计中往往是排水系统的组成部分。但硬质铺装还需承担交通与集散的功能，所以相对于软质铺装与水体，往往优先考虑的是硬质铺装的设计。常见的硬质铺装主要有石材、混凝土、砖材、木材、沥青以及由工业废料再加工形成的新材料等。各种材料在选择时往往按其属性特征匹配功能，如石材质坚，多用于广场；沥青耐磨，多用于道路；木材亲和，多用于景观。各种硬质铺装相互搭配，共同构成了整个场地设计的骨架和脉络。

但传统的硬质铺装在选型时往往忽略了对于材料透水性的考虑。随着新材料的发展，透水混凝土、生态砂基透水砖、多孔混凝土透水砖等一系列既能满足功能属性，又具有透水能力的材料逐渐得到推广应用。同时，先进的施工技术也能解决透水性的问题，如透水性沥青的铺装技术。这些新材料新技术使得硬质铺装本身具有了排水渗水的功能，使得地表径流转化为地下径流，有效缓解了场地排水压力。

软质铺装即绿化与景观小品等，常见的有草坪、灌木、花坛、树木等。这些以绿植为主体组成的软质铺装能很好地净化空气，具有良好的亲和性和生态性。可以有效地改善场地微气候，提升空间品质，营造宜人的景观效果。

软质铺装与排水系统相辅相成，绿色植物本身能很好地涵养水分，吸收地表径流，调节洪峰流量。但在传统的排水系统设计中往往以让雨水尽快排出场地之外为设计原则，而没有充分地利用绿色植物的涵水能力，从而大大浪费软质铺装的功能。

软质铺装与硬质铺装要相互配合，发挥硬质铺地快速导流与软质铺地涵养水分的优势。因此，在设计时应充分考虑地面铺装与排水系统的相互呼应。

1.2 结合排水系统的地面铺装理念

场地排水系统连接建筑与城市管网，主要承担建筑及其本身的排水压力。其组成部分主要包括雨水口、明沟、排水管道、水体等。另外，地面铺装也是场地排水不可或缺的组成部分。我们要摒弃传统的地面铺装设计理念，将地面铺装与排水系统相互结合。

在硬质铺装选择时不仅要考虑材料的耐久性、抗压性、美观性等，还要着重考虑材料的透水性能。硬质铺装的导流性与透水性相结合，可以合理地渗透水分，并在降雨量较大时将场地滞留水快速排入绿地或城市管网，合理利用水资源的同时又保证了场地环境的整洁。在软质铺装设计时，应充分发挥绿色植物的含水能力，让场地滞留水流经合理的绿植铺装面积后再将剩余雨水排入城市管网。科学的场地排水系统能充分利用场地的地面铺装解决排水问题，如图1所示，在停车场中铺设的植草砖是软质铺装与硬质铺装常见的结合方式，这样不仅能发挥硬质铺装本身的功能职责，增加绿植面积，同时也使场地本身具有了含水排水的能力。

图1 停车中铺设的植草砖

地面铺装与场地排水系统的结合能充分发挥软质铺装与硬质铺装的属性优势，增强场地的排水能力，缓解城市排水压力。同时又可以合理利用水资源，改善场地的微气候质量。

2 被动式理念下的场地排水优化设计策略

2.1 水流的整体导向与势能问题

在被动式理念中，场地的排水设计在满足其排水能力的基本前提下，强调利用雨水、污水去回馈场地本身，所以要综合整个地形来进行平面和竖向设计。在平面设计时要根据地形与功能要求对于排水区域进行详细划分。对于需要将雨水快速排出场地的区域，要发挥硬质铺装的导流优势，将场地积水快速排出场地之外；对于需要回收利用水资源的区域，要充分发挥软质铺装的优势，并尽量与水体相结合；对于既有硬质铺装的功能需求，又可以进行水资源回收的区域，应重点考虑透水性材料与软质铺装的相互结合。同时，不同的区域在坡度设计时可以适当调整，以保证水流的快速排出或水资源的充分利用。

对于一些地形高差较大的区域，还应做好相应的竖向设计，以免造成水流流速过快、势能过大而冲刷地表，带走地表土壤，造成水土流失、淤积排水管道、破坏植物的生长环境，所以在面对坡度较大的地形时，要做好生态护坡设计。生态护坡是防止土壤冲刷非常有效的途径，能有效地减缓地表径流量流速，杜绝水土流失，营造良好的生态自然环境。常见的生态护坡主要有液压喷播植草护坡、客土植生植物护坡、生态袋护坡、网格生态护坡等。

2.2 地面铺装的边界设计策略

在很多的场地设计中，为了区分不同功能的地面铺装，往往以路缘石的形式将边界抬高封堵（图 2），以期营造精致的景观效果。但抬高的边界使得地表径流只能沿着道路的前进方向流动，从而大大降低了排水系统的效率，增加了城市管网的排水负担，同时也使绿地无法发挥断接雨水的作用。基于被动式的设计理念，我们应该充分利用场地本身的排水能力，用土壤本身来解决排水问题。所以在铺地的边界问题上，在条件允许的情况下应该将边界石的高度下沉到与地面硬质铺装一致，或者留有孔隙来让水流通过。从而使得硬质铺装表面的地表径流能快速合理地排到场地的土壤或者水体之内，减轻排水管网的压力。

在传统的景观设计中，往往习惯将绿地设置高于道路，形成花坛，以使得景观精致讨巧。这种设计形式在公共建筑的场地规划或小区规划中十分常见，这样会造成在下雨时，绿地只能吸收落在其中的雨水，而道路和场地上的其他雨水则被隔绝在外，只能通过雨水口进入城市管网，这无形中大大增加了城市管网的压力。这种情况下应尽量使用透水材料来铺装地面，或者在花坛底部与地面之间开设排水孔，并在其内侧加装篦子，以防止花坛内土壤流失（图 3）。

图 2　路沿石高出铺地

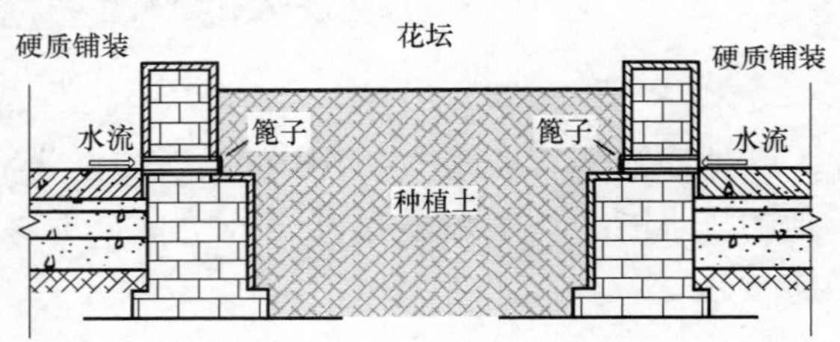

图 3　花坛预留排水孔隙示意图

2.3 下凹式绿地与雨水口的设计策略

下凹式绿地指在进行绿地设计时将高程降低，让其低于道路或广场，以方便雨水排泄。下凹式绿地的设置能很好地实现海绵城市中雨水的渗、滞、蓄、净、排的功能，可减少绿化用水、减轻市政管网的排水压力、改善城市环境。在降水量较大时，这种形式的绿地可以很好地收集道路及绿地的雨水，收集的屋面及场地雨水经过处理后可供给绿化和景观使用，多余雨水则溢流到水体或排入市政管道。

但在很多设计中，下凹式绿地往往是以类似于排水沟的功能而存在的，即在硬质铺地两边连续设计了坡度较大的下凹式绿地（图 4），这使得雨水只能流经很少面积的软质铺装就流到坡底最后排出场地外或进入城市管网。这样会大大浪费软质铺装涵养水分的能力，违反了下凹式绿地回收水资源的初衷。合理的设计应让硬质铺地距离下凹式绿地的坡底有足够的距离以及较缓的坡度来保证水流被植物充分的吸收（图 5），以充分发挥下凹式绿地涵养水分的能力。

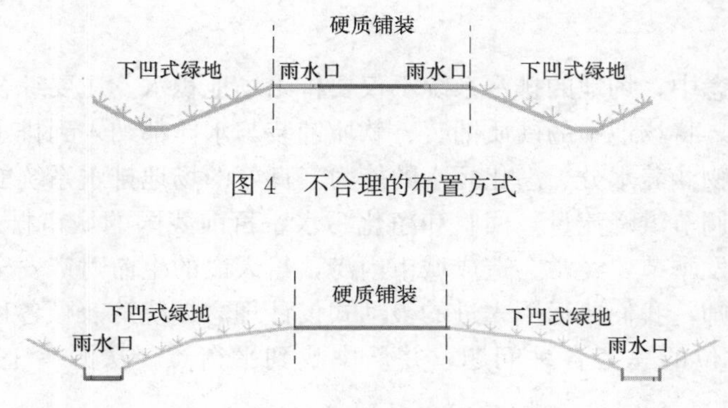

图 4　不合理的布置方式

图 5　合理的布置方式

雨水口的设计同样如此，在场地设计中，雨水口往往设计在道路、广场和绿植铺地的边界处，这就使得大部分雨水直接从排水口流进城市管网而不能滋养土壤，在这种雨水口的布置形式下，下凹式绿地空有其表而不能真正发挥其涵养水分的作用。为此，可以将雨水口放置在下凹式绿地的坡底或中间，在下凹式绿地坡地设置明沟。使得雨水在进入城市管网之前经过绿植的消化和截留，从而减轻城市管网的压力，使水资源得到充分的利用。

2.4　场地规划中的生物滞留池构造

生物滞留池能够有效地吸收地表径流并向周围土壤缓慢释放，能很好地调节洪峰流量、减轻排水压力。生物滞留池由地表植物、蓄水层、覆盖层、土壤层、砂层、砾石层以及下水口、溢流管等组成。每个组成部分的设计都发挥着特定功能。地表植物能有效地吸收水分，减缓地表径流的流速。蓄水层能够暂时滞留雨水，使其蒸发、吸收或是沉淀。覆盖层能为微生物提供良好的生存环境，净化水中的有害物质、重金属等。沙砾层能够有效地使水分缓慢渗入周围土壤，提供良好的排水条件，同时，若水流量过大则可通过雨水口或溢流口排入管网流出场地外，以防止场地积水（图 6）。

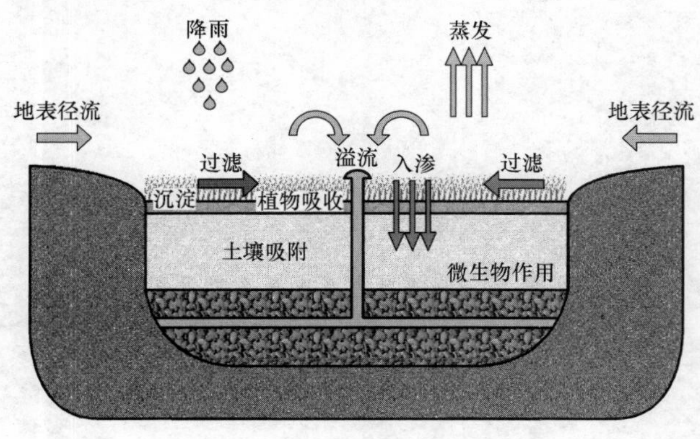

图 6　生物滞留池

在场地规划中时，可以将生物滞留池与下凹式绿地相结合，在吸收地表径流的同时又能净化雨水，对于雨水的回收利用有很好的促进作用。生物滞留池本身也是优美的景观小品，可以提升场地的空间品质。

3 结语

在被动式的理念中，场地的排水系统不仅要排出场地积水，还要综合场地的各种元素来充分利用水资源。将场地中的硬质铺装、软质铺装与水体都纳入到排水系统中。特别是要充分发挥绿色植物涵养水分、净化污水的能力。良好的场地排水系统能有效地缓解城市管网的排水压力，调节洪峰流量，回收和净化污水。目前我国的城市排水问题十分严峻，特别在夏季暴雨多发季节，经常会造成城市内涝，给人民的生命财产安全带来严重的威胁和隐患。作为设计师，我们要运用先进的被动式设计理念，统筹兼顾各种场地元素，在场地设计之初就全方位的思考各种问题，并从中找到平衡点，从源头上解决城市的排水问题。

参 考 文 献

[1] 曾捷. 海绵城市绿色建筑的场地雨水设计 [J]. 建筑科技，2016 (12).

[2] 林春翔，邵旭，陈晓丹. 寒地建筑场地规划微气候适应性设计策略 [J]. 工程建设与设计，2016 (14).

[3] 董刚. 因地制宜迎合气候、随形就势适应场地设计理念探讨 [J]. 石油规划设计，2015 (6).

[4] 熊海，刘彬. 场地微气候综合分析方法 [J]. 重庆建筑，2015 (11).

根植于本土的被动式生态颐养中心方案设计
——以“台达杯”获奖作品“warm house”为例

孙宁晗，崔艳秋
山东建筑大学

摘　要： 伴随着我国日益严重的能源危机与自然环境的不断恶化，根植于本土的被动式建筑设计正在逐渐引起关注。本文以“台达杯”国际太阳能建筑设计竞赛获奖作品“warm house”为例，通过挖掘西安地区传统的建筑文化元素，并结合地域气候及环境特点，从建筑形体、空间布局、剖面及建筑表皮设计等方面探讨了适宜于生态颐养中心的被动式技术设计策略与方法，为建筑节能与传承本土性建筑特色文化提供了一些可供参考的思路与手法。

关键词： 被动式技术；建筑形体；通风设计；建筑表皮

随着我国经济的快速发展，各种建设活动正在全国各地如火如荼地进行，伴随而来的能源消耗与环境污染逐渐成为我们不可忽视的问题。通过对西安地区现有建筑的调研，可以发现当地建筑普遍存在能耗占比较高、室内舒适性较差等问题。本文基于对台达杯方案的设计，将被动式技术与西安当地传统建筑特性相结合，探索提出了适宜于本土的被动式建筑设计模式。

1　项目概况

2017 年“台达杯”国际太阳能建筑设计竞赛主题为“阳光 · 颐养”，结合“养老建筑”“绿色建筑”等设计理念进行生态颐养服务中心的方案设计。

1.1　基地环境

项目基地位于陕西省西安市某生态田园养老社区内，由老年养生度假区、老年康复医疗区、老年住宅区以及农业生态园等共同组成。业主计划在园区东南部的主入口附近新建一座生态颐养服务中心，基地内地形被分为南高北低的两块台地，二者之间存在 2m 高差。西安地处寒冷地区，属温带大陆性季风气候，年主导风向为东北风，夏季炎热多雨，7 月平均气温为 26.3～26.6℃，冬季寒冷少雨雪，1 月平均气温为－1.2～0℃。因此，当地的建筑既需要考虑夏季隔热，又需要考虑冬季保温。

1.2　传统建筑风格

西安作为中国的古都之一，具有悠久的传统建筑文化，当地的传统民居形式为“晋陕窄院”，如图 1 所示。晋陕窄院的形制类似于传统的四合院，各个房间围合出中间的院子，不同点是它的庭院往往较为窄长，长宽比可以达到 2∶1 甚至 4∶1，形成窄院的原因主要是：遮阳避暑、防风阻沙、紧缩占地。另外由于靠近黄土高原，西安当地存有许多传统的夯土建筑，如图 2 所示，其具有亲近自然、节约能源、冬暖夏凉、造价低廉、工艺简单等优点。对于传统建筑元素的处理，去除掉其中较为落后的部分，许多做法在今天仍具有很大的借鉴意义，对这些做法应当进行保留与延续。

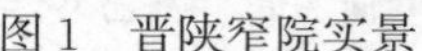

图 1　晋陕窄院实景

图 2　夯土建筑实景

2　以被动式技术为主导的建筑方案设计

2.1　适应场地环境的功能分区与建筑形体设计

方案主体按照给定的功能被划分为三个部分，北侧为老年人疗养与住宿区，南侧为工作人员办公活动区，中间的连廊主要承担起交通联系的作用。如图 3 所示，这样的划分方式兼顾了场地的形式与被动式设计的思想，由于场地北侧部分面积较大，将主要功能疗养住宿部分放在此处有利于将其进行东西向延展布置，在相同的建筑面积下这样可以使更多的房间接收到南向光照，并且可以使这部分房间具有较小的进深。充足的室外活动对于老年人的生活疗养大有裨益，因此该方案为老年人设计了两个庭院方便其进行室外活动，庭院的形式受晋陕地区传统“窄院”的影响，由四周的各种功能房间围合而成且较为窄长，可以在炎热的夏季形成较多的阴影区，而在寒冷的冬季，庭院北侧狭长的房间排布也可以为庭院阻挡该地盛行的寒风。在疗养住宿空间的划分上，将楼梯间、洗浴间、游泳池等次要空间放置于东西两侧，起居及居住等主要功能置于南侧，北侧的走廊则联系起整个区

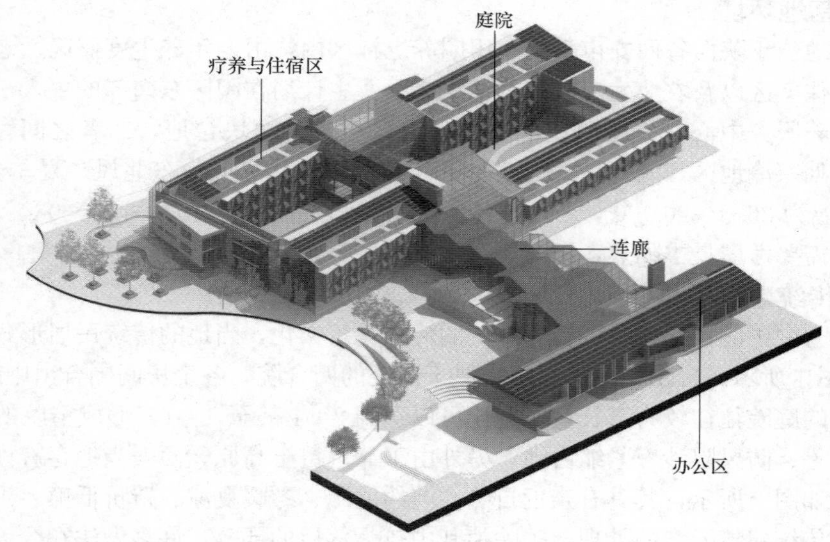

图 3　建筑功能划分

域。场地南侧面积较北侧要小，将工作人员办公与活动区放置在此首先避免了与疗养住宿区的功能产生交叉，其次也可以争取到较多的南北朝向。中部场地南北向较为狭长，若是在此放置主要功能房间势必会产生大面积的东西不利朝向，恰好 2m 高差位于此处，将不作为主要使用功能的交通联系空间放置于此第一可以联系起南北两部分功能区域，第二可以忽略东西晒的影响，第三可以巧妙解决高差带来的不便，详细平面如图 4 所示。

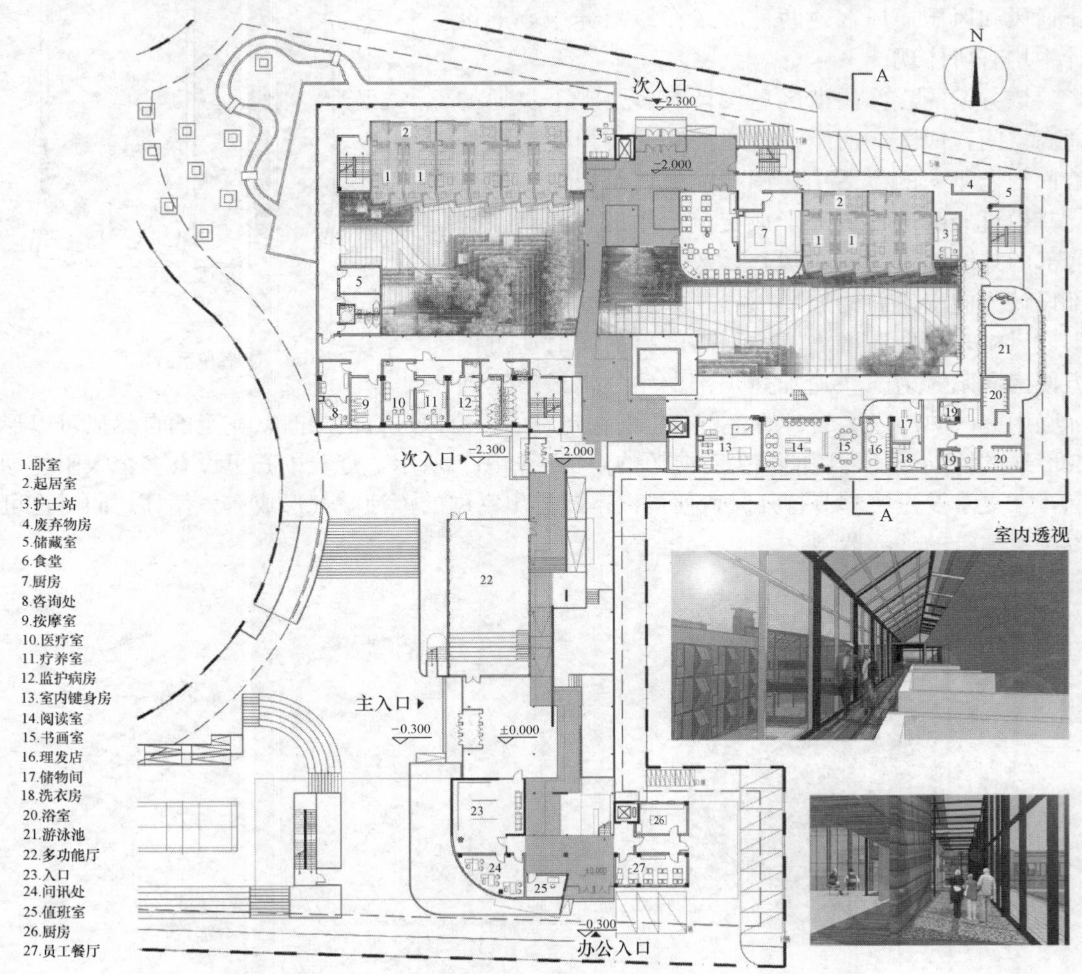

图 4　一层平面图

方案的形体方面，三个功能区块高低不同、错落有致、虚实结合。整个屋顶设计为连续的坡屋顶形式，呼应西安当地传统建筑式样的同时也有利于夏季隔热与冬季保温。值得一提的是居住部分阳台的处理，我们将其设计为独特的倾斜式阳台，这样在夏季太阳高度角较高时上层阳台可以对下层形成一定的遮挡；冬季太阳高度角较低时阳光依旧可以正常射入室内；如图 5 所示，平面上将阳台角度设计为南偏东 10°，对应当地建筑的最佳朝向。整个建筑形体上避免出现任何没有实际作用的空间与装饰性构件，在适应场地的基础上将建筑的体形系数尽可能做到最小。

总而言之，在方案的功能分区与形体设计上，本着从被动式设计出发的原则，较好地将当地传统建筑元素与现代建筑的功能需求及形式美学进行了融合。

2.2 基于热压与风压效应的剖面设计

寒冷地区的建筑如果设计得当，在不依赖或少依赖建筑设备的情况下仍可以获得较为舒适的室内热环境。建筑中的自然通风方式主要分为两类：热压通风和风压通风，这两种方式在该疗养中心的设计中均有所体现。

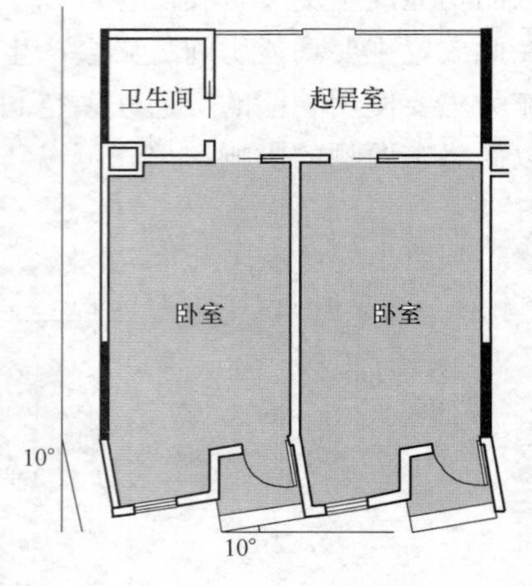

图 5 住宿单元平面

该方案的疗养住宿区里设计有多个上下贯通的通高空间，如图 6 所示，各通高空间均由建筑的外墙面与老年人的生活用房围合而成，每层的走廊贯穿其中且局部进行扩大形成交流活动区。通高空间底部的外墙面上设有进风口，风可以由此进入，顶部设计为向南倾斜的坡屋顶样式并将空间进行拔高形成风帽，这样在增加了上下高度差的同时还可以方便南向阳光射入快速加热顶部的空气，最终达到加强中庭内热压通风的目的。当老年人在走廊的交流区进行活动时，充足的自然风可以形成舒适的活动环境，还能减少对能源的浪费。如图 7 所示，疗养中心里设有多个太阳能烟囱，在夏季及过渡季节打开风口便可以不断排出室内的浑浊空气形成空气循环，同时也可以丰富建筑的外部造型。

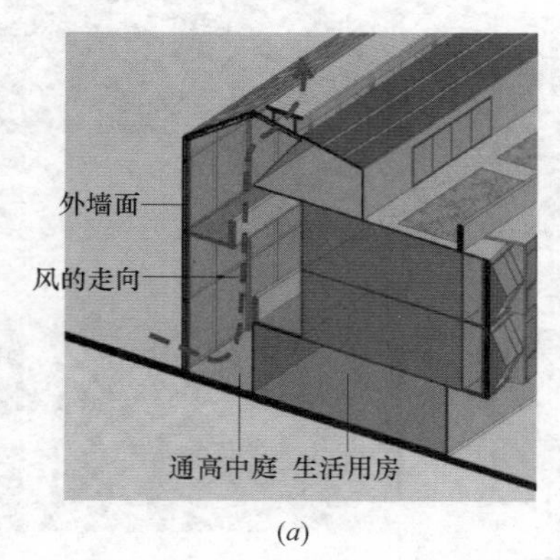

(*a*)

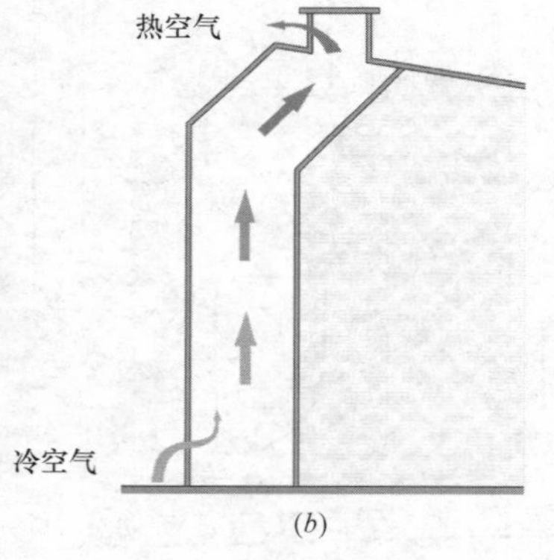

(*b*)

图 6 通高空间

(*a*) 空间模型；(*b*) 热压通风示意

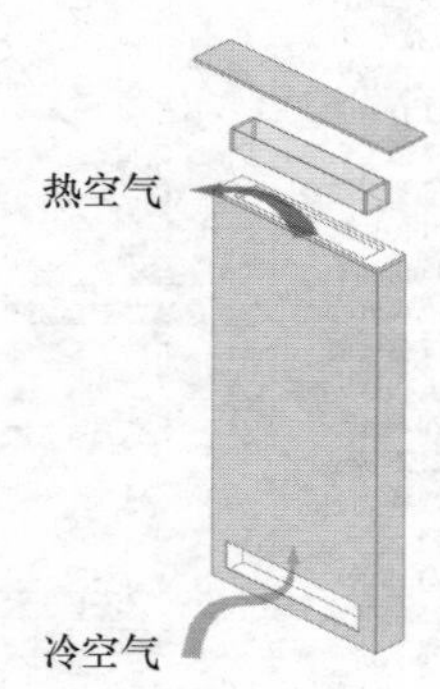

图 7 太阳能烟囱

老年人住宿的房间以两户为一个单元，每个单元共用一个起居室，在起居室的墙上设计有可开启的高窗，夏季及过渡季节里，使用者同时打开走廊上的可开启窗扇、起居室的高窗、个人卧室里的窗户，即可形成风压通风带走室内多余的热量。总的来说，该方案通过设计实现了对室内自然风的调控，进而显著提高了室内空间的热舒适度。

2.3 建筑表皮的被动式设计

表皮设计包括屋顶及外墙两部分，基于被动式设计原理，精心设计的建筑表皮可以节约大量的能源。本着因地制宜、就地取材的原则，外墙选用具有当地特色的建造材料——

夯土，夯土夏天可以吸热蓄热，冬天则可以放热保温，因此造就了夯土建筑冬暖夏凉的特点。夯土墙外侧加设一层石材贴面，可以提高夯土抗雨水、抗风化的能力，保护其不受损害。除外墙外，阳光间内的集热墙也使用夯土进行建造。西安当地每年都会产生大量的麦秸，麦秸可以被制成绿色环保的建造材料麦秸板，麦秸板具有优异的保温、隔热、防潮性能与较好的装饰效果，因此外墙的室内贴面选用了麦秸板。

建筑的西立面运用了不同的做法防止西晒，如图 8 所示，其中疗养住宿部分加设了一块防晒墙，两层墙中间相隔一定距离，形成的夹层空间促进了对流通风，可以带走外墙表面多余的热量。在防晒墙上还设计有种植槽及很细的钢绳锁，方便从地面长出的植物进行攀爬进而形成绿化墙面。中间连廊部分的西立面由木格栅和玻璃共同组成，保持空间通透性的同时也减弱了西晒对连廊的影响。

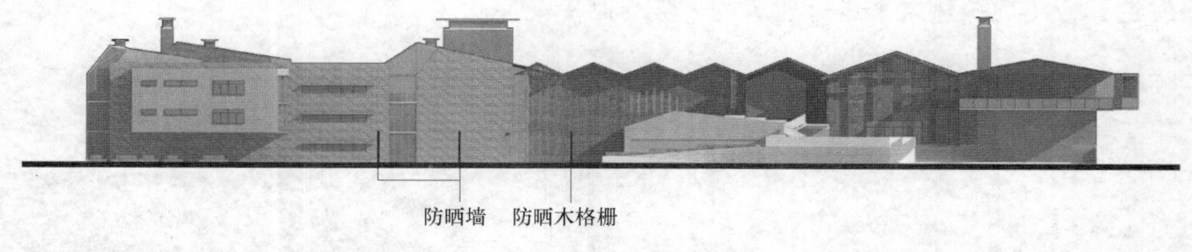

图 8　西立面图

方案中老年人的住宿区由多个单元重复而成，每个单元的南立面被划分为两个部分且分别进行不同的设计，如图 9 所示，阳台部分选用 Low-E 中空玻璃，确保通透性的同时又可以降低能耗，单元中剩余部分运用“特朗勃墙”的原理进行设计，夯土墙本身具有优秀的储热能力，在其外侧增加一块上下可开口的玻璃，内部夯土墙上下也设置可开启的洞口，夏季开启洞口即可通过通风进行散热，冬季关闭洞口即可成为优秀的保温层。另外，方案中的幕墙部分选用双层玻璃幕墙，窗洞部分则选用 Low-E 中空玻璃。

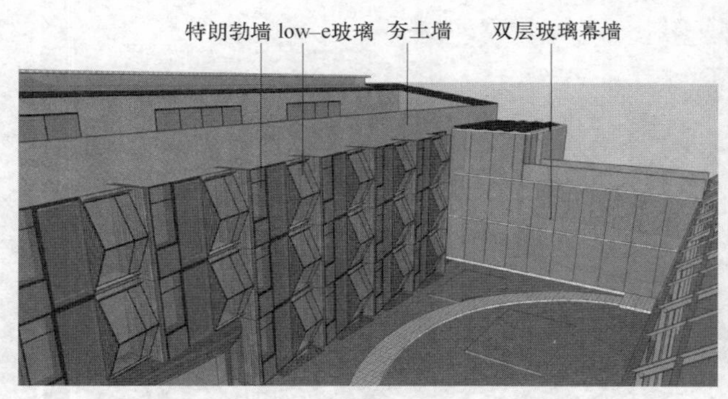

图 9　住宿区建筑表皮

2.4　其他被动式技术的应用

该方案设计中还探讨了阳光间、光伏发电、种植屋面等被动式技术。为保证老年人在冬季仍可以进行休闲交流活动，在疗养住宿区设有两个大的阳光间，如图 10 所示，两个阳光间为该区域公共性最强的空间，内部设有各种交流区，在寒冷的冬季阳光射入时该空间成为一个较为温暖的“温室”，可以降低对设备采暖的需求。阳光间的幕墙为双层幕墙，且阳光间自身的顶部及底部也设有可开启的窗扇，夏季较为炎热时可将其打开促进通风降低室内温度，另外阳光间内还设有可调节的电动遮阳设施，在夏季可以开启进行遮阳。中间的连廊部分也设有一处阳光间，该阳光间内为一片室内种植田，利用“温室”的环境在冬季也可以种植部分农作物。该养老中心注重对可再生能源的利用，如图 11 所示，坡屋面上布满了太阳能光伏电板，光伏电板发出的电可对该建筑进行一定的电量补充；每个居住单元外均设有太阳能集热水器，可以解决建筑内对热水的需求。我们还将建筑的屋面设计为种植屋面，老年人可以在此自由耕种，丰富老年人生活的同时也可以增强建筑屋顶的保温隔热性能。建筑内还设计有专门的中水回收利用系统，如图 12 所示，将生活污水进行多重处理之后可以充当植物的灌溉用水及室外水池、喷泉的景观用水。经过前期充分调研，我们发现该地区地下的浅层地热资源较为丰富，又有充足的空间布置建筑设备，所以最终选择应用地源热泵来进行建筑的采暖与制冷。

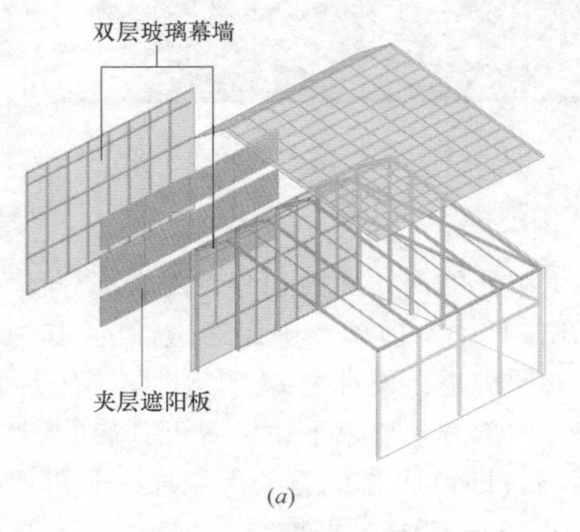

图 10　阳光间

(a) 阳光间分解图；(b) 阳光间双层幕墙

图 11　光伏电板

图 12　中水回收利用系统

3 结语

在能源危机与生态恶化的大背景下，针对西安地区拟建的一座生态颐养服务中心，从地域文化及气候特点等因素入手，通过提取西安当地多种本土性设计元素，并将其与被动式建筑技术相结合进行方案设计。方案依据地形地势、自然气候、传统建筑特点等因素进行了形体功能的布局；依据热压与风压通风进行室内空间设计，在剖面上实现了对自然风较为有序的引导；运用多种当地特色建筑材料与多重的表皮层次探讨了围护结构节能的设计方法。此次设计实践证明，将传统建筑元素与被动式技术相融合，既促进了文化传承也提高了建筑的舒适性。因此，当代建筑师应注重将二者进行结合考虑，为建筑节能与文化传承贡献一份绵薄之力。

参考文献

[1] 崔艳秋，牛微，王楠，等. 低碳视野下的青海传统民居设计探索——以“台达杯”获奖作品“片山屋”为例［J］. 新建筑，2017（2）：66-69.

[2] 宋晔皓，孙菁芬，陈晓娟，等. 扎根本土的可持续设计思考——以清控人居清益斋项目为例［J］. 城市建筑，2015（11）：36-40.

[3] 宋晔皓，王嘉亮，朱宁. 中国本土绿色建筑被动式设计策略思考［J］. 建筑学报，2013（7）：94-99.

[4] 宋琪. 被动式建筑设计基础理论与方法研究［D］. 西安：西安建筑科技大学，2015.

[5] 杨欢欢. 被动式建筑设计策略应用研究——基于南京佛手湖艺术家工作室研究型设计［D］. 武汉：华中科技大学，2006.

[6] 许丽萍，马全明. 夯土墙在新的乡土生态建筑中的应用——浙江安吉生态屋夯土墙营造方法解析［J］. 四川建筑科学研究，2007（6）：214-217.

[7] 余志红. 基于适老化理念的养老建筑空间设计［J］. 工业建筑，2016（8）：56-60.

[8] 傅琰煜. 养老建筑的室内外空间环境营造［J］. 华中建筑，2011（5）：159-163.

金属表皮新技术在我国的应用

荆子洋，尉东颖

天津大学建筑学院

摘　要： 金属表皮是当今较为流行的建筑表皮类型，多种表皮技术在国外均得到成熟应用，但对于国内建筑界来讲仍属于崭新的技术研究与应用领域。本文搜集国内优秀的建筑案例，对金属表皮在国内的一般技术应用与新技术应用进行归纳分析，并指出金属表皮在国内的发展问题，从而加速金属建筑表皮在我国的发展与研究。

关键词： 金属表皮；一般技术；新技术；发展

随着建筑工业化的发展，金属材料渐渐在建筑结构的应用中崭露头角，密斯“皮与骨”建筑与勒柯布西耶“多米诺体系”的提出，象征着结构与表皮的分开。在现今的技术条件下，金属的延展性、光泽性、耐久性等优势得以充分发挥，在建筑表皮中得到广泛应用。国外的金属表皮技术发展先进，但我国的金属表皮建筑仍属于较为崭新的技术研究领域。近年来，我国金属表皮也以一般技术应用为基础，参照国外较为成熟的设计案例，有了新的技术发展。

1　金属表皮的一般技术应用

1.1　金属幕墙

金属幕墙是金属表皮在建筑设计应用中最常见的一种存在形式。一般金属幕墙的材料以铝复合板与单层铝板为主导，不锈钢板、彩涂钢板等其他金属幕墙产品应用范围较小（表1）。金属幕墙的构造原理是由金属板作装饰面层，通过背后的金属框架、构件等与建筑主体相连，按是否打胶，可分为封闭式和开放式金属幕墙；按构造原理，可分为单元式与框架式金属幕墙。其中，开放式幕墙装饰性强、防水效果好、易通风，单元式幕墙平整度高、施工周期短、工业化程度强，都是近年来金属幕墙中新兴的高档幕墙类型，但依旧摆脱不了一般幕墙作为建筑装饰构件的固有形象，仍属于较为保守的金属表皮形式。

一般金属幕墙的材料使用　　表1

分类	建筑应用	优/缺点
单层铝板幕墙	金属幕墙的主导产品，应用范围较广	坚韧，稳定，耐久
铝复合板幕墙	金属幕墙早期出现时常用的面板材料	坚韧，稳定，耐久，附着力强，色彩丰富
金属夹芯防火板	可用作新建建筑和翻修旧房的外墙，适用于大型公共建筑，如会议中心、体育馆、剧院等	防火，并保持了相应金属塑料复合板的力学性能
不锈钢板幕墙	应用范围小，多用于幕墙的局部装饰	耐久，耐磨，但过薄的板会鼓凸，过厚的自重和价格较高
彩涂钢板幕墙	主要用于钢结构厂房、机场、库房和冷冻等工业及商业建筑的屋顶墙面，民用建筑中应用少	耐蚀，色彩鲜艳，加工成型方便，具有钢板原有强度，成本低

来源：自绘

1.2　双层幕墙

金属材料在一般双层幕墙中仅仅应用在两层幕墙的空气间层中间，以金属百叶、垂帘等简单的遮阳装置形式存在（图 1），通过电力控制可以根据不同时间的阳光照射角度而进行调整，实现建筑的生态性。但由于金属材质并未暴露在建筑最外层，表现形式有限，无法充分发挥其建筑立面装饰等其他性能，故仍属于较为保守的金属表皮形式。

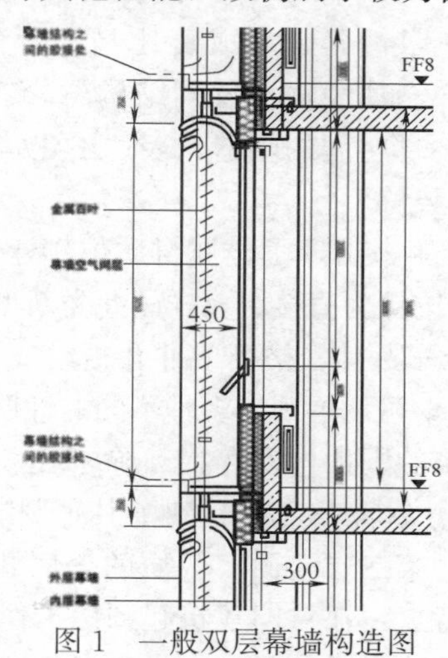

图 1　一般双层幕墙构造图

来源：吉略特．建筑表皮设计［M］．鄢格译．沈阳：辽宁科学技术出版社，2013.

2　金属表皮的新技术应用

2.1　金属表皮与结构的融合

近年来，金属表皮突破了一般金属幕墙的固有形象，不再仅仅作为"建筑外衣"，而出现了与建筑结构相融合的趋势。金属材料易塑、高强等特征，使其本身也可以塑造空间，作为可以承重的结构性表皮。

一方面，结构作为表皮的骨架。看似浮夸、凌乱的金属表皮，也许正是最理性、最优化选择的结构需要，复杂的结构体系作为表皮的一部分，呈现在建筑立面上。水立方的设计便是以表皮为出发点开始的，建筑表皮的架构模式完全模拟常态水分子间的分子键，这种受力形式可使每一节点连接的金属杆件数达到最少（图 2）。当金属结构搭建完成后，再在各杆件间覆盖双层聚四氟乙烯薄膜，两种材料共同构成了建筑表皮，既体现了材料的真实性，又直观地表达出各自的分工（图 3）。

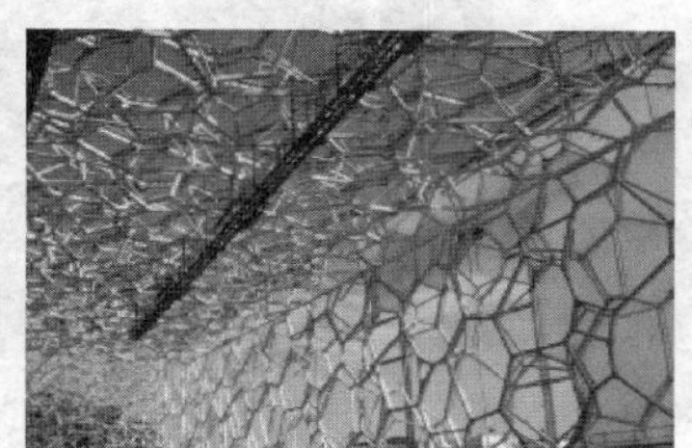

图 2　水立方结构设计

来源：马进，杨靖．当代建筑构造的建构解析［M］．南京：东南大学出版社，2005

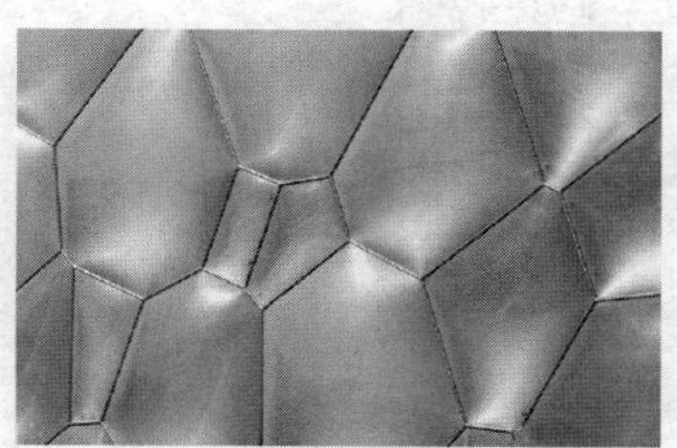

图 3　看似无规则的表皮

来源：http：//www. archdauy. com

图 4　表皮的流动

来源：http：//www. treemode. com

另一方面，结构促成了表皮的流动。这让很多流动的表皮成为可能，也使空间的完整性得到最大限度的保留。例如北京凤凰国际传媒中心，它的表皮设计更进一步。金属杆件本身作为围护结构，形成不同方向的肋，构成金属表皮的肌理，并沿建筑外部形体与室内空间铺展蔓延，形成莫比乌斯环的最终效果。通过这种方式，金属表皮不仅同结构融合在一起，还直接参与了建筑内部空间的塑造，表达了建筑的通透和流动性（图 4）。

2.2　金属表皮对造型的装饰

以一般双层幕墙为基础，近年来出现了金属材质位于建筑最外侧的开放式双层表皮技术，使金属表皮对建筑造型的装饰更为直接、多样。此类新型双层表皮技术由单层玻璃、可开启窗或实墙面与外面的通风金属百叶、格栅或冲孔板组成（图 5）。其中，金属材质作为建筑第二层表皮，形式较为自由，可以展现出多种不同的性质与作用，应用范围较广。

一方面，金属表皮作为建筑的围护构件存在。除了在新建建筑立面上的一般应用外，在近几年的旧建筑改造热潮中，金属表皮也起到了其他材料无法媲美的作用，常常以消隐、融合的姿态，作为旧建筑的第二层立面。轻质的金属孔板网、格栅等均具有易安装、轻质、对原有建筑损坏较小的特点，在对旧建筑起到保护作用的同时，还可以赋予建筑新颖的外部形象。成都锦都院街改造项目便是一个成功案例。著名建筑师刘家琨运用铝合金格栅的网格化金属表皮处理，将传统清水砖墙与现代建筑材料相结合，形成了镂空的渗透效果，将现代与历史进行有机结合（图 6）。同时，作为第二层表皮的金属格栅在晚上进行相应灯光设计，提升了历史建筑的活力（图 7）。

在这个媒体信息爆炸的时代，金属表皮作为围护构件，也兴起了媒体化的发展趋势，肩负起了“荧屏”的作用，因而建筑立面不再单纯的是物质的围护结构，而被赋予了信息容器的意义。当金属表皮与 LED 技术结合，便可产生信息化、透明化的建筑外观，建筑表皮便被赋予了动态的表情与丰富的信息内涵。北京西翠路静雅酒店的零耗能媒体墙便是将 LED 元件固定到金属表皮的可活动支座上，运用光伏发电系统技术，形成了世界最大的活动光伏媒体墙（图 8～图 10）。

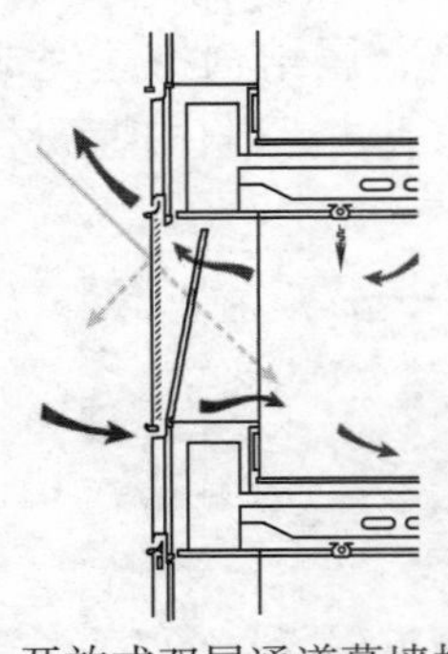

图 5　开放式双层通道幕墙构造图

来源：吉略特．建筑表皮设计［M］．鄢格译．沈阳：辽宁科学技术出版社，2013.

图 6　成都锦都院街改造的日景

来源：邓敬，殷红．“之间”与“缝合”刘家琨在“锦都院街”设计中的策略［J］．时代建筑，2007（4）：98-103.

图 7　成都锦都院街改造的夜景

来源：邓敬，殷红．“之间”与“缝合”刘家琨在“锦都院街”设计中的策略［J］．时代建筑，2007（4）：98-103.

图 8　静雅酒店媒体墙施工情景
来源：http：//images. ofweek. com

图 9　媒体墙立面
来源：http：//images. ofweek. com

图 10　媒体墙夜景
来源：http：//images. ofweek. com

另一方面，金属表皮作为建筑的遮阳构件存在。该技术多应用于生态建筑，较为传统的有水平或垂直遮阳金属板，但由于其对视线通透性、通风、遮阳角度等存在不利影响，所以当今建筑表皮多使用冲孔板作为新型遮阳构件（图 11）。板的厚度、穿孔的直径与密度等需要经过严密的计算，以适应当地气候特点与太阳高度角等生态影响因素（图 12）。同济大学建筑与城市规划学院教学楼便使用了可折叠的冲孔铝板，实现了室内环境被动式绿色设计（图 13）。

图 11　金属冲孔板
来源：http：//www. treemode. com

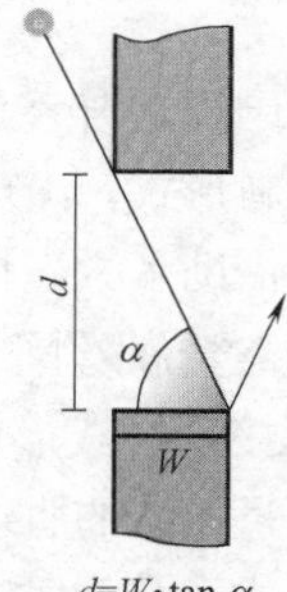

图 12　孔洞的大小与厚度计算
来源：李飞．多孔金属表皮在湿热地区建筑中的适应性设计研究［D］. 广州：华南理工大学，2012.

图 13　折叠冲孔板
来源：http：//www. treemode. com

近几年，金属表皮作为建筑的遮阳构件，也被赋予了更多能动性，兴起了绿色环保的“动态表皮技术”（图 14）。动态表皮通过光敏、热敏等传感器或智能系统的应用，控制表皮的收缩程度，从而自动地调节室内的温度和光照。著名生态建筑大师杨经文设计的海口大厦 2 号大厦中，建筑立面便可以根据环境中风压的大小闭合或开启，实现建筑室内的自然通风与丰富的建筑形象变化。这样不仅为表达建筑个性提供机会，同时也调节了建筑与环境之间的关系。

图 14　动态表皮
来源：http：//www. ikuku. cn

2.3 金属表皮材料的深度表现

在金属表皮的材料选用上，随着新型材料的施工工艺逐渐成熟，越来越多性能优秀、表现力强的新材料涌现出来。钛锌塑铝复合板是一种近年来新型的高档铝塑板建筑材料，具有良好的强度与塑性，具有表皮自我修复功能，主要用于建筑物的屋面和幕墙系统（图 15）。同时，随着时间的推移，暴露在大气中的钛锌板表面会逐渐形成一层致密坚硬的碳酸锌防腐层，防止板面进一步腐蚀，特别适用于自然和历史氛围浓厚的环境中，有利于建筑营造出强烈的天然感。又如近年来较为流行的铝蜂窝板幕墙，是由两块铝板中间加蜂窝芯材黏结成。虽然铝蜂窝板幕墙强度低、寿命短、造价高，但其自重较轻并具有特殊的肌理效果，可以达到一定的美观效果（图 16）。珐琅钢板兼具钢板的强度与玻璃质的光滑和硬度，玻璃质混合料可调制成各种色彩、花纹，也是金属幕墙的一个新型材料，但由于其在国内的质量检测标准、施工规范和验收标准尚未出台，故应用仍处于初步阶段。

图 15　钛锌塑铝复合板幕墙

来源：http：//www. zhulong. com

图 16　铝蜂窝板幕墙

来源：http：//www. zhulong. com

同时，在金属表皮的材料形式上，我国逐渐摒弃了传统的、不透明的板状金属表皮，兴起了孔状金属表皮与网状金属表皮等新型材料形式，出现了追求半透明化的趋势。孔状金属表皮主要有冲孔板和冲孔花纹板等形式，均是借助了激光打孔机或电脑数控冲床在金属板材上冲制孔洞（图 17）。网状金属表皮则具有编织类金属丝网、拉伸型金属板网和格栅板等多种形式，通过对金属条或金属丝的编织、拉伸与焊接等方式形成网状形式（图 18）。这些新型材料形式的出现，使金属表皮的表现力不仅仅是通过传统的肌理纹路或雕刻手法实现，而是开始具有多层次的空间结构与半透明的视觉形态，形成了多重质感与肌理的叠加。半透明的表皮材料形式以隔而不断、含而不露的方式展现了表皮与空间之间模糊暧昧的美（图 19）。

图 17　孔状金属表皮

来源：刘畅．当代中国金属包覆式表皮建筑发展探究［D]. 广州：华南理工大学，2013.

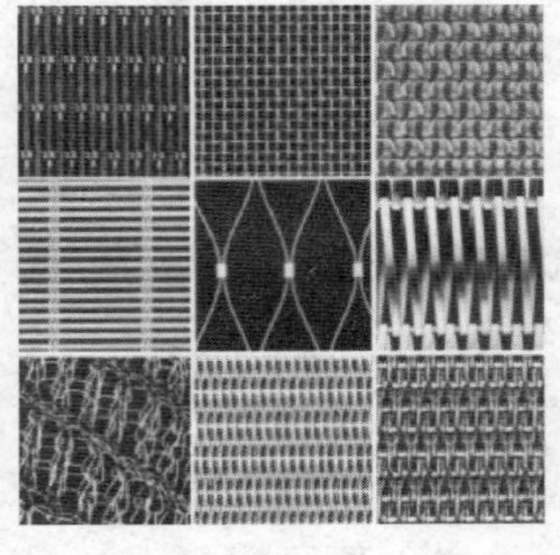

图 18　编织类金属表皮

来源：刘畅．当代中国金属包覆式表皮建筑发展探究［D]. 广州：华南理工大学，2013.

图 19　半透明表皮的朦胧美

来源：http：//www. zhulong. com

3 国内金属表皮的发展问题

金属表皮是随着国外建筑师在我国的建筑活动被引入的，近些年在我国出现了集中建设实践与新技术应用的苗头。但我国的金属表皮建筑仍然数目不多、质量参差不齐，技术应用的地区不平衡、建筑类型不平衡，主要有以下几点：

一方面，金属表皮在我国的应用成本较高，应用范围较小。这是因为，在国内劳动力成本较低的背景下，大部分建筑仍依赖人工建造而非以预制装配的形式建造，导致我国工业化水平与能力有限。再加上材料加工与优秀技术的建造成本较高、国内建筑寿命普遍较短等原因，使得工业化生产金属表皮的成本较高。同时，国内有限的工业化与施工水平，无法精确地实践国外先进的金属表皮设计手法，进而无法实现理想的效果。这些因素导致国内金属表皮的建筑设计手法单一、技术含量有限，且多用于知名建筑师主持下的大型公建项目中，应用范围有待拓展。

另一方面，大众对金属表皮存在一定程度的偏见，缺乏系统化的研究与分类。在一些人眼中，金属表皮过于浮夸与昂贵，使我国建筑业主与设计者们轻视了对金属表皮的尝试与研究。实际上，金属通过不同的加工方式，可以形成波形断面板、穿孔板、格栅等多种类型的表皮模式，具备结构属性、生态属性等优秀特征，应用范围及其广泛，值得我们进行细致研究。

4 小结

金属材料是最具活力的现代建筑材料。通过对金属表皮旧有技术与新技术的应用分析可以看出，金属表皮的新技术应用为设计者们提供了愈发广阔的想象空间。随着经济水平的不断提高，金属表皮成本高、受偏见等发展问题将得到逐步解决。总而言之，金属表皮的新型材料技术不断涌现，具有良好的发展前景。

参 考 文 献

［1］ 褚智勇主编. 建筑设计的材料语言［M］. 北京：中国电力出版社，2006.

［2］ 理查德·韦斯顿等. 材料、形式和建筑［M］. 范肃宁译. 北京：中国水利出版社.

［3］ 张坤禹. 金属材料的建筑应用与美学表达［D］. 天津大学，2012.

［4］ 李飞. 多孔金属表皮在湿热地区建筑中的适应性设计研究［D］. 广州：华南理工大学，2012.

［5］ 邓敬，殷红. “之间”与“缝合”刘家琨在“锦都院街”设计中的策略［J］. 时代建筑，2007（4）：98-103.

［6］ 何可明. 金属材料在建筑表皮中的应用及其反思［J］. 建筑与文化，2010（3）：102-103.

［7］ 张晓磊，张晓敏，杨英宇. 金属表皮材料的建构手法［J］. 山西建筑，2014（24）：114-115.

［8］ 刘畅. 当代中国金属包覆式表皮建筑发展探究［D］. 广州：华南理工大学，2013.

基于美学与技术特性的光伏一体化屋面集成设计方法探析

王杰汇，郭娟利
天津大学建筑学院

摘　要：随着社会的不断进步，全球经济的飞速发展，传统能源的日益短缺，新能源的开发和利用得到广泛关注。近年，太阳能在建筑领域的应用不断发展，太阳能建筑的设计方法越来越受到关注。屋顶作为建筑的有机组成部分，如何做好太阳能建筑的屋顶设计以及如何在屋顶设计中满足基本功能和美学需求后，巧妙地与太阳能技术有机结合，提高其利用效率达成节能减排的目标成为本文探析重点。文章依托近些年太阳能十项全能竞赛参赛作品对太阳能建筑屋顶光伏一体化的设计实施及特殊设计进行分析，并对新疆某办公楼进行模拟计算，分析屋顶光伏建筑一体化的设计要点及其节能情况，展望了太阳能建筑屋顶智能化与一体化设计方法的应用前景。

关键词：屋顶；光伏建筑一体化；节能

建筑的本原是针对气候而建的“遮蔽所”——遮风避雨、防寒避暑，使室内的微气候适合人类的生存，同时还应具有防卫功能。屋顶作为建筑的有机组成部分，除需满足阻隔外界不利气候因素、围护承重、维持室内微气候环境等基本功能外，其自身还应与建筑整体造型相协调，同时随着建筑节能理念的深入和光伏技术的发展，给屋顶的设计带来了更多的绿色内涵。

近几年光伏系统的使用量以及使用形式的丰富程度得到了空前的发展，各类光伏工程铺天盖地的展开。在光伏全寿命周期中，上中游的能耗主要靠技术突破以及管理来控制，现在生产制造业在现有技术上基本已经达到了控制能耗极限，如果没有大的制造技术突破，很难再大幅度降低能耗。但是在光伏电能的产生上，系统设计的好坏直接影响到回收期的长短，在这一方面是大有改进之地的，可以通过建筑与光伏的优化设计达到提高发电效率和降低建筑能耗的目的。

目前在屋顶光伏建筑一体化设计中还存在一些问题，尤其是很多传统建筑并没有为安装光伏系统预留足够的操作空间，使得后期安装光伏发电系统成本很高，效果却不理想，比如屋顶空间不够，承载力不足，由于造型的原因，使光伏系统无法选择合理的角度和朝向，屋顶面积有很多情况只能平铺，发电效率很低，组件污染，热斑效应严重等。同时在设计光伏阵列时，由于设计人员水平限制，无法准确模拟出阴影对组件的影响以及无法对组件朝向在发电峰值和用电峰值的匹配度上做出分析设计，使得发电效率和收益大大降低。

1　一体化设计方法实施

随着屋顶设计思想的不断发展，其节能设计由初始的被动式节能逐步进化为被动式节能及主动式产能结合设计。在近些年 SDE 竞赛中，考虑到只能利用太阳能为建筑供热和制冷，而建筑屋顶在接收太阳辐射时具有更大适应性，所有团队都在屋顶上安装了太阳能光电系统，数个团队采用了光热系统等。设置于屋顶之上的系统的功能并没有因为人的视角局限而被忽视。同时在建筑设计中，宜采用不同的屋面形式，太阳能系统利用在屋顶上的集成又分为在平屋顶、坡屋顶和曲面屋顶的一体化设计。

1.1 平屋顶的一体化设计

平屋顶几乎不会受到遮挡而可完全得到太阳光的照射，但因太阳辐射到地球表面时会随经度、纬度以及时间的变化而与地面成一定的角度，所以太阳能利用系统与平屋顶的集成一般应使太阳能利用设备适应太阳的角度变化，与平屋顶成一定的角度设置。如天津大学（TUC）Sunflower 在平屋顶上利用支架，将单晶硅电池方阵架离屋面，倾角为 2°，在保证系统安全性的同时，可有效降低电池板背部温度，保证发电效率（图 1）。而弗吉尼亚理工学院暨州立大学（VPU）的建筑采用更大倾角，42 块单晶硅电池方阵在屋面上结合夹角设备和 14 个支撑支柱作为建筑的一种独立的设计元素加以整合，创造出了独特效果。而其更大特色在于其光伏系统具有可调倾角性，可根据太阳角度的变化进行跟踪调节（图 2）。

图 1 天津大学架空光电板

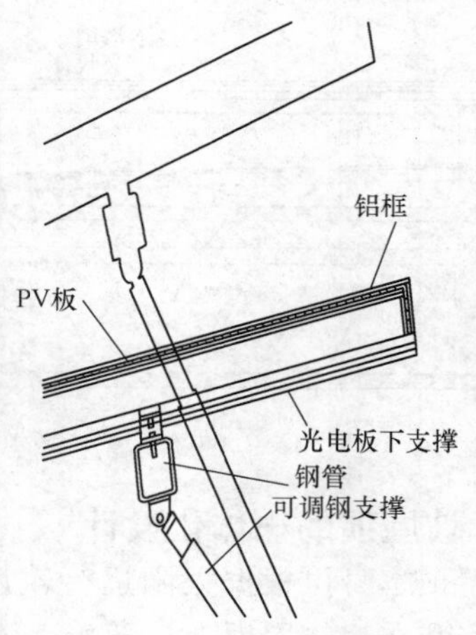

图 2 弗吉尼亚理工学院暨州立大学电池组装效果及示意图

太阳能利用系统在平屋顶上的集成，也有很多采用了几近不发生倾角的设计，可以直接于平屋顶上安放光电、光热系统。而在这种集成之上，又出现了很多新的设计形式。如美国 University of Florida 团队直接将光电系统支撑于建筑结构体系之上，在节省造价的同时还可覆盖标高不同的起居和卧室空间，使建筑形成一个整体，获得良好的物理环境的同时也使新技术、新材料的使用与整个建筑风格协调统一（图 3）。

随着太阳能利用系统整合技术的提高，光电光热系统耦合设计迅速发展，例如 Stuttgart University of Applied Sciences（HFT）在平屋顶就采用了光电光热（PVT）集热器。其在模块之上的平屋顶表面外覆 PVT 集热器作为建筑外饰面，直接替代建筑材料，体现了较高的一体化设计水平。同时深黑色的单晶硅电池方阵下设辐射板，在发电的同时可将光伏发电产生的热量进行回收利用，用于提供热水等，实现光热与光电系统的整合。同时在模块之间的玻璃顶棚上安装有真空管太阳能集热器，使其不仅可以作为集热构件，还可以为作为遮阳构件发挥作用，新材料应用在建筑中也带来了特殊的美感（图 4）。整个建筑屋顶与太阳能利用系统获得了较高的一体化设计和多方面的整合应用。

图 3　佛罗里达的光伏屋顶

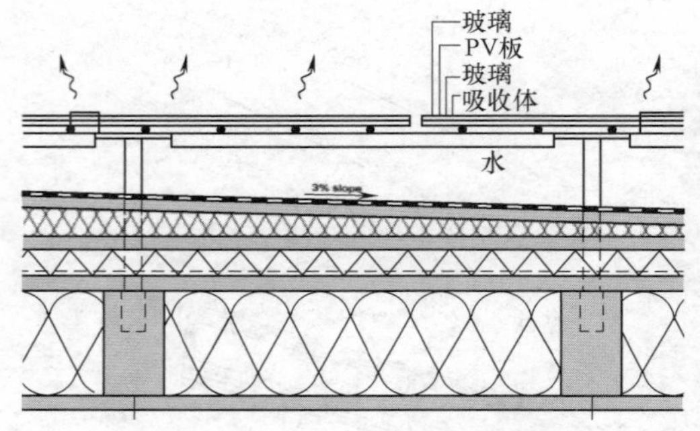

图 4　高压聚乙烯的 PVT 集热器和真空集热管

1.2　坡屋顶的一体化设计

因坡屋顶本身可根据太阳运行轨迹和辐射情况发生倾角，太阳能利用系统可依坡就势，直接安装在建筑屋面上。随着一体化的发展，太阳能利用系统可直接作为建筑材料用于屋面之上，不再只是附加式的安装设计。如柏林技术和经济高等专业学院（BER）在建筑屋面南向波纹铝和铝框的支撑之上直接铺设单晶硅电池组件，与整个建筑的外饰面黑色煅烧木组成整体，与建筑施工一次性完成，降低了重复施工的成本和难度。而这种建材型的太阳能利用系统，也具有建筑材料的防雨、耐腐蚀、外观装饰和强度要求等功能

（图 5）。天津大学的 Sunflower 在坡屋顶上铺设光电、光热系统的同时，还考虑了对于传统建筑的继承。其南侧真空管集热器和北侧的辐射板的安装和颜色均力求模仿中国传统建筑筒瓦屋面的意向，获得了不同于西方现代、简洁建筑的应用效果，拓展了其设计语汇（图 6）。

图 5　柏林技术和经济高等专业学院坡屋顶

图 6　天津大学坡屋顶

1.3　曲面屋顶的一体化设计

考虑到光电、光热系统本身的特性，并不适于在曲面屋顶上进行集成，但随着技术的不断发展和效率的提高，开始了一些新的尝试。如西班牙加泰罗尼亚高等建筑研究院（IAAC）在曲面屋顶上将单晶硅太阳能电池经过软性连接制成曲面状，完美地融合于建筑屋顶之上，与胶合板外曲面表皮形成了有机整体，展现了太阳能电池的高度适应性。而其本身采用的球形集热器也与整个建筑造型相协调（图 7）。

2013 年作品"光环"将太阳能光伏系统集成于建筑屋顶（图 8），其采用了全新的光伏建筑一体化技术，将太阳能电池自身作为屋顶围护结构，从而避免了传统太阳能电池安装模块化所带来的应用限制。"光环"项目通过精密设计的屋面角度使该建筑能获得最大年均能效收益又不至于夏季房屋过热，屋顶由一个面积 82m^2 的聚碳酸酯薄膜构成，并通过集成的单晶硅太阳能电池将 18%的太阳辐射转化为建筑可用能源。同时南北向屋檐下方存有过渡区域，为室外生活提供了舒适的空间。

图 7　加泰罗尼亚高等建筑研究院曲面屋顶

图 8　"光环"作品的曲面屋顶

2 特殊设计

2.1 模糊构件边界

2015 年美赛 SURE HOUSE 采用光伏屋顶，以及光伏遮阳一体化的可活动遮阳挡板，发电的同时，提供建筑遮阳和自然采光控制，太阳能板不单单作为一个发电装置，更是通过设计的手段使其成了屋顶的一部分，其最大亮点在于设计了双折叠防风暴挡板，双折叠防风暴挡板的设计，在日常天气条件下用来为建筑结构遮阳，而在暴风雨天气，则是作为主要的防御屏障来保护建筑的南立面，以免造成对建筑的破坏。防风暴挡板是由一个轻质的复合玻璃纤维和结构泡沫芯制造而成，能够承受设计所要求的荷载，并通过人工操作可以调节室内的光环境。挡板上附有太阳能板，能够吸收太阳能为建筑提供能源（图 9）。

图 9 双折叠式防风挡板

西班牙加泰罗尼亚高等建筑研究院（IAAC）的建筑屋顶是一个特殊实例。其将建筑视为一个整体，屋顶和立面之间的界限被模糊。通过软件模拟，可以针对不同地理位置太阳运行情况确定不尽相同的建筑形式。经扭转的建筑屋面因最大限度吸收南向太阳直射而产生特殊的形式，屋面的东西向也为减少气候带来的不利因素而设计较为狭窄（图 10）。

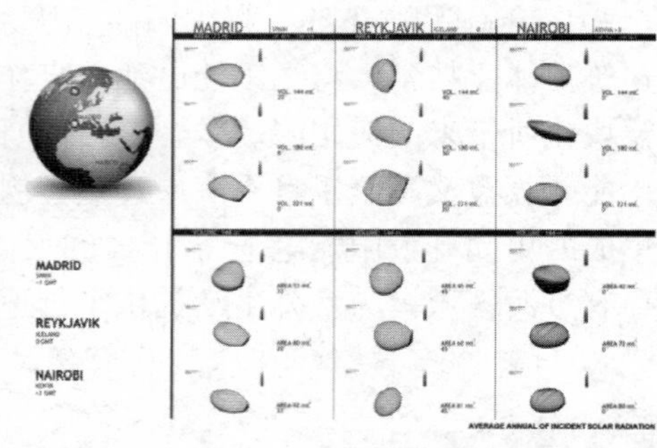

图 10 加泰罗尼亚高等建筑研究院建筑形式的确定

2.2 双屋顶设计

格勒诺布尔国立高等建筑学院设计的内、外双层屋顶的 Armadillo Box。建筑内部屋顶在内部承重框架之上复合 OSB 定向刨花板，中间填充保温材料（图 11）。外部屋顶为钢框架承托单晶硅太阳能电池光伏组件和低辐射遮阳帘组成，这样在内、外的建筑屋面之间形成良好通风廊道。通过在内屋面外侧铺设低辐射保护层以及利用中水、雨水等资源进行水雾喷洒，达到建筑屋面蒸发降温的目的，再辅之以其他机械方式，以此来解决双屋顶之间的通风问题。由于双屋顶的保护作用，建筑室内可不受外界不利气候影响。光伏方阵自身也因双屋顶的分离实现了对于其自身背部温度的控制，保证了其发电效率（图 12）。

图 11　格勒诺布尔国立高等建筑学院的外部和内部模块设计

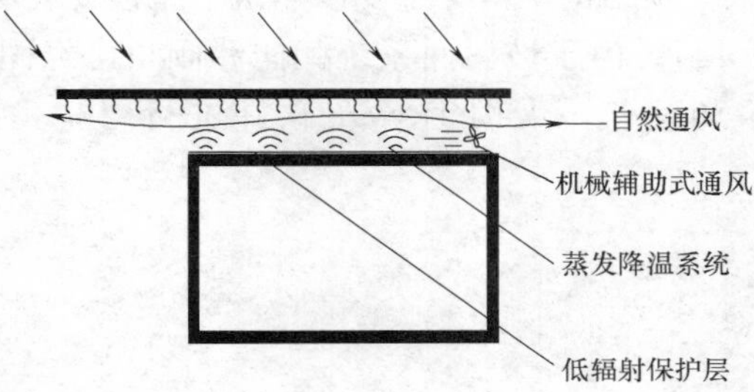

图 12　格勒诺布尔国立高等建筑学院双皮屋盖的分析

双层屋顶对既有建筑改造也具有一定借鉴意义，2014 年欧洲赛 DEL 团队的作品 Prêt-à-Loger 的设计理念是对荷兰既有建筑的改造，改造在荷兰 Honselersdijk 20 世纪 60 年代修建的排房，由于这些房子存在过度耗能和不符合现代生活要求等等的问题，首先拆除既有建筑西侧外围护结构，而后在东西两侧整体添加一层新的围护结构，从而使东侧形成双层屋顶。屋顶的承重结构承托于整个建筑的结构体系之上，建筑内部屋顶在内部承重框架之上复合密度板和聚乙烯板，中间填充保温材料玻璃棉。外部屋顶为钢框架承托单晶硅太阳能电池光伏组件组成，在双层屋面之间形成良好通风廊道，具有更良好的保温隔热以及通风效果，BIPV 光伏建筑一体化集成系统用双玻光伏组件（由两片玻璃和太阳能电池片组成复合层）集成到房顶和窗户上，太阳能电池板铺设在房子向外延伸的板架上，增加电池板面积，21°倾斜，增大获取太阳能的能力。并利用伯努利效应通风降温，增大发电效率。同时在西侧屋顶上方放置泥土和绿植，除美观作用外，还创造了一个小的自然栖息地，使人可以亲身融入大自然。（图 13）。

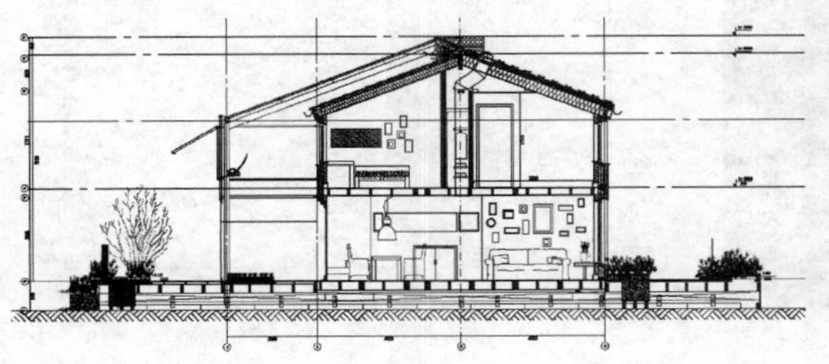

图 13　DEL 团队设计的双层屋面

3　新疆某办公建筑屋顶光伏节能分析

基于办公建筑能耗大、用电多、建筑负荷时间一般为白天，和光伏匹配率高等特点，同时新疆南部地区拥有得天独厚的太阳能资源优势，因此本文选取严寒地区城市新疆吐鲁番的办公建筑为研究对象，对办公建筑研究对象的模拟用材进行选取及光伏组件的参数设定，模拟办公建筑光伏系统的发电量情况，从而通过定量分析的方法，达到定性比较的目的。

3.1　光伏组件朝向及倾角参数的确定

由于吐鲁番炎热的夏季特点，光伏建筑一体化设计主要以减小围护结构得热为主，所以不宜设置玻璃幕墙及采光顶结构，本文主要以建筑平屋顶及坡屋顶铺设太阳能电池板组件并进行 1∶1 建模（图 14）。由于坡屋面系统朝向和倾角已经固定不便更改，因此主要研究平屋顶的最佳倾角和朝向，借助 Pvsyst 软件进行寻优，可知 39 度为最佳倾角（图 15）。

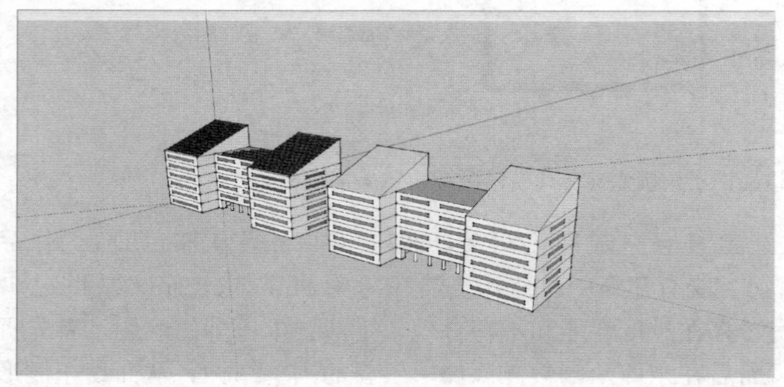

图 14　模型分析

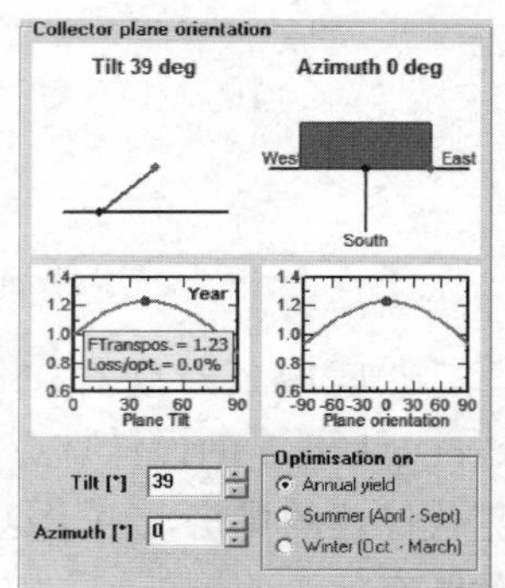

图 15　倾角计算结果

同时，采用 Skelion 太阳能插件进行模拟排布及阴影分析，选择 9 点到 15 点前后不遮挡进行模拟，前后间距为 3m（图 16）。这里有两种减少阴影和热斑损失的措施，第一是将阴影区域排除，这样可以在规定时间内不发生遮挡，但是会降低屋面利用，第二要根据阴影形状来选择横向或竖向排列。

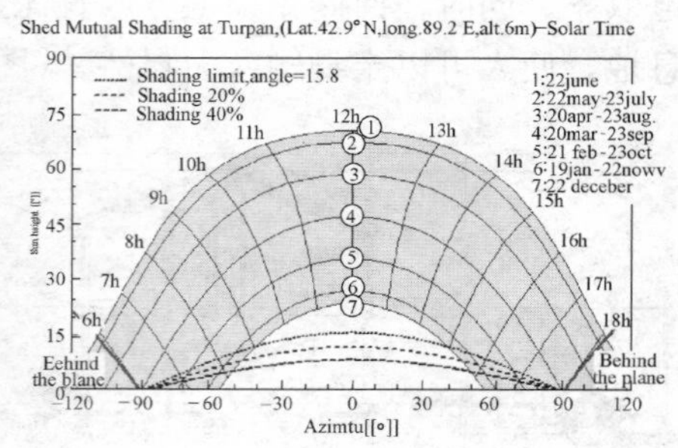

图 16　吐鲁番 Sketchup 中的模型构件布局与太阳时间路径图

3.2 光伏发电量计算

使用 Pvsyst 软件进行模拟计算，在 Sketchup 软件中进行光伏组件数量的排布，光伏组件选用尺寸为 1680mm×990mm×50mm 的单晶组件，功率为 240W。坡屋面为 468 块，安装功率 120kW，安装面积 750m²，平屋面为 41 块，安装功率 11.3kW，占地面积 375m²，总安装功率为 131.3kW。分别计算平屋面和坡屋面发电量如图 17 所示。

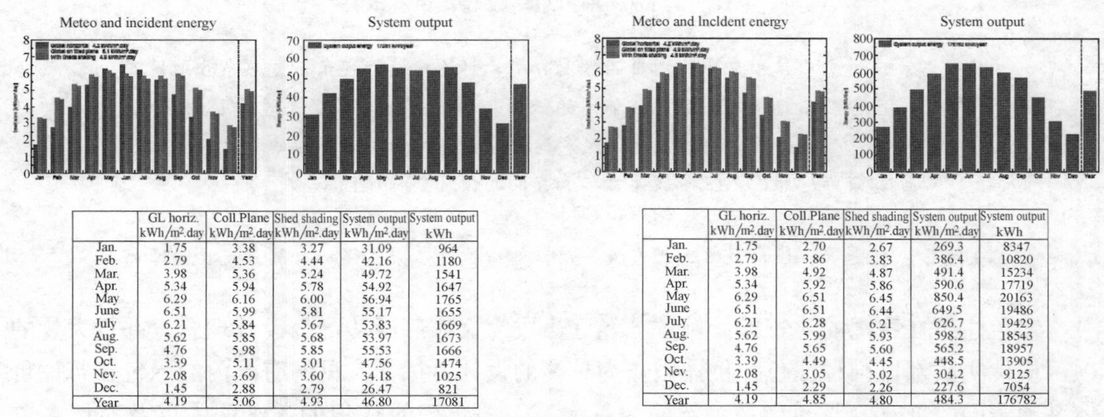

	GL horiz. kWh/m².day	Coll.Plane kWh/m².day	Shed shading kWh/m².day	System output kWh/m².day	System output kWh
Jan.	1.75	3.38	3.27	31.09	964
Feb.	2.79	4.53	4.44	42.16	1180
Mar.	3.98	5.36	5.24	49.72	1541
Apr.	5.34	5.94	5.78	54.92	1647
May	6.29	6.16	6.00	56.94	1765
June	6.51	5.99	5.81	55.17	1655
July	6.21	5.84	5.67	53.83	1669
Aug.	5.62	5.85	5.68	53.97	1673
Sep.	4.76	5.98	5.85	55.53	1666
Oct.	3.39	5.11	5.01	47.56	1474
Nev.	2.08	3.69	3.60	34.18	1025
Dec.	1.45	2.88	2.79	26.47	821
Year	4.19	5.06	4.93	46.80	17081

	GL horiz. kWh/m².day	Coll.Plane kWh/m².day	Shed shading kWh/m².day	System output kWh/m².day	System output kWh
Jan.	1.75	2.70	2.67	269.3	8347
Feb.	2.79	3.86	3.83	386.4	10820
Mar.	3.98	4.92	4.87	491.4	15234
Apr.	5.34	5.92	5.86	590.6	17719
May	6.29	6.51	6.45	850.4	20163
June	6.51	6.51	6.44	649.5	19486
July	6.21	6.28	6.21	626.7	19429
Aug.	5.62	5.99	5.93	598.2	18543
Sep.	4.76	5.65	5.60	565.2	18957
Oct.	3.39	4.49	4.45	448.5	13905
Nev.	2.08	3.05	3.02	304.2	9125
Dec.	1.45	2.29	2.26	227.6	7054
Year	4.19	4.85	4.80	484.3	176782

图 17　平屋面和坡屋面发电计算结果

由计算结果可知，该办公建筑平屋顶光伏年发电量 17081kWh，坡屋顶光伏年发电量 176782kWh。由于办公建筑的特点，其用电量大部分集中在白天，和光伏发电高效期相匹配，因此优化设计的屋顶光伏一体化将有效降低办公建筑能耗。

4 结语

通过以上分析，可知屋顶光伏一体化可以使建筑不光成为能源的消耗者，同时也成为能源的供应者，科学合理的屋顶光伏一体化设计能为建筑节能事业作出巨大贡献。同时，其设计不再只是简单的注重形式、造型需要，满足围护、保温、隔热等基本功能，而应是基于建筑的整体化设计，注重利用环境有利因素，与建筑整体结构体系统一考虑，并在调节室内温、湿度和照明系统设计等方面更加注重建筑屋顶系统的节能设计。同时随着太阳能利用系统与建筑一体化的发展，从设计实例中可在与屋顶的集成设计方面得出一些新的设计方法和途径，而不再仅仅是传统的附加或者隐蔽的设计态度。这种太阳能利用系统在屋顶上的集成设计仍应作为继续探索方向，在保证效率、满足需求、综合造价的同时，真正做到与建筑的一体化设计，达到技术与艺术的完美融合。

参 考 文 献

[1] 李保峰，李刚. 建筑表皮——夏热冬冷地区建筑表皮设计研究［M］. 北京：中国建筑工业出版社，2010：6-16.

[2] 杨善勤. 民用建筑节能手册［M］. 北京：中国建筑工业出版社，1997：6.

[3] 陶成前. 屋顶——建筑实体要素的技术与艺术分析［D］. 安徽：合肥工业大学，2004.

[4] 郑存耀. 太阳能利用技术与屋顶设计一体化应用研究［D］. 天津：河北工业大学，2007.

[5] 郭娟利，高辉，王杰汇，冯柯 . 光伏建筑表皮一体化设计解析——以 SDE2010 参赛作品为例［J］. 新建筑，2012（4）：89-92.

建筑师视角的低能耗设计策略研究
——以中建工程中心项目为例

宋宇辉[12]，陈敬煊[2]

1 天津大学；2 中国中建设计集团有限公司

摘 要：通过对中建工程中心项目的案例分析，讨论建筑师视角下夏热冬冷地区高层办公项目从规划到建筑单体的低能耗设计策略，从生态缓冲层的设置，微气候的营造，自然采光通风和遮阳措施等方面进行积极的尝试，探索了建筑师思维的以低能耗为目标和导向的设计创作途径。

关键词：低能耗，设计策略，生态缓冲层，遮阳构件，微气候，自然采光和通风

绿色建筑在我国的建筑设计领域已经逐步成为大家广泛认可的设计理念，并且大量的项目设计实践都以某种绿色评价体系作为具体的设计目标，常见的有国内的绿色建筑评价体系和美国的LEED评价体系，然而随着大家对绿色建筑认识的逐渐深入以及对诸多拿到各种评价体系认证的建筑的实际能耗监测，很多业主在设计之初对绿色建筑的目标诉求已经从以前的单纯拿到绿建标识升级为对项目未来实际运营能耗降低同时对项目外部造型美观内部空间体验良好的多重诉求，本文以建筑师的视角通过一个位于合肥的高层办公项目实来探讨在绿建方面单纯以低能耗为目标的设计策略。

1 工程概况

本项目位于合肥市瑶海区，项目用地北邻淮海大道，西侧为新蚌埠路，道路交口规划有地铁出入口，东侧南侧为住宅规划用地，东南方向为陶冲湖水库生态公园。项目用地地势平坦，周边环境及基础设施条件良好，道路通达，交通便利。

本项目用地面积9084m^2，总建筑面积38000m^2，项目包括塔楼和裙房两部分，塔楼主要功能为办公，地上22层，建筑高度98m，裙房主要功能为报告厅及配套设施，地上2层，建筑高度12m。

2 项目基本条件和节能目标

合肥属于夏热冬冷地区，夏季炎热，日平均气温21～29℃，夏至日太阳高度角83度，日照时间长，太阳辐射强烈，建筑遮阳需求较大；冬季寒冷，日平均气温2～11℃，建筑保温隔热需求较大；全年降水量约1000mm，年平均湿度77％，全年平均风速1.6～3.3m/s，有自然通风的需求和条件；全年日照时间2000h，全年风向四季明显，夏季东南风，冬季西北风。

根据夏热冬冷地区的气候特征和本项目的使用属性，确定了尽量利用自然采光通风，尽量降低低能耗策略的实施成本，和尽量减少夏季空调制冷时间和冬季空调采暖时间这三个节能目标和设计原则。

3　低能耗设计策略

3.1　规划布局

3.1.1　规划用地建筑体形

规划用地位于十字路口的东南侧，为东西向狭长地块，建筑体形确定为位于西北侧的塔楼搭配东西向的裙房，塔楼位于西北角除了从城市设计的角度看地标性显著，办公视野良好外，日照通风和与南侧住宅视线遮挡都得到了最好的考虑，裙房沿北侧淮海大道布置具备良好的形象展示效果并有利于裙房自然采光和通风。

3.1.2　微气候营造

整体建筑体量沿东西向轴线布局，从西至东依次为西侧开敞庭院-塔楼-中央庭院-多功能报告厅-东侧庭院，建筑与室外庭院交错布局有利于建筑周边微气候的形成，进而改善建筑首层的室内环境。中部庭院取意安徽传统建筑庭院四水归堂，在获得传统建筑意境的同时，通过庭院周围过渡空间的封闭处理，改善了中央庭院冬季寒冷不宜停留的状况，庭院北侧的迎宾廊在具备礼仪功能的同时起到了风斗的作用，使用户在真正进入办公区和报告厅区域后获得更好的空间舒适度。

用地的使用效率

本地块为办公商业用地，容积率 3.0，功能属性为中建的办公大楼，南侧用地属性为中建员工的住宅区，办公与生活的紧密联系有助于减少日常出行距离从而减少交通能耗提高生活效率，西北侧地下空间直接与地铁接驳提高了出行效率降低了地上建筑物的规模为地上景观的打造提供了更大的空间。

3.2　建筑单体

3.2.1　塔楼标准层平面优化

本项目作为中建工程中心总部，有拔高体量增加其地标性的需求，因此塔楼的标准层面积为 1300m^2 左右，我们将标准层轮廓从最初的正方形调整为东西方向的矩形平面，提高了采光和通风效率，增加了冬季日照得热的效率降低了西侧太阳西晒的影响。

本项目中交通核的位置起初在平面正中，四周使用空间的可用进深只有 7m，经过优化由正中的位置调整到了标准层平面的西北侧，这样一来交通核四周的空间特性由之前的完全一样变成了各有特色，东侧形成约 500m^2 的南北通透，南北东三面采光的集中开敞大空间，南侧利用采光条件设置面积较大的会议室，北侧因为日照的不利条件设置面积较小的独立办公室及水吧区，西侧因为西晒没有设置固定办公功能仅作为空中庭院为每层的办公人员提供休息和交流的空间。

3.2.2　塔楼边庭

在塔楼平面的西侧，考虑到日照西晒和室内空间尺度的因素，将此部分设置为两层通高的边庭，丰富了塔楼内的空间体验，并且在南北方向错动布置，不仅为企业的办公人员每两层都提供了室外的观景休息区域也形成了中庭竖向通风的文丘里管效应。合肥气候分区为夏热冬冷地区，在节能的策略上要平衡考虑冬季采暖和夏季制冷，我们把边庭作为一个生态的缓冲空间，不但能够在冬季起到阳光房的作用，白天大量吸收太阳辐射热夜晚将热量释放至整个建筑体量，也能够在夏季作为具有很强自然通风能力和配有大量植物的缓冲空间避免室内封闭空间直接与外界接触换热，起到了和双层玻璃幕墙体系异曲同工的作用。

3.2.3　塔楼架空层及顶部中庭

塔楼在头部和主体之间设置了一个高度6m的架空层，为整个大楼的用户提供了一个在空中感受室外园林俯瞰城市美景的场所，合肥的气候也支持我们将其打造成一个四季常绿的空中生态氧吧从而改善了塔楼头部周围的微气候。在塔楼头部的东侧区域设置了一个掏空的中庭，一方面为头部三层的独立空间提供了一个主题空间，同时此中庭和架空层连通形成了生态缓冲层和文丘里管的双重作用，极大地改善了塔楼头部三层空间的自然通风和采光的效率，自然通风作用的加强进而可以减少夏季制冷周期。

3.2.4　裙房的自然采光和通风

裙房部分主要功能为多功能报告厅，可以作为会议，宴会，展览等多种用途弹性使用，起初报告厅东西布局位于南北方向的中间跨，通过对当地会议场所的调研我们发现封闭型大型会议场馆的运营费用非常高，高大空间带来高昂的机械通风，空调制冷采暖和照明费用。优化后报告厅承南北布局并且南北东侧均能自然采光和通风，这样我们在一定程度上就延长了过渡季的时间，为建筑的后期运营节约了成本，东侧的庭院在提供自然采光通风的同时也为报告厅提供了更好的空间体验和感官享受。

3.2.5　遮阳策略

本项目的塔楼西侧边庭，塔楼和裙房头部的体量由于整个项目盆景的设计理念而选用了玻璃幕墙的建筑表皮，我们在遮阳系统的选择上采用了外部竖向百叶遮阳，彩釉玻璃幕墙和内部遮阳帘幕三种遮阳方式共同作用，在控制成本的前提下尽可能地降低日照西晒带来的能耗影响。

3.2.6　公共空间的设计温度标准

本项目在设计过程中和业主讨论，考虑到合肥的气候特征将公共空间包括首层的大堂和展示区，塔楼西侧的边庭空间设置为非采暖制冷区域，这些区域通过性能化设计都具备了良好的自然通风效率，周围微气候通过景观的一体化设计得到改善，同时这些区域并没有工作人员长期停留，所以将此策略可以大量节约建筑的运营能耗。

3.2.7　办公区域的夏季降温策略

在讨论本项目的夏季制冷策略的过程中，我们提出在过度季使用大功率轴流风扇的途径来延长夏季过渡季的时间，在夏季综合使用轴流风扇和空调制冷两种方式提高制冷效率和舒适度。

4　结语

本项目的设计团队希望在低能耗设计策略的选择上能够从建筑师的视角出发，发挥建筑师的整合能力优势，从前期概念设计到规划建筑设计再到后期的工程设计阶段始终兼顾使用效率、空间体验、运营低能耗和成本，所采用的低能耗策略能够尽量多地利用自然采光和通风，尽可能在考虑低能耗的同时营造出丰富宜人的空间环境，尽量少选取那些造价高节能效率低的技术和产品，让我们的建筑不再是只贴标签的绿色建筑而是从投资使用运营全过程各个方面都适用的生态建筑。

参 考 文 献

[1]　王学宛，张时聪，徐伟，等．超低能耗建筑设计方法与典型案例研究［J］．建筑科学，2016（4）．

［2］ 杨焰文．基于全过程设计管理的绿色建筑设计思考［J］．南方建筑，2013（3）．
［3］ 侯寰宇．寒冷地区公共建筑共享空间低能耗设计策略研究［D］．天津：天津大学，2016．
［4］ 李珺杰．中介空间的被动式调节作用研究［D］．北京：清华大学，2015．
［5］ 宋晔皓，王嘉亮，朱宁．中国本土绿色建筑被动式设计策略思考［J］．建筑学报，2013（7）．
［6］ 杨经文．生态设计手册［M］．黄献明，吴正旺，栗德祥译．北京：中国建筑工业出版社，2014．

传统材料表观下的构造更新
——10年的3个工程案例

张键
天津大学建筑设计研究院

摘 要：为实现和传达某些特定的设计意图，传统材料具有不可替代性，但其传统构造方式已不能适应现行建造体系的要求。本文选取了10年间完成的3个工程案例作出探讨，它们的共性是都采用了传统材料作为主要的设计语素之一，但由于材料的具体特性不同，各自构造又存在差异，通过类比实际工程做法、遇到的问题及解决方法，总结其中遵循的规律性，以用于更多的工程实践。

关键词：传统材料　构造更新

作为建筑表皮的重要构成材料，砖、石、木等传统材料以其具有的天然特性给人以温暖朴实的场所感。然而伴随经济发展而产生的大规模建造需求和日益枯竭的自然资源限制了传统材料应用，所以近年来随着技术进步出现了一些由再生材料加工而成具有与传统材料类似表观的新材料。如替代黏土砖的页岩、煤矸石、粉煤灰烧结砖或仿砖质感的混凝土制品，替代石材的人造“文化石”，替代木材的“生态木”等。

但是由于现行设计规范对建筑设计在节能、抗震、安全等方面要求日益完善，加之现代建筑空间较之传统建筑更为复杂，空间尺度更大，所以在沿袭传统材料的同时，必须改进或更新构造方式，从而提高结构适应性，实现空间灵活性，使之从承重体系中脱离，作为饰面材料的质感及耐久性成为其特征。

本文将以时间跨度为十年的三个工程案例对传统材料表观下的构造更新方式作出探讨。

案例一：天津工业大学外语、社科学院及理学院（2005～2006年）（图1～图3）

天津工业大学外语、社科学院及理学院为一个层数为三到四层的教学建筑群，建筑表皮采用混凝土装饰砖，以实现建筑场所的真实性、整体连贯性、历史延续性及加强人性化感受，形成厚重的文化气息，提倡建筑的精神内涵。

外围护墙基本构造为轻集料混凝土空心砌块空斗墙（内叶墙自保温）＋40厚空腔（隔/排水层）＋100厚混凝土装饰砌块（外叶墙），内外叶墙通过咬砌，相互拉结加强整体性。

值得注意的是，混凝土装饰砌块不同于传统黏土砖，其内部孔隙率较大，且为孔隙相互连通的开孔组织，导水性很强。作为内叶墙的轻集料混凝土空心砌块材料组织结构也较疏松，内外叶墙咬砌的构造进一步建立了导水通道，如不考虑导水隔水措施，外墙雨水极易渗入外围护结构内表面，造成外墙内饰面抹灰潮湿空鼓进而脱落。

因此，在内外叶墙之间设置隔水空腔至关重要，并在每层空腔底部铺设排水纱团，对应位置水平间距800mm设置直径为8mm的PVC排水管自外叶墙灰缝伸出外墙外表面，将渗入墙体的雨水及时导出。在隔水空腔上部还应设置等量的进气孔，以保证空腔内压力平衡，排水顺畅，同时保持空腔内空气流通，使墙体一旦潮湿尽快风干。

图1　建筑方案效果图

图2　实景

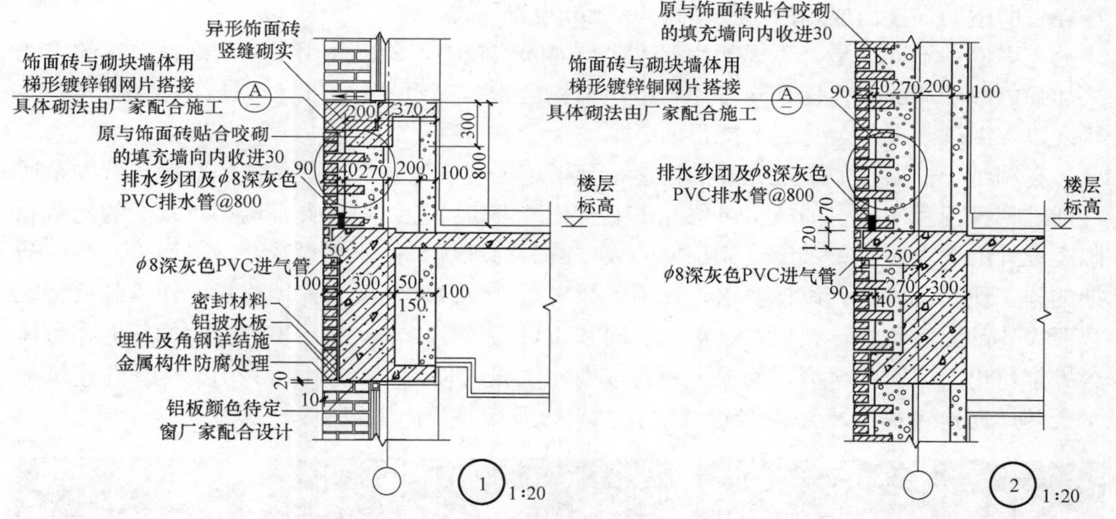

图3　典型外檐节点

案例二：四川5.12灾后重建卧龙自然保护区学校项目（2009～2011年）

卧龙自然保护区学校项目为四川省震后重建项目，由香港特区政府援建，包括耿达一贯制学校及卧龙镇中心小学两个学校。校园建筑形式继承当地传统羌族民居的典型特点，结合山区起伏地势，错落有致，具有独特的美学气质及地域特色。建筑外饰面就地取材，充分利用当地质朴而生动的片麻石作为建筑表皮材料，发挥当地能工巧匠的砌筑技艺，借鉴采用当地特有的“过江石”、“布筋”等构造做法，既经济实用、生态环保，同时也促成建筑“个性”的塑造，产生独特的美学气质，增强了建筑的地域特色（图4～图6）。

设计采用了隔震设计技术，将隔震技术与传承传统的建筑表皮有机结合起来，在符合技术要求的前提下兼顾建筑美学，解决了较为复杂的构造问题。

项目地处偏远，地震又摧毁了公路设施，交通极为不便，就地取材的建筑材料一方面是为了传承地域特色，另一方面也是客观条件所限。综合各种因素，外围护墙基本构造为

图 4　卧龙镇中心小学主入口

图 5　耿达一贯制学校体育馆

200 厚烧结页岩空心砌块（内叶墙）＋35 厚胶粉聚苯颗粒保温浆料（保温层）＋200 厚不规则片石（外叶墙）。夹心墙内外叶墙之间采用通长的拉结钢筋网连接，钢筋网采用？4 冷轧带肋钢筋焊接而成，沿墙身高每 400mm 设置一道。

与案例一不同的是，不规则片石无法与内叶墙咬砌，所以采用了钢筋网片拉结的方式来加强内外叶墙的整体性，同时片石组织结构致密，隔水性较好，所以取消了排水隔层，代之以保温砂浆夹层，达到节能目的。

在图纸上推敲得似乎很完美的构造，到了施工现场遇到了很多具体的问题。首先是通过标准招投标程序确定的施工单位并不熟悉传统砌筑技艺，加之夹心墙相对复杂的构造和隔震设计的要求，施工难度远比预期的大，震后的现场条件非常艰苦，材料运输困难。初期的施工质量远未达到设计要求，经历了数次返工整改才完成了外墙样板。作为香港特区政府援建的震后重建学校项目，对于时间和质量的较高要求又给予工程更大的压力，参建各方都付出了巨大的努力，确保了项目按期完工投入使用，并获得了 2015 年香港建筑师学会两岸四地建筑设计大奖 社区、文化、宗教及康乐设施组银奖。

图 6　经历了反复拆改的外墙样板

案例三：天津大学新校区行政管理中心（2013～2015 年）（图 7～图 12）

天津大学前身为北洋大学，是中国第一所现代大学。老校区建筑外檐多为深灰色清水砖墙，具有深厚历史背景下工科校园严谨厚重的典型特征，风格沉稳。行政管理中心位于天津大学新校区校前区与教学区之间的过渡区域，作为新校区行政主楼，在气质上必然与校园传统有所呼应，同时又应表达出新的时代特征。

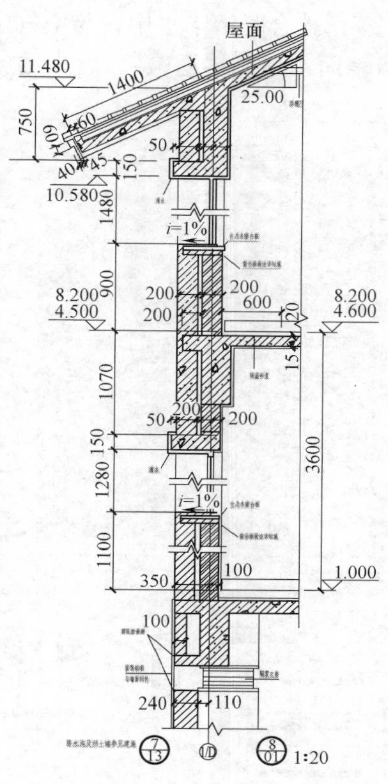

图 7 典型外檐详图

图 8 外墙质感

图 9 当地传统民居外墙

设计采用了“化整为零”的总体布局，建筑体量舒展地铺陈在整个基地当中，分别朝向东西南北的四个庭院根据其功能属性被赋予不同的空间体验，优美的校园环境通过庭院引入办公环境。建筑用色沉稳，外饰面为页岩烧结清水砖墙，设计风格端庄稳健，充分考虑了整体造型与局部细节的和谐统一以及构成的逻辑性，既体现了天津大学作为百年老校的悠久底蕴，又与现代校园浑然一体。

外墙的基本构造为 300 厚蒸压轻质砂加气混凝土砌块（内叶墙自保温）＋120 厚页岩烧结砖（外叶墙），内外叶墙以一定高度间隔设置钢筋网片或以格构形式砌筑相互拉结，在符合抗震要求的前提下，局部采用花格墙以丰富建筑表皮。

图 10 建筑外观

施工过程中墙面就开始出现“返碱”现象，经与施工单位反复讨论查找原因后发现主要是由于砌筑砂浆采用的海砂携带的碱性可溶物质较多，拌合时溶于水中，与空气中的二氧化碳反应生成不溶于水的碳酸钙晶体，附着在砖墙表面，形成“返碱”。后来的施工中

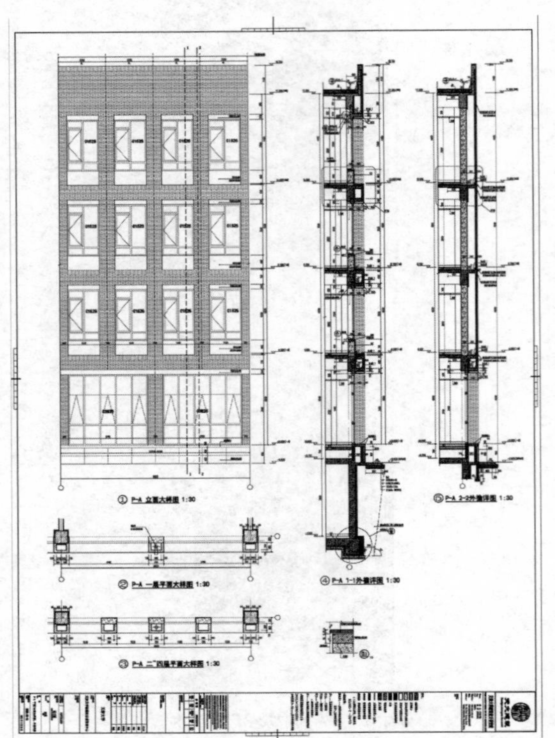

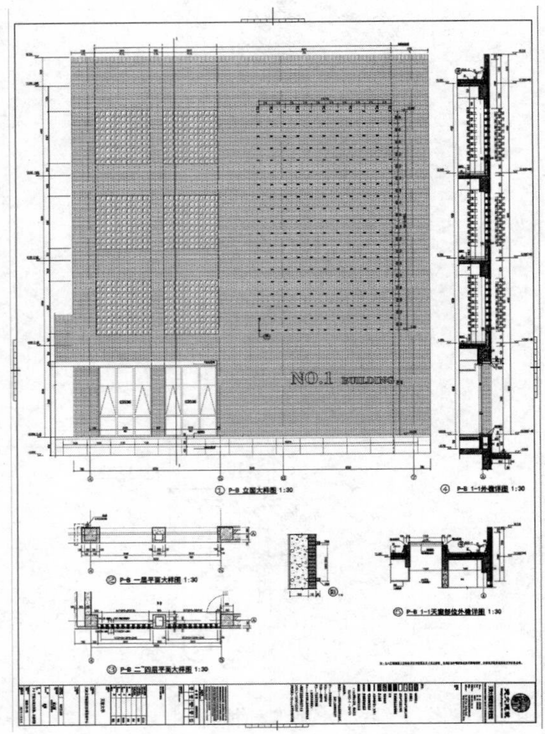

图 11　墙身大样

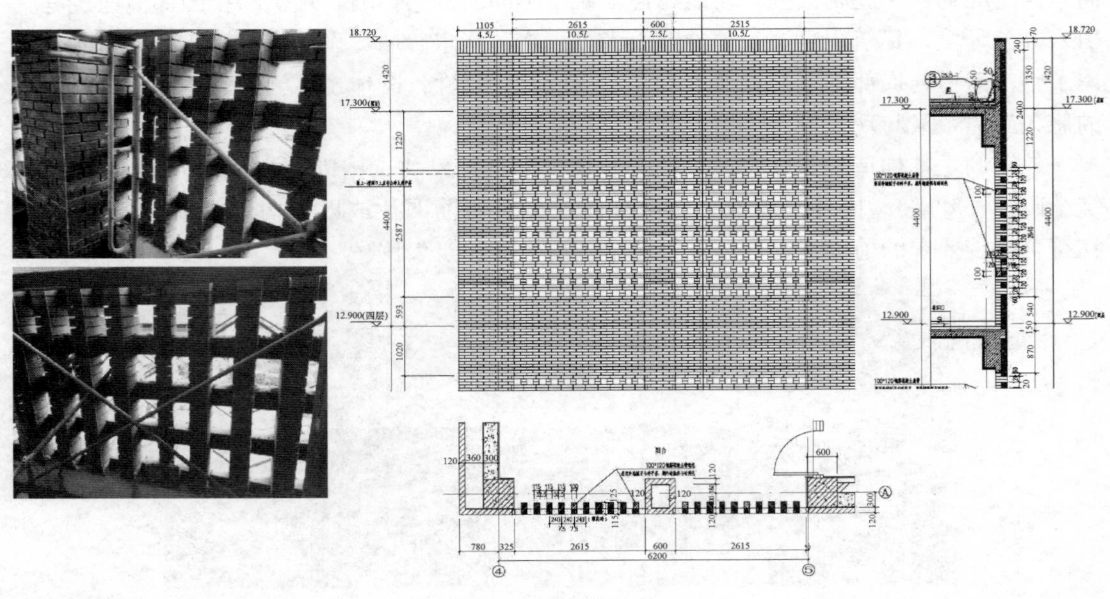

图 12　花格墙构造

即以河砂替代海砂并于拌合前反复清洗，同时采用低碱水泥，“返碱”问题得到了明显改善。

以上三个案例的共性是都采用了夹心构造，传统材料从结构承重体系脱离出来，从而满足抗震的要求，夹心构造又为保温层的设置提供了空间，兼顾了节能要求。但是因为采用了不同的材料，具体构造方式需要综合考虑防排水、节能、抗震等方面的要求，同时尽可能符合材料模数，减少现场再加工，不仅节约工程造价，而且能更好地控制工程质量，加快施工进度。

建筑物理环境

城市拟保护声景主观评价因子研究*

韩国珍，马蕙，贯怡红
天津大学建筑学院

【摘　要】良好的城市声景是城市重要的景观资源，对于提升城市整体的环境质量有很重要的作用。随着城市的发展，有些声景可能面临着改变或消失，声景保护和噪声治理同样迫在眉睫。本研究基于前期社会调查确定的需保护的城市声景的具体内容，通过声漫步，运用语义细分和因子分析的方法，进一步探讨城市中拟保护声景的主观评价维度，结果确定了五个主观评价因子，分别为放松感（Relaxation）、活力度（Vibrancy Dynamic）、自然性（Naturality）、强度（Strength）和丰富性（Richness）。这些基础研究为实现城市声景保护和发展奠定了理论基础。

【关键词】城市声景；评价因子；声漫步；语义细分法；因子分析

声景是景观资源的重要组成部分，对噪声控制和提升城市整体环境有着积极作用[1]。但随着城市现代化程度的不断提高，城市声环境日益恶劣，流失了很多美好的、多样的、珍贵的声景，在控制日益增多的噪声源和减弱不断提高的噪声暴露量之前，应该首先对城市中已有的珍贵的声景进行保护和发展，不能等到这些美好的城市声音消失殆尽的时候才重新设计和修复，因此拯救具有城市特点和时代特征的声音至关重要[2,3]。声景的研究更加注重人在环境中的感受，因此本研究首先需要明确的是人们对需要保护的城市声景主观评价的角度和内在原因。这些问题的研究，有助于声景保护工作的推进。

关于声景主观评价因子方面的研究国内外有一定的积累，例如，康健在对城市公共开放空间声景的研究中，提出了 4 个主要因子，即放松度（relaxation）、交流性（communication）、空间感（spatiality）、和活力性（dynamics）[4]。Berglund 提出人们对居住区声景的评价主要基于 4 个评价因子：消极性（adverse）、休憩性（reposing）、情感性（affective）和稳定性（expressionless）[5]。对于评价一般的城市空间的声景，Zeitler 提出了另外 4 个主要因子，包括：评估（evaluation）、音质（timber）、强度（power）和时间维

* 基金支持：国家自然科学基金资助《倾听城市的声音——城市声景保护方法与模型建立的初步研究》（项目编号：51678401）。

度变化（temporal change）[6]。由此可见以往的研究主要集中在对城市某一特定区域内声景的主观评价，从城市尺度上看具有城市表征性的声景的研究是缺乏的。人们是如何看待这些城市中需要保护的声景的？这些声景具备什么样的特征？所有这些问题都需要深入研究，才能有利于城市声景保护的推进。

本研究基于前期调查中确定的天津市需要保护的城市声景为研究对象，通过声漫步，利用语义细分和因子分析的方法，分析人们对需保护的城市声景的主要评价维度，从而探讨这些城市声景具有的特征，为今后城市声景保护和设计提供理论依据。

1 研究方法

1.1 声漫步调查方法（soundwalk）

声漫步作为一种常见方法[7]，在环境声学研究中得到了广泛应用[8-10]。它能综合分析声景研究的定性与定量问题，既可获得主观评价又可获得客观物理量。

1.1.1 调研地点选取及调查过程

前期在天津市进行了大量的社会调查，确定了 20 个最需要保护的城市声景，根据研究的需要选择了最具有代表性的 12 个声景作为声漫步的研究对象。这 12 个样本包含自然声、生活声和人工声多种声音种类，在天津市拟保护的声景中具有典型性，具体为：水上公园表演的相声等非物质文化声、水上公园老年人丰富的运动声、水上公园湖边的击鼓等乐器声、孩子的嬉闹声、天津文化中心的流水声、五大道静谧的整体声环境、五大道马车驶过的声音、水上公园的群鸟飞鸣、微风拂过树叶发出的“沙沙”声音、轻轻的风声、古文化街的叫卖及人群熙熙攘攘声和意大利风情街的轻音乐。它们分别位于天津五个区域：水上公园、天津文化中心、五大道、古文化街和意大利风情街。图 1 标注出了所选地点的位置情况。

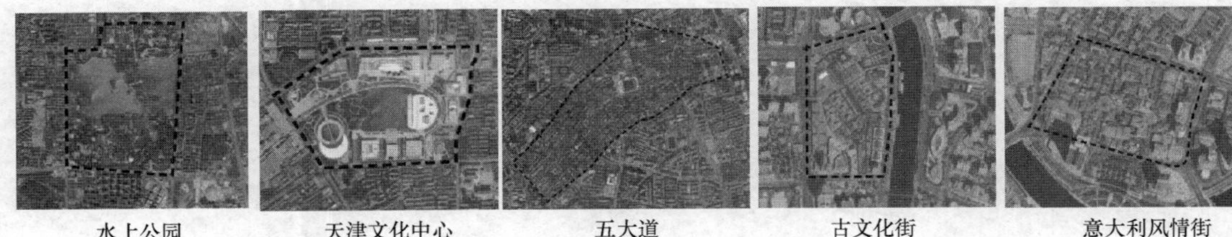

图 1 声景调查区域分布图

本次声漫步调查在 2017 年 3 月 19 日春季晴天进行，持续时间为一天，声漫步调查路线如图 2 所示。

1.1.2 被试信息

本研究选取天津大学建筑学专业的 23 名研究生作为被试，其中男性 14 人、女性 9 人。声漫步调查之前，对 23 名被试进行了详细的调查讲解，使他们更准确的理解调查过程及调查目的。

1.2 语义细分法

使用语义细分法进行评价的重点是描述形容词对的选择。不同特定区域的声景评价因子研究中所采用的词对往往存在显著的差异，主要体现在词对的内容和数量上。因此语义

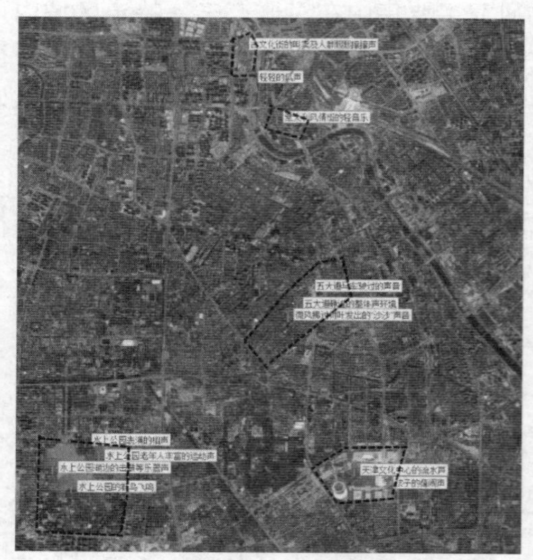

图 2　声漫步路线图

词对的合理选择是对声景进行准确评价的前提条件。首先本研究参考同类研究中采用的词对并结合焦点小组访谈结果（focus group）初步确定 32 组词对，之后进行预调查去掉被试难以理解或回答的形容词组，最后从声景的物理属性、社会属性和人文属性三方面出发共选取 17 对词语作为语义评价的词组，将其分别置于评价尺度的两端，采用 5 级量表，形成拟保护的城市声景语义评价量表，语义评价量表见表 1，形容词对包括：温和—刺耳，快的—慢的，单一—多样，紧张—放松，和谐—突兀，轻快—笨重，强的—弱的，自然—人工，远的—近的，愉快—悲伤，嘈杂—安静，舒适—不舒适，复杂—纯净，喜欢—不喜欢，沉闷—活力，单一方向—全方向的，有标志感—无标志感。在所选的 12 个拟保护的城市声景地点，让被试对每个词组选择一个对所在位置声景描述最为贴切的量度，对其进行赋值。

语义细分评价量表　　**表 1**

	非常	比较	中立	比较	非常	
温和	−2	−1	0	1	2	刺耳
快的	−2	−1	0	1	2	慢的
单一	−2	−1	0	1	2	多样
强的	−2	−1	0	1	2	弱的
自然	−2	−1	0	1	2	人工
远的	−2	−1	0	1	2	近的
愉快	−2	−1	0	1	2	悲伤
紧张	−2	−1	0	1	2	放松
和谐	−2	−1	0	1	2	突兀
轻快	−2	−1	0	1	2	笨重
嘈杂	−2	−1	0	1	2	安静
舒适	−2	−1	0	1	2	不舒适
复杂	−2	−1	0	1	2	纯净
喜欢	−2	−1	0	1	2	不喜欢
沉闷	−2	−1	0	1	2	活力
单一方向	−2	−1	0	1	2	全方向的
有标志感	−2	−1	0	1	2	无标识感

2　声景主观评价结果

2.1　因子分析信度检验

首先对原始数据进行 KMO 检验（Kaiser-Meyer-Olkin）和 Bartlett 球度检验（Bartlett Test of Sphericity），结果如表 2 所示。

针对原始数据有效性的检验 **表 2**

取样足够度的 Kaiser-Meyer-Olkin 度量		0.844
Bartlett 的球形度检验	近似卡方	1850.978
	df	136
	Sig.	0.000

经 KMO 和 Bartlett 检验显示：KMO 值＝0.844＞0.5，Bartlett 值为 1850.978，Sig 值 P＝0.000＜0.005，结果表明原始变量具有相关性。从上述检验结果可知，本文所采用的原始变量（即形容词组）符合因子分析的前提条件，可以进行因子分析。

2.2 因子分析结果

对 12 个不同的声景进行了语义评价，提取出评价的主要因子。具体方式根据各评价指标的相关系数矩阵，采用最大平衡法对因子载荷矩阵旋转，提取这 17 对参量中的正交因子，依照特征根值大于 1 的提取原则，确定影响声景主观评价的主要因子。

2.2.1 评价维度数确定

解释的总方差 **表 3**

成分	初始特征值			提取平方和载入			旋转平方和载入		
	合计	方差的％	累积％	合计	方差的％	累积％	合计	方差的％	累积％
1	5.402	31.778	31.778	5.402	31.778	31.778	3.527	20.745	20.745
2	2.481	14.592	46.370	2.481	14.592	46.370	3.008	17.694	38.438
3	1.426	8.388	54.758	1.426	8.388	54.758	1.747	10.275	48.713
4	1.210	7.118	61.875	1.210	7.118	61.875	1.664	9.790	58.503
5	1.037	6.100	67.975	1.037	6.100	67.975	1.610	9.472	67.975

按照特征值大于 1 的原则，提取了 5 个公共因子，其累计方差贡献率为 67.975％（表 3），在同样研究领域，累计方差贡献率值较高。可以认为，这 5 个因子能够很好地解释并提供原始数据所能表达的信息。

2.2.2 主要评价因子

本文采取最大平衡法对因子载荷矩阵进行旋转，结果如下表 4。确定了 5 个主要评价因子，即：放松感（Relaxation）因子，活力度（Vibrancy Dynamic）因子，自然性（Naturality）因子，强度（Strength）因子，丰富性（Richness）因子。

第一个因子 F1 主要包括温和—刺耳、和谐—突兀、舒适—不舒适、喜欢—不喜欢、快的—慢的、紧张—放松、嘈杂—安静、复杂—纯净，其中嘈杂—安静的值最高，为 0.710。这 8 组形容词对主要反映了城市中拟保护声景的放松感，概括为放松感（Relaxation）因子。

第二个因子 F2 主要包括愉快—悲伤、轻快—笨重和沉闷—活力，其中沉闷—活力的值最高，为 0.795。这 3 组形容词对主要与城市中拟保护声景的活力度有关，因此概括为活力度（Vibrancy Dynamic）因子。

第三个因子 F3 在自然—人工、有标志感—无标志感上具有较大载荷，其中有标志感—无标志感的值最大，为 0.761。第三个因子命名自然性（Naturality）因子。

第四个因子 F4 则与强度有关，在远的—近的、强的—弱的上具有较大载荷，其中远的—近的的值最大，为0.885。故将第四个因子概括为强度（Strength）因子。

第五个因子F5主要与单一—多样、单一方向—全方向上相关，其中单一方向—全方向的值最大，为0.850。这两个形容词组反映了丰富性，因此将该因子定义为丰富性（Richness）因子。

旋转成分矩阵* 表4

	成分				
	1	2	3	4	5
温和—刺耳	0.614	0.208	0.206	0.341	−0.293
快的—慢的	−0.637	0.422	0.125	−0.328	0.067
单一—多样	0.065	−0.165	0.394	−0.144	0.692
强的—弱的	−0.391	0.120	−0.264	−0.633	0.071
自然—人工	0.234	0.086	0.719	0.196	−0.242
远的—近的	−0.226	0.103	0.080	0.885	0.068
愉快—悲伤	0.131	0.728	−0.017	0.098	−0.067
紧张—放松	−0.550	−0.404	−0.117	−0.177	0.208
和谐—突兀	0.557	0.520	−0.014	0.216	−0.112
轻快—笨重	0.236	0.691	0.155	0.131	−0.226
嘈杂—安静	−0.710	−0.115	−0.299	−0.196	−0.054
舒适—不舒适	0.675	0.488	0.078	0.059	−0.102
复杂—纯净	−0.634	−0.274	−0.332	−0.062	−0.278
喜欢—不喜欢	0.637	0.552	0.059	0.070	−0.077
沉闷—活力	0.052	−0.795	0.270	0.133	0.132
单一方向—全方向的	0.020	−0.012	−0.203	0.107	0.850
有标志感—无标志感	0.154	0.152	−0.761	−0.113	−0.155

*旋转在14次迭代后收敛。

特定公园、广场等城市公共空间的声景主观评价因子一般为3～4个，甚至有些研究中提取因子数为2个，与之相比，拟保护的城市声景的主观评价因子更加复杂。这说明人们对拟保护的城市声景主观评价的维度更加复杂，考虑了更多的因素。因此对于城市声景保护和发展工作也要从多方面来进行考虑。

3 结论

基于声漫步调查，采用语义细分法对天津市拟保护的声景进行了调查，最后通过因子分析，得到拟保护的城市声景的5个主要评价因子，放松感（Relaxation）因子、活力度（Vibrancy Dynamic）因子、自然性（Naturality）因子、强度（Strength）因子和丰富性（Richness）因子。拟保护的城市声景的主观评价受到多方面因素的影响。

在放松感（Relaxation）因子中人们更关注声景的嘈杂与安静，在活力度（Vibrancy Dynamic）因子中人们更关注声景的活力与嘈杂，在自然性（Naturality）因子中人们更关注声景的有标志性和无标识性，在强度（Strength）因子中人们更关注声景的远与近，在丰富性（Richness）因子中人们更关注声景的单一方向与全方向的。

与城市特定区域声景主观评价相比，发现拟保护的城市声景评价因子更加复杂。说明人们对城市声景的认知更加多元化，城市声景的保护需要多方面的配合和多层次的推进。

致谢：

对参与调查的所有人员表示衷心的感谢。

参 考 文 献

[1] 余本锋，王伟峰，房明海．南昌市人民公园声景现状与设计探讨［J］．中南林业调查规划，2011，30（4）：25-29.

[2] Sarah L. Dumyahn. Soundscape conservation in US national parks：implications for adjacent land use planning［J］. Department of Forestry and Natural Resources，2010：1-1

[3] Sarah L. Dumyahn，Bryan C. Pijanowski. Soundscape concervation［J］. Landscape Ecol，2011，26：1327-1344.

[4] Zhang M，Kang J：A cross-cultural semantic differential analysis of the soundscape in urban open public spaces［J］. SHENGXUE JISHU 2006，25（6）：523.

[5] Berglund B，Eriksen C A，Nilsson M E. Perceptual characterization of soundscapes in residential areas［C］//. Proceedings of the 17th International Congress on Acoustics. Rome，Italy，2001.

[6] Zeitler A，Hellbrück J. Semantic attributes of environmental sounds and their correlations with psychoacoustic magnitudes［C］//Proceedings of the 17th International Congress on Acoustics. Rome，Italy，2001.

[7] Schafer R M. Tuning of the world［M］. Rochester：Destiny books，1993.

[8] SEMIDOR C. Listening to a City With the Soundwalk Method［J］. Acta Acustica united with Acustica，2006，92（06）：959-964.

[9] Jeon J Y，Hong J Y，Lee P J. Soundwalk approach to identify urban soundscapes individually［J］. The Journal of the Acoustical Society of America，2013，134（01）：803-812.

[10] Brown L，Kang J，Gjestland T. Towards standardization in soundscape preference assessment［J］. Appl ie d A-coustics，2011，72（06）：387-392.

基于风环境模拟的远郊营地集装箱建筑群体设计研究
——以克拉玛依地区为例

柳琳娜

天津城建大学

摘　要：“一带一路”大背景下，随着道桥建设及资源开发等远郊项目的增多，对配套的远郊营地建筑功能性以及舒适性的要求也在不断提高。通过优化群体建筑布局不仅可以营造安全、舒适的室外风环境，也可以为室内自然通风创造条件。本文利用 Fluent 软件对克拉玛依地区营地集装箱建筑群体布局进行室外风环境模拟，对群体布局选型提出建议，为不同气候条件下的远郊营地集装箱建筑群体布局设计提供参考。

关键词：风环境；远郊营地；Fluent；集装箱建筑

随着远郊作业道桥设计、资源开采、水利工程、发电工程等大量工程的进行，为远郊作业提供服务的附属营地建筑需求也在增大，并随着生活水平的提高，对建筑室外空间的舒适度要求也在不断提升。新疆克拉玛依地区不可再生资源丰富，中海油、中石油、壳牌等多家资源开采公司在此安置营地，对营地建筑需求量较大，目前用于营地建筑多为具备成熟的运输、吊装、组配技术的集装箱为基本建筑模块。

克拉玛依地区为严寒地区，全年大风，夏季阵性大风持续时间短，春、秋、冬季系统性大风持续时间长，大风是克拉玛依地区最主要的气象灾害。由于建筑布局的不合理而造成建筑外部空间中产生过大的风压、风速以及不合理的风向都会影响建筑周边活动的人的行为；而由于建筑排列方式，对来流风产生影响，使建筑周边出现静风区以及旋风区，导致空气出现滞留现象，不利于污染物的扩散产生空气死区。所以通过合理的群体建筑布局营造舒适安全的室外空间环境具有重要的意义。

1　研究对象及模型建立

1.1　基本研究思路

1.1.1　研究对象

本次基本研究对象单元为 20 英尺标准集装箱。基本研究思路为：在模拟过程中，简化模型为 6m×3m×3m 的立方体，首先以 12m×6m×3m 为基本模块，对模块内单体组合形式进行风环境模拟并选型；其次以模块形成的群体建筑布局进行风环境模拟并选型，以得出克拉玛依地区适应性外部空间设计策略（图 1）。

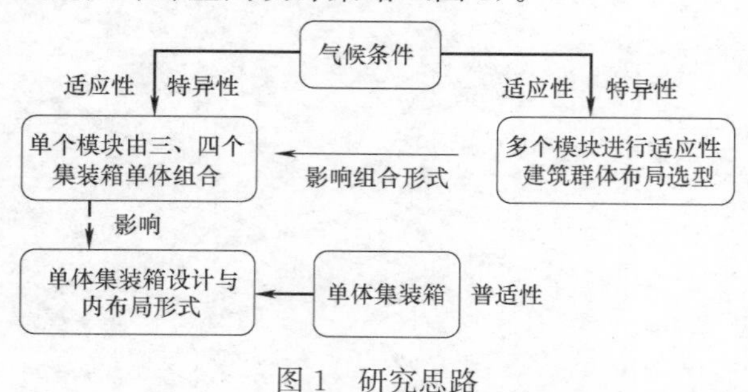

图 1　研究思路

1.1.2 基本模型建立（表 1、图 2）

基本模块布局形式 **表 1**

单体个数	4 个	3 个	3 个
模块尺寸	12m×6m×3m	12m×6m×3m	12m×6m×3m
模块布局形式（未考虑风向角影响）			

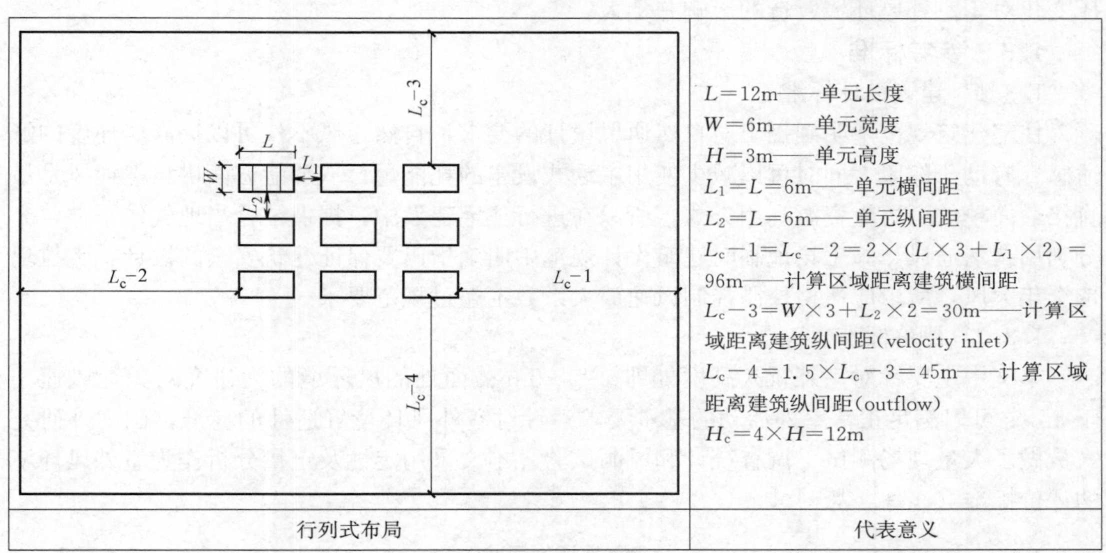

图 2 基本群体布局形式

1.2 相关参数

1.2.1 气象参数

根据对克拉玛依地区气象数据进行归纳整理，选取具有冬、夏两季的代表性季节的气象数据对于研究全体建筑布局的风环境是有代表意义的。高频风向平均风速大小与季节高频风风速大小相差不超 10%，所以在研究中选择的气象数据为季节平均风速数据为计算数值；根据民用建筑热工设计规范中，确定克拉玛依最佳朝向为南偏东 15°～南偏西 15°，确定冬季主导风向见表 2。

气象参数 **表 2**

	室外平均风速(m/s)	室外计算风压(Pa)	高频风向	高频风向比率(%)	主导风向角(°)
冬季	1.5	98380	SW	42	120～150
夏季	4.4	95570	NW	32	30～60

注：《中国建筑热环境分析专用气象数据集》是以中国气象局气象信息中心气象资料室手机的全国 270 个地面气象站台 1971—2003 年间的实测气象数据为基础，通过分析、整理、补充数据来源以及合理的差值计算而得，可供建筑、暖通空调等专业的设计、研究人员使用。

1.2.2 气象影响因素

风速：由于计算风速的增大，较大风速在区域风中所占比例增大，最大风速值变大，但最大风速比仍为1.22，所以群体建筑布局对于风速加强作用不随风速增大而增大；但风压受风速变化趋势较大，符合根据伯努利方程得出的风压关系，即风的动压为

$$P=0.5\times r_0\times v^2$$

所以，风速对风压和风压差的影响较大，对风速的放大效果不明显，在考虑通过布局形式来充分利用气候条件营造良好风环境时，需要从风速影响上进行调控。

风向角：由于风向角减小，可以明显看到较大风速在区域风中所占比例减小，最大风速值、最大风速比增大，区域风压差随之增大。

风压：由于计算压强变化，对于风速比、最大风速、最大风速比的差值不到5%，风压变化对于室外风环境营造的影响并不大。

1.3 参考标准

1.3.1 建筑设计标准

住宅建筑规范中明确提出对自然通风设计的要求：自然通风不仅可以提高居住者的舒适感、有助于健康，同时可以减少使用主动式设备的耗能量；从节能方面讲自然通风是最直接最简单的可再生资源利用方式，所以在进行住宅建设中，提倡结合当地气候条件，充分利用自然通风。施工场地临时建筑设计规范中明确指出要保证建筑安全的设计，克拉玛依全年大风，所以应严格控制控制风速放大系数不超过规范要求。

1.3.2 评价标准

本文中主要针对室外行人高度处即 $z=1.5$m 截面处的风环境的为研究对象，风速小于5m/s可以满足正常室外活动的基本要求。针对室外风环境舒适性的标准，国内外研究人员做了大量现场测试、调查统计和风洞试验。本文采用定性及定量分析作为室外风环境的评价标准（表3、表4）。

定性评价标准 **表3**

图名	图示信息
风速等值线图	反映计算区域内空气流动速度分布情况
风速矢量图	反映计算区域内风速值范围及空气流动情况，以及旋涡分布情况
风速范围比例图	反映计算区域内各速度区段的分布情况以及其所占比例
计算区域压力等值线图	反映计算区域内各平面上压力分布情况及确定位置的压力值

定量评价标准 **表4**

数值名称	定义	反映信息
最大风速（V_{max}）	计算区域内的最大风速值	反映建筑周围风速的绝对值大小
最大风速比（$R_i=V_{max}/V_0$）	计算区域内的最大风速值与来流风速的比值	反映布局对来流风速的放大作用
最大风压与最小风压差值等量值	计算区域内出现的最大空气压力与计算区域内的最大风压值与最小风压值的差值	反映建筑对风压的改变情况，对自然通风的影响

1.3.3 绿建评价标准

《绿色建筑评价标准》（GB/T 50378—2014）中关于风速的加分项有：在冬季典型风

速和风向条件下，建筑物周围人行区风速小于 5m/s，且室外风速放大系数小于 2；除迎风第一排建筑外，建筑迎风面与背风面表面风压差不大于 5Pa；过渡季、夏季典型风速和风向条件下，场地内人活动区不出现涡旋或无风区。

2 模拟过程

2.1 模块布局的影响

由于单个集装箱尺寸限制为 6m×3m×3m，所以在仅考虑平行于垂直方向的单体进行组合主要有三种布局方式，由于模块内单元组合主要为分析模块整体的风环境舒适度，故采用标准气压下，风速值为 4.4m/s，风向角为 45°的气候条件设置，进行模块内单元布局选型（表 5、表 6）。

模块布局 **表 5**

布局方式	编号	布局形式	计算压强(Pa)	计算风速(m/s)	风向角(°)
全竖向排列	工况一	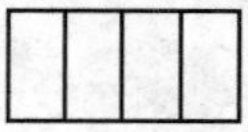	95570	4.4	45
全横向排列	工况二	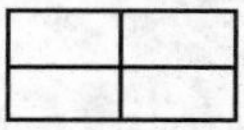	95570	4.4	45
横纵向组合排列	工况三	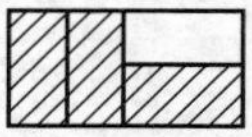	95570	4.4	45
	工况四	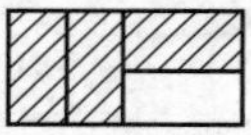	95570	4.4	45
	工况五	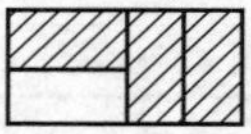	95570	4.4	45
	工况六	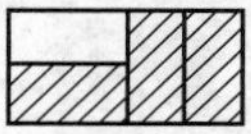	95570	4.4	45
	工况七	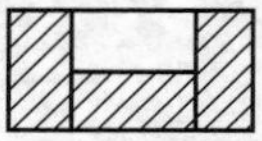	95570	4.4	45
	工况八	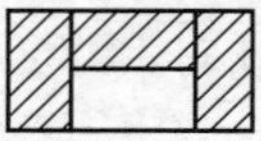	95570	4.4	45

模拟结果与分析 **表 6**

<table>
<tr><th colspan="6">工况一、工况二</th></tr>
<tr><td colspan="4">风压云图</td><td>风速云图</td><td>风速矢量图</td></tr>
<tr><td colspan="4"> 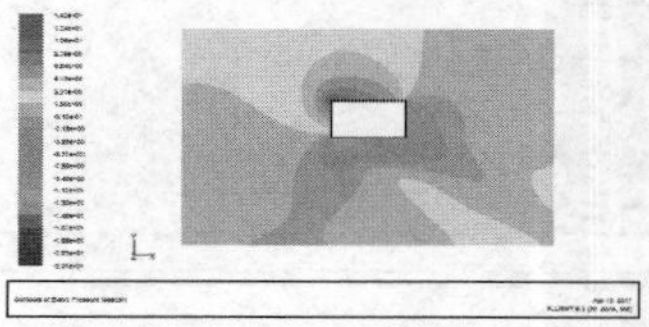</td><td> </td><td> 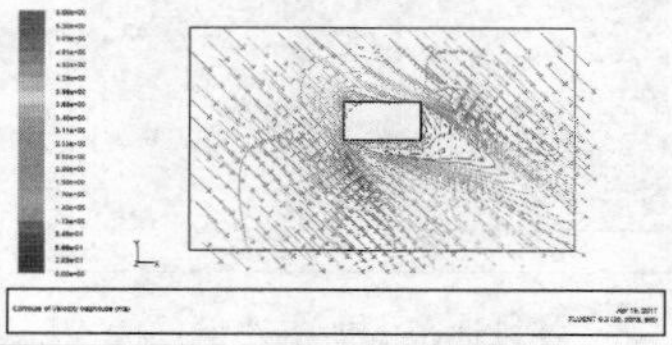</td></tr>
<tr><td colspan="4">各风速范围所占比例(%)</td><td rowspan="2">最大风速比 R_i</td><td rowspan="2">风压差值(Pa)</td></tr>
<tr><td>0～0.5</td><td>0.5～2</td><td>2～5</td><td>≥5</td></tr>
<tr><td>3.75</td><td>10.33</td><td>84.11</td><td>1.81</td><td>1.28</td><td>26.3124</td></tr>
</table>

续表

<table>
<tr><th colspan="6">工况三</th></tr>
<tr><td colspan="4">风压云图</td><td>风速云图</td><td>风速矢量图</td></tr>
<tr><td colspan="4">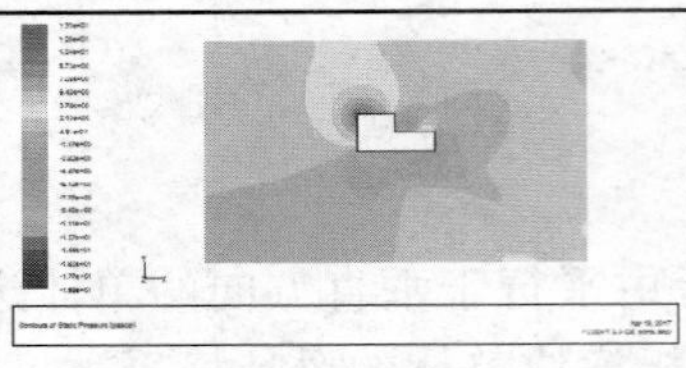</td><td></td><td>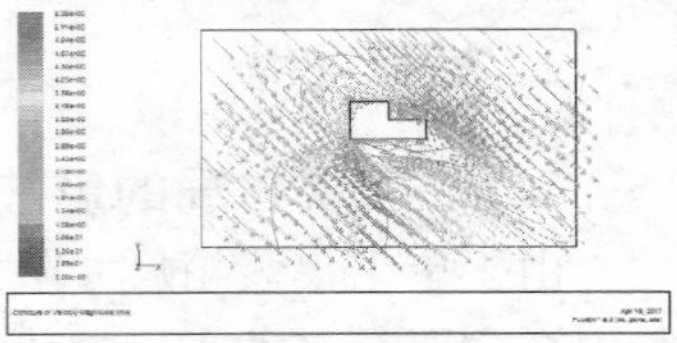</td></tr>
<tr><td colspan="4">各风速范围所占比例(%)</td><td rowspan="2">最大风速比 R_i</td><td rowspan="2">风压差值(Pa)</td></tr>
<tr><td>0～0.5</td><td>0.5～2</td><td>2～5</td><td>≥5</td></tr>
<tr><td>2.19</td><td>10.20</td><td>86.59</td><td>1.02</td><td>1.22</td><td>22.85617</td></tr>
<tr><th colspan="6">工况四</th></tr>
<tr><td colspan="4">风压云图</td><td>风速云图</td><td>风速矢量图</td></tr>
<tr><td colspan="4">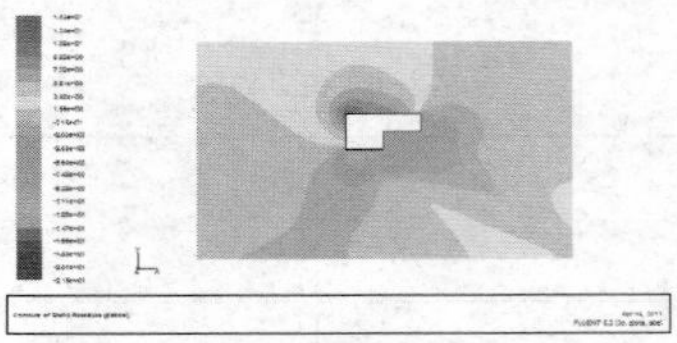</td><td>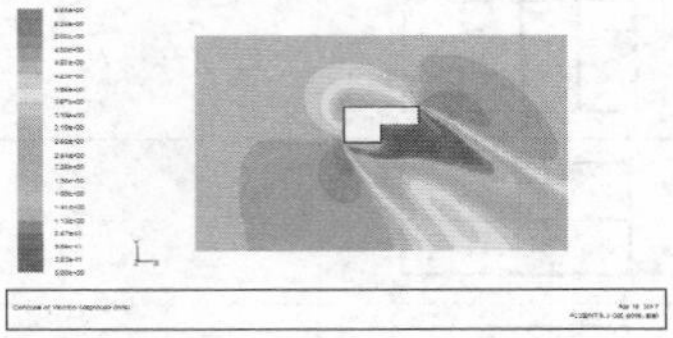</td><td>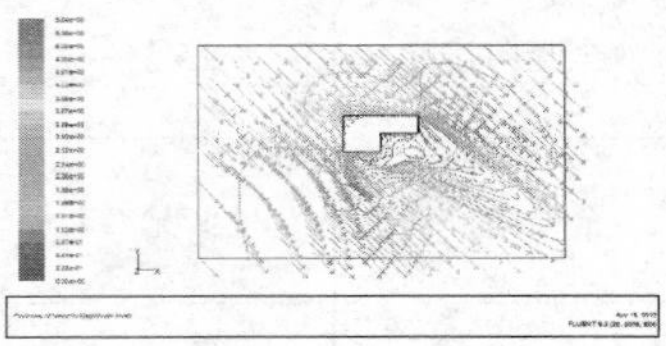</td></tr>
<tr><td colspan="4">各风速范围所占比例(%)</td><td rowspan="2">最大风速比 R_i</td><td rowspan="2">风压差值(Pa)</td></tr>
<tr><td>0～0.5</td><td>0.5～2</td><td>2～5</td><td>≥5</td></tr>
<tr><td>4.76</td><td>11.86</td><td>81.27</td><td>2.11</td><td>1.28</td><td>26.082</td></tr>
<tr><th colspan="6">工况五</th></tr>
<tr><td colspan="4">风压云图</td><td>风速云图</td><td>风速矢量图</td></tr>
<tr><td colspan="4">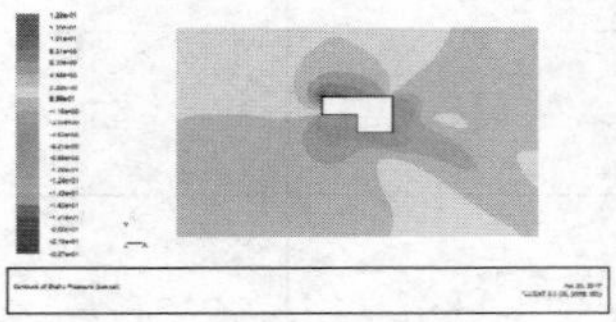</td><td>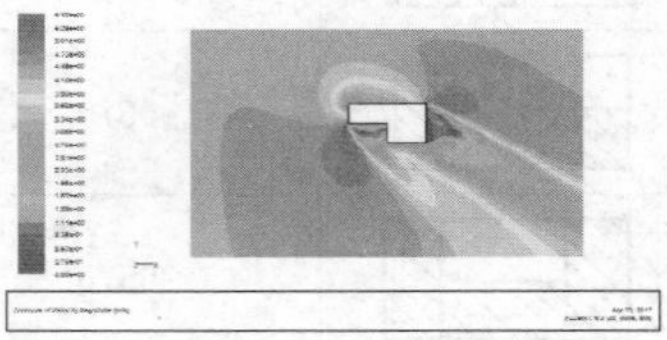</td><td>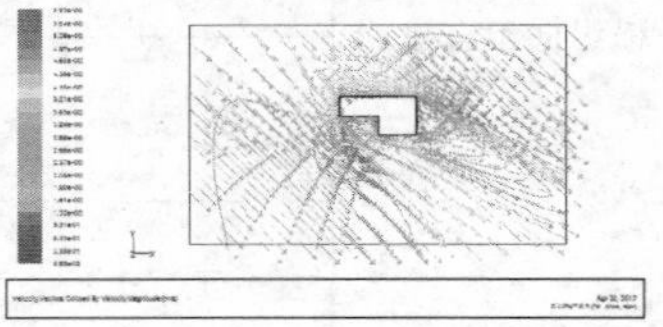</td></tr>
<tr><td colspan="4">各风速范围所占比例(%)</td><td rowspan="2">最大风速比 R_i</td><td rowspan="2">风压差值(Pa)</td></tr>
<tr><td>0～0.5</td><td>0.5～2</td><td>2～5</td><td>≥5</td></tr>
<tr><td>1.45</td><td>7.45</td><td>89.17</td><td>1.93</td><td>1.26</td><td>25.4874</td></tr>
<tr><th colspan="6">工况六</th></tr>
<tr><td colspan="4">风压云图</td><td>风速云图</td><td>风速矢量图</td></tr>
<tr><td colspan="4">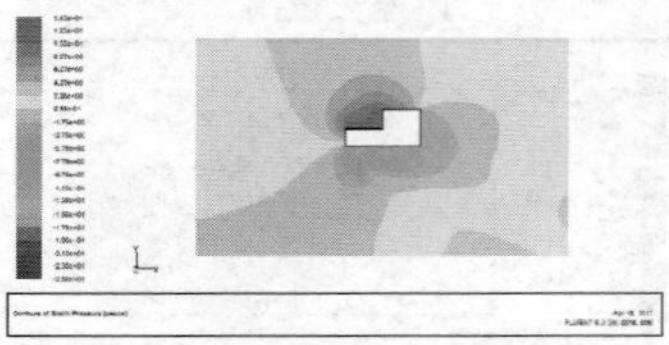</td><td>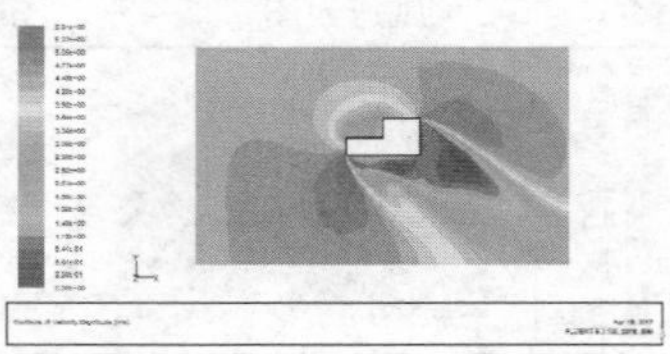</td><td>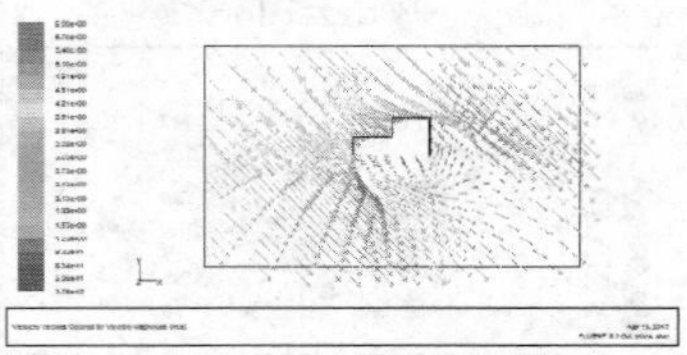</td></tr>
<tr><td colspan="4">各风速范围所占比例(%)</td><td rowspan="2">最大风速比 R_i</td><td rowspan="2">风压差值(Pa)</td></tr>
<tr><td>0～0.5</td><td>0.5～2</td><td>2～5</td><td>≥5</td></tr>
<tr><td>1.85</td><td>14.67</td><td>81.65</td><td>1.83</td><td>1.27</td><td>25.5949</td></tr>
</table>

续表

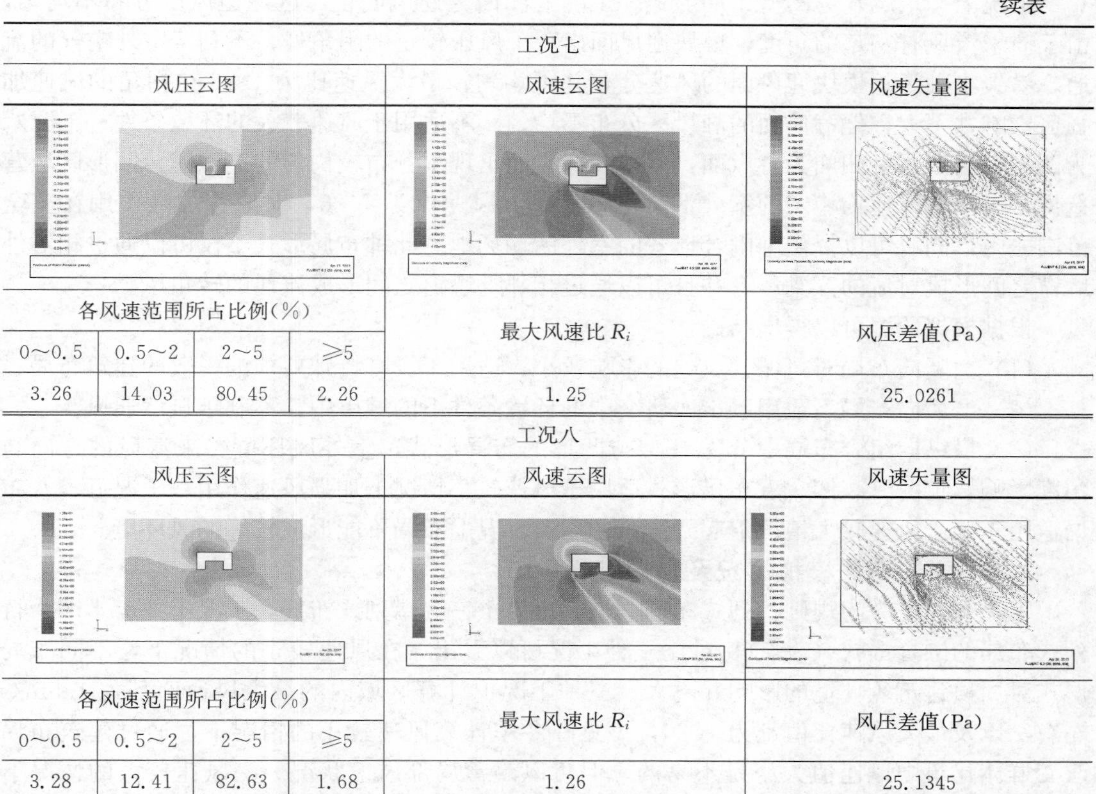

工况七					
风压云图				风速云图	风速矢量图
各风速范围所占比例(%)				最大风速比 R_i	风压差值(Pa)
0～0.5	0.5～2	2～5	≥5		
3.26	14.03	80.45	2.26	1.25	25.0261

工况八					
风压云图				风速云图	风速矢量图
各风速范围所占比例(%)				最大风速比 R_i	风压差值(Pa)
0～0.5	0.5～2	2～5	≥5		
3.28	12.41	82.63	1.68	1.26	25.1345

模块内部不同的单体布局形式会对模块周边的风环境产生一定的影响。工况一和工况二的模块组合方式所形成的周边风环境模拟结果一致，但模块内单体建筑的迎背风面位置不同，工况八则难以达到使室内外空气交换条件，故不宜选取此种布局形式。而模块的拐角处出现了风速加强区，但最大风速比为1.28，表明对风速的加强作用仍在安全范围内，但不足为室外缺少促进行为发生的室外活动场地。

工况三至工况六均为L形布局形式，最大风速比为1.22～1.26之间，未超过安全性要求的风速加强范围。迎风面均为正压区，背风面为负压区，进行单体设计时可以通过相对外墙之间形成对流的穿堂风，促进室内外空气的流通，营造良好的室内环境。但由于模块布局形式不同，导致四种布局形式各有利弊。

其中工况三阴角处产生了风压较小的负压区且风向出现回旋，不利于风的流动，易造成脏污堆积情况；工况四为由于L形布局的凹处为负压区，所以产生了更大风速较小的区域，使得迎背风面风压差较大，有利于室内外之间形成流通的转角风，与风速分布较为均匀的半围合室外活动场地，若半围合处为向阳面，则可以通过在此处设置适当的遮阳构筑物（如高架棚）来为人的行为提供场所；工况五由于来流风向由模块短边进入，在背风面由于叠加作用产生了不规则形状的静风区，阴角处产生了回旋风，适用于风速较大情况，风速较小时会导致此处产生静风区，不利于污染物的扩散；工况六在模块阴角处出现了分布均匀的正压区，且负压区的风速基本都小于计算风速且形成的静风区风速分布较均匀，更有利于避风作用，可以提供较为舒适的室外活动场地。

工况七、工况八为凹型布局形式。工况七凹面为迎风面正压区，但风压分布不均匀，由于与来流风有一定的角度，模块迎风面出现了风压较小的阴角处，不利于室外空气的流通，易聚集脏污。模块迎风面的风速分布并不均匀，最大风速比为 1.25 在拐角的风速加强区影响并不大，但背风面的静风区分布不均匀，不适用于风速较大的环境条件；工况八为凹形布局形式且凹面为背风面，所以在迎风面出现了分布较均匀的正压区，凹形区域营造出了风压、风速均稳定的室外活动区域。最大风速比为 1.26，对风速加强作用在安全范围之内，同时可以提供半围合形式的室外活动场地。此种布局形式不仅可以通过相对外墙窗之间形成对流的穿堂风，并且可以通过相邻外墙窗之间形成流通的转角风。

根据模拟数据可以得出结论：

(1) 全竖向布局对风压、风速的影响较小，适用于没有特殊要求的一般的建筑布局。

(2) 全横向布局不适用于本次研究中的环境条件下的城市中，不利于自然通风。

(3) 横纵向组合布局中分为 L 型与凹形的布局形式，室外风环境受来流风的方向与角度影响：工况三、四、五布局形式适用于风速较小情况下加强风速作用；工况五、八布局适用于用于风速较大情况下起到避风作用；工况七布局不能形成较好的风环境。

2.2 群体布局模拟工况及边界参数

工况九、十一为规则行列式布局，工况十、十三为错列式布局，工况十一、十四为行列式布局的围合形式（表 7）。对比三种工况可以看出，在风速较小的情况下，不同布局形式对周边建筑风环境的影响并不大。三种工况下计算区域内的最大风速值都为 1.5m/s 左右，以及最大风速比值都为 1.20，可见在冬季计算风速较小的情况下，通过建筑布局改变群体建筑中风速值大小是不易的，但可以改善局部风速状况。在风速较大的情况下（经风速放大作用会超过 5m/s），群体建筑布局对风环境的影响较大，行列式及围合式的布局对风速的影响作用基本一致，但错列式布局对风速分布产生了影响，计算风速值为 4.4m/s，由于建筑布局的影响，风速在 0.5～2m/s 的范围相比较行列式布局明显减小，最大风速值、风压差相比另外两种工况也明显减小。所以错列式更适合于风速较大需要减小风速的情况。

群体布局模拟 **表 7**

	工况九	工况十	工况十一
布局形式			
计算压强(Pa)	98380	98380	98380
计算风速(m/s)	1.5	1.5	1.5
风向与建筑迎风面法线夹角(°)	135	135	135
	工况十二	工况十三	工况十四
布局形式			
计算压强(Pa)	95570	95570	95570
计算风速(m/s)	4.4	4.4	4.4
风向与建筑迎风面法线夹角(°)	45	45	45

从矢量图中可以看出，来流风流经建筑物时，风向、风速、风的布局都发生了变化，在群体建筑两侧转角处出现了风速加强的状况，在前排建筑后方会出现风速小的区域，且出现了回旋风，但群体建筑后方的风速布局较为均匀，可以提供较为舒适的室外活动区域，且在布局中建筑横向间距局部放大的区域也有风布局较均匀的场地，适当的增加室外遮阳措施可以活跃这片区域。其中基本行列式布局对风环境影响的作用较为基本参照组，错列式布局在建筑群的边角建筑处的风压分布更均匀，角隅风作用下的风加速作用减小，建筑背风面的静风区增大。围合式布局形式在建筑数量减少的情况下，创造出可用于集散的集中室外环境场所（表 8）。

模拟结果与分析 **表 8**

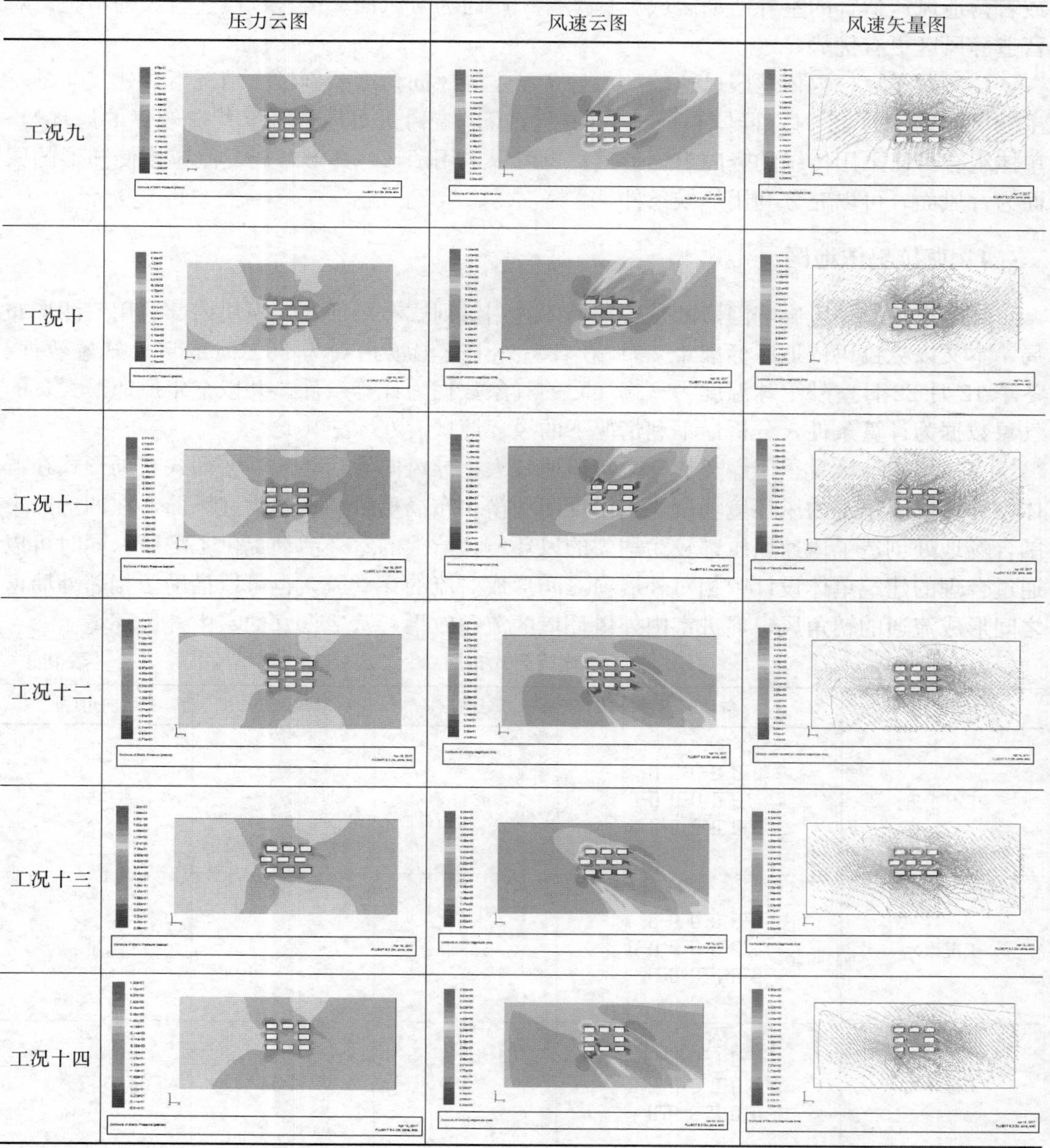

	压力云图	风速云图	风速矢量图
工况九			
工况十			
工况十一			
工况十二			
工况十三			
工况十四			

3　小结

通多对群体建筑布局以及模块内部单体建筑组合形式进行的风环境模拟结果分析，得出以下结论：

（1）错列式布局可以营造更多的半围合形式的室外活动场所，且其风速及风压作用较为舒适，整体风环境中风速、风压分布均较为均匀，且在对风速较大的情况下，营造自然通风作用下的室内环境更与优势。

（2）半围合形式的布局可以提供集中的室外活动场所，辅以构建如遮阳设施，可以营造舒适度更L形布局的单体组合凹面为迎风面，适合于风速较小的情况，对于加强风速，或者营造风速适合的室外活动区域更具优势；凹面为背风面，适合于风速较大的情况，对营造静风区更有优势。

（3）对于克拉玛依地区风速较大，且冬夏主导风向角度差别较大情况下，建筑与冬季主导风向夹角为45°时，群体布局中采用模块组合错列式布局，可以营造较优的风环境；单体组合可以采用传统的竖向组合形式，也可以采用凹形、L形布局，但应该使凹形的凹面为背风面，可以充分利用气候条件。

4　克拉玛依地区

综合上述风环境影响因素的分析，群体选用错列式布局形式，模块内部选用反凹形布局，本文以克拉玛依地区标准年7月23日室外干球温度最高为33℃时的室外气象数据、冬季12月22日室外干球温度为−10.6℃的气象数据为计算条件，并以全年风速最大日的气象数据为计算条件，分析最不利情况下的风环境（表9、表10）。

克拉玛依地区夏季干燥炎热，全年风速较大主导风向为西北风，错列式布局形式在群体内部形成了稳定的风环境场所，采用反凹型模块布局形式的长边为迎风面，在凹形的半围合场地处创造了风速风压都较为均匀的风环境，给人的室外活动提供了场所；同时可以通过合理的建筑单体设计中相对外墙窗之间形成对流的穿堂风，也可以借助于相邻外墙窗之间形成流通的转角风，促进室内外风环境的流通效果，营造良好的室内外风环境。

群体错列式布局　　**表9**

编号	布局形式	计算压强(Pa)	计算风速(m/s)	风向角(°)
工况十五	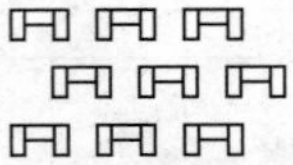	95140	5.8	45
工况十六		95380	22.8	90
工况十七	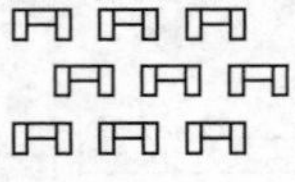	98190	1.8	135

模拟结果与分析 **表 10**

<table>
<tr><td colspan="6">工况十五</td></tr>
<tr><td colspan="4">风压云图</td><td>风速云图</td><td>风速矢量图</td></tr>
<tr><td colspan="4">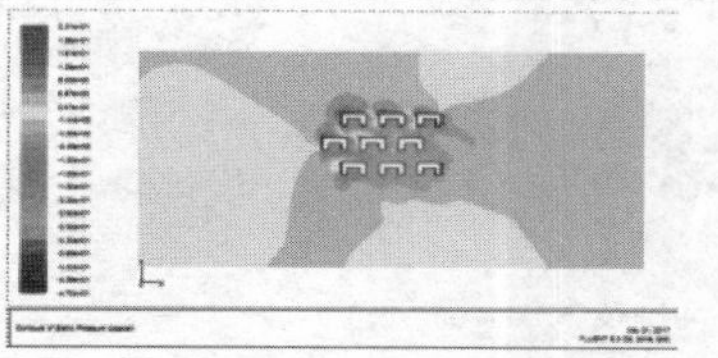</td><td></td><td>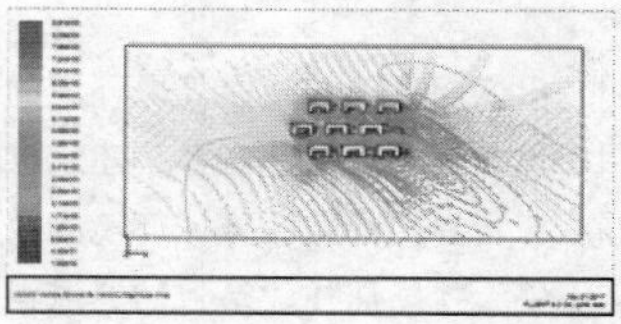</td></tr>
<tr><td colspan="4">各风速范围所占比例(%)</td><td rowspan="2">最大风速比 R_i</td><td rowspan="2">风压差值(Pa)</td></tr>
<tr><td>0～0.5</td><td>0.5～2</td><td>2～5</td><td>5≤v</td></tr>
<tr><td>3.32</td><td>15.55</td><td>30.12</td><td>51.01</td><td>1.25</td><td>46.3328</td></tr>
<tr><td colspan="6">工况十六</td></tr>
<tr><td colspan="4">风压云图</td><td>风速云图</td><td>风速矢量图</td></tr>
<tr><td colspan="4">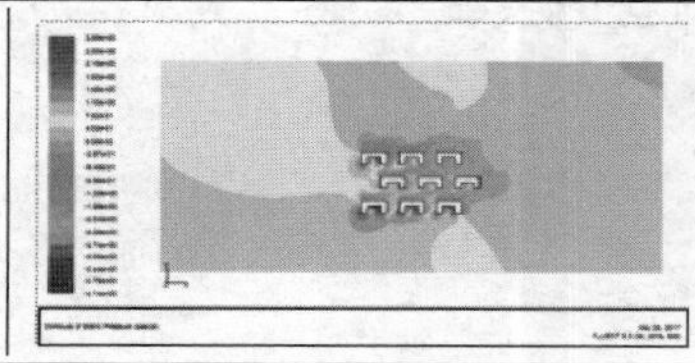</td><td></td><td></td></tr>
<tr><td colspan="4">各风速范围所占比例(%)</td><td rowspan="2">最大风速比 R_i</td><td rowspan="2">风压差值(Pa)</td></tr>
<tr><td>0～0.5</td><td>0.5～2</td><td>2～5</td><td>5≤v</td></tr>
<tr><td>14.83</td><td>81.80</td><td>3.36</td><td>0</td><td>1.25</td><td>4.70574</td></tr>
<tr><td colspan="6">工况十七</td></tr>
<tr><td colspan="4">风压云图</td><td>风速云图</td><td>风速矢量图</td></tr>
<tr><td colspan="4">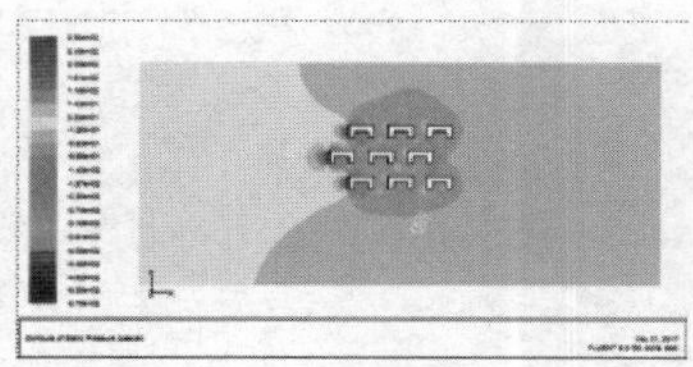</td><td>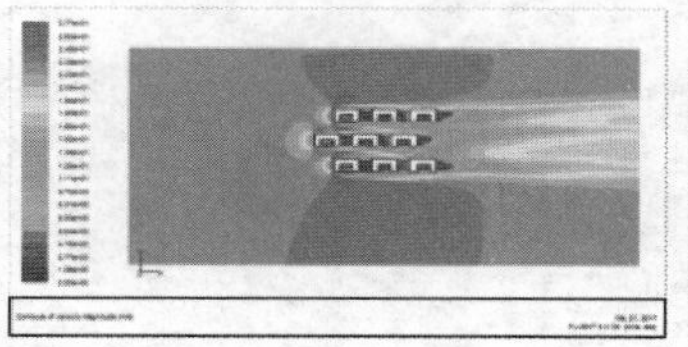</td><td>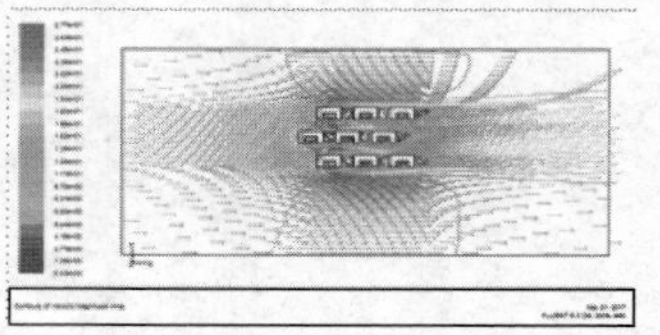</td></tr>
<tr><td colspan="4">各风速范围所占比例(%)</td><td rowspan="2">最大风速比 R_i</td><td rowspan="2">风压差值(Pa)</td></tr>
<tr><td>0～0.5</td><td>0.5～2</td><td>2～5</td><td>5≤v</td></tr>
<tr><td>1.92</td><td>2.06</td><td>8.10</td><td>87.92</td><td>1.18</td><td>718.269</td></tr>
</table>

而冬季的平均风速较小，主导风向为西南风，凹形模块的凹处为迎风面，由于风速较小所以并没有在模块阴角处产生旋风区，在室外温度较低的情况下，模块迎风面即建筑的朝阳面产生了静风区，为冬日人的活动创造了环境条件。

以中国气象数据正常年的数据中，选取风速最不利的气象数据的模拟，即计算风速值达 22.8m/s，风向为西风的情况下模拟状况，由于计算风速过大，远超舒适的风速范围最大值，来流风方向由垂直于建筑群的短边进入，对建筑群体的影响面最小，凹形模块组合的半围合场所处基本为静风区。

综上所述，凹形模块错列式布局在热工要求的最适朝向范围内，与最不利情况风向的夹角最小时，可以避免风环境带来的不利影响，同时也满足在冬季静风区活动场的营造要求，夏日对均匀风环境场所的创造要求，可以在进行群体建筑设计选型中提供理论参考。

参 考 文 献

［1］ 史彦丽. 建筑室内外风环境的数值方法研究［D］. 长沙，湖南大学，2008.

［2］ 郭春梅. 天津地区办公建筑自然通风热舒适性研究［D］. 天津：天津大学，2009.

［3］ 曹智界. 建筑区域风环境的数值模拟分析［D］. 天津：天津大学，2011.

［4］ 牛天才. 居住建筑自然通风辅助设计工具及其应用［D］. 西安：西安建筑科技大学，2008.

［5］ 何丹峰. 建筑开口与朝向对住宅室内自然通风影响的研究［D］. 南京：南京师范大学，2016.

［6］ 闫凤英. 基于 CFD 的室内自然通风及热舒适性的模拟［J］. 天津大学学报，2009，42（5）：407-412

［7］ 贾庆贤，赵荣义，许为全，等. 吹风对舒适性影响的主观调查与客观评价［J］. 暖通空调 HV&AC（专题研讨），2000，30（30）：15-17.

［8］ 曹伟炜，宋漩坤，胡君慧，等. 变电站集装箱建筑设计方法研究［J］. 电力建设，2013，34（6）：22-25.

［9］ 孙睿珩. 长春市高校学生宿舍室外风环境分析与优化策略研究［D］. 哈尔滨：哈尔滨工业大学，2015.

［10］ 陈大鹏. 新疆北疆地区建筑气候分析与节能设计策略研究［D］. 北京：北京工业大学，2012.

京西地区民居夏季热环境测试研究

潘明率
天津大学建筑学院

摘　要： 本文以北京市门头沟区贾沟村为研究对象，对2户代表性民居在夏季气候条件下进行了空气温度、相对湿度、风速、黑球温度、表面热成像的量化测定与热舒适的主观评价。测试结果表明，该地区民居夏季基本满足人体热舒适要求。通过传统与新建民居测试结果对比表明，建筑朝向、屋顶挑檐、通风情况、材料热工性能是室内热环境的重要因素。基于上述因素，建筑设计应采用积极的气候策略。

关键词： 寒冷地区；民居；室内热环境；热舒适性

自从20世纪70年代能源危机爆发以来，主流建筑学界再次审视建筑发展与能源环境的关系，面对机械文明在人类发展中带来的问题，逐步转向重视“没有建筑师的建筑”的民居研究。这些建筑由设计者、建造者、使用者一体的无名者建造完成，与周围环境维系着共生关系，为职业建筑师提供了不同的设计思路。对于我国的民居研究，学界在建筑选址、布局方式、营造方法等方面取得了丰富的成果。近年来，刘加平、张颀、林波荣等学者分别对秦岭地区民居、北方大空间建筑、安徽民居等的热环境进行实地测量与模拟，量化测试结果，为传统建筑研究提供了新的视角。本文以此为基础，选取北京市门头沟区贾沟村民居为研究对象，在对该村典型建筑的夏季热环境实测基础上，对其热舒适性进行评价，尝试为该地区建筑气候适应性研究提供一定的数据依据，并总结相关气候设计策略。

位于北京市西部的门头沟区，自古属于京畿地区，历史悠久。据考古发现，新石器早期门头沟便有“东胡林人”在此繁衍生存，形成了村落雏形。直至明清时期，由于京西古道在商业、运输、宗教等方面作用，村落在数量和规模上得到极大发展。门头沟在地理位置的特殊性，导致了区域内传统村落能够较好地保留至今。在已公布的中国传统村落名录中，门头沟区有12个村落入选，占到北京市入选村落的57.1%，成为北京传统村落保存最好的地区。

门头沟区东西长约62km，南北宽约34km，总面积1448.9km^2。区域内山地面积占98.5%，山脉属太行山余脉，统称西山。永定河及其支流清水河自西向东贯穿区域全境。区域地形变化较大，北部区域海拔达到1400m以上，南部永定镇海拔仅有73m。历年平均气温为12.1℃，年极端最高气温为41.8℃，极端最低气温为−22.9℃。其中1月份为最冷，平均气温为−3.6℃，7月份为最热，平均气温为26.0℃。年平均降水量607.9mm，主要集中在夏季，占全年总降水量的74%。按照热工分区，门头沟区属于寒冷地区，要求建筑物应满足冬季保温、防寒、防冻等要求，夏季部分地区应兼顾防热。

贾沟村位于门头沟区潭柘寺镇，村域面积73.95hm^2，全村现有约111户190余人，村民以单一贾姓为主。建村历史已无从考证，相传是从门头沟斋堂镇人口迁移至此，因采煤而逐渐形成的窑户村。据可考的文字记载，清《光绪顺天府志》记录了该村村名。村落

图 1　北京市门头沟区贾沟村

依山就势，坐落于山谷中。村中有唯一道路与外界连接，以五道庙和古树共同形成村口空间。村中道路结构清楚简洁，以绕村环路与通往各户小路共同组成（图 1）。通过对该村民居建筑调查，当地民居可以大致分为三种类型。第一种，采用传统材料与工艺手段建造的房屋。屋面采用当地石板和灰瓦，以石板覆顶，灰瓦压板，起清水脊。第二种，采用传统形态，使用现代工艺材料建造的房屋。建筑形态上保持坡顶形式，但材料采用机制瓦件，工艺上也有一定变化。第三种，以现代材料和工艺建造的房屋。建筑以平屋顶为主要形式，层数以 1～2 层为主。课题研究样本选取兼顾三种不同类型的建筑，连续 72 小时对其夏季室内热环境进行实地测试。

1　测试对象概况

在测试对象选取上，建筑层数均为 1 层建筑，建筑周围环境状况相似，遮挡条件也类似。测试房屋（对象 A）位于村落西南处的贾沟村 40 号，日常使用者是贾大爷夫妇和其子共三人（图 2）。建筑以传统四合院为基本形式，院门位于西南角，由南北向两侧房屋、东西向两侧房屋、厨房、卫生间组成。位于院落北侧和西侧的房屋建于 1980 年左右，属于第一种类型建筑。建筑采用传统材料和建造方式，北侧房屋为主要用于居住，西侧房屋用于堆放杂物。建筑由地基、墙体、屋架、屋顶、门窗等几个组成部分。地基高出地面约 500mm，顶端置条石，条石上建房。墙体材料以当地山石为主，墙体厚度约 400mm。在墙体四角采用青砖包角提高墙体强度，入口处墙体亦采用青砖增加美观。屋架采用四梁八柱，柱距以 2.9m 为限制，以满足木梁长度需要。屋顶以石板为主，采用压七漏三的做法，并辅以泥瓦增加屋顶重量，防止山风对屋顶的破坏。门窗采用木门窗，窗格式样为菱形格，有固定、对开、下开窗等几种形式。位于院落南侧和东侧的房屋建于 2010 年代左右，属于第二种类型建筑，建筑外形与传统房屋类似，材料主要使用现代材料。屋顶采用红色机制瓦件，南侧房屋门窗使用了塑钢推拉窗。

测试房屋（对象 B）位于村落中部的贾沟村 10 号，日常使用者是王大妈和其儿子一家共五人（图 3）。建筑呈一字型布置，除正房为 1980 年左右建造外，其余为 2010 年左右建造房屋。墙体材料主要采用砖墙，屋顶采用钢筋混凝土浇筑而成，门窗使用塑钢推拉窗。房屋由正房、六间房间（其中四间用于卧室，两间用于储藏）、厨房、卫生间组成。近年使用者又将室外院落进行封闭，并辅以天窗，形成沿地形变化建筑布局。

图 2　贾沟村 40 号（对象 A）

图 3　贾沟村 10 号（对象 B）

2　测试方案

测试主要采用了三种不同手段进行。测试内容主要包括室内外温度、相对湿度、风速、主要使用房间的黑球温度等。测试手段包括利用温湿度自记仪，放置在室外、主要房间内进行自动采集记录，间隔时间为 20min；利用热舒适度分析仪，选取典型空间测定相应指标，并计算得出预计平均热感指数 PMV；利用热成像仪，采集建筑物及室内表面温度图像，对热环境进行直观判断。

测点的布置，主要选择使用者日常使用的空间，同时兼顾测试房屋不同特点进行。考虑使用空间频率，测点选在距地面 1.2m 左右位置。对象 A 布置测点 5 个，包括院落室外、北侧房（主要使用房屋）、南侧房、东侧房和西侧房，具体测点布置如图 4 所示。对象 B 布置测点 3 个，包括主要使用卧室（北侧）、杂物间、封闭院落空间。但由于主要使用卧室（北侧）在测试过程中使用空调，不能有效反馈，故实际有效测点为 2 处，具体测点布置如图 5 所示。

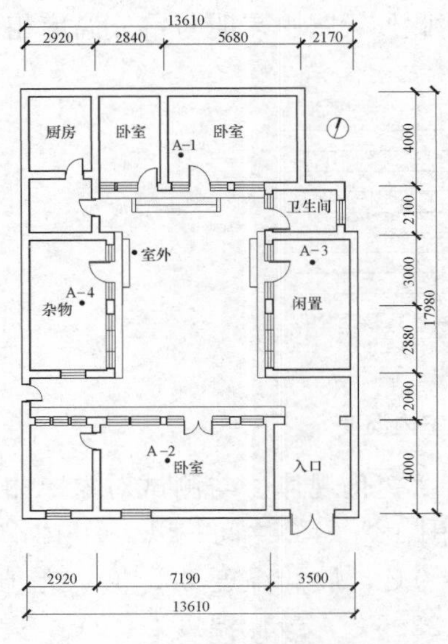

图 4　测试对象 A 的测点布置

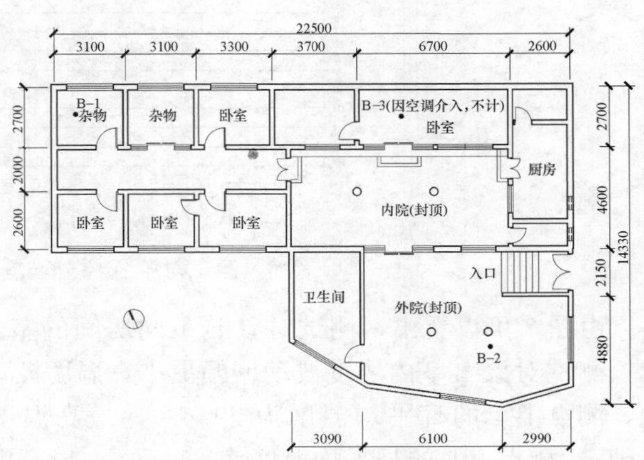

图 5　测试对象 B 的测点布置

仪器型号与操作方法见表 1。

测量仪器及参数　　表 1

测量参数	测量仪器名称	仪器参数	操作方式
空气温度	WZY-1	量程：－40～60℃；分辨率 0.1℃；不确定度±0.3℃	自动记录仪，间隔 20min
空气温湿度	WSZY-1	量程：温度－40～100℃，湿度 0～100%RH；分辨率：温度 0.1℃，湿度 0.1%RH	自动记录仪，间隔 20min
风速	Testo 417	量程：0.3～20m/s；分辨率：0.01m/s	
热舒适度	SSDZY-1	量程：温度－20～80℃，湿度 0.01～99.9%RH，黑球温度－20～80℃，风速 0.05～5m/s；分辨率：温度 0.01℃，湿度 0.01%RH，黑球温度 0.01℃，风速 0.01m/s	自动记录仪，间隔 20min
表面热成像	Testo 875i	量程：－20～100℃，精度±2℃，精度 0.1℃	

3　测试结果

测试时间为 2017 年 7 月 10 日 12：00 至 2017 年 7 月 13 日 14：00，测试时间段天气以晴天为主，最高温度 35.5℃，最低温度 24.9℃，温度呈周期性变化，是夏季典型天气特征。测试期间使用者正常使用房屋。

3.1　室内外空气温度

由图 6 可以看出，测试对象 A 四个不同朝向房屋的室内温度有一定差别。测点 A-1，温度波动范围在 4～5℃之间。以 7 月 12 日为例，日平均温度为 29.3℃，最高温度 31.8℃，最低温度 26.7℃，差值为 5.1℃，从温度数值上判断是四个测点中最为适宜的。测点 A-3，以 7 月 12 日为例，日平均温度为 31.5℃，最高温度 35.2℃，最低温度 27.1℃，差值为 8.1℃，是四个测点温度差值最大的。此外，图中表明与室外温度相比，室内温度波动振幅普遍有所减小。

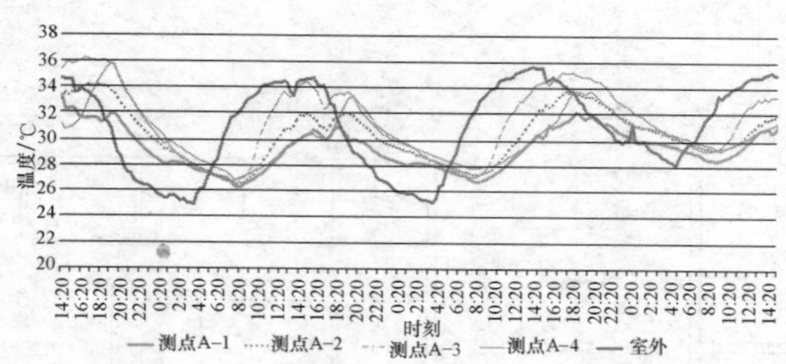

图 6　测试对象 A 室外与各测点室内温度

由图 7 可以看出，测试对象 B 不同房间的室内温度变化规律。与测试对象 A 相比较，测试对象 B 室内温度波动振幅更小，温度波动范围在 2～4℃之间。以 7 月 12 日为例，测点 B-1 的日平均温度为 29.6℃，最高温度 30.9℃，最低温度 28.4℃，差值为 2.5℃。测点 B-2 的日平均温度为 31.8℃，最高温度 33.6℃，最低温度 29.9℃，差值为 3.7℃。

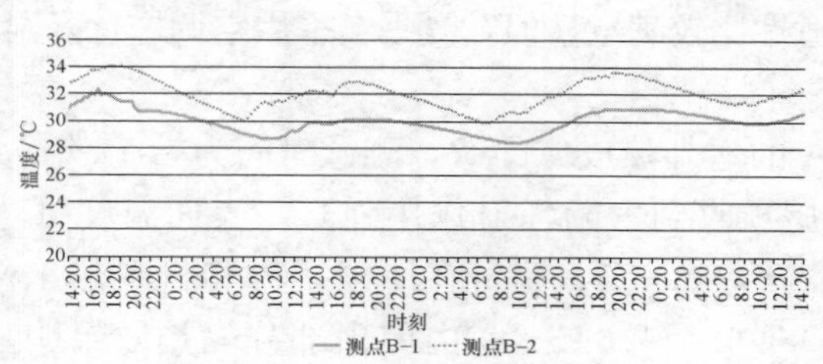

图 7 测试对象 B 各测点室内温度

3.2 室内外空气相对湿度

由图 8 可以看出，室外空气相对湿度变化较大，呈现规律性变化，最大值出现在清晨 5 点左右，最低值出现在午后 13：00 点左右。测试对象 A 的室内湿度波动幅度相对较小，以 7 月 11 至 12 日为例，室内相对湿度数值在 46.1%～71%之间。由图 9 所示，测试对象 B 的室内湿度波动幅度也相对较小，以 7 月 11 至 12 日为例，室内相对湿度数值在 44.1%～70.5%之间，其中测点 B-1 比 B-2 的湿度波动幅度更小。参考《室内空气质量标准》(GT/T 18883—2002)，夏季空调室内相对湿度标准值为 40%～80%，可以看出测试对象 A 和 B 的室内相对湿度基本符合生活标准。

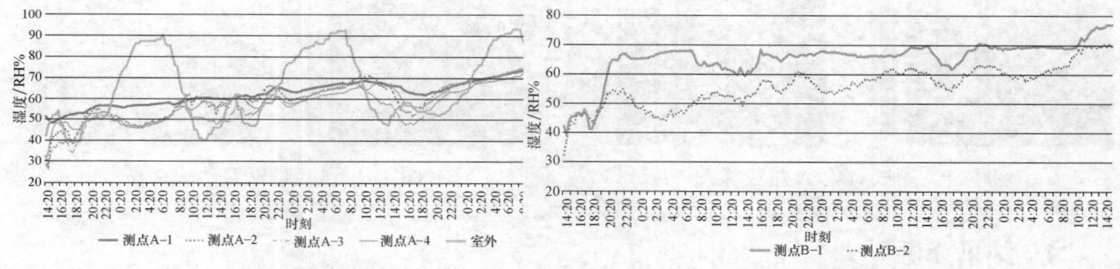

图 8 测试对象 A 室外与各测点室内湿度　　图 9 测试对象 B 各测点室内湿度

3.3 室内风速

经对测点 A-1 的连续监测，室内风速几乎为 0，表明室内通风条件不佳，长期处于无风状态。因此本次实测没有对其他测点的风速指标进行长时间记录。

3.4 热舒适调查

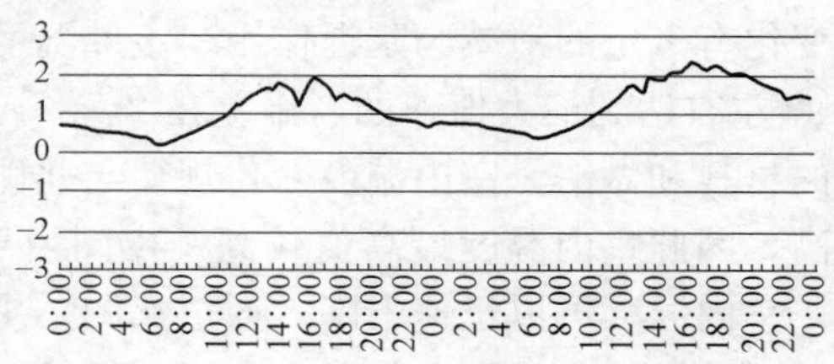

图 10 测试对象 A 测点 A-1 的 PMV 值

由于设备所限，对于热舒适实测仅在测点 A-1 进行。测试方式是通过仪器测试与使用者访谈相结合的方式。测试指标主要包括空气温度、湿度、风速、黑球温度，结合使用者夏季普遍穿着服装计算热阻，并考虑代谢率与外部做功，计算得出相应的 PMV 值。从图 10 可以看出，PMV 值介于 0～2.5 之间，最低值为 0.18，出现在 6：30 左右，最高值为 2.33，出现在 16：30 左右。按照范格尔教授所建立的热感觉标尺，测点 A-1 在 21：00—11：00 点之间室内舒适度较好，其余时间段室内较热，舒适度较低。此外，通过与使用者的交流，使用者对房间的总体评价感受中，测点 A-1 相对于其他测点而言，总体感觉夏季比较舒适，仅在中午过热时辅以电风扇作为降温方式。在对测试对象 B 的使用者访谈中，使用者表示总体对房屋热舒适性比较满意，但在夏季会采用空调进行降温处理。

3.5 热成像分析

图 11 是测试对象 A 的室外热成像图像，测试时间为 2017 年 7 月 10 日 12：00。通过热成像结果分析，房屋屋顶收到太阳辐射作用强烈，表面温度可达约 81.1℃。其次为台阶部分，表面温度可达到约 68.3℃。墙身在屋顶挑檐和材料热工性能共同作用下，表面温度有明显降低，介于 30.6～44.6℃。室内屋顶部分隔热效果明显，内表面最高温度约 40.5℃，内墙柱最高温度约 34.1℃。

图 12 是测试对象 B 的室内热成像图像，测试时间为 2017 年 7 月 10 日 14：30。通过对热成像图片分析，室内表面温度最高处在屋顶天窗处，约为 35.8℃，相对于使用者的高度，表面温度介于 27.9～31.8℃。室内庭院的表面温度介于 28.6～33.7℃。室内走廊的表面温度介于 26.3～30.7℃。

图 11 测试对象 A 热成像图　　图 12 测试对象 B 热成像图

4 结果分析

从实测结果看，所测贾沟村民居基本上能满足夏季绝大部分时间对舒适度需求，使用者对建筑夏季热工要求的满意度较高。

（1）实测的第一种类型建筑，即测试对象 A 的北侧建筑和西侧建筑。北侧建筑室内温度呈现规律性变化，但温度振幅不大，对人体适应性有良好的作用。室内温度对室外温度变化有一定的消减与延迟作用。室外温度一般在午后 14 点左右达到最大值，而室内在 16 点左右达到最大值，两者温差在 2～3℃之间，降温作用明显。西侧建筑由于采用了相似的材料和做法，室内温度变化规律与北侧房屋类似。但由于其所处的方位，下午得热量较高，因此室内温度最高值较高。夜间由于建造使用材料散热速度快，在太阳辐射减弱后，室内温度可以迅速下降。通过实测结果可以得出，第一种类型建筑，在南向朝向基础上，通过屋檐出挑可以控制南向辐射得热，同时使用有较好的蓄热与散热能力的材料，能形成良好的室内热环境。

（2）实测的第二种类型建筑，即测试对象 A 的南侧建筑和东侧建筑。南侧建筑室内温度亦呈现规律性变化，但相较北侧建筑温度略有所提高。东侧建筑室内温度提升较快，与室外温度的延时效果不明显，最大值与室外温度的温差较小。主要原因有两个方面，一方面，建筑的朝向决定了获得太阳辐射热，另一方面现代建筑材料蓄热作用有限，导致室内温度变化较快。此外，在测试过程中，东侧房屋由于没人使用，门窗不开启，而南侧房屋南墙有窗户开启，与北侧门窗一起形成通风，对室内温度变化也起到了一定作用。

（3）实测的第三种类型建筑，即测试对象 B。建筑室内温度虽然有一定规律性变化，但相对波动振幅不大，温度变化曲线较为平缓。测点 B-2 温度普遍高于测点 B-1 温度，究其原因主要有几个方面。第一，测点 B-2 由于为临时性搭建房屋，其屋顶从用料选择到铺设厚度都不及测点 B-1，屋顶的隔热作用不够。第二，测点 B-2 屋顶有封闭式天窗，尽管增加了室内的采光度，但是增加了太阳辐射热量的获得，同时天窗无法开启，没有形成有效通风。第三，测点 B-1 受到一定的人为干预调节。测试期间，正值北京市气象台发布高温黄色预警，使用者多次开启空调降低室温。尽管测点房间内没有安装空调，但临近使用空调房屋，测试结果也受到了一定的影响。

（4）与室外湿度相比，测试对象湿度在 40％～70％ 之间变化，达到《室内空气质量标准》夏季空调环境下对湿度标准值的要求，处于舒适范围之内，符合北京地区夏季气候特征。炎热多雨，降水集中，对湿度有一定调节作用。民居在地基、墙体、梁柱等方面做法有一定防潮处理，使用的材料也有较好调节湿度作用。

5　结论与启发

对于贾沟村三种不同类型建筑进行实测，使我们对京西地区建筑有了更清晰的认知和理解。在极少介入人工设备的情况下，当地传统民居在夏季基本上能够提供满足人体热舒适要求的室内环境，新建民居在这方面略显不足。通过对比不同类型建筑的物理环境指标，可以初步总结当地建筑的气候设计策略，包括：

（1）从建筑设计出发，采用积极有效的被动式策略。优化建筑朝向。“负阴抱阳、背山面水”这是古人对建筑选址的基本原则。建筑坐北朝南，相较其他朝向而言，对室内温度控制有先天自然优势。

（2）测试证明建筑形态中的挑檐对控制室内温度有一定作用。尽管在现代民居中不能单一模仿传统建筑的屋顶形态，但通过设计手法的转译，增加平屋顶出檐深度，或者增加活动檐板可以有效调节室内温度。

（3）注重通风设计。测试证明，门窗洞口的开启有助于调节室内温度变化。当地新建民居中由于地形受限，无法形成有效的通风作用，影响了室内温度的降低。

（4）改善材料的热工性能。采用蓄热性能较好的重质材料，对于延时室内与室外温度的交换有一定作用，可以缓解室内温度在夏季过快升高，达到夏季防热的目标。

参 考 文 献

[1] 胡冗冗，李万鹏，何文芳，等. 秦岭山区民居冬季室内热环境测试［J］. 太阳能学报，2011（2）：171-174.

[2] 张颀，徐虹，黄琼，等. 北方寒冷地区古代大空间建筑室内热环境测试研究［J］. 城市建筑，2013（3）：104-108.

[3] 宋凌，林波荣，朱颖心. 安徽传统民居夏季室内热环境模拟［J］. 清华大学学报（自然科学版），2003（6）：826-828，843.

[4] 郝石盟，宋晔皓，张伟. 渝东南地区民居夏季热环境调研分析［J］. 动感（生态城市与绿色建筑），2011（4）：90-93.

[5] 石炳茹，张久山. 北京市门头沟区气候浅析［J］. 今日科苑，2012（12）：122-123.

大空间声能衰减规律测量中最优声源点数研究

王超[1]，孔雪姣[2]

1 天津大学建筑学院；2 河北工业大学

摘　要：大空间中的声学实地测试经常被用来获得声能衰减规律以预测大空间中的人群噪声，但是声源点数的选择经常对测试方案的制定产生困扰。本文通过计算机模拟的方法，对四个案例进行了一系列的模拟研究，得出了空间容积和声学测量最优声源点数之间的初步关系，并提出最少声源点数应为2点，此结论还需更多的案例进行进一步的研究和证实。

关键词：大空间；声能衰减规律；声学测量；最优声源点数；人群噪声；

1　简介

大空间中的人群噪声预测对疏散设计和电声设计都有重要的意义[1]，对于疏散设计来说，能够准确地预测人群噪声，有助于了解紧急情况时的噪声水平，从而有针对性地进行疏散时的声学设计；而对于电声设计来说，能够准确地预测人群噪声，则能够得到比较准确的背景噪声，从而通过信噪比的控制来得到较高的电声语言清晰度[2]。

预测人群噪声的关键在于得到空间中的声能衰减规律，如果能够得到大空间中的平均声能衰减规律，那么只要根据人群坐标和接收点坐标进行声能叠加即可得到空间内任何一点的人群噪声水平。传统的公式法基于扩散声场假设，往往不能得到准确的预测结果[3-6]。通过实地测试的办法能够得到某一声源点和接受点之间准确的声能衰减曲线，而人群噪声由于声源众多，不可能通过实地测试一一求出，只能通过均匀地布置声源点来求出空间中的声能平均衰减情况，再据此求出所有人群的总噪声情况。

但是空间中至少需要多少个声源点才能够得到空间中的平均衰减规律是本文研究的重点，过少的声源布置不能得到平均的衰减情况，会产生很大的计算误差，而过多的声源布置又增加了测试的工作量，甚至使测试方案复杂到不可能完成。针对这个问题，本文采用计算机模拟的方法，通过设置不同的声源点数并比较其模拟结果，得到不同空间中所需要的最少声源点数，为实地测试提供理论指导，从而节省测试时间，减少测试工作量，使测试方案更加科学合理。

2　研究方法

计算机模拟应用于建筑声场的研究已经有二十多年的历史[7-9]，计算机模拟法主要采用室内声场预测软件，例如Odeon、EASE等进行预测，其优点在于计算迅速，而且能够模拟非扩散场。在针对大空间声场的模拟中更有优势[10,11]。

本研究以德州西站、衡阳北站、哈尔滨西站、天津西站为研究对象，其平面图如图1所示。通过逐次增加声源点的方式，研究每个案例中的最佳声源点数。以下将以哈尔滨西站为例说明整个模拟过程。

哈尔滨西站建于2012年，形式为高架式车站（图2）。测试主体为高架候车大厅，尺寸为240m×65m，面积为15600m^2，局部有2层商业夹层（表1）。设置声学模拟的参数

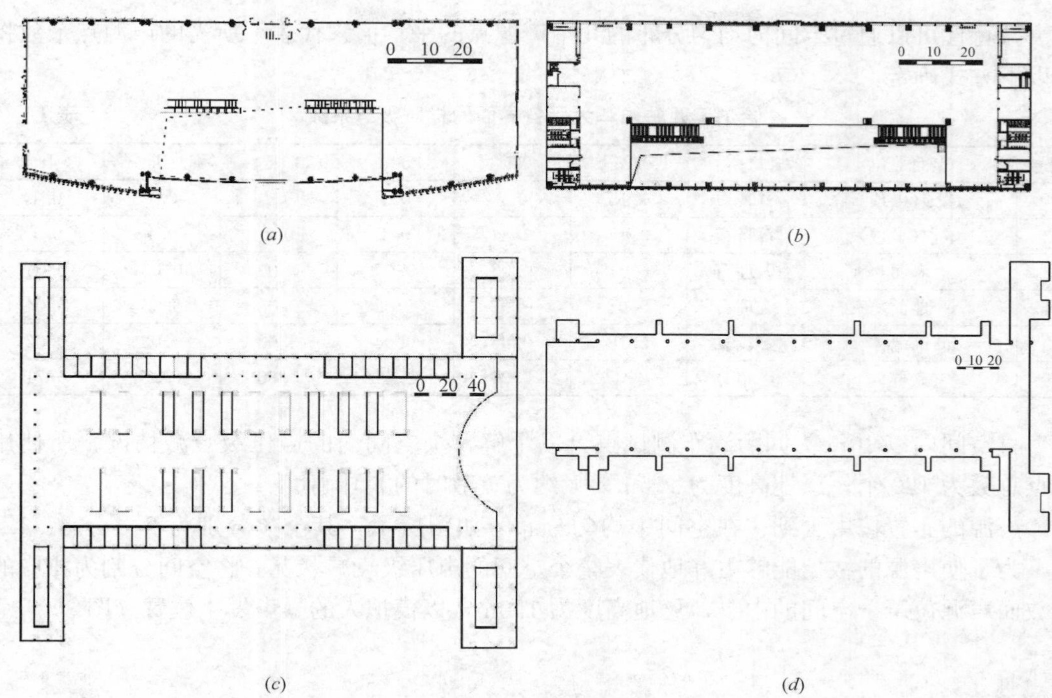

图 1　四个案例的平面示意图

(a) 德州东站平面图；(b) 衡阳站平面图；(c) 天津西站平面图；(d) 哈尔滨西站平面图

如下：声线数设置为 300 万，以保证模拟有足够的声线数来计算整个空间，最大反射次数 (Max reflection order) 设置为 2000。通常脉冲响应时间 (Impulse response Length) 设置为预测混响时间的 2/3 以上，运用 Odeon 快速计算功能计算候车大厅的混响时间，得出各频段最大的数值为 5.5s，因此设置此参数为 4000ms。转换系数 (Transition Order) 设置为 2。环境参数设置中根据测试时的实际情况，其余未说明的参数都按照软件推荐数值设置。

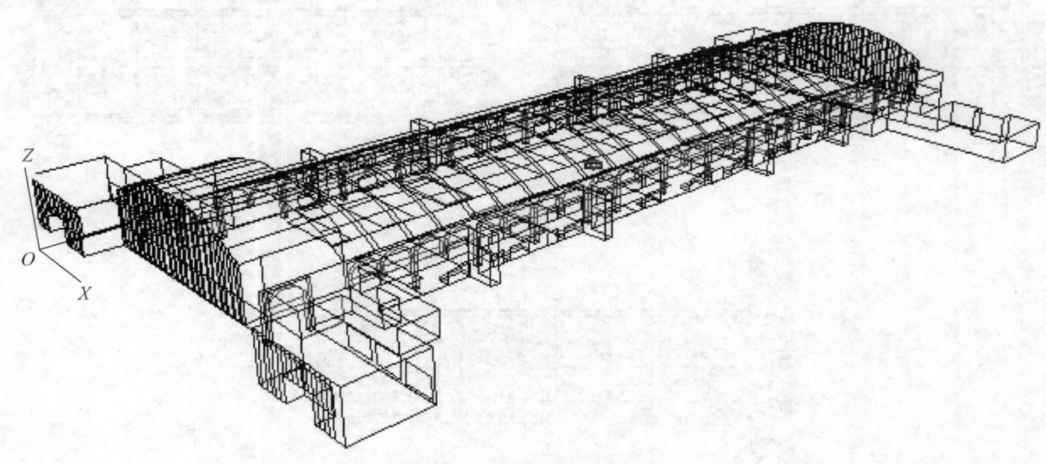

图 2　哈尔滨西站候车大厅导入模型

声源点在不同位置时，空间内各点的声衰减特性并不相同，这是由于混响声能的不均匀分布造成的。由之前的研究可知，混响声能的不均匀程度并不悬殊，所以整个空间内的声衰减特性可以通过空间内均匀分布的几个声源点的平均值来代表，所需的声源点个数将由以下方式确定。

哈尔滨西站候车大厅各界面的材质吸声系数 **表 1**

编号	界面部位	材质	125	250	500	1k	2k	4k
1	屋顶(拱顶)	石膏板	0.15	0.2	0.1	0.1	0.1	0.1
2	屋顶(平顶)	石膏板	0.15	0.2	0.1	0.1	0.1	0.1
3	墙面	大理石	0.01	0.02	0.02	0.03	0.03	0.04
4	地面	大理石	0.01	0.02	0.02	0.03	0.03	0.04
5	商铺墙体	玻璃	0.18	0.06	0.04	0.03	0.02	0.02
6	人群	布	0.1	0.21	0.41	0.65	0.75	0.71

将空间内以 10m 为间距满布测试点，以了解整个空间内的声压级衰减情况，所使用测点总数为 120 个，离地高度为 1.5m，大约为疏散时的人耳高度。

声源的布置按由少到多在空间中均匀分布，如图所示，其个数分别为 2、4、8、12、16。为了使声源的数据能够更好地代表整个空间的声压级衰减状况，将空间分割为相应的个数而声源位于子空间的中央，离地高度为 1.5m，以模拟人的噪声发生位置（图 3）。

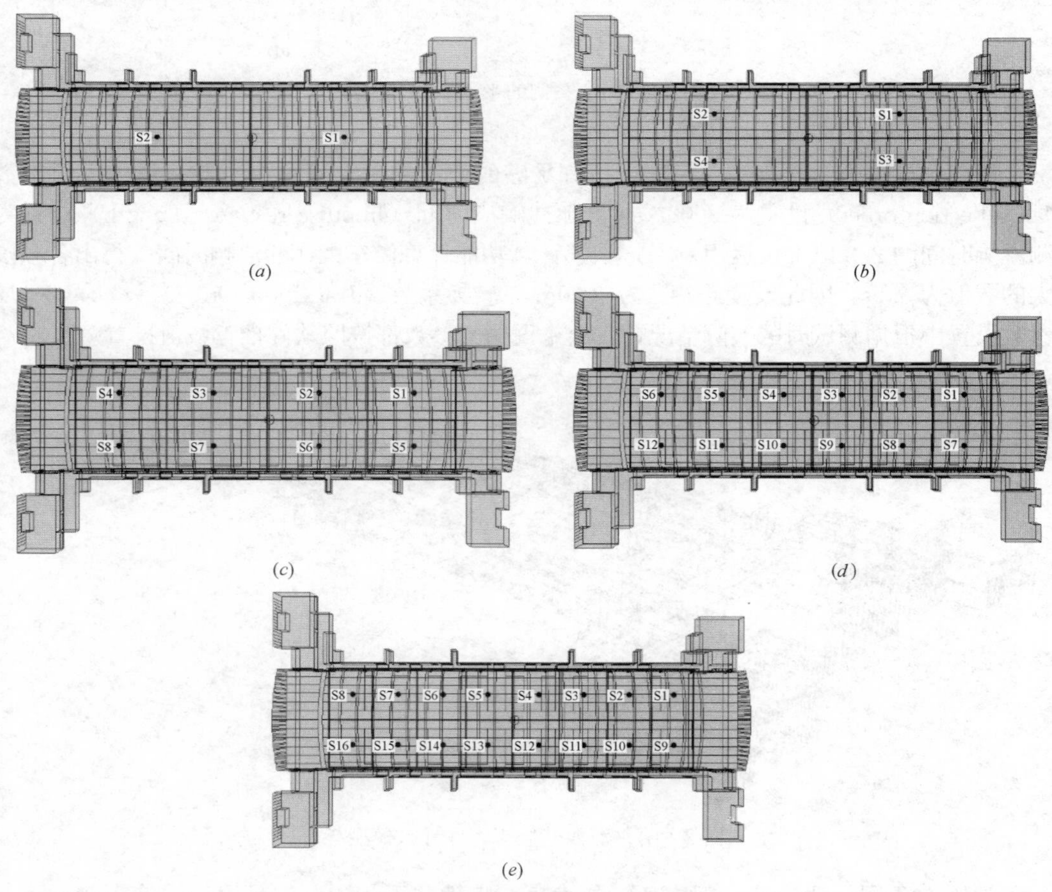

图 3 哈尔滨西站模拟模型声源布置方案

(*a*) 2 个声源点；(*b*) 4 个声源点；(*c*) 8 个声源点；(*d*) 12 个声源点；(*e*) 16 个声源点

3 结果

各个声源分别单独模拟后，分别得出空间内120个测点的声压级，分别计算每个测试点距离声源的距离和声压级数值并汇总，得出不同声源个数声压级随距离衰减的测试点结果散点图，并分别进行对数回归，结果如图4所示。可见声能随距离的衰减明显存在空间差异，且此差异随距声源距离的变化比较稳定，不同的声源点数情况下均显示出这一特点。

从图4（a）～图4（e）可以看出，距声源距离相同的情况下，声压级的空间差异从约3dB逐渐增加为约6dB。这说明当声源点数较少时，得到的空间差异也比较小，而当空间中布置较多声源点时，所得的模拟结果也呈现出较大的空间差异。这是因为大空间中不同位置的声学条件不同，较大的空间使这些声学差异不能被混响声能所掩盖，这也是大空间

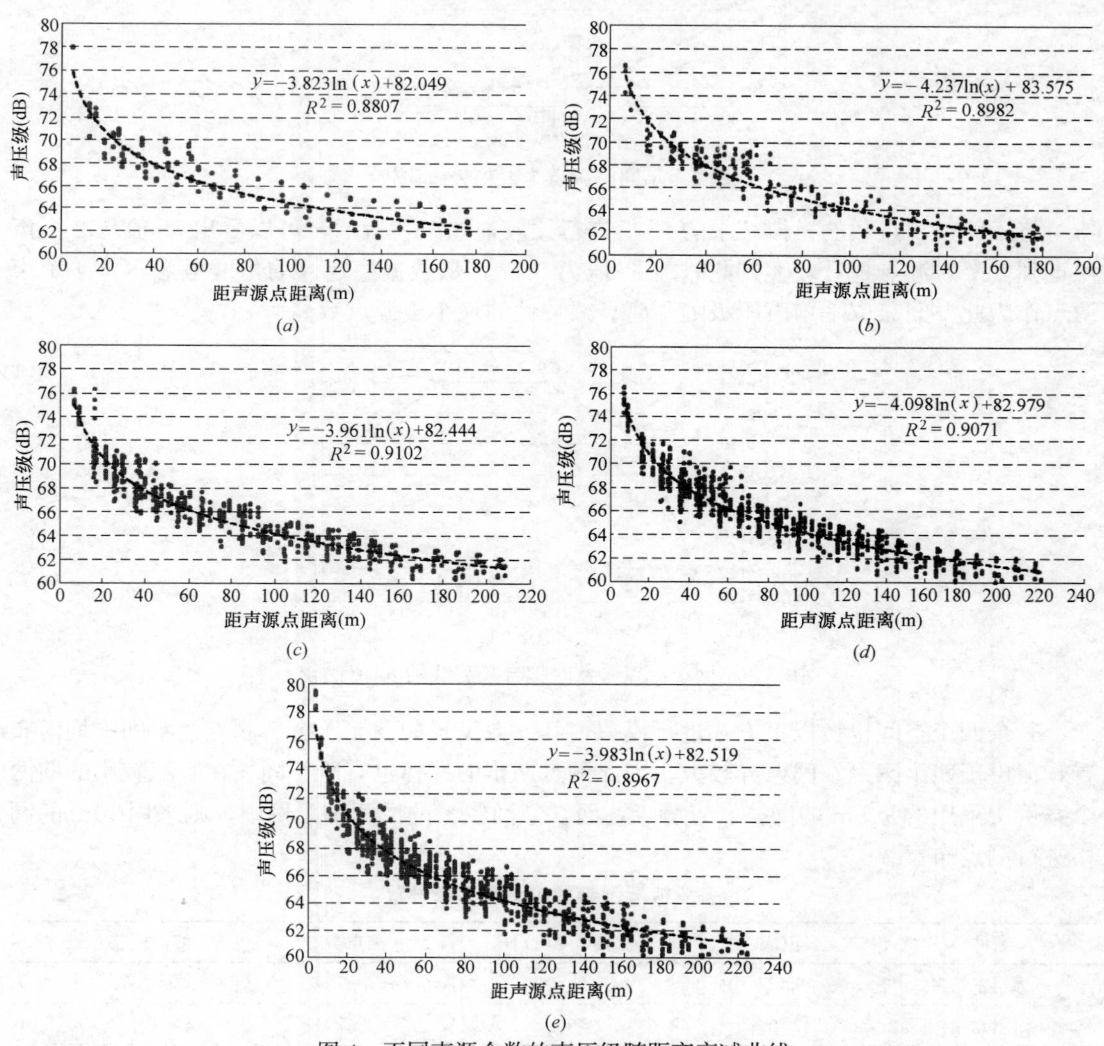

图4 不同声源个数的声压级随距离衰减曲线

（a）2个声源点的声压级随距离衰减曲线；（b）4个声源点的声压级随距离衰减曲线；（c）8个声源点的声压级随距离衰减曲线；（d）12个声源点的声压级随距离衰减曲线；（e）16个声源点的声压级随距离衰减曲线

的声学特点之一，当空间中均匀布置更多的声源点时，涵盖了更多的声场信息，得到的结果自然会包含更多的空间差异，这也是需要更多声源点才能获得较完整的衰减规律的原因。

将不同声源点数所得的模拟结果的五条对数回归线进行比较。如图 5 所示，可以发现空间中布置不同声源点的模拟计算结果差距随着声源点数的增加逐渐减小，而且可以看出声源点数超过 4 点后，差异始终稳定在 0.5dB 以内，此差距在声学测量和预测中均视为可忽略误差，因此可以认为声源点数超过 4 点后，得到的空间内声能衰减规律相同。

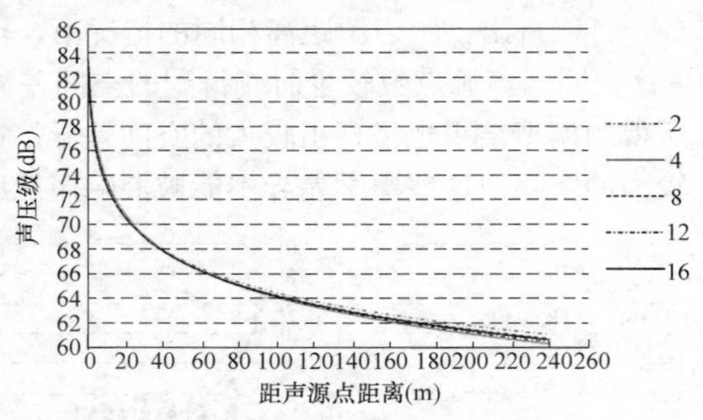

图 5　不同声源点个数趋势线比较

将不同声源点数的模拟结果的 R^2 值进行比较，如图 6 所示，可以看出 R^2 值从 2 个声源点到 4 个声源点提升较大，此时的 R^2 值为 0.90，从数据稳定性的角度考虑，将 4 个声源点作为此空间获取平均声压级随距离衰减特性的最小声源点数。

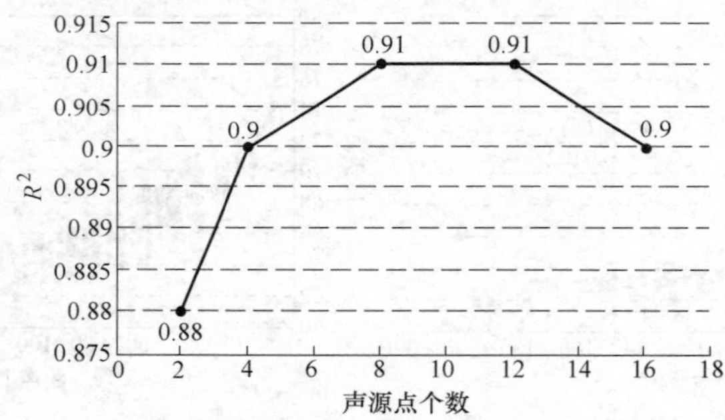

图 6　不同声源点个数时拟合趋势线的 R^2 值比较

其余四个空间也按以上方式进行模拟，其参数设置如表 2 所示。测点在空间中均匀布置，但由于四个案例空间差异较大，因此测点网格的选择也有所不同，在容积较小的前两个案例中采用的是 5m 的网格布置测点，而在空间较大的后两个案例中，则采用 10m 的网格进行测点布置。

各模拟案例参数信息及模拟设置　　**表 2**

名称	容积(m^3)	面积(m^2)	测点数	测点网格步长
德州东站	65753	5980	160	5
衡阳北站	150000	7900	185	5
哈西站	396042	15600	120	10
天津西站	1380000	31570	343	10

四个案例中得到的最优声源点数如图 7 所示，可以看出，越大的容积所需要的测点数越多，测点数和容积的拟合关系为测点数

$$y=5E-06x+1.6887 \tag{1}$$

其中，x 为建筑物的容积（m^3）。从图中还能看出至少需要两点才能获得足够的准确度，这是因为只有一个声源点数则得到的衰减规律只是声源在空间中央的情况，与声源在空间均匀布置两点时差异较大，而且只布置一个声源点时如果空间对称，更容易得到片面的声能衰减规律，因此建议在以后的实地测量中可以根据容积的大小依据公式 1 选择不同的声源点数，但至少应该选择两个声源点。当然本文研究的案例个数较少，此结论还需要更多的案例或实测进行进一步的验证和改进。

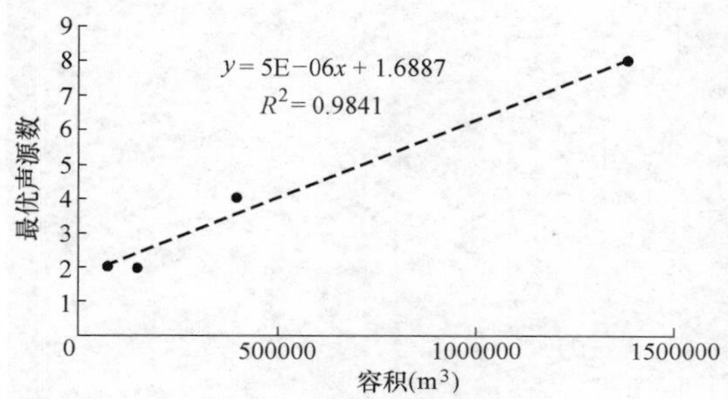

图 7　四个案例中的最优声源点个数

4　结论

本文针对大空间中声能衰减规律测量中的声源个数选择问题，在四个案例中的进行了一系列的计算机模拟，结果发现随着空间中布置声源点数的增加，得到的声能衰减规律差异逐渐减小，声源点数增加到一定程度后，差异始终稳定在 0.5dB 以内，由此得出获得空间平均声能衰减规律所需的最优声源点数与容积的关系，以后的实地测量中可以根据容积的大小选择不同的声源点数并至少应选择两点，这为以后实地测试中的声源点选择和相应的研究提供了相应依据和研究思路。

参 考 文 献

[1] Fujikawa T，Aoki S. An escape guiding system utilizing the precedence effect for evacuation signal [C]//Proceedings of Meetings on Acoustics ICA2013. ASA，2013，19 (1)：030055.

[2] Bradley J S，Reich R D，Norcross S G. On the combined effects of signal-to-noise ratio and room acoustics on speech intelligibility [J]. The Journal of the Acoustical Society of America，1999，106 (4)：1820-1828.

[3] Barron M. Theory and measurement of early，late and total sound levels in rooms [J]. The Journal of the Acoustical Society of America，2015，137 (6)：3087-3098.

[4] Barron M. Growth and decay of sound intensity in rooms according to some formulae of geometric acoustics theory [J]. Journal of Sound and Vibration，1973，27 (2)：183-196.

[5] Hodgson M. When is diffuse-field theory accurate? [J]. Canadian Acoustics，1994，22 (3)：41-42.

[6] Galaitsis A G，Patterson W N. Prediction of noise distribution in various enclosures from free - field measurements [J]. The Journal of the Acoustical Society of America，1976，60 (4)：848-856.

[7] Allen J B，Berkley D A. Image method for efficiently simulating small-room acoustics [J]. The Journal of the Acoustical Society of America，1979，65 (4)：943-950.

[8] 杜铭秋，王季卿. 计算机模拟在厅堂音质设计中的有效性 [J]. 电声技术，2006，2006 (3)：14-17.

[9] Funkhouser T，Carlbom I，Elko G，et al. A beam tracing approach to acoustic modeling for interactive virtual environments [C] //Proceedings of the 25th annual conference on Computer graphics and interactive techniques. ACM，1998：21-32.

[10] Naylor G M. ODEON—Another hybrid room acoustical model [J]. Applied Acoustics，1993，38 (2-4)：131-143.

[11] Weitze C A，Christensen C L，Rindel J H，et al. Computer simulation of the Acoustics of Mosques and Byzantine Churches [J]. ACUSTICA，2000，86：943-956.

健康住宅评价标准体系发展历程简析

叶青[1]　王琛[1]　李昕阳[2]　汪江华[1]　赵强[2]

1　天津大学建筑学院；2　住房和城乡建设部

摘　要： 以健康的概念分析为出发点，通过对健康住宅评价标准体系发展历程的系统梳理，分析其制定单位、制定目的、制定背景、评价指标体系构架等，借鉴其先进经验和成果，希望对我国的住宅建筑规划建设和绿色发展有所裨益。

关键词： 健康住宅；评价标准体系；发展历程

在全球气候变化，城市环境恶化及人体机能弱化的背景下，人们对空气、土壤、水等“健康”影响要素的关注持续提高，消除或降低居住环境中的健康风险因素，有效提高国民生活质量和健康水平，降低国家和国民疾病治疗的直接支出，延长国民寿命已经成为共识。住宅建筑作为关系到国计民生，人们安居乐业的聚居栖地，其健康性能备受国家相关行政管理部门和行业协会学会的关注和重视，如何营造健康的室内环境、保证居住环境健康，成为住宅建筑行业亟须解决的问题。党的十八届五中全会提出“健康中国”的战略部署，住宅建筑健康性能问题的研究是落实“健康中国”战略部署的需求，是绿色建筑深层次发展的需求，是人们追求健康生活的需求。以健康的概念分析为出发点，详细介绍分析健康住宅相关评价标准体系的发展历程，以期对我国的住宅建筑规划建设和绿色发展有所裨益。

1　健康的概念分析

《辞海》中将健康进行单向度、简单化地理解，认为人作为一个完整的个体，是生物医学意义上的人，没有疾病就是健康，考虑到了人的自然性，并未涉及人的社会性；随着人类对一些疑难疾病的征服和对健康认识的不断加深（图 1），世界卫生组织（WHO）、《渥太华宪章》、《简明不列颠百科全书》等在人的社会属性上扩展了健康的内涵，提到了

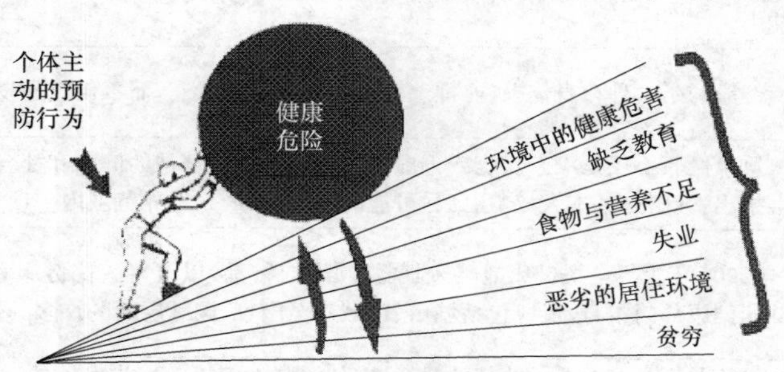

图 1　健康的梯度图

来源：Taket A R. Making Partners：Intersectoral Action for Health，document from the outcome of Joint Working Group on Intersectoral Action for Health [M]. Utrecht，Norway，WHO，Geneva，1988：104.

基金项目：国家自然科学基金青年项目“基于 GIS 平台的控制性详细规划中低碳生态指标体系构建方法研究”(51508379)；教育部哲学社会科学研究重大课题攻关项目“我国特大城市旧城区的生态化改造策略研究”(15JZD025)；住房与城乡建设部老旧小区综合改造适用技术项目“基于性能表现的城市既有住区绿色化改造多目标综合优化方法研究——以天津市既有住区为例”(2017-K10-005)。

“心理健康”“精神健康”“社会上的完满状态”“社会资源”“社交能力”“社会适应良好”“部门合作”“稳定的生态系统”。值得一提的是 1989 年世界卫生组织提出的四维健康概念，包含躯体、心理、社会适应良好和道德四个方面，将传统的健康观由三维扩展到了四维，如图 2 所示，这一创新性的新概念使医学范式由传统单一的生物医学模式，衍生成为生理—心理—社会—道德的医学模式，是对现代生物医学模式下健康概念的补充和发展，同时考虑到了人的自然属性和社会属性[1]。美国密西西比州 UTM 小组[2]进一步发展了这一概念，将影响人健康的因素逐渐由生理因素转变为社会环境复合因素，使人们能够做出有利于健康的选择——使人们能有效地维护自身的健康，在社区中当家作主，又能建设健康的自然环境和社会环境，从而达到促进各方面健康的目的，健康的各类定义如表 1 所示。

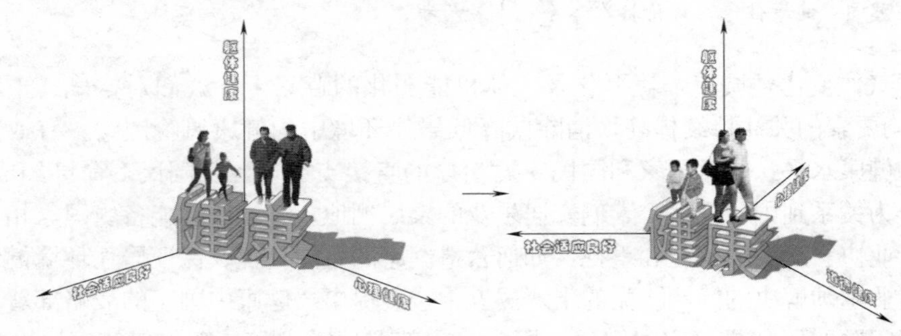

图 2　健康观从三维转化到四维示意图

来源：自绘

健康的各类定义　　**表 1**

定义来源	内　容
《辞海》(1978 年)	人体各器官系统发育良好、体质健壮、功能正常并具有良好劳动效能的状态
《简明不列颠百科全书》1985 年中文版	健康是个体能长时期地适应环境的身体、情绪、精神及社交方面的能力
《中国大百科全书·现代医学卷》(1993 年)	“健康”定义为：“人体的一种状态，在这种状态下人体查不出任何疾病，其各种生物参数都稳定地处在正常变异范围以内，对外部环境(自然的和社会的)日常范围的变化有良好的适应能力。”
1948 年世界卫生组织	健康乃是一种在身体上，心理上和社会上的完满状态，而不仅仅是没有疾病和虚弱的状态
1978 年世界卫生组织《阿拉木图宣言》	重申健康不仅是没有疾病或不虚弱，且是身体的、精神的健康和社会适应良好的总称。该宣言指出：健康是基本人权，达到尽可能的健康水平，是世界范围内一项重要的社会性目标
1979 年世界卫生组织《2000 年世界全民健康战略》	《2000 年世界全民健康战略》强调亟须采取行动，以改善人民健康和福利状况等主要领域，并非健康部门本身，还应包括城市、区域乃至国家、国际层面的许多其他部门
1981 年世界卫生组织	健康并不是一个单一清楚的目标，它是领导人们迈向进步发展的过程。健康的人有工作能力、参与所在小区的事物；而健康系统则指在家庭、教育机构、工作地点、公共场合、小区及健康相关机构都处于健康状态。它也包含个人和家庭应采取主动态度去参与和解决他们自己的健康问题
1986 年里斯本(Lisbon)会议	健康是社会事物，而不仅是医疗事物；健康是都市中所有部门的责任；健康应受自然科学、社会、美学和环境领域的人所监督；健康是小区居民参与及公私部门合作的表现。这里的健康概念重视的是自主权及合作：自主权是指人民对于影响生活的事务有控制权；合作意味着健康不只是政府部门的责任，健康应是政府部门、民间组织及小区居民共同的责任

续表

定义来源	内容
1986年世界第一届健康促进大会《渥太华宪章》	“应将健康看作是日常生活的资源，而不是生活的目标。健康是一种积极的概念，它不仅是个人素质的体现，也是社会和个人的资源。”“健康的基本条件和源泉是和平的生活，有寓所，能够受到教育，有食品，有收入，处于一个稳定的生态系统之中，可持续地使用资源，处于社会公平和公正的环境之中。”
1989年世界卫生组织	世界卫生组织再次深化健康的概念，提出包括躯体健康(physical health)、心理健康(psychological health)、社会适应良好(good social adaptation)和道德健康(ethical health)的四维健康新概念
2003年美国的密西西比州UTM工作小组	健康应该是包括个人健康和安宁、社区的整合、健康的生态、高效率的社会体系等四个方面的内容

资料来源：作者根据相关资料整理绘制

2 健康住宅评价标准体系基本情况

早在20世纪80年代，国外很多组织和国家就已经开始认识到住宅建筑中健康因素的重要性，如世界卫生组织（WHO）提出“健康住宅15条标准”、美国设立国家健康住宅中心并以“健康之家”建设计划指导住宅建设、法国通过立法和政策支持等手段发展健康住宅、加拿大对满足健康和节能要求的住宅颁发“Super E”认证证书、日本出版《健康住宅宣言》书籍指导住宅建设与开发等[3-7]。我国在健康住宅、生态住宅、生态住区等方面也开展了积极探索，自20世纪90年代制定了众多评价体系、设计标准和技术导则，为社区和住宅的建设和发展提供有章可循的衡量标准（表2）。

住宅建筑相关标准情况汇总表 表2

颁布时间	相关标准名称
1999年	原建设部颁发建住房〔1999〕114号文件《商品住宅性能认定管理办法(试行)》
1999年	国务院办公厅转发了原建设部等7部门《关于推进住宅产业现代化提高住宅质量的若干意见》国办发〔1999〕72号
2001年	国家住宅与居住环境工程中心发布了《健康住宅建设技术要点》
2001年	原建设部住宅产业化促进中心正式颁布《绿色生态住宅小区建设要点与技术导则》
2001年	全国工商联住宅产业商会公布《中国生态住宅技术评估手册》
2004年	住房和城乡建设部住宅产业化促进中心制定了《国家康居示范工程建设技术要点》
2005年	原建设部住宅产业化促进中心发布《住宅性能评定技术标准》
2005年	国家住宅与居住环境工程技术研究中心发布《健康住宅建设技术规程》(CECS 179:2005)
2006年	原建设部、国家质量监督检验检疫总局发布《绿色建筑评价标准》(GB/T 50378—2006)
2007年	国家环境保护总局出台《环境标志产品技术要求:生态住宅(住区)》(HJ/T 351—2007)
2009年	国家住宅与居住环境工程技术研究中心发布《健康住宅建设技术规程》(CECS 179:2009)
2010年	住房和城乡建设部住宅产业化促进中心颁布了《省地节能环保型住宅国家康居示范工程技术要点》
2011年	全国工商联房地产商会和北京精瑞住宅科技基金会发布了《中国绿色低碳住区技术评估手册》
2013年	国家住宅与居住环境工程技术研究中心在国内首次发布了《住宅健康性能评价体系(2013年版)》
2006年	住房和城乡建设部、国家质量监督检验检疫总局发布《绿色建筑评价标准》(GB/T 50378—2014)
2016年	国家住宅与居住环境工程技术研究中心发布《健康住宅评价标准》(T/CECS462—2017)
2017年	中国建筑科学研究院、中国城市科学研究会、中国建筑设计研究院有限公司会同有关单位制定的中国建筑学会标准《健康建筑评价标准》(T/ASC02—2016)

来源：作者根据相关资料整理绘制

3 健康住宅评价标准体系的发展解析

在早期众多涉及生态、绿色、健康、低碳住宅（住区）的相关评价标准体系中，提到健康的只有《健康住宅建设技术要点》。1999年底，国家住宅与居住环境工程技术研究中心（以下简称国家住宅工程中心）联合建筑学、生理学、卫生学、社会学和心理学等方面的专家就居住与健康问题开展研究[8]，并在实地调研的基础上，编制和发布了《健康住宅建设技术要点》（2001年版）（图3），这是我国首次明确界定“健康住宅”的定义，并启动了以住宅小区为载体的健康住宅建设试点工程，以检验和转化健康住宅研究成果。2002年，通过对健康住宅的建设理念、性能指标和支撑技术三个方面进行系统探讨，又进一步修编了《健康住宅建设技术要点》（2002年修订版），使其指导更具针对性。接下来的一年，“非典”疫情的出现促使《健康住宅建设技术要点》（2004年版）（图4）的完成，与2001版的侧重于居住环境的健康性相比，2004年版的《健康住宅建设技术要点》同时又注重社会环境的健康性，并在编制过程中，引入了1989年世界卫生组织提出的“躯体健康、心理健康、道德健康和社会适应良好”的四维健康新概念，在注重自身健康的基础上，也强调对他人健康的关注，行为道德应符合社会规范，只有心理、生理、社会适应和道德四个方面都健康，才是真正的健康。到了2005年，国家住宅工程中心将《健康住宅建设技术要点》（2004年版）通过实践研究编制成中国工程建设协会标准《健康住宅建设技术规程》（CECS 179：2005），全面推广我国健康住宅建设试点工程，其意义不仅仅局限于技术体系本身，而是引导新的居住与健康的价值观，指导住宅建设向着健康、安全、舒适的方向发展。其后国家住宅工程中心又提出“以可持续健康效益”，即健康效益、资源消耗和可持续健康效益率的三维关系，来优化建构健康住宅建设指标体系，特别是2006年健康住宅研究工作得到了国家自然科学基金的支持后，国家住宅工程中心通过大量的健康住宅试点工程业主入住体验调查和现场测试数据，对健康住宅建设指标体系持续不断地进行了研究探索，形成了比较完善的技术指标体系（图5）[9]，并依据该指标体系在2008年完成研究编制住区建设健康影响预评估软件，通过健康住宅试点工程进行不断验证，并将最终成果应用到健康住宅建设中。2009年《健康住宅建设技术规程》进一步修订为《健康住宅建设技术规程》（CECS 179：2009），不仅强化了住宅电器和智能化运营平台等居住环境的“健康指标”，还强化了交往，安全和住区养老育童等社会环境的“健康指标”，使健康住宅的理论体系得到进一步的完善和提高（图6）。2013年国家住宅工程中心在国内首次发布了《住宅健康性能评价体系（2013年版）》（图7），在兼顾可操作性、前瞻性、经济性的同时，重点突出了影响住宅健康性能的主要因素，注重定性评价和定量评价相结合，对于健康风险控制预防建设理念和相关技术方面有了长足的进步，一定程度上影响了我国公共卫生体系建设的改革与发展，保障了居住者的可持续健康效益。2016年国家住宅工程中心联合深圳华森等单位，在《住宅健康性能评价体系（2013年版）》的基础上，通过广泛调查研究和征求意见，认真总结健康住宅试点示范工程项目的实践经验后，研究编制《健康住宅评价标准》（T/CECS462—2017）（图8），其目的是，从保障居住者可持续健康效益的角度，系统、定量地评价和协调影响住宅健康性能的环境因素，将由设计师和开发商主导的健康住宅建设，转化成以居住者健康痛点或体验为主导的健康住宅全过程控制，鼓励人们开发或选择健康住宅产品。其特点包括四个方面：一是聚焦建筑使用者的健康需求，进一步明确安全、便利、舒适、绿色、健康之间的关系；二是关注健康住宅的推广模式，基于产业链思维研究并确定服务对象、相关利益者的痛点、首批志愿者和可行的推广策略；三是提炼居住者的健康痛点，聚焦健康并据此设计健康住宅指标体系，评价指标更加直接鲜明地反映百姓的居住健康问题，指标甚至包括老百姓能够直接体验的现象，指标将完全聚焦于消费者健康需求，形成可感知、可体验、可测量、可验证的健康建筑认证项目；四是拓展了健康住宅推广路径，并将研究与评价对象扩大至健康建筑，包括居住建筑和办公建筑。2017 年中国建筑科学研究院、中国城市科学研究会、中国建筑设计研究院有限公司会同有关单位制定了中国建筑学会标准《健康建筑评价标准》（T/ASC 02—2016）（图 9），为营造健康的建筑环境和推行健康的生活方式，促进人民群众身心健康、助力健康中国建设提供了重要的实施路径（表 3）。

健康住宅——十八年足迹 **表 3**

1999 年	国家住宅工程中心联合建筑学、生理学、卫生学、社会学和心理学等方面专家就居住与健康问题开展研究
2001 年	发布《健康住宅建设技术要点》(2001 年版)
2002 年	发布《健康住宅建设技术要点》(2002 年修订版)；新增 5 个健康住宅建设试点项目
2003 年	承担建设部课题“城乡社区建筑与环境和公共场所防控‘非典’类流利性传染病应急管理措施及对策研究” 新增 6 个健康住宅试点项目
2004 年	在中国北京召开第一届中国健康住宅理论与实践论坛 发布《健康住宅建设技术要点》(2004 年版) 发布《健康住宅建设应用技术》(2004 年试行版) 出版了《健康住宅理论与实践专刊》 新增 9 个健康住宅试点项目 新增 2 个健康住宅示范工程
2005 年	在中国珠海召开第二届中国健康住宅理论与实践论坛暨试点建设工作总结会 发布《健康住宅 建设技术规程》(CECS 179:2005) 出版健康住宅普及读物《居住与健康》 新增 7 个健康住宅试点项目 新增 3 个健康住宅示范工程
2006 年	承担国家自然科学基金资助项目“居住建设健康影响规律及评估研究” 新增 2 个健康住宅试点项目 新增 4 个健康住宅示范工程
2007 年	在中国大连召开第三届健康住宅理论与实践国际论坛(主题:健康与和谐) 新增 6 个健康住宅试点项目
2008 年	国家自然科学基金资助项目“居住建设健康影响规律及评估研究”获得中国建筑设计研究院科技进步一等奖 新增 5 个健康住宅试点项目 新增 2 个健康住宅示范工程
2009 年	在中国北京召开第四届健康住宅理论与实践国际论坛(主题:居住健康与技术创新) 发布 2009 年修订版《健康住宅建设技术规程》(CECS179:2009) 新增 5 个健康住宅试点项目 新增 2 个健康住宅示范工程

续表

2010 年	在北京召开中国房地产技术创新高峰论坛暨第五届健康住宅理论与实践论坛(主题:低碳、绿色、健康) 出版《健康住宅建设技术解析》 参加第四届可持续健康建筑国际论坛(韩国) 新增 5 个健康住宅试点项目
2011 年	新增 3 个健康住宅试点项目
2012 年	新编《住宅健康性能评估标准》 新增 3 个健康住宅试点项目
2013 年	在北京召开第六届健康住宅理论与实践国际论坛(主题:创新科技引领健康人居) 发布《住宅健康性能评价体系》(2013 年版) 新增 2 个健康住宅试点项目 新增 1 个健康住宅示范工程
2014 年	在北京召开第七届健康住宅理论与实践国际论坛(主题:科技创新,引领健康人居) 新增 1 个健康住宅试点项目
2016 年	在北京召开第八届健康住宅理论与实践国际论坛暨健康人居促进健康产业发展战略研讨会(主题:科技创新与健康产业) 发布《健康住宅评价标准》(T/CECS462—2017)
2017 年	中国建筑科学研究院、中国城市科学研究会、中国建筑设计研究院有限公司会同有关单位制定的中国建筑学会标准《健康建筑评价标准》(T/ASC 02—2016)

来源：国家住宅与居住环境工程技术研究中心 http：//www. house-china. net/

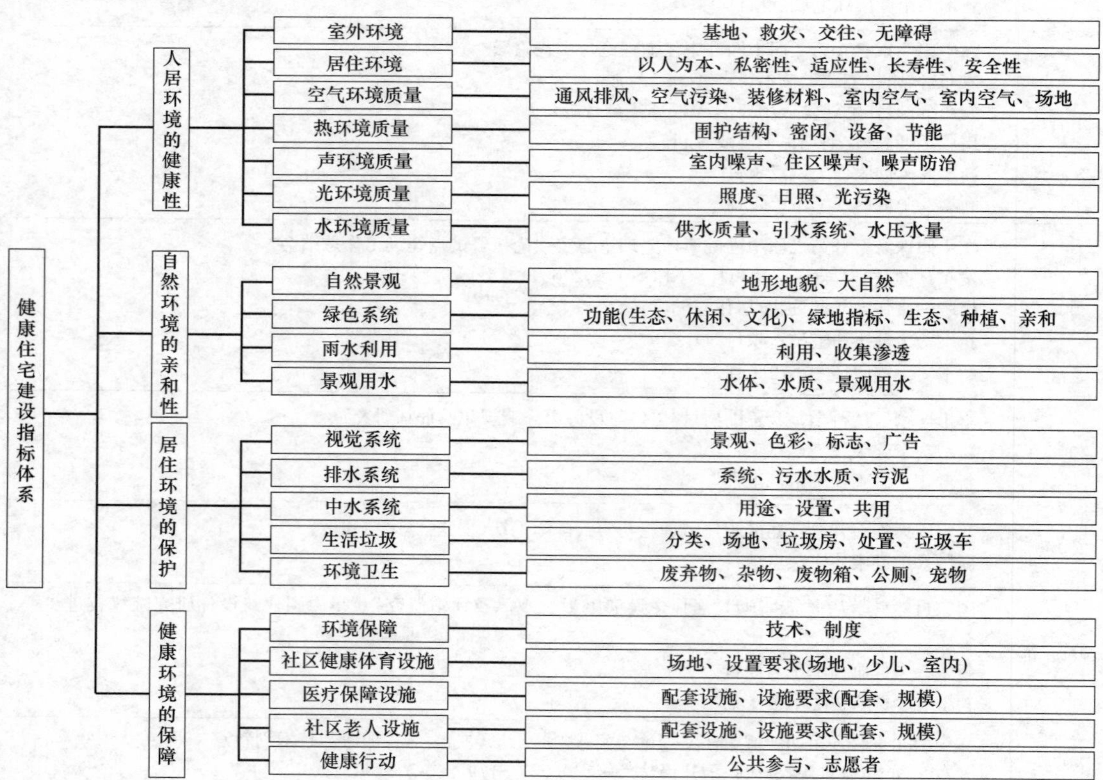

图 3 《健康住宅建设技术要点》(2001 年版) 评价标准体系框架图

来源：自制

图 4 《健康住宅建设技术要点》(2004 年版) 评价标准体系框架图

来源：自制

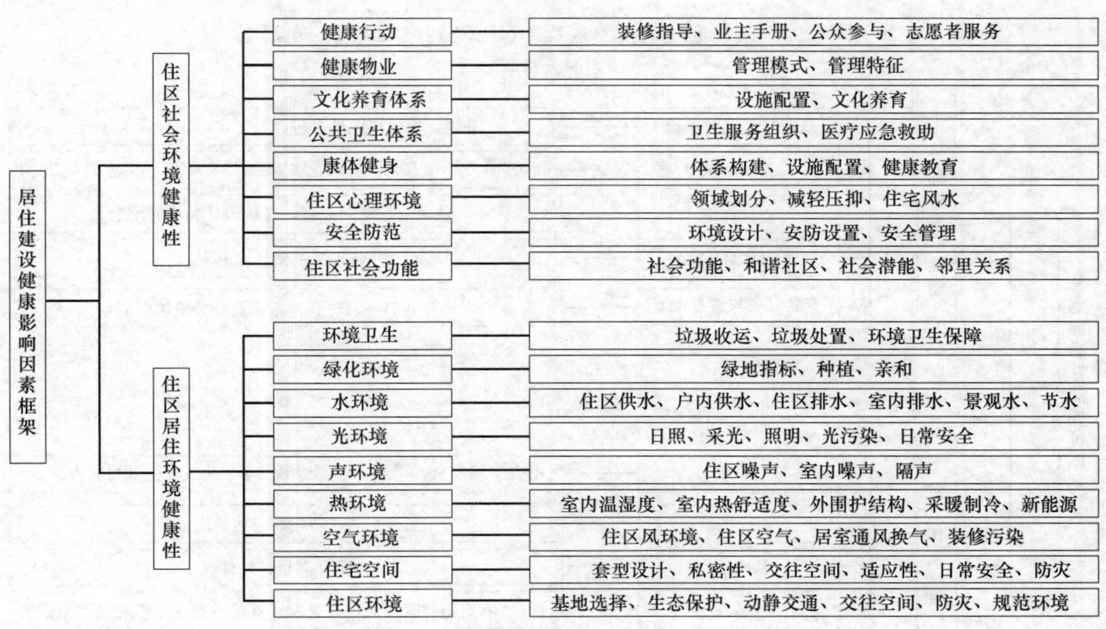

图 5 健康住宅建设指标体系框架图

来源：自制

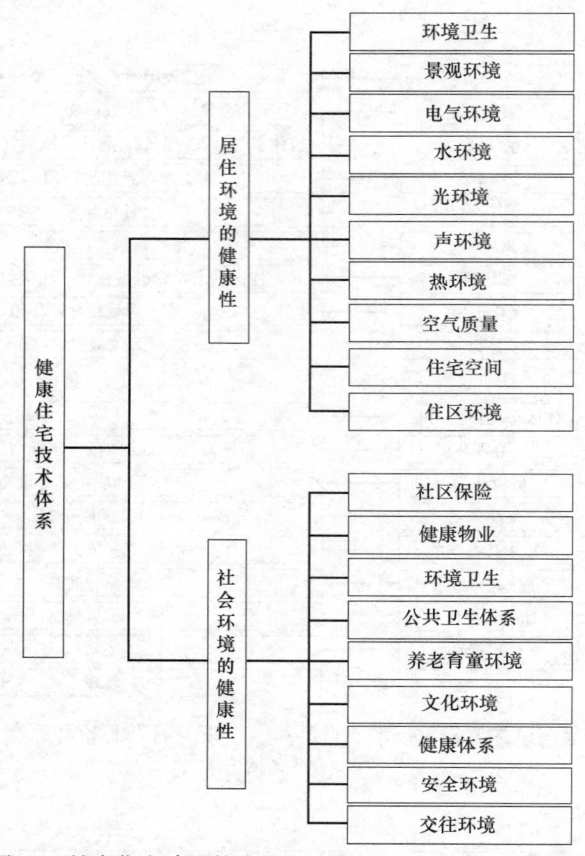

图 6 《健康住宅建设技术规程》（CECS179：2009）框架图

来源：自制

图 7 《住宅健康性能评价体系》（2013 年版）框架图

来源：自制

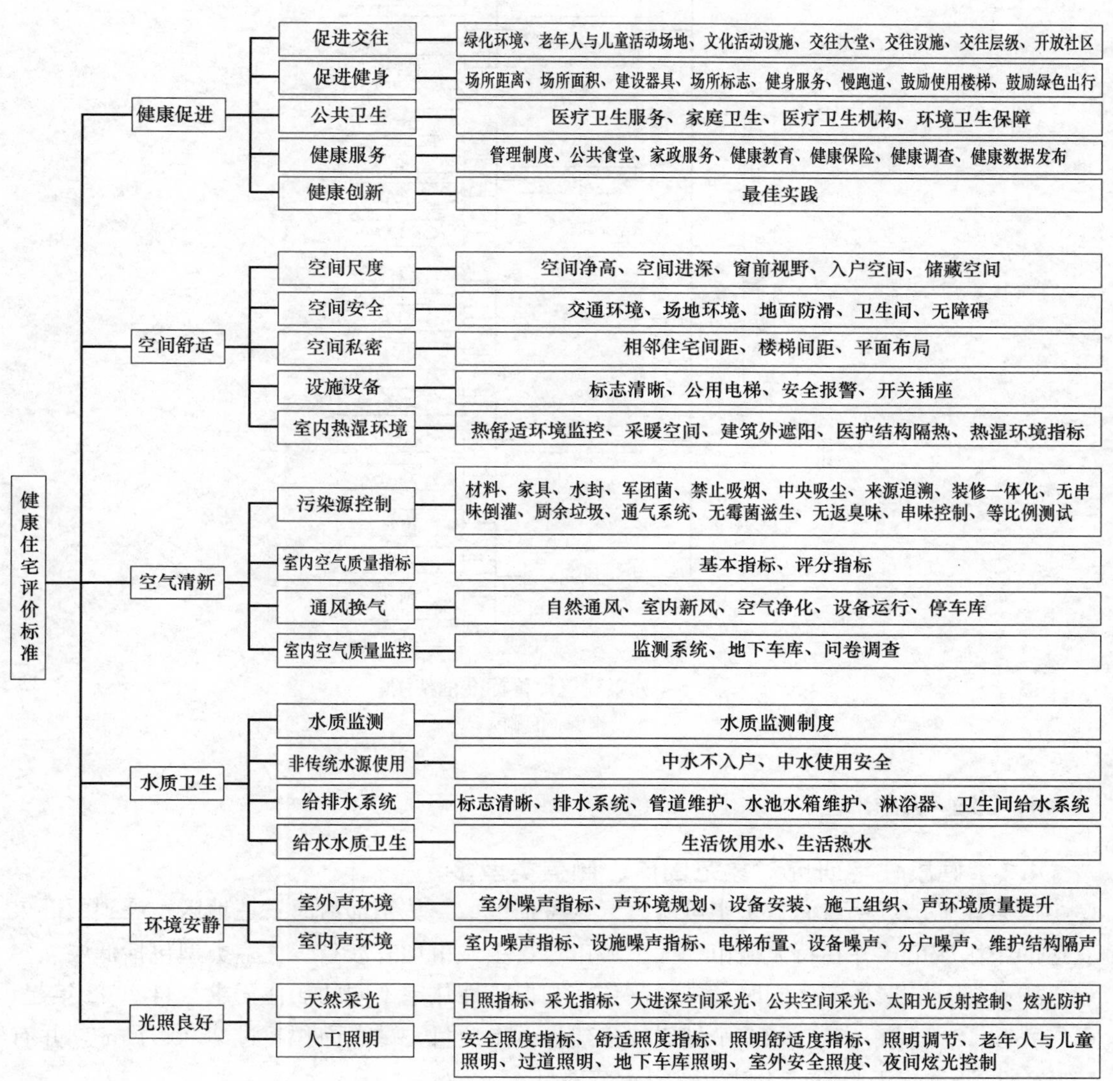

图 8　健康住宅评价标准框架图

来源：自制

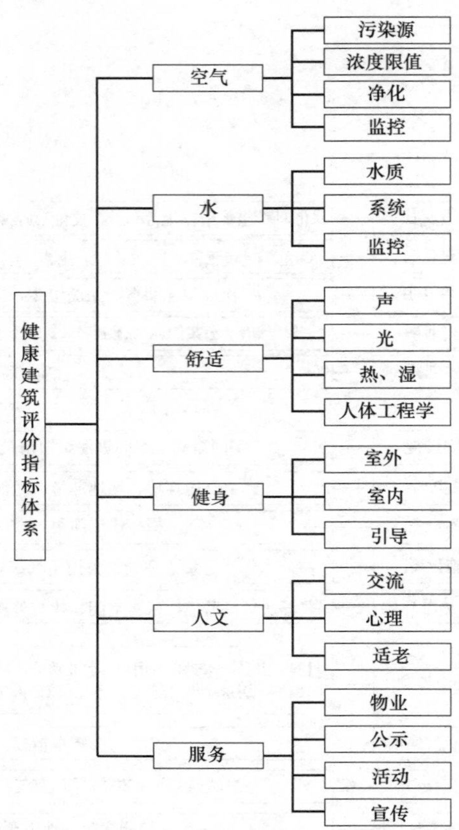

图 9　健康建筑评价标准框架图

来源：自制

4　启示与结语

4.1　健康住宅研究对象范围广、涵盖类型多

健康住宅试点项目涵盖了中国所有气候特征区域，从东部沿海发达地区发展到西部欠发达的中小城市，并在特大城市、大中城市、县级城市均有涉猎。住宅类型包括低层、多层、中高层、高层住宅，同时考虑商品住宅和保障性住宅不同的居住需求。自 2002 年起，已在我国 42 个城市实施了 59 个健康住宅建设试点项目，试点面积超过 2000 万 m^2，并有 15 个项目通过竣工验收成为健康住宅示范项目。

4.2　健康住宅研究方法科学、可操作性强

国家住宅工程中心在客观地总结国内外住宅相关研究成果的基础上，综合运用理论与实践相结合、定量与定性相结合、跨学科与跨领域相结合的研究方法，全面系统地梳理了影响住宅生存和发展的各类因素，立足于评价标准体系的系统性、综合性，充分挖掘了各层级指标之间和同层级内指标之间的关联性，按照横向分类和纵向分级的方法，创建了健康住宅评价标准体系，为住宅健康建设决策工作的可操作性构建了客观、实用的基础平台，完成了健康住宅从工程试点向性能评价的转型。

4.3 健康住宅研究成果可实施、可复制、可推广

现代管理学之父彼得·费迪南德·杜拉克（Peter Ferdinand Drucker）曾经说过："只有可度量，才能可操作"（What Gets Measured Gets Managed）。健康住宅评价标准体系能够提供更多的机会去探索住宅影响因子间的关联，能将复杂的现象简单化，使沟通更简洁更流畅，最重要的是将问题量化评价变为可能，同时体系既包括支持设计与建造工作的"技术规程"与认证工作的"评价标准"，也包括用于指导相关利益方理解健康理念的"健康指南"和支持相关技术选择的"应用技术"[10]，这就为研究成果的可实施、可复制、可推广提供了坚实的保障。

虽然在 18 年的发展历程中，取得了累累硕果，但是健康住宅的建设规模与中国年竣工住宅 7 亿 m^2 相比，显然还是非常渺小，对政府、开发商、居住者的影响力远远没有达到预期。此外，健康住宅评价标准体系是动态发展的，其中的指标项和权重分值不可能一成不变，随着不同地域的社会、经济、环境的不断发展和人们对健康内涵理解的不断加深，指标项会不断删减变化，权重赋值亦会被不断地调整和修订。健康住宅评价标准体系的优化和完善还需要一个长期的过程，但让政府、开发商、居住者选择健康产品已是大势所趋，有理由相信，健康已经成为构建和谐社会、百姓幸福生活的主旋律。

参考文献

[1] 赵强，叶青. 城市健康生态社区评价体系整合研究［M］. 武汉：华中科技大学出版社，2017：5-6.

[2] 周向红. 健康城市：国际经验与中国方略［M］. 北京：中国建筑工业出版社，2008.

[3] 中国城市科学研究会. 中国城市科学研究系列报告——中国绿色建筑 2017［M］. 北京：中国建筑工业出版社，2017：28-36.

[4] 回月彤. 中国健康住宅和发展现状及对策研究［J］. 时代报告：学术版，2015（5）：50.

[5] 仲继寿. 健康住宅的研究理念与技术体系［J］. 建筑学报，2004（4）：11-13.

[6] 王劼. 健康住宅的发展与技术应用初探——法国住宅建筑建设的启示［D］. 武汉：华中科技大学，2003：12-18.

[7] 程乃立. Super E™加拿大健康住宅［J］. 上海建材，2005（1）：30-31.

[8] 仲继寿，李新军. 从健康住宅工程试点到住宅健康性能评价［J］. 建筑学报，2014（2）：1-5.

[9] 国家住宅与居住环境工程技术研究中心. 国家自然科学基金项目（50578152/E0801）居住建设健康影响规律及评估研究成果报告［R］，2008.

[10] 仲继寿，李新军，胡文硕，等. 基于居住者体验的《健康住宅评价标准》［J］. 住区，2016（6）：14-21.

[11] 刘燕辉，赵旭. 健康住宅建设指标体系的建立与实施，建筑学报，2008（11）：11-14.

[12] 国家住宅与居住环境工程技术研究中心. 健康住宅建设技术要点［M］. 北京：中国建筑工业出版社，2001.

[13] 国家住宅与居住环境工程技术研究中心. 健康住宅建设技术要点［M］. 北京：中国建筑工业出版社，2004.

[14] 国家住宅与居住环境工程技术研究中心. 健康住宅建设技术规程（CEES179：2005）［M］. 北京：中国计划出版社，2005.

[15] 国家住宅与居住环境工程技术研究中心. 健康住宅建设技术规程（CEES179：2009）［M］. 北京：中国计划出版社，2009.

[16] 国家住宅与居住环境工程技术研究中心，深圳华森建筑与工程设计顾问有限公司. 住宅健康性能评价体系［M］. 北京：中国建筑工业出版社，2013.

基于声景观优化的太行山区南部传统村落保护策略研究*

冯华[1 2]

1　天津大学建筑学院；2　河北工程大学建筑与艺术学院

摘　要： 传统村落有着区别于城市的丰富而优质的声景观资源。但是，这种资源正在逐步受到侵害。本文通过调查传统村落的声景观资源的现状以及探索其内动力趋向，为村落的保护和改善人们的声舒适度提供相关策略。结果表明：①“鱼骨式”布局的传统村落较“井田式”布局的传统村落更容易受到外界的干扰。②声音强度大和声音“感觉重”对声景观的负面评价影响较大；③被研究的传统村落对声景观发展方向是前进的并且有较强的指向性。结论：传统村落的空间结构影响着声压级的分布及波动，适当优化空间结构有助于声景观评价的向好。声景观的内动力趋向代表了对声景观的期许，也为传统村落的保护提供了方向。

关键词： 声景观；传统村落；太行山区；内在动力；发展方向

城市负面因素对人们生活的影响越来越大，并逐渐形成了“逃离”城市的意识。城市声景观的影响逐渐得到了人们的认可。因此，人们也越来越注重城市声景观设计，以及人们的主观评价[1-3]。乡村声景观相较于城市声景观有着天然的优越之处，尤其是未经过度开发的传统村落。研究表明城市居民对自然声源如鸟叫和流水等有着较高的评价[4][5]，而传统村落有着丰富的动物声和自然声资源。但是随着传统村落开发强度的不断加大，原有的声景观资源有了较大的改变，外来声音侵扰越来越大。本文通过对太行山区南部传统村落声景观现状的研究，重点解决三个问题。一是传统村落的布局形式对声音传播特征产生的影响；二是居民对声景观现状的评价；三是传统村落声景观发展的内在动力。

1　太行山区南部传统村落概要

1.1　人文地理概要

太行山区南部是传统村落重要分布聚集地之一[6]。太行山北至北京南至河南，是河北山西重要的分界线，也是黄土高原与华北平原重要的地理分界线。本文研究的太行山区南部传统村落主要分布于邯郸市西部山区即涉县县域内（N：36°17′～36°55′，E：113°26′～114°，县城平均海拔 505m）。涉县属于温带大陆性季风气候，区域内有漳河水系。优良的自然环境孕育了丰富的动植物资源，也形成了多变的地势地貌。这也创造了丰富的声景观资源。山区的传统村落依山就势而建，村落浸染在这种自然声环境中。

太行山区是我国历史的重要发祥地之一。太行山区南部传统村落以汉族为主。在古代便是连接西部黄土高原的重要交通要道。自公元前 206 年设县开始，就创造了丰富的太行山区文化。具有代表性有女娲文化、石窟文化，以及近现代的红色文化。不同文化的交

* 河北省社会科学研究发展项目资助（201603130501）。

织，造就了地区独特的人文声景观，以及具有地域特色的声景观喜好。

太行山区也发展出了具有独特地域性的以石材为主要材料的建筑群落[7]。院落以四合院为主要形式。但是随着现代建筑材料及形式的引进，虽然在形式上大体还保留着原有的形式，但是空间形态出现了一定的变化，而材料的变革最为突出。这也体现了现阶段我国大多数传统村落面临的变与不变的矛盾性。

1.2 传统村落及建筑概要

2012年公布第一批中国传统村落名录到公布第三批名录，河北省共计57个村落被收入。其中，分布于太行山区南部区域的有18个，占比约为1/3。根据对现有传统村落平面形式的分析，讲传统村落内部空间形式抽象为三种元素，分别是主街、横街和院落。主街即村落内骨干型街道，承担着生活、活动、交流等功能。院落即农家小院、寺庙、宗祠等。本文主要研究的院落是指农家小院。横街即院落门前主要起交通功能的较为宽敞的街道。除此之外还有连接主街和横街、横街与横街之间的小道。由于一般较窄且短，所以本文将其简化，不列入研究对象。根据以上简化后的三种元素的空间分布结构，本文将传统村落大体上分为“井田式”和“鱼骨式”两种基本类型。“井田式”即横街与主街平行布置并通过小道进行串联。“鱼骨式”即横街与主街垂直布置。被调查的村落中赤岸村、王金庄和岭底村属于“井田式”，顾新村和宋家村属于“鱼骨式”。

太行山区南部传统村落主要以土坯建筑和石板建筑为主，部分有砖砌建筑，在形式上以三合院和四合院为主。院落以堂屋为重心，一般面南或依山布置，院落整体采用轴对称布置形式[8]。建筑一般向院内开窗，对外开窗比较少。

1.3 传统村落底层材质现状及空间开敞性描述

被调查的太行山区南部传统村落建筑外界面以黏土砖、瓷砖、石材和生土砖为主。窗户多采用铝合金-玻璃或塑钢-玻璃形式，部分采用木-玻璃形式。门多采用铁或木。这些材质大多属于声反射材料，吸声材料较少（图1～图4）。

主街长度较大，一般贯穿整个村落。宽度受地形和过境交通因素影响较大。主街只包含对内职能的宽度一般4～5m，而包含过境交通的一般较为宽阔。高度以一层楼为主，大约4～5m。主街空间较多属于半开敞空间或开敞空间。横街一般没有主街长，宽度一般在3～5m左右，高度以一层为主。院落以一层为主，长约8～12m，宽约4～5m，高约3～5m。

图1 固新村主街

图2 赤岸村民居

图3 宋家村民居

图4 岭底村横街

2 声景观现状

2.1 声源现状

本次研究调查研究从2016年9月中旬开始到10月中旬结束。将收集到的信息同类合并处理后，共收集 75 条有用信息。从声源类型来看，生活声、交通声和动物声是主要声景组成部分（表 1）。最为丰富的类型是生活声。它包含了叫卖、交谈、洗衣、做饭、玩耍等活动。从声源种类统计频率来看，狗叫声和鸟叫声是传统村落中最为普遍的，另外汽车、摩托等交通声和交谈和叫卖等生活声也比较常见（图 5）。

声源类型频率统计表 **表 1**

声音类型	种类	百分比	累积百分比
动物声	17	22.7	22.7
广播声	3	4.0	26.7
交通声	16	21.3	48.0
生活声	24	32.0	80.0
施工声	7	9.3	89.3
制作声	4	5.3	94.7
自然声	4	5.3	100.0
总计	75	100.0	

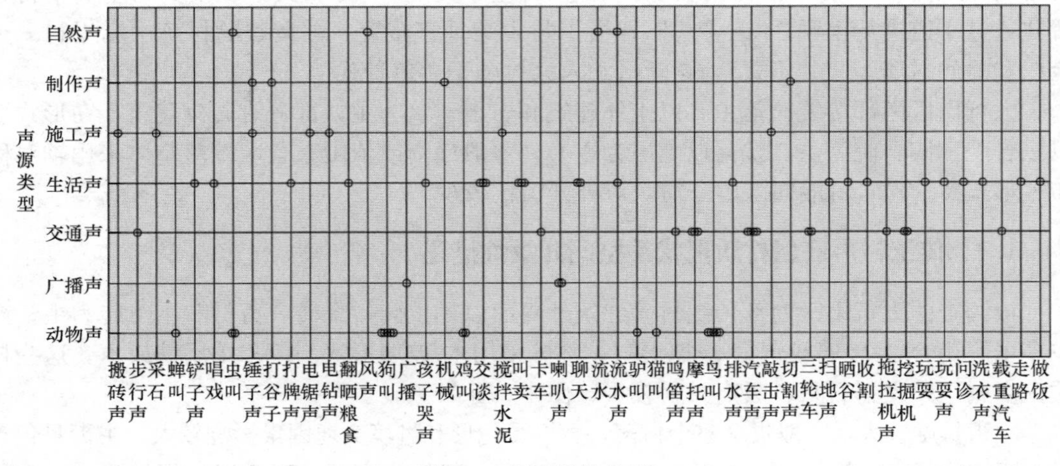

图 5　声源种类统计图

2.2　声环境现状分析

根据预调研收集的声源情况，本文选择了固新村、岭底村、宋家村和赤岸村四个村落进行了测量，进行问卷调研的同时测量声暴露水平。表 2 测量村落类型表，反映了四个村落的特点。其中固新村和岭底村属于鱼骨式的平面布局模型形式，而宋家村和赤岸村属于井田式的平面布局形式。在主街与过境交通关系上，岭底村和宋家村是一致的，而固新村和赤岸村是不一致的。

测量村落类型表 **表 2**

村落名称	类型	主街与过境交通关系
顾新村	鱼骨式	不一致
岭底村	鱼骨式	一致
宋家村	井田式	一致
赤岸村	井田式	不一致

主街的测量点选择在一段街道的中间，测点位于 1.5m 高度，并距离街道侧立面 1m 以上或者位于道路中线上。测点不可选择在主街与横街或小道的交叉口处。横街测量点选择在一段街道中点（井田式）或者离开主街 30m 的点（鱼骨式）。测点的高度和距离侧立面的距离与主街相同。院落的测点选择在院落中心点，并高于地面 1.5m。考虑到人们活动的规律性，测量时间选择在上午 9 点至 16 点主要活动的时间段内。采集数据使用的仪器为 NOR840 频谱分析仪，在时间段内采用整点测量的方式，每次采集 10min。共收集了 33 条数据。

图 6 三种测点的声源类型分布图反映了在测量过程中所包含的声源类型。从图中可以看出横街以生活声、自然声（1/2）和生活声、交通声（1/4）两种形式为主，也呈现了最丰富多变的组合。主街以生活声、自然声、交通声、动物声（1/2/4/6）的组合为主，并且有较多的组合方式。主街整体呈现了与横街几乎一样丰富多变的声景观类型。院落以生活声、交通声、动物声（1/4/6）为主，组合方式最少。从村里整体上看，以生活声、交通声、动物声（1/4/6）和生活声、自然声、交通声、动物声（1/2/4/6）两种方式为主。可见，生活声、交通声、动物声这三种类型的声音在村落最为常见，施工声发生次数最少。

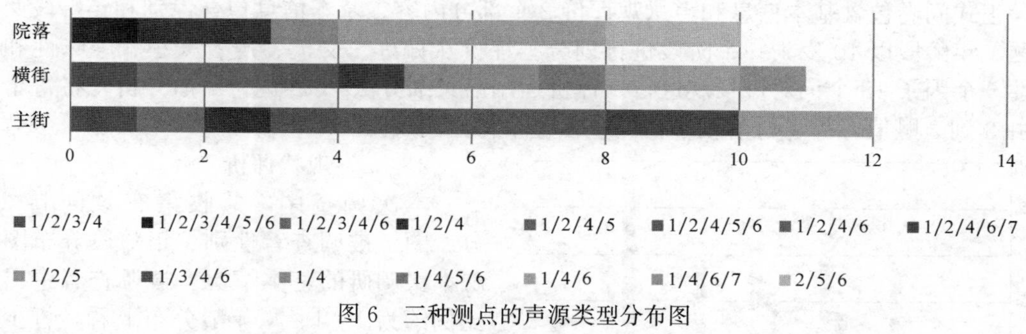

图 6　三种测点的声源类型分布图

村落声压级测量情况如表 3 所示，“井田式”和“鱼骨式”的声压级最小值大体相当。“鱼骨式”的最大值和平均值都要明显大于“井田式”。其中平均值高约 6dB。“鱼骨式”标准偏差也高于井田式约 3.4dB。这说明，“鱼骨式”村落形式虽然在安静时和井田式的声音大小相近，但是其平均声暴露水平明显要大一些。并且其平面形式也较容易使得村落的声压级提高。这种声音的变化也让其受影响程度明显大于“井田式”，声压级的波动程度也较大。在表 4 主街与过境交通的一致性描述性统计表中，两种类型的村落不论在最大值、最小值还是在平均值和标准偏差上都相差不多，这种差值均分布在 1～2dB 的范围内。

“井田式”和“鱼骨式”声暴露水平统计表　　**表 3**

村落平面类型		N	最小值(dB)	最大值(dB)	平均数(dB)	标准偏差
井田式	L_{Aeq}	16	35.8	58.3	49.900	7.5078
鱼骨式	L_{Aeq}	17	36.6	69.2	55.876	10.9334

主街与过境交通的一致性描述性统计表　　**表 4**

主街与过境交通的一致性		N	最小值(dB)	最大值(dB)	平均数(dB)	标准偏差
不一致	L_{Aeq}	15	35.8	67.8	53.813	10.9092
一致	L_{Aeq}	18	36.6	69.2	52.283	8.9681

2.3 声景观评价

2.3.1 评价指标选取

传统村落的声景观评价词对的选取参照了城市声景观的研究成果。在先前的研究中，有学者将指标分为放松、交流、空间性和动态性等4个主要因子，并采用28个词对其进行评价[9]。有学者将指标分为偏好、交流性、声音大小、趣味性和丰富性等5个因子，并采用18个词对进行评价[10]。由于传统村落和城市在认知上和知识背景上存在一定的差异，所以采用了预调研的方式进行判断采用28词对评价还是采用18词对评价。预调研收集了30份问卷。从调研的过程来看，村民对其中一些词对不能准确进行评价。例如，偏好因子中的友好和美好。但是这种分别除了因人而异外，可能还与年龄和教育背景有关。综合判断，传统村落评价采用5个因子18个词对其进行评价。在调查的策略上除了让被调查者自行填写问卷外，还针对年龄较大或者填写问卷有一定困难的被调查者采取一对一访问后填写调查问卷的形式。访问并辅助填写是在访问的过程中根据被访者的语义进行填写评价问卷。在调整之后的第二次预调研中，这种访问并辅助填写的策略对年龄较大的被调查者有较好的适应性，也较容易取得完整的问卷评价。

正式问卷包含基本信息和声景观评价2个部分内容。基本信息包含性别和年龄段两个问题。年龄段以10岁为一个阶段进行划分。评价从偏好、交流、声音大小、趣味性和丰富性5个因子18个词对声景观进行。评价运用语义细分法[10,11]进行赋值分析，将每个词对由-3到3赋值。由于村落较小，调查在整个村落内展开。

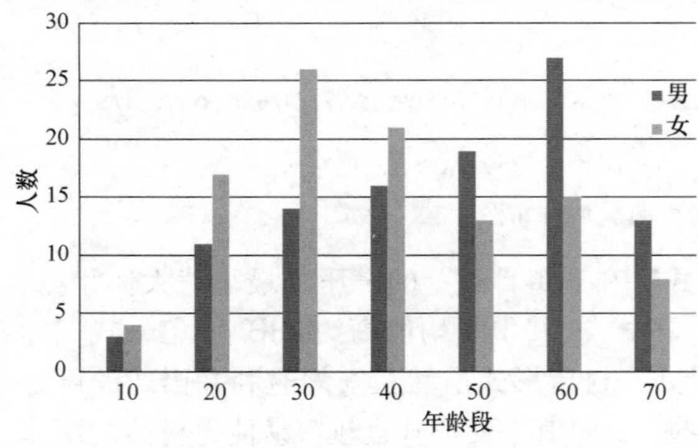

图7 被调查者性别、年龄段分布图

2.3.2 现状评价

本次调查中，共收集有效问卷207分。图7被调查者性别、年龄段分布图反映本次调研的基本情况。被调查者中男女比例约为1∶1。从年龄分布上看，青少年被调查者占比较少，中老年较多。30～60岁的人数占总数的73.3%。40岁以上和40岁以下的比例大约是46∶54。通过统计分析来看，性别、年龄段和18个词对的评价之间并没有显著相关性。

表5声景观主观评价描述性统计表反映了5个因子18个词对评价统计。各个词对之间统计数量在199～207之间，相差在4%之内，误差在本次调研的接受范围之内。所有评价词对的最大、最小值都是极限值。评价平均值范围是−0.33～1.19。呈现负值的词对是声音大小因子中的强弱和轻重，分别是−0.33和−0.28。平均值的标准误范围在0.105～0.115之间，抽样调查总体可以反映整体传统村落对声景观的评价。在评价的偏斜度上来看，除了强弱和轻重两个词对是左偏态，其他词对都是右偏态。偏度最大的是喜欢—不喜欢和和谐—不和谐两个词对，达到了0.84～0.85。

从分析中看出，“弱—强”和“轻—重”两个指标已经制约了声景观主观评价的结果。对比声源类型分布图，“强”“重”声源的主要来源为交通声。可见，交通噪声对人们的影响已经比较突出。5个主因子中“偏好”评价最高，居民对声景观现状总体评价是轻松、美好和和谐的。但是从“丰富性”“趣味性”两个指标来看，由于生活声无论在种类上还是在采集数量上都占据了主要位置，居民的日常生活是缺乏调剂的。

声景观主观评价描述性统计表 **表 5**

		N	最大值	最小值	平均数	标准错误	标准偏差	偏斜度	标准错误	峰度	标准错误
偏好	美好—丑陋	207	3	−3	0.88	0.107	1.544	−0.515	0.169	−0.324	0.337
	轻松—紧张	206	3	−3	1.17	0.106	1.515	−0.751	0.169	0.085	0.337
	友好—不友好	203	3	−3	1.11	0.111	1.586	−0.721	0.171	−0.165	0.340
	喜欢—不喜欢	202	3	−3	1.09	0.109	1.550	−0.846	0.171	0.285	0.341
	和谐—不和谐	205	3	−3	1.19	0.110	1.580	−0.852	0.170	0.275	0.338
交流	清晰—浑浊	204	3	−3	1.03	0.114	1.622	−0.657	0.170	−0.396	0.339
	方向性—无方向性	201	3	−3	1.01	0.110	1.554	−0.663	0.172	−0.080	0.341
	秩序—无秩序	201	3	−3	0.60	0.109	1.540	−0.247	0.172	−0.525	0.341
声音大小	弱—强	204	3	−3	−0.33	0.112	1.606	0.333	0.170	−0.590	0.339
	轻—重	199	3	−3	−0.28	0.106	1.498	0.227	0.172	−0.469	0.343
	安静—吵闹	204	3	−3	0.36	0.120	1.712	−0.296	0.170	−0.797	0.339
	舒适—不舒适	204	3	−3	0.80	0.112	1.595	−0.607	0.170	−0.338	0.339
	有活力—沮丧的	203	3	−3	0.66	0.105	1.495	−0.354	0.171	−0.174	0.340
趣味性	有趣的—烦恼的	202	3	−3	0.72	0.111	1.579	−0.146	0.171	−0.755	0.341
	有意思—没意思	204	3	−3	0.62	0.108	1.544	−0.111	0.170	−0.499	0.339
丰富性	纯净的—繁杂的	204	3	−3	0.40	0.111	1.580	−0.268	0.170	−0.575	0.339
	简单的—复杂的	204	3	−3	0.60	0.115	1.648	−0.258	0.170	−0.892	0.339
	多变的—静止的	205	3	−3	0.63	0.105	1.498	−0.311	0.170	−0.446	0.338

3　建筑与村落保护的声景观内在动力

3.1　居民声景观记忆与喜好

居民对声景观的记忆体现了个人对其生活的声源种类的整体表述。从对记忆中美好的声音的选择上能看出其对环境的声音回忆的第一反应。记忆中美好的声音（以下简称记忆声）和喜欢的声音（以下简称喜欢声）是一个开放性的问题。图 8 记忆声与喜欢声在年龄

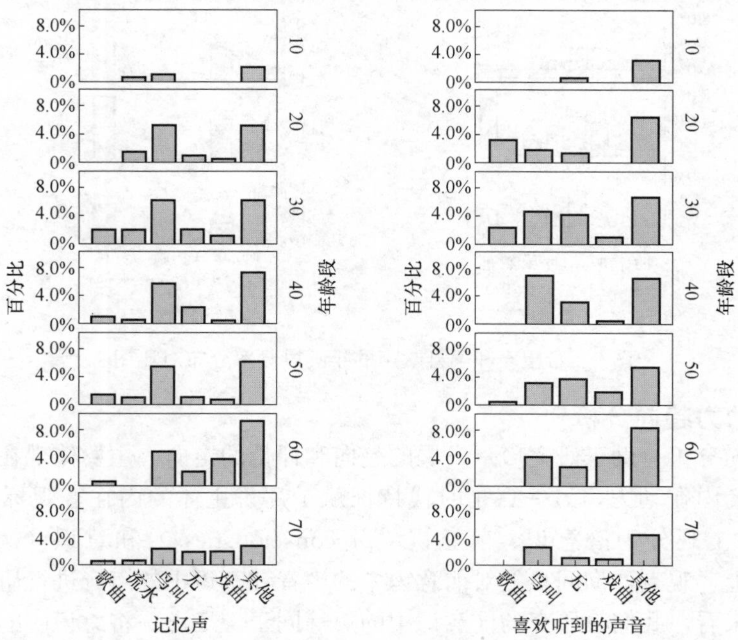

图 8　记忆声与喜欢声的年龄段频率分布对比图

段频率分布对比图结果显示，居民对鸟叫（34.4%）和流水（7.3%）等自然声有美好的记忆，对歌曲（6.8%）、戏曲（9.7%）等有较好的感知，并且有10%的居民表示没有记忆声。居民对喜欢声有着近似的感知。性别没有决定性影响。从年龄段分布情况来看，不同时代对声有着不同的记忆与喜好。随着年龄的减小，居民对鸟叫和流水的好感虽然总体没有发生变化，但是比重已经发生了转移。同样，对戏曲、歌曲的兴趣也在减弱。

3.2 居民的声景观期许

调查中，研究将居民的期许分为两个方面。一方面是正向愿望，即希望听到的声音（以下简称为希望声）。另一方面是负向愿望，即不喜欢听到的声音（以下简称为不喜欢声）。在希望声中不持观点的居民较多，约27.6%，其次是鸟叫（17.9%）等动物声和流水等自然声（12.4%）。居民也对歌曲（6.9%）和戏曲（9.0%）等生活声有一定的好感。调查发现，居民对车辆（33.9%）等交通声和施工声（13.2%）有较大的反感。同时对生活中吵架（12.5%）等生活声和狗叫（9.1%）等动物声持有较为反面的观点（图9）。上述声源种类的分布并不是均衡的，随着时代的不同和参与程度的变化，居民喜好也发生着转移，但是对交通噪声的看法并没有本质的区别。

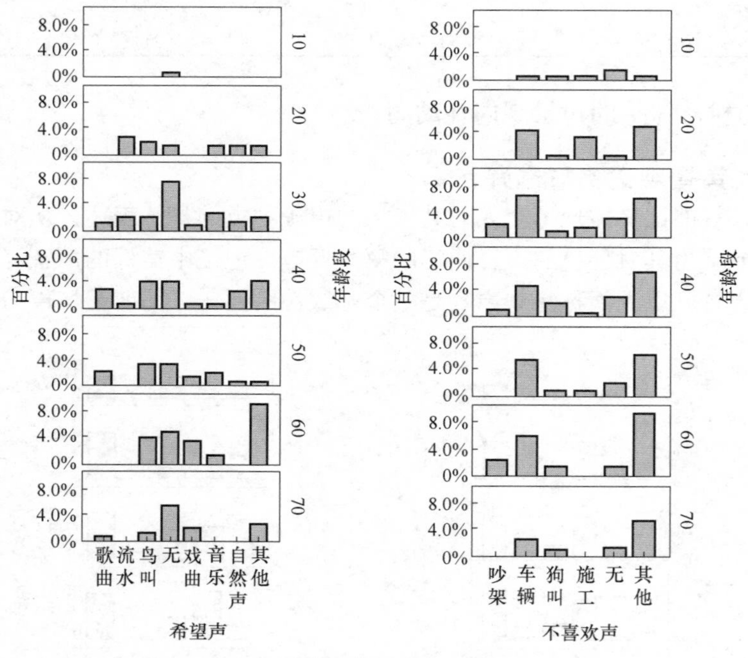

图9 希望声和不喜欢声的年龄段频率分布对比图

3.3 内动力趋向分析

内动力趋向分析有助于研究声景发展的趋向和评价的走向。主要体现在两个方面。一点是评价主体的内在动力，另一点是时代特征赋予评价主体的内在客观标准。心理动力学[12]将人们的主观分为潜意识、前意识（preconsciousness）和意识（consciousness）。在调查中根据上述观点，询问只能对前意识中的声音和意识中的声音进行研究。从前意识和意识的定义来看，我们将研究的前意识中的声等同于记忆声，将意识中的声等同于喜欢声。从时间横轴上看，记忆声是起始点，喜欢声为现在点，希望声是未来点。三者相互交织在一起形成了评价者对声景观变化趋向的动力。如果希望声与记忆声显著相关，则代表内动力向着起始点发展。如果希望声与喜欢声显著相关，则内动力趋向于保持现状或者保持静止，见表 6。同时以上三种也具有普遍的联系性，并且与不喜欢声形成背影区。

内动力的方向性 **表 6**

显著相关	记忆声	喜欢声	记忆与喜欢一致	无	不喜欢声
希望声	起始性	前进性	强指向性	突变性	背影区

将数据分解和筛选后，符合调查完整性的数据有 167 个。依据声源种类进行统计，共计得到 32 种声源的统计数据。表 7 希望声与记忆声、喜欢声的相关性分析反映了三者之间的相关性系数及显著性。研究发现希望声和喜欢声、记忆声都存在显著相关性。希望声与喜欢声相关性较记忆声高，达到了 0.893，并具有显著相关性。同时，喜欢声与记忆声具有较高的显著相关性，达到了 0.710。所以，从声景观的内动力趋向来讲，声音的发展方向具有前进性，并具有较强的指向性。三者与不喜欢声均没有相关性。

希望声与记忆声、喜欢声的相关性分析 **表 7**

		希望声	喜欢声
喜欢声	皮尔森（Pearson）相关	0.893＊＊	
	显著性(双尾)	0.000	
	N	32	
记忆声	皮尔森(Pearson)相关	0.710＊＊	0.893＊
	＊显著性(双尾)	0.000	0.000
	N	32	32

＊＊. 相关性在 0.01 层上显著（双尾）。

4 传统村落保护策略

4.1 针对不同传统村落布局模式改善传统村落的声景观质量

从声景观调查的现状及分析可以看出，主街不论是否与过境交通一致都是整个村落主要的声源点，也是声源种类最为丰富的场所。但是，当主街产生较大的波动后其对内部的影响受村落的布局形式制约较大。从调查的分析结果看，“鱼骨式”更容易将声音扩散，并将其引入村落其他角落而造成村落整体声压级的提高。“井田式”布局比“鱼骨式”布局可有效减少约 6dB，并能更好地抵御声景的波动性，大约能降低 3～4dB。在传统村落的保护中，应更加注重“鱼骨式”村落的声景观的保护与处理。

4.2 提高传统村落建筑声舒适程度，保护建筑的使用价值

在长期的社会发展过程中人们已经习惯了对有活力、有趣和美好的声音，并形成了人们的潜意识。随着近年来对传统村落的开发，大量外来声音进入到传统村落内部来。这给人们带来了不同的体验和新的活力的同时，也进入了大量人们不希望的声音。传统村落空间一般较为紧凑，车辆等交通工具的声压级一般较高，严重影响了居民对声景观的评价，应该予以严格的限制，不仅仅是在空间上，在时间上也是如此。

经过最近十几年的发展，人们由原来安逸的生活状态逐步的转变为节奏较快的现代化生活。但是，现阶段人们并未从内心改变对声景观的发展方向。在传统村落建筑保护中应注意像水景、鸟叫等自然景观的保护。适当的将这些声音引入建筑内部，还原其原始声环

境也是对建筑历史价值和使用的保护。

5 结语

传统村落的声景观具有不同于城市声景观的特征。这不仅与传统村落和城市的空间形态有较大的差别外，还与建筑的材质和形式有关系。从声景观的优化入手可以有效地分析空间形态带给整个传统村落的声景观影响。太行山区南部传统村落容易受到外来的噪声侵扰。这中侵扰主要体现在交通方式的改变中。而空间结构的不同对声音大小的波动的抵御能力也是不同的。但是跟主街是否是对外交通并无显著相关性。由于声景观的变化朝着人们期望的背影区方向发展，离人们希望的方向渐行渐远，评价的降低将不可避免。声音的大小虽然没有上升为评价的主要因素，但是不加控制的噪声必然成为影响村落的主要方面，从而对村落保护和建筑使用产生重要的制约。

人们对声景观的发展有着特定的预期，具有明显的强指向性。这种指向性受意识的影响要大于潜意识的影响。利用这种对声景观的强制性，我们可以逆向寻找声景观的历史信息，并对建筑的历史价值保护提供一定的依据。

参 考 文 献

[1] 康健. 声景：现状及前景 [J]. 新建筑，2014 (05)；

[2] 宋剑玮，马蕙，冯寅. 声景观综述 [J]. 噪声与振动控，2012 (5).

[3] Aletta Francesco，A，Kang J，Östen A. Soundscape descriptors and a conceptual framework for developing predictive soundscape models [J]. Landscape and Urban Planning. 2016 (5).

[4] Xinxin Ren，××，Kang. J. Effects of the visual landscape factors of an ecological waterscape on acoustic comfort [J]. Applied Acoustics，2015 (09).

[5] 马蕙，王丹丹. 城市公园声景观要素及其初步定量化分析 [J]. 噪声与振动控制，2012 (1).

[6] 刘大均，胡静，陈君子，等. 中国传统村落的空间分布格局研究 [J]. 中国人口·资源与环境，2014 (01)；

[7] 林祖锐，理南南，余洋，等. 太行山区历史文化名村传统街巷的特色及保护策略研究 [J]. 工业建筑，2015 (12)：74-78+103.

[8] 李久君. 太行山南部地区民居建筑研究 [D]. 天津：河北工程大学，2009；

[9] 张玫，康健. 城市公共开敞空间中的声景语义细分法分析的跨文化研究 [J]. 声学技术，2006 (6)：523-532.

[10] Yu BYa，Kang J，Ma H. Development of indicators for the soundscape in urban shopping streets [J]. Acta Acustica united with Acustica，2016 (06)

[11] 康健. 城市声景观 [J]. 华南理工大学学报（自然科学版），2007 (S1)：11-16.

[12] Hoffmann So，Schüssler G，施琪嘉. 什么是心理动力学/精神分析为基础的心理治疗 [J]. The Chinese-German Journal of Clinical Oncology，2000 (04)：12-15.

LED 光源在室内空间设计中的可塑性探讨
——以餐饮空间为例

邱景亮，邓炎
天津大学建筑学院

摘　要：光使物体成为物体，与空间和形式相关联，并在与物体之间的相互联系中获得意义，赋予空间以撼人的精神魅力。光日益成为主要的空间要素，在建筑空间设计和室内空间设计中显现。建筑靠光才展示出空间，光又依托空间才得以发展。而室内空间设计是建筑空间设计的延伸，以更加感性的方式将精细微妙的变化赋予室内空间。LED 技术近年来愈发成熟，其光源具有体量小、光效高的特点，可以基本发光体为单位进行点、线、面、体多形态的组合，可配合多种材质作为塑造多层次空间的设计手段。本文仅以餐饮空间为例，探讨 LED 作为功能性光源，在建立空间要素间联系、表达光、材质、空间三者关系中的应用。

关键词：光环境；LED 光源；室内空间；创新性设计

光是万物之源，光的存在是世间万物表达自身和反映相互关系的先决条件。从原始社会开始，人类的祖先发现雷电击燃树木后产生火光后，便开始想办法从自然界中获取光源。从原始社会到信息时代，从砖木取火到爱迪生发明电灯，人类每一次探索光源的过程都带动了科技的发展，一次又一次影响着我们的生活形态与生活环境。可以说，人类文明进步的历史，就是寻找光明的历程。正如恩格斯所说："就世界性的解放作用而言，摩擦生火还是超过了蒸汽机，因为摩擦生火第一次使人支配了一种自然力，从而最终把人同动物界分开。"[1]

建筑是搭接自然光与人工光的空间媒介，一天中的大部分时间我们都是在建筑空间中感受自然光与人工光的切换与融合。建筑空间也是在光的作用下焕发勃勃生机，可以说，建筑是靠光才展示出空间，光又依托空间才得以发展。"建筑空间的创作即是对光之力量的纯化和浓缩"[2]，安藤忠雄更是将光作为空间设计的精神力量。室内空间的光环境设计属于建筑空间设计的延伸，是营造空间气氛的近人环境。现今，LED 光源作为人类历史上的第三次灯光革命，其革命性的技术不仅改变了传统的光源形式，而且打破了传统光源的局限，改变了传统灯光设计的形式，为提升室内光环境质量提供了极大的发展空间，为光环境的艺术设计提供了有效工具。本文将以光作为重要的空间构成要素的视角，探讨 LED 光源作为功能性光源在延伸建筑空间塑造、营造空间氛围中作用，并结合餐饮空间的设计实例分析其在营造室内空间中的创新应用形式。

1　LED 光源在空间环境设计中的特点

LED 作为新兴光源，近年来技术已相对成熟，越来越广泛地应用到空间设计领域。然而现有的设计与应用还局限于成品灯具的模式。如若不能摆脱成品灯具的桎梏，便无法将其作为实现光空间要素的"手段"。因此探讨 LED 光源的创新设计与应用很有必要。

LED的创新设计提供的不仅仅是照明，而是以LED为主要创作媒介，摆脱其需依托成品灯具的固有模式。[3]在此仅以空间环境为载体，探讨LED作为功能性光源，发挥分割空间及营造气氛作用的创新形式。

LED光源具有节能环保的优势。有结果显示：在相同照明效果下，LED比传统光源节能80%以上。LED的环保效益更佳，光谱中没有紫外线和红外线，可以安全触摸，属于典型的绿色照明光源。且LED光源的使用寿命长，是传统光源使用寿命的10倍以上。

LED光源本身是可以做成点、线、面各种形式的轻薄短小类产品，可以直接作为表达空间概念的“设计手段”。因此，在应用上，如若打破依靠成品灯具的模式，将会塑造出更加富有空间感和丰富体验的光环境。LED光源的直接使用对于打破执着于构筑某个实体符号观念，实为有效一击。脱离那些繁复的“风格形式”，可利用LED光源自身的排列组合，形成丰富的点、线、面光源。利用LED光源的以上特点，可将其转化为点、线、面、体形式丰富的发光单位，用以表达空间设计概念及对光、材料、空间三者关系的思考。

2 空间与光

任何参观过安藤忠雄建筑作品的人，都会被他安排在空间中的光设计打动。可以说，他的一系列建筑作品都是对光的表达。安藤忠雄对建筑空间与光的关系有着自己的观点和主张，“建筑空间之中一束独立的光线停留在物体的表面，在背景中施下阴影。随着时间的变幻和季节的更替，光的强度发生变化，物体的形象也随之改变。”正是在不断变幻之中，光重新塑造着我们的世界。但是“光并没有变得物质化，其本身也不是既定的形式，除非光被孤立出来或被物体吸引。光在物体之间的相互联系中获得意义。……在光明和黑暗的边界线上，个体变得清晰并获得了形式。”[2]

另一位建筑大师彼得·卒姆托在《建筑氛围》中，用单独的篇章来阐述“万物之光”在其设计思考中的重要地位。书中描述他坐在自家的前室、客厅观察起居室内东西的实际景象，“光是什么样子呢？它很棒！光洒落在哪里，怎样洒落。影子又在哪里？以及表面怎样黯然、怎样生辉，又或怎样拥有深度。”[4]

的确，光是种奇妙的存在：无边无形，却散发着强烈的光芒，让人不可忽视它的存在。

3 设计实践

3.1 设计初衷

勒·柯布西耶的朗香教堂较之早期的别墅项目有了差异，开始注重光对建筑的塑造。身处朗香教堂中便可以感悟到光在建筑空间中的充分作用与效果。正是这些各式各样的存在于空间中的直射光、反射光和光碰到介质发生折射后形成的漏光，使得空间具有了全然不同的性格，生动且富有亲和力。与西方国家塑造出的光空间不同的是，东方属性的光环境空间缺少了些雕塑感和力量感，光线更趋于淡柔。东方审美欣赏的是，光线透过木作的格栅门洒射进来，屋内与院子均在光线的作用下披上了神秘的袈裟，跳跃着光芒。亦如安藤忠雄所说：“西洋建筑的光束来得更直接。在罗马的帕堤依神庙中，当你眺望从穹顶的圆洞直射到大理石地面的一束光柱时，颇有置身于转动着的球体中的感受。在日本传统空间中，通常是幽暗的顶棚，微亮的壁龛，以及透过格栅门的淡雅斑驳的光影。”[5]同样，白天在空间中感受日光，傍晚则应该在空间中感受另一种人造光的魅力。

在此次的空间光环境设计中，尽力摒弃形态上的组合，而是使光成为重要的空间构成要素。就像在罗马风的教堂中，拒绝了一切装饰。不仅在形态上少有变化，甚至连建筑正面的内外部都没有什么装饰，只剩下一些必要的窗户门洞。努力让空间与光融为一体，用光塑造空间层次，用光雕琢空间细部，用光唤醒空间灵魂。仿佛有了光，空间才有了生命。光环境设计的初衷是尽全力去追求一个纯粹的空间，一个严谨而又清明空间，一个能够让参与者感受到清晰的明暗关系的空间。设计之初便想象自己身临其中，沉浸在光与空间的互动中，仿佛每个动作都是受到光束精神般“召唤”的结果。若或有幸能够实现，参与者能够被徐徐射入空间中的光影所感动，乃是设计之极乐事。

3.2 设计手段

路易斯康说过：“设计空间就是设计光。”也就是说光参与了空间的创造与再组织，空间通过光和影与周围环境形成不同层次的交互作用，丰富了空间内外的知觉深度，产生了不同的气质和意境。本文将以餐饮空间的光环境改造设计为例，从分隔、漂浮、移动三个空间设计语言来展开创造性地使用 LED 作为功能性光源，发挥空间分割及营造气氛作用的说明：

1）空间分隔——发光墙体

光是无形的，即使能够被肉眼捕捉到，也无法触摸。但物体却是在光明和黑暗的边界上才会变得清晰并获得形式。空间中各要素也是通过光要素建立某种或强或弱的联系，在光明和黑暗的相互作用下，产生不同的空间体验。

黑暗中的意识、嗅觉、触觉、味觉、幻想都是些美妙的东西，究竟有多少是可以在黑暗中获取的，又或者有多么少量的光就足够确保优质的生活呢？在室内空间塑造的过程中，是些非常有意思的问题，值得反复推敲。可以将室内空间作为一个纯粹的阴暗体块来处理，享受着，一点点将光放进来的美妙，“就像在凿空黑暗一样，仿佛光是渗入的一种新体块”[4]。

塑造多层次空间的第一个设计手段便是分隔。通常的做法是在空间中置入硬质界面来达到将空间分隔成若干空间单位的目的。如若将空间考虑成一个纯粹的阴暗块来处理，那么用于将空间分隔的“墙体”须具有发光属性，以实现将光一点点放入空间的效果。LED 光源具有体量小、光效高的特点，可作为基本发光体与空间分割的形态进行组合，达到空间分隔、连通的目的，有效减轻围合的封闭感。

LED 光环境创新设计更强调光的尺度与体量，通过它可以来调节室内的空间尺度感，使空间获得更好的视觉效果的同时也获得更舒适、更人性化的空间效果（图 1）。将空间分隔成的基本空间单位时，不仅要考虑人的基本活动所需的空间尺度，更要注意 LED 发光墙体作为环境光与整体光环境设计是否协调。因此，在设计光环境时也应当把人的视觉需要作为空间量度的标准，把人的行为特征作为光环境组织的依据，探索空间层次与光环境要素之间的组成比例关系，协调人与现代空间的生理和心理关系。

在本设计实例中，在相对低调的光环境作用下，利用磨砂玻璃表面粗糙的特质，损失部分光，释放的柔和光线使得空间适当收缩，在补充部分环境光的同时，营造出安逸舒适的就餐环境（图 2）。此外 LED 光源与磨砂玻璃的配合使用，也将使用者的视线随着光环境的变化收缩到眼前相对私密的就餐空间，符合了使用者对空间界面的心理诉求。加之配

图 1　LED 光环境

图 2　LED 光源与磨砂玻璃配合

合钢架使用，轻易避免了邻桌就餐的尴尬，对空间进行了有效的划分，提高了空间的使用效率。在钢架的底部放置了清新雅致的植物进行装点，净化空气质量，给人以亲切感。LED 光源又与光源投射下的植物相映成趣，地面的落影、墙面的落影和人心中的落影，构成了一个三维的光的坐标系。留下的或暗或明的剪影，烘托了整个空间的温馨的气氛。

2）光的可动性

光在物体之间的相互联系中获得意义。在空间中的光的存在便是建立各空间要素之间的联系。空间中的主体光、环境光会随着光源的增减相互转换、相互补充，与各要素之间建立的是一种弱联系。当光线与其他各要素交融的瞬间，它们之间的流动联系便得以固定。这一瞬间，光源同时也在空间中消失，融化在了空间中，与空间成为不可分割的整体。

餐饮空间中不乏局部重点照明的需求，如菜品、装饰品等，需被照明的对象也时有不确定性，需根据实况进行调整。因此光环境设计也需要满足可调节易控的特点。LED 光源具有体积小、质量轻、不怕震动的特点，正好匹配空间中光源“可动性”的需求。在本设计实例中，将 LED 光源以轨道灯的形式作为主体光照亮物体，与环境光形成和谐的整体光环境。光源的数量和位置也可随需求变化，打破固有的光环境静态模式，创造出与物体之间新鲜的联系。“当物体以光的形式被表达时，它们之间的相互关系便被建立起来，一系列的因素获得存在。”[2] 这些滋生于光与被光表达的物体间的因素与人内心世界的美学意识相融合，使得整体得以实现。

在本设计实例中，为打造餐厅特有的就餐氛围，特采用暖光光源作为主体光。就餐的时候，暖光静静地表达着菜品，使之与心中的幻想达到完美的融合，会使饭菜变得更加可口（图3)。再配合精心设计过的环境光，使得空间单位内的视线汇集到餐桌之上，使一起用餐的人看起来更加柔和精致，提供舒适的用餐体验。

图3 LED光源打造餐厅就餐氛围

3.3 漂浮感——艺术装置与灯具结合

光是环境塑造、空间处理中不可缺少的重要因素。空间中有了光，才能发挥视觉功效，在空间中辨认人和物体的存在。同时，光也以空间为依托显现出它的状态、变化及表现力。LED光源不仅可以在竖向上分隔空间，在横向上将其转化成的发光的点、线、面、体，创造出“漂浮”感的空间装置，以调整空间尺度。

安藤忠雄强调：“采光的方式及设计的不同部分之间的相互叠合的关系对传统的日本建筑非常重要。”[2]同样光线在室内空间的叠合创造出的静谧而又跳跃的光环境，给人以超乎想象的体验。室内空间中的光随着时间而发生变化，空间中的不同部分由此建立相互之间的关系，复杂而又和谐。

彼得·卒姆托在谈及建筑氛围时提到，空间是可以用情感来体验的。“不是每一种情形都会准许我们有时间拿定主意来判断我们是否喜欢某事物，或我们是否真该背道而驰才更好。我们内在的什么东西立刻就告诉我们很多很多。我们有能力凭直觉欣赏，靠自发的情感反应，于刹那间否决某件事。”[4]光环境空间就具备这样的魅力，在消失了“光”的光环境整体中体验，沉浸在细腻的颗粒状的光点中感受心与空间的融合。

正如本设计实例中，利用LED光源体积小、质量轻的特点，将其进行有机排列，制造出双层矩形线状光带，配合钢架、钢丝将其固定在顶棚上，制造其“漂浮”于空间上方的视觉现象（图4)。这样既增添了空间的趣味性和层次感，又轻松地运用设计减法，打造出裸露结构的现代设计风格。因其“藏匿”于钢价打造的灯槽中，使得发出的光感柔和，将光打散成细小的颗粒散落在空间中，避免了人眼直接观赏而造成眩晕感。单纯而简洁的光，以及冷灰色的空间色调能够营造出一种沉静安宁和寂静的心境，而这种情绪的纯粹和净化则让人们更能感悟到外界的细微变化和内在的生活品位。

3.4 “环境家具”与光源的结合

路易斯·康认为，光是一切存在事物的给予者，而材料用尽了光，光塑造的东西留下阴影。那些材料具有的不同的透光性、不同的纹理质感，与光不同的接触方式，和与光相遇后形成的影子，在空间中留下痕迹，丰富着视觉体验。当我们将目光静静投向那束束静谧的光线，注视着那些交错着的微妙的光线，那是些如此意味深长的光线，把空间中的微小细节都带入到人们眼中，也正是它教会我们在处理空间层次和细节时选用何种材料。

光需要适合的材料配合才能展现独特的魅力，光与透明、半透明与不透明材料进行碰撞，将形成直接发光、间接发光、受光的不同层次。关于光设计与材料的配合方式，

图 4　LED 光源组合

彼得·卒姆托也有他喜欢的工作方法："要系统地着手材料及表面的照明工作，要观察它们反射光的方式。换句话说，要依据对它们反射方式的了解来选择材料，要基于这些了解来把所有东西组合起来。"[4]

在本设计实例中，将发光墙体深化设计形成"环境家具"，利用 20×20 方通根据餐饮需要设计成 800×400×800 的基本墙体单元，在适当的地方加入透明、磨砂与不透明材料，形成直接发光、间接发光、受光的不同层次。便如在日本传统的茶室建筑中"空间仅仅以撑张在精致木框之中的纸来进行分割，当光穿过这样的分割时，在室内静静地漫散开，与黑暗混合在一起，创造一种单色退晕的空间。日本建筑在传统上就是这样凭借感性技术，着力于把光分散成微小的颗粒。这种细致的变化将空间带入了精妙的存在。"[5]

4　结语

LED 光环境的创新设计立足于空间环境，依据空间环境结合 LED 的产品特点，以创新性的设计重新定义光在空间环境中的作用，这样的创新是对于整个空间光环境的创新，而非某个具体的产品创新。如果脱离了空间环境，研究对象将转移到具体微观的灯具外观设计上，也将脱离本次讨论的范围。当代的 LED 光环境创新设计应是从光作为重要空间要素的视角出发，着重考虑空间要素和环境特点，从空间环境出发来设计光环境，使 LED 光源作为空间设计手段发挥效用 。

参 考 文 献

[1]　白寿彝，杨钊．中国通史纲要［M］．上海：上海人民出版社，1998：18-22.

[2]　Ando T. Light，Shadow and Form：the Koshino House［C］，in Via，11，1990.

[3]　李光，黎黎．LED 城市光环境艺术设计初探［J］．照明工程学报，2013，24（03）：42-47.

[4]　彼得·卒姆托．建筑氛围［M］．北京：中国建筑工业出版社，2010：11-19；56-61.

[5]　安藤忠雄，许懋彦，白林．光、材料、空间［J］．世界建筑，2001（02）：31-35.

[6]　田冬．大师细部：空间与光［M］．北京：中国三峡出版社，2006：104-108.

国内外对建筑自然采光的研究方法简况

赵华

建设综合勘察研究设计院有限公司

摘　要：本文回顾了国内外不同时期对建筑自然采光的研究进展情况，详细阐述了目前已得到公认的四种研究方法——流明法、采光系数法、缩尺模型法和计算机模拟法的发展过程以及每种研究方法的优缺点。

关键词：自然采光；流明法；采光系数法；缩尺模型法；计算机模拟法

纵观过去几十年的城市建设，不断设计出来的建筑仅仅是追求城市的塑形，而不顾及实际需要，由于“廉价能源”的宣扬，以及建筑商在一次投资和长远效益的考虑上更偏重前者，故使得建筑师对解决建筑“自给环境（Self-created environment）”的问题越来越依赖于人工气候的控制和不断提高的人工照度。世界各国的照明用电量约占总发电量的9%～25%，我国约为10%。但是，由于自然光本身的不稳定性、不均匀性、直射光过于强烈易造成眩光等特性，成了建筑光环境中使用自然采光难以逾越的障碍。如何解决这些矛盾问题，利用自然光既提高建筑室内光环境质量又能达到资源、能源的合理利用，是现代建筑师亟须解决的问题，也是建筑师所承担的一项社会责任。

1　自然采光研究方法

研究建筑的自然采光首先要确定合理的计算方法，一般来说，任何一种计算方法并没有建筑类型的差异。

虽然在1879年爱迪生发明电灯之前，自然采光一直是主要的照明方式，但当时很少有人对其进行专业研究，直到1885年L. Weber根据多年的实践经验发现了室内与室外照度的比值与窗户尺寸之间的关系，1895年A. P. Trotter将Weber的经验进行理论深化后提出了采光系数的概念。

从此以后，大量学者开始研究建筑的自然采光，如英国的J. M. Waldram、Hopkinson、Petherbridge等人；在美国也有很多研究自然采光的学者，如W. W. Caudill、B. H. Reed、Arner和Griffith. J. W等。同时也出现了许多已得到公认的评价自然光性能的方法，如自然采光计算方法、性能参数、模拟软件、测试工具等等。

后来又逐渐发展起来一些新的计算方法和计算机模拟软件。但这些方法大多起源于欧洲尤其是英国，因为当地多阴天天气，只有少数几种适合于晴天为主的地区。概括起来，目前应用较多的主要有计算法（包括流明法和采光系数法）、软件模拟法和模型实验法等。

2　流明法

流明法最早是Libbey-Owens-Ford玻璃公司为计算室内照明水平而提出的，后由美国南卫理公会大学的Griffith. J. W在1955年加以改进，后来被北美照明工程学会采纳[1]，并在美国得到广泛应用。流明法应用范围较广，既适用于晴天天气又适用于全阴天天气，其所包含的主要参数有：地面和内墙面的反射系数、玻璃透明度、天空状况和直射光辐射量。

流明法受到自然光最大利用系数（CU）的限制，并且只能准确计算出房间窗户中心线上各点的照度，此外也仅适用于常规的竖向窗户，如果窗户是倾斜的，则不能用流明法计算室内工作面照度。流明法通过计算各个窗户对自然采光的贡献值，进而得出整个房间的照度，而不仅仅是达到一个最低要求值[2]。

3　采光系数法

采光系数定义[3]为：室内给定水平面上某一点的由全阴天天空漫射光所产生的光照度和同一时间统一地点，在室外无遮挡水平面上由全阴天天空漫射光所产生的照度的比值。采光系数包括三部分：天空光（SC）、室外的反射光（ERC）和室内的反射光（IRC）。欧洲国家（尤其是英国）多采用采光系数法来评价室内的自然采光水平，与流明法不同的是，任何窗户形式都可以应用采光系数法，而且可以计算出室内任何一点的照度值。

早期计算采光系数大多使用图表法。1923 年 Waldarm 发明了著名的 Waldarm 图表用来计算天空光（SC），1954 年 Pliejel 提出了 pepper-pot 图表法用来计算 CIE 标准天空的天空光，1969 年 Turner 发明了与 pepper-pot 图表类似的图表法，用分布的黑点代表天空的亮度。1978 年 Millet 发明了自然采光设计图表法（Graphic Daylighting Design Method），以等高线的形式表示在 CIE 全阴天天空条件下的室内采光系数水平。近些年来，随着计算机技术的发展，出现了多个自然采光模拟软件如 DOE、ECOTECT、RADIANCE、DAYSIM 等均可以计算室内的采光系数。天津大学建筑学院的沈天行教授带领她的团队研发了一种利用数码相机结合数字化图像处理技术建立的采光系数测试系统，这种测试系统能够排除一些室外天空条件变化的影响，可以在不同天空条件下进行测试，得出 CIE 标准天空下的采光系数[4]。

虽然采光系数法应用较广（中国也采用采光系数法），但它也存在一些严重的缺陷：

（1）由于采光系数是一个比值，所以它无法表征当室外照度变化时室内的照度变化情况；

（2）由于采光系数法仅适用于全阴天天气，所以无法利用采光系数判断建筑窗户不同朝向时的自然采光差异；

（3）采光系数法也无法判断晴天天气时直射日光所带来的眩光问题，设计师在做建筑设计时仅仅满足了采光系数的要求，却忽略了眩光及照度不均匀问题，造成目前大多数建筑中普遍存在的自然采光问题。

4　缩尺模型法

缩尺模型实验法是一种公认的、在世界范围内都被广泛应用的自然采光研究方法。

Evans 在其著作《建筑采光》(Daylighting in architecture) 指出：虽然缩尺模型模拟研究存在诸多缺点，如模型缺少细部、人造光源和真实自然光之间的光谱差异以及人眼的观察范围差异等，但在建筑设计的初始阶段，在所有研究其自然采光效果的方法中，利用缩尺模型进行模拟是最接近于真实情况的一种研究方式，可以帮助设计师进行自然采光分析。

利用缩尺模型进行自然采光实验的优势可归结为[5]：

(1) 由于自然光在缩尺模型中产生的效果跟在真实建筑中的效果几乎是完全一样的，所以，即使缩尺模型的制作非常简单粗糙，但仍能提供接近于真实建筑环境中的照度水平。

(2) 可以既简单又快速地比较多种采光方案。

(3) 缩尺模型法不受时间的限制，可以在任何时间模拟全年任何时刻的自然采光情况。

(4) 缩尺模型实验可以在真实的自然光环境中进行，也可以借助于人造天空进行，当采用后者时，即可不受外部天气状况的影响，随时进行实验。

(5) 缩尺模型法不受经费的限制，模型既可以制作精细也可以简单粗糙，对模拟的结果影响甚小。

(6) 缩尺模型实验法为设计师及相关人员提供直观、真实的自然采光场景。

(7) 缩尺模型实验法可以用最短的时间、最少的花费和最少的工作量得出最直观快捷的结论。

(8) 利用缩尺模型研究自然采光的同时，设计师对建筑方案也有直观评价，有助于完善设计理念。

缩尺模型的比例和细部处理程度取决于测试者的实验条件和模型用途，如果仅作为测试光环境之用的话，则没有必要做得很精细漂亮，但以下三点却是必须要做到的[6]：

(1) 模型的尺寸一定要严格按照缩小比例来确定。

(2) 模型内部各个部位的材料表面的反射系数一定要尽量接近被模拟建筑物或房间的内部相应部位的表面反射系数。

(3) 窗户的细部处理越接近真实情况，模拟结果越真实精确。

理论上讲，模型的缩小比例是没有限制的，但实际应用中，其缩小比例往往受限于测试检测器的尺寸大小。模型太小则很难准确测出整个房间的真实照度水平，模型太大则需要测试的点过多，过程过于烦琐。Hopkinson，Petherbridge 和 Longmore 建议模型缩小比例宜为 1：12，被模拟建筑的体量较大的话，可以缩小到 1：24；Evans 经研究发现：如果仅用来研究房间自然采光的话，缩小比例为 1：16 的模型是最为理想的，大体量的建筑物可以缩小到 1：32～1：24。

缩尺模型实验最大的问题是如何获得稳定的光源，真实的自然光虽然具有理想的光谱和亮度分布，但自然光在一天之中不停地变化，导致实验结果往往存在误差，所以在测试时，最好在模型内、外部各放一个照度计，同时记录下 2 个照度计的读数，对其进行修正，从而获得较为准确的结果。另外一种常用的实验法即是在实验室利用人造天空进行模拟实验，其优点是测试者可以根据需要随时改变人造天空的亮度，而不受时间的限制。

Evans 对测试用的照度计提出 4 点要求：

(1) 照度计必须是经过色度修正的，使其仅能感应到可见光。

(2) 照度计必须是经过余弦修正的，使其能够感应到水平方向和垂直方向之间的光线。

(3) 相对于缩尺模型的尺寸大小，感光器不能太大。

(4) 照度计的量程必须要满足需要。

对于合理的测试点数量的确定，Evans 建议说，在矩形模型内选取 9 个测试点是比较合适的，而且这 9 个测试点的位置可以根据设计者的特定测试需要自行确定。

由于缩尺模型法具有无可比拟的优势，因此在国内外应用都很多，尤其是国外的应用实例更是不胜枚举，在此不再一一赘述。国内利用缩尺模型进行自然采光研究的文献较少，天津大学建筑学院沈天行教授带领她的学生多采用缩尺模型法进行自然采光研究，如李伟博士利用缩尺模型进行无缝棱镜导光管照明系统的研究，袁磊博士利用 1∶60 的缩尺模型研究高容积率居住区的自然采光环境。

5 计算机模拟法

自然采光计算方法虽然很多，但大多计算过程比较复杂烦琐，计算机问世后，一系列自然采光模拟计算程序相继被开发出来。1968 年，一家知名灯具公司资助开发了一种计算室内人工光照明水平的电脑程序——LIGHT，差不多同一时期，Dilaura 开发了第一版 Lumen-Ⅰ电脑程序。1970 年，Dilaura 联合 Smith 工作组开发了第二版 Lumen-Ⅱ，该程序能计算照度水平、眩光影响和视觉舒适度。1981 年 Dilaura 及其合作者又开发了第三版 Lumen-Ⅲ，此时它不仅能计算全阴天和晴天时的室内照度，还能计算透明玻璃窗户、漫射透光玻璃窗户以及窗户安装控光措施（如百叶、反光板等）后的室内照度值。同一年，Bryan 开发了 Quicklite-Ⅰ电脑程序，它采用的是 CIE 标准全阴天和晴天天空参数。1983 年 Dilaura 以及他所带领的照明技术组在 Lumen-Ⅲ基础了进一步研发了 Lumen-Micro 1.0，之所以改了名字，是因为微型电脑（microcomputer）发展迅速，以后开发的 Lumen 系列均应用于微型电脑上，目前最新版本为 Lumen-Micro 2000。Lumen-Micro 采用 CIE 晴天、多云天和全阴天模型。

1982 年，位于美国加利福尼亚州的美国能源部下属的劳伦斯伯克利实验室（LBL）开发了 DOE-2 分析软件，但它的主要用途是进行能量分析，自然采光计算只是其中的一个功能，而且只能计算形式简单的建筑，对带有稍微复杂的控光系统如百叶、反光板或者带有中庭空间的建筑无能为力。

1989 年，劳伦斯伯克利实验室（LBL）的科学家 Ward 又开发了著名的 RADIANCE 模拟计算软件，RADIANCE 利用蒙特卡洛算法（Monte-Carlo）和光线追踪技术（Ray-Racing）来计算室内各点的照度水平。RADIANCE 具有多种可选择的天空类型，如 CIE 有太阳的晴天、无太阳的晴天天空和全阴天天空，此外，RADIANCE 里还设置了天空模型形成器（Sky Model Generator），使用者可以根据建筑物所在地区的太阳高度角、天空亮度和天空晴朗程度自行调整天空模型参数。

1997 年安德鲁·马歇尔研发了 ECOTECT 模拟软件，主要功能包括模拟计算建筑的声、光、热性能。在自然采光模块中，ECOTECT 采用 CIE 全阴天天空模型，仅能模拟全阴天时的室内照度水平。其内部设置了 RADIANCE 的输出和控制功能，可以输出到 RADIANCE 里进行晴天天气的自然采光模拟计算。

1999 年 Reinhart 和 Herkel 基于 RADIANCE 基础上又开发一款新的仅能模拟光环境的软件——DAYSIM，它能够模拟计算任何时刻的室内照度值，而且准确度较高。与其他光环境模拟软件相比，DAYSIM 不仅能模拟形式简单的建筑室内照度，而且能精确模拟窗口设置了较为复杂的自然采光系统如百叶、反光板等的建筑室内照度。

计算机模拟最关键的问题就是其准确性，尤其对于较为复杂的自然采光措施往往存在误差，因此不少研究者和软件开发机构往往利用缩尺模型或全比例模型对模拟结果进行验证[7]，并对软件加以改进。

6 结语

数百万年来，人类过着日出而作、日落而息的生活，在自然光下按自然规律完成了自身的进化，所以，一般场合下，人的眼睛最适合自然光，而且自然光的显色性是所有光源中最好的。但随着电力价格的降低，设计者开始依赖易于控制的人工光来满足建筑空间的照明需求，而自然采光则退居于次要地位。

随着节能环保意识的增强，自然采光这一古老而又常新的课题必然会引起世界各界的重视。本文通过回顾国内外学者对建筑自然采光的研究历史，展望了当今世界对建筑自然采光研究的发展趋势，揭示了学者们为提高建筑的自然采光质量所做的努力。

参 考 文 献

[1] Daylighting Committee of I. E. S, Recommended Practice of Daylighting,［J］. Lighting Design and Applications, 1979 (9): 25.

[2] GREGG D. ANDER, Daylighting Performance and Design［M］. Hoboken New Jersey: John wiley & Sons Inc., 2003: 49-65.

[3] CIE Technical Committee. International Recommendations for the Calculation of Natural Daylight［C］//Commission Internationale de L'Eclairage, Paris, Publication No. 16, 1970

[4] 沈天行. 用图像数字化处理进行采光测试［C］//中国建筑学会建筑物理学术委员会. 第五届建筑物理学会会议论文选集. 北京：中国建筑工业出版社，1986.

[5] Ande RGD, Daylighting Performance and Design［M］. Hoboken New Jersey: John wiley & Sons Inc., 2003: 83-92.

[6] Antoniou K, MeresiA. The Use of the Artificial Sky as a Means for Studying the Daylighting Performance of Classrooms,［C］//PLEA2006-The 23rd Conference on Passive and Low Energy Architecture, Geneva, Switzerland, 2006;

[7] Love J A, Navvab M. Daylighting Estimation Under Real Skies: A Comparison of Full-Scale Photometry, Model Photometry, and Computer Simulation, Journal of the Illuminating Engineering Society, 2013, 20 (1): 140-156.

我国高校食堂热舒适度研究
——以武汉大学两食堂为例

朱敦煌，荆子洋
天津大学建筑学院

摘　要： 我国大部分高校聚集的城市多呈现夏热冬冷的气候特点，本文选取了有较大代表性的武汉地区作为研究对象，以武汉大学内两食堂为例，针对两食堂在外部条件基本一致的情况下存在较大热舒适度差异的现状，通过问卷调查、实验测量与比较研究，对两食堂的热舒适度做出了评价，并分析了影响两食堂热舒适度的几个因素，还就这几个因素提出了改善措施以及对未来食堂设计的建议。

关键词： 武汉；高校食堂；热舒适度

高校食堂作为满足师生衣食住行的重要一环，使用者众多，且就餐集中，提供良好舒适的就餐环境便显十分必要，食堂就餐区的热舒适度已成为既饭菜口味之外，影响大家选择就餐地方的一个重要因素。另外，高校食堂作为服务师生的非营利性场所，具有装饰朴素、成本低廉，设备简单、易于维护的特点，一般宜采用被动式生态策略以获得较好的热舒适度。

1　两个食堂

虽然我国划分为严寒地区、寒冷地区、夏热冬冷地区、夏热冬暖地区和温和地区等五个气候区，但除青藏高原和华南、东北的少部分区域外，京津地区、沪宁杭地区、西安地区、武汉地区等高校聚集区所在城市均呈现夏热冬冷的特点，其中武汉是中国高校第三大集中地，地域气候特征鲜明，因此武汉内的高校食堂具有较大的代表性和借鉴意义。

本文选取了武汉地区高校——武汉大学内的两个食堂作为研究对象。食堂 A 与食堂 B 相距仅 9m，毗邻而建，区域、位置、日照、风速和温湿度等外部条件基本一致，但室内就餐区热舒适度略有差异。

1.1　两个食堂情况简介

食堂 A 在三层小楼二层位置，朝向南，采光较好，东西两侧有窗户直接对外，就餐区长宽比约为 7∶4（图 1）；食堂 A 厨房区与就餐区明确分开，定位为大锅饭模式，菜品可供选择较少，每日人流量一般。

食堂 B 在二层小楼二层位置，朝向北，东西两侧为楼梯间，进入饭厅入口相互错开，就餐区长宽比约为 8∶3（图 2）；食堂 B 厨房区与就餐区有部分混合，定位为特色小吃模式，菜品可供选择较多，每日人流量较大。

1.2　两个食堂热舒适度感受

通过抽样调查的方式，在同一时间对食堂内就餐师生发放调查问卷，就两个食堂温度、相对湿度、热环境整体感受三个方面作出评价。总共发放调查问卷 600 份，收回有效问卷 563 份，其中食堂 A 发放问卷 300 份，收回有效问卷 271 份；食堂 B 发放问卷 300 份，收回有效问卷 292 份。统计结果见表 1～表 3。

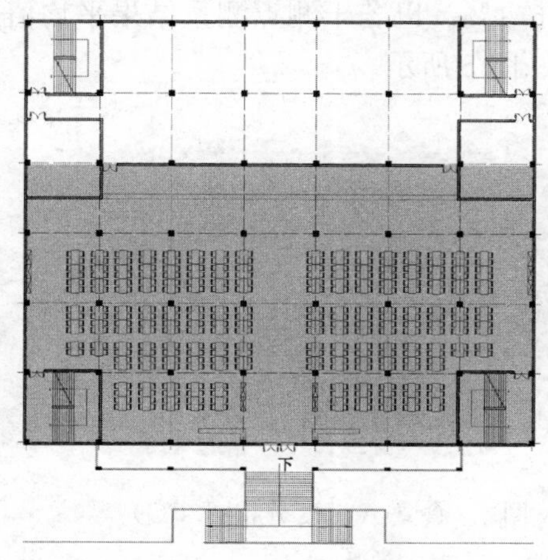

图 1 食堂 A 平面图

来源：自绘

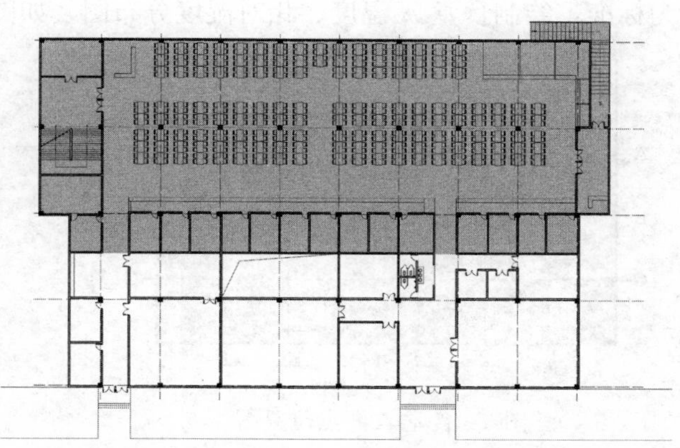

图 2 食堂 B 平面图

来源：自绘

食堂湿度感受统计表 表 1

	潮湿	稍微潮湿	适中	稍许干燥	干燥	合计
食堂 A	32(11.8%)	78(28.8%)	147(54.2%)	13(4.8%)	1(0.4%)	271(100%)
食堂 B	148(50.7%)	117(40.1%)	24(8.2%)	3(1.0%)	0(0%)	292(100%)

来源：自绘

食堂温度感受统计表 表 2

	炎热	稍热	适中	稍许凉爽	冷	合计
食堂 A	1(0.4%)	40(14.8%)	158(58.3%)	72(26.5%)	0(0%)	271(100%)
食堂 B	171(58.6%)	88(30.1%)	27(9.2%)	6(2.1%)	0(0%)	292(100%)

来源：自绘

食堂热环境整体感受统计表 表 3

	非常舒适	比较舒适	稍微不舒适	不舒适	非常不舒适	合计
食堂 A	0(0%)	158(58.3%)	80(29.5%)	33(12.2%)	0(0%)	271(100%)
食堂 B	0(0%)	0(0%)	113(38.7%)	101(34.6%)	78(26.7%)	292(100%)

来源：自绘

通过对表 1～表 3 分析可以得出，超过一半的同学认为食堂 A 比较舒适，温度和相对湿度都处在适中及以上的范围内；反之，超过一半的同学认为食堂 B 不舒适，温度和相对湿度都处在适中以下的范围内。总的看来，食堂 A 的热环境体验明显优于食堂 B，即食堂 A 热舒适度较高，食堂 B 热舒适度较低。

2 两食堂温度—相对湿度测量与分析

2.1 食堂 A 的温度—相对湿度分析

在食堂人流高峰且无人工制冷措施时，选取食堂 A 就餐区内若干个有代表性的能反映室内热环境的典型测点，测点距地面0.75m，测点分布如图3所示（横向轴线与纵向轴线相交处即为测点）。每个测点从开始测量，共测量三次，时间间隔为15s，取平均值。测量时间17：30，室外温度27.1℃，室外相对湿度76.1%。以若干测点测量结果平均值为标准，绘制食堂A温度、相对湿度分布图，如图4、图5所示。

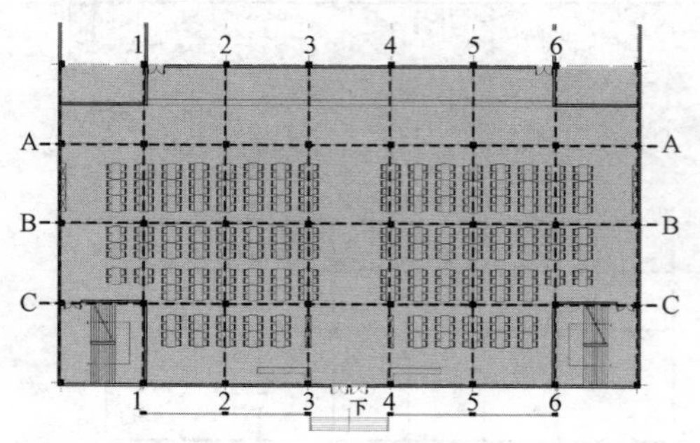

图3　食堂A测点位置图

来源：自绘

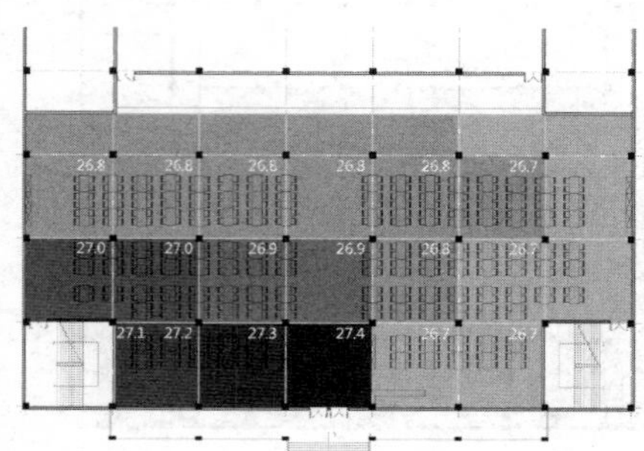

图4　食堂A温度分布图（℃）

来源：自绘

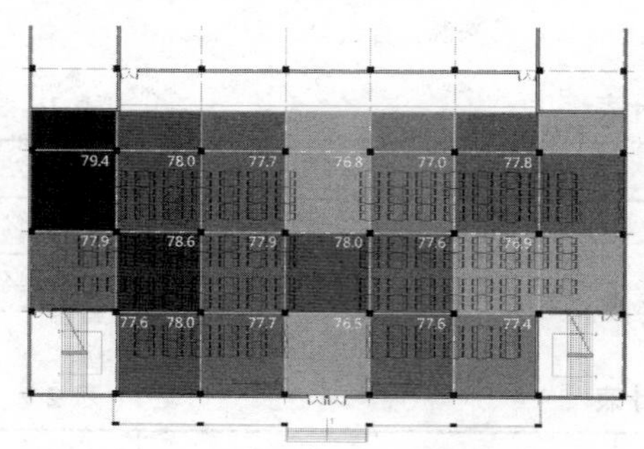

图5　食堂A相对湿度分布图（%）

来源：自绘

通过对图4分析可以得出：①用餐高峰期时，食堂A室内大部分位置温度低于室外温度，但室内外温差不大，集中在－0.4～＋0.3℃之间；②西侧温度明显高于东侧，但差别不大，原因应是西侧下午有西晒导致受热，且食堂A餐食的大众口味菜品多集中在西侧区域，用餐同学较多，人体、食物散热较多；③高温部分主要集中在主入口西侧附近，温度高于食堂饭菜窗口附近，温差最大为0.6℃，原因应是食堂内部厨房窗户直接对外，带走大部分热量，食堂内部厨房烧菜做饭的热量较少传到就餐区域，且饭菜窗口位置东西向通风良好，带走大量热量；此外主出入口位置人流量较大，且左右为楼梯间，通风情况不理想，人体散热大量积聚也会导致局部升温。

通过对图5分析可以得出：①用餐高峰期时，室内相对湿度整体偏高，明显高于室外，数值在0.4%～3.3%，原因应是食堂饭菜窗口和就餐区域各类水汽蒸发较多；②西侧相对湿度略高于右侧，但差别不大，整个就餐区域相对湿度呈较为均衡的态势，出现左右湿度差别的原因应是左侧光线较为良好，用餐供应窗口大众口味的食物多集中在左侧窗口，故而入口左侧就餐同学较多，各类蒸发较多。

总的来看，食堂A温度略低于室外，相对湿度略高于室外，室内热舒适度体验与室外基本一致，是就餐的较好选择。

2.2　食堂B的温度—湿度分析

同样在食堂人流高峰且无人工制冷措施时，选取食堂B就餐区内若干个有代表性的能反映室内热环境的典型测点，测点距地面0.75m，测点分布如图6所示（横向轴线与纵向轴线相交处即为测点）。每个测点从开始测量，共测量三次，时间间隔为15s，取平均值。测量时间与测量食堂A保持同一时间，室外温湿度情况一致。以若干测点测量结果平均值为标准，绘制食堂A温度、相对湿度分布图，如图7、图8所示。

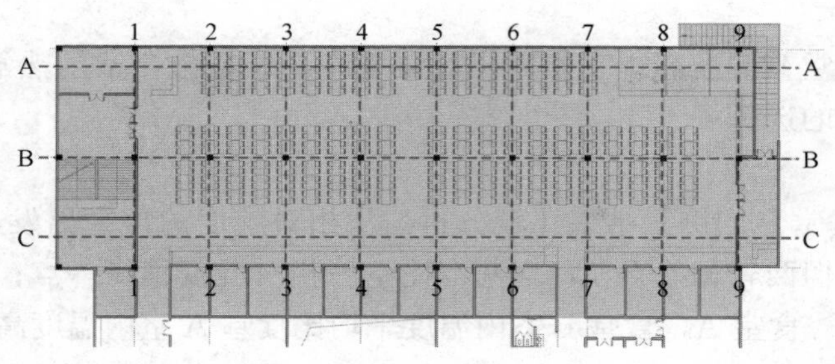

图6　食堂B测点位置图

来源：自绘

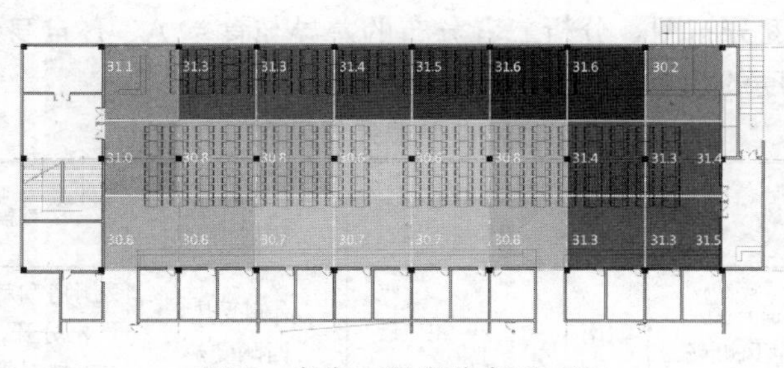

图7　食堂B湿度分布图（℃）

来源：自绘

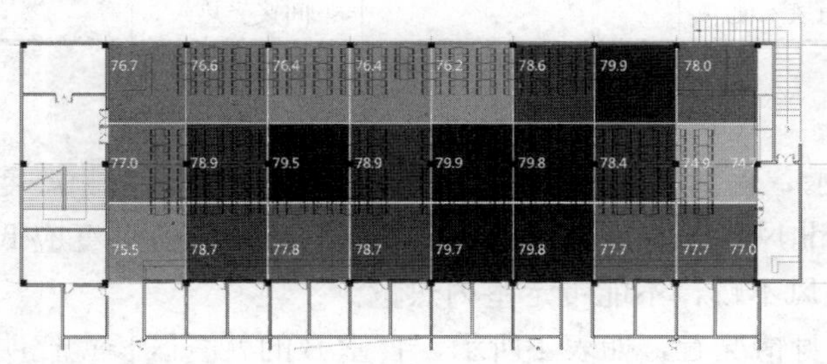

图8　食堂B相对湿度分布图（%）

来源：自绘

通过对图5分析可以得出：①用餐高峰期时，食堂B室内温度整体偏高，高于室外温度3.5～4.5℃，整体体验较差，原因应是建筑较扁长，东西侧受风面较窄，且东西两侧出入口位置相互错开，食堂整体通风效果较差；此外食堂顶部受到太阳辐射，吸热较多；②东侧区域温度高于西侧温度，温差在0.6℃左右，原因应是东侧食堂饭菜窗口数明显多于西侧，且东侧几个窗口操作间裸露在就餐空间，热量大量逸散在空气中；③北部靠窗户位置温度高于食堂饭菜窗口附近区域，温差在0.9℃左右，应是就餐人流主要集中在靠近窗户的位置，大量人体散热导致靠近窗户位置温度较高。

通过对图6分析可以得出：①用餐高峰期时，食堂B室内相对湿度整体偏高，大部分区域高于室外，数值在－1.4%～3.8%；②靠近饭菜供应窗口附近湿度明显高于北侧靠窗户区域，原因可能是用餐供应窗口直接裸露在就餐区域，饭菜等各类水汽蒸发大于同学用餐蒸发；③横向湿度差异不大，应是因为食堂空间狭长，内部通风效果极差，不能带走空气中的水汽。

总的来看，食堂B温度高于室外，相对湿度略高于室外，室内热舒适度体验差于室外，不是就餐最好的选择。

2.3 比较

对食堂A和食堂B的测量结果比较分析，从相对湿度的角度出发，食堂A、B的相对湿度略有差别，但两者相差不大，均基本比室外相对湿度稍高一点；从温度角度来看，食堂B＞室外温度＞食堂A，食堂B室内温度平均比食堂A室内温度高了3～4℃。

3 影响因素

通过对食堂A、B的测量、分析与比较，在相同的外部条件和测量条件的基础上，得到食堂A、B的温湿度分布图，分析二者分布的差异与食堂A、B自身的异同（表4），可得出影响食堂热舒适度的几个因素。

食堂A、B差异分析表 **表4**

	就餐区长宽比	通风	朝向	食堂所在层数/建筑总层数	受太阳辐射情况	食堂模式	人流量
食堂A	7∶4	东西向窗户直接对外，通风顺畅	朝南	2F/3F	南侧受热，西晒受热	厨房和就餐区严格分开，厨房区直接对外散热	人流量适中，一般有空位
食堂B	8∶3	东西两侧为楼梯间，大厅出入口相互错开，通风不便	朝北	2F/2F	屋顶受热（西侧为楼梯间，间接受热）	厨房操作间裸露在就餐区，对内散热	人流量较大，高峰期没有空位

来源：自绘

3.1 通风

如图4、图7所示，食堂A西侧温度高于东侧，而食堂B东侧温度高于西侧。又因武汉常年主导风向为东北风，若室内正常通风，则室内空间东侧温度应低于西侧。由此可分析得出，食堂B内通风不畅，不能带走室内热量。

另外，从食堂自身情况看，如表4所示，食堂B的就餐区长宽比明显大于食堂A，即食堂B就餐区域空间较为狭长，不利于形成穿堂风；且食堂B东西两侧为楼梯间，大厅出入口位置相互错开，不易形成对流，两个因素造成了食堂B的通风效果明显差于食堂A。

3.2 太阳辐射（西晒、屋顶受热）

根据图4与表4来看，食堂A朝南，且在3层建筑物的2层，一天中受到太阳辐射的情况为南侧受热和西晒受热，会使食堂空间西侧、南侧略有升温。根据图7与表4来看，食堂B朝北，在2层建筑物的顶层，一天中受到太阳辐射的情况为屋顶受热与间接西晒，而屋顶受热时长大于南侧受热时长与西晒受热时长，造成了食堂B一天中受到太阳辐射更多，因此食堂B内部温度高于食堂A。

3.3 食堂模式

如图4所示，食堂A窗口附近基本无温度差别，这与食堂A采用统一经营的大锅饭模式有关：先厨房空间统一加工做好再贩卖，因此实现了厨房空间与就餐空间严格分开，且厨房区直接对外开窗散热；如图 7 所示，食堂 B 东侧饭菜窗口数明显多于西侧，且东侧几个窗口操作间裸露在就餐空间，热量大量逸散在空气中，这与食堂 B 定位为特色小吃有关：窗口为独立经营、自负盈亏，厨房操作间彼此不连通，直接与就餐区连通，无法形成有效通风；且大部分操作间没有对外开窗，不能直接对外散热。

3.4 人流量

由上文分析可知，就餐区域人流的分布会引起室内局部温湿度变化。此外，不同的食堂定位影响了食堂的菜品内容，会对到食堂就餐的人流量有较大影响：食堂 A 提供家常大锅饭，种类较少，口味单一；食堂 B 提供各类特色小吃，种类丰富，口味繁多，但就调查到的情况来看，食堂 B 的人流量远大于食堂 A。因此就餐时人体散热较多，大量人流也使得食堂 B 得热较多，温湿度都产生较大变化。

总的来看，在得热角度，因为太阳辐射受热、食堂模式与人流量等几个方面的差异，食堂 A 得热少于食堂 B；在失热角度，因为在通风效果的差异，食堂 A 失热多于食堂 B。即影响食堂 A 与食堂 B 热舒适度差异的因素集中体现在通风、太阳辐射、食堂模式与人流量等几个方面。

4 改善措施及未来建议

针对上文提出的影响食堂热舒适度的通风、太阳辐射、食堂模式与人流量等几个因素，对食堂 B 提出改善措施，并对未来食堂设计提出一些建议。

4.1 改善措施

基于食堂 B 的建筑现状，在不改变建筑长宽比、建筑层数与食堂模式等方面的情况下，就减少得热与增加失热两方面提出改善措施：

（1）从减少得热的角度来看，加建屋顶遮阳或种植屋顶绿化，减少屋顶受热；调整桌椅摆放位置，引导师生分散就座，避免扎堆散热造成局部高温。

（2）从增加失热的角度来看，改善就餐区域通风情况，建议增加机械通风或热压拔风；且打通厨房操作间，促进互相通风，并单独增加机械通风或热压拔风；还可以室内局部摆放绿植，调节室内微气候。

4.2 未来建议

就以上几个因素，对未来食堂设计提出一些合理的建议，以帮助食堂实现良好的热物理环境体验：建议保证建筑南北向，避免大面积西晒得热；建议考虑屋顶遮阳、屋顶绿化或坡屋顶等方式，避免屋顶长时间受热；建议控制建筑长宽比，增大通风面，有利于形成穿堂风，增加失热；建议优化楼梯间位置，避免楼梯间在两侧遮挡通风而不能形成对流；建议食堂厨房区与就餐区分开，厨房区直接对外开窗散热，避免厨房热量传入就餐区。

5 结语

总的来说，随着食堂热舒适度越来越受到使用者、经营者与设计者的重视，除了传统的功能、流线与布局合理之外，热舒适度将成为未来食堂设计重点考虑的方面之一。在夏热冬冷地区，围绕得热与失热两个方面，食堂位置、朝向、形态、经营模式等都影响着高校食堂的热舒适度，这为未来高校食堂设计、改善食堂就餐区热舒适度提供了一个思路和方向。

参 考 文 献

[1] 于振阳. 高校学生大食堂设计理念研究 [J]. 新建筑，2004 (4)：48-50.

[2] 宋晔皓，孙菁芬，陈晓娟. 可持续建筑设计的思考——清华大学南区学生食堂设计 [J]. 建筑学报，2016 (11)：59-61.

[3] 邓扬波. 高校学生食堂设计问题初探 [C]// 中国建筑学会成立 50 周年暨 2003 年学术年会，2003.

[4] 张景玲，万建武. 室内温、湿度对人体热舒适和空调能耗影响的研究 [J]. 土木建筑与环境工程，2008，30 (1)：9-12.

[5] 高旭东，靳松，渠亚东. 屋顶绿化对室内人体热舒适的影响研究 [J]. 土木建筑与环境工程，2007，29 (5)：44-48.

浅谈太原某居住区室内外风环境数值模拟研究

欧阳文[1]，郭娟利[2]，吕亚军[3]

1　北京市建筑设计研究院有限公司第六建筑设计院刘晓钟工作室；2　天津大学建筑学院；3　广州大学

摘　要：风环境对建筑室内外舒适度影响较大，因而在设计阶段做好通风组织设计是实现建筑节能的重要前提。被动式通风因具有零能耗或低耗能的优势越来越受到设计各界的重视，本文以太原某居住区为例，运用CFD商用软件Fluent airpak 2.1对其进行室内外风环境进行数值模拟定量研究，并从建筑师的角度提出建议，旨在通过数值仿真对建筑设计进行一定程度的优化。

关键词：居住区风环境；自然通风；数值模拟

随着20世纪能源危机的诞生，世界各国开始意识到能源的重要性；积极致力于寻找替代能源（开源）的同时，也探索着建筑节能（节流）的根本措施。数据显示，人的一生约有3/4或更长时间在室内度过，其中将近一半时间是在居住建筑中，可见住宅室内环境优劣与人的健康息息相关。20世纪空调技术的兴起在一定时期内为人们创造了良好的室内环境，但不久之后引起了病态建筑综合征（SBS）等不良反应。于是，如何保证健康的通风重回建筑师的视野。

由于国内建筑领域的局限性，多数项目在经历了招标、设计、施工、验收阶段后即投入使用，周期短，设计通常越过了从生态等角度进行优化这一阶段，造成的结果是即使建筑造型独特、材质精美，却对降低建筑能耗，保证室内环境舒适没有进一步深入研究。

在诸多被动式策略中，建筑自然通风系统对建筑的影响虽然没有完整的数值量化体系，但其在保证舒适性前提下可降低建筑能耗已被研究所证实。如今，我国正处于快速城市化进程中，各类建筑鳞次栉比，本文以太原某居住区为例，试图通过在方案阶段运用CFD商用软件Fluent Airpak 2.1对算例进行数值仿真，为提高设计合理性及方案优化提供理论基础和工程实践经验。

1　研究对象及模型建立

1.1　项目背景

居住建筑是最为重要的类型之一。城市住宅中，由于建筑密集度较高，风环境受建筑群落的阻挡影响严重，再生风环境已成困扰居民的一大问题，20世纪80年代美国一起行人被风吹倒事件就是一例。目前，诸多住宅设计重视有形建设，轻视无形污染，重视室内装修，轻视室内空间承载量，使得环境品质降低等问题日益显现。

对居住区风环境进行研究目前主要有3种方式：现场实测法、风洞试验法和计算机模拟法。计算机模拟由于其形象化的图像语言及周期短、投入低的优势较适用于前期设计阶段。设计人员将方案进行多角度模拟之后，可对规划设计等进行优化改善，从源头减少后期的“亡羊补牢”。

为便于分析与说明情况，为本算例中建筑编号，高层建筑为1号、2号、3号、4号、

5号、6号、7号、8号、9号，裙房为A（2F）、B（2F）、C（2F）、D（3F）、E（2F）、F（2F）、G（4F），小区总平面及编号如图1、图2所示。住宅标准层有A、B两种户型，商业形式为底商。其中1号、2号、3号、4号、5号、6号楼为28层，高层住宅；7号、8号楼为23层，9号楼为20层，高层办公楼（其后折线表格中横坐标均代表建筑物楼号）。

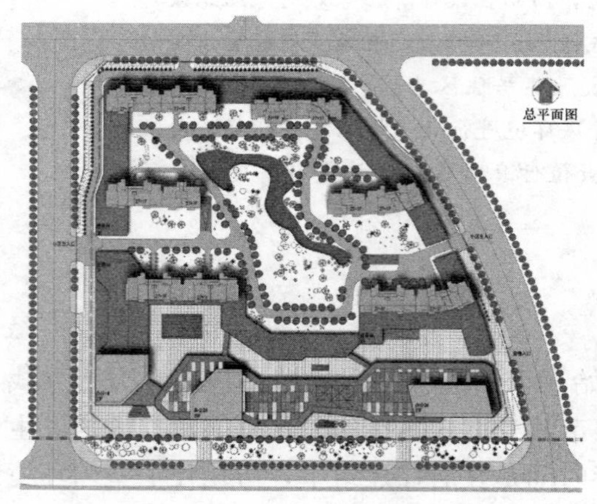

图1　太原某居住区总平面

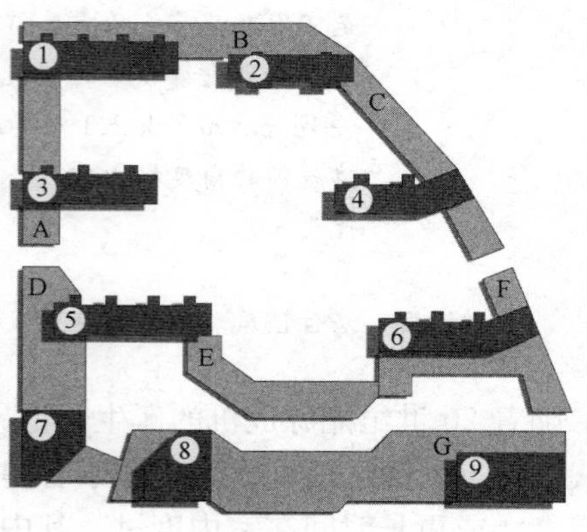

图2　太原某居住区楼体编号

1.2　模型简化

居住区风环境在于对其整体气流状况进行数值模拟，建模过程中需对原型进行简化。本算例中主要将高层住宅立面上窗户、阳台以及连廊加以简化。如表1所示。

简化模型统计　　表1

模型	数量	尺寸（单位：m；X、Y、Z为坐标轴）	类型	边界类型	参数值
房间	1个	800(X)×600(Y)×160(Z)	Room	绝热	/
裙房	7栋	裙房层高设定4.5	Block	绝热	/
高层	9栋	层高设定3	Block	绝热	/
进风口	1个	800(X)×160(Z)	Opening	/	夏季东南风，2.1m/s；冬季西北风，2.6m/s
出风口	1个	800(X)×160m(Z)	Vent	自由出流	/

1.2.1　边界条件设置

太原地处东经111°30′～113°09′，北纬37°27′～38°25′，夏季盛行东南风，冬季盛行西北风；在全国气候区划中属于暖温带大陆性季风气候类型。本文主要针对冬夏季两种工况进行模拟；湍流模型选用K-εRNG标准数学模型，进口设置成大气层边界。

1.2.2　网格划分与运算结果

网格划分尺寸为15m(X)×12m(Y)×6m(Z)，网格数为467268。

因地表摩擦的存在，300m以内风速应根据平均梯度风来确定。风速数值可由指数方程计算所得：

$$U=U_0(Z/Z_0)^\alpha$$

式中，U为高度Z处的风速；U_0为标准高度Z_0处的风速；Z_0为标准高度10m；Z为所求风速位置的高度；α 为粗糙度指数，本算例处于市中心，取 0.22。

迭代次数设置合理，最后运算结果收敛良好。

2 室外风环境模拟分析

风对高层建筑室外环境的影响不容小觑。本算例中分析主要以高层部分为主，裙房简略；为便于分析，对于温度等其他方面的影响简化处理。

2.1 对人行高度处风速的影响

一般情况下，人行高度处风速小于 5m/s 即可满足舒适性要求。如图 3 所示为夏季 $H=1.5$m 高度处风速矢量图，没有风速超过 5m/s 的大风区域。

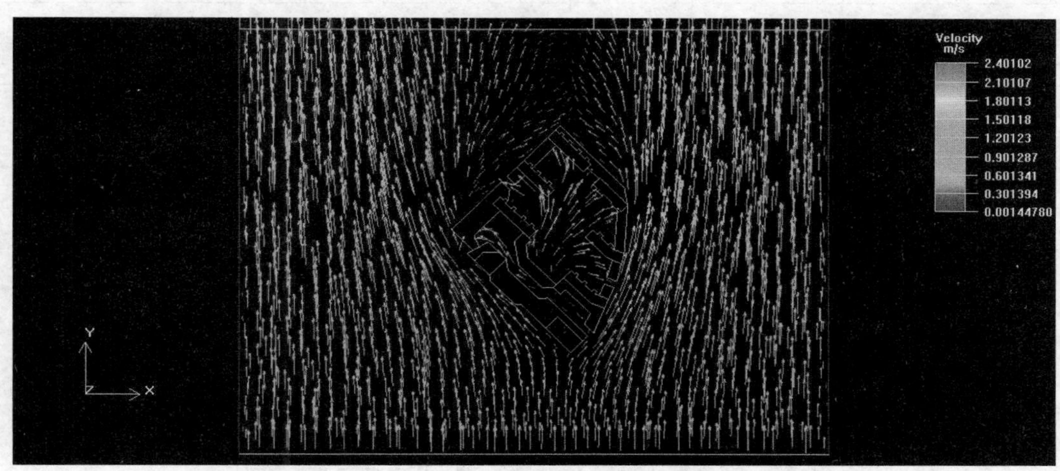

图 3　夏季 $H=1.5$m 高度处风速矢量图

2.2 对高层压力差的影响

建筑通风系统设计完善对降低空调能耗可起到关键性作用。建筑通风方式主要有：自然通风、机械通风、混合通风。分析中分别选取竖向 2m、20m、40m、60m、80m 高处情况进行趋势统计。限于篇幅，本文给出部分高度处的模拟图，如图 4 所示，其余以折线图表示。

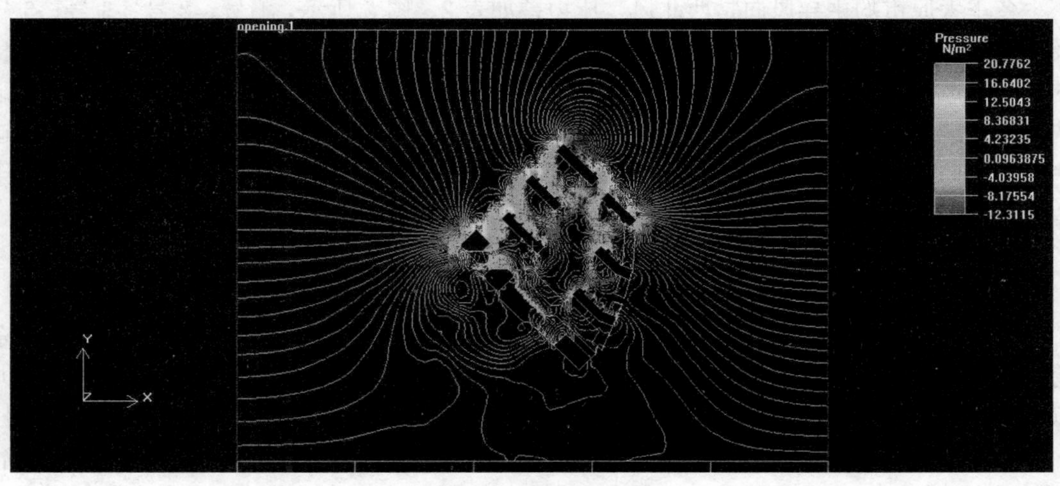

图 4　冬季 20m 高度处压力矢量图

2.2.1 冬季压力差分析

压力差介绍：风吹向高层建筑时在其迎风面产生较大正压，在其背风面产生较大负压，以此形成压力差，进而通风。冬季工况下，最多风向为西北风，在西北来向形成正压，东北向形成负压。

冬季 20m 高度处各高层压力值 **表 2**

高层编号	平均迎风面压力（N/m^2）	平均背风面压力（N/m^2）	压力差（N/m^2）
1	16.29	−0.56	16.85
2	14.05	−3.21	17.26
3	7.56	−5.55	13.11
4	1.24	−1.45	2.69
5	3.34	3.65	−0.31
6	1.52	−0.96	2.48
7	13.46	−3.06	16.52
8	−3.57	0.46	−4.03
9	1.04	−0.34	1.38

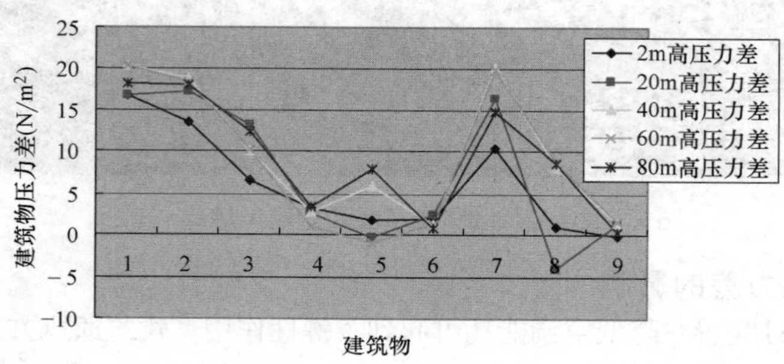

图 5 冬季各高层表面压力差

冬季太原市的主导风向是西北风，压力差如表 2、图 5 所示，1 号、2 号、3 号、5 号及 7 号楼位于小区西北面，压差较大，可考虑其防风措施。例如可在西北向设置较大面积的常绿防风林，能一定程度上阻挡冬季冷风来袭；可减少西北向开窗，增强西北向围护结构热工性能，降低外墙及外窗 K 值，外墙 K 值不宜大于 0.45W/(m^2 · K)；可考虑在这些楼体北向做双层表皮，从而达到节能目的。4 号、6 号住宅因位于小区东部和南部，压差较小且均不超过 5N/m^2。

2.2.2 夏季压力差分析

经分析可得夏季各高度处压力差如表 3 所示。

夏季太原市的主导风向是东南风，风速为 2.1m/s。在夏季主导风向作用下，建筑东南面产生正压力，西北面产生负压力，形成压力差。压差是自然通风的重要因素之一，尤以在夏季可见其优势。从表 3、图 6 可看出，建筑越靠近东南部压差越大，如 5 号、6 号、7 号、8 号、9 号楼，自然通风效果也越好；而处于西北部的建筑因受到上游建筑的遮挡，形成了大片静风区，建筑前后压差较小，不利于自然通风。针对本算例方案，在夏季，处于东南部的高层住宅可打开南北向窗户进行穿堂式通风，或只开南向窗户进行单侧通风，但同时需做好高层防风措施；宜辅以空调等设备进行调节。北部的 7 号、8 号、9 号三栋高层办公楼可根据具体情况做进一步优化设计。

夏季 $H=20m$ 处各高层表面压力值 **表 3**

高层编号	平均迎风面压力（N/m²）	平均背风面压力（N/m²）	压力差（N/m²）
1	0.78	−0.93	1.71
2	0.73	−0.89	1.62
3	−0.27	−1.93	1.66
4	0.19	−1.05	1.24
5	2.83	−3.08	5.91
6	3.21	−1.52	4.73
7	3.87	−0.13	4.00
8	3.64	−0.38	4.02
9	9.80	2.11	7.69

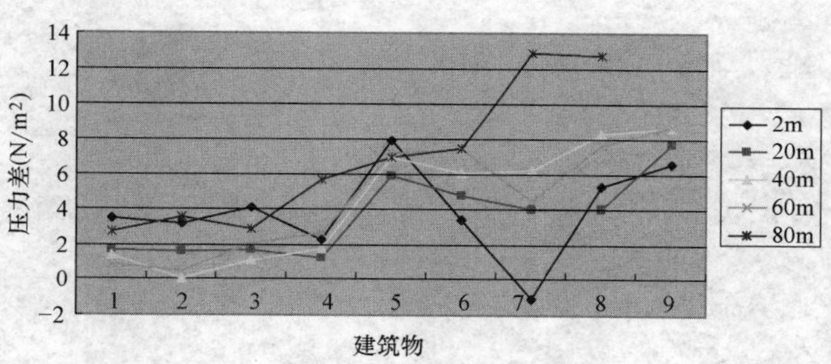

图 6　夏季各高层表面压力差

2.3　风环境对高层空气龄的影响

2.3.1　冬季工况

建筑物背风面空气龄（s） **表 4**

高层编号	$H=2m$（空气龄：s）	$H=20m$（空气龄：s）	$H=40m$（空气龄：s）	$H=60m$（空气龄：s）	$H=80m$（空气龄：s）
1	143	138	126	117	101
2	122	126	149	158	172
3	228	214	149	147	144
4	241	229	173	133	127
5	203	214	202	186	160
6	240	297	341	372	358
7	397	296	248	195	137
8	411	423	438	451	455
9	365	289	278	247	297

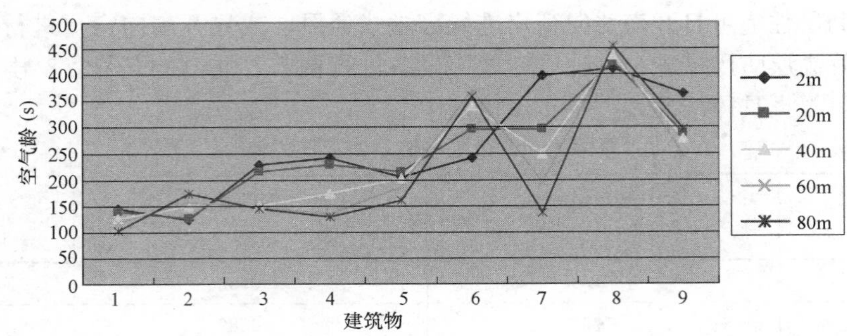

图 7　冬季背风面空气龄

空气龄可反映空气置换速度。冬季主导风向为西北，在此迎风面区域内空气龄较小，南向为建筑的背风面，空气龄较大。其中 6 号和 8 号高层的空气龄都较大，2m、20m、40m、60m、80m 截面高度处的空气龄都达到了 250s 以上，随着高度的升高空气龄有下降趋势。如表 4、图 7 所示，1 号、2 号、3 号、4 号、5 号、6 号住宅空气龄较小，均小于 300s，建筑背面通风情况良好，不易造成污染物聚集。

2.3.2　夏季工况

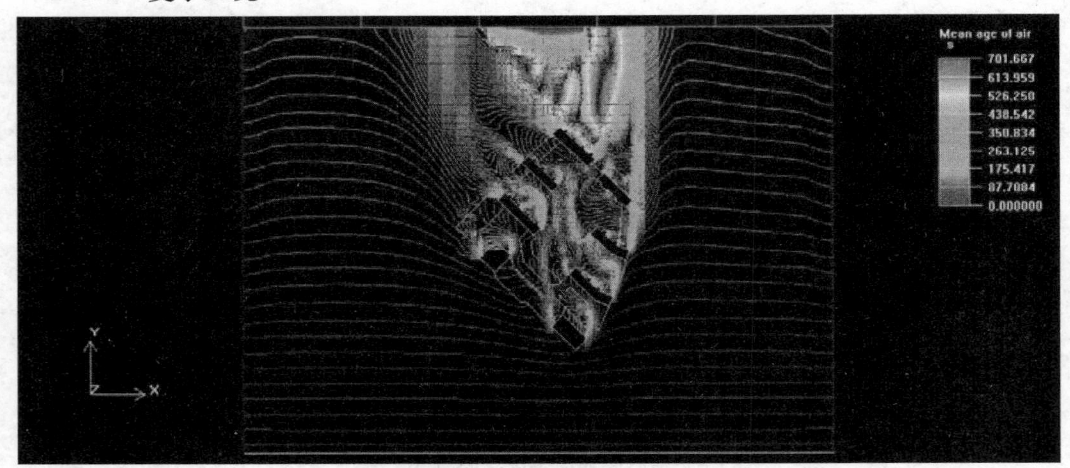

图 8　空气龄示意图 $H=80\text{m}$

建筑物背风面空气龄（s）　　　　**表 5**

高层编号	$H=2\text{m}$（空气龄：s）	$H=20\text{m}$（空气龄：s）	$H=40\text{m}$（空气龄：s）	$H=60\text{m}$（空气龄：s）	$H=80\text{m}$（空气龄：s）
1	515	880	822	606	643
2	278	439	316	290	279
3	255	271	252	234	265
4	494	395	319	376	399
5	355	338	218	276	318
6	230	224	209	235	292
7	205	173	176	175	133
8	176	182	168	173	189
9	188	165	139	119	65

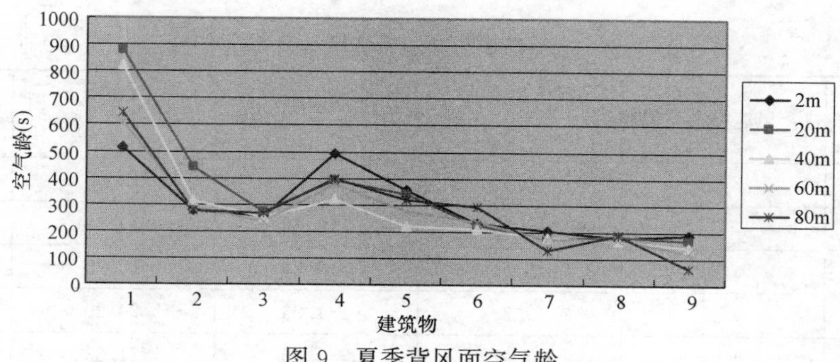

图 9　夏季背风面空气龄

夏季主导风向是东南，从图 8 中可看出，南向作为建筑物的迎风面，空气龄较小，北向成为建筑的背风面，空气龄较大。如表 5、图 9 所示，1 号、4 号高层住宅的空气龄较大，均达到 300s 以上；2 号、3 号、5 号、6 号、7 号、8 号和 9 号高层建筑空气龄较小，均在 300s 以下，建筑背面通风状况良好，不易造成污染物聚集。对于 1 号、4 号高层住宅可采取混合通风。

2.4　高层建筑形体对风环境的影响

建筑是艺术和技术的结合：既重美观，又重功能。因此对美观或功能设计的偏重可能会造成种种设计上的隐患：形美未必适用，实用未必美观，数值模拟可为平衡两者的关系提供依据。本案例由于规范限制，在高层双核住宅北侧的凹空间由连廊进行连接，如图 10 所示，10 层以上每 2 层设连廊，17 层以上是每层设连廊，并在 19 层、23 层设置连接平台。在冬季风作用下，由于连廊的存在会对建筑物的风速、风压和空气龄产生一定影响，为了解此处风环境，以高层住宅 5 号楼右端楼体为例，对其北侧凹空间（每单元两核心筒之间带连廊空间）进行模拟分析。

图 10　高层住宅北向凹空间示意图

夏季凹空间风环境　　**表 6**

高度	风速(m/s)	迎风面压力 (N/m^2)	背风面压力 (N/m^2)	压力差 (N/m^2)	空气龄(s)
10m	0.17	11.51	−0.15	11.66	258
20m	0.31	11.98	−0.17	12.15	279
30m	0.41	12.37	−0.21	12.58	257
40m	0.25	12.74	−0.44	13.18	252
50m	0.19	12.89	−0.43	13.32	263
60m	0.18	12.81	−0.47	13.28	452
70m	0.01	12.41	−0.44	12.85	372
80m	0.23	11.04	−0.46	11.5	234

冬季凹空间风环境 **表 7**

高度	风速(m/s)	迎风面压力 (N/m^2)	背风面压力 (N/m^2)	压力差 (N/m^2)	空气龄(s)
10m	1.11	18.21	−0.77	18.98	62
20m	1.03	18.82	−0.86	19.68	67
30m	0.76	18.54	−0.21	18.75	69
40m	0.47	19.23	−1.06	20.29	64
50m	0.23	20.47	−1.16	21.63	66
60m	0.38	20.34	−1.25	21.59	62
70m	0.35	19.63	−1.29	20.92	65
80m	1.45	14.93	−1.22	16.15	56

图 11 为其折线图。

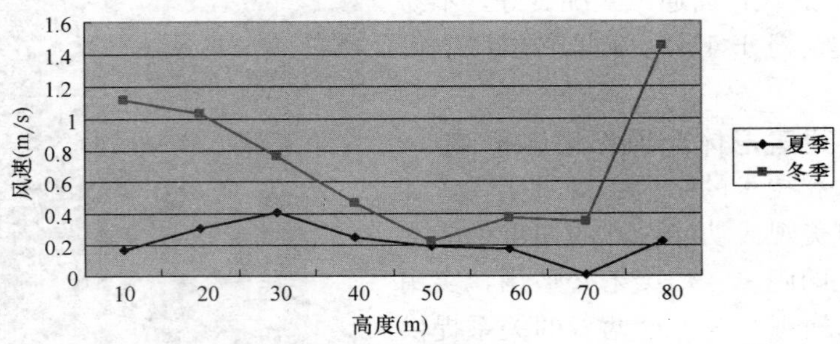

图 11　凹空间各高度处的风速

总体上，在北侧凹空间内冬季风速大于夏季风速，如表 6、表 7 和图 11 所示。冬季工况下，楼体 30m 以下风速在 1m/s 以上，30m 以上因连廊影响使得凹空间的风速降低，在 60m 以上又出现风速增大的情况。夏季工况中，由于凹空间在背风面，风速始终较低，都在 0.2m/s 以下。

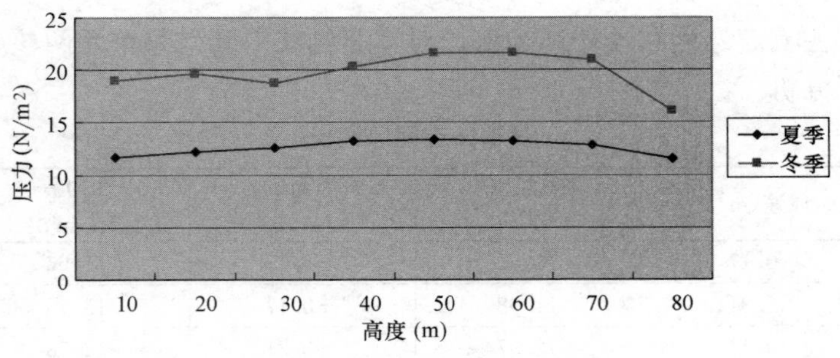

图 12　凹空间各高度处的压力差

总体上，如图 12 所示，夏季凹空间处迎风面和背风面的压差小于冬季的；夏季压差较为稳定，10～80m 压差始终处于 12～14N/m^2之间，随高度变化不明显。冬季凹空间位于迎风面，压差大，随高度变化呈波峰状，高度在 10～30m 时压差为 18～20N/m^2，30～

70m 时受连廊影响，压差增大为 20～22N/m²，80m 时压差降为约 16N/m²。冬季压差大，需提高建筑围护结构性能。

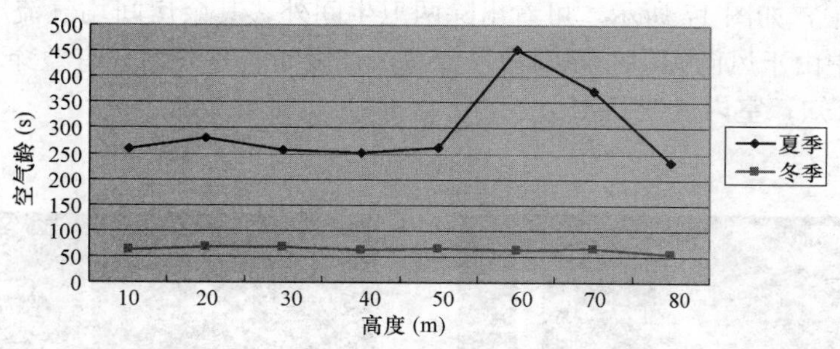

图 13　凹空间各高度处的空气龄

冬季工况下，如图 13 所示，凹空间处于迎风面，气流速度较快，空气龄较小，在 50～100s 之间，不易产生污染物聚集。夏季工况下，凹空间处于背风面，气流速度较慢，空气龄较大，在 250～450s 之间。

3　夏季室内风环境模拟分析

本算例中高层住宅为两梯四户，两类户型，如图 14 所示。为便于模拟，将 A、B 两类户型单独建模分析，并选取 20m 高度所在层 5 号楼住宅户型为研究对象，于人体主要活动区域 $Y=1.2$m 高度处对夏季室内风环境进行模拟。湍流模型采用室内零方程标准模型，通风口只在外窗设置速度，进出风口速度均设为分解速度 $X=1.40$m/s，$Y=1.40$m/s，送风温度为 26℃，室内门均为自由出流，无热源。

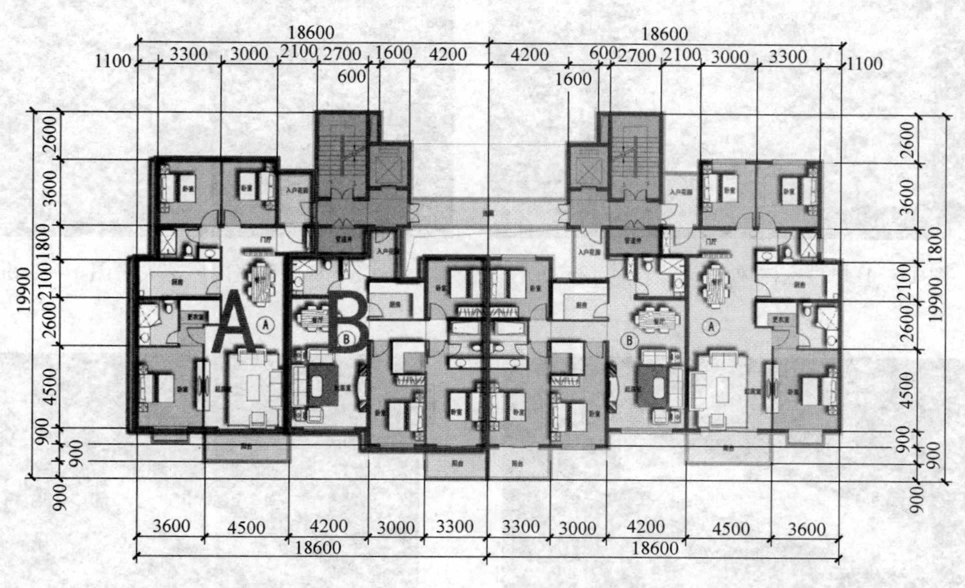

图 14　小区户型图（A、B 户型及连廊示意）

从户型 A 中，如图 15 所示，可看出北向左卧室由于受卫生间的阻挡，气流不如右卧室顺畅，因此日常要注意开窗开门加强通风。北向入户花园处风速较大，宜在门上设通风百叶。从风速矢量图 16、图 19 可得出，户型右半部分由于窗户与门的存在更易在夏季形成穿堂风。

从户型 B 中，如图 17 所示，可看出除两卫生间外，其余房间均气流顺畅，但在南向起居室和卧室中由于风向倾斜的原因易形成涡流，夏季宜常开窗，有益穿堂风的形成。由图 18、图 20 可知，室内风速基本小于 5m/s，满足舒适性要求。

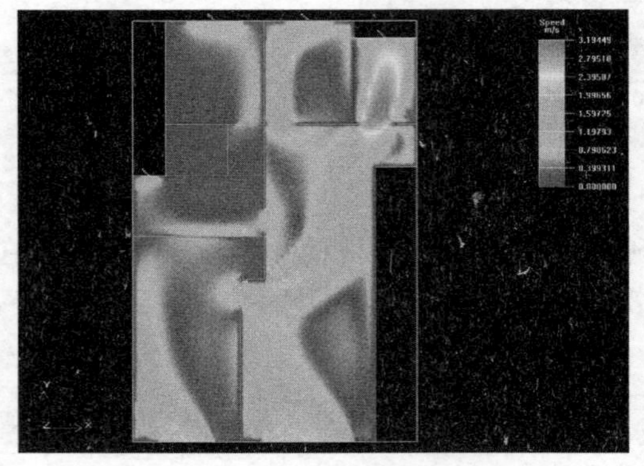

图 15　A 户型室内风速云图 $Y=1.2$m

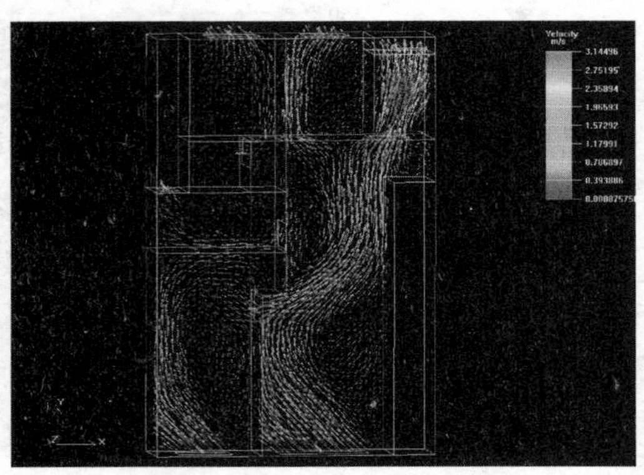

图 16　A 户型室内风速矢量图 $Y=1.2$m

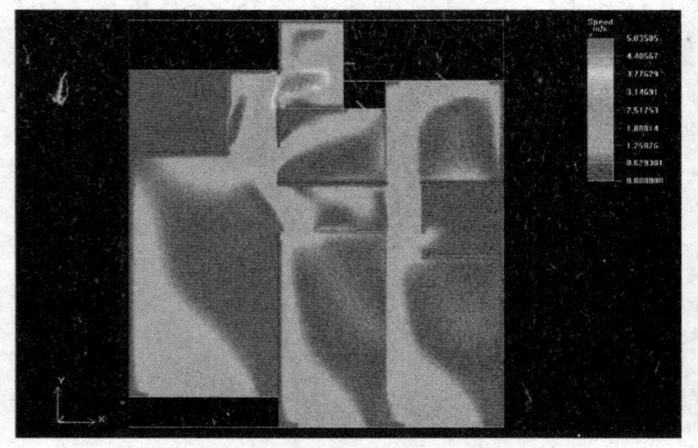

图 17　B 户型室内风速云图 $Y=1.2$m

图 18　B 户型室内风速矢量图 $Y=1.2$m

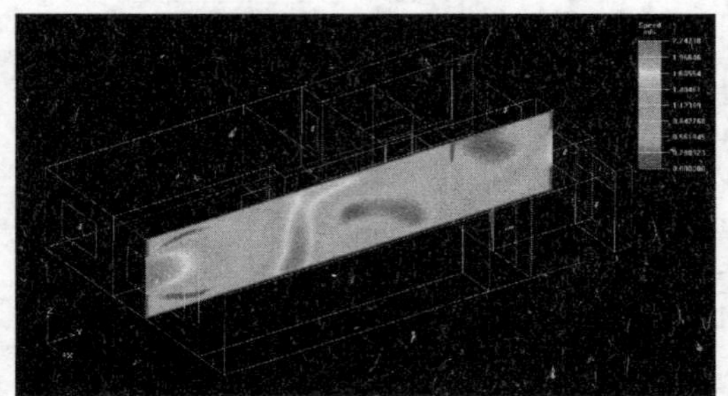

图 19　A 户型室内风速剖视图

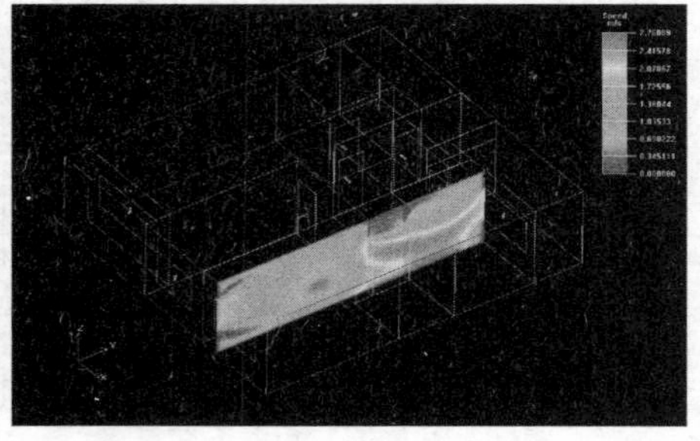

图 20　B 户型室内风速剖视图

4 结语

建筑业已成为能耗大户，约占总能耗的1/3，环境问题日益严重，建筑师应重视建筑对环境产生的影响；应将建筑置于气候圈这一大环境内，与阳光共升落，与和风共起舞，让环境因素成为调节建筑微气候的一员。设计初始就应重视生态技术策略的运用，与各专业工程师协调配合，充分运用高效的软件模拟技术在前期进行仿真，从而为发掘建筑存在的问题并进一步优化完善打下基础，最大限度体现全生命周期低碳生态理念。

后记：本论文作于作者研究生毕业前，未及发表，在撰写过程中得到了天津大学建筑学院可持续建筑研究中心绿色建筑研究所主任、博士生导师高辉教授的指导和博士生郭娟利、吕亚军的帮助。在此对先生的指导和师姐师兄的帮助予以诚挚的感谢。

参 考 文 献

[1] 杨丽. 居住区风环境分析中的CFD技术应用研究 [J]. 建筑学报，2010（S1）：5-9.

[2] 闫凤英，王新华，吴有聪. 城市住宅小区建筑室内外环境对局部气候的影响 [J]. 太阳能学报，2010（4）.

[3] 杜晓晖，高辉. 天津高层住宅小区风环境探析 [J]. 建筑学报，2008（4）.

[4] 陆亚俊，马最良，邹平华. 暖通空调 [M]. 北京：中国建筑工业出版社，2007.

建筑工业化

基于结构围护集成的轻型纸板腔体拱设计研究

汪丽君，史学鹏，孙旭阳

天津大学建筑学院

摘　要： 数技时代，技术的更新与城市的新陈代谢加速促进了建构体系的变革，具有便捷性与灵活性的轻型建构应运而生。本文通过对纸板材料效能与结构围护集成研究，在将建造合理纳入数字设计及其实施过程条件下，利用 RhinoVault 软件对拱体塑形的模拟，对腔体结构单元抗压强度的等比例实验反馈，从而高效低成本地实现具有空间跨度的纸基轻型腔体拱原型建构，并探讨其应用展望，适应时代和需求的变化。

关键词： 材料结构效能；结构围护集成；轻型纸板；腔体结构；轻量建构

建筑的轻量与轻型化是针对当今可持续性实践与环保建筑的一场变革。轻作为一种品质、美学和价值倾向在当代语境中是一个意义深远的话题。数字时代的当下，建造之轻不仅体现在砖石重质到钢混框架的结构材料变革，“通过数字建造全新诠释材料的物质主义”① 的技术革新趋势，更为建筑之轻带来了新的机遇。

如今技术奇点渐趋清晰，结构体系的变革与材料效能的探索将为轻量化建造带来不可估量的发展前景。由此，支撑体系与围护体系集成的结构革新以及轻型纸板等轻量化材料的引入将深刻改变建造的原则和逻辑，使新的更优化轻型建构体系得以实现。本文旨在探讨结构支撑与围护体系的融合，并结合轻型纸板拱券的原型设计，通过材料效能发挥与结构优化设计，实现具有空间跨度的建构体系，即设计实践层面对这种发展趋势的一次积极回应。

1　纸板材料与拱结构研究

1.1　纸板的应用沿革

通常意义上纸板是由各种纸浆加工成的、纤维相互交织组成的厚度大于 0.5mm 厚纸

① 2017 由同济大学主办，中国建筑学会与全国高等学校建筑学科专业指导委员会协办的“上海数字未来”国际会议以“通过数字建造全新诠释材料的物质主义”为活动主题，旨在通过材料本体特性与数字生产的有效整合，探求通过“建造与自动化”等方面体现“数字化物质设计”的新途径。

纸板的材料性能对比　　表 1

纸板种类	单位重量(g/m^2)	厚度(mm)	强度	紧密度(g/cm^3)	亲水	激光切割
瓦楞纸(单瓦)	250～500	3～5	2～5kN/m 抗压	0.45～0.50	是	否
茶纸板	120～600	1～9	≥16N/m 抗拉	0.5～0.625	是	可
蜂窝纸板	50～500	10～90	25×150kN/m 抗压	0.60～0.90	是	不宜
电工绝缘纸板	400～1800	1～5	50～90kN/mm^2抗张	1.00～1.25	否	可

来源：根据国标 GB/T 13023—2008、GB/T 13024—2003、QB/T 2688—2005 数据，作者自绘

页。包括包装用纸板、工业技术用纸板、建筑用纸板等。纸板在建筑领域的应用虽然广泛，但以辅助装饰层面居多，在结构支撑、围护体系中因其材料的特性而少有应用。虽有日本建筑师坂茂利用硬纸管作为结构构件完成轻量化临时建筑的搭建，但通过卷实增强及再加工来发挥结构维度的单一效能，尚缺少对材质效能最大化开发。

1.2　纸板在设计中的材料优势

设计在最初纸板材料考量中颇费周折，其一用来搭建的材料必须具备一定的强度特性，足以满足结构支撑与空间围护的双重要求；其二材料还需具有一定的柔韧属性，这将是 CNC 机床板件切割以及部件能够手工组装的前期条件；其三对“轻”的格外追求也被赋予材料的选取之中，在结构维持向度的考量之外，企图探讨一种设计立场和价值，以及不可量化的品质，同时关顾物理意义与心理意义。

由此可见，似乎纸板的选择是种必然且合理的结果—其材料强度和密度适中、建造工艺简单，且常识上稍作维度处理即可承受一定荷载的特性，对建造体系的可操作实施、社会普及性，以及城市新陈代谢的周期等社会属性都具有重要的意义。

1.3　纸板材料的比选

这些问题的解答在综合的设计思考之下，区别于其他亲水类纸板（表 1），设计最终选择了工业用 1mm 厚绝缘纸板，紧度和强度较高，具有一定弹性，标准单元长宽分别为 2m 和 1m，满足 CNC 切割机床对材料尺寸的要求，同时也契合对每个结构单元展开面尺寸数量级的预估。

至此，轻型跨度建构原型从形式结构到细部的搭接处理，是如何回应超薄纸板的材料效能而进行的结构体系革新，又为何要在建造普及性的同时表达出整体灵活度，成为以下试图阐释的问题。

1.4　拱结构原型的理论回溯：悬链线效应

由于需要考虑所选材料的特性，结构原型的选择受到诸多限制，但这也为充分发挥和探索材料的性能提供了难得的机会。经过反复论证，原型从罗马拱券得到启发，通过分析拱券的受力特征，经过力学简化，悬链线理论（图 1）是公认的能够反映悬索重力特性的原型理论。过去由于悬链线超越方程求解计算复杂，无法应用于实际工程，随着计算机在悬索设计上应用，悬链线超越方程的求解计算得以实现。

原型充分利用结构模块之间的内力传导，利用悬链线原理，建构一个纯粹受压的结构体系，从而在根本上消除了扭矩等其他内力对纸板材料受力特征负面影响。

1.5　现代数技支持的结构转译

数字化技术在建筑领域的应用为建筑师开场了一片非常广阔的设计天地。其计算方法

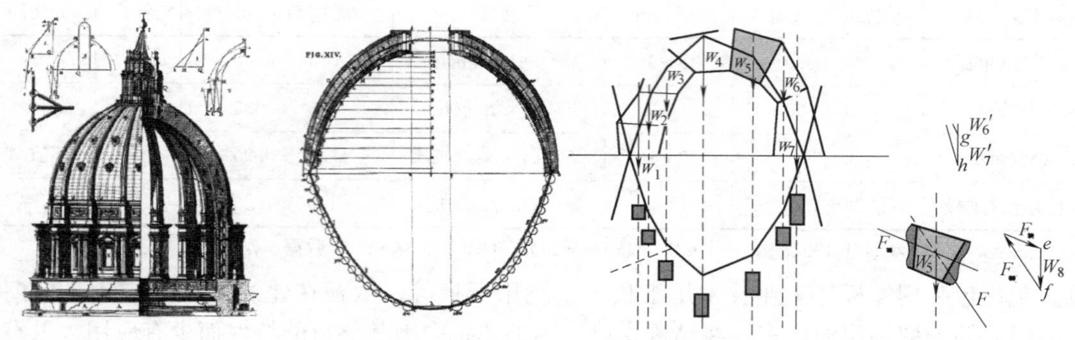

图 1　Poleni 提出的悬链线理论及力图解

来源：Block P，Dejong M，Ochsendort J. *As hangs the flexible line*：*Equilibrium of masonry arches* [J]. Nexus Network Journal 2016，8（2），13-24

不仅使建筑师可以发展、控制、追溯过往被认为不切实际的复杂几何。可以帮助设计者在虚拟环境下摆脱烦琐细节的制约，预实现建筑空间的整体形态，而这一目标的达成却完全基于对物质世界中材料的性能，自然重力，结构的体系。

图 2　基于 RhinoVault 技术辅助的重质拱体结构建造

来源：http：//www. block. arch. ethz. ch/

图 3　“数字未来”展大跨建构

来源：自绘

（1）瑞士苏伊士理工大学的 BRG① 研发的 RhinoVault 软件（图 2），为实现这一目标提供了技术可行性。采用砖，石等块状或板状重质材料，并利用三维数字技术模拟生成的稳定态结构体系[1]，进行实体的搭建，实现具有空间跨度的拱体结构。

① BRG：Block Research Group（BRG）隶属于苏黎世科技大学建筑技术研究所，由 Philippe Block 教授和 Tom Van Mele 博士领导。BRG 的研究核心领域，包括砖石结构分析，图形分析和设计方法，计算形式发现和结构设计，离散元件组装以及制造和施工技术。中心目标是了解复杂的结构设计和工程问题的真正需求，并开发新的算法和有效的，易于使用的结构信息设计工具。

（2）与上述着重重型传统材料（如砖，大理石等）的探索不同，笔者参加的 2017 上海“数字未来”工作坊则是采用轻型材料，并采用相关结构力学软件的计算原理，实现大跨度的拱体建构（图 3）。试图通过针对轻型材质（如纸板）效能的最大化利用，最后达到材料效能与结构体平衡的新型轻量建构体系。

2 轻型纸板腔体拱原型设计—结构与围护集成

此原型设计是针对上述研究案例的反思与优化，探索进一步实现结构围护的集成以及材料效能的更大化发挥。并试图通过模块化与轻量化实现多领域多场景的实际应用。

设计过程通过对方案表面的离散化分割，利用 RhinoVault 进行受力平衡计算，进而得到力的图解。针对绝缘纸板的材料特性，原型采用腔体形态的结构单元，即由类似于细胞形态的具有内外表面及肋结构的腔体作为基本结构单元，以实现对材料性能的最大化利用。针对具体设计过程，在力图解到形图解①的转换过程中对结构肋系统进行找型，并利用围护膜系统在内外表面的黏结对结构单元进行增固。

2.1 初始结构的离散化分割

原型形态是需要解决的第一个问题，虽然最终三维形态的确立是根据数字技术迭代计算之后的产物，但是雏形的给定仍然是建筑师设计的范畴，即边界条件甚至是人文关怀等的传统考量。通过对空间大小、组装运输、人的尺度等影响因素在二维平面上进行反映，最终平面形态设定为内径 1.5m，外径 4.5m 的标准圆环。然后以此作为初始条件交与 RhinoVault 进行力图解计算[2]，最后生成空间维度平衡的受压结构体系。

相对于三边形力图解，选用了更加契合架构形态的四边形力图解，即 RhinoVault 对给定的平面边界条件进行四边形离散化分割，即内部压力沿四边形所形成的网络进行传导，在此基础上叠加垂直维度的重力，RhinoVault 最终得出空间维度平衡的四边形力图解（图 4）。

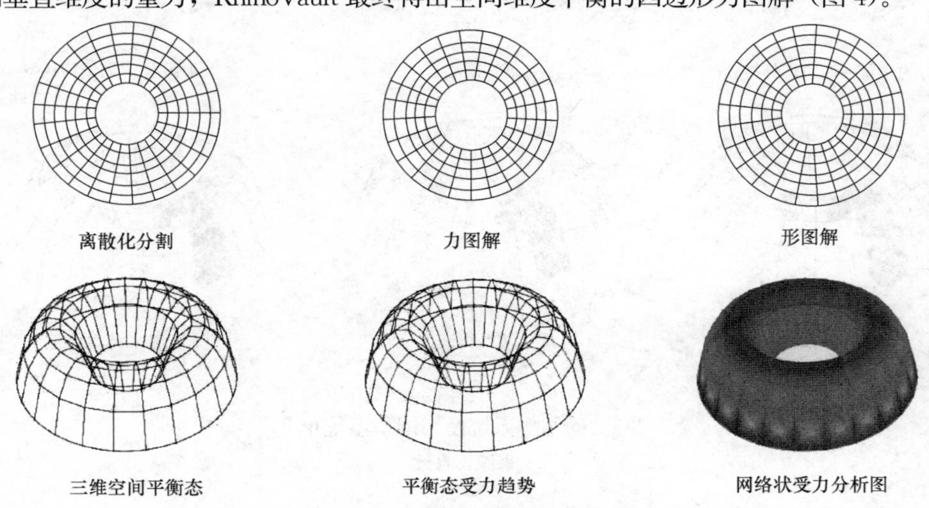

图 4 离散化分割及受压稳定态求解

来源：自绘

① 力图解与形图解：结构的内在理性（内力）与外在表现（形态），作为处理结构的力与形关系的一种方式，并利用几何图解将其可视化。

2.2 肋结构系统找型

肋系统找型涉及力图解向形图解的转化，并且肋系统决定整体的分割方式和结构受力模式。原型在最初尝试了直接把力图解当成形图解，即真实的建造是由四边形腔体单元组成的跨度结构，整体结构的内力是通过腔体单元的四条肋边进行传导，即纸板在径向上承载结构内力，这不符合 1mm 纸板的结构特性，也不利于材料最佳结构效能的发挥。

在综合考量力学图解与建造可操作性的基础上，原型决定采用 3-Valence 网格的平面肋系统找型，即把力图解的四边形形网格中，每个四边形端点看做形图解中每个单元的质心，在这样的逻辑下就可以认为实体建构中每个实体单元之间的内力传导是遵循 RhinoVault 中计算得出的空间平衡受力状态[2]，即只有压力的内力系统。

具体到形图解单元找型，从便于加工角度，为保证每条矩形的肋都是四点共面的平面而不是三维曲面，设计过程画出了每个力图解四边形的外接圆，然后把相邻的四个外接圆圆心连线成四边形，作为一个形图解单元。由于外接圆的圆心即四边形的外心，因此力图解中的力传导是垂直于形图解的每条肋边的，我们就可以认为这是个稳定且只受压力的空间平衡系统。

每个四边形外心分别往内外侧沿三角面法线方向偏移 100mm，形成的两个端点分别与相邻的同侧偏移点连线，从而生成空间维度的肋（图 5）。

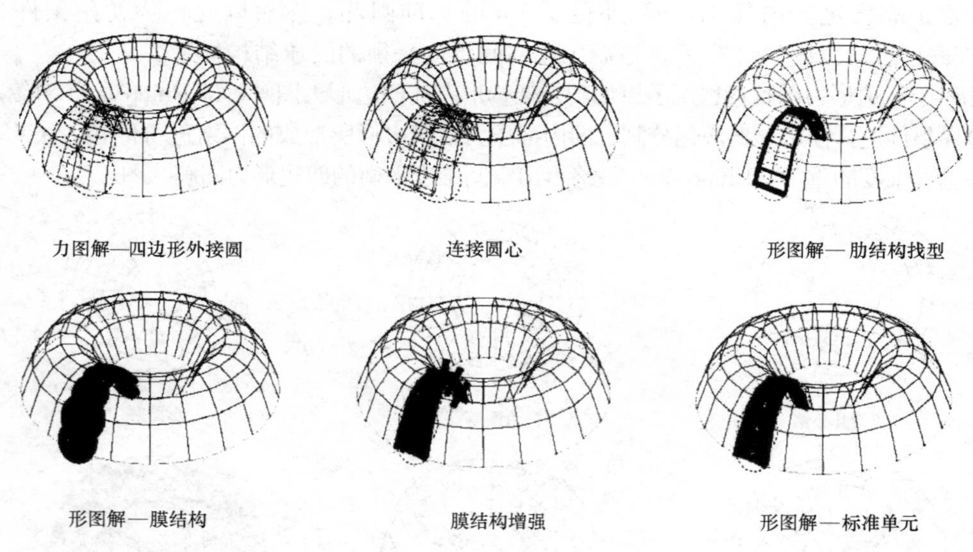

图 5 肋结构系统及膜围护系统单元

来源：自绘

2.3 膜围护结构找型

膜系统提升结构局部稳定性，同时作为建构体系的围护结构[3]。每个实体结构单元是四边形结构，通过软件的测算，四点共面，这意味着可能用三维的膜去围合。首先进行了膜结构的原型设计，原型共有三种（图 6）：①基于四点共圆的圆锥形；②多组平面折板形；③局部点锚固的平面板形。经过进一步评价对比，排除了对结构体系无加固作用以

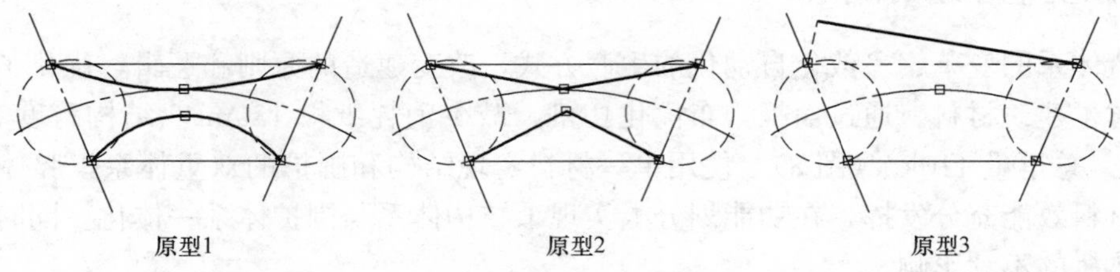

图 6　腔体单元膜围护结构原型

来源：Wang X. *Cellular Cavity Structure for Shell Structures with thin Sheet Materials* [C] //Geometrical Analysis and Structural Consideration in the Design and Building Processes.

及欠美观的第三种原型。第一和第二种原型都具有一定可实施性，但是无法直接判别出哪种原型具有更大的抗压强度。最终决定对结构的抗压性能进行 1∶1 模型的实验，以期通过数据得出最优方案。

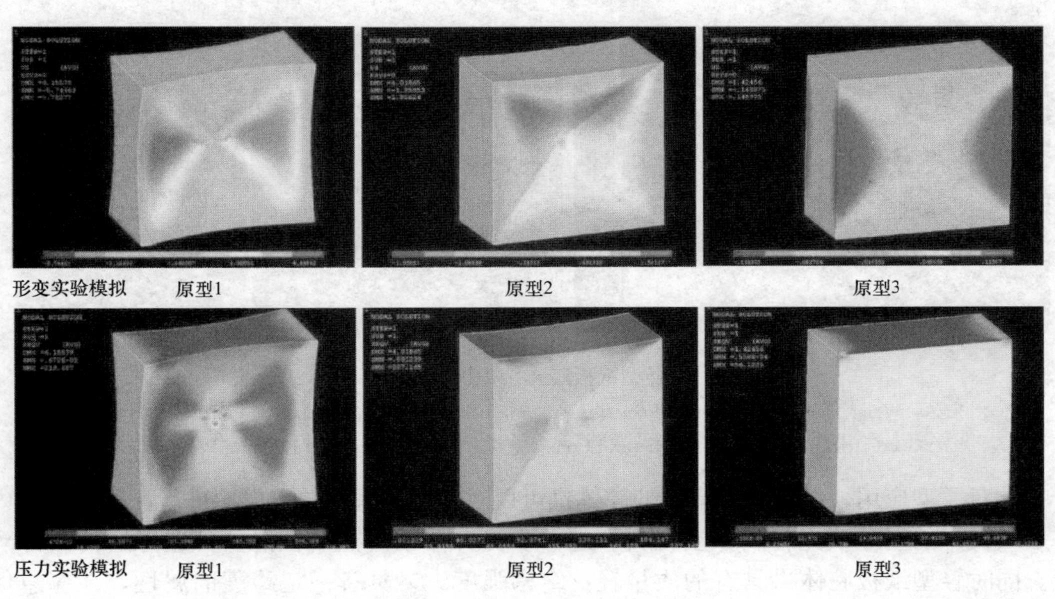

图 7　腔体结构单元抗压实验

数据来源：Technische Universität Darmstadt，Wang Xiang，自绘

2.4　单元强度—材料效能检验

通过结构实验和有限元计算分析采用软件模拟和等比例模型验证的方法，对几种不同设计结构的单元进行力学有限元分析，以期得出能够实现材料最大效能的结构设计。软件模拟模型共三个，其中一个为平板对照实验。等比例模型验证实验共分三组，其中一组为平面板对照组。实验共取得九组有效数据。通过对数据的整理分析（图 7），软件模拟的数据表明，原型一内力主要集中在中心区域，单元形变分布较为均匀。原型二内力分布较为均匀，形变主要产生并分布在面板间折痕处。等比例模型试验的数据表明，所有的三个原型都有较好的抗压能力，但是相对于其他两个，从实验角度验证了原型一有更佳的抗压性能。

3 原型应用场景探索

建造体系的变革、参数化自动化的生产方式，改变建造的原则和逻辑，优化了结构体系，节省了建筑材料。通过面板排布优化切割，减少消耗纸板 180m^2，结构跨度 3m，高度 2.2m，总重量 110kg（图 8)。使用单一材料实现结构和围护的双重体系，腔体结构使纸的板材料效能充分发挥，在功能划分上实现了结构体系与围护体系一体化。同时有效杜绝了冷热桥的不利影响。

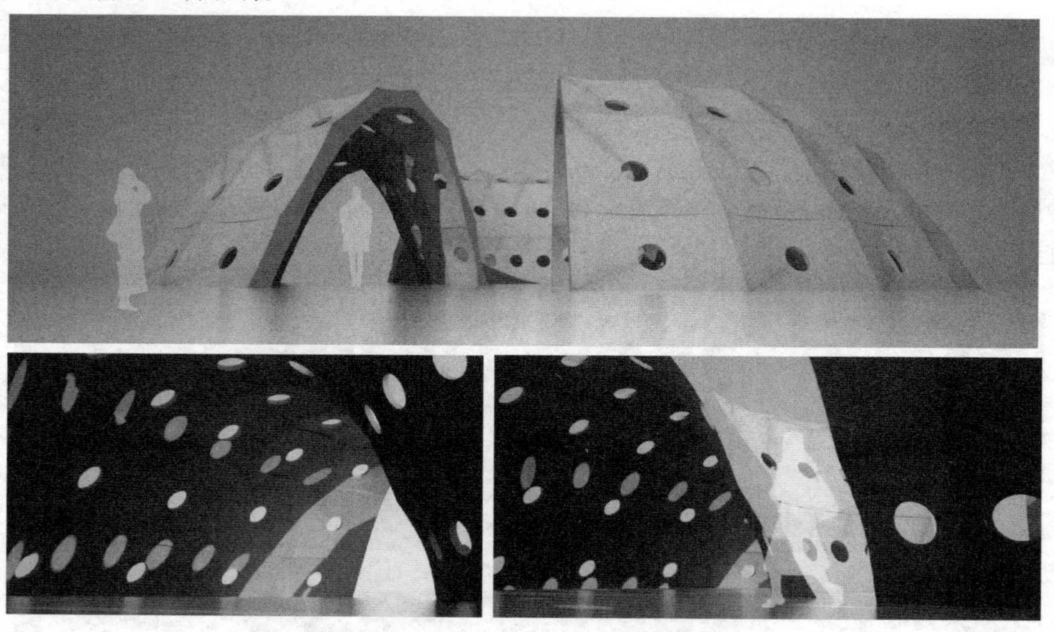

图 8 轻型纸板腔体结构拱建构成果图

来源：Wang X. *Cellular Cavity Structure for Shell Structures with thin Sheet Materials* [C] //Geometrical Analysis and Structural Consideration in the Design and Building Processes.

针对原型应用，结构围护集成的腔体拱可以对填充体系的热工层面进行深化，利用内外层纸板间的空腔填充轻质保温材料，进一步提升体系的热工性能，营造舒适的内部环境。同时轻型纸板腔体拱具有的质量轻，结构强度大，具备一定跨度的属性，在应急保障、可持续更新、城市新陈代谢等社会元素中具有广泛应用（图 9)。

图 9 应用展望——环境适应性营造

来源：自摄

4 总结与展望

轻型纸板腔状结构拱体的研究表明，材料效能的充分发挥可以在结构支撑体系与外围护体系间建立简约轻量化的联系，与此同时，腔体在结构单元原型的应用，在发挥材料效能与增强结构强度的同时，也为进一步加入内填充体系，完善建构体系的舒适性提供了窗口。标准化的结构体系、模块化的整合安装也提高了建构体系的普及性与灵活度，为轻量建构、轻型建筑的发展提供一种可能的思考。

参 考 文 献

［1］ S Adriaenssens A，Block P，Veenendaal D，et al. Shell structures for architecture：form finding and optimization［M］. 2014.

［2］ Block，P，Ochsendorf J. Thrust Network Analysis：A new methodology for three-dimensional equilibrium［J］. Journal of the International Association for Shell and Spatial Structures，2014，48（3）：167-173.

［3］ López D，Domènech M，Palumbo M. Using a construction technique to understand it：thin-tile vaulting［C］// SAHC2014-9th International Conference on Structural Analysis of Historical Constructions. Mexico City. 2014.

装配式组合结构体系在停车楼设计中的应用

卞洪滨[1]，刘子安[1]，张锡治[2]，郑涛[2]
1　天津大学建筑学院；2　天津大学建筑设计研究院

摘　要：文章结合工程实践，着重讨论了模数化设计与装配式结构在停车楼设计中的结合应用以及组合结构的经济性，对预制混凝土空心管柱在 RCS 组合结构中应用的合理性和相应技术措施进行了研究探讨。

关键词：停车楼；装配式建筑；RCS 结构体系；预制管柱

随着国内建筑业施工及管理水平的提升以及人工成本的增加，装配式建筑以其建造速度快、质量安全、经济性好等特点逐渐被建设单位所重视。由于停车楼具有功能相对单一、建筑构件重复率较高的特点，运用装配式技术建设停车楼可以利用预制结构标准化建造的特点，充分发挥其立体停放、节约土地、经济高效的优势，有效缓解城市停车压力。近年来随着对预制管桩在高层建筑中应用的限制，导致部分管桩厂家生产的预制高强混凝土管桩出现产能过剩的情况，造成社会资源的闲置和浪费。而预制管桩有成熟的制造工艺、通过增加非预应力钢筋可提高其抗震性能，其高强材料的应用符合建筑绿色理念。

基于以上情况，我们在天津市蓟县礼明庄安置住宅小区配套停车楼的设计中，尝试利用改善的预应力混凝土管桩作为预制构件，探讨装配式组合结构体系在停车楼设计中的应用。结合工程实践，从空间组织、围护系统、结构体系和经济性分析四个方面入手，对此类装配式公共建筑关键技术进行总结。提出了一些解决方案和措施，希望对今后此类工程的设计建设提供一定的参考价值。

1　项目概况

为改善社区居住品质，解决居住区内停车数量的不足，天津市蓟县礼明庄安置住宅小区中规划建设了配套停车楼一座，积极响应国家对于推进装配式建筑发展的号召，将装配式组合结构形式应用于本项目。总建筑面积为 10542m^2（其中配套公共设施面积为 972m^2），建筑抗震烈度设为 8 度，抗震等级为三级，地上 3 层，共计有停车位 392 个，建筑呈长条状布置，南北进深约 33m，东西面宽约 132m。

停车楼场地布局的重点在于处理建筑与住宅、道路和城市的关系。项目位于地块中部，处于北侧高层住宅组团与南部的社区医院之间的缓冲地段，避免停车楼对住宅建筑造成噪声干扰和空气污染，东侧靠近城市次干道，便于与城市交通联系的同时也避免在高峰出行时间影响道路运行。人行出入口面向北侧住宅，便于与住区内部步行系统连接，并有利于提高底层商业活力，建筑平面布局紧凑，土地利用率高，底层一部分被设计为超市、洗衣房等便民性商业服务用房。组团内居民楼距停车楼的最大距离为 300m，步行距离适中，居民出行便捷。此外，将人行出入口与车型出入口结合布置，通过车阻石、路缘石进行人车分流，为人们提供安全、自然、轻松的外部步行空间环境。

2　模块化的建筑空间组织方式

装配式建筑是结构系统、外围护系统、内装系统、设备与管线系统的主要部分采用预制部品部件集合而成的建筑，其设计方法注重模数关系的组织以及不同模块间的组合。

停车楼采用预制与现浇方式相结合的整体装配式结构体系。为与装配式的建造方式相适应，停车楼采用水平楼板与环形坡道两种模块进行空间组织，以扩大模数 3M 为基本模数，不同的模块内构件和尺寸模数统一。同一平面高度内的水平停车空间，建造方式简单，可以避免错层式、倾斜楼板式等相对复杂的楼板形式，以达到减少部件种类和简化构件连接方式的目的。

环形坡道模块位于停车楼东西两侧、对称布置，分别与车行出入口相连接，坡道下方一部分地坪降低作为住区消防控制室等公共服务设施房间。双向环形坡道，避免了行驶路线交叉和逆行，上下行路线短捷、迅速。逐渐升高的坡道部分采用现浇混凝土楼板，每段依据柱跨划分为 6 个标准单元，利于制作混凝土模板。

两坡道之间的矩形停车空间采用规整柱网，体现模数化、标准化的设计原则。东西向柱网尺寸为 8400mm，宽度可容纳 3 个停车位；南北向柱网尺寸依功能需要分别为 4950mm、6900mm、8400mm。两条车行通道划分出四排停车位，结合环形坡道模块形成简洁高效的平面布局形式。屋面层也作为停车区域以高效利用空间，后期可架设太阳能光伏板，既为屋顶停车提供遮挡，也为低层的公共服务设施提供清洁能源。针对较小的项目规模，每层不单独设置人行通道，人车相遇时，主要利用停车位空间避让；每层设置四个消防疏散楼梯，保证了人员双向疏散。

3 建筑造型及外围护系统

建筑造型由停车楼主体，坡道和楼梯间三种体量相互穿插咬合组成。停车楼立面以横向构图为主，墙面采用与住宅统一的浅驼色基调。北侧商业部分立面为玻璃幕墙，增加商业服务的公共性与开放性，缓解停车楼单调、冰冷的印象。停车与坡道部分均为水平开敞窗洞，形成停车楼独特的形象，造型轻盈的同时获得良好的通风效果和明亮的自然光线。车行出入口具有较强标示性，保证了驾驶员与行人之间的视线可达。

外围护系统延续平面模数关系，以柱距和层高来划分基本的模块单元。围护构件采用尺寸为 2800mm×750mm 的 GRC 装饰挂板，每跨柱距可划分为三块挂板；每层 1500mm 高的窗洞上下各外挂一排挂板，与 3000mm 和 3900mm 的层高相对应。同时，挂板通过不锈钢挂件与主体结构连接，保证了建造逻辑的清晰。通过水平和竖向扩大模数，将外围护系统与结构系统统一。

4 装配式组合结构体系

停车楼采用装配式 RCS（Reinforced Concrete Column-Steel Beam）结构体系，即高强钢筋混凝土管柱-钢梁框架结构。RCS 框架结构是一种性能优越的组合结构形式，[1] 符合经济适用、施工工期紧凑和成本有限的社会需求。工程实践表明，依据材料的特性将不同的材料应用于不同的结构构件，可以控制成本并使选材更加合理。在框架结构中，柱子主要受压力作用，梁主要抗剪力作用。钢筋混凝土柱具有刚度大、受压性能和耐火性好的优点，与钢柱相比，结构安全性更高而造价更低。钢梁具有质量轻、强度大和施工方便的优点，与钢筋混凝土梁相比，构件尺寸更小，可以节约室内空间，提高施工效率。[2]

预制混凝土管柱是在预制混凝土管中配置钢筋后浇筑混凝土，以原管柱作为模板并起到临时承力的作用，浇筑后的叠合柱将成为整体受力构件。[3]在此基础上通过配置非预应力高强钢筋、按需布置预应力钢筋与填芯，成为高强混凝土混合配筋预制管柱构件。管柱分为角柱，边柱和中柱，分别选用 25mm 和 22mm 直径钢筋进行配筋，随着非预应力配筋率的增加，高强混凝土混合配筋预制管柱表现出承载力增大的趋势，避免超筋破坏；通过布置预应力钢筋及填芯的方式，进一步增加构件承载力、降低轴压比、调节构件延性性能。拟静力试验结果表明：随着轴压比的增大，高强混凝土混合配筋管柱的刚度和承载力显著提高，屈服位移角介于 1/85～1/64 之间，极限位移角介于 1/34～1/25 之间，满足相关抗震规范要求。[4]由其作为框架柱组成的预制装配式结构体系，具有施工方便，工程成本低的优点。与钢柱相比无须防火、防腐措施，借助已分布全国的 PHC 管桩生产基地及其物流网络可迅速推广。

梁柱节点作为 RCS 结构的主要传力部件，是 RCS 结构研究的关键。本项目采用“柱贯通式”节点构造方案，梁柱节点借鉴钢管混凝土节点做法，在管柱生产时于楼层位置预埋钢环板，然后加设加强环板，钢梁通过高强螺栓与加强环板及腹板连接。预埋钢环板从三个方向对钢梁端头附近的混凝土施力，可以提高混凝土的结构性能，防止开裂。[5]本工程 98 根预制钢筋混凝土管柱根据设计高度一次预制成型，在楼层之间不断开，可以有效减少柱间接头，提高施工效率，保证结构承载能力及竖向连续性。钢梁则采用 H 型钢，分为两种主梁和两种次梁，最大应力比为 0.87。

停车楼采用预制叠合板，因为不用拆除预制模板，简化了传统混凝土楼板的模板安装与拆除的工序，施工更加便捷。混凝土现浇于预制板之上，通过钢筋拉结增加两者间的黏结力，预制板作为现浇混凝土的模板与上部现浇混凝土层成为一个整体，共同受力，提高了整体刚度。

施工过程中，首先在工厂内将梁柱节点组合部件预埋焊接在预制管柱的相应位置上，之后把加装组合部件的钢筋混凝土管柱运至施工现场，再吊装到预先设定的位置，然后通过各管柱上的加强环板将钢梁固定，形成 RCS 结构体系。采用这种方法以提高工作效率、节省造价。

5 经济性分析

欧美和日本等国的预制装配式技术已相对成熟，预制率达到 50%～75%，建造成本逐渐下降。而我国的装配式建筑行业目前仍处于起步阶段，技术、成本和规模等方面的限制使得国内装配式建筑的预制率较为低下，[6]造价则比传统现浇建筑更高。其中，预制构件的生产及安装费用约占建筑总造价的 59%，是降低装配式建筑成本的关键。

材料成本是预制构件生产费的主要组成部分，装配式 RCS 结构体系所用材料费用与传统混凝土框架对比如下：框架柱降低了约 30%的造价；楼板造价减少 9%；但增加了防火措施的钢梁造价比混凝土梁增加 40%；对组合结构的材料费用影响较大。为降低用钢量，需要在方案前期进行充分的标准化设计，对梁柱截面进行优化选择。本项目中分别对 1/400 的混合结构位移角限值和 1/550 的钢筋混凝土结构位移角限值的两种方案进行造价比对，优化材料费用。前者与后者相比，管柱节省 0.22 万元，占造价的 2.24%；钢梁节省 18 万元，占造价的 16.5%；整体节省 18.22 万元，占造价的 15.3%。经过结构方案调整后，采用预制装配式建造方法的材料费用得到有效控制。

预制装配式建筑的人工费比传统方式占有绝对的优势，节省约 30%左右，可通过分段流水施工方法实现多工序同时工作以及增加机械工作量的方式，提高安装速度。在人工成本逐年上升的形势下，装配式的建造方式必将更有竞争力。

6 结语

为了建造满足安置适用房项目施工等级实施要求的，符合装配式组合结构特点的停车楼项目，本项目从结构体系与建造方式出发进行建筑设计，较全面地考虑了围护构件与结构构件的标准化设计以便工厂生产加工。将管桩改造成预制混凝土空心管柱应用于装配式 RCS 组合结构中，节约能源的同时充分发挥不同材料的特性，整合混凝土工厂生产空心管桩资源。

随着私家车数量迅速增长，仅依靠传统的地面、地下式停车已难以满足如今的停车需求。停车楼作为重要的解决途径之一，停车效率高，可以有效缓解城市停车压力，具有较大建设发展空间。相较于传统施工方法，应用预埋钢环板混凝土管柱的装配式 RCS 组合结构工期可缩短 30%，并且可有效减少施工现场污染及建筑垃圾，实现绿色环保式建设，具有良好的经济效益和环境效益，模块化的生产建造方式符合停车楼标准化建造以及节能减排的要求，具有广阔的发展前景。

参 考 文 献

[1] 何芮．钢梁-混凝土柱框架结构 Pushover 分析［D］．赣州：江西理工大学，2015.

[2] 申红侠，顾强．钢梁-钢筋混凝土柱梁柱节点的设计模型［J］．工程力学，2011（2）：86-93.

[3] 张浦阳，丁红岩．一种可装配的预制钢筋混凝土管柱结构及其施工方法：中国，201110365816.0［P］．2012-04-04.

[4] 张潮．高强混凝土混合配筋预制管柱抗震性能研究［D］．天津：天津大学，2015.

[5] 黄群贤，朱奇云，郭子雄．新型钢筋混凝土柱-钢梁混合框架节点研究综述［J］．建筑结构学报，2009（S2）：154-158.

[6] 王爽，王春艳．装配式建筑与传统现浇建筑造价对比浅析［J］．建筑与预算，2014（7）：26-29.

基于SWOT分析的片装式盒子建筑发展对策研究

张书[1]，张玉坤[1]，董颖欢[2]

1 天津大学；2 重庆工业设备安装集团有限公司工业公司

摘　要： 片装式盒子建筑是对钢框架结构建造方式的革新升级，它借鉴了模块化箱形房集约化、经济性、便捷性的优点，钢框架结合可拆卸的片装式围护系统，应用地螺钉接地技术快速搭建，比集装箱建筑和轻钢龙骨结构建筑具有更强的综合竞争力。通过对非承载式围护设备标准化设计，创新安装工艺，减轻了盒子型模块化装配式建筑在复杂地形条件下的运输压力，并能根据客户需要替换围护系统，不断升级改造。可广泛应用于复杂地形环境下的游牧式商业载体、低层高端别墅式度假酒店、临时性公共服务类建筑项目中。本文对分析片装式盒子建筑发展内部环境中存在的优势、劣势、机会和威胁进行梳理；构建EFE、IFE矩阵进行定量评价，结合片装式盒子建筑SWOT矩阵。针对山地区域适用性，提出相应的发展策略，为片装式盒子建筑这一建造体系在复杂地形条件下的发展提供建议。

关键词： 片装式盒子建筑；SWOT分析；发展对策

盒子建筑相较于其他类型装配式建筑，预制率更高，更符合装配式建筑的发展趋势。传统的盒子类型建筑是从板材建筑的基础上发展而来，在建造思路上普遍采用：第一“墙体承重模块化设计”，例如：中建一局研制的“整浇钢筋混凝土钟罩形五面体盒子建筑”（图1）[1]，第二“轻钢结构模块式建筑”，例如上海毅德建筑咨询公司代理的VEMAS大批量工业化装配式住宅体系（图2），以热轧型钢为基本构件，采用冷弯薄壁型钢-轻质砂浆符合保温墙体，一体化卫浴单元和楼梯单元。这两种技术体系都是将半成品的盒子建筑作为大型构件整体式运输，虽然预制化程度高，但依赖大型板车和重型吊装设备，面对道路狭窄，多弯路陡的复杂地形环境，山地区域适用性差。

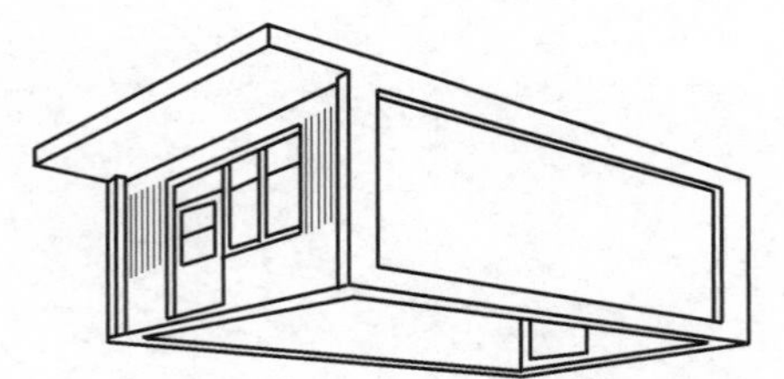

图1　现浇钢筋混凝土钟罩形五面体盒子构件

图2　轻钢结构模块式建筑

片装式盒子建筑能够实现轻量化、小型化、个性化的山地建筑发展趋势。原因是山地区域气候炎热多雨，建筑产业化发展滞后，缺乏完善的装配式配套服务产业链，项目管理和流程控制简单粗暴。群众对传统现浇建造方式有路径依赖，缺乏专业的装配式盒子建筑施工队伍，项目实施主体对工程造价敏感度高，客户对同一建造方式下的建筑产品需求差异大，装配式生产企业很难做到多样化、个性化、全产业的需求覆盖。而片装式盒子建筑最大的特点就是产品灵活性高，能够做到“依您而建、随心而建”，凭借大型箱式货车的箱体的建造经验，将建筑按照片状式单元设备进行设计，以来料加工的生产方式，按照采购合同进行销售。将盒子建筑按照主体、围护、内装、机电设备进行拆分（图 3～图 5），提供给客户经济实惠的承重结构部件，为客户提供设计、采购、运输、安装的全流程解决方案。

图 3　主体框架

图 4　内装

图 5　围护

类似于骨架板材建筑，片装式盒子建筑强调片装式围护系统的抗侧力能力设计，使外墙链接结点能够有效传递到承重体系上，螺栓链接免焊接工艺；主体结构和围护墙板及水暖电管线一体化设计（图 6、图 7）[2]；钢结构框架＋铝板外墙＋聚氨酯保温层＋压塑高分子内墙＋复合地板＋塑钢门窗（图 8）。按照零件、部件、设备、建筑主体的流程生产，单元设备既可作为墙体和顶部安装，又可以作为房屋底板安装[3]。其施工主要流程是：项目现场勘察——承载接地方案设计——混凝土基础＋地螺钉——整体阴极保护（地螺丝钢孔内灌水泥砂浆）——地基整体连接（混凝土梁）——钢框架底板安装（调试）——承重框架立柱安装（调直）——一体化围护结构安装（嵌条安装）——固定螺栓——顶部结构安装（集成空调、照明、新风系统）。

图 6　一体化管线

图 7　管线入墙

图 8　铝板外墙

完成后的片装式盒子建筑重量控制在 3～4t，不需要进行复杂的场地平整工作，用地螺钉技术就可以轻松找平，解决复杂地形条件下高差悬殊、岩石成分复杂的问题。这些综合因素，如果处理不当，都会造成工程造价大幅增加，工期延误，还易产生基础不均匀沉降，无法后期弥补。而片装式盒子建筑可以配合地螺钉接地技术同时施工，应用 220V 便携式旋紧机，以最省的人工，最少的机具快速、精准的实施接地技术，体现出装配式建筑高效、经济的优点（图 9、图 10）。

图 9　地螺钉链接

图 10　便携式旋转机

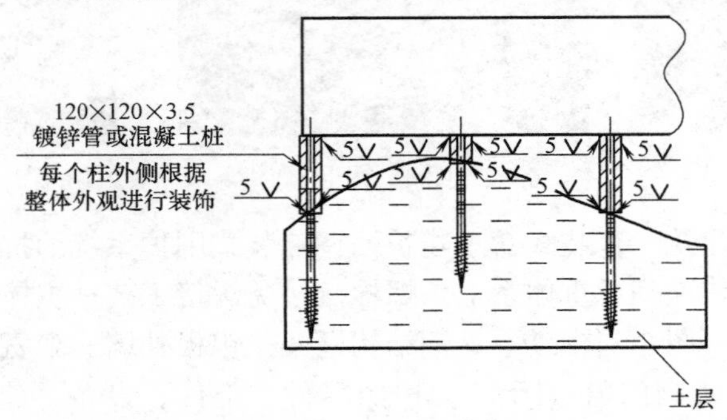

图 11　片装式盒子建筑＋地螺钉接地技术

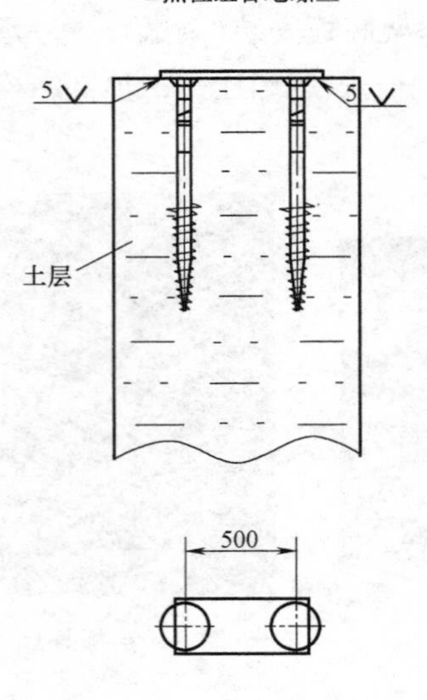

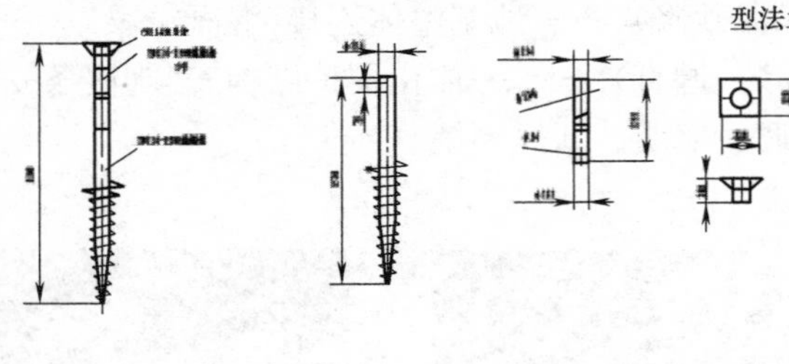

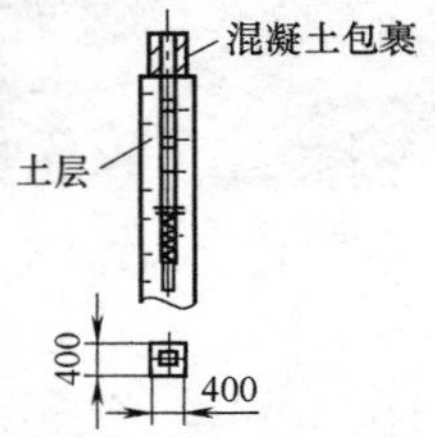

图 12　地螺钉混凝土基础

发展装配式建筑需要适应产业区域性的特性，面对不同装配式技术体系的竞争，需要对片装式盒子建筑做充分的发展策略研究。

1 片装式盒子建筑的主要优势、机会和威胁的分析

1.1 主要优势

1.1.1 居住性能好

（1）节能：片装式外墙采用集成式保温层，可有效降低冬季采暖于夏季制冷对的能耗。

（2）隔声：片装式围护外墙集成智能门窗，双层隔声玻璃，有效降低室外噪声对室内的影响。

（3）防火：片装式外墙使用不燃或阻燃材料，可以有效防止火灾的蔓延和波及。

（4）抗震：大量使用轻质材料，降低建筑物重量，增加装配式的柔性连接。

（5）外立面：片装式围护外立面采用多种外墙材料，装饰外立面有连续纹样的浅浮雕效果，方便攀缘植物的生长。

（6）水、电、气等功能性管路均集成在片装式外墙上，为厨房、厕所配备多种卫生设施提供有利条件。

（7）整体结构为标准模块，为改建、增加建筑模块创造可能性。

1.1.2 制造工厂化

（1）外墙板通过模具、机械化喷涂\烘烤工艺就可以轻易制成多种美观图案，不易出现色差且久不褪色（图13、图14）。

图13 喷涂试验

图14 烘烤效果

（2）采用板、毡状保温材料；屋架、轻钢龙骨、各种金属挂件及连接件，尺寸精确，都是机械化生产；楼板屋面板为工厂预制；室内材料如石膏板、铺地材料、顶棚、涂料、壁纸等均为标准模块。工厂在生产过程中，材料的性能着重强调耐火性、抗冻融性、防火防潮，隔声保温等性能指标。

（3）建筑主体作为一个大设备，现代化的建筑材料是这台设备的零部件。这些零部件经过严格的工业生产保证其质量，让组装出来的房屋达到功能要求。

1.1.3 运输成本优势

（1）单位厚度12.5cm×5＝62.5cm，一次性可以运输4个标准模块，相比于传统盒

子建筑，运费下降为原来1/4。

（2）传统轻钢龙骨模块式建筑需要（8～16t）的轮式起重机，片装式盒子建筑只需小型吊装设备（3～4t）即可完成，节约吊装成本，减小吊装难度，方便在复杂地形环境下的使用。

1.2 主要劣势

1.2.1 造价成本偏高

当前，片装式盒子建筑生产企业还处于市场摸索阶段，仍采用固定式工装平台，接单式、定制化、低效率的生产方式，工厂产能低，无法达到规模效应，制造过程人为影响因素大。

1.2.2 标准缺失

按照片装式预制工艺以企业标准执行，参照民用钢结构建筑标准；与其配套的地螺钉接地技术标准缺失，设计依据为《建筑柱基技术规范》和《建筑地基基础设计规范》。信息化协同效率低，产品误差较大。

1.2.3 定位的缺失

（1）片装式盒子建筑生产企业的定位问题，片装式盒子建筑技术创新源于设备安装技术和焊接技术，优势在于设备安装而非构件设计。企业核心业务与技术储备不满足装配式构件生产企业的长远发展规划。

（2）片装式盒子建筑产品自身的定位问题，能否按照智能化设施设备的产品归属，还需要经过市场长期的检验。

（3）片装式模块单元可广泛应用于非承载式围护系统，但承揽加工采购的合同形式局限了其在建筑市场当中的应用前景。

（4）缺乏区域性市场的专业化分工，上下游拓展延伸的能力差。

1.2.4 设计能力缺失

片装式盒子建筑需要大量工业设计、机械制造、机电设计、建筑设计相关领域的结合。

（1）功能设计缺乏，结构、给水排水、暖通、电气、建筑施工，技术的转换率低。

（2）建筑整体设计缺乏，由于设备生产企业并非专业建筑设计单位，对户型外观、室内设计、建筑表现、建筑展示技术储备有限，直接影响到片装式盒子建筑在住宅领域的竞争力。

1.2.5 税收劣势

根据《营改税改增值税试点方案》，企业税率为11％，而片装式盒子建筑按照构件厂增值税率为17％，税率方面劣势明显。

1.3 主要机会

1.3.1 技术空白

目前我国山地区域装配式建筑发展还处于初期阶段，技术体系和产业配套都不完善，各种装配式建筑体系都没能够实现片装式轻量化的部品设计，以钢框架结构为主的片装式盒子建筑有先发优势。

1.3.2 产品的广泛适应性

片装式盒子建筑比其他装配式建筑灵活性更强，工期短，资源回收率高，对环境的破坏小，片装式单元可以拆解，可作为非承载式围护系统使用。

1.4 主要威胁

1.4.1 国家政策

① 目前国家尚未出台明确详细的构件制作、质量及质量验收标准和规程，缺乏配套

的实施细则，尤其是和装配式建筑配套的产品和服务，多数都属于质量标准的空白状态；②国家对钢框架结构的临时建筑政策，执行措施弹性大，临时建筑报批后当永久建筑使用情况普遍，市场应用打擦边球，处于灰色地带。

1.4.2　认知存在误区

片装式盒子建筑还未深入到普通居民的日产生活中，认知度低。①普遍将片装式盒子建筑等同于住人集装箱，对产品的生产品质、结构强度、居住性能持怀疑态度；②将片装式盒子建筑等同于钢框架模块化建筑，精细化设计，整体式外观，忽略了片装式盒子建筑片装单元小型化、轻量化、扩展性强的优势；③将片装式建筑设备单元理解为集成式外围护体系，否定片装式建筑作为独立建筑物使用的优势。

1.4.3　技术体系和其他建造方式差异大

不同于一般装配式建筑的大型构件的设计理念，片装式盒子建筑产品背景是工业化智能设备制造，项目合同只能按照加工承揽方式签约，和其他装配式建筑法律通用性差。

2　片装式盒子建筑山地区域发展的 SWOT 矩阵

结合 SWOT 分析法，选择片装式盒子建筑发展战略，提出适合片装式盒子建筑发展战略的具体建议。

EFE 矩阵构建步骤如下：①确定关键影响因素，分析其带来的机遇和挑战。②根据各因素的重要性，分别赋予 0～1 的不同权重。③对各因素进行评分。将各因素分为 1～4 不同等级，1 代表很差，2 代表达到了平均水平，3 代表较好，4 代表很好。④将各因素的权值和评分相乘，计算加权后的分数。汇总所有因素的加权分数得到总的加权分数。在 EFE 矩阵中，评分最高为 4 分，最低为 1 分，平均得分为 2.5 分。结合前述分析，列出关键因素，构建外部因素评价矩阵（EFE）如表 1 所示。采用专家评分法（专家来至装配

片装式盒子建筑的外部因素评价矩阵（EFE 矩阵）　　表 1

内部关键因素		权重	评分	加权分数
机会因素	1. 技术空白	0.12	4	0.48
	2. 产品应用面广	0.07	3	0.21
	3. 产学研联系更加紧密	0.10	3	0.30
	4. 经济与产业结构转型	0.12	4	0.48
	5. 新型城镇化建	0.10	4	0.40
	6. 全球经济一体化	0.05	3	0.15
	7. 适合复杂地形环境	0.08	4	0.32
威胁因素	1. 临时建筑政策挑战大	0.07	1	0.07
	2. 消费者观念落后，认知误区	0.06	1	0.06
	3. 模具变更费用较高	0.05	2	0.10
	4. 市场占有率小	0.08	1	0.08
	5. 地域发展不平衡	0.03	2	0.06
	6. 未形成稳定的专业施工队伍	0.04	2	0.08
	7. 技术体系政策扶持少	0.03	2	0.06
总计		1.00		2.85

式建筑产业链），对关键因素及矩阵评估，片装式盒子建筑在 EFE 矩阵中取得了 2.85 的总分，高于平均水平 2.5 分，充分说明片装式盒子建筑所面临的机会大于威胁。因此，要充分利用发展机遇，积极应对面临的威胁，全面推进装配式建筑的发展。

建立 IFE 矩阵的步骤：①分析企业的内部环境，从优势和劣势两方面考虑，选择 7 个不同的内部因素。②根据各因素的重要程度，分别赋予不同的权重。③根据各因素性质，为不同因素评分，分为 1～4 个不同的等级，4 代表主要优势，3 代表次要优势，2 代表次要劣势，1 代表主要劣势。④将各因素的权值和评分相乘，得到各因素的分数。将所有因素加权分数相加，得到总的加权分数。分析片装式盒子建筑的内部环境，结合优势和劣势的关键因素，构建内部因素评价矩阵（IFE）如表 2 所示。经过专家团队分析，片装式盒子建筑在 IFE 矩阵中取得了 3.00 的加权分数，明显高于平均分 2.5 分，表明内部优势因素强于劣势因素，片装式盒子建筑发展潜力大。

2.1　构建内部因素评价矩阵（IFE）

片装式盒子建筑的内部因素评价矩阵（IFE 矩阵）　　**表 2**

内部关键因素		权重	评分	加权分数
优势因素	1. 配套安装工艺先进	0.12	4	0.48
	2. 建造质量高	0.10	4	0.40
	3. 节约资源，减少消耗	0.09	4	0.36
	4. 运输成本低于其他装配式建筑	0.08	4	0.32
	5. 单元互换性强	0.07	3	0.21
	6. 智能设备制造方式	0.08	3	0.24
	7. 价格低于其他装配式建筑	0.10	4	0.40
劣势因素	1. 产业政策扶持力度不够	0.05	2	0.10
	2. 标准体系不够完善	0.05	2	0.10
	3. 造价高于混凝土现浇建筑	0.08	1	0.08
	4. 运输半径小于 500km	0.05	1	0.05
	5. 设计能力不足	0.06	2	0.12
	6. 税收劣势	0.03	2	0.06
	7. EPC 管理能力缺乏	0.04	2	0.08
总计		1.00		3.00

2.2　构建片装式盒子建筑的 SWOT 矩阵

综合上诉 EFE 矩阵和 IFE 矩阵的结果，建立片装式建筑山地区域发展的 SWOT 矩阵（见表 3）

片装式盒子建筑山地区域发展的 SWOT 矩阵　　表 3

优劣势分析	优势(用字母 S 表示) 1. 配套安装工艺先进(有色金属、焊接、碰焊工艺先进) 2. 片装式盒子建筑具备单元互换性 3. 智能设备制造方式 4. 造价低于其他装配式建筑体系 5. 运输成本低于其他装配式建筑 6. 建筑质量高 7. 节约资源、减少消耗	劣势(用字母 W 表示) 1. 造价略高于混凝土现浇建造 2. 运输半径小于 500km 3. 产业政策扶持力度不够 4. 标准体系不完善 5. 税收按增值税 17% 6. 设计能力不足 7. EPC 总成本能力缺乏
机会(用字母 O 表示) 1. 国家政策(土地)(计划、流转)用地 2. 产品应用广泛 3. 有相关产品检验中心检测 4. 西部地区新型城镇化建设,市场容量大 5. 经济与产业结构转型 6. 适合复杂地形环境 7. 全球经济一体化	SO 策略 1. 利用政策支持,扩大生产,降低建造成本 2. 加大研发和借鉴国外先进技术,结合山地区域,发展适合区域特性的技术体系 3. 利用产业结构调整机会,扩大市场份额	WO 策略 1. 加强政策与法律方面的支持和保障 2. 发挥产品适应性强优势,扩展配套应用市场 3. 培养专业化人才,组建技术团队,降低施工难度
威胁(用字母 T 表示) 1. 无法享受国家装配式建筑扶持政策 2. 消费者思想观念落后,认识存在误区 3. 模具变更费用较高 4. 轻钢房屋价格越低,针对隔声、防潮、防火更加突出 5. 地域发展不平衡 6. 未形成专业的施工队伍,人员流动性大 7. 法律通用性差	ST 策略 1. 完善相关产业链,丰富供应链资源 2. 提高管理水平,节省作业时间,提高生产效率 3. 建立人才激励,约束机制,留住人才	WT 策略 1. 建立技术标准体系,实现标准化和规范化 2. 加强宣传,提高认可度,积极推进片装式盒子建筑发展 3. 推广 BIM 技术,加强深化设计能力 4. EPC 总承包管理能力建设

3　片装式盒子建筑的发展策略

基于 SWOT 矩阵，分析多种组合策略，提出片装式建筑发展策略。

3.1　加强片装式盒子建筑工厂化预制制造关键技术，强化片装式建筑围护体系抗侧倾性设计，创新围护系统再生资源的利用率。

3.2　加强政策和法律方面的支持和保障

片装式盒子建筑的最大适用市场是西部山地区域，比其他装配式建造体系在临时建造方面有明显的竞争优势，不需要报批和确权，特别适用于农村土地流转建房和新农村建设。但国家还没有将这一建造方式纳入到装配式建筑的扶持政策范围内，产品打政策擦边球不是长久之计，急需完善产品与永久建筑形态相关的强制性规范标准，加强有效的监管和实施。

3.3 完善相关产业链

将技术研发、整体规划、构件工厂、现场安装、市场销售、物业管理等产业链整合到一起，建立片装式盒子建筑示范园区。强化产业服务展示和沟通，对部品设计提供更加灵活的定价方式，给消费者提供更多建筑样式的选择。搭建第三方服务平台，收集准确的客户信息，为设计单位、构件工厂和施工单位提供商业信息。实现片装式盒子建筑差异化竞争策略，依据企业的核心业务进行系列产品的开发，协调企业资源，提升企业核心竞争力。

3.4 建立技术标准体系

应用6S企业现代管理方式（整理、整顿、清洁、清扫、素养、安全），以制造体系、工艺指导书、作业指导书作为落实保障。形成片装式盒子建筑制造及实用安装工艺技术，提供山地区域性细分市场装配式建筑解决方案，通过项目实施，完成技术研究报告，形成一套基本完整的片装式盒子建筑成套制造工艺及企业工艺标准。形成适应山地区域片装式建筑标准产品。通过研究和总结，提升技术竞争力，培养技术人才，促进新的经营增长点。

3.5 通过有效措施合理降低片装式盒子建筑价格

在当前传统建筑产业转型升级的情况下，应充分挖掘片装式盒子建筑在外围护结构体系中适用性强的优势，在策划和方案设计阶段系统考虑建筑方案，探索产品外围市场，加强企业间资源协同，收购模具开发部门，减少劳务外包，形成独立研发机制。

3.6 EPC总承包管理能力建设

差异化的竞争产品，对项目品质和品牌建立提出更高的要求，只有全流程管控的项目，才能保证每个项目的正确实施。

3.7 推广BIM信息化技术

信息技术的应用，提高装配式精细化设计程度，包括节点设计、连接方式、设备管线空间模拟安装等，通过BIM及CATIA技术，模拟施工流程，进行碰撞检查，减少产品误差，提供效果演示，增强产品说服力。

4 结语

我国西部山地区域是城乡统筹发展核心区域，涉及的复杂地形条件下建筑技术较多，围绕轻量化、小型化、个性化的技术改造符合国家建筑产业转型升级和新型城镇化建设的趋势。片装式盒子建筑体系发展，能够有效解决运输、安装、维护中产生的难题，比混凝土盒子建筑或轻钢龙骨模块式建筑有更强的区域产业适应性，既可独立成体系的建房，也可配套其他装配式围护系统，值得应用SWOT做相应的发展对策分析。

参 考 文 献

[1] 张以宁．我国盒子建筑发展的现状［J］．建筑技术，1987（1）：26-28.

[2] 王振．装配式钢结构建筑围护体系发展现状［J］．砖瓦，2016（5）：47-49.

[3] 郝际平，孙晓岭，薛强，等．绿色装配式钢结构建筑体系研究与应用［J］．工程力学，2017，34（1）：1-13.

动态建筑表皮类型化研究

冯刚，王哲宁
天津大学建筑学院

摘　要：动态建筑表皮是近年来新兴前沿的一个研究方向。本文分析了动态建筑表皮出现的原因，并拨开材料、几何、尺度等因素的影响，从运动学视角对建成案例进行类型化尝试，给出了简明有效的一种分类方式，并结合一次设计竞赛，给出了其中一种动态建筑表皮设计。

关键词：动态；建筑表皮；类型化

建筑表皮指的是建筑室内外之间的界面，是对内部空间的范围的限定，也是建筑内外之间能量、信息流动的媒介与载体。建筑表皮展现着建筑的外观形象，人们通过建筑表皮实现对建筑的认知，因而无论是庇护、围合内部空间的功能上还是展现建筑标示性形象的作用上，建筑表皮都起着举足轻重的作用。在很多情况下，建筑表皮的美学形象是否符合特定人群的审美预期，直接决定着一栋建筑是否能有机会从图纸变成现实。建筑表皮不仅仅是平面化的形象，它在建筑设计的全过程中占有着重要的地位。

动态建筑表皮的概念是对传统建筑表皮的静态固有形象的挑战。建筑追求永恒之道，无论是罗马万神庙，还是哥特大教堂，抑或是现代意义上的国际式高层建筑，其形象一旦设计完成，立面表情就会在生命周期里呈现同样的状态。变化通常伴随着修补、维护更新，或者是更长时间尺度上的历史的痕迹，比如墙体因时间流逝而发生物理的、化学的变化。本文研究所指的动态建筑表皮指的是建筑表皮的部分构件在人可以觉察到的时间长度上可以发生空间上的位移。这其中最常规的一部分就是动态遮阳以及建筑的门、窗等活动构件。看不见的能量伴随着这些看得见的建筑构件的运动发生室内外的传递交换。本文的关注点在于具有艺术表现力或者同时可以调节室内光热环境变化的动态建筑表皮。

1　动态建筑表皮的产生的动因

1.1　建筑生态性的追求

生态层面上的设计追求是催生动态建筑表皮的最初动因。常规建筑表皮一旦建成，在其生命周期内维持固有的几何形态，不能适应环境的变化而变化。常规遮阳在选定了最佳遮阳角度之后，一年四季无论天气如何、室内需求是否变化，都会一直保持同样的形态。但是动态遮阳则可以根据室内使用者的需求和外在阳光的变化而对自身的几何形态、角度进行适应性的调整，从而为室内创造实时最佳的遮阳效果。动态遮阳形式多样，材料上可为金属、木、磨砂玻璃等，通过一定的设计，可以形成兼具可持续的气候调节功能和建筑表皮的美学表现力。呼吸式幕墙（图 1）也可以视为动态建筑表皮的一种。它可以通过调整局部单元的开合，控制室内外的空气和能量交换，实现对建筑微气候的调节的同时，带来动态的立面效果。建筑表皮作为室内外能量交换的界面，对于实现建筑的生态性而言至关重要，环境气候是不断变化的，向建筑表皮引入“动态”因素是对生态性要求的有效回应策略之一。

1.2 建筑设计美学的自我革新

美学上的追求是动态建筑表皮设计的持续力量。建筑中关于动的尝试和探索其实早已有之，只是外部条件此前尚不成熟，只有在制造业、自动控制等技术支持行业充分发展以及人们的审美取向多元化之后，动态建筑表皮才有可能为人所采纳。回顾设计的历史，建筑中的动态美学追求可以归为三个层面上的操作：一是追求设计的结果具有动感，使用流线的曲面来定义建筑，或者创造一种不稳定感以暗示建筑随时会发生动态的改变，比如20世纪20年代门德尔松设计的爱因斯坦天文台；二是追求设计的过程中采用动态的手段。使用对几何形的动态变化的操作，再将其运动的过程如同照相机连续曝光般定格在设计结果中。如彼得·艾森曼设计的莱因哈特塔楼（Reinhardt Tower）设计（图2）。三则为本文关注的建筑表皮的局部或者整体同步或不同步的发生空间上的位移。动态建筑表皮具有常规的建筑表皮所无法比拟的美学冲击力。

图1 呼吸式幕墙

来源：谷歌图片

图2 莱因哈特塔

来源：谷歌图片

1.3 商业上形象传播的需求

商业上的品牌形象传播的需求是动态建筑表皮陆续出现的重要助力。人们视觉上总是倾向于最先觉察到动态的物体，动态建筑表皮相对于传统静态的建筑立面而言更容易吸引行人的注意力，尤其是当整个街道都是静态的立面，其中某一处建筑表皮具有动态特征的时候，更突显其与众不同。在商业逻辑中，注意力经济是毋庸辩驳的一个商业规律。从另外一方面而言，动态建筑表皮的建成实例，其建筑性质多为企业的总部、重要的公共建筑以及品牌旗舰店等。形象传播的需求对动态建筑表皮的诞生具有决策上的推力。动态建筑表皮因其本身比较前沿，设计和制造成本暂时高于常规建筑表皮，只有强有力的理由才会推动相关方作出采用动态建筑表皮的决策。比如新近开张的上海复星艺术中心以及迪拜苹果购物中心（Apple Dubai Mall，图 3），二者背后的业主都把建筑本身作为重要的品牌形象传播媒介。

图 3　迪拜苹果购物中心

来源：谷歌图片

1.4　动态艺术的影响

数百年来，建筑和艺术之间相互影响。艺术流派往往对建筑设计有启迪和先声的作用。对于动态建筑表皮而言，我们同样可以在艺术中找到对应的动态艺术。动态艺术对动的状态的研究对后者的设计具有启示作用。早期的动态艺术品如 1913 年杜尚的自行车轮（Bicycle Wheel）和 1920 年加博的站立的浪（Standing Wave），二者皆为通过对日常物品重新改装重组而成。20 世纪五六十年代是动态艺术的一个高潮，涌现了诸多作品，例如考尔德的有红点和蓝点的触须（图 4）。这个作品后来曾经一度出现在世界各地的公共建筑的中庭顶部。当微风拂过，整个装置的稳态就会被打破，进入运动的不平衡和趋于恢复平衡之间的状态。当代动态艺术依然作品迭出。泰·奥扬森（Theo Jansen）制作一系列的可以依靠风力自己行走的动态装置，命名搁浅的怪兽；鲁本·马戈林（Reuben Margolin）以在达拉斯的希尔顿酒店中庭里设计的“Nebula”波浪状动态雕塑闻名于世；安东尼·豪（Anthony Howe）则设计了 2016 年里约夏季奥运会的主火炬旁的动态雕塑，在开幕式上惊艳世人（图 5）。这些动态艺术品或成为独立的受关注的焦点，或成为所在建筑物的点睛之笔。所有这些动态艺术作品无不启迪着建筑师在设计实践中融入动态因素，借用动态艺术中已经尝试过的策略和形式，开拓动态建筑表皮的可能性。除设计实践之外，动态建筑表皮的分类理论研究也可以从动态艺术的分类中获得灵感。

2　动态艺术类型化对动态建筑表皮类型化的启发

动态艺术作品形式繁多，每个艺术家则往往致力于各自的有限的几个母题。艺术家在各自母题框架下，不断地探索材料、几何等方面的可能性，从而衍生出一系列动态艺术作品。动态艺术家兼理论家乔治·里奇（George Rickey，1907—2002）曾经撰文为新作迭出的动态艺术作品分类，以大海上航行的船只可能发生的运动形态作比喻，从运动本身的类型的角度来为动态艺术划分类别。

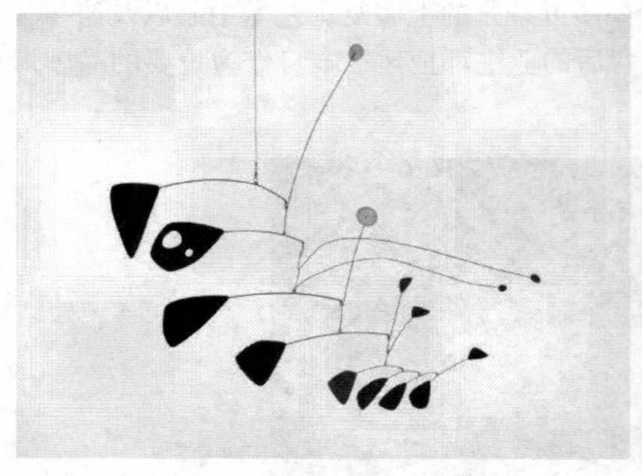

图4　考尔德有红点和蓝点的触须
来源：谷歌图片

图5　里约夏季奥运会动态雕塑
来源：谷歌图片

大海上航行的船可以前后移动，前后俯仰，左右转弯以及移动，上下颠簸，左右晃动。（图6）。本文对动态建筑表皮类型化的尝试亦从运动形态本身的可能性入手。在运动学中，刚体在笛卡尔坐标系的空间中可以发生分别沿着x，y，z轴的移动，也可以发生分别绕着x，y，z轴的旋转，有且只有这六个维度的自由度。每一种具体的运动，都可以解析为这六个自由度中的某个或者某几个发生的运动，一个或若干个维度上运动的复合。

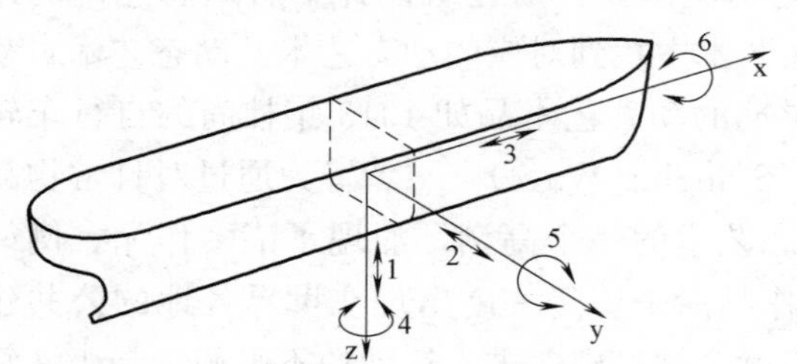

图6　船的运动分析
来源：谷歌图片

动态建筑表皮从构成材料特性大类视角划分包括刚体和非刚体的类别。刚体指在运动中和受力作用后，形状和大小不变，而且内部各点的相对位置不变的物体。绝对刚体不存在，只是当形变本身相对于物体尺度而已很小，我们这样抽象就具有工程学上的意义。构成材料可以划归为刚体类的动态建筑表皮占目前建成实例的绝大部分。这类动态建筑表皮同样遵循运动学上的自由度的相关规律。由此作为切入点，我们得以暂时抛开具体材料、尺度、传动形式、几何形状等的差异，对动态建筑表皮的目前涌现出来的可以划归为刚体类的方案和建成实例进行类型化研究。

非刚体主要包括弹性材料、柔性材料，如充气式膜结构，帘幕类，以及智能材料，如湿敏材料等。非刚体类动态建筑表皮仅仅充气式和卷帘式已经应用于建成实例，其他类别多在研究阶段，设计实例也往往限于实验原型尺度。非刚体一类动态建筑表皮在本文不作展开。

3　动态建筑表皮的类型化研究

动态建筑表皮的研究的核心问题在于其基本动态单元的设计。此外，基本单元排布模式也影响着动态建筑表皮的整体效果和作用。本文关于类型化的讨论是基于对基本单元的类型化进行讨论的。从上文乔治·里奇对运动学中概念的移用中受到启发，对于动态建筑表皮的研究也采纳运动学中对运动本身的研究的视角。此处我们把研究对象限于可以近似的视为刚体的动态建筑表皮构成材料。通过对动态建筑表皮基本单元的类型化研究，来对动态建筑表皮进行初步分类，从而为后续研究和设计铺垫基础。旋转和移动是两种基本的运动形式。

3.1 旋转

虽然目前为止，可供研究和分析的建成实例很少，但是我们可以显然的观察到，以旋转为运动方式的动态建筑表皮还是占了较大的比例。按照旋转轴水平、倾斜、垂直，旋转轴处于动态单元的中心或者偏心还可以划分为若干子类别。

旋转轴居中且垂直：例如墨尔本皇家理工大学设计中心（RMIT Design Hub），由Sean Godsell事务所设计，2012年建成（图7、图8）。整座建筑四个立面为双层立面，外层由匀质的金属圆筒套磨砂玻璃圆片构成，内层为玻璃。外层的圆片直径为600mm，每片圆片用2个铆钉固定在水平的或竖直的铝制金属轴上。每个金属轴穿过在一个直径略大于磨砂玻璃圆片的镀锌钢圆筒上。每层楼的轴分为两段，一段贯穿3个圆片，一段贯穿4个圆片。其中，贯穿4个圆片的轴可以随着传感器感受到的内外环境的变化在马达的驱动下而带动圆片旋转，形成动态的表皮效果。

图7 墨尔本皇家理工大学设计中心

来源：谷歌图片

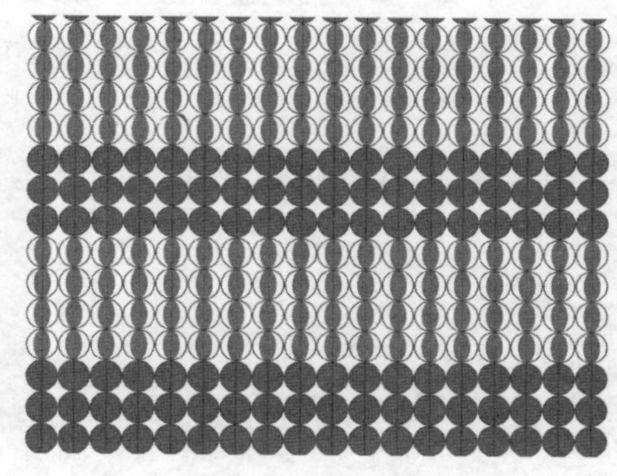

图8 动态模式图示

来源：自绘

旋转轴偏心且垂直的：典型代表是位于悉尼的萨里山图书馆和社区中心（Surry Hill Library and Community Center）（图9）。其北立面二、三层采用了整层高的竖向百叶。

图9 悉尼的萨里山图书馆和社区中心

来源：谷歌图片

所有的竖向百叶在接近下端的位置安装齿轮，通过水平向传动轴上的齿轮带动竖向的齿轮。从而创造内部根据需求变化的光环境，也限定了内外观察的视线角度。

又如墨尔本议会大厦 2 号（Council House 2）（图 10），其西立面设计考虑应对西晒的情况，采用了竖向错位布置的木格栅动态遮阳。上午以及阴天的下午，可以打开西侧动态遮阳，让更多的自然光进入室内，同时室内可以尽可能多地与室外有视线联系。西晒强烈的时候，关闭木格栅动态遮阳，避免室内眩光影响室内正常办公。木制的百叶，层层错位布置，在立面上形成一种具有美学效果的机理。

图 10　墨尔本议会大厦 2 号

来源：谷歌图片

当旋转轴倾斜的时候，我们可以在软件中模拟出这种可能性（图 11）。

图 11　旋转轴倾斜时候动态模式图示

来源：自绘

3.2 移动

移动是刚体运动的另外一种基本形式，在空间上可以沿着 x，y，z 不同轴移动。动态建筑表皮的移动需要某种形式的对运动方向进行约束的构件，比如滑轨等，在滑轨的约束下，移动就会衍生成滑动的运动方式。常见的推拉窗、推拉门，都属于在滑轨的约束下移动的例子。此处我们关注常规之外的具有美学效果的移动。

Tessellate™是一种金属动态表皮产品（图 12）。由 Zahner 于 2008 年研发，用于安装在建筑表皮或内部隔断位置上。比如在新石溪几何与物理中心的建筑表皮上。它通常由三到四层构成，每层金属薄板镂空成重复的规律性的图案，当所有层完全重叠时候，透光率等于其中一层的透光率，达到最大；当逐层移动错位，透光率减小，同时形成丰富的动态的图案。每一层金属板与一个隐藏在边框内的由微处理器控制小马达连接。其运动模式可以为每分钟移动一次，也可以每小时移动一次，还可以根据采光遮阳的需求而移动。Tessellate™可以适应各种几何形状的建筑外表皮，单元的形状可以按照建筑表皮单元的尺寸而定制，同样，其上面的金属镂空图案也可以根据业主的需求，以及当地的传统文脉特征性图案而设计。

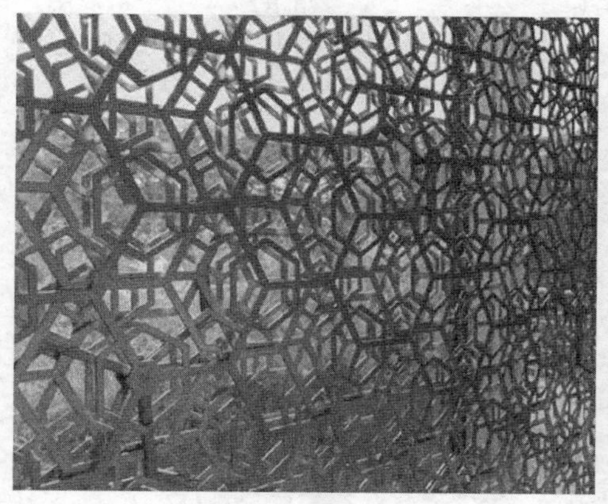

图 12　Tessellate™
来源：谷歌图片

上述以移动为运动方式的例子的抽象原型是原本图案相同的数层表皮构件的重叠，层与层之间发生错位的移动，从而带来丰富的动态效果，兼具遮阳的作用。每个层的构件都处于相互平行的一组参考面内，包括其运动状态也处于各自的参考面内。层与层之间的相对移动幅度是有限的，当移动到一定距离后，就会逐渐复原到初始的位置。而下一个以移动为运动特征的动态建筑表皮例子较为特殊，它的设计结合了“层”和滑轨的理念，使得运动构件处于闭合的环状层中。

上海复星艺术中心，由 Heatherwich 和 Foster 事务所合作设计，2017 年开放（图 13）。三层倒垂的铜质立面“竹帘”可以沿着顶部的滑轨，按照不同速率和方向滑动。由于每一层“竹帘”下端长度不等，故而“竹帘”端头呈优美的曲线排列，当三层“竹帘”错位移动的时候，下端的轮廓曲线便开始起伏变化，呈现动态的效果。

3.3 移动和旋转的简单复合——折叠

建筑语境下的折叠一般指由两个或数个面板状构件，能在边的位置以折页等铰接的方

图 13　上海复星艺术中心

来源：谷歌图片

式绕轴旋转。折叠面板状构件，一般其中一端是固定的，另外一端是自由的，相连接的面板可以在一定的约束下边旋转边移动，这种约束通常是水平或竖直方向上的滑轨。因而折叠的运动对应的建筑构件其组成部分一般包括滑轨等方向约束构件（图 14）。

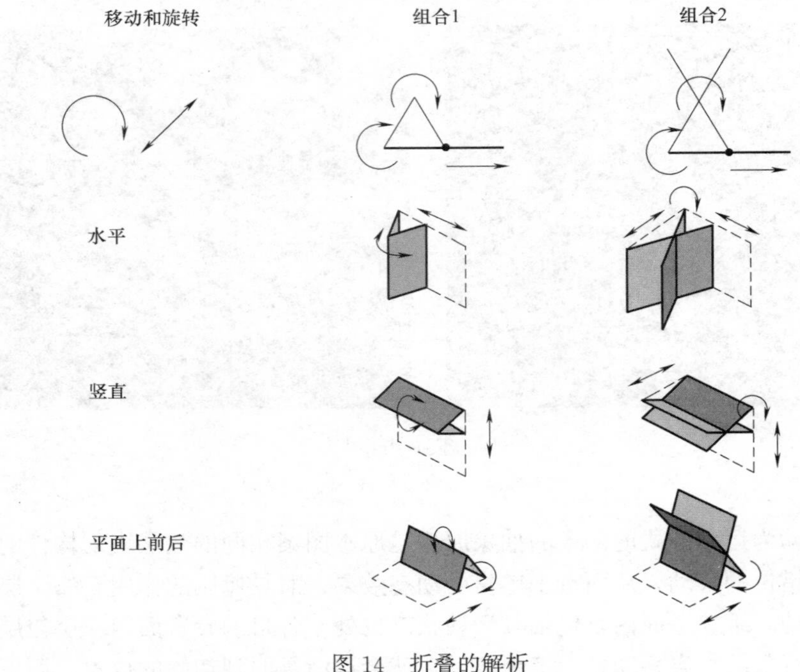

图 14　折叠的解析

来源：改绘自参考文献［3］

需要区别的是，在折纸中，折叠是非常高频使用的一个方法，但是折板建筑的折叠，和此处的折叠，虽然都描述了同样的运动，但是折板的折叠通常都不是多次可活动的，而是一次成型，固定不动。折板的折痕一旦多次往复，将在折痕处断裂。

下文以基弗技术展厅（Kiefer Technic Showroom）的动态立面说明。

基弗技术展厅由奥地利 Ernst Giselbrecht 事务所设计，2007 年建成（图 15）。该展厅南立面为双层立面，间距 60cm。其外层遮阳系统由 112 块高反射率浅色金属板构成，折叠的金属板一端固定，一端可以沿着竖向的滑轨上下滑动。每块金属板尺寸 200cm×

图 15　基弗技术展厅

来源：谷歌图片

96cm。南立面共 14×4 共 56 组折叠单元。每组两块金属板由一个马达控制，共 56 个小马达。使用者根据需要控制外遮阳的开合，为室内创造舒适的光环境，也可以按照自己的意愿为展示中心创造多样的表情。

该立面并不跟随气候或者光线的变化而变化，而是完全由使用者控制。使用者可以同步控制所有的折叠金属板的运动，也可以单独控制任何一组，或者选择不同的图案类型。控制系统设计较为简洁，是动态建筑表皮领域很经典的一个建成案例，也为设计师赢得无数荣誉。

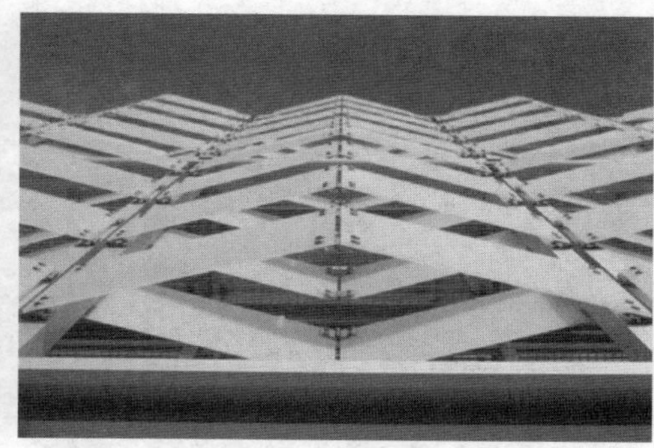

图 16　Milsertor 服务中心

来源：谷歌图片

上一个折叠的例子，所有“折痕”都是水平的，下一个例子，所有“折痕”都是垂直的。Milsertor 服务中心（The Milsertor Service Centre）于 2008 年建成，由 Orgler ZT GmbH 事务所设计（图 16）。每一片可动的遮阳板都由 6mm 厚的白色树脂玻璃构成，在关闭的时候，也允许漫射的光透射进入室内。每 2 片构成一个折叠组，竖直方向上 8 组构成一个折叠滑动单元，其折叠方向内外相间，交错的形式丰富了建筑立面表情。折叠单元上下有导轨约束，单元的一边固定，另一边可以在约束之下，沿着水平方向移动，同时带动折叠部分开合。电机固定在下层导轨的一端，并且通过传动齿轮，把动力传动到上层导轨，使得折叠单元上下同步滑动，避免出现倾斜或者扭动变形（图 17）。

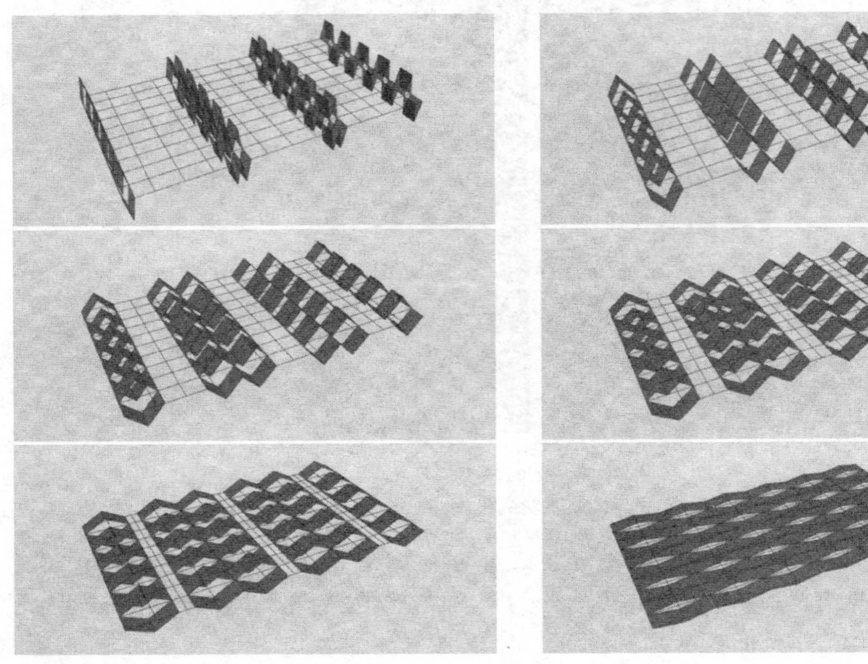

图 17　Milsertor 服务中心动态模式图示

来源：自绘

3.4　旋转和移动的多重复合：伞状折叠结构为例

图 18　Al-Bahr 塔

来源：谷歌图片

折叠本身是移动和旋转的简单复合，多个折叠运动之间的复合就可构成伞状结构的开合运动。

伞状结构的一大特点是组成构件数量多，相互之间联动的位置多，同一基本单元内的构件在空间上有不同的运动状态。伞状折叠结构动态表皮是一种对动态特征的概括，其具体的组构方式存在多种。位于阿布扎比的 Al-Bahr 塔的动态表皮为伞状折叠结构的例子，该项目于 2012 年建成（图 18）。Al-Bahr 塔的动态单元分布在梭形曲面表皮上，每个单元并非正三角形，而仅仅是通过一定的几何划分，使其尽可能的接近正三角形。其基本动态单元为六个小三角形构成的大三角形。大三角形重心的位置设置有电动推杆，可以产生垂直于大三角形顶点所确定的平面的往复移动的动力。六个小三角形的最小角顶点沿着滑轨发生靠近或远离大三角形顶点的移动，同时发生旋转；或者可以视为两两相邻的小三角形发生沿着相邻的边折叠，有 3 条凸“折痕”，3 条凹“折痕”，共有六条“折痕”。可以自然的推想到，当存在 4 条凸、凹“折痕”的时候，新构成的伞状折叠动态基本单元则由三角形变为为矩形（图 19、图 20）。

图 19　Al-Bahr Tower 动态模式图示

来源：自绘

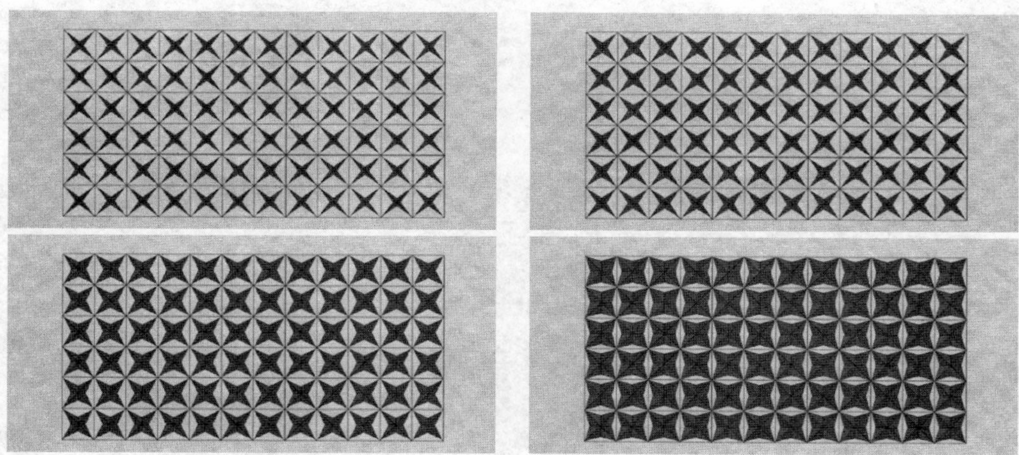

图 20　Al-bahr 塔伞状单元变体

来源：自绘

4 设计实践

笔者所在团队 2016 年参加了上海新图书馆国际竞赛投标设计（图 21），在数百家参赛团队中入围初选范围。图书馆表皮就采用了基本单元为三角形的以旋转为运动方式的动态单元。在每个等边三角形基本单元中，以三条边为轴，采用全等的钝角等腰三角形作为

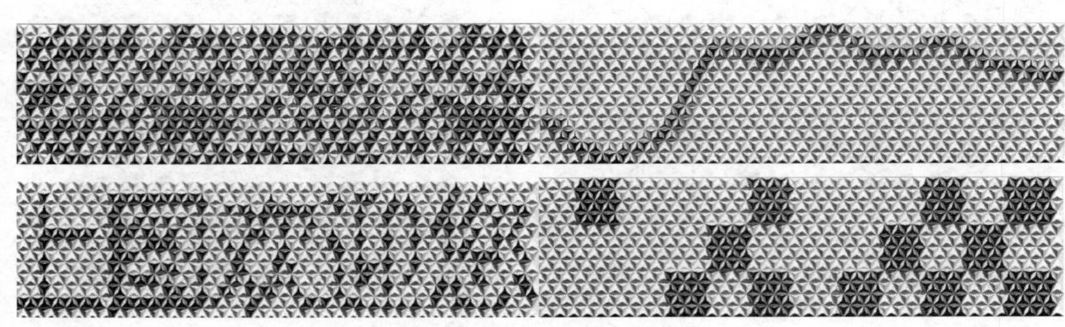

图 21 上海图书馆新馆竞赛方案

来源：张自鸣、作者绘制

单元运动面板，创造动态单元的开阖效果。建筑表皮可以综合天气的变化和室内的采光需求进行开合，从而尽可能的为室内创造愉悦适宜的光线气氛。同时，像素化的动态建筑表皮可以映射出文字、黄浦江河道走势等信息，充分展现城市公共建筑应有的标志性、文化性、互动性。

5 结语

综上所述，材料构成可以近似视为刚体的动态建筑表皮的类型可以划归为有限的几种：旋转、移动以及二者的简单复合和多重复合（表1）。折叠为二者的简单复合的一个特例。旋转和移动的多重复合也伴随着的动态建筑表皮构件的多样化，可能构成更为复杂的动态建筑表皮单元。需要指出的是，这种构件数量的增多也是有限的。因为构件数量过多会带来摩擦增大、机械故障率变高等附加问题。

刚体类动态建筑表皮类型化研究小结 **表1**

刚体类动态表皮类型	运动构成简图	实　　例
移动		
旋转		
简单复合——折叠		
多重复合	 ……	

来源：作者自绘

在这个变化的时代，建筑也在不断地被重新定义。表皮作为建筑空间内外之间的界限，以动态的方式为建筑带来新的可能性。动态建筑表皮的产生有着多重动因，对建筑表皮生态性的主动调节能力的探索、设计师对动态美学的追求、传播学意义上的商业考虑以及动态艺术的启迪，都构成了催生动态建筑表皮的因素。建筑师需要向动态艺术家学习，把运动本身通过设计的、机械的、自动控制的手段融入建筑设计当中，以突破静态建筑概念的藩篱。借鉴动态艺术的分类研究，从运动学的视角出发，有助于理清在材料、几何、尺度变化不一的案例中具有共性的类别，进而为动态建筑表皮领域后续的设计与研究提供有益的参考和基础。

动态建筑表皮设计即将成为一种小众但是充满挑战的潮流，抵抗传统静态美学是它最鲜明的特征。动态建筑表皮的设计过程，也是一个多学科交叉，吸收融合其他学科成果拓展建筑学边界的过程。

参 考 文 献

［1］ Fortmeyer R，Linn C. Kinetic Architecture：Designs for Active Envelopes［M］. Australia：The Images Publishing Group Pty Ltd.，2014.

［2］ Velasco R. Dynamic Façades and Computation：Towards an Inclusive Categorization of High Performance Kinetic Façade Systems［C］//16th International Conference，CAAD Futures 2015：172-191.

［3］ Schumacher M，Schaeffer O，Vogt M-M. Move：Architecture in Motion—Dynamic Components and Elements［M］. Berlin：Birkhäuser，2010.

［4］ Moloney J. Designing Kinetics for Architectural Facades—State Change［M］. USA and Canada：Routledge，2011.

［5］ Rickey G. The Morphology of Movement—a Study of Kinetic Art［J］. Art Journal，1963，22（4）：81-115.

3D 打印建筑技术应用研究
——以上海言诺 3D 打印梦工厂项目为例

杨倩[1]，王风涛[2]，邹越[2]

1 北京建筑大学；2 北京市建筑设计研究院

摘　要： 本文综述了国内外 3D 打印建筑的发展现状，并通过上海言诺 3D 打印梦工厂项目的具体实践，从建筑设计及施工建造方面探索 3D 打印技术与建筑设计及建造的结合。最后总结当前 3D 打印建筑技术应用的特点以及未来发展前景。

关键词： 3D 打印技术；3D 打印建筑；建造；应用特点

近年来，3D 打印技术在建筑中的应用备受业界人士关注，政府相关部门对 3D 打印建筑也越来越重视。上海盈创建筑科技有限公司是目前我国在 3D 打印技术应用领域经验较为成熟的企业之一，已取得多项 3D 打印技术专利及应用突破。该公司自主研发了 3D 打印技术、打印“油墨”和 3D 打印设备。上海言诺 3D 打印梦工厂项目是上海盈创建筑科技有限公司作为甲方请北京设计院 UFo 工作室为其设计的集办公、研发、生产功能为一体的 3D 打印工厂园区。设计希望尽可能多地利用 3D 打印技术实现建筑建造，使整个园区成为 3D 打印建筑技术的全方位展示中心。

1　3D 打印建筑的现状

1.1　3D 打印技术基本原理

3D 打印技术是以计算机数字模型为基础，通过数控成型系统将粉末状金属、陶瓷、纤维、塑料、树脂、砂等可黏合的材料进行逐层堆积黏结来建构实体产品的，其打印精度随堆积厚度的增加而减小。目前，随着 3D 打印技术的不断发展，已成功应用于航空航天、国防、汽车设计、工业设计、生物工程、个人定制、文物修复、建筑建造、食品产业等众多领域。

1.2　3D 打印建筑的材料

目前 3D 打印建筑所采用的材料主要分为以下几种：一是利用建筑物废弃材料，将其粉碎后加入玻璃纤维、水泥、有机胶黏剂等，制成油墨进行打印；二是采用树脂及塑料类的材料进行打印；三是采用树脂砂浆类、黏土类、混凝土类材料进行打印。

1.3　3D 打印建筑工艺

3D 打印建造建筑物的方式主要有三种：全尺寸打印（轮廓工艺）、分段组装式打印、群组机器人集体打印装配。其中，全尺寸打印是通过计算机控制 3D 打印机喷头的运动轨迹利用专用打印油墨进行逐层叠加，最终打印出设计图纸所绘制的建筑足尺实体。分段组装式打印是指先打印出建筑的墙体、梁、柱等构件，然后通过吊装拼接完成。群组机器人集体打印是通过在多个 3D 打印机上安装机器人手臂的方式进行群组打印，相比传统的龙门架式打印机，机器人手臂速度更快，并具有构建无限尺寸的潜能。

1.4 国内外案例

2013 年，英国 Softkill Design 工作室首次提出 3D 打印房屋概念；2014 年，荷兰 DUS 建筑师在阿姆斯特丹运河旁建造了全球首栋 3D 打印实体住宅建筑“Canal House”。同年，美国的建筑师 AndreyRudenko 研究打印了 3D 混凝土城堡；2015 年，美国 Branch Technology 公司利用在 3D 打印机上安装机器人手臂的方法实现了自由式曲面 3D 建筑打印技术；2016 年，在迪拜建造了世界首个 3D 打印办公建筑；2017 年，美国 ApisCor 公司在俄罗斯用一天时间打印出一栋占地 $37m^2$，其房屋的主要部件均由混凝土混合物打印而成。

我国上海盈创在 2008 年用 3D 打印机做出了国内第一面建筑墙体；2014 年，张江青浦科技园展出了全国首批由 3D 技术打印出的整栋完整的房屋，标志着 3D 技术在我国建筑行业的一次新突破。2015 年，上海盈创利用 3D 打印技术打印出一栋 $1100m^2$ 的两层精装别墅和全球首栋最高的 6 层建筑。此外，我国相继出现了利用 3D 打印技术建造的公交枢纽、公共厕所、小型驿站、中式庭院等建筑物。

由此可见，国内外都纷纷加快了对 3D 打印建筑技术的研究，3D 打印技术在建筑中的应用也越来越广泛了。

2 上海言诺 3D 打印梦工厂建筑设计

2.1 项目背景

项目位于上海青浦区，园区建筑面积为 5 万 m^2，基地主入口位于北侧新金路，园区规划分为五部分，其中包含三组建筑——3D 打印厂房、3D 打印研发中心以及总部大楼；以及由三组建筑围合的花园和入口西侧的管廊参观区（图 1、图 2）。在园区开放日，不同功能片区结合不同参观内容通过合理流线组织起来，形成全方位 3D 打印技术展示中心。整个设计过程都采用 3D 建模完成，将数字技术与数字建造紧密结合。建筑的梁柱等构件和立面单元、室内家具以及园区管廊、景观小品等都将采用 3D 打印完成。

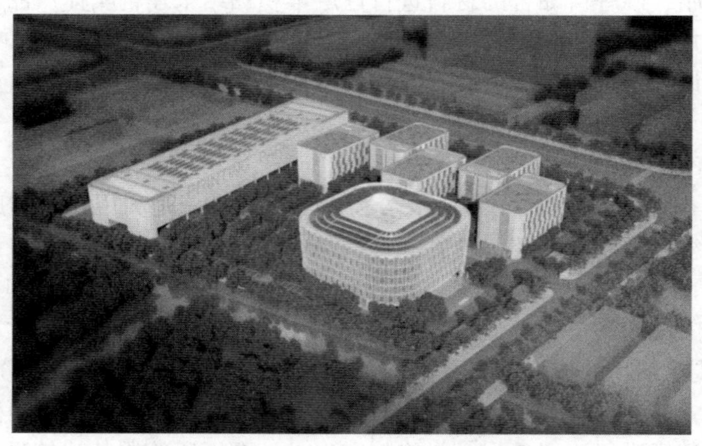

图 1　上海言诺 3D 打印梦工厂鸟瞰图

2.2 3D 打印厂房

3D 打印厂房位于园区的南侧，厂房设计用于 3D 打印加工生产，同时可对外开放提

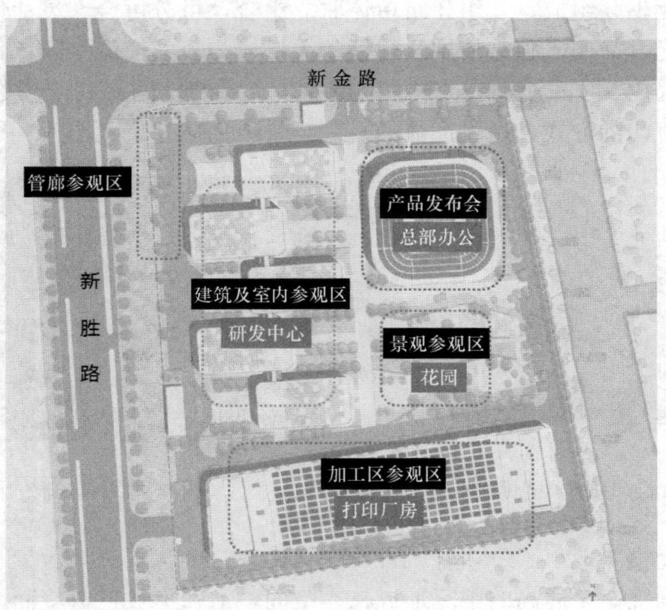

图2　上海言诺3D打印梦工厂功能分布图

供参观，设计时考虑到3D打印建筑采用连续化生产技术层层打印，打印无须模板，但需依靠本身自承重，因此设计时避免悬挑等特殊形式，建筑形体采用圆角立方体，源自3D打印轮廓的圆角造型。建筑平面采用9m×12m的标准柱网，将九台大型3D建筑打印机分布于三跨生产线的空间内，地面设计采用智能机器人运输物料，实现无人化操作。建造上，建筑采用梁柱结构，建筑外围护结构脱离于结构体。利用上海盈创公司研发的特殊“油墨”作为原材料、用大型3D打印机喷嘴及自动供料系统，采用3D打印纤维编织自动化连续生产技术打印墙体、楼板，而保温、加强钢筋以及预埋件等在打印过程中已就位，一体化加工完成。建筑部分墙体设计成“空腹”，减轻建筑本身重量。建筑立面采用3D打印技术加工单元化构件，常规的3D打印会自然产生水平的混凝土叠加肌理，设计师将这种打印单元垂直吊挂，形成垂直的线条感（图3）。

图3　3D打印厂房效果图

2.3　3D打印研发中心

3D打印研发中心用于3D打印建筑各类相关技术的研发、实验与展示。研发中心由五个矩形研发单元串联组成，几组建筑单体联立组合，可分可合，灵活使用，即充分利用了自然通风和采光，又便于独立使用，连续的天桥成为公共交流空间。每栋建筑层数为五层，单元平面均采用 8.4m×9.45m 的柱网尺寸，统一的柱网有利于模数化建造，建造时采用分段组装式打印的方式，通过产品的复制与拼装完成建造（图 4、图 5）。

图 4　3D 打印研发中心模型

图 5　3D 打印研发中心效果图

2.4　总部大楼

总部办公楼围绕一个通高的中庭形成核心空间，沿弧形坡道盘旋而上，四周为办公空间（图 6、图 7）。总部大楼作为企业形象展示，形象突出。首层为大堂和多功能报告厅；地下一层为餐厅、厨房等配套服务用房及设备机房。平面采用 8.4m×8.4m 的柱网尺寸。建造方式同厂房和研发中心类似，均采用结构主体和围护结构分开的方式，考虑到建筑中心螺旋上升的弧形坡道的特殊性，设计结合 BIM 技术控制 3D 打印机分段式打印拼装建造，同时可在坡道外侧与建筑主体结构建立连接节点用以加固建筑整体刚度。此外，特殊形式的构件对材料的抗压、抗拉、抗剪要求高，利用纤维增强水泥从而改善水泥抗拉性能差，延伸性差等特点。

图 6　总部大楼效果图

图 7　园区总体模型

3　建造方案

业主作为材料及建造的主体，从设计到建造都紧密与其技术结合，因而在 3D 打印建筑技术的应用上有了新的突破。目前大多数成品的 3D 打印建筑都为单层，并且利用加强的轮廓墙体本身作为承重，此项除了门卫房等简单建筑采用了此技术外，其他建筑均为多层，因此探索采用打印预制结构构件现场组装的模式来突破层数的限制（图 8）。

3D 打印建筑系统可分为 3D 打印配筋砌体装配系统，3D 打印钢筋混凝土装配系统，3D 打印钢结构装配系统三种，其中 3D 打印配筋砌体装配系统是指先固定好钢筋网架，

图 8　园区门卫房

来源：盈创公司官网

后在其内部填充自密实混凝土和保温层，利用 3D 打印技术将各部分连接成整体形成砌块，砌体和砌体之间利用纵向钢筋连接。3D 打印钢筋混凝土装配系统是指先固定好钢筋位置，然后直接利用 3D 打印机一次性完成灌注，整体性强，速度相比传统施工方式快。3D 打印钢结构装配系统是指在 3D 打印钢筋混凝土结构的基础上，在其内部加贯通的钢柱，相比较前两者结构稳定性更强。

针对本建筑设计方案，设计师考虑园区内建筑均采用主体结构和围护结构分开的建造方式。下面从建筑主体结构、围护结构两部分制定建造方案。主体结构上，园区建筑全部采用传统梁柱体系作为框架结构，梁柱采用 3D 打印钢筋混凝土装配系统，首先在基础上固定柱子内部钢筋，利用 3D 打印技术打印柱子模板，然后进行现场浇筑，同理，打印出梁的模板，固定梁内部钢筋的位置，最终将梁柱浇筑为整体（图 9）。

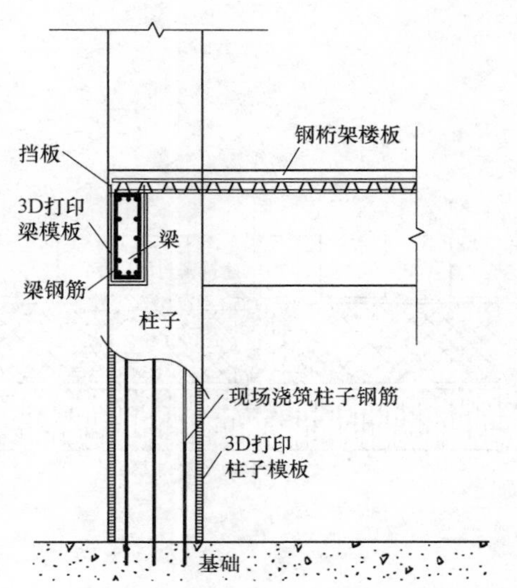

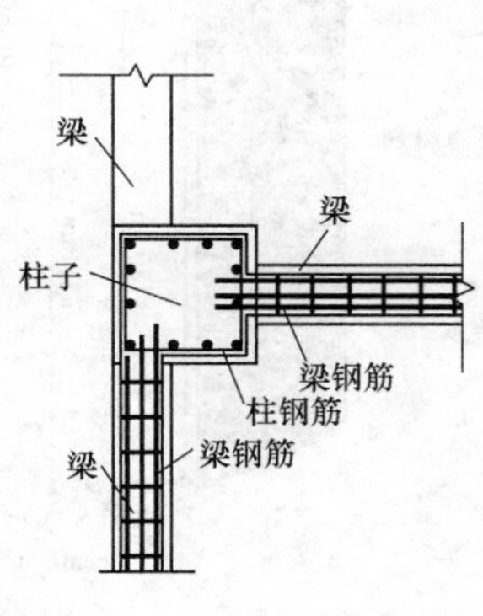

图 9　3D 打印建筑构建梁柱方案

围护结构方面，楼板采用 3D 打印钢桁架楼板，楼板通过上下弦连接钢筋与梁柱连接，此处应注意连接钢筋的连接长度不应小于梁柱截面的1.6倍。建筑隔墙设计采用3D打印配筋砌体装配系统，构件采用模数化设计以实现高效低成本的装配式建筑，墙体可采用空心有利于减少自重（图10）。

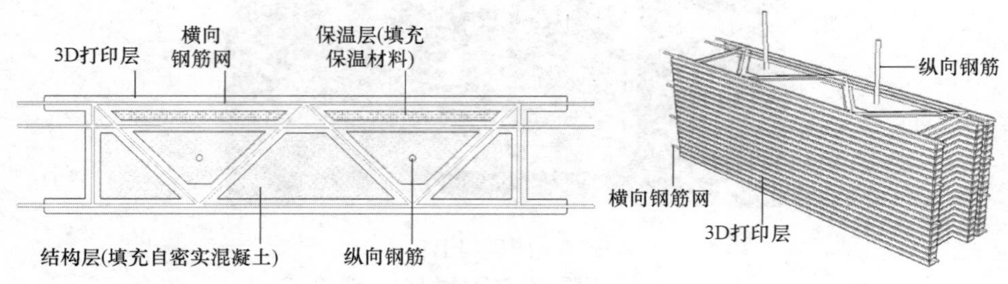

图10 3D打印建筑墙体

建筑立面将采用高效的装配式预制板材的施工方式。预制板的肌理采用垂直方向的条纹，源自于3D打印混凝土独特的肌理效果。每个建筑的立面都通过模数来控制。每个单元由打印机水平打印，实现肌理的连续匀致，然后进行组装。单位构件采用1000mm×4180mm，连接缝20mm，采用发泡氯丁橡胶气密垫，建筑密封胶密封，外加防火材料封堵。

3D打印厂房和3D打印研发中心立面采用相似的构造做法（图11），在梁柱结构的基础上先用防火材料封堵，再利用不锈钢组件外挂复合外墙板单元块，留出窗洞口的位置，再固定钢窗构件安装玻璃。复合外墙板单元块内含保温材料，也可以做成内保温的构造。总部大楼立面采用3D打印框架幕墙单元，外立面遮阳百叶也同样采用标准化构件。

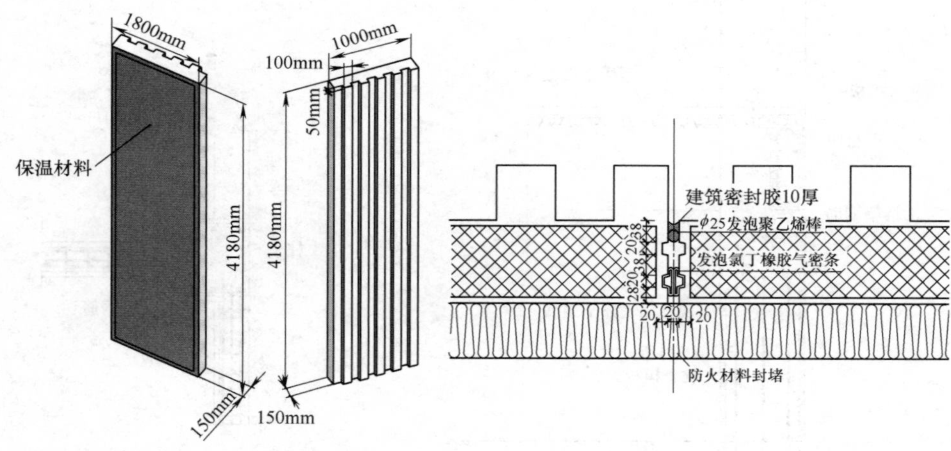

图11 立面构件及连接方式

建筑内的异形家具采用打印模具然后翻模进行加工。而园区内的许多景观小品以及市政管廊都将采用3D打印建造完成（图12、图13）。

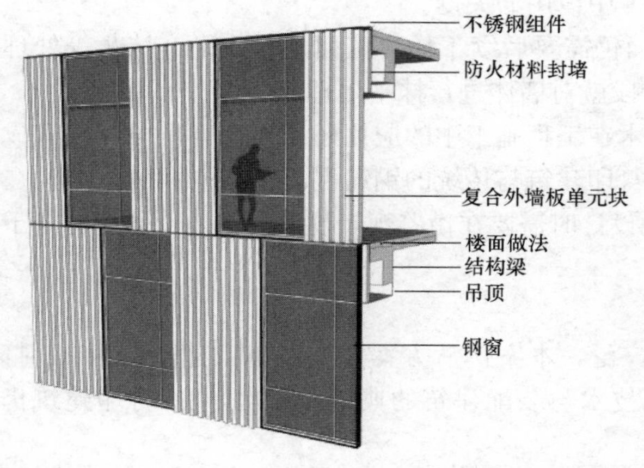

图12 1号和2号厂房立面构造做法

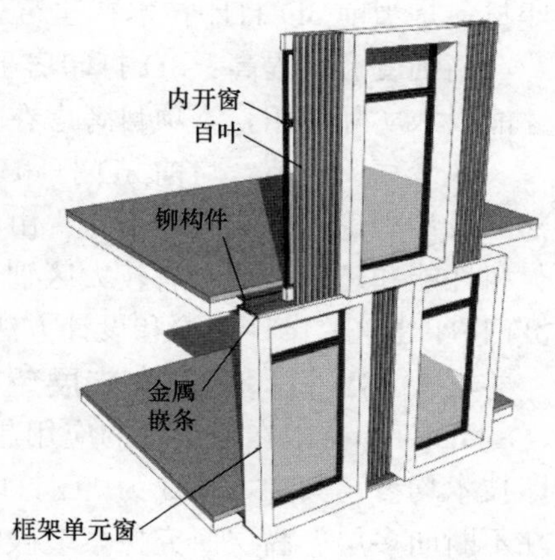

图13 3号总部办公立面构造做法

4 3D打印建筑应用特色

随着3D打印技术在建筑中的广泛应用，房屋的建造周期将大大缩短，施工效率将得到很大提高，有效节省建筑施工中人力、物力、财力等各项资源，有利于建造出绿色环保、节约资源的新型建筑。

4.1 3D打印建筑的应用优势

绿色环保：3D打印建筑的油墨主要来源于建筑垃圾、工业垃圾以及矿山尾矿，有利于实现建筑垃圾循环利用，同时在新建建筑过程中产生的建筑垃圾也大大减少。整体园区结合可持续发展的设计理念，利用建筑废料作为打印基料进行建造，同时设置了大量的屋顶绿化以及光伏太阳能板，注重绿色节能环保的需求。

施工快速：通过3D打印技术打印建筑结构体系，大大提高了建造效率。本项目结构构件均为一体化打印完成，施工精度好、效率高且视觉效果好。除此之外，还可以用于灾后重建、紧急用房、农村住宅、经济适用房、廉租房等。

不受季节限制：特殊的打印材料不受季节的变化影响，一年四季均可施工，提高生产效率，降低工期并保证了高完成度。

节省人力，提高施工安全性：我国逐渐步入老龄化社会，劳动力越来越紧张，3D打印建造技术代替传统脚手架，有利于缩短工期，降低劳动成本，改善工人的工作环境，提高工地安全性能。

个性化定制：数字技术、BIM应用将与3D打印建造技术结合。项目设计时采用模数化可实现高效低成本的装配式建筑，而3D打印建筑技术有利于于实现个性化定制多尺寸打印。

4.2 3D打印建筑的应用问题

体量受限：由于打印设备是实现3D打印建造技术的重要工具，打印机械的移动范围直接影响到可打印建筑的尺寸，本项目中的对多层建筑采用的是预制打印装配形式，一体化打印仍受到尺寸上的限制，且建筑设计时应注意不宜采用大尺度悬挑的造型。

材料性能有待提升：考虑到墙体高厚比、稳定性、承载力、抗震性能等，找具有良好抗压、抗拉性能，较强的抗裂性能和韧性以及较快的初凝时间和较高的初凝强度的复合打印材料是当前3D打印技术在建筑工程施工中应用的关键。

精细度有待提高：3D打印房子的墙面仍需要后续工作对墙面进行找平、抹灰等处理才能投入实际使用，本项目考虑在打印阶段就对墙体进行抹平处理。

缺少相关规范：目前3D打印建造技术在工程施工中的应用还属于探索阶段，没有成熟的设计理论和方法可以借鉴。由于3D打印建筑与传统的钢筋混凝土结构和砌体结构在材料性能和建造工艺上有较大区别，因此设计时需要在借鉴现有规范的基础上研究适合于3D打印建筑的设计理论和设计方法。

4.3 3D打印建筑未来展望

3D打印技术在建筑中的应用越来越广泛，本案例从方案设计到施工建造技术3D打印技术均参与其中，将成为3D打印建筑技术与装配建筑的典范。其次，3D打印建筑仍在不断向多层、高层研究探索突破。

针对文中所提到的问题考虑未来3D打印建筑的解决方案，如无人机与三维打印技术的结合解决体量受限的问题；特殊纤维材料、高性能纳米材料增强材料性能；对于地震频发的地区，考虑利用轻质高强材料打印抗震建筑等；未来，3D打印技术在建筑业的应用还存在着很多未知的可能性等待我们探索。

参考文献

[1] 张昕然. 3D打印建筑技术——颠覆脚手架时代 [J]. 中外建筑，2017 (7).

[2] 岑立. 3D打印技术对建筑行业发展的影响 [J]. 科技创新导报，2015 (12).

[3] 王冠，申逸林. 3D打印技术在建筑材料领域的应用研究 [J]. 价值工程，2015 (34)：123-125.

[4] 史博臻. 3D打印建筑如何艰难突围 [N]. 文汇报，2016-12-03.

[5] 张晓光. 基于3D打印时代的建筑技术发展研究 [J]. 河南科技，2014 (10).

[6] 肖绪文. 3D打印技术在建筑领域的应用 [J]. 施工技术. 2015 (5).

[7] 王青. 3D打印技术在建筑工程中的应用 [J]. 建筑科学，2016 (12).

[8] 杨铭，龙倩. 谈我国3D打印建筑的发展前景 [J]. 山西建筑，2015 (5).

[9] 张昕然，薛霄飞，杨海欢，等. 3D打印技术——建筑垃圾资源化利用的加速器 [J]. 建筑科技，2017 (5).

[10] 王子明，刘玮. 3D打印技术及其在建筑领域的应用 [J]. 2015 (1).

[11] 田伟，肖绪文，苗冬梅. 建筑3D打印发展现状及展望 [J]. 2015 (9).

[12] 张皓，安宇尘. 3D打印技术在建筑工程领域的应用与前景 [J]. 2016 (4).

既有公共建筑改造 BIM 模型中外围护结构构件族库创建研究

郎冰，崔艳秋
山东建筑大学建筑城规学院

摘　要：随着国家基础建设的逐渐完善，20 世纪 90 年代起既有公共建筑改造开始兴起，至今已经探索出了一些基本的设计方法。然而设计师在使用传统的设计方法对日渐多样化的既有建筑改造中，遇到了越来越多的技术瓶颈。本文以济南某政府办公楼的改造为例，该案例通过在改造设计中引入建筑信息化模型（Building Information Modeling），应用其信息化管理能力及参数化族库，对改造进程及改造效果进行了优化，有效提高了改造设计效率，保证改造达到预期效果，体现了 BIM 构件族库对提高改造设计效率及准确性的价值。

关键词：既有公共建筑；改造；建筑信息模型；族库

1　BIM 建筑信息模型

BIM（Building Information Modeling）是以建筑项目各项参数化信息数据为基础，进行可视化的三维建模平台。为设计师提供准确相关参数，帮助把控项目的设计和建造管理。与传统的设计图纸相比，BIM 能够实现设计过程中任意阶段的修改，减少各类错误，避免施工阶段的疏漏。通过在 BIM 中输出、插入和更改信息，设计师通过查询项目模型各项参数，进行信息共享与协同设计，对设计成果作出精确判断。

BIM 不仅广泛应用于新建建筑，也适用于既有建筑改造。BIM 利用数字表达建立几何模型，为建筑全生命周期内的建造与维护过程提供可靠依据。改造设计人员使用 BIM 软件建立既有建筑模型，进而对既有建筑的原有结构进行构建与分析，掌握建筑的精确数据，结合改造相关数据进行设计。完整性与精准性体现了既有建筑改造信息模型的价值。因此，应用 BIM 技术有助于建筑改造水平的提高，控制改造成本，实现资源节约利用。

2　既有公共建筑围护结构改造的 BIM 族库分析

外围护结构构件的构造设置与表达问题，是应用 BIM 建立建筑改造模型过程中的常见问题，这些构件包括外墙、门窗、屋面板等。BIM 系统的建模软件 Revit 中，通过构件族实现各种构造设计（图 1）。族是 Revit 建模的重要组成部分，承载着构件的类型、材料、尺寸等多项参数信息。由于族的特殊性、重要性、核心性，建模过程中使用的族可分为系统族与可载入族、自带族与自建族、可变族与固定族、二维族与三位族四个类别。系统族是 Revit 项目样板中预载入的，只能在项目中创建或修改；可载入族既可以是项目自带的，也可以是自建或下载的。自带族是 Revit 软件安装时自带的族；自建族是用户根据需求自我建立的族。可变族是尺寸可以随参数变化的族，如 300×300 的柱子变为 400×400；固定族是不可改变参数的“死族”。二维族主要是标注的二维对象，如数字、引线等；三维族就是项目中的构件，如门、柱、楼板等。

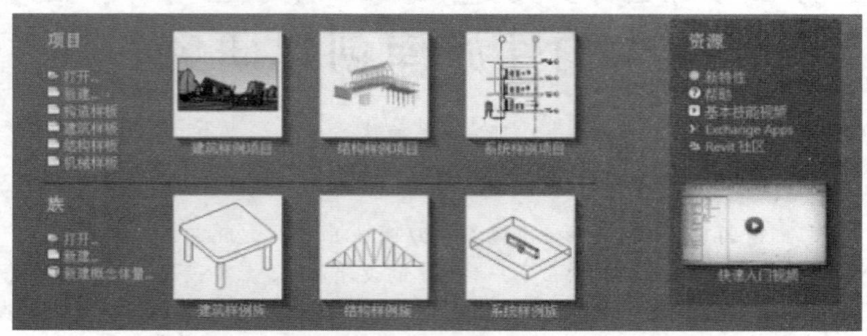

图1　项目与族

族库就是把大量相似特性、参数的族为基本元素，为提高模型的构建速度整理而成的数据库。基于族的概念及公共建筑围护结构构件的相似性，把建筑围护结构的不同构件整理形成族库，在项目中载入相关构件族进行参数修改后就可以直接应用到需要改造的建筑模型中。可以有效提高建筑改造的效率和效益，完成改造设计的调整与管理。丰富的Revit族库不仅可以提高建模的效率，对族属性中的部分参数进行修改后还可以应用到其他改造模型中。

本文以济南某政府办公楼改造项目为例（图2），讨论建筑围护结构构件族库的创建思路。该建筑建于1993年，砖混结构，共4层，建筑面积为3200m^2。整栋建筑体现强烈的90年代公共建筑特点，主体分为三段式构造，中部突出。围护构件形式老旧且功能滞后，已不能满足现行公共建筑节能设计标准。为改善建筑美观性，使其达到建筑能耗标准，对建筑围护结构进行改造。本次改造中，为减少改造影响办公楼的使用时间，先期建立BIM对改造设计与成果进行模拟，故需要建立针对围护结构的构件族库，以模拟实际工程的应用需求。

图2　办公楼改造前外观

3　族库的创建过程

3.1　构件分类

建筑的外围护结构分为外墙、门窗及屋顶。为满足改造要求，保留原有结构形式，确定主要改造构件为外墙、窗及屋顶三大类，每一大类根据自身不同可进一步细分（图3）。

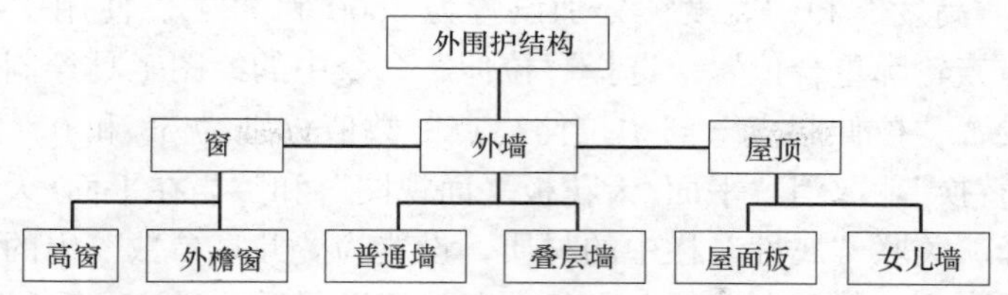

图 3　改造外围护结构分类图

3.2　族库的创建

3.2.1　外墙族库的创建

1）普通外墙的创建

创建红色砖砌体外墙－370mm 及白色外墙－370mm 族。选择“建筑”下的“墙：建筑”，打开系统族“基本墙”。使用“属性”面板中的“编辑类型”，对族进行“复制”，输入族名称。对“结构”参数进行编辑，通过“插入”命令，添加“保温层/空气层”、“衬底”、“面层 1［4］”、“面层 2［5］”。使用“材质编辑”，为不同结构层分别设置材质。然后根据要求设置构造层厚度。这样就可以完成“红色砖砌体外墙－370mm”及“白色外墙－370mm”族的创建（图 4）。

2）叠层墙的创建

叠层墙是 Revit 中由若干不同子墙堆叠形成的特殊墙体，在不同的高度可以定义不同的厚度、材质、构造层次等。以两种不同子墙组成的叠层墙的创建为例。选择“建筑”下“层叠墙”族，对其进行“编辑类型”，复制修改名称为“叠层墙－370mm”。在“属性类型”中对“结构”参数进行“编辑”，添加可变高度的“红色砌体外墙－370mm”及固定高度为 450 的“白色砌体外墙”，完成叠层墙族的创建。

使用相同的步骤对系统族库进行复制及参数设置，根据项目改造需求拓展族的数量，对族进行分类整理形成外墙族库（图 5）。

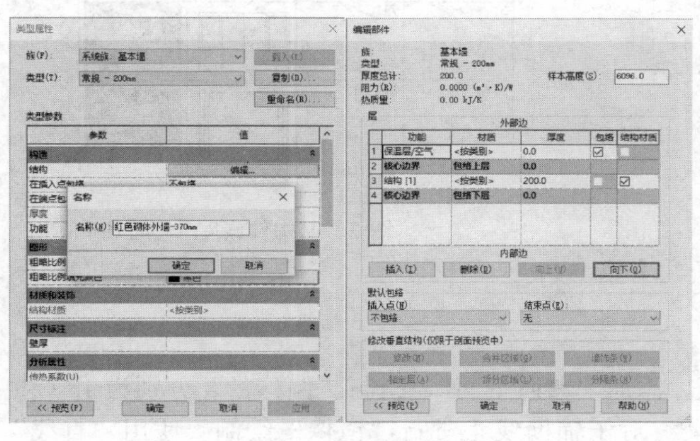

图 4　外墙族创建

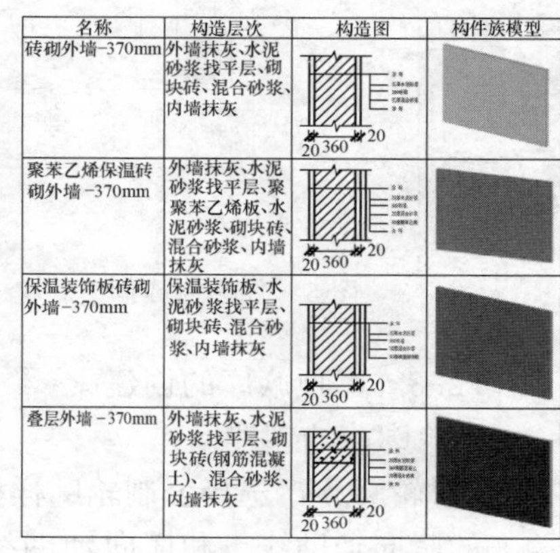

名称	构造层次	构造图	构件族模型
砖砌外墙-370mm	外墙抹灰、水泥砂浆找平层、砌块砖、混合砂浆、内墙抹灰	20 360 20	
聚苯乙烯保温砖砌外墙-370mm	外墙抹灰、水泥砂浆找平层、聚聚苯乙烯板、水泥砂浆、砌块砖、混合砂浆、内墙抹灰	20 360 20	
保温装饰板砖砌外墙-370mm	保温装饰板、水泥砂浆找平层、砌块砖、混合砂浆、内墙抹灰	20 360 20	
叠层外墙-370mm	外墙抹灰、水泥砂浆找平层、砌块砖(钢筋混凝土)、混合砂浆、内墙抹灰	20 360 20	

图 5　外墙构件族库

3.2.2　窗族库的创建

1）外檐窗

新建窗样板族，选择公制窗样板。在“族类型”中“新建”名称为 C3225 的窗族。

“尺寸标注”中的“高度”和“宽度”分别设置为 2500 和 3200。使用“导入”命令，将窗框图纸拖拽至与族轮廓重合位置。选择“拉伸”命令中的绘图工具绘制窗框。在“属性面板”面板中，设置“拉伸起点”与“拉伸终点”数值分别为 50 和 0。修改“属性”栏中“可见性/图形替换”，取消“平面/天花板平面视图”和“当在平面/天花板平面视图中被剖切时”的选择。关联“属性”栏中的材质，设置为“共享参数”中的“门窗框材质”。添加“门窗框材质”为“材质浏览器”中的“断热铝”材质。进入“项目浏览器”中的左立面视图，绘制“拉伸终点”和“拉伸起点”分别为 30 和 10 的窗户玻璃。同样修改玻璃“可见性/图形替换”后，设置玻璃为“共享参数”中的“门窗户玻璃材质”，完成外檐窗族的创建（图 6）。

2）高窗

高窗指的是窗台高度比较高的窗户，多用于卫生间及储藏间等处。其族的创建过程与外檐窗大致相同，主要区别在于窗台高度与窗户相对于墙的位置。

选择公制窗样板。在“族类型”中“新建”名称为 GC4010 的窗族。设置“尺寸标注”的“高度”、“宽度”、“默认窗台高”分别为 1000、4000 和 1800。使用“拉伸”命令绘制窗框后，“拉伸起点”与“拉伸终点”数值分别输入为 120 和 80。设置“可见性/图形替换”及“门窗框材质”属性后，绘制“拉伸终点”和“拉伸起点”分别为 110 和 90 的窗户玻璃。修改玻璃“可见性”及“门窗户玻璃材质”，完成高窗族的创建。

根据不同的图纸，对窗族的相关参数进行修改后，可以创建平开窗、固定窗、组合窗等一系列窗族，形成窗的族库，为建筑改造中的快速建模提供数据支持（图 7）。

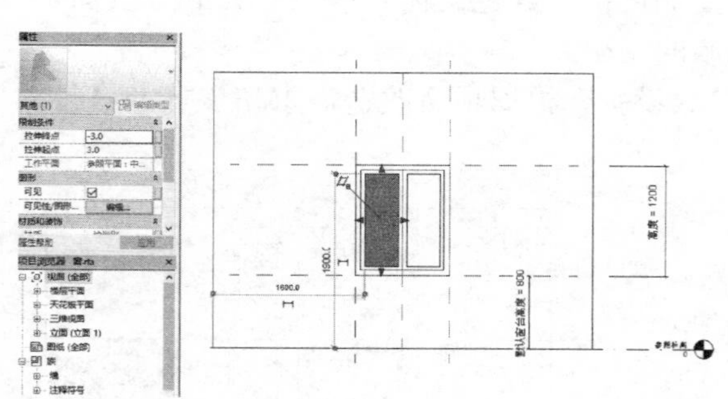

图 6　外檐窗族创建

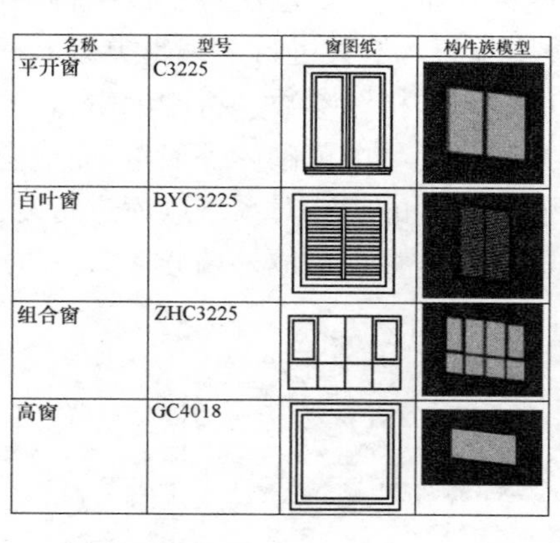

名称	型号	窗图纸	构件族模型
平开窗	C3225		
百叶窗	BYC3225		
组合窗	ZHC3225		
高窗	GC4018		

图 7　窗构件族库

3.2.3　屋顶族库的创建

1）轮廓族的创建

新建轮廓族，选择公制轮廓样板。添加“参照平面”，绘制“偏移量”分别为 150 和 −400的竖向辅助线 1 和横向辅助线 2。对于辅助线 1 进行“镜像”绘制。使用“直线”命令，在“子类型”下选择“轮廓”，沿辅助线绘制檐口轮廓。修改“偏移量”为 20 后沿相同路径绘制轮廓，“偏移量”改为 0 后绘制直线使轮廓线闭合。保存完成轮廓族的创建。

2）屋面板及女儿墙压顶族的创建

选择公制常规模型样板，载入轮廓族。使用“创建”中“拉伸、放样”命令，沿轮廓绘制“拉伸起点”和“拉伸终点”分别为 0 和 400 的体块。使用“注释”中的“对齐”命令，标注轮廓尺寸，为标注尺寸添加“标签” b、b_1、h、h_1、h_2。设置属性栏中“可见性”与“材质”，完成构件创建（图 8）。

以轮廓族为基础，根据建筑改造需求，创建各种类型的屋面板与女儿墙压顶族，整理形成屋顶构件族库（图 9）。使设计师在改造设计时直接把需要的族类型从族库中载入到项目里面，提高建模的效率的同时，完成不同改造效果的对比。

使用创建完成的各类族库中构件族，可以快速完成不同改造方案模型的创建，同时保证模型的精准度，方便设计师根据项目需求及改造效果评估，作出关键性的决定。针对设计中的纰漏，及时对方案进行优化，避免后续设计中的浪费（图 10）。

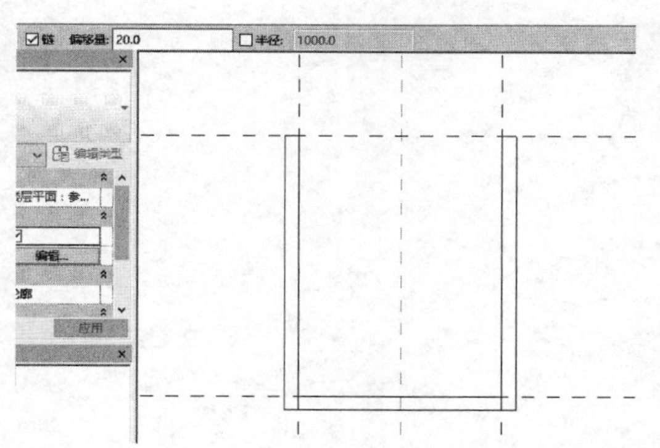

图 8　屋面板族创建

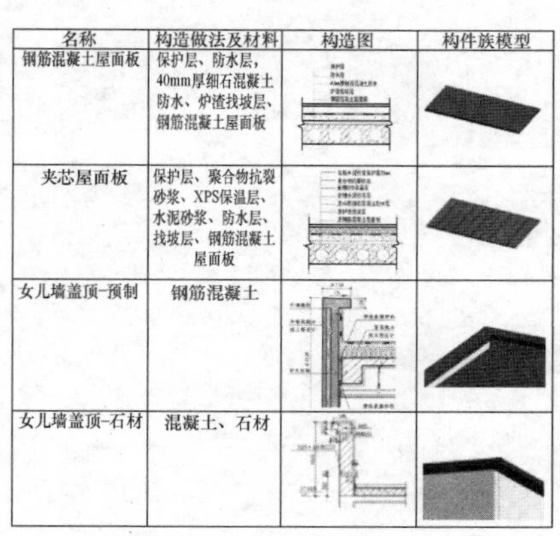

名称	构造做法及材料	构造图	构件族模型
钢筋混凝土屋面板	保护层、防水层，40mm厚细石混凝土防水、炉渣找坡层、钢筋混凝土屋面板		
夹芯屋面板	保护层、聚合物抗裂砂浆、XPS保温层、水泥砂浆、防水层、找坡层、钢筋混凝土屋面板		
女儿墙盖顶-预制	钢筋混凝土		
女儿墙盖顶-石材	混凝土、石材		

图 9　屋顶构件族库

图 10　政府办公楼族库构件改造模型

4　结语

通过 Revit 软件的建族功能建立的族库实现了对构件的集中化分类与储存。族库的建立让各构件在保证完整、可用的基础上有了统一的规范，为 BIM 技术在建筑改造的应用阶段打下了基础，成为改造设计应当关注的环节。本文通过探讨公共建筑改造设计中围护结构构件族库的创建，以及族库对传统改造设计方法的影响，为既有公共建筑改造项目的设计及效果评估提供参考。

参　考　文　献

[1]　李清清，夏培，刘帆，等编著. 基于 BIM 的 Revit 建筑与结构设计案例实战［M］. 北京：清华大学出版社，2017.

[2] 罗文林，刘刚．基于 BIM 技术的 Revit 族在工程项目中的应用研究［J］．施工技术，2015（S1）．
[3] 王珺．BIM 理念及 BIM 软件在建设项目中的应用研究［D］．成都：西南交通大学，2012．
[4] 郑海超。既有公共建筑围护结构绿色改造技术研究［D］．济南：山东建筑大学，2017．
[5] 张顺宇．BIM 技术在建筑改造结构设计中的应用初探［J］．中国勘察设计，2014（11）：93-96．

基于 BIM 平台的某地下车库碰撞检查与优化分析

李闻达，崔艳秋
山东建筑大学

摘　要： 近年来，以 BIM 技术为代表的三维协同设计技术凭借其高度的信息集成整合和直观的可视化优势，在缩短设计周期、降低设计成本、提升设计水平、提高工程质量等方面的积极作用，已得到业内的广泛认可。通过各专业模型的整合，BIM 平台能够快速、高效、准确地发现并解决建筑内的碰撞问题。本文以某住宅地下停车场 BIM 各专业模型为例，展开基于 BIM 平台的建筑碰撞检查，详细说明了其运行原理、类型分析和优化反馈方法。避免了传统二维碰撞检查中存在的难题。提出了基于 BIM 平台的碰撞检查的发现、修改、优化、反馈流程并结合实例分析具体问题。

关键词： BIM；三维协同设计；碰撞检查；优化反馈；地下车库

借助建筑信息模型（Building Information Modeling），简称 BIM，以 Revit 软件进行精细化多维信息建模。可以更高效、更精准、更具象地进行这一过程。

传统的建筑碰撞检查依赖于 CAD 施工图最后绘制阶段的各专业碰头汇总，该过程需要将各专业图纸打印至半透明硫酸纸上，经过繁杂的覆盖、对比和计算才能实现。且完成周期的长短与碰撞检查的难度随图纸的复杂程度呈几何倍数增长。在检查过程中，由于高度依赖人力，疏漏、错误等较多。往往会发生疏漏、错误等情况，造成工期的延误、成本的增加，甚至是返工，弊端较大。

本文对 BIM 在某住宅地下车库中碰撞检查中的应用进行总结和分析。简要阐述了利用 BIM 进行碰撞检查的原理和优势，并给出优化方案（图 1）。

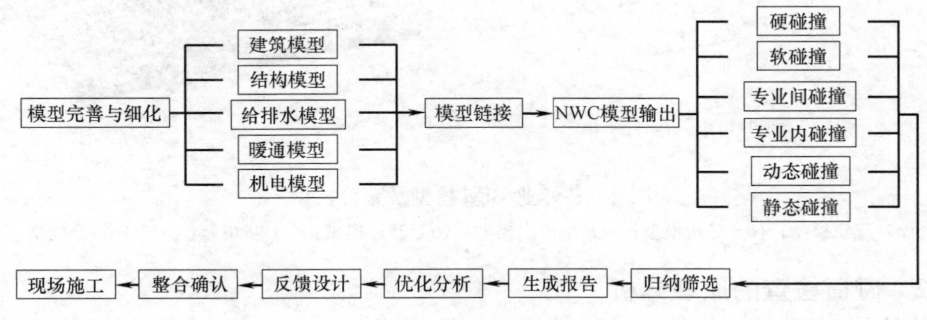

图 1　碰撞检查流程图

1　基于 BIM 平台的模型建立与碰撞检查

对于大型复杂工程如本文所用某住宅小区地下车库案例，采用 BIM 平台进行碰撞检查有显而易见的优势和重要意义。基于 BIM 的碰撞检查是对整个建筑的一次多维信息模拟施工，碰撞检查的过程同时也是全面的多维审核过程。在此过程中可以发现 2D 图纸中隐藏的深层次建筑矛盾，这些矛盾往往不在规范要求内，但与各专业协同工作又联系密切，或者属于某些犄角旮旯里容易被遗忘的小问题，或者属于同空间层次上的施工维护冲突。而在传统的二维碰撞检测中，则很难发现这些问题。

1.1 BIM 模型的建立、链接

BIM 的平台化优势在碰撞检查中可以完美体现：将本方案各专业模型整合至 Revit（图 1）中并以 NWC 格式导入至同源软件 Navisworks Manage 中，如图 2 所示。进行高度自动化的碰撞检查。将 Navisworks Manage 的 NWC 文件作为各个专业 RVT 文件的中央媒介，生成一个拥有共同模型基点的辅助分析型模型文件，如图 3 所示。因此可基于以上模型文件开展碰撞检查。

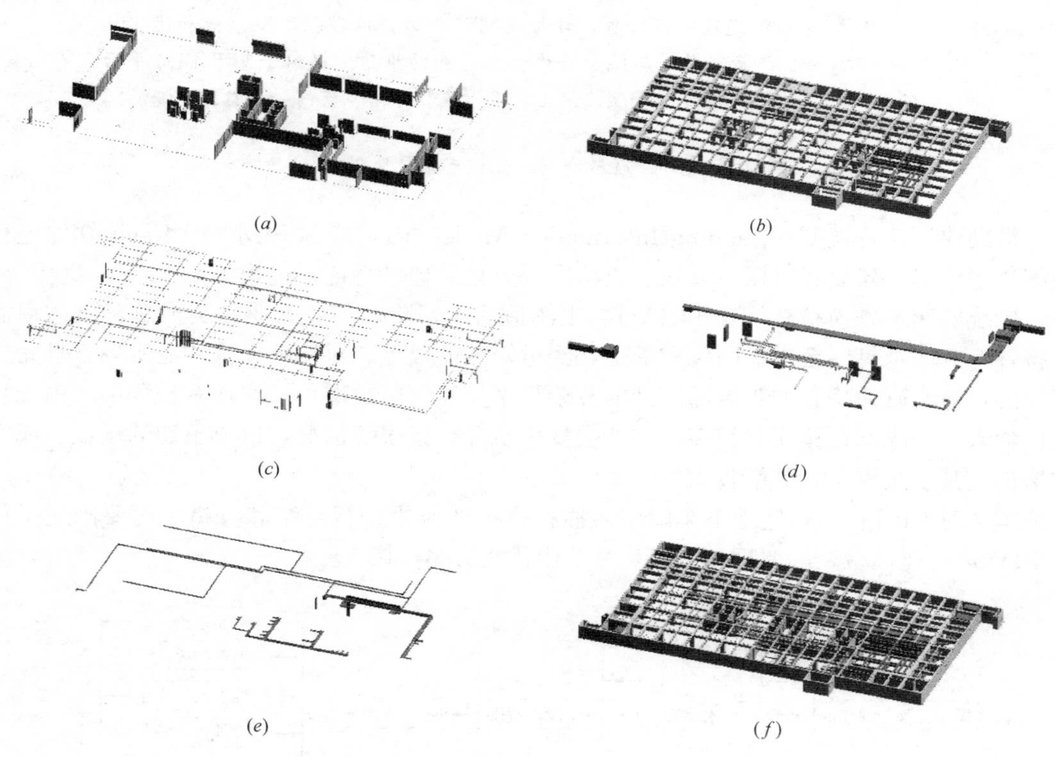

图 2 各专业 BIM 模型及整合模型

(*a*) 建筑模型；(*b*) 结构模型；(*c*) 给排水模型；(*d*) 暖通模型；(*e*) 机电模型；(*f*) 整合模型

1.2 碰撞检查的原理分析

与传统的 CAD 图纸依赖于工程师的个人经验辅以大量人工操作进行碰撞检查不同，BIM 平台的碰撞检查通过计算机的高速处理系统直接判断是否在同一坐标位置有两个或多个分别属于不同族类别的交集存在。由于原理的不同，BIM 平台的碰撞检查具有准确性高、速度快、逻辑性强等优势。

1.3 BIM 平台碰撞检查的运行

在实施具体碰撞检查的时候，大致分为三种方式：实体关系类型、碰撞类型、动静状

图 3 NWC 整合模型文件

态类型。分别用以解决实体构件碰撞，如地下车库的结构集合与建筑集合间重合交接、尺寸不匹配等；虚体作业空间，如方案中存在并排管道虽无碰撞但不符合保温层预留空间或后期建筑维护施工空间不足等；专业间，如建筑对结构碰撞、结构对机电碰撞、机电对暖通碰撞等；专业内碰撞，如强电对弱电碰撞，建筑门窗对预制构件碰撞等；动态施工作业，如建筑设备系统的运行施工轨迹对建筑管线综合模型碰撞等。

2 碰撞检查的方式

2.1 以实体关系为基准的区分方式

以实体间关系为基准区分碰撞类型可以分为两类：硬碰撞及软碰撞。

硬碰撞指的是地下二层车库中实体结构间存在交集、穿插、重叠等情况。传统的碰撞检查因为平面图纸的局限性，难以凭借三维的方式展现碰撞节点，而基于 BIM 的碰撞检查可以利用 BIM 族高度自动化分类的特性，直观的以三维模型的形式展现出来，并附有交集坐标点数据，可以十分快捷的从 Revit 原始模型内定位高亮显示。

方案中，电缆桥架与结构体系间往往会产生硬碰撞，如图 4 所示，为地下二层车库中强电-电缆桥架对其结构-现浇混凝土梁的硬碰撞示意图。该位置电缆桥架上端插入结构梁中，且下方空隙不满足电缆通过的最小间隙，故而从施工成本及工作量的角度分析，应在空间净高允许的前提下，降低电缆桥架的高度，避免碰撞产生。返回到 Revit 中，可以通过查询坐标点命令或直接建立 RVT 文件和 NWC 文件的交集直接返回快速定位到该碰撞点修改电缆桥架的高度。

软碰撞指的是在模型内无实体碰撞区域，但由于施工要求，不满足施工操作空间，无法达到施工目标的情况。而在方案 Revit 模型中，我们可以通过一系列操作完成此项任务，如图 5 所示，为查询此地下二层车库管线综合模型最低操作点实例。

2.2 以碰撞对象为基准的区分方式

以碰撞对象为基准区分碰撞类型可以分为两类：专业内碰撞及专业间碰撞。

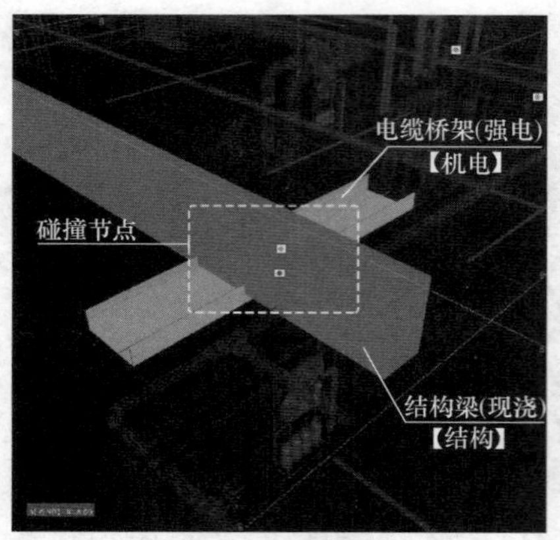

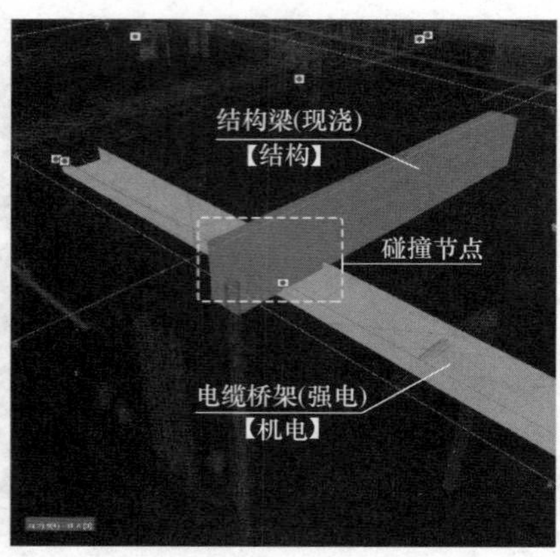

图 4　强电—电缆桥架对结构—现浇混凝土梁硬碰撞示意图

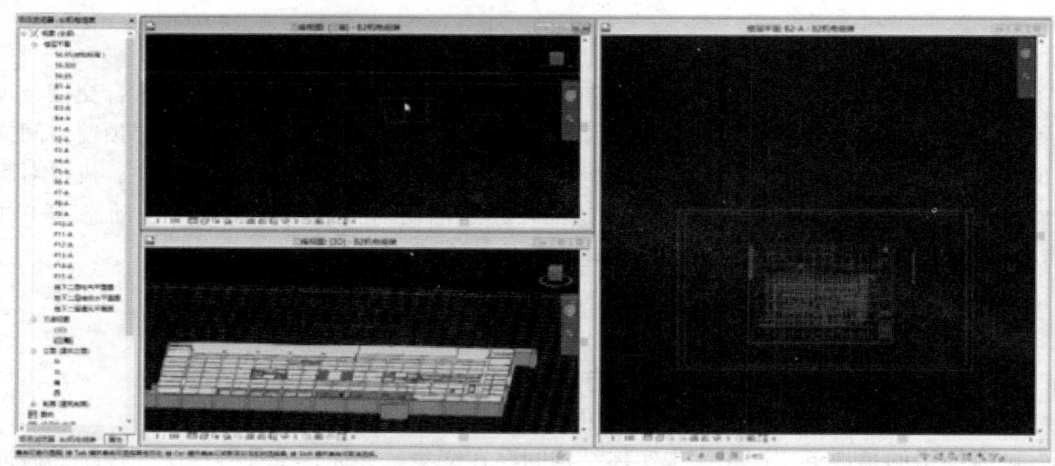

图 5　查询最低点结果对应三维视图

专业内碰撞指的是在地下二层车库碰撞检查中，以单专业模型族为单元，运行方案中构件间、族群间的碰撞检查。专业内碰撞应在管线综合碰撞前运行并进行自我调整和优化，从而减少后续综合碰撞检查的工作量，提高有效碰撞点比例。

方案中机电专业由于强电弱电有着两套不同的布线流程，往往会在交汇处产生碰撞，如图 6 所示，为地下二层车库中机电专业强电—电缆桥架对弱电—电缆桥架。竖向的弱电桥架穿插了水平方向的强电桥架，需将水平方向和竖直方向的桥架进行通过性处理。

专业间碰撞指的是在地下二层车库碰撞检查中，以各专业模型文件为单元，运行专业间的各族间的碰撞检查。在方案中，既可选取方案中整个建筑专业族群对整个结构专业族群，又可以建筑专业的部分族群对结构专业的部分族群，甚至还能建筑专业的部分族群对整个结构专业族群。运行灵活多变，可以分组进行检查，分组进行优化，提高工作效率。

方案中，建筑专业的门窗因为标高的误差及尺寸的变化会对结构产生碰撞，如图 7、图 8 所示，为建筑部分族群对结构整体族群，及机电整体族群对结构部分族群。图 7 显示卷帘门的上部直接与结构梁产生了碰撞，最佳修改方法为在保证车库通过性的前提下修改

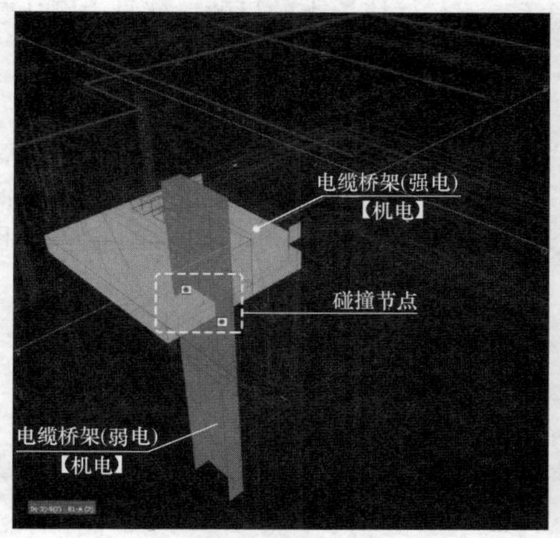

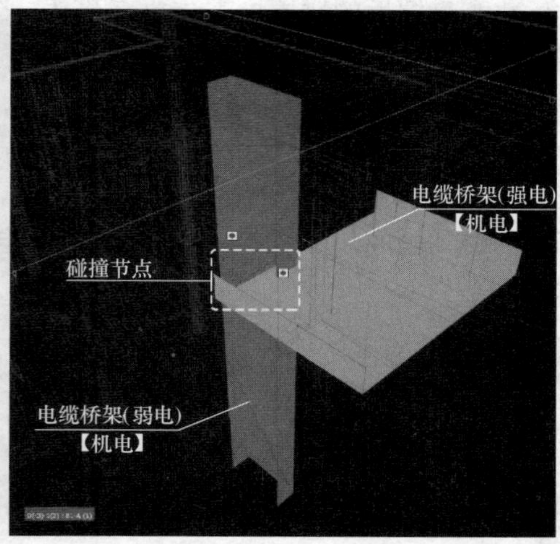

图 6　为机电专业强电—电缆桥架对弱电—电缆桥架

卷帘门的上标高，避免碰撞。图 8 显示电缆桥架的一端与结构柱产生了碰撞，最佳修改方法为改变电缆桥架在此处的位置，使其边缘与结构柱贴合。

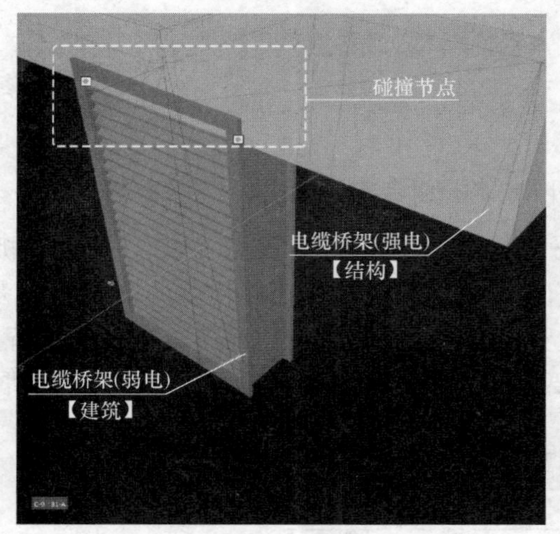

图 7　建筑门窗—卷帘门对结构—现浇混凝土梁

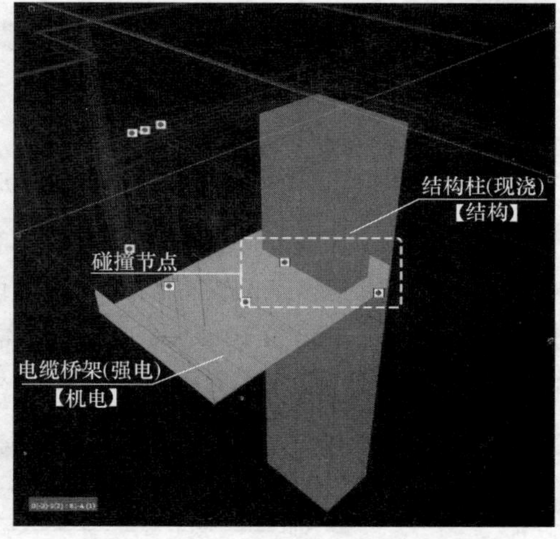

图 8　机电—电缆桥架对结构—现浇混凝土柱

2.3　以动静状态为基准的区分方式

以动静状态为基准区分碰撞类型中有一类特殊情况：运动碰撞。

运动碰撞指的是在碰撞检查时，以建筑设备的运动轨迹和综合模型为交集，计算其碰撞可能性的一种碰撞检查。其多发生在预制装配式建筑的碰撞检查中。对于如本文中展现的现浇钢筋混凝土建筑的设计施工中，考虑较少。故而不再赘述。

3　碰撞节点的整理归纳与分析

碰撞检查的核心内容是碰撞节点的整理归纳与优化反馈。无论以何种手段，凭借什么 BIM 平台进行碰撞检查，其核心是对碰撞节点进行专业的梳理、优化和反馈。经历过梳理、优化和反馈后的碰撞检查，才有意义。毕竟，运行碰撞检查的目的，就是力图让建筑在制图阶段达到零碰撞的预期目标。

3.1 碰撞节点的梳理

基于 BIM 的建筑碰撞检查在其检查过程中，也同样需要在丰富经验的工程师的参与下完成。经过各专业的统筹汇总和整理归纳，才能得出准确的碰撞检查报告。基于前面在 Navisworks Manage 中对本方案结构对机电的碰撞检查，我们得到初步的报告如图 9 所示。

Autodesk Navisworks 碰撞报告

结构对机电	公差	碰撞	新建	活动的	已审阅	已核准	已解决	类型	状态
	0.001m	41	41	0	0	0	0	硬碰撞	确定

								项目 1				项目 2			
图像	碰撞名称	状态	距离	网格位置	说明	找到日期	碰撞点	项目 ID	图层	项目 名称	项目 类型	项目 ID	图层	项目 名称	项目 类型
	碰撞1	新建	-0.578	D-9 : B2-A	硬碰撞	2017/10/23 18:46.10	x:105.861、y:-8.438、z:-4.797	元素 ID: 796213	B2-S	混凝土 - 现场浇注混凝土	实体	元素 ID: 519808	B2-A	带配件的电缆桥架	线
	碰撞2	新建	-0.452	D-9 : B2-A	硬碰撞	2017/10/23 18:46.10	x:103.474、y:-7.554、z:-4.494	元素 ID: 811334	B2-S	混凝土 - 现场浇注混凝土	实体	元素 ID: 520000	B2-A	带配件的电缆桥架	线
	碰撞3	新建	-0.372	D-10 : B2-A	硬碰撞	2017/10/23 18:46.10	x:114.811、y:-7.721、z:-4.800	元素 ID: 793582	B2-S	混凝土 - 现场浇注混凝土	实体	元素 ID: 519883	B2-A	带配件的电缆桥架	线
	碰撞4	新建	-0.362	D-9 : B2-A	硬碰撞	2017/10/23 18:46.10	x:103.760、y:-7.554、z:-4.350	元素 ID: 811334	B2-S	混凝土 - 现场浇注混凝土	实体	元素 ID: 519933	B2-A	带配件的电缆桥架	线
	碰撞5	新建	-0.353	D-10 : B2-A	硬碰撞	2017/10/23 18:46.10	x:115.790、y:-7.704、z:-4.550	元素 ID: 804043	B1-S	混凝土 - 现场浇注混凝土	实体	元素 ID: 520138	B2-A	带配件的电缆桥架	线

图 9 结构对机电初步碰撞检查报告

得出报告后，需要进行有效碰撞节点和无效碰撞节点的整理和筛选。同理，机电对机电、建筑对结构、建筑门窗对结构、建筑墙对门窗、建筑对其他的碰撞检查均按照此方法进行初步整理，如同图 10 所示。各专业需对初步碰撞检查报告进行碰撞节点有效化分析，筛选出无效碰撞节点。无效碰撞节点的产生主要是因为本方案模型在建立时有误差，选取

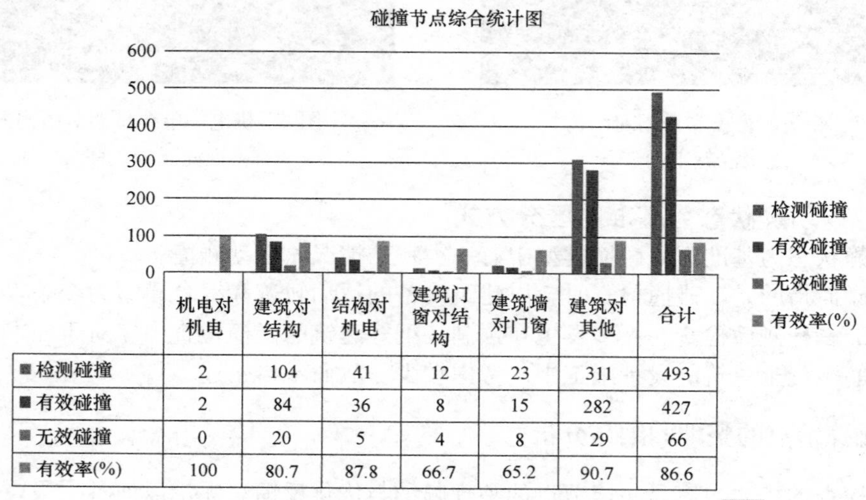

	机电对机电	建筑对结构	结构对机电	建筑门窗对结构	建筑墙对门窗	建筑对其他	合计
检测碰撞	2	104	41	12	23	311	493
有效碰撞	2	84	36	8	15	282	427
无效碰撞	0	20	5	4	8	29	66
有效率(%)	100	80.7	87.8	66.7	65.2	90.7	86.6

图 10 碰撞节点综合统计图

的碰撞集合有问题或是 Revit 在识别时出现错误造成的。

3.2 碰撞节点的优化与反馈

梳理完成后，需要进行碰撞节点最终的优化与反馈。本方案各专业负责人会建立 Excel表格列出修改后的报告，再由专门的 BIM 建模师参照报告进行模型的修改，如图 11 所示。

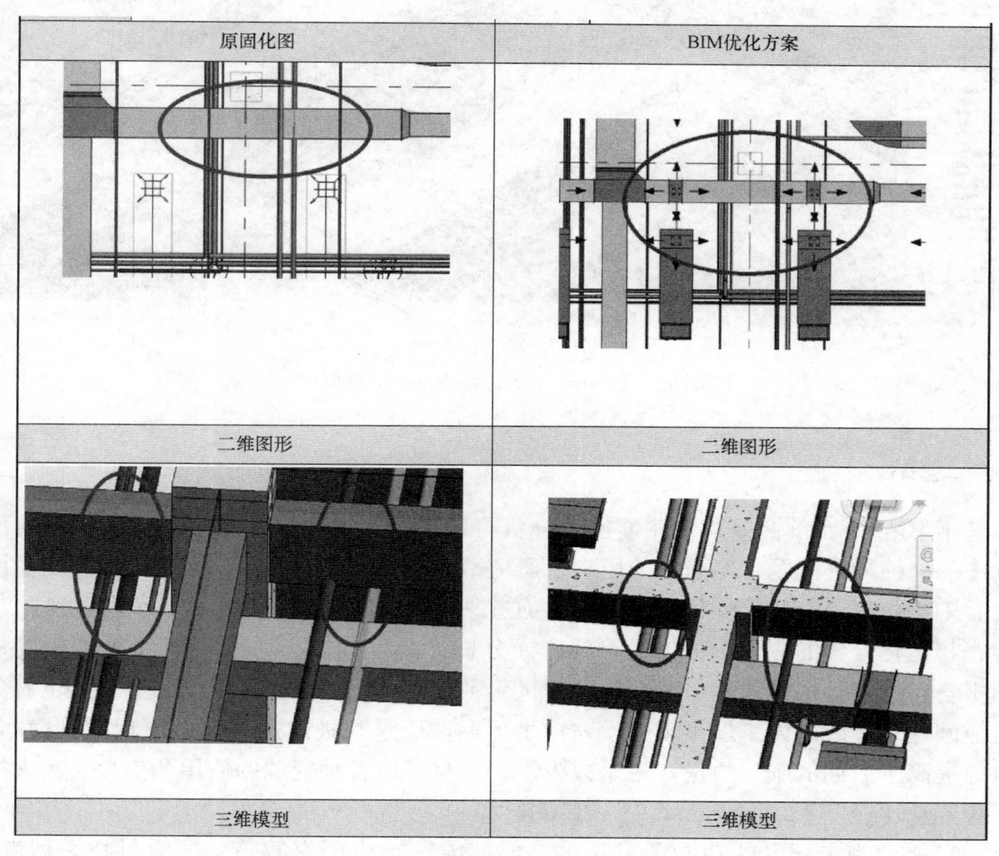

图 11 模型修改

当然，我们也可以通过 Navisworks 中的返回，直接转入 Revit 中进行快捷方便的修改。如图 12，为图 6 所示碰撞返回地下二层车库 Revit 模型中的定位结果。

3.3 碰撞节点总结

本次基于 BIM 的高效建筑碰撞检查分析共检测出，碰撞节点 493 个，其中有效碰撞节点 427 个，无效碰撞 66 个，有效率达 86.6%。初期报告即能详细罗列出碰撞节点的碰撞详情、碰撞类型、碰撞节点坐标、三维碰撞大样图，以及对应的碰撞图纸位置。综合梳理筛选后的修改报告更是清晰详细且高效的将整个地下二层车库的综合管线、建筑结构等的碰撞问题进行高度可视化的呈现。为业主和设计方提供了一个高效的工程设计变更指导平台。最大限度地保证了施工质量和施工进度。

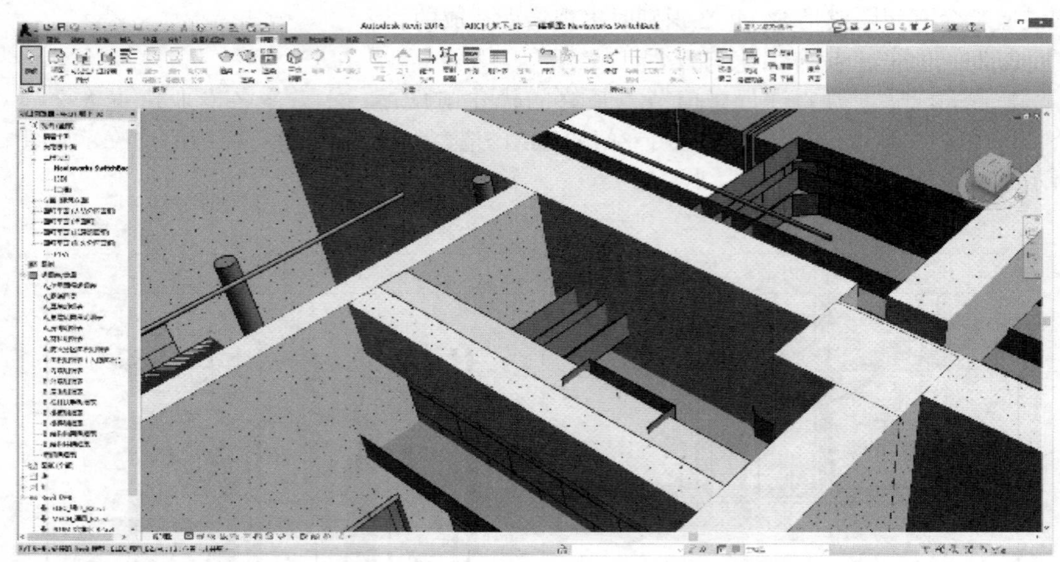

图 12　Navisworks 返回 Revit 定位修改

4　总结

基于 BIM 平台的高效建筑碰撞检查分析可以在施工前进行信息模拟处理，提前预知设计中的碰撞冲突问题带给施工的影响，避免不必要的时间、经济损失，大大提高了设计质量、工程效率，节约了工程资源。本文通过基于 BIM 平台在某地下车库模型建立与碰撞检查与优化分析的应用中得出最终的碰撞分析、修改报告。针对 BIM 平台得出的初步碰撞报告，进行筛选、优化、反馈。不仅优化了方案的设计，提高了交底质量，也避免了因碰撞问题所造成的误工返工现象，缩短了工期，通过积极改进模型中出现的碰撞问题，有效地提高了后期的施工质量，更是减少了人、材、机各种资源的使用和消耗。大大提高了工程能耗比。

BIM 平台尚未开发的功能还有很多，如何能够响应国家政策，顺应科技发展潮流，挖掘 BIM 的潜在价值，提高信息的互通互用，提高建筑业的信息化发展，仍需更深一步的研究。

参　考　文　献

[1]　刘卡丁，张永成，陈丽娟．基于 BIM 技术的地铁车站管线综合安装碰撞分析研究［J］．土木工程与管理学报，2015（1）

[2]　李广辉，邓思华，李晨光，等．装配式建筑结构 BIM 碰撞检查与优化［J］．建筑技术，2016（7）．

[3]　李永生，许振宝，原国栋．BIM 技术在高速公路建设中的应用与总结［J］．建筑与装饰，2016（11）．

[4]　时春霞．BIM 技术在大型地下车库中的应用［J］．低温建筑技术，2016（6）．

基于家具厨卫模块化理念的极小公寓设计初探

荆子洋，廖路喆
天津大学建筑学院

摘　要：建筑在给人类提供安全的生活、工作保障场所的同时消耗了巨大的自然资源，在现如今土地资源极度紧缺的城市环境下，既能满足群众居住空间需求，又能适应城市可持续发展的小型居住空间成为越来越多人的选择。本文立足于万科成都 vv 公寓极小公寓项目设计，对模块化理念及其在居住空间的应用方式进行分析，试图探索符合当下市场需求的模块化居住空间产品，倡导更加集约、绿色的生活模式，为将来建筑的装配化、产品化提供参考依据。

关键词：模块化；极小户型；居住模式；可持续发展

1　模块化与极小公寓

1.1　模块化

模块化设计理念是绿色设计思想中发展得较为成熟的理念之一。在工业设计领域，它是将一定范围内具有相同属性或者相同条件下的不同规格的产品按照一定原则划分成不同模块，通过不同的模块组合方式满足不同的产品需求，充分利用模块组合的灵活性适应多样化市场的一种设计生产手法。标准化、模块化的原产品生产大大节约材料、资金与时间，能很好地适应可持续发展的市场理念。

而当今社会的建筑建造标准随着社会的发展不断提高，建筑的精细化程度也不断加深，将模块化在生产领域的高效性、易操作性等优势在建筑领域发扬，让建筑建造行业操作更为高效，是值得建筑师们探讨的议题。

本文探讨的模块化极小空间居住模式设计，是基于万科成都 vv 公寓小户型项目，将模块化的理论运用在居住建筑中的一次探索。首先按照功能类型的角度，将住宅空间的总体功能分解为各个需求的子模块，简化成典型空间单元进行组合分析，再对家具模数、餐厨模块、卫浴模块分别进行模数研究，配合人体工程学的尺度研究，试图探索符合当下市场需求的模块化居住空间产品，倡导更加集约、绿色的生活模式，为将来建筑的装配化、产品化提供参考依据。

1.2　极小公寓的居住空间

现今我国的经济发展模式导致大城市的土地资源极度紧张，然而为了大城市的资源和机会，人们特别是年轻人仍然在不断地涌入大城市，使得大城市的人口密度不断上升，房价和房租也持续上涨。与此同时，建筑作为为人类提供生产和生活保障场所的资源消耗型产业，对环境的破坏也不容忽视。所以，既能满足群众居住空间需求，又能适应城市可持续发展的小型居住空间顺应而生。

当前市场上比较普遍的小户型公寓是指面积约为 35m² 左右，客厅和卧室没有明显分化，有必需的基本生活设施、整体浴室，厨房功能大大简化的 SOLO 型公寓设计。而本文研究的极小公寓则试图探讨在满足一定的生活舒适程度下，继续降低套内面积，研究范围界定为套内面积低于 35m^2，居住空间的精细化程度更深和灵活性加大，满足不同人群使用需求的户型产品。

步入 21 世纪以后，互联网的飞速发展对建筑产业的影响逐渐加深。极小户型作为新兴的居住模式，也是一种新的建筑产品，和互联网产品有着以下三点共性：

产品毛利率趋近于零。消灭中间成本，直接面向需求人群。

（1）产品周期趋近于零。情感成为强链接，不能套用标准化思路，需要找到强吸引点来优化空间。

（2）客户冗合度趋近于零。个人异质化，对空间灵活度需求提高，个体空间成为每个人社会生活的投射。

因此，极小户型的设计探索是具有足够市场性和前瞻性的。由于人类在居住空间的生活模式相对其他空间较为简单，所以模块化的理念在极小户型中的应用具有充分的可行性。

1.3 居住群体的需求

想要将极小户型产品按照功能类型的角度，将住宅空间的总体功能分解为各个需求的子模块，首先需要研究的是各类居住群体的需求。由于房价、个人经济状况等因素的制约，极小公寓的受众人群一般较为年轻，如以 90 后为代表的年轻白领、以“极客”为代表的青年创业群体以及年轻夫妻或年轻父母等，他们相对容易接收新鲜事物，活动随性自由。在这些群体中对功能的诉求中，厨房功能相对简化，但需要保证居住品质而设置独立的卫生间，卧室、书房、客厅等功能可以综合灵活使用，并需要设置一定的交流空间，总体空间需求灵活性大。

2 模块化极小空间的设计要点

2.1 模块化的功能空间

基于相应居住群体的需求，极小户型空间往往要为居住者提供起居室、卧室、厨房、卫生间这些基本的空间，但很少有独立的一个功能空间作为餐厅使用，而是将这个功能融入其他空间当中。

笔者根据主要使用人群的需求，将极小户型的基本功能空间分为五个基本模块，分别是 A 卧室模块，B 书房模块，C 餐厨模块，D 客厅模块，E 卫浴模块，通过模块与模块的组合方式产生极小空间功能模块化的设计要点：

（1）功能模块互相咬合产生“合页”。功能模块的复合处形成创新的高效的多功能区域（图 1）。

（2）将固定功能挤压/共存。如将原有书房模块 B 和客厅模块 D 并置的模式更进为书房模块 B 和客厅模块 D 挤压，解放空间（图 2）。

（3）超级多功能的“中岛体”。中岛体通过发生多种局部变形，实现多种功能的复合。

2.2 功能模块的模数化

首先，功能模块的模数化的基础是家具的模数。选取常用衣柜、储物柜的 300mm 厚度和 600mm 厚度的两种尺寸，设计长度以 300mm 的倍数为基本模数的可替换开架单元。高度复合的功能模块中储物部分由模块化的开架单元构成，开架单元有自身的灵活性和可替换性，适用于卧室模块 A、书房模块 B、客厅模块 D 及其组合单元（图 3、图 4）。

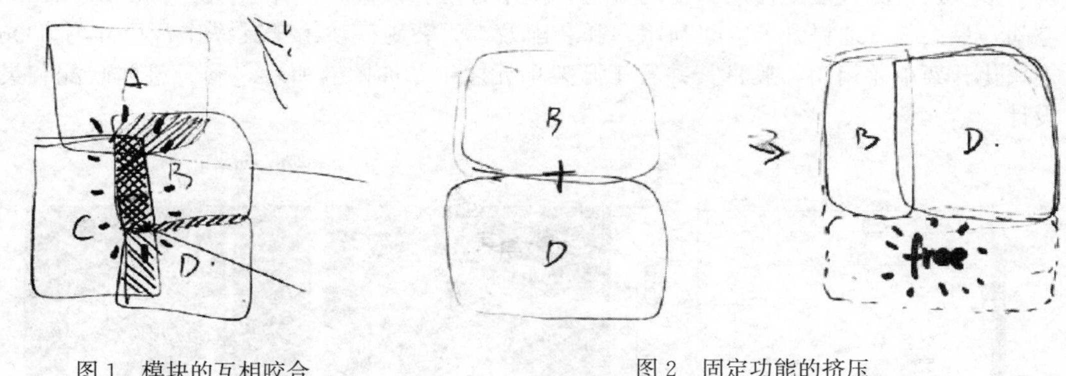

图 1　模块的互相咬合

来源：自绘

图 2　固定功能的挤压

来源：自绘

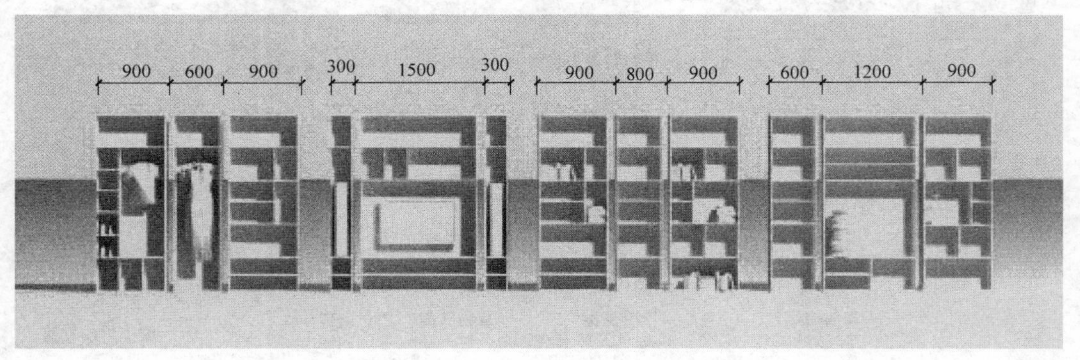

图 3　厚度为 300mm 的模块化开架单元

来源：自绘

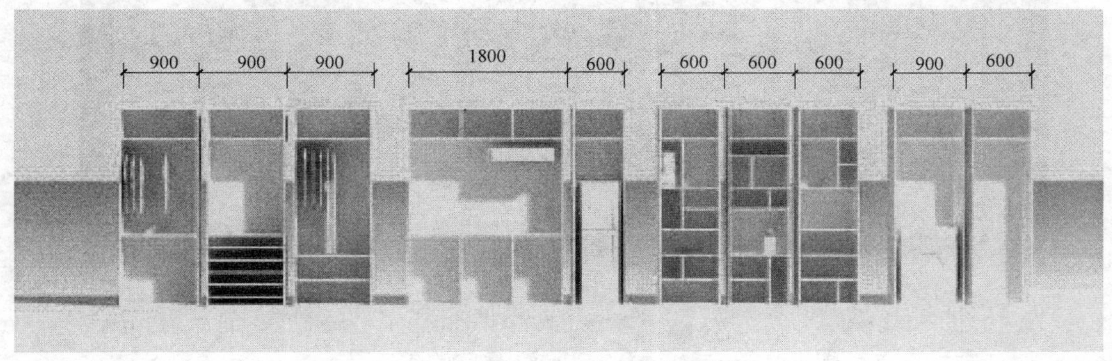

图 4　厚度为 600mm 的模块化开架单元

来源：自绘

由于卧室模块、书房模块及客厅模块多数情况下可以挤压或共存，所以标准化餐厨及卫浴模块的尺寸，使其在具有一定的舒适性的前提下节省空间，符合人体工程学的要求，也是模块化的设计要点之一。图 5 列举了一种干湿分区的卫浴模块 C 的尺寸及其使用模式，卫生间和淋浴间分别为 900mm×1400mm 的单元模块和 800mm×1200mm 的单元模块，浴室入口配置便于存取衣物的立柜，使用方便。该模块整体占用 1400mm×2100mm 空间，最大限度地提升了空间利用率和装配效率。餐厨模块由于其操作台尺寸与 600mm 模块化开架单元相同，故将其并置于开架单元之中，如图 6 所示，利于整体装配和灵活设计。

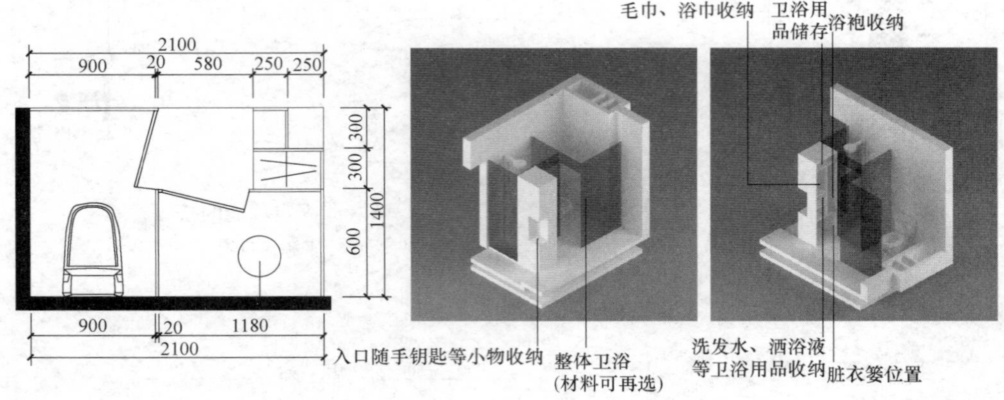

图 5　卫浴模块示例

来源：自绘

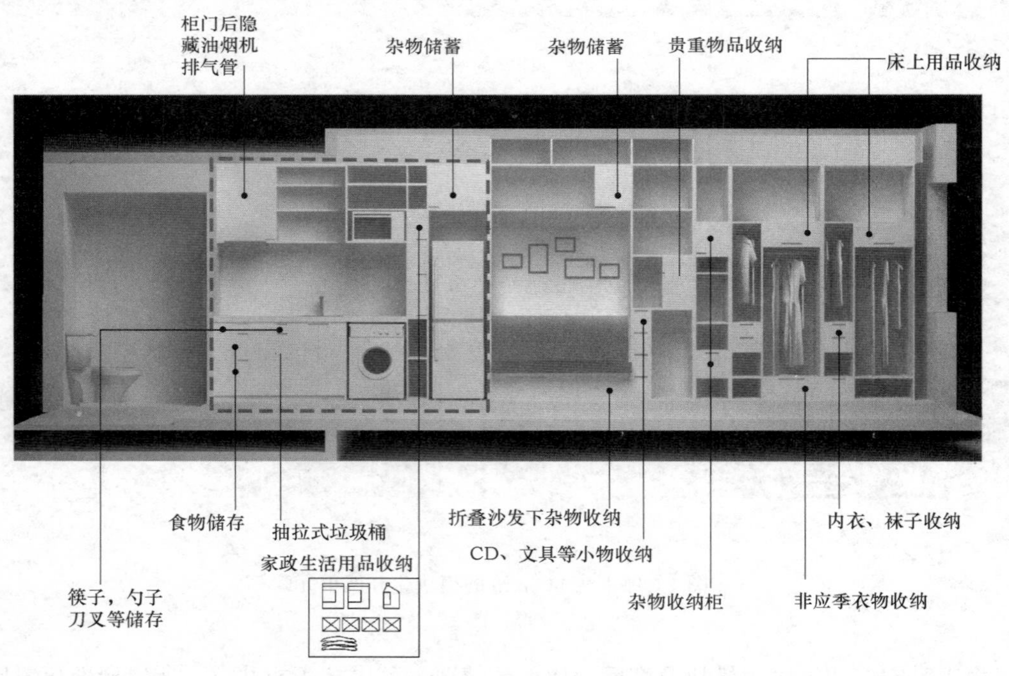

图 6　餐厨模块示例

来源：自绘

3　模块化极小空间户型设计

模块化极小空间的户型产品设计，就是在将餐厨模块、卫浴模块进行预制化装配化设计之后，再将其他各功能模块通过开架单元的组合高效地组织在一起的过程。为了适应不同的户型进深与面宽，餐厨模块、卫浴模块也可以出现不同组织形式的多种产品，力求在空间效率和舒适度中寻找到合适的平衡点。同时由于层高影响带来的空间差异也非常明显，笔者根据不同功能需求将组织方式分为不考虑层高影响的平面布局方式和考虑层高影响的空间布局方式两种类别，并分别列举不同面积段的具体设计样例进行探讨。

3.1　不考虑层高影响的平面布局方式

3.1.1　建筑面积为 20m² 以下

此户型套内面积 14.7m²，建筑面积约为 19.6m²。将餐厨模块 C 压缩至 1300mm×600mm，配备一个水池、切菜台面、灶台功能，卫浴模块 E 最小化压缩至 1900mm×1400mm，配备水池、座便及淋浴功能。同时通过可变家具的设计将卧室模块 A 和客厅模块 D 高度复合（图 7）。

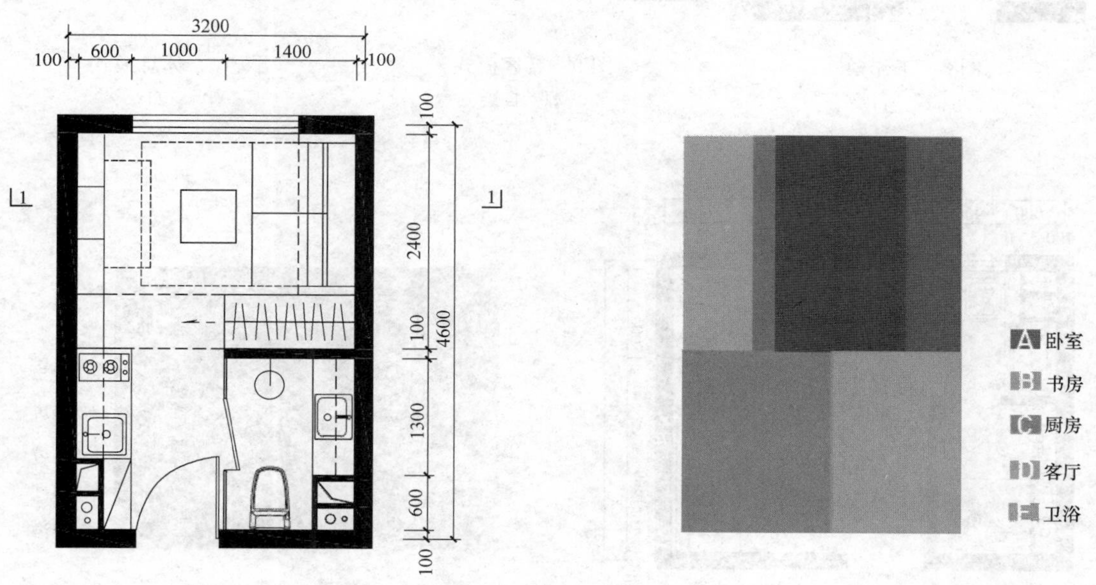

图 7　建筑面积 20m² 以下户型

来源：自绘

通过可变家具和可移动的衣橱对空间进行适应性划分，以切换不同需求下的不同使用模式。例如图 8 中，将衣橱拉出作为隔断形成动静分区的工作模式；图 9 中，将工作桌板收起，衣橱回位，加入座椅形成会客模式；图 10 中将折叠沙发床打开形成休息模式。

3.1.2　建筑面积为 20～25m²

在楼型较方且不考虑面宽影响的情况下，可以采用面积段更大的方形户型。此户型套内面积 16.9m²，建筑面积约为 22.5m²，复合卧室模块 A 和客厅模块 D，卫浴模块 E 实现干湿分区，加上管井位置总共占用 1700mm×1500mm 空间。沿墙布置布置餐厨模块 C 和书房模块 D（图 11）。

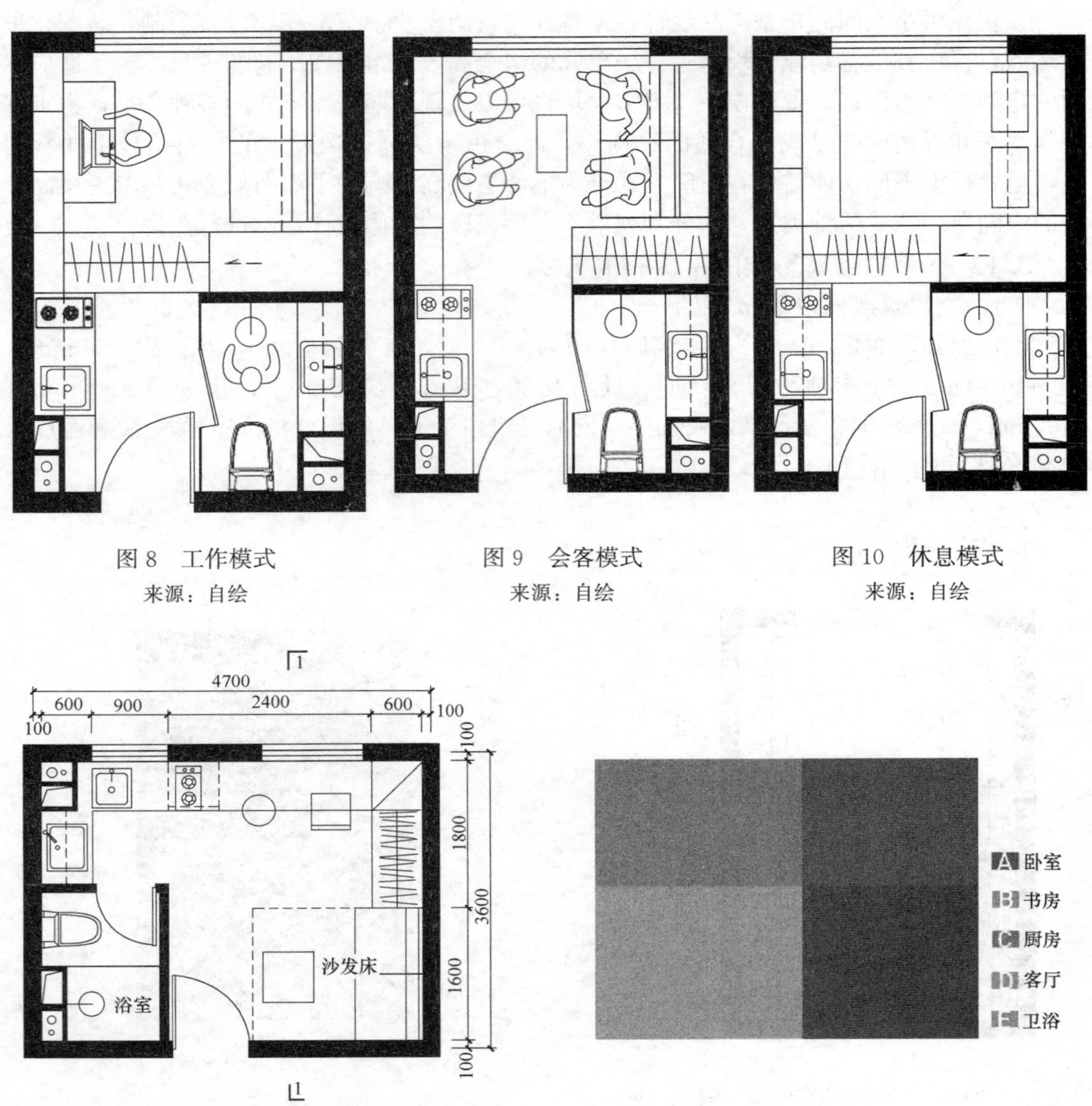

图 8 工作模式

来源：自绘

图 9 会客模式

来源：自绘

图 10 休息模式

来源：自绘

图 11 建筑面积 20～25m^2 户型

来源：自绘

此户型优势为沿窗布置长桌面，可解决餐厨、工作等多种功能；进深小，空间流线非直线型，有利于空间的紧凑化；卫生间做到干湿分区，利于打扫。可用于未来大面宽小户型的研究方向。同样可通过折叠沙发床的变化，形成不同的空间使用模式（图 12、图 13）。

3.1.3 建筑面积为 30～35m^2

此户型套内面积为 29.9m^2，建筑面积约为 35m^2，各模块依次并列，餐厨模块与客厅模块间设置一多功能岛台，复合洗脸池、餐桌、小型会议桌等功能。沿墙面布置 600mm 厚的开架单元，复合书架、电视柜、沙发、衣柜、储物柜等功能，通过活动衣柜的不同摆放方式形成双人合租或情侣模式（图 14）。

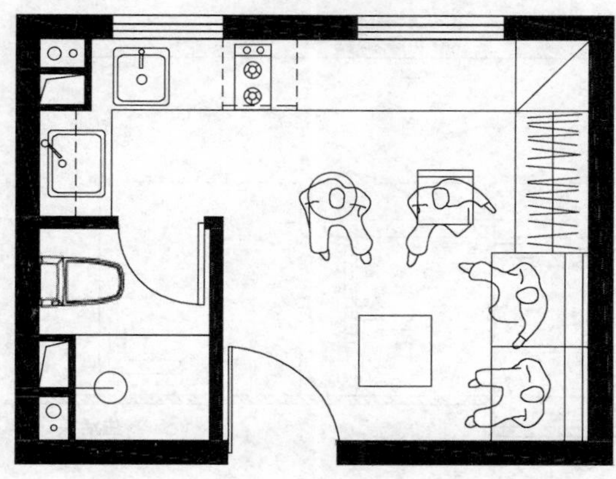

图 12　会客模式

来源：自绘

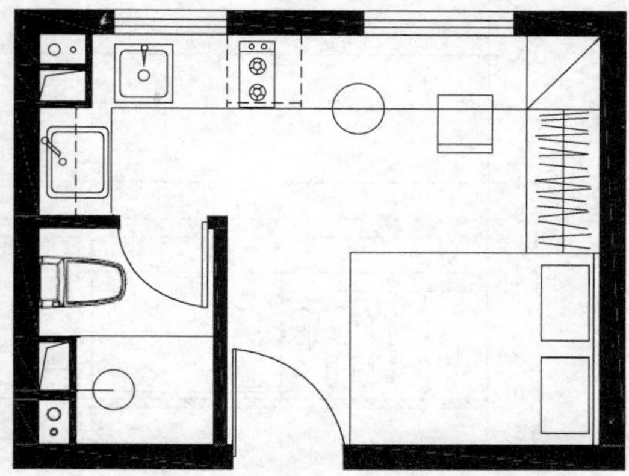

图 13　休息模式

来源：自绘

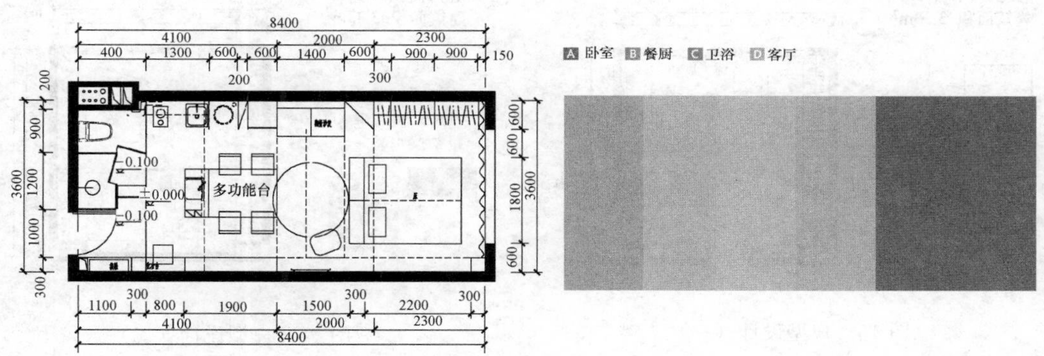

图 14　建筑面积 30～35m^2 户型

来源：自绘

3.2　考虑层高影响的空间布局方式

通过研究在居住空间中各类空间所需的竖直高度，绘制出图 15 所示的高度关系，用以辅助 3.9m 层高以内的空间设计。

如图 16、图 17 所示，此户型套内面积 25m^2，建筑面积 33.33m^2。通过夹层设计，将卧室模块 A 置于夹层处，解放首层空间，可以做到卧室模块 A 和客厅模块 D 完全分离并置，增加空间的舒适度。

由此可见，在层高允许的条件下，增加夹层空间，可以增强空间的舒适性和趣味性，但也正是由于夹层的设计，使得卧室到卫生间流线较长，不适用于老人或小孩的使用人群。

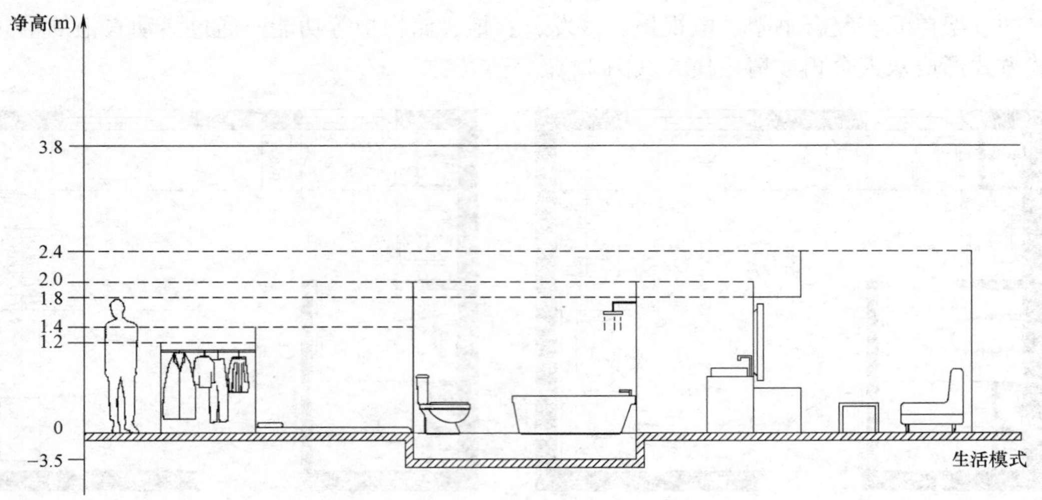

图 15　高度关系

来源：自绘

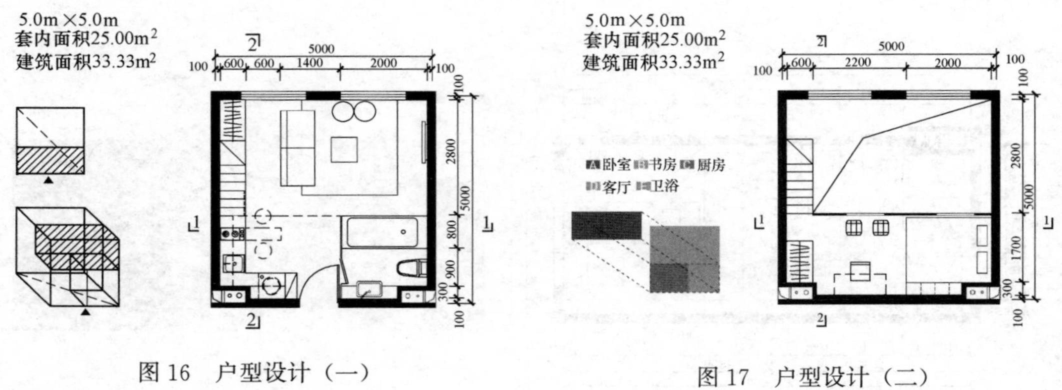

图 16　户型设计（一）

图 17　户型设计（二）

4　配套空间的设置

值得注意的是，虽然极小户型的居住空间在居住空间内部尽量压缩空间，但绝不意味着失去空间的品质。户型之外的公共空间的配套设置也是极小空间的居住模式研究中非常重要的一部分，只有配套空间的品质与精细化程度达到了一定的水平，能够满足使用者居住以外的其他多种功能需求，模块化极小户型的居住空间才能具有推广的意义。

5　结语

在中国社会结构转型、城市化进程加速及住宅建设可持续发展等社会大背景下，国情决定了我们必须积极倡导健康、节约、环保的住房消费模式，模块化极小空间的居住模式研究是跟随着时代的脚步不断前进的。由设计案例研究可以看出，通过精细化的设计和模块化设计方法的使用，增加极小空间的灵活性，完全可以达到既满足较高的居住舒适度的要求，又提高建造效率和装配品质，更加符合市场及群众的需求。本文虽然探讨了一些模块化极小户型产品的可行性，但在如何预制模块与装配模块的领域还没有足够深入的研究，所以，作为与时俱进的设计师，我们应该不断地关心住宅的可持续发展，不断地通过研究与努力改善人们的居住环境和生活质量，改善建筑对自然资源的消耗情况，为居住模式的更新与可持续发展贡献自己的一份力量。

参 考 文 献

[1] 赵晓征．居住空间设计［M］．上海：上海人民美术出版社，2006．

[2] 刘臻．极小户型空间设计调查与研究［D］．西安：西安建筑科技大学，2014．

[3] 王志刚．小的应该是美好的［D］．天津：天津大学，2010．

[4] 刘丽丽．小户型居住空间计划的适应性研究［D］，山西：太原理工大学，2011．

[5] 阿纳·克里斯蒂纳．都市小户型室内设计 1、2［M］．肖卫华译．北京：中国水利水电出版社，2005．

[6] 吴良镛．人居环境科学导论［M］．北京：中国建筑工业出版社，2001．

[7] 张智强．Gary Chang：Suitacase House［M］．台北：田园城市文化事业，2004．

[8] 陈牧野．模块化体系下建筑空间组合初探［D］，天津：天津大学，2014．

BIM 技术在工业化建筑全生命周期中的应用研究

郭娟利[1]，冯宏欣[2]，王杰江[1]

1　天津大学建筑学院；2　天津大学国际工程师学院

摘　要： 建筑工业化是未来建筑发展的重要方向之一。但工业化建筑与传统建筑在设计和建造方面存在一定的差别，需要研究一种适合于工业化建筑的设计方法与建造、运维流程。通过分析 BIM 技术特点，发现 BIM 技术对工业化建筑模块化设计-工业化生产-装配化施工-信息化运维的整个全生命周期运转具有重要应用价值。本文以天津地区某工业化建筑为例，通过 BIM 技术在该项目中的应用实践，提出了基于 BIM 平台的工业化建筑集成设计、生产、施工以及运维的流程和方法，并指出 BIM 技术的应用是实现工业化建筑性能和成本控制的关键。

关键词： 工业化建筑；BIM；全生命周期

2016 年 2 月 6 日《中共中央国务院关于进一步加强城市规划建设管理工作的若干意见》提出，力争用 10 年左右时间，使装配式建筑占新建建筑的比例达到 30%。[1]，国家十三五规划也将“绿色建筑和建筑工业化”作为重点专项进行研究，这预示着工业化建筑成为我国未来建筑行业发展的一个重要方向。

工业化建筑与传统建筑的根本区别在于其在可行性研究、建筑设计、构配件生产、建筑施工和运营等环节形成成套的技术体系，其构件部品大部分都在工厂内完成[2]，对部品及构件的产品质量要求较高，对于各专业的协作配合要求也很高，尤其是各专业的设计同步性。BIM 技术具有参数化建模、三维可视、交互性好等优势[3]，可以使各专业在同一个平台上基于一个共同的模型进行建筑设计，实现模型的共享与信息交换[4]。通过将 BIM 技术在工业化建筑全生命周期中的应用，实现了工程各参与方对建筑进行协同设计及管理的目标，充分发挥了 BIM 的技术优势，可以提高各专业设计人员的协作效率。但目前在工业化建筑设计中，真正应用 BIM 进行全生命周期实施的案例较少[5]，设计、施工和运维人员对如何通过 BIM 开展工作没有明确的概念，也不知如何操作，因此应针对 BIM 技术在工业化建筑全生命周期中的应用开展研究。

1　工业化建筑应用 BIM 的优势

BIM 技术优势在于由计算机生成包含全部信息的建筑数据库[6]，这些信息涵盖了方案设计、仓储运输、施工建造甚至运营管理所需要的全部数据[7]，这些数据包含在三维模型库中。现代网络技术的发展，使各个专业人员能够更加快捷的获取这些数据[8]，并进行便捷的操作，建筑师可以直接完成三维实体模型的绘制与修改；设备工程师可以在实体模型中便捷的加入设备及管网信息；结构工程师可以根据设备工程师的要求完成墙体的孔洞预留；施工单位可以直接提取材料信息进行施工备料；而物业公司可利用 BIM 进行信息收集、整合，为后期建筑运维降低运营成本并向用户提供更好的服务、产生更优的效益提供信息和技术支持。

建筑工业化的本质是将建筑构件通过工业化生产制造并在现场施工组装[9]，其发展方向是不断提高工业化构件及部品在建设项目中的比例。工业化建筑的生产环节主要包括：方案设计、工业化生产、部件仓储运输以及现场装配，如果这几个环节中的其中一个环节出现问题都会对工业化建筑的生产造成严重影响，严重时可能主要部件都得重新生产。BIM技术的出现可以极大地避免这些情况的发生，BIM不仅可以为工业化建筑解决信息化的问题，而且可以从方案设计、部品生产，到现场施工、运行维护实现全程跟踪，避免中间环节出现纰漏。

工业化建筑将建筑分解为若干个可拆分组合的建筑构件，拆分方案与组装方案的好坏直接决定了建筑的最终性能，在设计完成后需要对构件的拆分组装进行预演，避免出现问题，BIM技术可以在计算机内完成虚拟拆分与组装，对构件进行碰撞分析与检测，预测施工过程的潜在风险，改善设计方案，提高工业化建筑的整体性能。此外，工业化建筑涉及的专业较多，各专业需相互协作，这就对各专业的同步性提出了较高的要求，而BIM具有较强的协同设计能力，且模型信息丰富，能够为构件的工业化生产提供技术保障。工业化建筑通过使用BIM技术，可以使传统二维的设计方法提升至三维[10]，从线条化的表达转向建筑的全面信息化表达，从不同专业独立设计转变为各专业协调设计。在此基础上BIM技术增加了时间信息，可以针对工业化建筑在不同建造时间上进行仿真模拟，对不同施工工序的时间节点进行预演检验，提前发现问题，确定最佳方案，可以极大地降低工业化建筑的成本。

BIM技术对后期建筑运维提供信息和技术支持主要体现在BIM可以将所有信息整合为统一的整体和模块，并按一定设计流程导入到设施管理软件中，为软件的运行提供准确完整的数据支持，提高建筑信息化，降低设施运维管理过程中不同阶段不同程度的损失，优化设施资源配置，提高运行效率，降低成本。

BIM在工业化建筑设计流程中一共可以分为4个阶段，主要包括：初步设计阶段、深化设计阶段、构件加工运输阶段、施工安装管理阶段，如图1所示。这4个阶段都需要利用BIM技术进行有效控制。

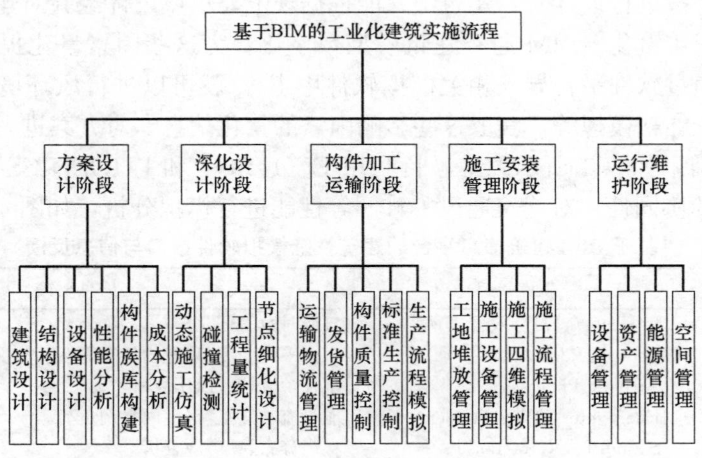

图1　基于BIM的工业化建筑实施流程

2 BIM在工业化建筑设计中的应用

工业化设计不同于传统建筑设计，在建筑设计的前期阶段不仅要考虑空间、功能、体量、造型等基本设计要素，还需要考虑工业化建筑构件及部品的形式、空间关系以及构造连接方式。因此要求设计人员在初期就要考虑建筑构配件的几何尺寸、材料选取、施工工艺等设计要素。运用BIM进行设计时需要充分考虑这些问题，采用适当的设计方法，发挥出BIM的技术优势。

2.1 实现工业化建筑的模块化设计

工业化建筑具有标准化、模数化的设计特点，BIM在应用于工业化建筑时应首先考虑将建筑户型、构配件及建筑部品搭建为部品族库。BIM中的族是对整个功能性模型的总称，通常包括门窗族库、墙体族库、管道族库、结构族库等，这些族可以根据需要调整尺寸、材质、形状等设计参数。在进行方案设计时，根据设计要求从族库中选取适宜的建筑构件及部品，直接搭建方案，形成三维信息模型，能够极大地提高设计效率。图2、图3所示为天津某工业化住宅BIM建筑模型和相对应外墙族。

图2 天津某工业化建筑BIM建筑模型

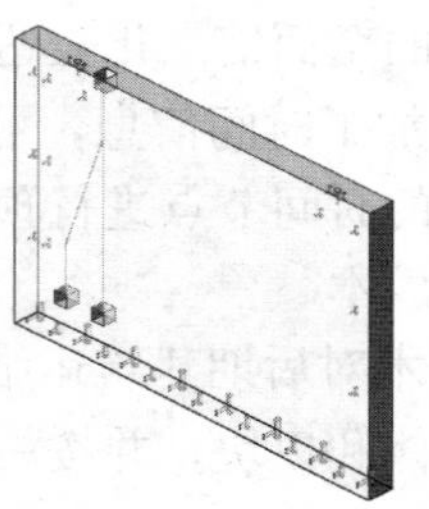

图3 外墙族

2.2 BIM技术辅助设计师进行建筑性能分析

在工业化建筑方案设计时，需要综合考虑建筑日照、建筑风环境、建筑光环境以及建筑热环境等环境因素，这些因素最终会影响到建筑建成后的室内舒适度以及建筑的可持续性。利用传统手段进行设计时，建筑师只能根据规范要求或设计经验对建筑的这些因素进行定性判断，很难量化。BIM通将建筑模型数字化，为这些因素量化提供了可能性，将这些建筑信息通过软件平台导入相关模拟软件中[11]，就可以进行风环境模拟、光环境模拟、日照分析、能耗模拟等，获取这些影响因素的量化信息，对方案进一步进行优化，软件接口及反馈结果如表1所示。本项目利用ECOTECT和PHOENICS模拟软件和REVIT建模软件的协同性，对建筑通风、日照等性能进行模拟分析，如图4所示。

基于BIM建筑信息平台的建筑性能模拟软件接口与信息反馈　　表1

评估内容	软件接口	信息反馈
日照分析	Ecotect、众智日照、天正日照	日照时数、日照分布
采光分析	Ecotect、Radiance	室内采光照度、采光均匀度等性能分析
风环境分析	Airpark、Phoenics	空气龄、风速、风压分析
能耗分析	Energyplus、Designbuilder	能量流与热工流，室内空调负荷
噪声分析	SoundPLAN、Raynoise	噪声分布、噪声源分析
可视化分析	Autodesk Revit	构件及连接构造、碰撞分析

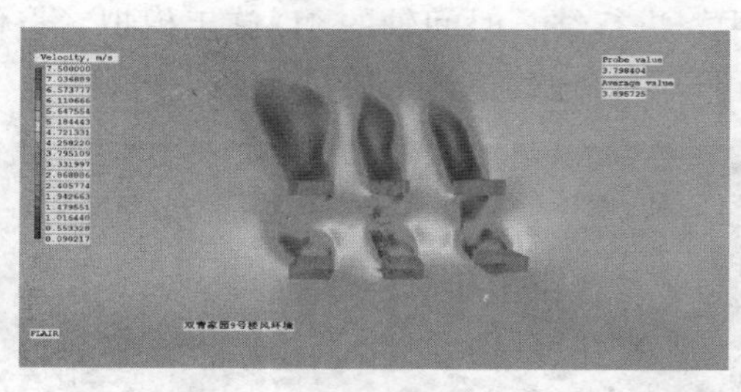
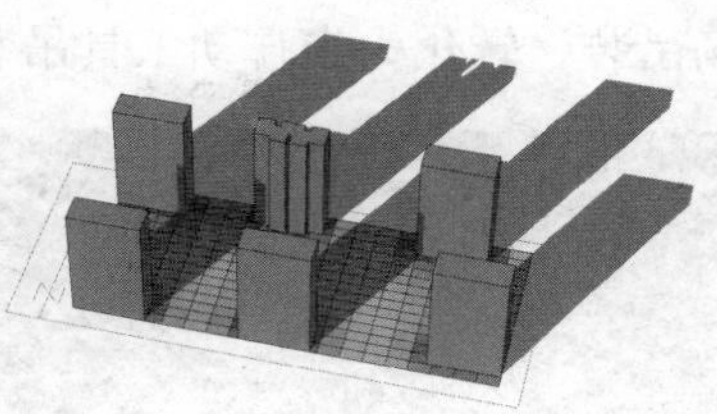

图4 天津某工业化建筑基于BIM的风环境、光环境模拟分析

2.3 管线综合碰撞检查深化设计方案

工业化建筑由于大部分现场作业是拼装工作，现场加工作业较少，在设计时需要充分考虑管线设计，避免管线交叉增加现场作业量。工业化建筑中存在多种管线，这些管线需要充分考虑与建筑、结构以及管线自身的空间关系，此外还需预留维修空间，这些要求在传统二维图纸上很难清晰判断。BIM具有三维可视化的平台，通过碰撞检查可以轻易发现存在的问题，提醒设计人员，优化管线设计，提前避免施工现场调整管线的问题出现(图5)。

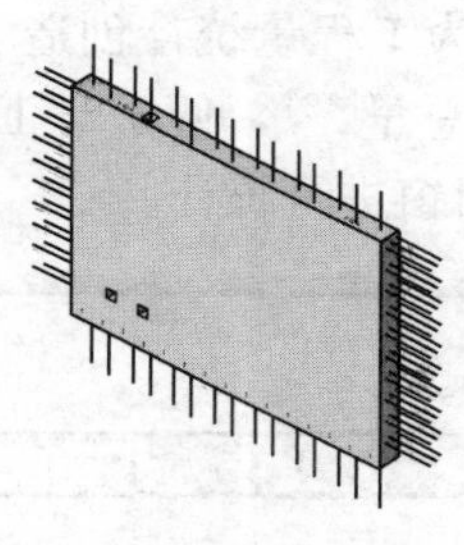
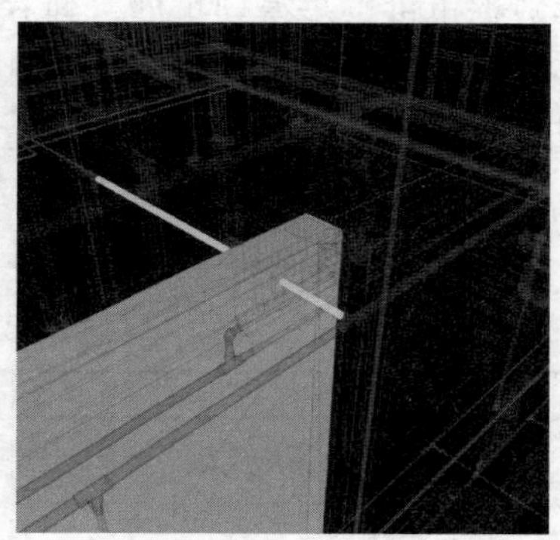

图5 建筑管综设计与碰撞检测

3 BIM在工业化建筑生产、施工中的应用

3.1 基于BIM的构件工业化生产

在BIM技术指导下的工业化建筑构件生产过程中，利用BIM的全息模型指导工业化构配件进行标准化生产，并进行构配件质量控制；在此阶段，充分发挥BIM的优势，对建筑部品生产过程进行模拟仿真分析，将构件产品固定模台生产转化为自动流水线生产，在生产完成后指导货物出场，并进行物流控制，该阶段利用BIM完成产业链整合，打通构件生产、储运的壁垒，提高效率。

3.2 基于BIM的装配化施工

构配件生产完成后，BIM设计管理平台进入施工安装阶段，运用BIM技术完成建筑平面的拆分与部品的分解，导出各部分施工明细和构件节点详图，利用BIM的分析工具进行动态施工仿真，及时发现施工中可能出现的问题，进行修正，结合时间轴对施工流程进行优化设计，优化施工组织管理，开展三维可视化施工控制，通过BIM进行施工预演，如图 6 所示，将模型导入 NAVISWORK 中，进行结合时间轴的 4D 施工模拟，将传统的经验现场吊装，转化为半自动工具吊装，可以更好地确保施工质量。

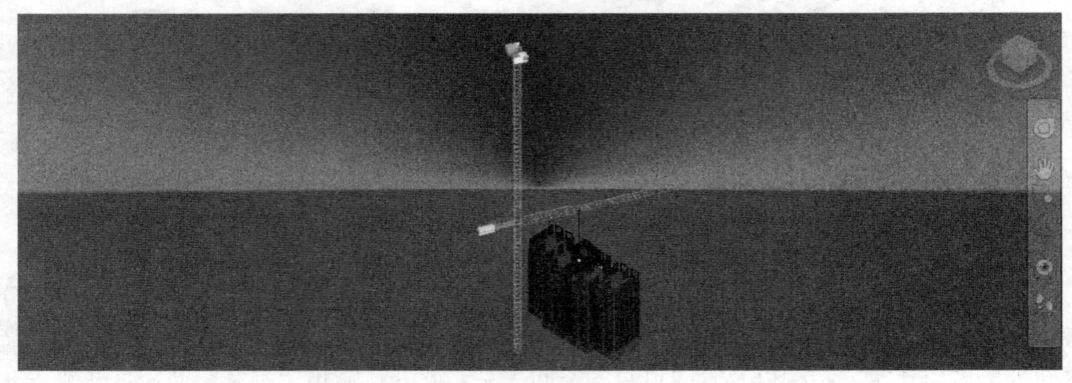

图 6　4D 施工模拟

3.3　BIM 可以快速地进行工程量统计与经济性分析

BIM 在模型建立初期就将工业化建筑的很多信息输入到模型数据库中，随着设计过程的深入这些数据也进一步得到扩展，到方案完成时包括门窗信息、建筑部品信息、建筑构件信息、甚至钢筋数量都已经涵盖到信息库里面，这就为工程量统计创造了便利条件，通过对数据进行统计，可以提前确定工程造价以及工程的总量[12]，便于对工程进行经济分析及优化，如图 7 所示为利用 REVIT 明细表功能对项目窗进行统计。

<窗明细表>

A	B	C	D	E
序号	窗户类型	尺寸		数量
		高度	宽度	
1	固定窗: 600 x 900 mm	900	600	74
2	固定窗: 1400 x 1400mm	1400	1400	1
3	固定窗: 1800 x 1800mm	1800	1800	163
4	固定窗: 1800 x 2400mm	1800	2400	92
总计: 330				

图 7　天津某工业化建筑窗工程量统计

3.4　BIM 与 RFID 技术相结合为工业化建筑全生命周期提供服务

RFID 无线射频识别技术是一种非接触式的数据收集和信息存储技术，通常由标签、天线和阅读器三个部件组成[13]。在工业化建筑构件生产、运输和施工管理的过程中，结合运用 BIM 和 RFID 技术能有效提高管理水平[14]，在预制构件入场及吊装施工过程中结合 RFID 和 BIM 技术，监控追踪建筑构件的运输安装，在运维阶段有效调用相关设备信息，实现信息的准确且快速的传递，减少因人工录入信息带来的不准确性和低效性。

4　BIM 在工业化建筑运维中的应用

据国外研究机构对办公建筑全生命周期的成本造价研究，其中设计和施工阶段的费用约占整个建筑生命周期的20%，而后期运营维护所产生费用占到了全生命周期费用的67%以上[15]，对其他类建筑包括对工业化建筑来说道理相同，往往建筑的运营维护在建筑全生命周期中所占时间较长，同时产生的费用也更高，而设施管理又是建筑运维中的重要一环，因此可以看出运维管理阶段尤其是设施管理在工业化建筑全生命周期中的重要性。

4.1 BIM可为运维阶段的设施管理提供信息、技术支持

随着建筑行业信息化和数字化的不断发展，BIM技术在国内的进一步推广，以及人们对建筑运行维护意识的加强，BIM技术会越来越多地应用到建筑设备的运行维护领域中去，最终使BIM为设施管理服务。设施管理可通过BIM技术收集并分析处理建筑信息，将人、技术、流程设计和空间配备整合到一起，借此运用设施管理的理论和技术来保证人们在建筑物内的舒适度，提高工作效率，同时打造节能的绿色建筑，将效益实现最大化。

信息准确完善的BIM三维信息模型是物业运维管理框架的基础，使用REVIT软件建立建筑、结构、机电的协同模型，整合设计、施工阶段的建筑设备、工程变更、施工进度节点等基本信息形成包含空间类型划分、机电设备等管理信息的运维模型，并用BIM数据库对各种信息进行统一的管理和储存，搭建物业运维管理框架的基础数据层，实现数据的集成和共享；引进ARCHIBUS管理平台通过数据接口连接BIM数据库，建立包括设备管理、能源管理等不同功能模块物业运维管理系统层，负责提供给运维单位一个可操作、可修改记录的BIM数据界面；同时，依据用户不同的等级和类型，分别对不同用户设置不同权限形成用户层，使得不同用户根据自身需求和级别来读取相关的建筑信息(图8)。

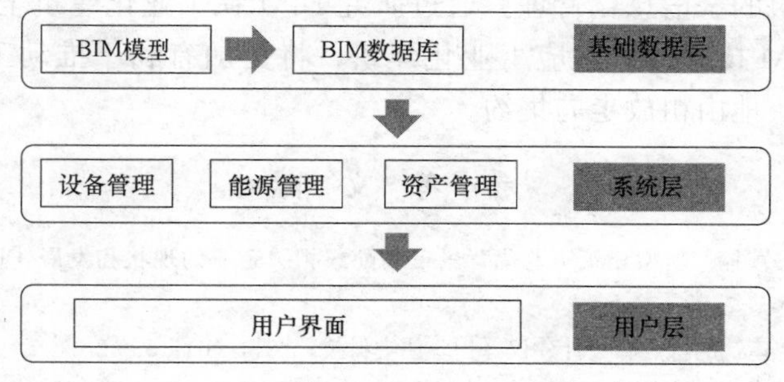

图8 信息化运维管理系统架构

4.2 基于BIM的工业化建筑信息化运维管理

相对于传统使用纸质文件来记录核对的建筑运维过程，BIM技术可通过三维信息模型来对运行维护进行可视化的管理，以相对较少的专业技术人员替代传统大量的物业管理人员来有效且更加长期的管理大量建筑及设备，省时省力。同时，物业管理的相关技术人员可实时掌握建筑物运行情况，了解设备运行和故障情况，一旦出现问题，可通过核对BIM模型，直观准确地找到设备故障地点以及相关型号数据，及时修复故障，提高建筑物使用和管理效率。

在建筑日常运行维护阶段，通过建筑设备的定位管理，改善传统物业管理在进行调

试、预防和检修设备时，物业管理人员通过纸质图纸和个人实践经验进行设备位置判别的低效管理手段，通过运维管理系统平台，为设备添加相应的定期维护计划，生成运维计划表，基于BIM模型可以进行设备检索，查询故障设备在虚拟模型中的准确位置和设备具体信息，快速确定设备系统之间的上下游关系进行故障原因排查，对寿命快要到期的设备进行故障预警，及时维修或更换配件，提高管理效率（图9）。

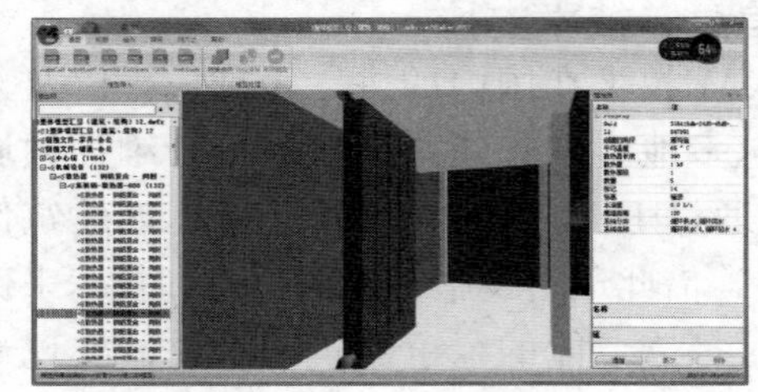

图9 ARCHIBUS设备管理

5 结语

我国已经开始进入城镇化高速发展的阶段，工业化建筑是推动城镇化进程的有力工具，但我国的工业化建筑仍然处于起步阶段。工业化建筑从项目立项，中间历经方案设计、工程检查、施工验收等多个环节，而且各环节与传统建筑直接有很大的差异，这给工业化建筑快速发展带来了很多挑战。利用新兴技术解决现有问题，无疑是提高生产效率的最佳选择，BIM技术正是科技快速进步的产物，在工业化建筑设计生产过程中引入BIM技术，可以实现建筑的全信息化管理。通过研究BIM在工业化建筑全生命周期中的应用流程和方法，使BIM技术完全适应工业化建筑，将更加有利于推动工业化建筑的发展，使我国建筑事业更快地由粗放走向集约。

参考文献

[1] 窦晓玉，王其明，王颖楠．新型建筑工业化背景下装配式相关企业的现状和发展［J］．住宅与房地产，2016（9）：10-11.

[2] 龙玉峰．工业化住宅建筑的特点和设计建议［J］．住宅科技，2014（6）：50-52.

[3] 田雪晶，于劲．BIM技术在建筑结构产业化住宅设计中的应用［J］．工程建设与设计，2014（5）：18-20.

[4] 纪颖波，周晓茗，李晓桐．BIM技术在新型建筑工业化中的应用［J］．建筑经济，2013（8）：14-16.

[5] 许炳，朱海龙．我国建筑业BIM应用现状及影响机理研究［J］．建筑经济，2015，36（3）：10-14.

[6] 王英，李阳，王廷魁．基于BIM的全寿命周期造价管理信息系统架构研究［J］．工程管理学报，2012，26（3）：22-27.

[7] 齐宝库，李长福．基于BIM的装配式建筑全生命周期管理问题研究［J］．施工技术，2014（15）：25-29.

[8] 王海渊，黄智生，黄佳进，等．本体技术在建筑信息模型系统中的应用［J］．工业建筑，2015（6）：186-189.

[9] 张爱林．工业化装配式高层钢结构体系创新、标准规范编制及产业化关键问题［J］．工业建筑，2014（8）：1-6.

[10] 王雪松，丁华．BIM技术对传统建筑设计方法的冲击［J］．四川建筑科学研究，2013，39（3）：271-274.

[11] 杨远丰，莫颖媚．多种BIM软件在建筑设计中的综合应用［J］．南方建筑，2014（4）：26-33.

[12] Lee S K，Kim K R，Yu J H．BIM and ontology-based approach for building cost estimation［J］．Automation in Construction，2014，41：96-105.

[13] 冯海林，马小军．基于BIM和RFID技术的设施运维阶段管理［J］．建筑电气，2015（11）：57-60.
[14] 李天华，袁永博，张明媛．装配式建筑全寿命周期管理中BIM与RFID的应用［J］．工程管理学报，2012（3）：28-32.
[15] 冯延力．基于BIM的设施运维管理系统的开发与应用［C］//．第五届工程建设计算机应用创新论坛论文集，2015：149-158.

隔震建筑火灾危险性研究

王岚[1,2]，王国辉[2]，孙佳琦[3]

1 天津大学建筑学院；2 公安部天津消防研究所；3 天津大学建筑工程学院

摘　要： 隔震建筑是近30年在我国大力发展的新型建筑结构形式，该种结构是在建筑中通过组合使用橡胶隔震支座构成基础或层间隔震结构降低地震对建筑物的损坏。由于地震的同时容易产生火灾等次生灾害，采用层间隔震的隔震建筑在火灾时将暴露于明火之中，而叠层橡胶隔震支座的持荷能力受温度影响较大，因此，对隔震支座进行防火研究十分必要。本文对国内外关于隔震橡胶支座高温性能方面的研究进行了总结，根据现有研究成果采用有限元模拟的方式，基于ABAQUS有限元软件进行了无防火保护隔震支座的火灾模拟，证明了对隔震支座进行防火保护的必要性，为今后的研究打下基础。

关键词： 消防；隔震建筑；橡胶支座；火灾

我国地处环太平洋地震带和地中海——南亚地震带两大地震带的中间，是多地震国家。为减轻地震可能带来的灾害，进行隔震工程十分必要。隔震建筑是近三十年在我国大力发展的新型建筑结构形式，是用隔震装置将地震时建筑物的摆动转换为对地面的横向位移，并吸收地震能量，使其可以应对超过“设防烈度”的突发性超烈度大地震[1]。隔震结构在地震时不仅需要保证建筑结构的安全，并且还必须保证建筑物中设备、仪器等的使用，其隔震能力的要求比传统抗震结构更高也更为安全[2]。

目前，应用较多的隔震装置是叠层橡胶支座。叠层橡胶支座结构如图1、图2所示，其是由仅几毫米厚的钢板和橡胶层层叠合，经高温高压硫化黏结形成的[3]。橡胶材料弹性低、变形能力大，钢板材料弹性大、变形能力小。橡胶与钢板相互约束，使支座具有很大的竖向刚度和较小的水平刚度，既能承受较大压力又能够有很大的整体侧移而不会失稳。并且由于橡胶与钢板之间的紧密连接，原本承拉能力差的橡胶层在竖向地震作用下还能承受一定的拉力[4]。

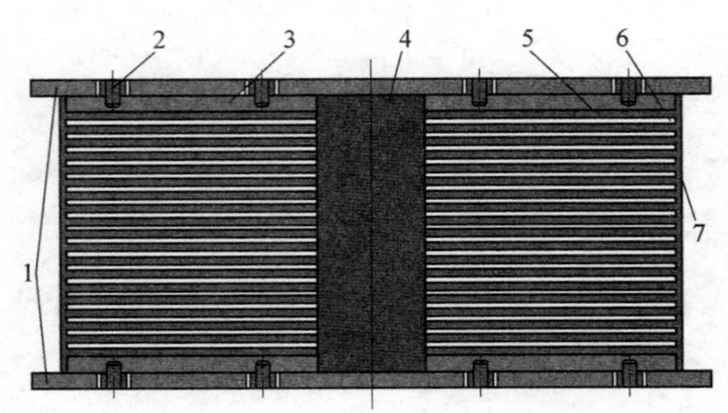

图1　隔震橡胶支座结构示意图

1—法兰板；2—螺栓；3—封板；4—铅芯；5—内部橡胶层；6—钢板；7—保护橡胶

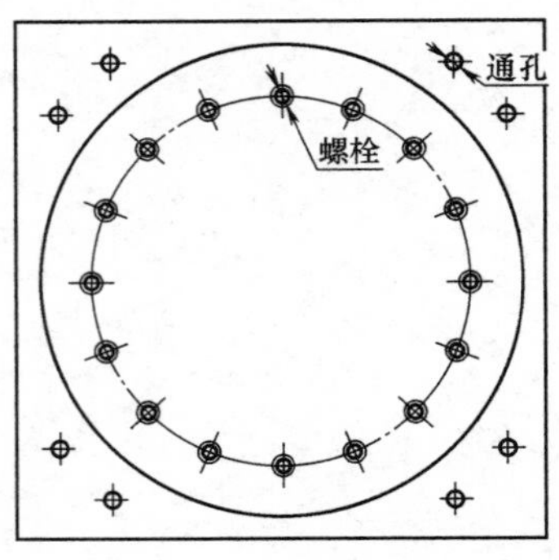

图2　隔震橡胶支座方形法兰板示意图

1 隔震橡胶支座高温性能研究的必要性

1.1 隔震建筑的防火分类

隔震建筑的常见形式有基础隔震和层间隔震两种。其中，基础隔震是通过在建筑物上部结构与基础之间设置专用隔震层，来地震能量向上部结构传递。这种隔震方式中隔震层不做他用，层内没有可燃物，设为单独的防火分区。而随着隔震技术和建筑使用需求的不断发展，出现了一种新的隔震结构形式，即层间隔震。层间隔震是在建筑物上部某层将柱顶全部断开，在柱顶与上部楼板之间设置隔震支座[5]。这种隔震方式中隔震层在承担隔震任务的同时，往往还承担停车、办公、仓储等任务，层内存在一定可燃物，不能设置为单独的防火分区。

1.2 火灾对隔震建筑的影响

大型地震灾害在发生时，常常引起火灾等次生灾害。一旦地震引发火灾，层间隔震结构中的隔震支座将直接暴露于明火中。橡胶材料的热稳定性能较差，在热、氧等外界因素作用下，本身结构会发生变化，在这个过程中橡胶分子链降解、交联、结构改变，橡胶变黏、变脆、老化变质[6]。当硫化天然橡胶的温度达到150℃时，其力学特性开始改变；达到200℃时，橡胶开始降解，同时发生软化并丧失绝大多数的抗拉能力[7]。当橡胶支座在升温的同时承受竖向荷载时，支座内的橡胶薄层可能会因无法承受径向拉力与钢板层发生破裂，进而导致支座整体垂直承载力丧失[8]。

火灾情况下，除橡胶本身热稳定性差导致的支座承载能力丧失以外，橡胶与钢板胶粘的胶粘剂在高温下也会发生分解。胶粘剂大多为聚合物，与橡胶及钢板通过分子间作用力和化学键作用实现黏结。当升高至一定温度时，胶粘剂发生降解、失效，也会导致支座失去使用功能[9]。倘若橡胶支座在火灾中失去承载力，将会给上部建筑结构的安全和人员生命财产的安危带来极大的威胁。因此，积极开展隔震装置的防火研究是必要的。

2 高温性能研究现状

目前国内外对隔震橡胶支座高温方面的研究多集中于非极端温度的情况，研究涉及的温度范围较小。目前涉及隔震橡胶支座的高温性能的研究主要包括：①高温对铅芯橡胶支座阻尼性能的影响；②高温对橡胶支座力学使用寿命的影响；③火灾极端温度对支座持荷能力的影响。

2.1 高温对铅芯阻尼性能的影响

橡胶隔震支座在隔震过程中吸收的地震能量会转化为热能，产生的热量将导致铅芯或高阻尼橡胶温度升高，进而导致支座的阻尼特性恶化，消耗地震能能力降低[10]。Takaoka E. 等人[10]、Kalpakidis 等人[11,12]均研究了铅芯橡胶支座在动力往复试验中耗能能力和铅芯屈服力随试验进行减弱并趋于稳定的现象。证明在动态加载过程中，载荷-变形滞回曲线饱满程度降低，屈服载荷随循环荷载的增大而减小。Kalpakidis 等人进一步提出了一种能够预测铅芯中温度上升、能量耗散和铅芯屈服力强度降低三者相互关系的理论。

2.2 高温对橡胶寿命的影响

高温环境加速橡胶热氧化，降低了橡胶的力学性能，缩短橡胶的使用寿命是隔震橡胶支座推广面临的另一难题，也是国内外在橡胶高温研究方向上的另一重点。我国研究者刘文光、周福霖等人通过实验研究了橡胶支座在加载和不加载情况下使用60年后的力学性能[13]。Itoh Y.、Gu H. S. 等人则利用模态分析方法对不同温度下的天然橡胶块进行了热氧化试验，阐明了在橡胶支座内的性能变化、温度、老化时间和相对位置之间的关系。建立了天然橡胶的老化模型[14]。

2.3 耐火性能

我国隔震建筑的火灾研究中，大部分关于温度依赖性的研究涉及的温度范围较窄，没有达到火灾的极端温度情况。Mazza F. 认为，为了更好地评价耐火橡胶支座的剩余承载能力，需要考虑长时间的高温火灾燃烧情况，以确定支座受火能力并确认支座是否需要在火灾后更换[15]。研究者 Derham G. J. 等人对具有 52.5mm 厚的橡胶保护层的隔震支座进行了火灾试验，实验后橡胶支座竖直刚度严重降低[16]。加藤道越等人实验发现支座的橡胶保护层在 420℃时开始着火剥落，但是直径 1.6m 的试件能保持承载能力 3.5h 以上，支座受火时其荷载支持能力不会立即消失[17]。日本オイレス工业株式会社证明了橡胶保护层有一定的热阻能力[18]。

我国研究人员刘文光、周福霖等人[13]对直径 300mm 的天然和铅芯橡胶支座进行了1h 火灾试验，同样得出了受火后支座竖直及水平刚度降低，和橡胶保护层燃烧形成的碳化层具有较好热阻性能的结论。吴波等人通过试验结果表明，直径 600mm 的橡胶支座受火 1.5h 左右，支座的整体性和承载能力完全丧失，隔震橡胶支座的耐火能力不足，实际工程中应在支座处设置防火保护[4,19]。目前我国的隔震支座耐火研究以试验为主，但与国外相比，国内建筑隔震橡胶支座耐火性能的试验研究工作依然较少，涉及的支座类型和型号单一，试验结果之间的可比性较小[20]。

通过火灾试验研究支座耐火性能的方法比较直观，但是设备复杂，影响试验结果的因素较多，因此完全依靠火灾试验研究支座温度发展规律及其耐火性能的难度较大[4]。而基于有限元建模的数值模拟没有试验费用大，周期长，代价高等顾虑，是一种十分有效的代替方法。

Mazza F. 设计了具有防火性能的高阻尼叠层橡胶支座（HDLRBs)[21]，并根据对火灾后支座温度分布的模拟，对 HDLRBs 和 LRBs 的力学性能损失进行评估，证实了火灾后 HDLRBs 和 LRBs 在基体结构响应中力学和几何性质出现明显降低[22]。我国研究人员徐明、周雅萍等人针对目前隔震橡胶支座火灾模拟缺乏普适的有限元模型这一问题展开了研究，提出了适用于分析支座高温后力学性能的橡胶超弹性本构模型及其材料参数取值，并在此基础上基于 ANSYS 建立了叠层橡胶支座四面受火瞬态传热的数值模拟模型[20]。杜永峰、寇巍巍等人同样进行了基于 ANSYS 的火灾温度传导及温度场分布模拟，结果表明，叠层橡胶隔震支座在高温作用下的性能退化相当明显，在实际工程中对叠层橡胶隔震支座采取防火保护措施对保证其隔震性能有重要意义[23,24]。

3 直径 0.5m 支座裸烧模拟

本课题组对无防火保护的直径 0.5m 支座，在 ISO834 标准升温条件下进行了火灾试验，竖向加载 295t，考察其耐火极限。结果表明支座在受火 82min 时失去承载能力，其中前 75min 测点温度记录有效。

利用 ABAQUS 软件建立无防火保护的直径 0.5m 橡胶支座二维模型，根据支座的对称性，简化模型为一半。各部分尺寸和温度测点位置如图 3、图 4 所示：

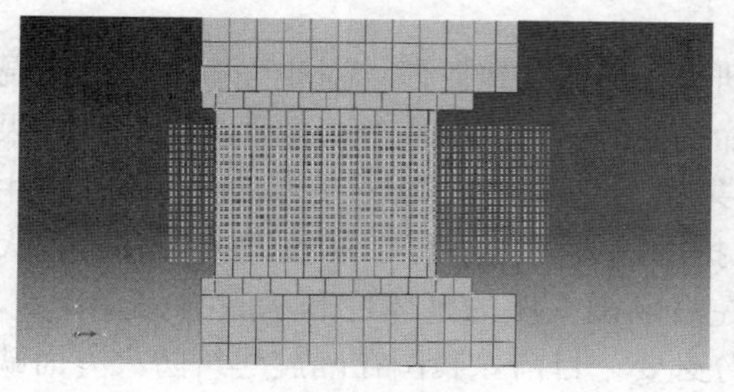

图 3　基于 ABAQUS 的直径 0.5m 支座模型

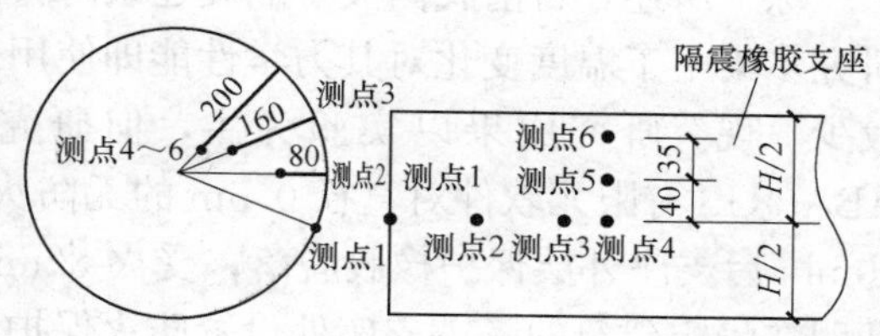

图 4　支座内部温度测点位置示意图

计算时采用热分析专用的四节点四边形单元 DC2D4，网格划分为四边形。钢铁、混凝土热工参数均采用欧洲规范 EC2、EC3、EC4 中给出的数值；橡胶参数采用东南大学周雅萍的实验结果[20]，考虑橡胶在 300～350℃会发生碳化，导热性能降低，因此在 300～350℃左右橡胶导热系数会减小。参考汪正流等人总结出的，ALC 板在发挥防火阻热功能时的导热系数约为性质改变前导热系数的一半[25]，将橡胶在 300～350℃时的导热系数设置为最大值的一半。对模型施加对流换热和辐射换热载荷，由于仅研究温度场变化情况，因此本模拟中不施加竖直载荷。使用该模型模拟得到的受火后 60min、75min 时的结果如表 1、图 5 所示。

无防火保护支座实验、模拟结果记录（℃）　　**表 1**

	测点 1	测点 2	测点 3	测点 4	测点 5	测点 6	
60min	201.738	128.939	91.175	82.366	90.921	159.042	外层保护橡胶脱落
75min 模拟	694.386	287.806	144.95	120.868	133.512	208.726	支座破坏
75min 实验	806.742	131.908	114.297	111.357	137.099	199.826	
误差%	−13.927	118.1869	26.81873	8.540999	−2.6163	4.453875	基本吻合

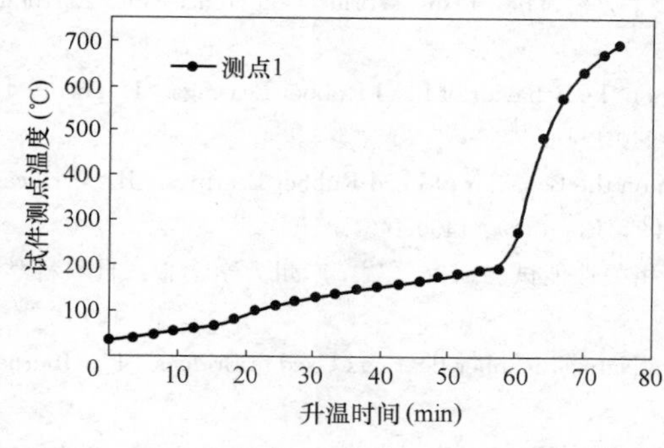

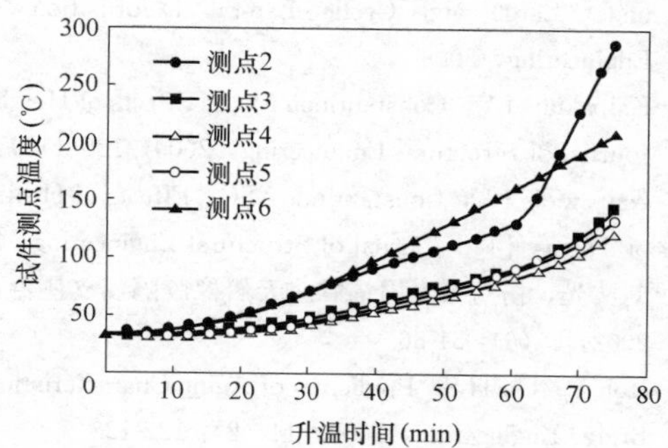

图 5　无防火保护支座模拟结果

根据模拟结果，橡胶支座在受火 60min 后橡胶保护层最内侧温度达到分解温度 200℃，即最外层橡胶保护层完全燃烧为气体或炭化脱落；受火 75min 后，测点 6 温度达到 200℃，支座上下两次层橡胶完全开始分解，支座失去承载能力。我国规范 GB 50016—2014 中规定一级耐火等级建筑的柱子的耐火时间为 3h 以上，远高于试验和模拟中的 82min，因此隔震建筑在设计层间隔震时必须考虑隔震支座的防火构造。

4 小结

综上所述，目前我国关于隔震建筑防火的研究还处于初级阶段。对于隔震支座的高温研究多集中于温度变化对其力学性能即使用寿命的影响，涉及火灾等极端温度的研究成果较少。现有研究成果以实验为主，但研究成果均较为独立，缺乏普适性。本文应用ABAQUS有限元软件对直径0.5m的无防火保护的隔震支座进行了模拟，结果表明受火60min后支座外层保护橡胶脱落；受火82min左右隔震支座的整体性和承载力完全丧失，证明在隔震建筑的隔震支座处设置防火保护十分必要。目前，我国在隔震建筑防火方面缺乏相关规范标准，对隔震支座防火保护装置的设计也没有相关指导文件。因此，在今后的研究过程中，应借鉴地震多发国家如美国、日本等对这一课题的研究成果，根据我国实际情况开发适合我国的隔震建筑防火装置。

参 考 文 献

[1] 吴韬. 隔震建筑构造设计［D］. 湖南：湖南大学，2005.

[2] 日本免震构造协会. 图解隔震结构入门［M］. 叶列平，译. 北京：科学出版社，1998.

[3] Skinne R I，Robinson W H，Mcverry G H. An introduction to seismic isolation［M］. NewYork：John Wiley & Sons，1993.

[4] 韩力维. 建筑隔震橡胶支座的耐火性能及防火保护的试验研究［D］. 广州：华南理工大学，2010.

[5] 祁皑. 层间隔震技术评述［J］. 地震工程与工程振动，2004，(6)：114-120.

[6] 朱敏. 橡胶化学与物理［M］. 北京：化学工业出版社，1982.

[7] Amerongen G J. Oxidative and nonoxidative thermal degradation of rubber［J］. Industrial and Engineering Chemistry，1995，47 (12)：2564-2574.

[8] Naeim F，Kelly J M. Design of seismic isolated structures：From theory to practice［M］. New York：John Wiley & Sons，1999.

[9] 陈国栋，满敬国，钱伟国，等. 硫化温度对橡胶与金属粘接强度的影响［J］. 现代橡胶技术，2008 (4)：28-30.

[10] Takaoka E，Takenaka Y，Kondo A，et al. Heat-Mechanics Interaction Behavior of Laminated Rubber Bearings under Large and Cyclic Lateral Deformation［C］//. The 14th World Conference on Earthquake Engineering，2008.

[11] Kalpakidis I V，Constantinou M C. Effects of Heating on the Behavior of Lead-Rubber Bearings. I：Theory［J］. Journal of Structural Engineering，2009，135 (12)：1440-1449.

[12] Kalpakidis I V，Constantinou M C. Effects of Heating on the Behavior of Lead-Rubber Bearings. II：Verification of Theory［J］. Journal of Structural Engineering，2009，135 (12)：1450-1461.

[13] 刘文光，杨巧荣，周福霖. 天然橡胶隔震支座温度相关性能试验研究［J］. 广州大学学报：自然科学版，2002，1 (6)：51-56.

[14] Itoh Y，Gu H S. Prediction of Aging Characteristics in Natural Rubber Bearings Used in Bridges［J］. Journal of Bridge Engineering，2009，14 (2)：122-128.

[15] Mazza F. Torsional response of fire-damaged base-isolated buildings with elastomeric bearings subjected to near-fault earthquakes［J］. Bulletin of Earthquake Engineering，2017，15 (9)：3673-3694.

[16] Derham G J，Thomas A G. The Design of seismic isolation bearings［M］. Hertford，United Kingdom：The Malaysian Rubber Producer's Research Association，1980.

[17] Kato A，Oba M，Michikoshi S. Study on structural design for seismic isolated fbr：Part 28. Fire test results of rubber bearings［C］//. Summaries of Technical Papers of Annual Meeting Architectural Institute of Japan. B-2，Structures II，Structural dynamics nuclear power plants，1999：1215-1216.

[18] オイレス工业株式会社. オイレス工业株式会社社内技术资料［M］. 1985.

[19] 吴波，韩力维，周福霖，等. 建筑隔震橡胶支座的耐火性能试验 [J]. 土木工程学报，2011 (12)：50-57.
[20] 周雅萍. 建筑隔震橡胶支座耐火性能试验研究 [D]. 南京：东南大学，2015.
[21] Mazza F. Nonlinear incremental analysis of fire-damaged r. c. base-isolated structures subjected to near-fault ground motions [J]. Soil Dynamics and Earthquake Engineering，2015，77：192-202.
[22] Mazza F. Residual seismic load capacity of fire-damaged rubber bearings of r. c. base-isolated buildings [J]. Engineering Failure Analysis，2017，79：951-970.
[23] 杜永峰，李慧，寇巍巍，等. 叠层橡胶支座串联隔震体系抗火性能研究 [J]. 灾害学，2010，(S1)：207-211.
[24] 寇巍巍. 高温后叠层橡胶支座及串联隔震体系性能研究 [D]. 兰州：兰州理工大学，2009.
[25] 汪正流. 新型冷弯薄壁型钢组合楼盖抗火试验与数值模拟研究 [D]. 南京：东南大学，2015.

高层建筑人员竖向安全疏散研究现状综述*

王丽[2]，田洪晨[2]，曾坚[1]

1　天津大学建筑学院；2　天津理工大学环境科学与安全工程学院

摘　要： 随着我国高层建筑数量及高度的不断攀升，突发紧急事件下高层建筑物内人员的安全疏散问题越来越引起人们的关注。楼梯和电梯是建筑内纵向疏散的主要工具。本文首先总结了国内外学者对楼梯行人疏散进行的大量研究，包括观测实验、理论模型、计算机模拟等方面，成果显著。其次，关于电梯疏散，国内外众多机构及学者很长一段时间集中在电梯疏散可行性研究方面，做了大量的工作，其后开展了为数不多的电梯疏散实例分析、模型及计算机模拟研究。最后，在上述研究成果的基础上，分析了高层建筑楼梯疏散和电梯疏散研究中存在的问题和不足，并提出了展望，为下一步的研究工作指明了方向。

关键词： 高层建筑；垂直疏散；楼梯；电梯

随着社会经济的飞速发展和城市化进程的加快，高层建筑甚至是超高层建筑不断涌现，近年来高层建筑除数量不断增多外，其高度也在不断攀升[1]。高层建筑为人们解决了土地稀缺问题，争取了生活空间的同时，也带来了严重的安全隐患。高层建筑由于建筑面积大、人口密度高、空间相对封闭，一旦发生火灾等突发事件，需要迅速疏散建筑物内大量人员，稍有不慎将造成极大的人员伤亡和财产损失。因此高层建筑人员的竖向安全疏散问题越来越引起普遍关注[2]。

目前高层建筑中主要的几种疏散途径有[3,4]：楼梯、电梯、避难层、直升机平台和自救逃生设备等。我国对于避难层的建设尚不规范，而且避难层仅能起到临时避难的作用，需辅助直升机或云梯进行疏散。而直升机疏散设施和条件非常不成熟，我国消防队没有直升机编制，一旦发生火灾，再调动其他直升机会严重贻误救援时间。同时我国在云梯、避难袋、缓降器等自救逃生设备方面起步较晚，产品类型少，质量参差不齐。因此避难层、直升机平台和自救逃生设备都无法适用于我国高层建筑突发事件下的大规模人群疏散。而楼梯和电梯是我国高层建筑物内人员竖向疏散最重要的两种途径，因此研究楼梯、电梯上的人员安全疏散具有极大的现实意义和应用价值。

本文总结了国内外对于楼梯疏散、电梯疏散的研究发展及现状，主要从观测实验、理论模型、计算机模拟三大方面对国内外历年来相关文献进行了梳理。对于楼梯疏散，学者在观测、演习与事故调查的基础上，总结了关于楼梯行人疏散速度的计算数学模型；然后开发了适用于楼梯疏散的仿真软件。电梯疏散方面，国内外机构和学者经过大量的电梯疏散可行性研究后，也进行了电梯疏散的实例、实验、疏散速度模型及模拟研究。最后，针对楼梯疏散和电梯疏散研究存在的问题和不足，对高层建筑人员竖向安全疏散的研究发展提出了展望。

---

* 基金项目：全国社会科学重点（12AZD101），中国博士后科学基金第 58 批面上项目（2015M581299）；天津市高等学校科技发展基金计划项目（20140526）；天津市自然科学基金项目（17JCQNJC06900）。

1 楼梯疏散

1.1 观测实验

作为建筑物中各楼层间垂直交通用的构件，楼梯是最传统且最为提倡的竖向人员疏散方式，是安全疏散的重要通道。国内外对于楼梯行人疏散的研究多集中在运动学、工效学、生物力学等方面，研究了楼梯参数、人群特性与行人运动速度之间的关系。

1.1.1 楼梯特征与疏散速度

学者们首先针对不同特征的楼梯开展了大量实验和观测研究。Fruin[5] 率先对不同坡度斜面上的行走速度进行了实验研究，并在 1971 年的著作《Pedestrain Planning and Design》中首次提出了楼梯的行人运动速度[6]，他的数据至今仍被广泛引用。Kvarnstrom[7] 以学生为实验对象，开展了针对螺旋形楼梯的实验。结果显示，人员在螺旋形楼梯上比普通楼梯上的行走速度慢。表 1 中汇总了 Fruin 和 Kvarnstrom 的研究结果。

不同特征楼梯上的人员行走速度　　表 1

楼梯参数	人员速度(m/s)
20^0	0.9
25^0	0.8
30^0	0.7
35^0	0.6
40^0	0.5
45^0	0.4
H=0.20m,W=0.25m	0.85
H=0.18m,W=0.25m	0.95
H=0.17m,W=0.30m	1.00
H=0.17m,W=0.33m	1.05
螺旋形楼梯：H=0.15−0.21m;W=0.18m,R=0.85m	0.55
螺旋形楼梯：H=0.20m;W=0.21m,R=0.65m	0.50

注：H 为台阶高度，W 为台阶宽度，R 为螺旋形楼梯的半径。

另外，加拿大学者 Pauls[8-12] 观察了不同高层建筑的疏散演习，重点分析了楼梯宽度、人流密度对运动速度的影响，指出行人的楼梯下行速度为 0.79～1.34m/s。Frantzich[13] 详细研究了不同宽度楼梯的行人运动速度，得出上行速度为 0.51～0.56m/s，下行速度为 0.69～0.72m/s，并指出宽阔楼梯上行人的速度大于狭窄楼梯。Peacock[14] 基于四幢不同高层建筑消防疏散演习数据，得出行人在楼梯上的平均下行速度为 0.48m/s，平均速度虽然较低，但是速度区间范围很大，在 0.056～1.7m/s 之间变化。Fujiyama[15] 通过实验研究了不同倾角楼梯的行人速度，得到人员下行速度平均值为 0.58～1.18m/s，下行速度平均值为 0.44～0.91m/s，并指出楼梯倾角与楼梯行人运动速度符合线性关系。Graat[16] 认为楼梯坡度越陡峭，人员行走速度越慢。

以上研究成果对于高层建筑的设计起到了指导作用，如美国防火工程师协会 SFPE 消防工程手册中就给出了不同地形的设计人员最大行走速度[17,18]，见表 2。

SFPE 中不同地形的设计人员最大行走速度 **表 2**

地形	最大行走速度(m/s)
斜坡	1.198904
楼梯坡度为 36.9°	0.85636
楼梯坡度为 32.5°	0.9248688
楼梯坡度为 28.4°	0.9933776
楼梯坡度为 26.6°	1.0533228

随着高层建筑的发展，为了获取人员在楼梯上行走速度的基础数据，国内学者也开始关注楼梯行人速度的微观研究。吕雷[19]最早对学校教学楼内楼梯疏散速度进行调查，得出研究对象的下行速度在 0.225～0.6m/s 之间。

1.1.2 人群属性与楼梯疏散速度

学者们对楼梯人员疏散速度及其影响因素进行了大量的研究工作，考虑了人群密度、人员年龄、性别、有无运动障碍等各种因素。

表 3 列出了研究者得出的楼梯上不同属性人群的行走速度[5,7,20,21]。

不同类型的人群在楼梯上的行走速度 **表 3**

影响因素		速度(m/s)	
		上楼	下楼
人群密度(人/m²)	一个挨一个	0.8	1.0
	2.5		0.88
	2.4		0.82
	2.2		0.91
	2.0	0.72	
	1.5	0.76	
性别和年龄	男,<30 岁	0.67	1.01
	男,30～50 岁	0.63	0.86
	男,>50 岁	0.51	0.67
	女,<30 岁	0.635	0.755
	女,30～50 岁	0.59	0.655
	女,>50 岁	0.485	0.595

研究者通过高层建筑火灾演习，还得到了不同行动能力人员在楼梯上的疏散速度[22,23]，见表 4。

楼梯上不同行动能力人员的行走速度 **表 4**

行动能力	速度(m/s)	
	上楼梯	下楼梯
不需要辅助设备的	0.68	0.68
持手杖的	0.52	0.51
腋下拄拐的	0.46	0.47
使用助步器的	0.35	0.36
使用手动轮椅的	0.70	1.05
使用电动轮椅的	0.89	0.96
有运动障碍的	0.59	0.58
所有残疾人	0.62	0.60
没有运动障碍的	1.01	1.26

国内学者 Fang，等人[24]研究了多层建筑中紧急情况下人员的下行疏散过程，指出人流密度、身体素质以及楼梯间的可见度是影响楼梯行走速度的主要因素，人员的平均下行速度为 0.81m/s。Yang，等人[25]重点研究了紧急和非紧急情况下学生在楼梯间的运动特性，指出紧急情况下学生的楼梯下行速度为 0.904m/s，而非紧急情况下楼梯下行速度为 0.509m/s。

1.2 模型研究

20 世纪 80 年代以来，行人疏散动力学理论得到了迅速发展。在观察行人运动、人群现象并进行理论解释的基础上，大量的人群运动数学模型得以建立，用来描述行人及人群的运动状态。

针对楼梯，主要提出了以下几个计算行人疏散速度的数学模型。

1）Nelson 模型

Nelson[22]建议用以下的线性方程来表达人群运动速度：

$$S=k(1-\alpha\rho) \tag{1}$$

其中，S 为个体疏散速度（m/s）；ρ 为人群密度（人/m^2）；k 为常数，取决于地形，例如对走廊、门口、斜坡，$k=1.4$；$\alpha=0.266$。

2）Predtechenski 和 Milinskii 模型

Predtechenski 和 Milinskii[26]认为，非紧急情况下，行人下楼梯时的平均速度与密度存在函数关系：

$$u_{\varphi}=uu[0.775+0.44e^{-0.39D}\cdot\sin(5.16D-0.224)](\mathrm{m/min}) \tag{2}$$

其中：D 为人群密度，即人体投影面积占地面总面积的比例（m^2/m^2），$0<D\leqslant0.92$。人群密度的计算公式为：$D=Nf/WL$，其中 N 为总人数；f 为人体在水平面上的投影面积（m^2）；W 为人流的总宽度（m）；L 为人流的总长度（m）。

u 为水平通道上人群移动的平均速度：

$$u=112D^4-380D^3+434D^2-217D+57(\mathrm{m/min}) \tag{3}$$

火灾情况下，受恐慌作用影响，相同密度人群的移动速度会增大：

$u_e=u_{\varphi}\cdot\varphi$，其中：对于水平通道，$\varphi=1.49-0.36D$；对于楼梯下行，$\varphi=1.21$。

3）Taku Fujiyama 模型

Taku Fujiyama[15]考虑楼梯上人员行走的生理机能和生物力学，构建了一个行人速度与人员属性和楼梯特征的关系式：

$$v_h=\alpha_0+\alpha_1\ln(P)+\alpha_2 m+\alpha_3\tan\theta \tag{4}$$

$$v_v=v_h\times\tan\theta \tag{5}$$

式中，v_{h} 为水平方向的速度分量（m/s）；v_{v} 为垂直方向的速度分量（m/s）；m 为行人的质量（kg）；P 为 LEP（leg extensor power）下肢伸肌力（w）；θ 为楼梯坡度；α_0、α_1、α_2 和 α_3 是系数，经 Taku Fujiyama 校准和验证后，分别取值为 0.0795、0.083、−0.00044和−0.82。

Bassey 等人[27]也通过调查研究了老年人楼梯攀爬速度与下肢伸肌力之间的关系，结果显示楼梯攀爬速度与下肢伸肌力/重量之间的相关系数为 0.81。

4）Melinek 和 Booth 模型

Melinek 和 Booth[28]提出了计算高层建筑人员垂直疏散时间的经验公式：

$$t_r = \frac{\sum_{i=r}^{n} N_i}{W_r C} + rt_s \tag{6}$$

其中，t_r 为 r 层及以上楼层人员最短疏散运动时间，N_i 为第 i 层上的人数，W_r 为第 $r-1$ 层和第 r 层之间的楼梯间宽度，C 为下楼梯时单位宽度的人流速率，t_s 为行动不受阻的人群下一层楼梯的时间，通常设为 16s。就整栋建筑物而言，最短疏散运动时间 t 等于所有 t_r（$r=1\cdots n$）中的最大值：

$$t = \max(t_r(i)) = \max(\frac{\sum_{i=r}^{n} N_i}{W_r C} + rt_s) \tag{7}$$

1.3 计算机模拟

随着计算机技术的快速发展，在疏散模型的基础上，国内外学者开发出了多种人员疏散模拟软件，现在国际上已有 20 多种发展比较成熟的适用于高层建筑疏散的人员疏散模型，如 Pathfinder、Simulex、BuildingExodus、FDS＋Evac、Evacnet、Exit89、EGRESS、CRISP、SGEM 等。大部分软件都是针对建筑物内人员疏散进行仿真研究，叠加并且实现了建筑物内楼梯疏散的可视化模拟[29]。通过模拟，可以重复再现高层建筑物内人员通过楼梯的疏散过程，研究群体行为规律，如排队、拥堵等现象，还可以得到任意时间内的疏散人数、疏散效率等数据，为高层建筑的疏散安全性能评价和性能化优化设计提供了技术支撑。

2 电梯疏散

对于高层建筑，楼梯疏散楼层多、距离长、时间久、安全性差的客观弊端凸现，而且楼梯也不利于老弱病残幼的疏散，楼梯空间狭窄，容易拥堵恐慌，极易引发踩踏事件。随着建筑物的高度越来越高，以及我国老龄化社会的到来，考虑到老人残疾人等行动不便人群的疏散，单一依靠楼梯疏散已不能满足人员安全疏散的需要，电梯应用于高层建筑的人员疏散是必然趋势。从 20 世纪中叶，就有国外有关学者开始关注使用电梯进行高层建筑人群疏散[30]。

电梯具有快捷的优势，非常适合使用轮椅或其他行走支架的人员通行，对行动能力弱的病人、老人、盲人及幼儿等也是适宜的疏散设施。

2.1 电梯疏散可行性研究

为了尽可能疏散出更多甚至全部受灾人员，高层建筑突发事件下，如何既保障安全又充分发挥高层建筑内电梯在竖向运输速度上的优势，这是一个涉及多学科的复杂问题。

1977 年，美国的 Bazjanac[31] 和加拿大的 Pauls[32] 分别阐述了电梯的疏散作用，并初步分析了使用电梯对高层建筑总体疏散时间的影响。80 年代后期，美国和加拿大合作进行了高层建筑火灾情况下使用增压方法保护电梯安全疏散的可行性研究。90 年代初，电梯疏散问题研究第一次被推向高潮，Klote 等人第一次将电梯疏散作为一个完整的系统来考虑，提出了电梯紧急疏散系统（EEES）的概念[5]，美国消防协会（NFPA）、国家标准化与技术研究院（NIST）和机械工程师协会（AMSE）举行了一系列关于火灾中使用电梯疏散的学术会议，指出了电梯在火灾事故情景下保持安全运行的必要条件，例如做到本质安全，提高电梯系统设备本身的可靠性，保护好电梯门厅、井道免受火灾高温、烟气和水渍影响等。随后，瑞士、英国、布鲁塞尔以及日本的众多学者也都纷纷开始讨论和研究电梯疏散这一问题[33-36]。目前在电梯疏散计算模型、电梯逃生情况下人的心理行为研究和疏散风险评估方面提出了许多卓有成效的见解。从理论和实践上初步确定了电梯用于高层建筑中人员疏散的可行性。

在高层建筑突发火灾等危险情况下能否利用电梯以及如何利用电梯进行人员疏散方面，我国也做了大量的工作。2006 年，公安部上海消防研究所、上海市特种设备监督检验技术研究院与上海弘益科技有限公司联合召开了"高层建筑火灾情况下使用电梯疏散可行性研究论证会"，确定要首先完成"高层宾馆"火灾情况下电梯应急疏散可行性研究。2007 年，在上海召开了"上海高层建筑火灾情况下电梯疏散国际研讨会"[37]，100 余名国内外专家学者出席，以"安全、疏散、电梯"为主题，探讨高层建筑火灾情况下的人员疏散等热点问题，交流了最新科学研究成果和工程实践经验，进一步推动了高层建筑火灾情况下电梯疏散及相关领域的研究和发展。此后我国学者也相继开展研究，王跃琴提出火灾中利用电梯疏散的选择很大程度上取决于受灾人员所处楼层高低[38]。司戈在其著作中提出了火灾时受灾人员在利用电梯进行疏散时的基本原则和注意事项[39]。

2.2 电梯疏散实例

尽管在建筑火灾中，通常情况下人们应当利用楼梯而不是用电梯逃到地面或避难层。但是，以往的火灾案例中，由于高层建筑人员密集，楼梯间容易拥堵，为了争取时间，还是有相当多的人员利用电梯进行了成功疏散[40]，如表 5 所示。

电梯疏散实例 **表 5**

时间	地点	事件	楼层	疏散人数	备注
1967	美国蒙哥马利市	戴尔屋顶饭店火灾	10		厨师带领一些顾客从 10 层乘电梯撤离到底层
1974 年	巴西圣保罗市	焦马大楼火灾	12	300	占 422 名生还者的 71%，起火位置 9 楼
1996 年	日本广岛	高层公寓失火	20	一半以上	47%的人利用电梯疏散，7%的人利用电梯和楼梯完成疏散
2001 年	美国纽约	"9.11"恐怖袭击	91	31	仅耗时 72s

另外，2008 年 7 月 3 日，在上海市静安区一栋 28 层的居民楼内进行了火灾条件下电梯逃生模拟实验，结果显示，乘坐电梯疏散的效率是走楼梯疏散的 5 倍之多，且没有造成人员伤亡。

以上实例以及实验都验证了高层建筑突发事件下利用电梯疏散人群的可行性和有效性。

2.3 模型研究

美国学者 Klote 等人建立的电梯疏散 ELVAC 模型，可以计算火灾条件下电梯疏散时间，已经在美国 NIST 网站上发布，经过十多年的发展逐步被广泛应用。

ELVAC 模型中，高层建筑中的人员利用电梯进行疏散，电梯需往返于首层和释放层之间，其往返时间按照如下公式进行计算[5]：

$$t_{er}=2t_T+t_s \tag{8}$$

$$t_T=\frac{S}{\bar{v}} \tag{9}$$

$$t_s=(t_i+t_u+2t_d)(1+\mu) \tag{10}$$

其中，t_T 为电梯单程运行时间，s；S 为释放层到首层的垂直距离，m；$\bar{v}$ 为电梯平均运行速度，m/s，由电梯运行参数所决定，一般在 1.0～4.0m/s 之间；t_s 为电梯两次开关门时间、人员进入和离开电梯时间的总和；t_i、t_u 为人员进入、离开电梯所需的时间；t_d 为电梯门开和关所需的时间，μ 为消防电梯用于疏散的效率，一般取值为 0.5。模型中假设 N_0 个人进入或离开电梯所需的时间 $t_i=t_u=\begin{cases}0 & N_0\leqslant 2\\ t_0(N_0-N_{dw}), & N_0>2\end{cases}$。其中 t_0 为一个人进入电梯的时间取值为 0.5s。N_{dw} 为电梯开或关的过程中进入或离开电梯的人数，取值为 2。

2.4 计算机模拟

模拟电梯紧急疏散的计算机模型主要有 ELVAC、BTS 和 ELEVATE 三种。ELVAC 模型假设开始疏散时，所有乘客都已经到达各自楼层的电梯口等候疏散，可以给出仅使用消防电梯逃生的总时间。BTS 和 ELEVATE 模型则假设疏散开始后，各层的乘客以一定的概率随机到达。BTS 是一种非商业性模型，可以通过输入建筑模型等参数，模拟消防电梯、自动扶梯和楼梯等的疏散。利用计算机模拟软件，可以得到电梯疏散效率等数据，因此被众多学者用来研究比较不同电梯调度算法的优劣。

3 总结与展望

由于城市人口密度增加，伴随中国社会老龄化的加剧和社会福利保障事业的进行，多层地下建筑、高层甚至超高层建筑不断涌现，楼梯、电梯的竖向疏散作用日益突显。对国内外历年来的文献进行了梳理和总结，发现无论是实验还是模型，都已拥有一定的理论基础和技术实力。但也存在以下几个方面的不足：

（1）国内对于楼梯上下行速度及其规律的研究依然存在其局限性，大多数楼梯上下行速度研究均基于短距离楼梯疏散的实验或者观测结果，研究并没有解决长距离上下行疏散速度规律问题。多层地下建筑和高层，超高层建筑的发展增加了人员垂直疏散的距离，人员在疏散过程中体力和耐力都会随着垂直疏散距离的增加而严重的下降，此时疲劳对人员疏散速度的影响就不可忽略，因此长距离楼梯疏散的行人速度规律依然有待研究。

（2）对于电梯疏散的研究尚不完善，在全世界范围内突发事件中受灾人员利用电梯疏散的研究成果仍然稀少，不管是实验研究还是对应的疏散模型都是屈指可数。尽管目前基于严格的规范约束所设计的智能建筑系统，拥有高可靠性的电梯维护保养系统和嵌入式的软件计冗余度，电梯的可靠性和安全性能都有了大幅提高。但电梯并没有真正应用于高层建筑的人员紧急疏散，“火灾时禁止使用电梯”的警示标志仍然存在于世界上几乎每一部电梯的旁边。因此在将来的研究中，一方面应该在标准规范层面，把电梯的可靠性纳入高层建筑的设计、建设及日常使用过程中，切实保障电梯疏散的可行性和安全性，另一方面应加强高层建筑突发事件下人群疏散心理行为规律及其干预研究，可以通过电梯疏散心理行为调查、实验等方法进行电梯实际使用价值的研究，引导社会公众取得对于电梯疏散功能的认可。

（3）在高层甚至超高层建筑中，单独地使用电梯或楼梯并不能达到最好的疏散效果，而必须将这两种方式结合在一起，以追求最短的疏散逃生时间。目前为止，对于高层建筑人员安全疏散仍没有一个被普遍认可的通用的标准方法，将来可以通过开展高层建筑人员疏散实验或者运用成熟的计算机模拟技术，找出最优的混合疏散策略。在高层建筑中，结合避难层的设计，综合利用楼梯与电梯尽可能在最短时间内疏散最多人数，保障人民的生命安全。

参 考 文 献

[1] 丁洁民，吴宏磊．我国超高层建筑的现状分析和探讨［J］．建筑技艺，2013（5）：110-115.

[2] Trew M. Fuction of the lower limb. [M]//. Trew M，Everett T，eds. Human movement. Edinburgh：Elsevier. 2005.

[3] 张艳霞．浅谈高层建筑火灾的特点及疏散逃生［J］．科技情报开发与经济，2008（20）：211-213.

[4] 陈家强．高层建筑火灾与应对措施［J］．消防科学与技术，2007（2）：109-112.

[5] Fruin J J. Designing for pedestrians：A level of service concept [R]. Washington：Transportation Research Board Business Office，1971，355：1-15.

[6] Fruin J J. Pedestrian planning and design [M]. New York：Metropolitan Association of Urban Designers and Environmental Planners. 1971.

[7] 李引擎．建筑防火工程［M］．北京：化学工业出版社，2004.

[8] Pauls J L. Evacuation of high rise office buildings [J]. Buildings，1978，72（5）：84-88.

[9] Pauls J L，Jones B K. Building Evacuation：Research Methods and Case Studies [M]//：Canter Ded. Fires and Human Behaviour. 1980：227-251.

[10] Pauls J L. Building evacuation：Research findings and recommendations，[M]//. Canter D. ed. Fires and Human Behaviour. 1980：251-275.

[11] Pauls J L. Effective Width Model for Crowd Evacuation. Karlsruhe：Sixth International Fire Protection Seminar，[M]//Templer J，ed. The Staircase，Massachusetts Institute of Technology. Cambridge，MA，1992.

[12] Pauls J L. Egress Time Criteria Related to Design Rules in Codes and Standards. [M]//：Sime，Safety in the Built Environment. New York，1988.

[13] Frantzich H. Study of movement on stairs during evacuation using video analyzing techniques [D]. 1996.

[14] Peacock R D，Hoskins B L，Kuligowski E D. Overall and local movement speeds during fire drill evacuations in buildings up to 31 stories [J]. Safety Science，2012，50：1655-1664.

[15] Fujiyama T，Tyler N. Predicting the walking speed of pedestrians on stairs [J]. Transportation Planning and Technology 2010，33：177-202.

[16] Graat E，Midden C，Bockholts P. Complex evacuation：effects of motivation level and slope of stairs on emergency egress time in a sport stadium [J]. Safety Science，1999，31：127-141.

[17] Nelson H E，Maclennan H A. Emergency movement. The SFPE handbook of fire protection engineering [M]. 2nd ed. Quincy，MA：NFPA，1995：3-286-3-295.

[18] Simulation of Transient Evacuation And Pedestrian movements On-Line User Manual [EB/oL]. http：//www.mottmac. com/skillsandservices/software/stepssoftware/.

[19] 吕雷，程远平，王捷，等．对学校教学楼疏散人数及疏散速度的调查研究［J］．安全科学技术，2006（1）：10-13.

[20] Lee D，Kim H，Park JH，Park BJ. The current status and future issue in human evacuation from ships [J]. Safety Science 2003（41）：861-876.

[21] Yeo S K, He Y. Commuter characteristics in mass rapid transit in Singapore [J]. Fire Safety Journal, 2009, 44 (2): 183-191.

[22] Pelechano N, Malkawi A. Evacuation simulation models: Challenges in modeling high rise building evacuation with cellular automata approaches [J]. Automation in Construction Journal 2008, 17: 377-85.

[23] Boyce K E, Shields T J, Silcock G W H. Toward the characterization of building occupancies for fire safety engineering: capabilities of disabled people moving horizontally and on an incline [J]. Fire Technology 1999, 35: 51-67.

[24] Fang, ZM, Song W G, Li Z J, et al. Experimental study on evacuation process in a stairwell of a high-rise building [J]. Building and Environment, 2012, 47: 316-321.

[25] Yang, LZ, Yao, P, Zhu K J, et al. Observation study of pedestrian flow on staircases with different dimensions under normal and emergency conditions [J]. Safety Science, 2012, 50: 1173-1179.

[26] Predtechenskii V M, Milinskii A I. Planning for foot traffic flow in buildings, translated from Russian, Moscow [M]. Stroiizdat Publishers, 1969.

[27] Bassey E J, et al. Leg power and functional performance in very old men and women [J]. Clinical Science, 1992, 82: 321-327.

[28] Melinek S J, Booth S. An analysis of evacuation times and the movement of crowds in buildings [R]. Borehamwood: Building Research Establishment, Fire Research Station, 1975.

[29] 王群，徐贺. 不同楼梯入口设置方式下人员疏散的模拟研究 [J]. 中国安全生产科学技术，2015，11 (9): 108-112.

[30] Klote J H, Levin B M. and Groner N E. Emergency Elevator Evacuation Systems [C]// Elevators, Fire and Accessibility", Proceedings, 2nd Symposium. Baltimore: American Society and Mechanical Engineers, 1995.

[31] Bazjanac V. "Simulation of elevator performance in high-rise buildings under conditions of emergency", Human Response to Tall Buildings [M]// Conway D J, ed. Dowden, Hutchinson & Ross, Inc, Stroudsburg, PA., 1977: 316-328.

[32] Pauls J L. Management and movement of building occupants in emergencies [C]// Proceedings of Second Conference on Designing to Survive Severe Hazards. IIT Research Institute, Chicago, 1977: 103-130.

[33] International Organization for Standardization, Comparison of worldwide lift (elevator) safety standards - Firefighters lifts (elevators), ISO/TR 16765: 2002 (E) [S], Geneva, Switzerland, 2002.

[34] BSI, Fire Precautions in the Design, Construction, and Use of Buildings, BS 5588 Part 5 1991, Code of Practice for Firefighting Lifts and Stairs [S], British Standards Institution, London. 1991.

[35] CEN, Safety rules for the construction and installation of lifts-Part 72: Firefighter lifts, CEN TC10, Committee for European Standardization [S]. Brussels, BE.

[36] Horiuchi S, Murozaki Y, Hokugo. A Case Study Of Fire And Evacuation In A Multi-purpose Office Building, Osaka, Japan [C]//. Fire Safety Science-Proceeding of the First International Symposium, 1986, 523-532.

[37] Hu C P. An Overview of Research on Elevator Evacuation during Fires in China [C]// International Symposium on Elevator Evacuation during High-rise Fires. Shanghai, 2007.

[38] 王跃琴，AISEKIZAWA. 高层建筑火灾中利用电梯疏散的可行性研究——广岛 Motomachi 高层公寓安全疏散案例研究 [J]. 消防技术与产品信息，2002 (10): 52-55.

[39] 司戈. 高层建筑非传统安全疏散理念探讨 [J]. 消防科学与技术，2009，28 (6): 404-407.

[40] 胡传平，杨昀. 高层建筑火灾情况下利用电梯疏散的案例研究 [J]. 自然灾害学报，2007，16 (4): 97-102.

可持续城市、社区

中国三线城市历史景观保护与利用研究

刘天航，张春彦

天津大学建筑学院

摘　要： 我国的三线城市，在城市规模、经济发展水平、产业结构、基础设施建设等方面同一、二线城市存在明显差距。其中不乏许多历史文化名城，坐拥众多城市遗产，不但类型丰富多样，且具有极高的历史价值，是地域文化的重要组成部分。但由于种种原因，三线城市的城市遗产并没有像一、二线城市那样受到良好的保护以及合理的开发利用。文章从我国三线城市的具体实际出发，通过文献查阅、数据统计、走访调研等方法，分析了城市历史景观方法在我国的具体应用形式，为我国三线城市历史景观的保护与利用提出了可行性建议。

关键词： 城市历史景观；三线城市；保护；利用

城市是地域文化的象征，是各具特色的文化过程的产物。城市的发展历程也在历史上留下了辉煌的印记，即我们今天所看到的城市遗产。改革开放以来，中国的城市化率平均每年增长一个百分点，2011 年已经超过 50%[1]。而高速的城市化又为城市遗产的保护带来了新的挑战。正是为了应对这些挑战，联合国教科文组织（UNESCO）于 2011 年通过了《关于城市历史景观的建议书》（以下简称《建议书》），明确了城市历史景观（Historic Urban Landscape，HUL）的概念和方法，为城市遗产保护工作开辟了新的思路。

1　中国三线城市与城市历史景观

1.1　中国三线城市概念

目前，国际上和国内都存在着根据一定的标准来划分城市等级以达到辅助决策、市场分析等目的的做法。例如日本权威城市排名机构森纪念财团都市战略研究所自 2008 年开始每年公布的“世界城市综合竞争力排行榜”[2]、GaWC 公布的“世界城市名册”等都是世界公认的权威城市排名。我国最常见的城市分级概念最早起源于房地产和中介市场，随着近年来房价及房地产的话题被社会热议，这些概念用语也逐渐被房地产业界、政府及老百姓所熟知[3]。本文所指的城市分级体系来自于民间：按照一定的标准，将城市划分为一线到五线五个级别。它不是一个学术概念，学术界对其亦没有严格的、标准的定义。本文中的“三线城市”所参考的是《第一财经周刊》在2013年发表的《中国城市分级》一文中的研究成果，它们多数都是中东部地区省域内的区域中心城市、经济条件较好的地级市和全国百强县，也包括一些西部地区的省会首府城市，它们的人口规模多数也都在百万以上，拥有一定的居民消费能力，拥有自己的相对优势产业，对某些特定行业的大公司也有一定的吸引力，但是城市综合竞争力还有待进一步提高[4]。

1.2 城市历史景观概念

城市历史景观并非指代城市当中的历史景观，而是指文化和自然价值及属性在历史上层层积淀而产生的城市区域，超越了“历史中心”或“整体”的概念，包括更广泛的城市背景及其地理环境。上述更广泛的背景主要包括：遗址的地形、地貌、水文和自然特征，其建成环境，不论是历史上的还是当代的，其地上地下的基础设施，其空地和花园、其土地使用模式和空间安排，感觉和视觉联系，以及城市结构的所有其他要素。背景还包括社会和文化方面的做法与价值观、经济进程，以及与多样性和特性有关的遗产的无形方面[5]。不仅如此，城市历史景观也是一套保护城市遗产的动态的、活化的方法，它的提出为新时代背景下的城市遗产保护工作指明了方向。

2 我国三线城市历史景观现状

2.1 “博物馆”式的保护

受限于目前指导我国城市历史景观保护的相关法律法规，我国城市历史景观保护主要以划定保护范围，限制新建建筑高度、体量、形式等为主要内容，目的是防止城市发展对城市历史景观的破坏，属于静态的“博物馆”式的保护。这样的保护规划没有被纳入到城市总体规划当中，没有在总体规划、城市设计中充分注意保护历史文化传统，维护并发扬城市的格局特色和场所精神[6]。这使得城市历史景观与城市的发展脱节，尤其是仍处于高速城市化阶段的三线城市，仿佛对城市历史景观的保护成了阻碍城市发展的因素。

2.2 保护内容片面单一

目前我国主要从核心保护区、建设控制区和环境协调区3个层次对城市历史景观的平面、建筑空间立面的传统风貌进行肌理构成的修复[7]，工作的重点仍停留在物质层面，没有意识到城市文脉等无形属性的保护和传承的重要性，使得历史建筑与历史环境相割裂。人们置身其中，缺乏完整的文化体验。

2.3 “城市病”影响日益显现

我国经历了三十多年的飞速发展，即使是三线城市也有了长足的进步。城市的集聚经济所形成的向心力使各种生产要素在空间上累积循环，不断向核心地区集中是城市经济发展重要源泉。集聚经济提升了城市经济效率，推动城市经济不断发展[8]。但其带来的负面影响也日益凸显：人口膨胀、交通拥挤、生态破坏、社会问题等不再是大城市的“专利”。而决策者们在制定城市规划或城市发展战略时往往将上述问题与城市遗产的保护割裂开来，忽略了包含众多城市遗产在内的老城区在城市发展过程中的巨大潜力，没能以动态的、活化的、可持续的理念来指导城市发展实践。以城市遗产的合理保护与利用带动城市产业转型升级，改善旧城区居民生活质量是在有限的城市用地中缓解“城市病”的有效途径。

3 城市历史景观方法应用

城市历史景观保护方法是一种发展的策略，它整合了城市中历史、经济、自然、人文等因素，强调摒弃静态的“博物馆”式的保护，转而将城市遗产纳入到城市发展的大框架之下，采用动态的、活化的保护方式，在保护城市遗产的同时使其适应社会发展的需要，做到保护不阻碍发展，发展也不以破坏为条件。参照《建议书》和《城市历史景观保护方法详述》中所列举的保护方法，具体的工具包括但不仅限于以下几个方面。

3.1 知识和规划工具

在城市历史景观的保护过程中，应首先明确需要保护的对象，并保证其完整性和真实性。这就需要对城市自然、文化和人文资源进行全面评估，包括有形属性和无形属性两个方面（如表1、表2）。

有形属性 **表1**

项目	对象			整体/复合体		区域划分		文化景观划分	取消城市中的历史界线划分		
	建筑要素	建筑本身	城市要素	建筑群组	建筑＋环境	行政区/城镇景观	优秀文化属性	文化和自然属性交汇	文化属性的聚集	层次	所有层级的意义
A地图资源											
B就该保护的对象达成共识											
C脆弱性评估											
D在城市管理中整合A、B、C											
E区分行动优先级											
F确定合作伙伴关系											

无形属性的演变 **表2**

要素			用途			社会		进程	
年代/风格	特点	建筑环境	类型	使用功能	与社会和人的关系	人群，社区	人类实践；传统	发展	演变

来源：据 Historic Urban Landscapes：An Assessment Framework 翻译

以上表格所涉及的属性，从特有的、有形的、有边界的延伸到普遍的、无形的、无边界的，并且从城市遗产本身拓展到其所蕴含的深层次的意义[9]。通过上述对城市历史景观的全面评估，可将感性认识上升为理性认识，找到城市遗产在面对社会和经济发展的压力时有何不足，从而为下一步工作的开展奠定基础。

在对城市历史景观进行全面评估之后，便是为其制定合理的保护规划。城市历史景观的方法要求我们将城市遗产纳入城市发展的大框架之下，即通过旅游、商业用途及土地和房地产增值等途径促进社会经济发展，从中产生收入，再用所得收入支付维护、修复和翻新费用[10]，形成良性循环的经济链条，从而减轻对政府资金投入的依赖，甚至成为新的经济增长点（图1）。如北京的南锣鼓巷，是元朝以来不同时代风格建筑艺术的汇集区。

从2005年开始南锣鼓巷进行街道整治和改造，将文化创意产业作为先导产业实现建筑遗产的再利用。这样的再利用方式，一方面促进了建筑遗产的价值传承，另一方面也通过现代功能的改造，实现其活化利用与持续发展，将建筑遗产本身的价值与城市和社区发展密联系起来[6]。

3.2 公民参与工具

对城市历史景观的保护是全社会共同的责任，因此在制定保护规划时应采取参与式规划的方法，让各部门的利益相关方参与进来，一方面可以加强公民的城市遗产保护意识，增强人们对场所精神的认识；另一方面可以利用他们对所属城区的了解，查明其重要价值及脆弱性状态，形成反映城区多样性的愿景，确立目标，就保护遗产和促进可持续发展的行动达成一致，从根本上避免因“自上而下”的规划可能造成的不同群体间的利益冲突。例如，伊斯坦布尔的城市模拟基金会，将严谨的城市模拟游戏引入城市建设之中，并通过广泛的群众参与，以测试特定复杂城市问题的规则和限制，并与利益相关方进行共同设计。城市模拟帮助建设社区，为数字化城市研究开发工具，并通过严谨的游戏为城市发展制定策略。参与者可以“扮演”市长的角色，并使用其感应交通卡来阐述他们将如何应对各种问题[10]。

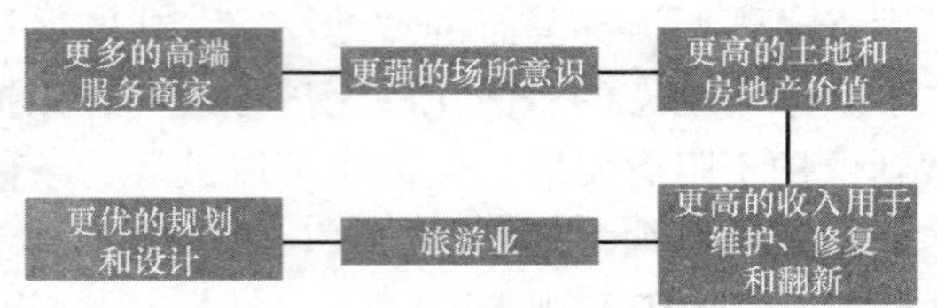

图1 城市历史景观保护利用模式示意图

来源：UNESO. 城市历史景观保护方法详述［EB/OL］.［2013-07-02］. http://Whc.uneso.org/document/128591.

3.3 金融工具

一直以来，对城市遗产的保护都有赖于政府的资金投入，使得一些未经市场开发的城市遗产成了拖累当地经济发展的负担。而城市历史景观方法的金融工具，旨在建立一套完整的创新发展模式。除了来自国际机构和政府的资金，还应通过税收等优惠政策，积极吸引地方一级的私人资金，建立起适当的公私合作伙伴关系及本地管理框架，使得当地政府和私人投资者都能从后期可持续的商业开发中获利。此外，对城市历史景观的开发需在严格的监管体系下进行，保留城市历史景观的完整性和原真性，才能避免其消失在历史的长河之中。例如纽约高线公园，虽由纽约市所有，但由社区居民组成的“高线之友”组织负责运营与维护，通过公共节目设计、私人资金筹集等途径，为公园每年运营预算提供超过90%的资金。每年参观高线公园的超过300万名游客为这处曾经被废弃的棕色地带重新带来了活力[10]。

3.4 建立监管体系

城市历史景观方法的实施离不开政策的支持，因此，应优先考虑保护和发展的政策及措施，包括良好的管理工具，以维护和管理城市遗产的有形和无形属性。对有形属性的监管包括保存原有的建筑环境，对新建建筑的控制，街区风貌的协调，历史建筑的修缮，交通人流的疏导等；对无形属性的监管包括承认和加强传统习俗，保护和传承非物质文化遗产，保留城市文脉、街巷空间、文化环境等。监管体系的建立是保留城市历史景观完整性和真实性的保证，关于城市历史景观的任何开发与利用都应建立在此基础之上。例如日本颁布的《关于地域历史风致维护和改善的法律》，其目的是为了保护和改善地方的“历史风致”。所谓“历史风致”是指地域内反映其固有历史和传统文化的生产、生活活动与作为活动场所的具有较高历史价值的建造物以及周边街区，这两者融为一体所形成的良好的街区生活环境[11]，与城市历史景观方法所要求的监管体系不谋而合。

4 结语

三线城市遗产保护面临“博物馆”式保护，保护内容片面单一，受“城市病”影响等问题，亟须通过政策的出台来保证城市历史景观方法的实施，从而通过动态、整体的保护思路及上述四种工具的应用，丰富城市遗产保护内容、增强民众的保护意识，调和保护与发展之间的矛盾，弥补保护资金的短板，为改善民生、留住城市文脉提供新的思路。

参 考 文 献

[1] 王国平. 中国历史城市景观保护发展报告（2013）[M]. 杭州：杭州出版社，2013.

[2] 人民网. 日本民间机构发全球 40 大城市排行榜 京沪分列 18 和 17 位 [EB/OL]. [2015-10-14]. http：//world. people. com. cn/n/2015/1014/c1002-27698411. html.

[3] 李杰. 三线城市中小型房地产企业发展战略研究 [D]. 福州：福建师范大学，2014.

[4] 张衔阁. 中国城市分级 [EB/OL]. [2013-12-17]. http：//www. cbnweek. com/v/article? id=6245.

[5] 联合国教科文组织. 关于城市历史景观的建议书，包括定义汇编 [EB/OL]. [2015-8-21]. http：//www. icomoschina. org. cn/uploads/download/20150821103343 _ download. pdf.

[6] 刘敏，刘爱利. 基于业态视角的城市建筑遗产再利用——以北京南锣鼓巷历史街区为例 [J]. 旅游学刊，2015，30（4）：115-126.

[7] 阮仪三，蔡晓丰，杨华文. 修复肌理 重塑风貌——南浔镇东大街“传统商业街区”风貌整治探析 [J]. 城市规划学刊，2005（4）：53-55.

[8] 孙久文，李姗姗，张和侦. “城市病”对城市经济效率损失的影响——基于中国 285 个地级市的研究 [J]. 经济与管理研究，2015（3）：54-62.

[9] Veldpaus LL，Roders ARP. Historic urban landscapes：an assessment framework，part I [C] //Swahili，2013.

[10] UNESCO. 城市历史景观保护方法详述 [EB/OL]. [2013-7-2]. whc. unesco. org/document/128591.

[11] 张松. 日本历史景观保护相关法规制度的特征及其启示 [J]. 同济大学学报（社会科学版），2015，26（3）：49-58.

城市中心区灾害风险评价与适灾韧性设计策略*

王峤，臧鑫宇
天津大学建筑学院

摘　要： 基于城市中心区的高密度、高强度特征，分析了城市中心区的易发灾害类型和灾害风险影响因子，以天津市小白楼中心区为研究对象，从危险因子和暴露因子两方面提出灾害风险评价，从用地布局、道路交通、开放空间、建筑形态、基础设施等方面提出具有实效性的城市韧性设计策略，有效促进城市中心区的安全、健康和可持续发展。

关键词： 城市中心区；灾害风险评价；适灾韧性；设计策略；小白楼

1　城市防灾减灾中的适灾韧性思维

21世纪，全球气候变化成为人类共同面临的巨大挑战。世界范围内的台风、洪涝、干旱及其他气象灾害频发，并导致高温热浪、暴雨等异常极端天气增多，给城市安全带来了巨大威胁。国内外关于城市防灾减灾的研究取得了大量成果，主要集中于城市防灾规划、防灾空间、灾害应急管理救援、灾后重建以及法律法规制定等方面，我国对于城市防灾的研究也愈发重视，在科研和实践领域均取得了一定成果，逐步形成了城市综合防灾规划体系，并进行持续的研究和完善。在绿色、生态的主旋律思想下，城市防灾减灾的研究也愈发系统化和复杂化，并寻求更深层次的突破。

韧性理念最早来自于工程概念，被用来描述系统承受扰动后复原到原有状态的能力。1973年，韧性思想首次应用于生态学学科[1]，生态韧性更加强调系统的多重均衡和稳定状态，具备可持续发展的能力[2]。目前，韧性的研究范畴已涉及生态、技术、社会和经济的多维视角，并拓展到心理学、灾害研究、经济地理学、环境学等多个学科。尤其在城市综合防灾领域，在灾害发生之前构建城市韧性系统，能够在应对极端气候变化和常规灾害方面起到重要减缓作用。因此，城市适灾韧性即通过系统的防灾规划和韧性设计使城市系统在面临外在灾害和扰动时，具备积极应对、快速恢复和整合各种资源以获得新的动态平衡和持续发展的能力。在未来的城市综合防灾规划中，韧性理念还需要深入的研究和实践，从城市生态安全格局、资源集约利用、环境保护与改善、开发建设管控、技术手段支撑、法律规范和宣传教育等方面，建构具有普适性的适灾韧性技术体系，以便更加高效的发挥韧性理念的作用[3]。

城市中心区作为各类要素最复杂、最密集的区域，也是灾害潜在风险和灾害损失最大的区域。由于中心区的高密度、高强度特征，在受灾时极易引起灾害的扩大和蔓延。因此，构建良好的城市中心区适灾韧性体系是保障城市安全，实现城市可持续发展的基本前提。有鉴于此，本文在城市中心区灾害风险评价基础上，提出具有实效性的中心区适灾韧性设计策略，能够有效增强中心区应对各种灾害的能力，促进其健康有序的发展。

* 国家自然科学基金资助项目“城市中心区空间环境适灾韧性评价及提升方法研究”（51608357）；天津大学自主创新基金“城市中心区适灾韧性体系构建及安全策略研究”（2017XSC-0049）。

2　城市中心区灾害风险评价

2.1　灾害风险评价的基本原理

城市中心区在用地功能、空间形态、人员密集度、交通方式、公用设施等方面均显示出与城市其他区域的不同，体现出环境的混合性、复杂性、周期性等特征。其高密度内涵包含了城市各类要素的高密度属性，如人口高密度、建筑高密度和高强度以及各类设施和信息的高密度[4]。中心区易发灾害往往表现出自然灾害与人为灾害、传统灾种与新型灾种的同时发生和连锁反应，一般分为自然灾害、事故灾害、公共卫生事件和社会安全事件4类，共9项主要灾害内容。结合灾害风险的既有研究，中心区灾害风险的构成要素主要包括灾害危害性（危险因子）、人员和财产受灾害影响的可能性（暴露因子）及遭受灾害时人员和财产的脆弱程度（脆弱因子）。其中，危险因子包括建筑物倒塌危险度、火灾危险度和综合危险度三种类型；暴露因子包括建筑暴露因子（建筑数量和规模等）、人口暴露因子（人口聚集数量及分布位置等）和经济暴露因子（经济价值等）；脆弱因子包括建筑脆弱因子（直接受到破坏的预期程度）、人口脆弱因子（人口受伤、死亡、无家可归或日常生活受到干扰等）、经济脆弱因子（直接经济损失和间接经济损失）。潜在灾害风险为危险性因子、暴露因子和脆弱因子的综合分析，通过GIS将三类因子分布情况进行叠加计算，可以初步界定潜在灾害风险程度并进行灾害风险分区。而承灾体的灾害应对能力（适灾程度）决定了灾害风险的大小，适灾程度较高则灾害风险较小，反之则灾害风险较大[5]。

2.2　灾害风险评价的因子叠加分析

城市中心区灾害风险评价是城市综合防灾体系中的首要环节，主要以地理信息系统为技术平台，通过科学准确的统计数据，制定灾害风险分布图以及其他相关信息，为政府管理部门、市民和相关机构提供最新的灾害动态信息，为制定具体的防灾策略提供科学依据[6]。根据天津市控制性详细规划，结合实际调研获取小白楼地区的用地性质、建筑密度和容积率分布情况，鉴于脆弱因子的数据较为复杂且难以获得，仅从危险因子和暴露因子两方面对其进行潜在灾害风险预测。

危险因子主要从建筑物倒塌危险度和火灾危险度获取。首先，然后将建筑密度分布图转换为栅格文件，通过GIS转换工具中的面转栅格命令，以及GIS的重分类工具对栅格文件进行分类。以自然间断点分级法为基础并取整数，将建筑密度分为5个等级，得到建筑密度危险度评价图；基于建筑建造年份、建筑材料、高密度分区等信息绘制建筑质量危险度评价图，同样将其分为5个等级，第5级为建筑质量危险度最大。将建筑密度危险度评价图和建筑质量危险度评价图进行空间叠加分析，得到建筑物倒塌危险度评价图。其次，根据小白楼地区的建筑密度及道路、公园绿地等分布情况确定火灾危险度评价图。最后，将建筑物倒塌危险度评价图和火灾危险度评价图进行加权总和叠加分析，得到危险因子评价图（图1），以自然间断点分级法为基础并取整数分为1～5个级别，第5级为综合危险度最高。

暴露因子评价可以通过容积率和用地性质分布信息叠加得出。首先，通过转换工具中的面转栅格命令将容积率分布图转换为栅格文件，通过GIS空间分析的重分类工具对栅格文件进行分类，结合自然间断点分级法并将数字取整，将容积率分为5个等级，第5级为暴露度最高，得到容积率暴露度评价图。其次，将小白楼地区用地功能布局图除去公园、绿地功能用地以后，可以得到用地性质暴露度评价。因B类用地吸纳的人口密度更大、承载各类要素更多，将B类用地的用地性质暴露度定为3，A、R、V类用地性质暴露度定为2，S3类用地性质暴露度定为1。对容积率暴露度评价和用地性质暴露度评价进行加权总和叠加分析，最终可以得到小白楼地区的暴露因子评价图（图2），1为安全性最高，5为危险性最高。综合危险因子评价和暴露因子评价，通过GIS空间分析工具中的叠加分析进行加权总和计算，可以绘制小白楼城市中心区的潜在风险评价地图（图3）。

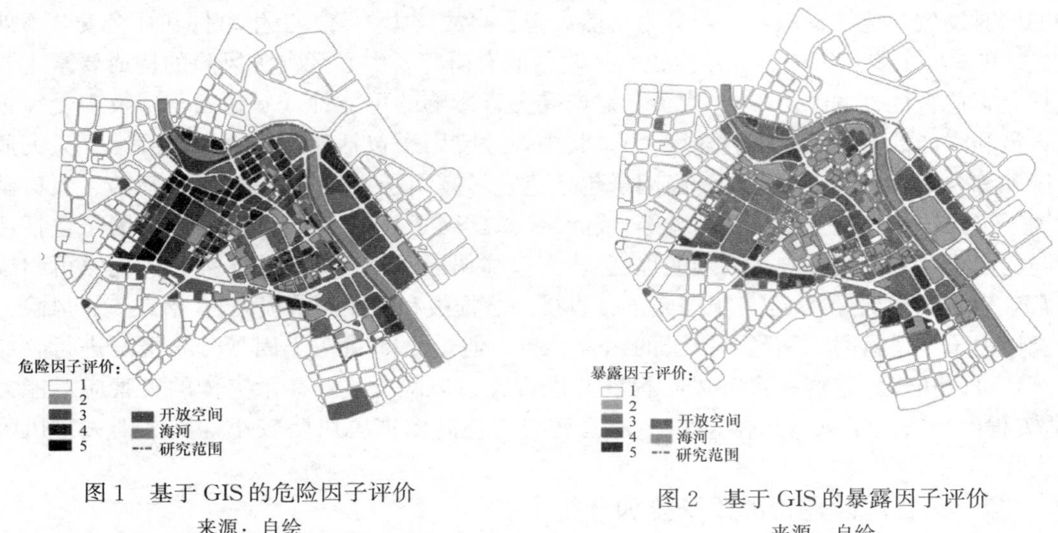

图1　基于GIS的危险因子评价

来源：自绘

图2　基于GIS的暴露因子评价

来源：自绘

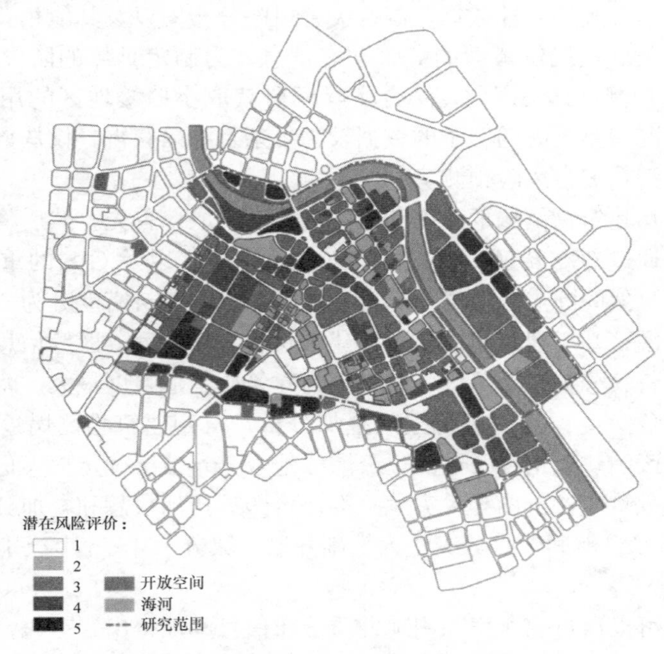

图3　基于GIS的灾害潜在风险评价

来源：自绘

3 城市中心区适灾韧性设计策略

根据城市中心区灾害潜在风险评价图，从气候适应性、开放空间、建筑形态、基础设施等方面提出城市中心区适灾韧性设计策略。

3.1 用地布局优化策略

城市中心区在几十年的建设过程中，建设用地逐渐趋于饱和，而高强度、高密度的建设模式导致人口大量聚集，环境质量逐渐降低，在面临气候变化和自然灾害时表现出极端的脆弱性。因此，用地布局的优化是增强中心区适灾韧性的基本前提。在中心区发展建设中遵循土地混合使用原则，系统梳理现状城市用地，利用中心区内部的空地、废弃的棕地以及丧失活力的地段，进行新旧功能的置换。强化沿街界面和开放度较高地段的复合功能，采取住宅和商业、公共服务混合布局的方式，提高土地的使用效能，增强街区活力。采取灵活弹性的土地利用措施，适度增加部分高地价土地的开发强度，在保证区域容量的前提下尽量增加城市公园和绿地的比重，以应对城市未来的发展需求。对于中心区内部的历史街区用地，应注重其保护及其与相邻现代街区的协调，鼓励用地功能混合。此外，用地模式趋同的街区在灾害特点、自身脆弱性方面具有相似特征，因此单一模式的同质街区往往会对灾害产生成倍放大效应，在进一步规划中应注意街区布局上的差异化，增强应对潜在风险的抵抗力。同时，为有效应对灾害的发生，应鼓励中心区进行地下空间的开发，既能缓解用地的不足，还能在灾害发生时提供避难场所，形成立体化的防灾避难系统。

3.2 道路交通改善策略

道路交通系统常作为灾害发生时的应急避难通道，在路网结构和交通管理方面要求较高。城市中心区在其具体的道路交通规划中，应该采取公共交通为主，步行和自行车为辅助，鼓励地下空间开发的立体化交通模式。其道路网一般采取窄路密网的布局模式，一般是以 100m×100m 左右的道路网格作为基本的街区单元，并降低道路的等级和红线宽度，形成尺度适宜的街道空间，从而提高街区路网密度，为人们提供多种出行选择。因此，针对中心区遗留下来的历史街巷，在满足必要疏散和防灾需求的条件下可以保持其原有空间尺度。对于某些不满足疏散和消防要求的街区可选择在历史街巷的相邻街区进行适当拓宽，以承担一定的交通疏疏散功能和防灾需求。对于新建的大尺度封闭式街区，应通过增加支路进一步细分地块，形成开放式街区或者适宜尺度的“微型社区”，使之形成密集而相互替代率高的道路网络，减少交通拥堵并便于灾时多方向疏散，另外还可以使建筑获得更多的临街界面，利于发生火灾时开展消防救援。对于道路系统的优化还可以借助空间句法绘制中心区的轴线地图，通过分析整体道路系统的整合度和连通性，对中心区应急避难道路系统的设置做出辅助决策（图 4）。在中心区交通组织方面，应倡导绿色、人性化的便捷换乘模式，一方面在中心区外围换乘枢纽周边设置充足的停车设施，并通过单向交通和拥堵收费等机制调节机动车通行和停放的比例；另一方面，结合地铁、轻轨系统设置公交车和自行车换乘点，并根据条件设置公交系统专用道、自行车专用道和连续的人行道系统。从而进一步减少中心区范围内的停车数量，避免大量交通工具的聚集而形成封闭空间，不利于城市综合防灾的要求。

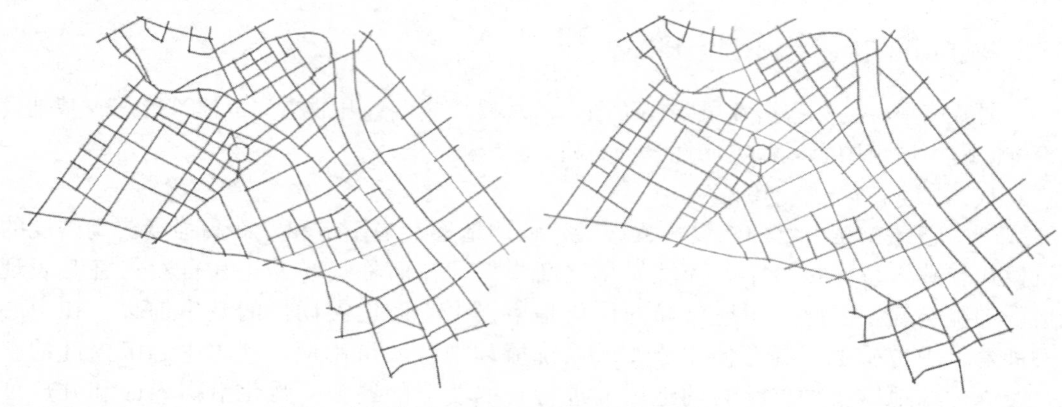

图 4　空间句法整合度（左）和连通性（右）分析

来源：自绘

3.3　开放空间更新策略

以公园、广场、绿地为基本构成要素的开放空间系统具有独特的景观和生态双重职能，是增强中心区适灾韧性的核心组成部分。开放空间通过自然植被和水体的结合，能够形成不同尺度的微型绿色生境和生态净化单元，以城市绿道作为连接，就形成了完善的绿色生态网络。可以有效地调节城市微气候，增强城市韧性，对城市环境进行改善和生态补偿，为不同生物提供栖息场所，并在灾时起到隔离防护作用。有的城市中心区已经形成既定的开放空间格局，开放空间数量较少、面积较小、分布较为分散，难以形成连续的系统。并且，随着中心区的发展开放空间的使用强度越来越大，人工环境与自然环境分化明显，难以形成相互渗透的机理。基于现实条件的制约，规划需要严格保护现有的滨水绿地和城市公园，并探索拓展其规模的可能性。充分利用中心区内的空地、废弃地、老旧厂房等进行生态化改造，增加大面积开放空间，形成永久性城市公园和各类小规模的口袋公园、带状公园、街头绿地、防护绿地等类型。结合建筑立面绿化、阳台绿化、裙楼绿化和屋顶绿化等相结合的立体绿化措施，可以建立中心区绿垣系统（图 5），有助于增强中心

图 5　中心区绿垣系统形成前后对比

来源：大野秀敏．東京 2050［DB/OL］．東京 2050//12の都市ヴィジョン展運営事務局，http：//tokyo2050.com/ex1/04.html

区韧性。一方面，绿垣系统可以作为通风廊道和海绵载体，形成建设用地的生态间隙，以应对城市热岛效应等极端气候条件；另一方面，绿垣系统与学校、体育场、广场等相结合，可以在灾害发生时作为应急避难场所。

3.4 建筑形态改造策略

基于小白楼城市中心区的潜在风险评价图分析，潜在风险较高地区一般分布在开发强度大、建筑密度高、建筑质量差、避难场所少的地段。因此，应在今后的更新改造和持续开发进程中，应加强消解风险的适灾韧性措施。在潜在风险较高的地区应随着年代交替，在后续开发中逐步减小建筑密度和开发强度，避免高层建筑过度聚集，形成疏密有致的空间布局。其建筑群体布局应遵循气候适应性原则，在其空间形态设计中，实现建筑形态与气候、绿地和水体的有机结合，预留通风廊道促进空气流通，避免热岛效应和噪声污染等影响环境舒适度的不利因素。如小白楼中心区“天津嘉里中心”的高层建筑组群严重阻碍了周边道路通向海河的廊道，不仅有碍景观视线，且影响了中心区与海河水系之间的自然渗透，不利于形成通畅循环的风环境（图 6）。对于建筑和人员密集场所，应在其入口处及周边区域增加扩大型节点的数量，规划公园、广场和绿地作为人员短时停留的场所并便于灾时组织疏散。基于中心区高强度和高密度的现实需求，在建筑设计中应鼓励立体绿化、防灾层和屋顶停机坪的设置，在改善空气质量、塑造优美景观的同时，提高应对常规灾害的韧性。此外，中心区开发建设中应减少甚至不使用容易造成次生灾害的建筑外墙材料，如聚苯板（EPS）等可燃的外墙保温材料。高层建筑一般较多使用玻璃作为外墙装饰材料，不仅会造成较强的光污染，在灾害发生时玻璃破损将会造成严重的次生灾害，应在今后的建设中限制大面积玻璃幕墙的使用，选择灾时不易燃烧及掉落的建筑外墙材料和构件。

图 6 高层建筑阻碍通河廊道
来源：自摄

3.5 保障体系提升策略

基础设施、智慧技术、财政支持、法律规范构成了中心区适灾韧性的保障体系。中心区范围内的生命线系统、消防、救护等基础设施是需要提升和改造的基本对象，需要提高基础设施的建设标准，优化基础设施布局，增加冗余度，保证基础设施子系统的完整性和相对独立性，增强其应对灾害的韧性。如一些城市中心区内仍存在各类管线以裸露的空架设置方式为主（主要集中在低层高密度区域和部分多层高密度区域），管线相互混杂，存在着严重的灾害隐患，一旦发生灾害时，空架管线容易被破坏并引起次生灾害；有的地段排水管网存在设计标准较低、设施老化、新旧城不能有效衔接等问题，在暴雨防灾规划中需要提高对排水工程规划的重视度，进行地下排水设施的改造，并进行地下贮水设施的建设。同时，针对中心区内大量不透水地面和绿化空间较少的问题，应积极推行低冲击开发模式，结合开放空间形成立体绿化网络，利用绿色植物涵养水源，增加透水铺装的使用，减少地面径流，减轻地面排水压力。智慧技术在城市防灾中的应用将会日益成熟，运用智慧技术可以对灾害进行实时监测和预警，并及时发布灾害预警信息，在灾害发生时能够有效引导市民疏散和避难。此外，政府、社会团体和慈善机构的财政支持，可以建立灾害保障基金，用以应对城市潜在的各种灾害。在这一过程中，应根据各地区的现状条件制定具有实效性的法律规范，明确防灾奖惩措施，对于不作为的部门和机构采取严厉的惩罚措施。

4 结语

在全球气候变化和自然灾害日益严重的背景下，城市安全已经成为城市发展和建设的核心议题。在城市防灾规划中引入韧性理念，探索增强城市韧性的内在机理和规划对策，是当前乃至未来一段时期的重要任务。当前国内的韧性研究还处于初级阶段，对于韧性与生态学、防灾学、城乡规划等诸多学科的结合还有待深化研究。基于城市中心区复杂的条件，适灾韧性的研究将更加系统化、专业化和智慧化。在规划中需要针对城市中心区自有的经济、环境、社会等具体条件构建具有实效性的适灾韧性设计框架，提出具有可操作性的设计策略。此外，单一的技术研究并不能够保障韧性措施的有效实施，还需要政策、资金的支持、法律规范的约束以及积极的宣传教育监督，通过政府、市民、社会组织等多方面的努力，实现增强城市中心区韧性、维护整体城市安全的最终目标。

参 考 文 献

[1] Holling C S. Resilience and Stability of Ecological Systems [J]. Annual Review of Ecology and Systematics, 1973, 4: 1-23.

[2] Berkes F, Folke C. Linking Social and Ecological Systems for Resilience and Sustainability [M]. Linking Social and Ecological Systems: Management Practices and Social Mechanisms for Building Resilience. Cambridge: Cambridge University Press, 1998.

[3] 王峤，臧鑫宇，陈天. 沿海城市适灾韧性技术体系建构与策略研究 [C] //新常态：传承与变革——2015 中国城市规划年会论文集（01 城市安全与防灾规划）. 中国城市规划学会、贵阳市人民政府，2015：10.

[4] 王峤，曾坚. 高密度城市中心区的防灾规划体系构建 [J]. 建筑学报. 2012，S2（8）：144-148.

[5] 王峤，曾坚，臧鑫宇. 高密度城市中心区灾害风险评价及应用研究 [C] //中国城市规划学会、贵阳市人民政府. 新常态：传承与变革——2015 中国城市规划年会论文集（01 城市安全与防灾规划）. 中国城市规划学会、贵阳市人民政府，2015：10.

[6] How To Make Cities More Resilient _ A Handbook For Local Government Leaders [R]. United Nations, 2012.

BIM-VR 耦合模型应用方法初步研究
——以教学为例*

白雪海
天津大学建筑学院

摘　要： 论文拟建立初步研究框架，通过深化原型案例 VR 认知实验，探索表征与策略转变对设计认知的影响机理，考虑并行协同与设计优化的要求，整合模拟工具，研究关键技术，探索 BIM-VR 耦合模型的应用范式，通过教学的示范性应用支持理论的科学阐释。

关键词： 设计认知；并行策略；建筑信息模型；虚拟现实；耦合模型

当前虚拟现实（VR）日益凸显出技术性优势，将其与建筑信息模型（BIM）结合应用的趋势迅速发展，BIMVR（Building Information Modeling in Virtual Reality）在百度百科中被解释为“将 BIM 和 VR 结合起来的一种技术手段”。然而实践当中这种结合目前仍然只是一种简单叠加，在建筑设计全生命周期的各个阶段还缺少有机结合，设计者更多的是将 VR 极佳的虚拟仿真与体验效果应用于设计后期，视其为比效果图和动画更高级的一种新的表现形式，偏重展示性成果，忽视创造性过程。BIM 与 VR 的结合应用在信息传递、参数控制、设计选项、互动体验等方面均有缺失。究其原因，既有技术发展的瓶颈，更有理论认识的不足。VR 技术并不仅仅是辅助工具，它是可以协助思考或自主应答的智能设计工具[1]，更使得设计者和使用者的观念出现了转型与嬗变，成为建筑师“设计思维”的一部分，创造性过程的“黑箱”也将变得更加真实、透明。有必要通过引入设计认知理论深化方法论层面的思考，同时面向实践探索技术性攻关，促进 BIM 和 VR 建立起一种科学的耦合关系，实现其作为工具思维的方法创新与并行策略下的应用范式，指导理论与实践的可持续发展和良性互动。

1　BIM-VR 耦合模型的方法论基础

1.1　作为新的设计表征

设计认知理论是对设计活动本质的研究，它是现代设计方法论发展至今最令人瞩目的研究取向之一[2]。B. Hillier 等学者研究认为设计问题已不是可否预先构想，而是如何去预先构想设计，因为预先构想在设计初始活动中有着直接与基本的运用。Heath（1984）提出了以“猜想—分析”为核心的设计过程模型，主张设计依赖猜想，猜想必定在设计过程的早期出现以促使构想一种对问题的理解，并通过逐渐改进早期的猜想来发展设计[3]。

研究表明，设计认知与其他认知活动存在很大不同，是一个集设计科学、认知科学、计算机科学等多学科交叉的特殊领域，研究焦点集中在捕捉心智呈现，解析设计运作，以及利用计算机模拟设计思维方向。陈超萃系统总结了设计认知的八种机制及其功能，并指

* 天津大学自主创新基金。

出设计表征是影响或支配设计认知最主要的因素，第二个主要因素是设计策略的运用[4]。

表征（Representation）的意思是“代表并呈现”，是用来创造或表达设计概念的媒介物。在设计中，先要经过一番努力发展和酝酿出设计概念，这些不可见的抽象物形式存在于心中，是内在表征，如意念构想、知识模块、视觉图像或心智影像等，设计师必须要用外在表征将这些内在的抽象观念外显和实体化，也就是设计初期展示设计观念的一种媒介或做设计草案的技巧[5]。内外表征相互调整、不断对话并产生交集，从某种意义上说设计的历史也就是寻找和创造表征的过程，如草图、实体模型、数字模型、虚拟模型等，而BIM-VR耦合模型正是设计模式发展至今综合了数字与虚拟技术的最新设计表征。

通过比较使用草图、实模、数模和BIM-VR耦合模型这四种设计表征对认知的影响机理，探索不同的设计模式下内外表征的对话与转换机制，研究确立了BIM-VR耦合模型作为新科技产生的新表征，其推理运作涵盖了设计思维与认知的交互过程，是支配或影响设计认知的最主要因素，配合设计策略的使用，可以形成普适性方法，通过实验模拟和案例实证，支持这一新技术可以成为大有潜力的方法与工具。

1.2 作为新的设计策略

传统的VR创建方法通常都是在设计定案以后重新建模去完成，单向的输出输入转换过程比较烦琐，一旦修改又将重新来过，难以及时有效地与设计阶段并行协同，制约了VR的适应性和可塑性，设计过程中的交流潜力也没能得到重视和挖掘。这一技术瓶颈是由于不同专业领域和数据格式之间的信息断层。

BIM能够提供开放的信息平台，将所有数据集成整合，为设计各阶段的并行协同提供支持。BIM参数化、可视化、可编辑的族数据库，以及通用的数据转换格式，为创建VR的过程简化和信息交互提供了契机。随着BIM的全面推广以及VR技术的大力发展，将二者有机耦合，在设计的全生命周期同步并行，实现项目的多重价值成为必然。目前BIM to VR的研究主要是通过软件导出几何或材质信息，数据交换停留在格式转换层面。BIM导出到VR中通常会造成重要属性信息部分丢失；如果通过VR软件建模，则难以返回BIM进行自动修改更新。

针对此现状，我们研究创建BIM-VR耦合模型的数据交换方法，对不同类型的参数分别建立动态模型，借助数据接口做二次开发，增强参数化设计功能，以外部插件引用的方式读取对应数据，支持信息的自动读取与转换，实现“一键VR（One click VR）”的自动或半自动的虚拟场景自动生成，确保数据实时链接、模型双向同步，支持设计过程当中的动态修改与调整优化，这将是BIM-VR耦合模型的发展趋势与主流导向。

1.3 以实践为导向探索应用范式

当代建筑空间形态的“复杂”已成为设计特征之一，非线性、有机化、脚本生成的形式使得设计师的空间想象力受到限制，必须借助数字模型和虚拟可视化手段进行分析。研究BIM-VR耦合模型应用范式的重要意义就是要透过自由变化的表象，洞察复杂空间的本质[6]。

现有BIM与VR的结合应用多集中在设计后期和施工阶段，对由“概念设计”和“可行性建议”构成的设计初期如何引入BIM-VR的研究较少，对设计过程中的动态修改考虑不足。而该阶段的设计决策对后续的建筑综合质量的影响至关重要，对由环境、技术和经济等因素引起的设计变更以及可持续发展观下的建筑设计流程也有极大影响[7]。单向创建 VR 的方法只把设计定案的表现效果与渲染氛围作为追求目标，难以支持设计优化。BIM-VR 耦合模型让设计者在概念生成阶段就建立起虚拟的“真实”空间并亲身体验，比用传统方法更早、更容易地进行决策评价，突破了传统设计模式中完全依靠人脑断续想象的局限。

综上，我们提出 BIM-VR 耦合模型应用方法的初步研究框架，即以 BIM-VR 为数据交换平台，整合虚拟仿真、人机交互和工具系统，充分考虑设计过程的动态因素，研究创建模型的方法并探索应用范式，优化设计流程，提高设计质量，一定程度上也明确了基于 BIM-VR 的建筑创作发展趋势和目标导向。

2 BIM-VR 耦合模型的技术性问题

2.1 实现“一键 VR”

传统的 VR 场景创建方法主要是借助 3D 引擎，如 Unity3D、Unreal Engine、CryEngine 等，利用交互的图形化开发环境创建可视化以及实时三维动画等互动内容，并行协同的设计策略要求必须摒弃这种单向输出的理念。目前 VR 的几何建模技术已较为成熟，BIM 的参数化、信息化建模方法已成为热点和主流，VR 场景创建的主流导向则是探索即时呈现技术，即所谓“一键 VR”。我们的初步研究中主要探索和应用了三种即时预览技术：Autodesk Live Editor、Enscape 以及 Fuzor VDC，这些软件都旨在解决 BIM 工作流下的实时可视化、项目验证和数据分析等功能，其主要特点如下：

Autodesk Live Editor 是欧特克公司推出的全新三维设计软件，它支持设计师将 Revit 模型上传至云端快速生成 VR 场景。主要功能有：①展示与体验：既可以通过 VR 头显沉浸式体验空间，也可以作为项目的发布与展示平台。②Minimap 与“热气球”视角：在 VR 场景中有一个悬浮于空中的“热气球”可以让设计者随时“站”在其上俯瞰整个设计。此外还有一个 Minimap 模式，用手柄操控模型自由缩放大小、上下旋转移动、观察整体细节。这一功能可说是一种全新体验，它为设计师提供了在不同尺度之间自然和本能的转换，具有很高的设计实用性。③发布共享的 Viewer：方便与其他设计者、参与者及决策者的广泛交流。

Enscape 为 Revit、SketchUp、Rhinoceros 提供插件功能，虽然是实时渲染类软件，但它强大的一键 VR 创建、“即时修改即时呈现”以及逼真的艺术效果都使得它更像一个专门为建筑师打造的设计工具。它有许多独具特色的功能，如包含了多种设计师喜爱的表现模式，室内光照度的性能分析，加载自定义的背景并动态调整环境时段、辅助灯光照明设计等等。渲染的全景图（Panorama）上传至云端生成一个二维码，通过手机或平板浏览建筑内外空间时犹如身临其境，通过社交媒体和互联网可以推送到每一个用户终端。

Fuzor VDC 由 Kalloc Studios 开发，集成了强大的功能，数据双向无缝链接是其最大特色。它不仅创建出实时的 VR 场景，更重要的是还保留了完整的 BIM 信息，并且所有参与者都可以通过网络连接到模型中，在 VR 场景中进行协同交流，让参与者体验“在玩游戏中做 BIM”，创造性的设计工作变得更加轻松而有趣！

我们的初步研究中借助以上这些平台，在 BIM 软件（Revit、ArchiCAD 等）中建立模型，然后通过这些外部插件或模型转换的方法创建出 BIM-VR 耦合模型，实现数据实时链接、模型双向同步，“所见即所得”（图 1）。未来应重点研究通过用户界面（API）编辑 BIM 族构件库，基于引擎工具（Autodesk Stingray、Unity3D、Unreal Engine）做应用开发，形成 BIM-VR 耦合模型设计工具界面下的扩展功能，基于遗传算法进行参数优化，建立多层级的设计元素构件库，包括通用模块和定制构件。对于信息的处理、存储、共享与调用建立起函数关系，支持 BIM-VR 耦合模型设计精度的逐步推进。

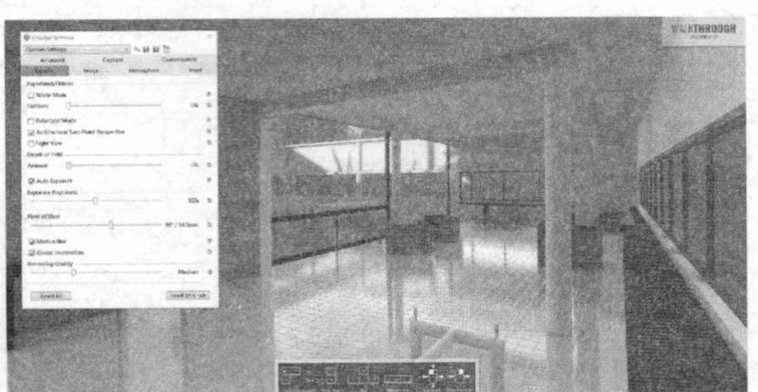

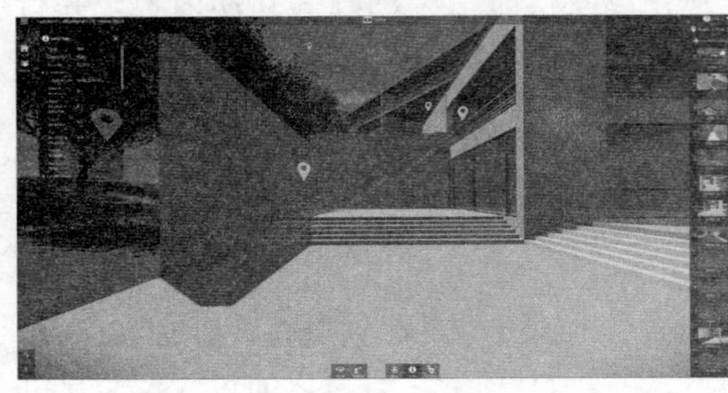

图 1　Fuzor 2018 Virtual Design Construction、Enscape 及 Autodesk Live Editor 的软件界面与应用场景

2.2　应用范式

根据设计各阶段的过程与要求，我们总结提出以“概念和形态、规则和操作、输出和结果”为导向的优化流程方法，以及“沉浸体验、交互设计、反馈分析”为导入模式的并行协同策略，实现基于 BIM-VR 耦合模型的体验互动、设计优化与决策评价。通过应用范式的指导和设计手段的落实，例如：改变常规流程、概念阶段验证、设计表现并行、体验认知反馈、多专业协同与可视化交底等，对应用的关键环节进行改善，创造一个更加真实、透明的设计环境，总体上对 BIM-VR 耦合模型的运作进行引导和管理。

BIM-VR 耦合模型的设计过程方便直观，创建虚拟实境的工作简单有趣，仿佛是“站在一个三维的空间里，在三维的画板上创作”。设计师成了建造师，可以看到、“摸”到、“进入”到自己的设计作品当中，即时修改、深度体验的特性令使用者印象深刻，其影响将是面向未来而持久深远的！

3　教学应用实例

3.1　与 VR 并行的空间设计

学生在认知与体验同步并行的基础上开始空间设计，BIM-VR 耦合模型成为师生共享的交流平台，很多专业知识过于抽象难以理解的问题都迎刃而解。教学中将学生分成三个组，分别使用的表征是：草图＋实模、数模＋实模、数模＋VR 模型。设计过程中只有最后一组进行 VR 体验，通过设计日志、分组讨论、优化反馈、问卷调查等手段对教学效果整体掌控。最后三个组一起进行 BIM-VR 耦合模型的认知体验与教学评测，结果显示：在全比例的虚拟空间中，身临其境的互动性与沉浸感确实改变了设计行为与思考方式，这说明：任何可以加强沟通与理解的设计工具都将对未来产生深远影响（图 2、图 3）！

图 2　学生在 BIM-VR 中的空间体验与设计互动

图 3　同步并行的 BIM-VR 认知体验与空间设计

3.2　基于 BIM-VR 耦合模型的综合设计

笔者指导下的四年级设计小组，全面实施了应用 BIM-VR 耦合模型协同设计的教学实验，我们测试了增进创造力的学习方法，研究了行为与认知的相互影响，结果表明：一般在设计中最难传达出的“潜意识”，当以 BIM-VR 这种新表征形态呈现在大家脑海中时，我们就会更容易对设计概念的发展方向作出判断，这样一种无论是对宏观整体还是微观细部的“深度感知”较之传统设计模式都更加真实、准确、生动（图 4～图 6）！

图 4　基于 BIM-VR 的城市设计与高层综合体（学生：赖彦、李琪）

图 5　综合文体中心内外空间的交融体验（学生：李琪）

图 6　苏州太湖镇谭东村“乡村客厅”设计（学生：郑芷欣）

3.3　其他研究性课题

在笔者参与指导的研究生专项课题中，BIM-VR 耦合模型在可视化性能设计与分析，适宜技术的科学优化与模拟建造，模型的参数化、构件化以及建构化等方面都发挥了决定性作用，它启示我们，数字技术的多维交互时代，设计师既是虚拟场景的创造者，也是体验先行的使用者，更是达成建构愿望的实践者，这一综合性应用模式对未来的建筑师将会十分有效（图 7～图 9）。

图 7　展览、阅读空间的 Light View 性能化设计与模拟分析

图 8　基于地域性适宜技术的竹筒屋酒店设计（研究生：刘登辉）（一）

图 8　基于地域性适宜技术的竹筒屋酒店设计（研究生：刘登辉）（二）

图 9　基于 BIM 的模型构件化研究与 VR 建造（研究生：巴婧）

4　结语

BIM-VR 耦合模型是建筑设计方法创新领域的新课题，我们的研究框架以 BIM-VR 交互设计为核心思想，虽在结合教学的应用当中取得了一定成果，但在初步研究中尚未充分利用 BIM 数据库编辑、分析和优化功能，基于 BIM 的数据交换方法、动态参数引入和不确定性分析方面仍存在明显缺环，对设计不同阶段的流程方法和导入模式还有待深入研究，面向未来仍需努力探索如下问题：

随着 VR 技术日趋成熟，日益显示出在认知领域中的巨大研究潜力，有必要利用 BIM-VR 耦合模型做更为深入的设计认知研究。目前传统的空间物质形态、基本要素同主观空间认知研究之间相对独立，还缺乏有效的关联验证，利用 VR 技术研究空间形态的认知与量化以及交叉应用的前景十分广阔。

BIM 与 VR 耦合应用的重点不在“后期展示”，而在“先验设计”，在现有设备与技术基础上，要想求得最佳应用实践，关键是技术的综合。要重点开发专家系统和工具模块，进一步整合空间要素、专业知识、设计规范、用户界面等，匹配技术导则，形成应用模式。同时提升虚拟环境的自适应性，人工智能、智慧型设计等前沿技术将成为研究与应用的重点。

国内目前还缺乏成熟易操作的 BIM-VR 耦合模型软件，比较突出的问题是缺乏自主创新与知识产权，不掌握核心技术就难以进行新功能的补充开发，与国内科技创新型企业的合作研发仍需在产品定位及功能性方面大力加强！

致谢：感谢许蓁、袁逸倩、贡小雷、滕夙宏、苑思楠、曲翠萃老师的合作与鼓励！

参 考 文 献

[1] 赵沁平，周彬，李甲等．虚拟现实技术研究进展［J］．科技导报，2016（14）：71-75.

[2] 白雪海．设计方法论的哲学思考与启示［J］．新建筑，2000（1）：58-60.

[3] Cross N. Editorial：forty years of design research［J］．Design Studies，2007，28（1）：1-4.

[4] 陈超萃．风格与创造力：设计认知理论［M］．天津：天津大学出版社，2016.

[5] 陈超萃．设计表征对设计思考的影响［J］．新建筑，2009（3）：88-90.

[6]（英）理查德・帕多万．比例——科学・哲学・建筑［M］．周玉鹏，刘耀辉译，北京：中国建筑工业出版社，2005.

[7] 陈冰．运用虚拟现实技术辅助可持续建筑参与式设计［J］．建筑师，2012（5）：18-22.

STEPS软件在历史街区消防安全适应性规划中的应用实践
——以宾州古城节孝祠片区为例*

许熙巍[1]，李会娟[1]，曾鹏[1]，朱剡[2]

1 天津大学建筑学院；2 中国城市规划设计研究院上海分院

摘　要：本文阐述了历史街区保护与更新改造中结合安全防灾理念进行防火适应性改造设计的必要性，分析了防火安全疏散中存在的难点问题，以广西壮族自治区宾州古城为例，通过对选取的节孝祠片区，即古城防火分区D基于STEPS的参数化模拟实验，提出该历史街区须在人口容量疏解、疏散出口和紧急避难场地设置等方面适应性地改进外部空间，以提升历史街区防火疏散能力的空间设计策略。

关键词：STEPS软件；历史街区；防灾安全；适应性规划

历史街区物质与文化双重保护价值高，具有建筑遗产和人口密集的“双密”等特征，使其成为执行现代消防规范的“灰色地带”；加之其自身材料和空间特性决定了它们防火能力脆弱。随着对历史街区保护的重视，安全成为保护与存续的前提。由于历史街区的特殊性和受保护的绝对性，本文在安全防灾大原则指导下，探讨一种通过参数化模拟火灾发生时人员疏散情况，找出其与规范要求的差距，在不破坏历史街区整体空间形态前提下优化外部空间以满足疏散要求的方法，通过适宜的空间改造达到及时疏散，减少人员伤亡同时为消防人员尽快达到现场扑灭火灾创造有利条件，提升建筑遗产救援效率的目的。

1　历史街区消防安全疏散改造的难点

1.1　历史街区的“双密”特征

历史街区建筑密度高、外部空间形态和街巷肌理狭窄曲折，现代消防车辆难以进入内部，大多只能采用人工方式灭火，而疏散和救援人员在狭小空间内交叉冲突，使火灾时人们的救援和疏散都难以有序组织，大大降低救援效率，必须想办法解决。同时，历史街区往往人口密集。北京历史街区人口密度约3万人/km^2，是市区常住人口密度的3.4倍，人口稠密导致疏散时间长，同样导致狭窄的空间里逃生和救援人员的对冲互阻，既增加了人口伤亡风险，又延迟了救援时间。

1.2　防火安全与历史街区保护的兼顾

历史街区防火的根本目的是保护遗产和人员安全，故其有两个重要目标，即在历史建筑和其中人员满足消防安全的同时，必须保护好历史街区风貌和肌理文脉。《历史文化名城保护规划规范》中规定历史街区消防设计可降低防火等级和标准，但实际工作中往往

* 国家自然科学基金（51178297）“基于动态信息模拟下的历史建筑密集区综合安全体系研究”、国家自然科学基金面上项目（51678393）“基于GIS-CA情景模拟的京津冀地区存量工业空间转型更新机理研究”资助。

“两害相权取其轻”，强调防火安全而不惜一定程度破坏历史街巷或建筑。历史街区布局肌理是核心文化价值体现，即使对非保护历史建筑更改亦会破坏街区肌理的均质性和连续性。对历史街区因地制宜的消防改造，虽耗时耗力，却是历史街区保护并兼顾防火安全的有效探索。

1.3 现代消防安全要求与历史街区现存空间秩序的衔接

新建筑防火安全平面布局设计自上而下，与方案设计同时进行且方案设计必须执行消防要求；历史建筑与之相反，它们是先于现代消防规范要求存在的，其防火疏散只能自下而上改造，在已有空间秩序和功能布局中植入现代消防安全要求的环节，这些环节还必须满足历史建筑保护的要求。

2 应用 STEPS 软件对宾州古城节孝祠片区消防安全疏散改造的模拟

2.1 STEPS 软件模拟历史街区消防疏散空间改造的基本原理及优点

STEPS（Simulation of Transient Evacuation and Pedestrian movements）即瞬态疏散和步行者移动模拟，属于行为学网格模型的元胞自动机模型。它的运行原理是一个元胞代表一个人，一定数量人组成的人群类似于自组织系统，通过模拟特定场景条件下这个系统的移动轨迹，可以分析不同条件对人群行为产生的影响；起初应用于交通枢纽内行人运动的微观模拟，后开始应用在建筑群外部空间中人的行为轨迹模拟。

建筑平面 CAD 文件生成的 DXF 文件可以直接在 STEPS 软件中初始化后使用，在历史街区建筑和人口密集的情况下使用 CAD 转 STEPS 建模，既保证了模型信息的精确量化，又可以避免由于数据库间文件不兼容造成大量建筑平面多次绘图的工作量重复；其次，STEPS 软件具有强大功能的开放性三维可视功能，可以进行建筑群中人员疏散的量化加三维模拟，对疏散人口、疏散路径等关键性信息直观表达，且处理方案简洁模拟输出时间短，便于模拟后通过与建筑消防标准的比较快速生成优化方案，并不断对优化方案的有效性进行验证。

2.2 宾州古城节孝祠片区消防疏散空间改造的模拟

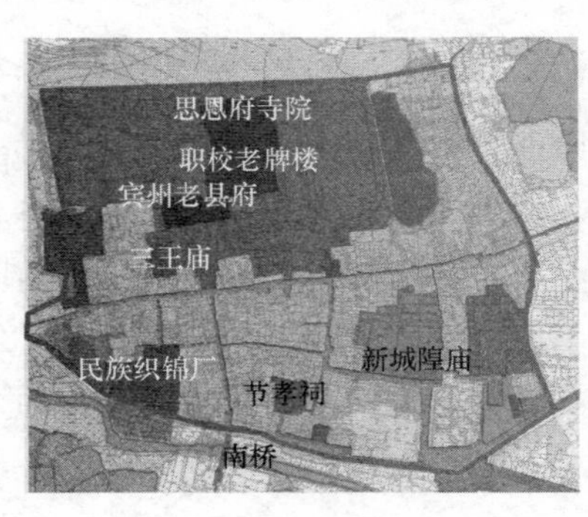

图 1 宾州古城城墙范围内现状图

以宾州古城的节孝祠片区为例，利用输入现有参数模拟防火安全疏散路径和避难空间等手段，对比建筑消防标准发现实验地段的防火安全疏散问题，在不破坏历史街区整体环境前提下，提出改造建议，以实践对历史街区空间自下而上有益改造的探索。

2.2.1 宾州古城概况

宾州古城是广西四大古镇之一，迄今有 2100 多年的历史古城内明清建筑群规模大，保存好，保留的街区格局、建筑形式等是广西少数保留着完整古城风貌格局的地区之一。

古城房屋多为单层的砖瓦结构，每条街都有一到两户人家，其房屋建筑精美，砖雕、石雕、木雕等都有很高的工艺水平，古建筑的梁柱、斗栱、檩椽、墙面、天花都雕梁画栋，千姿百态，栩栩如生。其中省级文保单位 2 处，县级文保单位 2 处，有史可查的历史建筑 83 处，有址有存的有 26 处；还有长达数里的以明清建筑为主体的南街、外东门街、三联街（图 1）。宾州古城建筑整体布局紧凑，木雕、梁柱等重要建筑部件多为木质，火灾是对建筑遗产和居住人员的重大安全威胁。

2.2.2 参数的设置

为抓住历史街区外部空间防火疏散主要矛盾，实验模拟选取基地中面积适中的一个防火分区，以疏散人口、疏散时间、疏散通道、紧急避难空间分布等为操作参数。疏散时间、通道使用强度、避难场地出口潜力是分析疏散避难安全性的核心指标；其中，“出口潜力”表示某点至避难空间的移动距离，“使用强度”表示疏散通道某点在疏散中被使用次数。

1）实验区选择

模拟火灾情境时，不同防火分区之间理论上相互独立，互不影响。河湖水系等自然防火边界及两侧均为防火墙的街道可被设定为防火分区的边界。根据该原则，宾州原城墙范围内古城共分为10个防火分区（图2）。实验选取村内位置较核心、人口较多、建筑集中、方形地块的防火分区D（即节孝祠片区）为模拟对象。D分区东西宽约119m，南北长约102m，面积1.07hm^2。

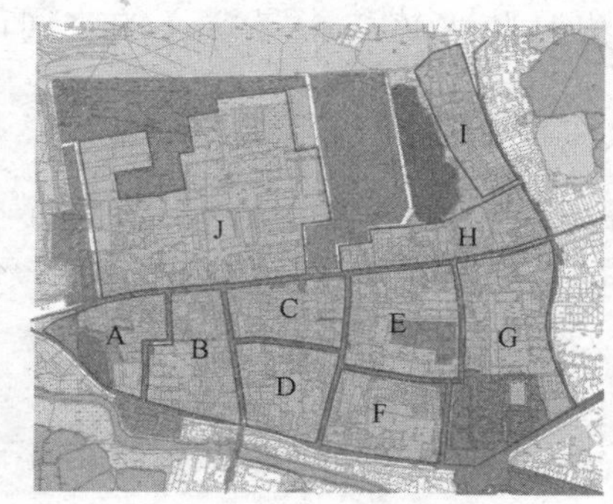

图2 防火分区

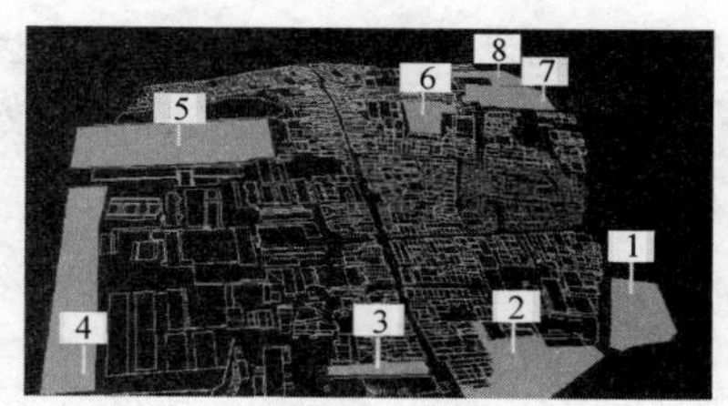

图3 紧急避难空间分布

2）疏散人口与时间

D区常住＋旅游总人数约178人。总行动时间按平均300m半径到达出口和避难场地，设定为1min。

3）疏散通道

运用STEPS软件模拟，疏散通道通过障碍物（Blockage）、障碍物出入口（Unblockage）和楼梯平面来界定疏散通道走向和尺寸。障碍物被用以表达墙和水面；障碍物出入口被用以表达建筑对外出入口和院落出入口；楼梯平面被用以表达在楼梯上的疏散通道。

4）紧急避难空间及通道

紧急避难空间的分布与尺度合理性由出口潜力、紧急避难空间尺度、实际容纳人数三个因素决定。结合国家规范和案例，紧急避难空间服务半径设为270～350m，最小规模设为50m^2；人员的有效避难面积设为1m^2/人；建筑倒塌退让范围设为5m。宾州古镇现状符合上述要求的紧急避难空间共14个，其中村对外出口6个，紧急避难场地8个。紧急避难空间的分布如图3所示，编号为系统出口1～8。其中在D分区边界附近无避难空间，有6条避难通道连接旁边的避难空间1、2、6、7和8。

2.2.3 模拟过程

D分区内重点保护建筑6栋，一般保护建筑46栋，可改造28栋。考虑到历史街区特殊性，疏散路径、避难空间选择尽量保持已有条件或选择可拆除的建筑或围墙，对任何历

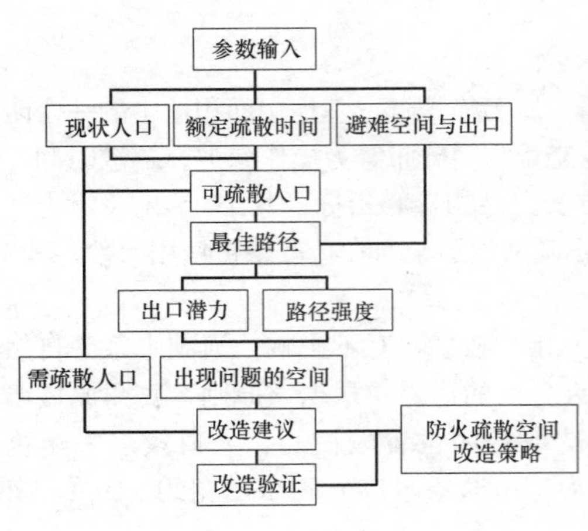

图 4　模拟实验流程示意

史建筑都不得进行拆改。经过计算机计算，模拟出不改变历史建筑及其分布前提下的最大效率疏散的路径、出入口设置和避难空间分布。

模拟实验方案为：通过固定疏散时间—额定疏散人口—疏散路径强度—紧急避难空间或出入口合理分布的计算顺序，得出 D 分区在规范规定时间内疏散的最大人口容量，应增加的疏散路径、避难空间位置与面积或出入口位置选择，以减少人员伤亡并为消防救助消除障碍，提高消防效率减小对历史建筑和人员的伤害（图 4），并帮助推断出对历史街区更具防火疏散指导意义的空间改造指导。

1）疏散人口和时间模拟

根据国内外相关研究经验，历史地段安全的疏散时间设定为 3min。安全的疏散时间应大于等于实际疏散时间。实际疏散时间由警报时间、反应时间和行动时间构成。公式如下：

$$T_{安全疏散} \geqslant T_{实际疏散} = T_{警报} + T_{反应} + T_{行动}$$

警报时间和反应时间各按 1min 计算，因此，安全的行动时间 $T_{行动}$ 应当小于等于 1min。

D 区总人数（常住＋旅游）测算值为 178 人。经过模拟计算出所有人疏散到避难空间的总行动时间为 1min 19s，超过安全行动时间。在 $T_{行动}$ 为 1min 时间内疏散人数为 154 人。因此分区内有 24 人无法安全疏散。

通过疏散避难模拟场景可见，6 个通往安全疏散空间的疏散出口中，1、2、6 出口疏散人数居中，4、5 疏散人数较少，3 疏散人数最多，向各出口疏散的人群的疏散时间有所差距。疏散避难场景如图 5。

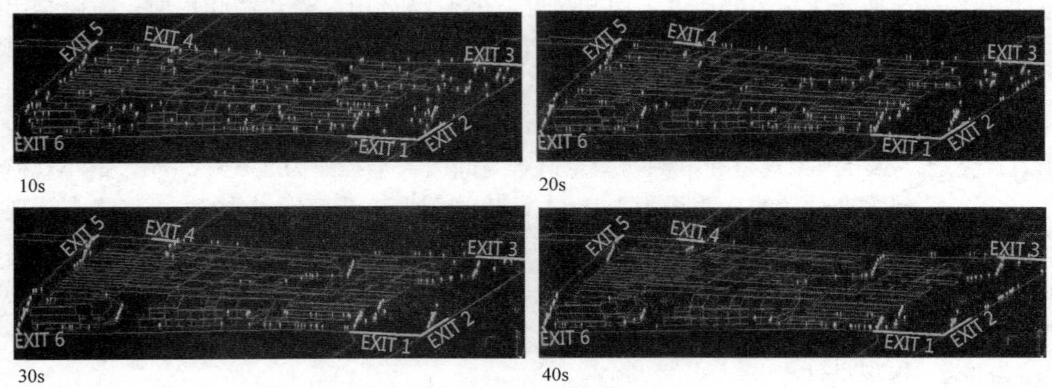

图 5　各时间的疏散避难场景（一）

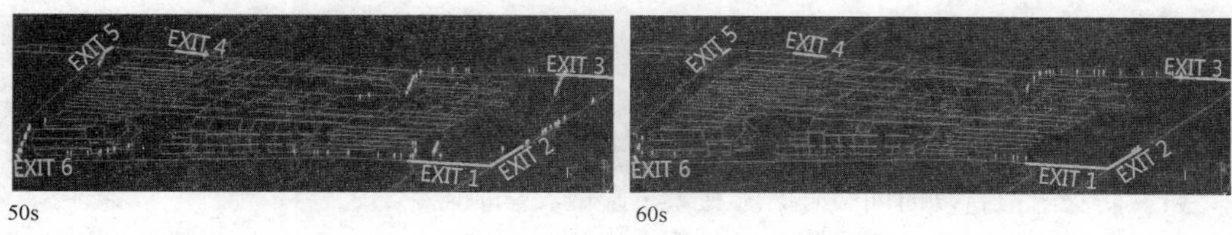

图 5　各时间的疏散避难场景（二）

2）疏散通道模拟

使用强度（Usage）反映了从疏散开始时刻到某一时刻内疏散通道某一位置的使用次数。使用次数多的疏散通道疏散压力较大，重要性较高。D 分区的使用强度如图 6 所示。根据色块图分析，向 1、2、6 出口方向的疏散通道使用强度均衡适中，路线长度适中。向 3 出口方向的疏散通道使用强度最大，路线也较长。

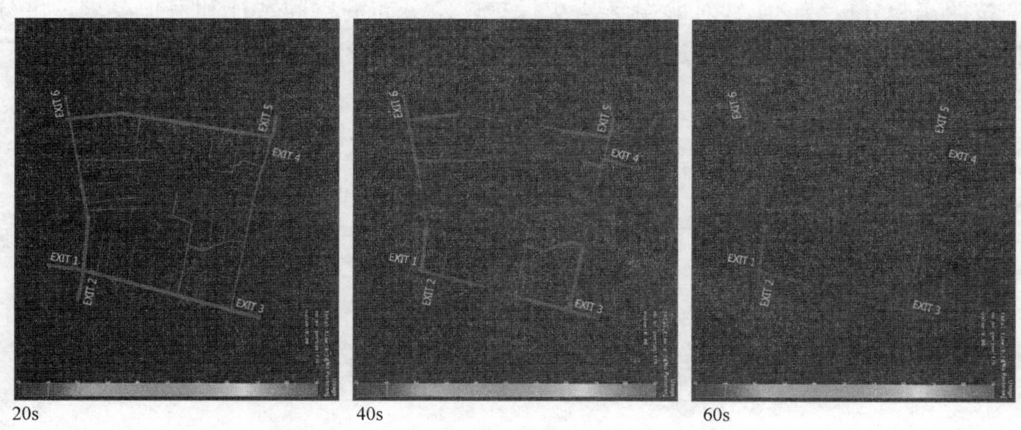

图 6　各个时刻疏散通道使用强度

3）紧急避难空间分布分析

如前所述，紧急避难空间的分布与尺度合理性由出口潜力、紧急避难空间尺度、实际容纳人数决定。出口潜在威胁度表示指某位置与最近系统出口或避难场地的距离。D 分区目前内部无避难场地，故避难空间尺度和容纳人数忽略不计，经模拟，D 分区出口潜在威胁度分布呈现中间高、外围低的特征，分布如图 7 所示。

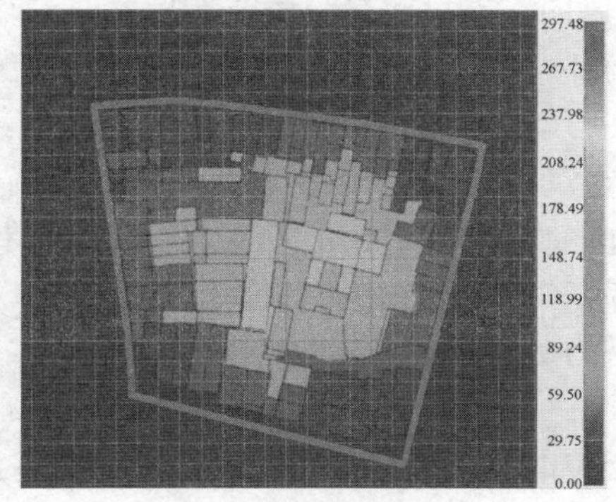

图 7　出口潜在威胁度图

3 结论及改造策略建议

3.1 模拟结论

通过代入D分区数据参数的模拟实验，可以得出以下结论：

(1) 防火疏散行动时间较长，存在人员疏散安全风险；

(2) 根据疏散路径使用强度和出口潜在威胁度分析，D分区并不紧邻避难空间，主要依靠6个疏散通道疏散；建筑进深大，建筑紧临成片布置，内部疏散通道分布不均，导致疏散威胁度中间高、外围低，应在地块中部增设避难空间以降低中部出口潜在威胁度；

(3) D分区内存有节孝祠重点保护历史建筑群，一般风貌保护建筑以上级别占67%，街巷两侧均有历史风貌保护建筑，道路拓宽和空间改造难度较高，余地不大，但可通过拆除非保护建筑构建重点保护建筑的救助路径。

3.2 改造策略建议

按照实验分析结论，针对D分区历史保护建筑分布的空间特征和保护要求，可分两种情况对其进行防火适应性改造。

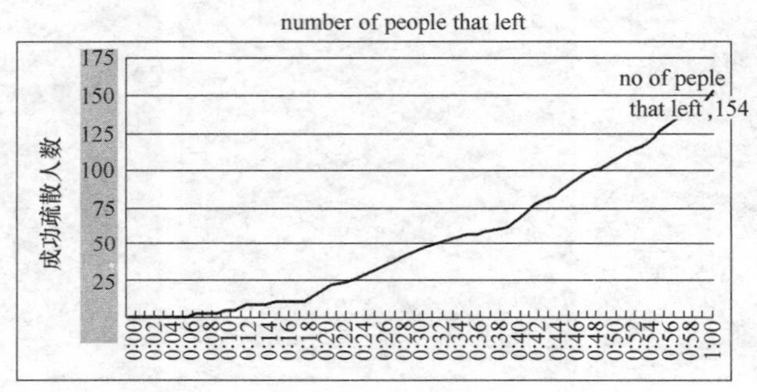

图8 降低人口密度后各时刻疏散人数

改造方式一：由于该分区实际人口大于规定时间内可疏散人口，在不改变任何历史建筑及其外部环境的前提下，通过降低人口容量降低D分区的疏散时间，达到分区内人员安全疏散、集中全力救援历史建筑的目的。经模拟计算，可通过搬迁安置和合理引导疏散，将分区人口由现状178人减少至154人，其中居住人口可减少至124人，旅游人口30人保持不变，则火灾中的疏散时间将降低至安全范围之内；即行动时间降低至1min以内，疏散时间降低至3min以内，人口容量疏解改造后各时刻疏散人数如图8所示。

改造方式二：拆除西南部4栋非保护建筑增加一条内部疏散通道，通道连接西侧道路与节孝祠前入口广场，则在行动时间1min内可疏散全部人口，并改善分区各处出口潜在威胁度使其更为均好；改造节孝祠西部2栋南北向非保护建筑，增加它与其他建筑之间的间距，并使这栋重点保护建筑四个方向均可直接连接外部街巷，减少到达救援时间和难度，提高救援效率和成功率，拆除地块中多余围墙，降低出口潜在威胁度。改造方案平面如图9所示，改造后出口潜力威胁度如图10所示。

STEP软件模拟虽尚存在一定局限性，但其对在历史街区防火疏散安全未知状态下的预见性模拟应成为改造工作中的实施方向。本文对这种实验方法的探索，即通过直接取得的空间数据，应用STEP模拟找出历史街区防火疏散存在问题，改进后再通过软件验证改造结果，最大效率地指导和反馈于历史街区的保护与更新改造。宾州古镇节孝祠片区通过参数化模拟得出相对合理的防火安全疏散改造建议的实验，实现了提高分区内人员疏散和火灾救护效率的预期目标，确保区内各级别受保护历史建筑的安全可持续生存。大量历史街区的防火安全疏散的模拟和实践将能够积累丰富的经验，为相应历史建筑及其群体防火规范的出台提供强有力的技术依据，消除历史建筑防火安全规范的“灰色地带”，并最终实现涵盖风险评估体系、安全容量控制、保护建筑土木质量安全监测及维护修缮周期、应急联动反应等全方位的历史建筑防火安全体系的建立。

图9　改造方案平面

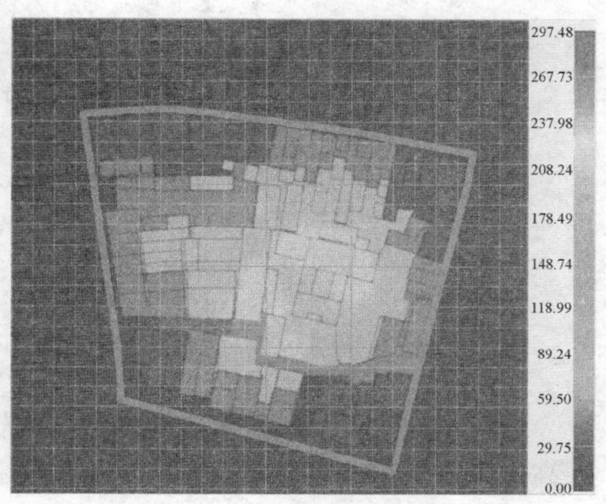

图10　改造后出口潜力威胁度

参 考 文 献

［1］ 游晔琳. 历史地段消防问题规划对策设计应用初探. 转型与重构——2011中国城市规划年会论文集，2011（9）：4983-4994.

［2］ 北京统计信息网. http：//www. bjstats. gov. cn/sjfb/bssj/ndsj/.

［3］ STEPS中文用户手册. 百度文库，http：//wenku. baidu. com/view/da59c905bed5b9f3f90f1c4d. html.

［4］ 郭艳丽. 建筑消防设计中疏散时间的确定方法. 武警学院学报，2000，16（10）：9-11.

［5］ 朱焱. 基于STEPS软件的历史地段人员疏散避难仿真模拟研究［D］. 天津：天津大学，2012：55-56.

［6］ 吴越. 城市传统居住街区的火灾事故致因与对策研究［J］. 中国安全科学学报，2004，14（11）：73-76.

［7］ 孔留安，周爱桃，景国勋，刘冬华. 人员疏散时间预测与分析［J］. 中国安全科学学报，2005，15（11）：16-18.

［8］ 王衍哲. 影响安全疏散若干因素的思考［J］. 消防技术与产品信息，2007（4）：8-10.

人本尺度城市形态视角下的小微公共空间与情感反应关联机制研究
——以天津五大道历史街区为例

汪丽君，刘荣伶
天津大学建筑学院

摘　要：本文基于人本尺度城市形态概念视角并借鉴刺激—机体—反应理论模型，搭建起小微公共空间形态特征和情感表征关系，综合网络大数据、现场踏勘和问卷调查等方法获取一手数据，运用主成分分析法明确特定空间属性下小微公共空间影响使用者情感反应的空间形态特征因子及影响程度，通过因子分析筛选，明确环境形态因子和物质形态因子起到了激发情感反应的主要作用，为今后小微公共空间的设计、改造和提升更符合人群的情感需求提供理论依据。

关键词：人本尺度城市形态；情感；小微公共空间；空间形态特征

可持续城市设计不仅要求在能源、水资源利用、交通运输系统及废物处理系统方面实现高效、零碳排放，更要以服务城市居民和为其提供良好的人居环境为最终目标。城市场所意义连接着场所的物理属性和情感纽带强度，不仅要可持续发展更需要为人们带来丰富愉悦的体验，提供有情感有温度的空间场所。

从以 W. H. Whyte 和 Gehl 为代表的公共空间观察研究学，到 20 世纪中后期兴起的情绪地理学，再到人本主义地理学和人本尺度形态等一系列理论发展，围绕小尺度范围内的城市微更新和活力营造的讨论、实践和研究逐渐得到关注。龙瀛等人于 2016 年提出“人本尺度城市形态”概念，将其定义为人们可以看得到、摸得着、感受得到的与人体密切相关的城市形态，关注人在日常生活中频繁接触的小尺度城市空间形态要素，对象包括街道界面、建筑立面、公园和绿地等。

本次研究着眼于散布在城市中呈斑块状的可供人们自由使用的小微公共空间，具有面积小、可达性强，使用频率高等特点，满足了人对视觉吸引点、环境情感纽结及方便可达等各方面的需求。目前，国内外对小微公共空间尚没有明确的定义，综合国内外学者的研究成果和实践案例，本文所研究的小微公共空间为我国城市绿地分类中的社区公园、带状公园、街旁绿地、建筑（包括院落）与城市主要道路之间的小广场等，其规模在 0.04～0.5hm^2。按照小微公共空间在城市中所处的位置，一般可分为游憩型、居住型、工作型、交通型、商业型。

1　文献综述

Lynch（1961）、Jane Jacobs（1961）、Lefebvre（1962）、Whyte（1980）、Gehl（1987）等人就人本尺度城市形态特征及其如何作用于更好的城市品质与活力的总结从不同的角度进行了定性归纳，Gehl 提出的公共空间品质 12 条标准中就有涉及情感反应范畴的愉悦度评价标准。

Russell 和 Mehrabian 在 1974 年对空间与人情感之间的复杂关系建构了刺激（Stimulus)—机体（Organism)—反应（Response）（SOR 理论和模型）［和 Russell（1974)］理论体系指出对物理环境的反应主要是一种情感的自然本质。空间影响人的情感反应在一定程度上取决于空间属性和空间形态特征，不同的空间形态表现会使人群产生不同的体验效果（图 1)。Joardar，Neill（1977）利用延时拍摄记录了温哥华市 10 个公共广场内大约 6000 位使用者的情绪和行为反应；荆其敏（2002）认为城市、建筑、环境等都是有情感的，呼吁加强城市设计的情感气息；瑞士与德国的大学合作研究项目 ESUM 通过挖掘社交网站数据，识别用户的活动情绪，进而尝试建立情绪与建成环境的关联分析模型（图 2)。

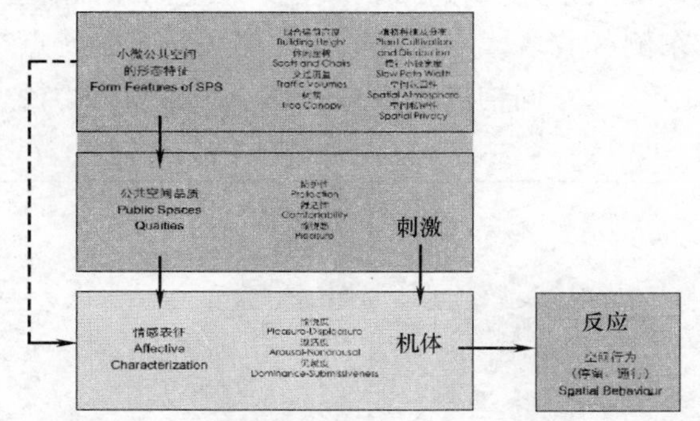

图 1　基于 SOR 理论推导出空间形态特征、空间品质、情感表征和空间行为四者关系

来源：自绘

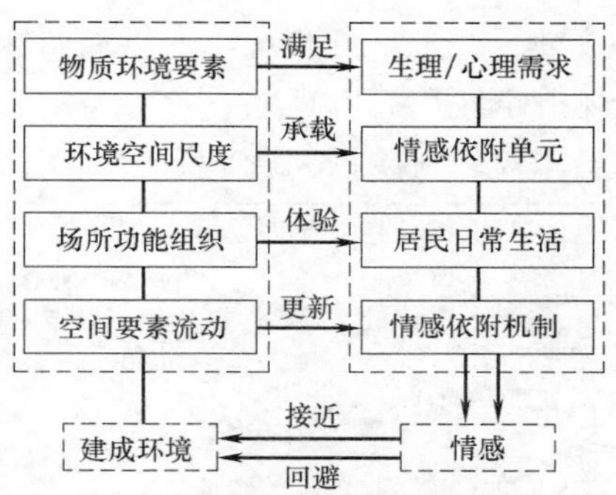

图 2　建成环境对情感的影响机理

来源：自绘

Davidson、Mc Quoid、Zeile P、C Hoch.（2012—2015）等对环境氛围对活动情感的影响，特定类型空间的情感分布特征，城市积极空间与消极空间的识别等方面，Reinhard Koning、李欣（2015）运用智能手环获取情绪变动数据并集合相应的空间形态特征分析得出空间体验与空间形态的耦合关系，借助手机数据（De Nadai 2016)、社交网络数据（Hogertz2010，甄峰 & 茅明睿 2015，Shen and Karimi 2016)、街景图数据（Dunkel 2015)、GPS 追踪数据（YeYu2016）能够直观展现人们以何种频度、时长和心情来使用各类人本尺度的城市空间，分析居民在不同场所的情绪和感受格局。

综上，既有研究表明，空间特征（形态、视线、围合建筑高度)、环境表现（树荫、植物种植及分布）和区位及连接优势（交通流量、与居住空间的连接性、邻近绿道）是影响情感的重要因子。研究对象多集中在片区、公园、公共广场、街道等大型面域或线形城市空间内。小微公共空间这一静态的点状城市空间类型以其特殊的空间形态特征不同于以街道等为代表的有着丰富视线变化和场景转换的线形城市空间。但有关于这方面的研究尚停留在定性阶段，相关定量研究还略显不足。可持续发展及智慧城市在学术研究和政策制定中日益受到关注，已有研究侧重于将信息技术用于城市建成环境和人的行为分析，也鲜有研究关注城市居民的情感分析中。

据此，本研究的目的是探索影响人群积极情感反应的小微公共空间的空间形态特征及影响程度，运用主成分分析法筛选潜在因子和关键特性因子，查明形成积极情感反应的空间形态特征。

2 研究方案

2.1 研究区域选取及小微公共空间研究类型确定

首先本研究抓取并筛选了面积在 0.04～0.5hm^2 范围内的大众点评网站下公园、名胜古迹、创意园区等 3 个涉及公共空间的场所点评数据，利用经纬坐标数值进行空间落位，再导入不同点评数值生成环境、点评数量和服务点评热力图（图 3），通过分析发现五大道地区整体得分较高，选为本次研究区域。

五大道片区的公共空间体系包含：三个大型公共空间①和数量众多的小微公共空间（图 4），类型涉及游憩型、居住型、交通型、工作型和商业型。本次研究主要围绕公有产权下的游憩型小微公共空间展开②，这种类型又可细分为街边带状绿化开放空间和袖珍公园两种子类型。分布规律上呈现西侧区域较东侧区域多，南侧区域较北侧区域多的特点，个体的空间形态以点状、带形、扇形为主（图 5）。空间构成要素有景观小品、慢行小径、休息座椅、台阶、回廊、绿植、树荫等（图 6）。

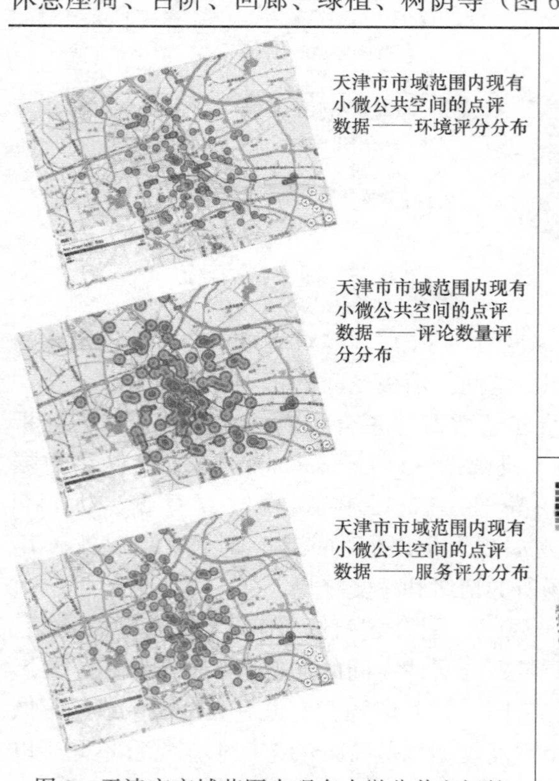

图 3 天津市市域范围内现有小微公共空间的环境点评、服务点评和点评数量热力图

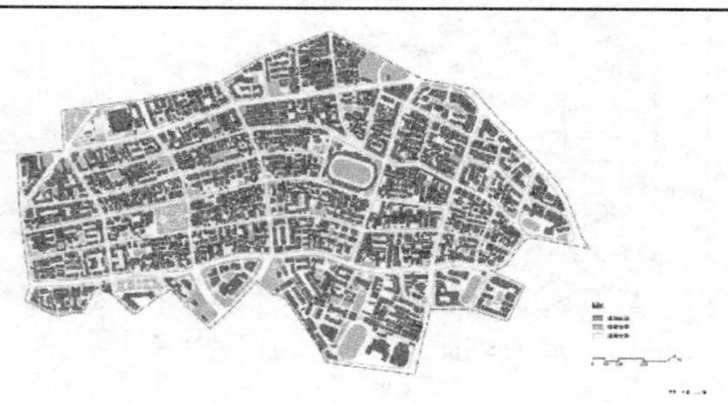

图 4 2011 年五大道片区开放空间分布情况

来源：根据《天津・五大道历史文化街区保护与更新规划研究》一书整理

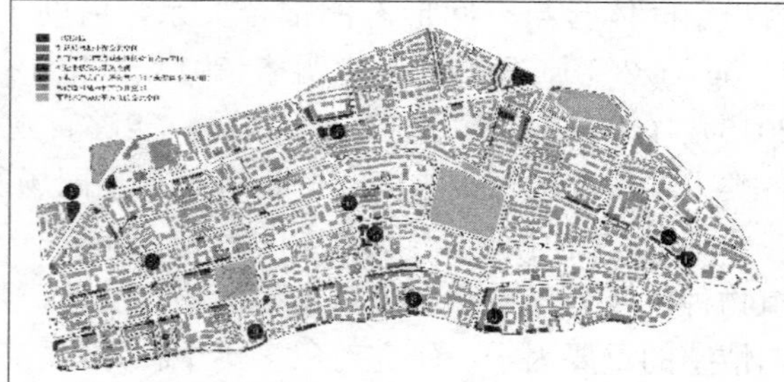

图 5 五大道片区游憩型小微公共空间及大型公共空间分布情况

来源：自绘

① 土山公园、睦南公园和民院体育场，后两者性质为历史公园性质。

② 这四类小微公共空间有重叠和重复的可能性。本研究选取游憩型小微公共空间主要是处于五大道片区既是历史文化保护区同时也是游览区的原因考虑的，沿交通干道布置的袖珍公园和绿带开放空间等主要服务于游客、在地居民和办公人员，因此本研究选取的都是偏游憩型的小微公共空间类型，同时游憩型的小微公共空间更容易形成积极的情感反应，而非消极的情感反应。

图 6　10 个代表性小微公共空间实景照片及 4 个被选为此次调查对象的个案

2.2　研究方法

2.2.1　研究分为两个阶段

第一个阶段通过查阅资料、现场踏勘和访谈等形式进行影响情感反应的空间形态特征因子确定；第二个阶段通过问卷调查方式获得人群评价信息，利用 SPSS18.0 统计软件采用主成分分析法对评价因子进行量化分析，获得影响人在空间中的积极情感反应与空间形态特征之间的关系。

第一阶段确定 16 个影响因子及扩展形容词对，包括植被覆盖面积、树荫覆盖面积、台阶高度、慢行小径宽度、休息设施数量、休息设施位置、休息设施舒适性、休息设施的朝向、植物色彩、景观丰富度、空间氛围性、空间私密性、空间安全性、围合建筑高度、周边交通干扰性、周边环境隔离度（图 7）。

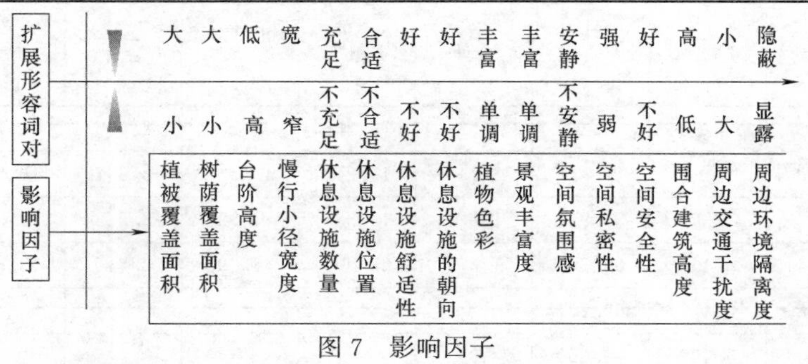

图 7　影响因子

2.2.2　调查数据获取

本研究采用在微信问卷平台上呈现图片评价方式，使用 4 张五大道游憩型小微公共空间照片进行问卷调查，这 4 个小微公共空间分别位于居住区、交通干道旁、商业区内，面积在 100～1000m²，每个小微公共空间主要由 3 张细节图、1 张整体面貌、2 张展现周边环境等 6 张图片组成，使观察者对每个小微公共空间及周边环境有一个整体印象。照片采用了 2017 年 5 月 6 日的天气条件下实际拍摄的图像资料，且尽量用同样的方式展现每个小微公共空间的组成特征。

研究选取了 150 名非建筑、规划学等相关专业且在一年内去过五大道片区的天津本地居民作为受访对象，要求受访者根据自身体验判断小微公共空间中哪些影响因子有助于积极情感反应的形成，按照所给定的调查量表独立做出评价。

调查量表共涉及2.1确定的16个影响因子，采用图4中列列举的形容词进行评价，评价采用李克特量表5级分值进行评定：非常满意、满意、一般、不满意、非常不满意等5个量级，分值依次为2分、1分、0分、−1分、−2分。请受访者对象分别对4个小微公共空间的16个因子进行评价。调查共在微信平台发放问卷150份，填写并即时回收获得有效问卷150份，有效率高达100%。

2.3 评价结果与分析

2.3.1 因子分析适宜性判断

因子分析法主要目的是从大量现象数据中，抽出潜在的共通因子即公共因子，通过对这几个公共因子的分析，更好地理解全体数据的内在结构。因子分析的前提是各变量因子之间彼此相关且绝对值较大并显著。研究采用KMO与Bartlett球形检验得出KMO值是0.815，说明该数据样本充足，适宜做因子分析；同时Bartlett球形检验的Sig.值为0.000，说明变量之间存在相关关系，也说明该数据适宜作因子分析。

2.3.2 因子数的确定（表1、表2）

本研究采用因子分析的主成分分析法，将原有相关性较高的评价因子转化成彼此独立的公共因子，表2为转化后的因子提取结果，以特征值大于1为提取基准，提取因子数为4，主要成分的积累贡献率达到63.293%，效果明显，能够解释变量的大部分差异，并且说明这四个因子是有意义的。

因子贡献率表 **表1**

成分	初始特征值			提取平方和载入			旋转平方和载入		
	合计	方差贡献率1%	累计方差贡献率1%	合计	方差贡献率1%	累计方差贡献率1%	合计	方差贡献率1%	累计方差贡献率1%
1.	4.833	30.208	30.208	4.833	30.208	30.208	2.996	18.724	18.724
2.	2.118	13.240	43.447	2.118	13.240	43.447	2.691	16.821	35.545
3.	1.821	11.380	54.827	1.821	11.380	54.827	2.225	13.904	49.449
4.	1.354	8.466	63.293	1.354	8.466	63.293	2.215	13.844	63.293
5.	0.998	6.258	69.251						
6.	0.869	5.429	74.960						
7.	0.765	4.782	79.742						
8.	0.636	3.974	83.716						
9.	0.513	3.208	86.924						
10.	0.500	3.127	90.051						
11.	0.390	2.439	92.490						
12.	0.362	2.260	94.749						
13.	0.331	2.071	96.820						
14.	0.231	1.441	98.261						
15.	0.173	1.082	99.343						
16.	0.105	0.657	100.00						

转化后的因子负荷量表 **表 2**

因子组名	评价项目	因子负荷量			
		1	2	3	4
①自然形态因子	1 植被覆盖面积-大小	0.872	0.093	−0.067	0.043
	2 树荫覆盖面积-大小	0.406	0.889	0.134	0.112
	9 植物色彩丰富-单调	0.686	0.016	−0.008	0.005
	10 景观丰富-单调	−0.003	0.646	0.139	0.378
②物质形态因子	3 台阶高度低-高	0.363	0.043	0.171	0.110
	4 模行小径宽度宽-窄	0.215	0.603	0.419	−0.156
	5 休闲设施数量充足-不充足	0.636	0.713	0.830	0.147
	6 休闲设施位置合适-不合适	0.041	0.422	0.647	0.017
	8 休闲设施朝向好-不好	0.156	0.120	0.445	0.203
	14 围合建筑高度高-低	0.347	0.132	0.125	0.028
③感知因子	7 休闲设施舒适性好-不好	0.175	0.314	0.682	0.287
	11 空间氛围安静-不安静	0.159	0.623	0.281	0.008
	12 空间私密性强-弱	0.072	0.859	0.090	0.063
	13 空间安全性好-不好	0.247	0.746	0.487	−0.176
④环境因子	15 周边交通干扰性小-大	0.028	−0.017	−0.135	0.853
	16 周边环境隔隐藏-显露	0.096	0.120	−0.059	0.891

2.3.3　因子轴的提取与命名

通过表 3 可以观察得出因子轴构成的尺度，并确定本研究提取的 4 个公共因子，4 个公共因子包含 16 个评价因子的物理负荷量及主要特征，对其命名时候考虑其准确性和兼容性及小微公共空间自身的空间形态特征，包含自然形态、物质形态、感知和环境等方面。

2.4　影响使用者积极情感反应的空间形态特征因子分析

2.4.1　自然形态因子影响分析

自然形态因子中的"树荫覆盖面积"的值最高（图 8），其次是"植被覆盖面积"，自然形态因子的表达通过自然景观（包括草坪、乔木、灌木）的色彩、种类、数量、高低以及和景观设施的组合搭配等共同表现加以实现。前期访谈者也普遍认为在自然景观良好的小微公共空间中观赏植物和享受放松的状态更有情感的积极反应。

2.4.2　物质形态因子影响分析

在物质形态因子中"休息设施数量充足"的值最高（图 8），其次是"休息设施位置合适"等，物质形态因子的表达通过休息设施在空间中的摆放、人本尺度的台阶路径等人工设计层面的共同表现加以表现。休息设施的合理设置可以有力地支持人们在空间中的各种自发性活动，休息设施的朝向好坏决定了人们在公共空间中的停留时间长短，访谈者表示更愿意坐在能够看见优美自然景观的休息设施处，更容易心情愉悦。

2.4.3 感知因子影响分析

感知因子主要通过人们对小微公共空间所带来的主观感受（舒适性、氛围性、安全性、私密性）的共同表现加以实现。其中，“空间私密性”的值最高（图 8），其次是“空间安全性”，其所带来的适当的私密性和安全性有立于吸引人们驻足停留，或花更多的时间停留在小微公共空间中，有助于形成积极的情感反应，天津夏季干热，树荫覆盖面积的合理分布也在一定程度上促进了私密性的空间氛围形成。

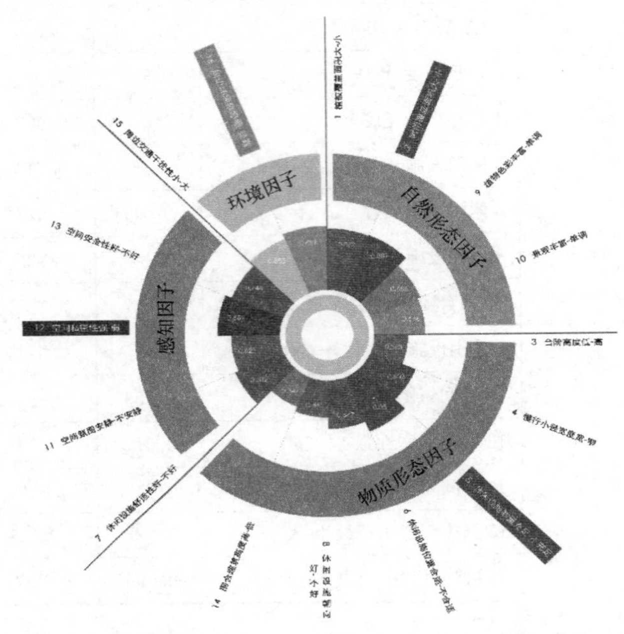

图 8 空间形态特征因子分析及影响程度

2.4.4 环境因子影响分析

环境因子中，“周边环境隐蔽—显露”值最高，其次是“周边交通干扰小—大”，环境因子的表达通过小微公共空间内外环境影响因素的共同表现加以实现。访谈中“周边交通干扰大”“交通噪声”不利于积极情感的形成，人们更希望在一个相对隔离和不受外界干扰的环境下进行空间行为。

本研究得出空间形态特征对情感表征的影响因子主要是自然形态因子、物质形态因子、感知因子和环境因子等。自然形态因子方面，丰富的景观和树荫、绿化面积影响评价中具有比较高的价值，相应的慢行小径宽度、台阶等非自然要素面积过大则呈现出负相关关系；物质形态因子方面，休息设施的数量、位置和朝向的景观效果都是重要的影响因素，人们倾向于公共空间中独自享受或和自己同行的人进行空间活动，因此需要充分并舒适的休息设施；自然形态因子和环境形态因子两方面对积极情感反应的形成起着重要的作用。感知因子方面，为人们提供一个私密性强、氛围安静、设施舒适以及安全性好的空间利于积极情感的形成，人们更青睐氛围安静的私密性空间；环境因子方面，通过丰富的绿化搭配和景观设计，将小微公共空间与周边环境隔离，不受周边交通干扰，这些都因素都利于影响人的积极情感反应的形成。

3 结语

情感赋予场所空间特定的意义和精神，并与城市空间相互作用、相互影响，随着以场所空间为核心内容的地理学对个人情感、心理因素等空间要素作用机制的关注日益增多，人与环境通过情感的流动相互作用、相互影响，传统的人地关系正在被赋予新的内涵。本研究在相关学者研究基础上，从情感反应的角度对小微公共空间的形态特征进行了量化分析，所得研究基本证实了相关学者的定性研究结论，但是又有新的发现和拓展，探索了人本尺度城市形态下影响情感反应的形态特征因子及其影响程度，为今后小微公共空间的设计、改造和提升应当关注的重点要素提供了理论依据。本研究调查问卷的对象为天津市本地居民，对五大道地区已有先前认知和感受，尚未明确特定年龄层次和文化背景的人群对结论会产生的偏差。未来研究还需要增加其他类型小微公共空间的对比研究及针对使用人群差异性等更全面的研究。

参 考 文 献

[1] 龙瀛，叶宇. 人本尺度城市形态：测度、效应评估及规划设计影响［J］. 南方建筑，2016（5）：41-47.

[2] 蹇嘉，甄峰，等. 西方情绪地理学研究进展［J］. 世界地理研究，2016（25）：123-136.

[3] Montgomery J. Making a city：Urbanity，vitality and urban design［J］. *Journal of Urban Design*，1998 3（1）：93-116.

[4] Zhang，W Y. Pocket Parks-Oasis Away From the Bustle of High Density Midtown，*Chinese Landscape Architecture*，2007：47-53.

[5] 甄峰，王波，秦萧等. 基于大数据的城市研究与规划方法创新［M］. 北京：中国建筑工业出版社，2015.

[6] Konig R，Schneider S. Using Geo Statistical Analysis to Detect Similarities in Emotional Responses of Urban Walkers to Urban Space［C］//Sixth Internationa Conference on Design Computing and Cognition. London，UK，2014，41-42.

[7] Montgomery J. Making a city：Urbanity，vitality and urban design［J］. *Journal of Urban Design*，1998，3（1）：93-116.

[8] Shen Y，Karimi K. Urban function connectivity：Characterisation of functional urban streets with social media check-in data［J］. *Cities*，2016（55）：9-21.

[9] Whyte W H. *The Social Life of Small Urban Space*［R］. Conservation Foundation，Washington DC，1980.

多尺度下海绵城市水空间格局的构建
——以洮南市海绵城市专项规划为例*

许熙巍，郭晓君，黄颜晨，曾鹏
天津大学建筑学院

摘　要：城市建设活动对城市水空间系统的破坏是城市防洪和水安全问题的关键。海绵城市建设是解决这些问题的重要措施。本文将自然条件下形成的水文生态系统单元与行政单位、道路以及重要基础设施相结合，划分为大、中、小三个层次，并以此构建完整的水系、湿地空间体系。在此水空间格局尺度体系的基础上，结合洮南市海绵城市专项规划从大、中、小三个尺度提出相应的水空间格局策略。

关键词：海绵城市；多尺度体系；水空间格局

随着我国城镇化不断发展，人类活动对城市自然环境的干预越来越大，同时对城市水空间的破坏也越严重。自然水循环系统的破坏带来了城市内涝、水安全、水资源供需矛盾、水位下降等各项问题。国外在该领域的研究比我国早，目前的研究主要为控制源头的尺度较小的措施，对于缓解这些问题起到了一定的作用，但是不同尺度的发展控制目标与措施均不同，需要将不同尺度结合起来，形成多尺度的源头—中途—末端的综合水生态系统，从大、中、小三个尺度来构建海绵城市水空间格局。

1　海绵城市尺度体系的构建

不同国家根据本国存在的问题以及发展要求，对尺度进行了划分与界定。国外对于新型雨洪管理发展研究较为先进，对不同尺度的划分及控制措施进行研究设计较早（表1）。

国外雨水尺度　　　　**表1**

美国	水文尺度：流域尺度、子流域尺度 景观尺度：源头尺度、场地尺度/社区尺度、区域尺度/流域尺度
美国可持续排水系统 SUDS	地块等级、社区等级、流域等级
澳大利亚水敏感城市设计 WSUD	独立式住宅/住宅楼、住宅区/商业区/新建开发区、城市

来源：根据参考文献［1］整理

目前，我国的雨水管理系统是以水文学为基础（表2）划分的，未有基于景观的雨水管理系统的划分。

我国不同水文尺度划分　　　　**表2**

水文空间	地理空间	面积数量级（km^2）
大流域	国土	10^4～10^6
流域	区域	10^5～10^4
次流域	次区域	10^2～10^5

* 国家国际科技合作专项项目（2014DFE70210）阶段性成果。

续表

水文空间	地理空间	面积数量级（km^2）
中、小流域	区段	10～100
小流域单元	地段	1～10
集水区	街区	0.1～1
集水单元	地块	0.01～0.1

来源：参考文献［1］

尺度问题是生态水文学的关键所在，随着对生态学和水文学尺度问题匹配问题的研究发展，将生态水文学的尺度分为大、中、小三个尺度[2,3]。

城市水空间体系构建过程中，原来以行政管理单元为划分依据的方法与自然状态下形成的水文生态系统单元存在不相匹配的问题，容易形成割裂自然水文单元各自为政、沟通不便的状况；但自然水文单元同时受到城市建设的影响，因此在生态水文的基础上，需考虑城市道路网对水文单元的影响，城市道路切割了原有的地表径流路径，在尺度划分中应充分考虑城市道路对其影响。结合城市水文学尺度划分、国内建设现状及特殊因素的影响，对城市水空间体系中的大、中、小尺度进行阐述明确（表3，图1）。

不同尺度界定范围 **表3**

类　别	范　围
大尺度	流域或者城市范围
中尺度	结合小流域划分，具有一定规模的住宅小区、校区、社区及其中包含的绿化、小型公园、道路、建筑等等
小尺度	小场地，建筑单体或者小型建筑群及其周围的绿化场地

来源：根据参考文献［4］整理

图1　不同尺度界定关系

来源：参考文献［4］

2　多尺度下洮南市海绵城市水空间格局构建

2.1　洮南市海绵城市建设情况概述

2015年4月，白城由三部委评审确定为首批海绵城市建设试点，洮南市是隶属于吉林省白城市的县级市。2014年户籍人口43.2万人，总面积为5102.8km^2，境内有大小河流7条，洮儿河是嫩江的支流，境内长156km。蛟流河是洮儿河较大支流，境内长70km。有群昌、创业中型水库两座，蓄水能力为12680万m^3，有郭家店、四海泡等大小泡沼39处。全市水资源总量为5.42亿m^3/年，其中，地下水资源量为4.48亿m^3/年。

洮南属北温带大陆性季风气候，特点是温差大，季节性强，雨热同季。年均降水量为377.9mm，雨量集中在7～8月份。年均蒸发量2083.3mm，无霜期142d。

2.2 大尺度下水空间格局构建

2.2.1 分析自然条件 针对性解决问题

通过对洮南降雨、土壤、高程、坡度以及地质条件与地下水等自然条件的分析，确定区域基础条件，根据洮南特有的条件特点以及不同水文地质要求提出不同的雨水管理措施。

（1）由于洮南市属于典型的温带大陆性季风气候（表4），因此需特别注意“蓄水”工作。

洮南市气候条件特征表 表4

气候	春温、秋凉、夏热、冬冷，温差显著	温带大陆性季风气候
	春季	风沙迷漫、少雨干旱，光照多，蒸发大
	夏季	偏东或东南风，水气充沛，雨量高度集中（易发灾害性天气）
	秋季	天气晴朗，光照充足，寒暖宜人，秋高气爽
	冬季	晴朗、干燥、寒冷、降温、大风、降雪
降雨量	平均降雨量	391.3毫米（年际、年内分配不均）
	春季	稍有降水
	夏季	雨量高度集中（76%）
	秋季	少雨
	冬季	少雨
主导风向	季风盛行（西北和西南）——春季风最大，冬季风最小	

来源：根据百科整理

（2）洮南地势整体为西北高，东南低（图2）。西北部多山体丘陵，坡度较大，中部多为河谷平原及洮儿河冲积扇，南部多为沙丘、草原，整体坡度较为平缓。因此西北部注意水土保持，防止山洪等灾害的出现，中部及东南部主要针对河流做好防洪措施。

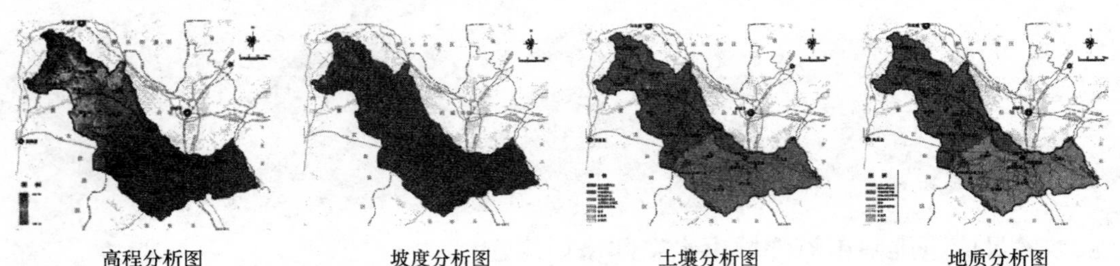

图2 洮南市自然条件分析图

来源：自绘

（3）土壤分布具有明显的地带性，与气候、母质、地貌由东南向西北渐变有直接关系（图2）。可以概括为三个区域：东南部淡黑钙土风砂土农牧区（土质较疏松，保水保肥能力差）；中部土壤类型为黑钙土，是草甸土农区（洪涝灾害易发但土壤肥沃）；西北部栗钙土农林牧区（区内气候条件干旱少雨，山上植被稀疏，水土流失严重）。低山丘陵、台地、沙丘以及草原区域，需注意水土保持。中部地区注重雨水的“渗”“滞”“蓄”，并有效用于生产生活。

(4) 境内划分为3个水文地质区：西北部低山丘陵贫水区；洮、蛟两河冲积扇富水区；微波状平原深水区。通过雨水管理措施合理分配水资源，分区采取措施，贫水区注重蓄水保水、富水区做好净水调水、深水区做好截水排水。

2.2.2 以问题为导向 分析现状水文问题

对洮南现状存在的水文问题通过水生态、水环境、水资源、水安全、城市排水体制五个方面分析（表5），得出城市水空间构建需要重点关注解决的问题，提出相应的对策与实施手段。

现状水文问题分析表 **表5**

类别		问题分析
水生态	生态岸线	中心城区附近有人工堤坝，其他地区仍是较为自然状态
	地下水位	年均地下水潜水位保持稳定，下降趋势得到明显遏制，平均降幅低于历史同期
	城市热岛效应	城市建筑物和道路等高蓄热体及绿地减少等造成城市气温明显高于外围效区
水环境		洮南市水环境质量基本符合《海绵城市建设绩效评价与考核指标(试行)》中对海绵城市水质的要求，需在保持的基础上进一步提高
水资源		洮南市水资源总量：5.54亿m^3，其中地表水资源量0.91亿m^3，地下水4.63亿m^3。洮南市人均水资源量：为1308m^3，低于我国人均占有量的平均水平(2100m^3)，仍属于缺水城市
水安全		洮儿河中心城区段堤防建设标准按50年标准设防。需完善防洪堤坝路建设，加强洮儿河等主要河道的防治
排水体制		现状排水体制为分流制和合流制并存。排水管道主要集中在市区中心地带，在没有排水管道的地区，雨水和污水沿道路或自然地表就近排入河中或靠自然蒸发。市区内的生活污水和生产废水未经处理直接排入河中

来源：自绘

2.2.3 提出规划目标 构建指标体系

(1) 根据分析提出的水文问题，提出针对性的规划控制目标，从大尺度下对城市雨水管理提出宏观控制要求。洮南建设目的：年径流总量控制率——80%～85%。强调城市的“蓄”水、“净”水、“用”水、“排”水。调整城市竖向，克服城市用地过于平坦的问题，增强城市的雨季“排”水功能，避免发生内涝；并且通过设施建设，减少城市土壤盐碱化；加强各项城市建设用地的雨水收集设施，涝季进行“蓄”水、“净”水，在旱季合理“用”水。

(2) 规划指标体系从水生态、水环境、水资源、水安全、制度建设及执行状况五方面构建，并分类提出具体控制要求（图3）。

2.2.4 构建城市水空间总体格局

1) 构建水空间生态格局 划分各要素等级层次

建立以洮南市为基本单位的水循环体系，水文循环过程的汇流、运移、贮留过程，即与生态学中相对应的“基质——廊道——斑块”面、线、点的过程，将自然要素与人为要素各功能之间相互整合作用，形成系统的城市水空间格局，并对各要素进行等级划分[5]。洮南市形成了“两核心、两主轴、五次轴、多节点”的海绵城市空间格局。

(1) 线型要素——廊道

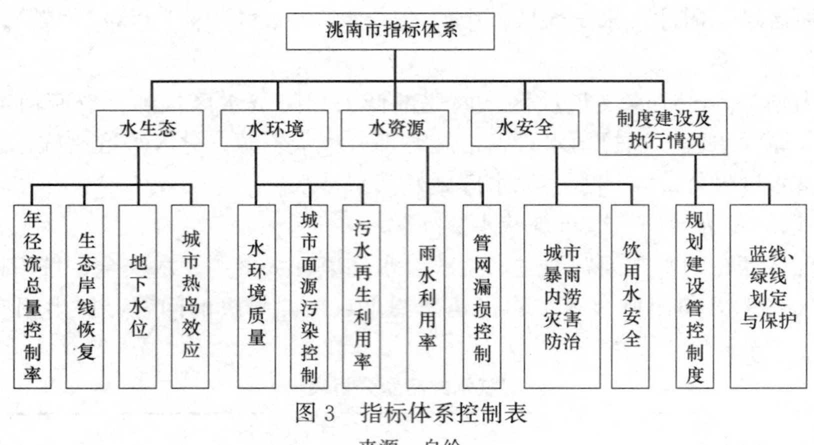

图 3　指标体系控制表

来源：自绘

运用 Arc GIS 水文分析工具，对区域内的水系进行模拟分析，确定水系中的主水道、季节性水道以及各水道的汇水面积[6,7]。规划中对水系廊道的保护也应注意蓝、绿线的划分。洮南市的廊道为“两主轴、五次轴”（图 5）。

“两主轴”指洮南市域内的洮儿河和蛟流河两大主要河流，以及沿岸绿带、湿地和其他生态用地等。

“五次轴”结合河湖连通工程，将引洮分洪渠道、创业一干渠、创业二干渠、创业三干渠、红旗渠供水线路打造成海绵城市空间格局次轴。

（2）点状要素——斑块

城市中湿地体系的构建对于雨水径流以及面源污染具有至关重要的意义，完整的湿地体系的构建对于城市水文活动中调蓄雨水径流、净化水质、水资源循环具有重要作用。对于现存的湿地类型，应对其水空间保护改造；对于已经衰败破坏严重的湿地，首先应由政府保护并重新恢复湿地；对于很多自然湿地已经被侵占至难以恢复，水空间的湿地体系已经遭受严重破坏的，需另探寻潜在湿地重整湿地系统[8]（图 4）。通过上述手段，洮南市规划形成湿地体系——“两核心、多节点”。

“两核心”以规划区、创业水库为核心，将河、泡沼、城市融为一体，结合实际打造海绵体。

“多节点”是洮南市域内重要海绵节点，主要包括水库、泡沼、湿地公园等。

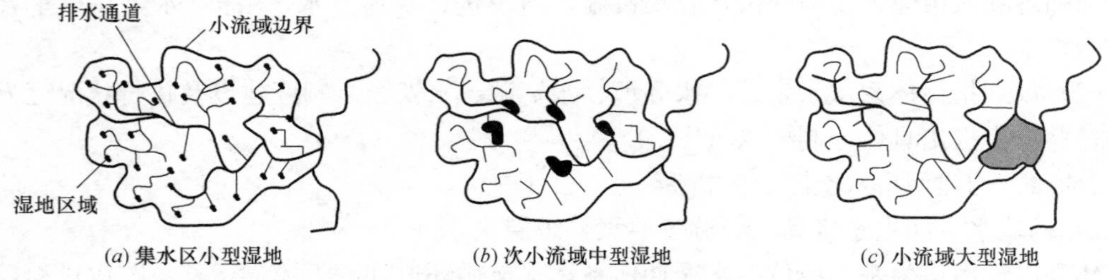

(*a*) 集水区小型湿地　(*b*) 次小流域中型湿地　(*c*) 小流域大型湿地

图 4　流域内部各级湿地的形成位置

来源：参考文献［8］

（3）面状要素——基质

在城市水空间的基础上进行流域水生态区划，以生态学相关原理为技术手段，通过分析水生态系统水文过程的规律与特点，了解各分区差异，划定不同等级生态区（图 5）[9]。

图 5　自然生态空间格局规划图

来源：自绘

2）分区建设　引导控制

将城市水环境问题、土地利用性质、开发建设现状、各类土地开发强度、不同地区基础设施建设等列为城市分区根据。规划区空间管制：充分考虑外围自然环境要素，集合规划的城市建设用地边界进行分类。城市建设用地功能：按照不同用地功能，将建筑形式、产业与相应的生产生活情况相似的地块归为一个基础单元，形成由多功能单元组合的综合系统。在各分区中需合理控制地块大小，尺度可控制在 1～2km^2 内。

综合目标导向与问题导向，将洮南市划分为 26 个区（图 6）。

图 6　建设分区图

来源：自绘

3）制定建设管控要求　分析技术适宜性

根据城市建设情况、用地功能、开发强度、城市灰色基础设施建设情况、自然条件等，对规划区地块的年径流总量控制率提出强制要求（图 7），即控制在 80%～85%之间。

充分考虑河湖水系及泡沼等水文现状，结合技术条件、城市建设情况、用地功能分布、规划发展方向等，划分为适宜建设区、有条件建设区、限制建设区（图 8）。

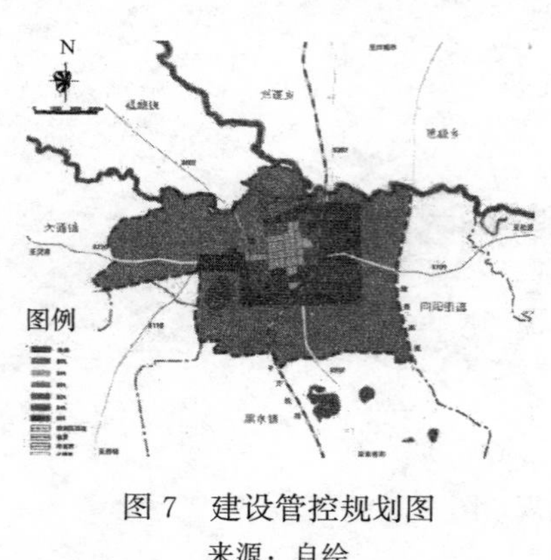

图 7　建设管控规划图

来源：自绘

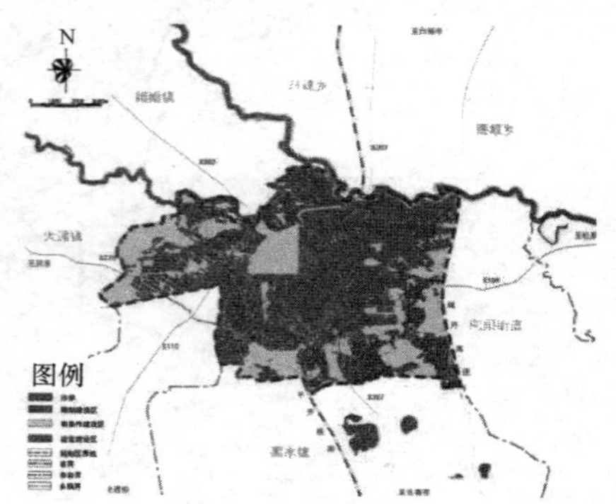

图 8　技术适宜性分析图

来源：自绘

4）功能区划　分析控制

综合不同区域的海绵城市建设适宜性分析、城市水体水质、城市开放空间、城市洪涝灾害易发区以及城市建设情况等，采用各要素空间叠加的方式，将城市划分为不同功能片区。根据功能区的不同类型对应各功能区的主要特征，采用对应的措施进行控制。洮南划分为四个不同主要功能片区（图 9）。

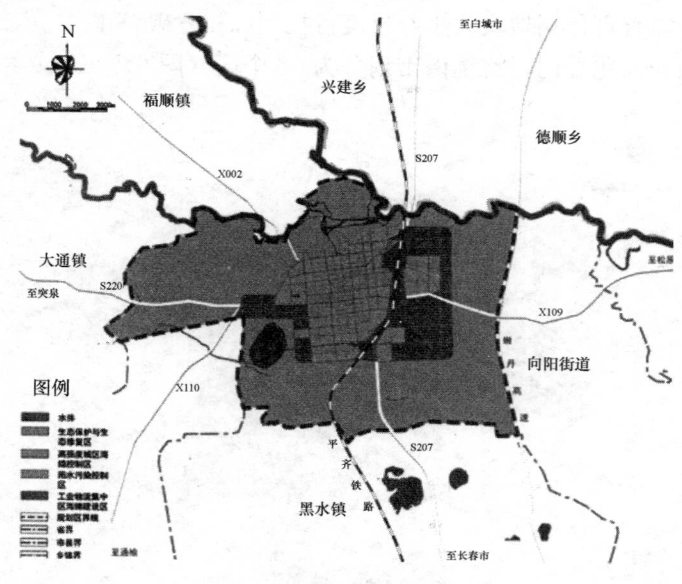

图 9　洮南市功能分区图

来源：自绘

生态保护与生态修复区：为中心区外部的大片农田、水域、绿地等。

高强度城区海绵控制区：以老城区为主，研究已经大量建设情况下的海绵城市建设。

雨水污染控制区：主要为规划中将进一步发展、有较多新建设的区域，是以海绵城市思想为指导进行开发建设。

工业物流集中区海绵建设区：主要为工业和物流密集区，针对地块功能特点打造生态工业园等城市海绵区。

2.2.5 大尺度下的实施措施

主要分为水生态修复规划、水环境综合整治规划、水资源利用系统规划、水安全保障规划五个方面，结合各方面对各项目提出相应的实施控制要求（表6）。

洮南市大尺度实施措施表 **表6**

类别	项目	要求
水生态修复规划	河湖水系生态修复	明确河湖水域空间管控，对涉水敏感区进行保护，建设生态友好型水利工程
	河道保护	限制一定活动，禁止围湖造田，加强水土保持，种植护堤护岸林木等
水环境综合整治规划	截污纳管	通过建设和改造污水产生单位内部的污水管道，并将其就近接入污水管道系统中，转输至污水处理厂进行集中处理
	合流制污水溢流污染控制	进行排水管网普查与修复，对排水管网排水能力进行评估，在条件允许的情况下进行提标改造，同时对污染源头进行低影响开发改造
水资源利用系统规划	再生水	对废水、雨水进行处理，达到一定水质标准后可再次使用
	雨水利用	收集雨水资源用于生产生活需要，雨水资源利用率不低于3%
水安全保障规划	积水点治理	查明积水原因，针对性改进。造成积水点的原因可能有雨水管道管径较小、排水设施标准偏低、雨水口数量较少或存在淤塞问题等
	防涝系统规划	加强排水能力，提升排水管网的排水能力与标准，构建完整排水系统

来源：自绘

2.3 中尺度下水空间格局构建

2.3.1 中观尺度的城市水系重构

中观尺度以小流域为划分基础，可分为自然小流域与城市小流域两种层次。其中城市小流域与自然小流域划分依据不同，城市人为改造地貌代替自然地貌。首先应用GIS的水文分析工具，对小流域、次小流域、集水区进行城市水文单元划分，明确主体水系，按层级构建水文体系。洮南市形成以洮儿河与蛟流河为主水系，与经野马、聚宝、瓦房、永茂、蛟流河、大通、洮府、兴业、抚顺等镇各支流共同构成完整的洮南水空间体系。

2.3.2 中观尺度下洮南绿色基础设施的建设

中观尺度绿色雨水基础设施主要包括滨水绿地、河道、坑塘、景观水体、湿地公园以及绿色街道、绿色社区、绿色停车场等，这些雨水设施与相关的绿地以及开放空间共同构成中观尺度雨水系统[10]（图10）。

2.4 小尺度下水空间格局构建

2.4.1 小尺度下的水空间格局

洮南市通过蓄水湿地、下凹式绿地等设施形成小尺度下的集水区，通过这些集水区对区域的水量进行控制，储蓄部分水量，部分水资源可利用到植物灌溉、景观、清洁等用水中，多雨时节可将雨水通过相邻的自然、人工河流水系汇入到上一级水空间格局中。

湿地公园

绿色停车场

图 10　中观尺度下绿色雨水基础设施

来源：网络

2.4.2　洮南市小尺度源头实施措施

小尺度场地中采用源头管理措施，通过改变场地中下垫面的渗透能力或者地表水汇流路径等方式减少雨水径流量，在源头上控制径流污染、提升环境质量。

小尺度的绿色雨水基础设施包括低影响开发技术措施与绿色开放空间共同构成的雨水管理系统。包括雨水花园、植被浅沟、绿色屋顶、低势绿地、渗透铺装等[10]（图 11）。

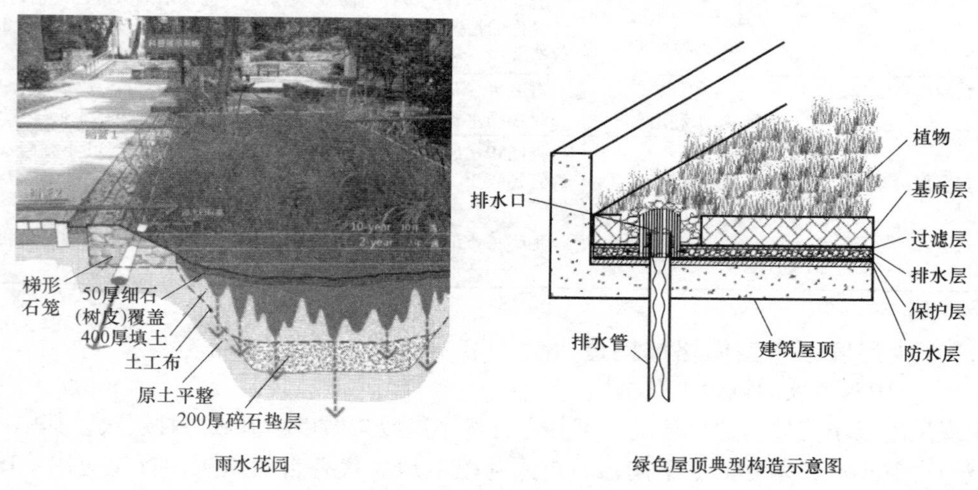

雨水花园　　绿色屋顶典型构造示意图

图 11　小尺度下绿色雨水基础设施

来源：网络

3　结论

在不同尺度下海绵城市水空间格局构建中，需把大、中、小三个尺度的各项措施衔接，构成多尺度的水空间格局。生态水文过程揭示了现存破坏水空间问题的内在机制，通过对水空间格局的重塑协调人类活动与自然水文循环过程的平衡。各类尺度对应的规模不同，提出的水空间格局构建方式与措施也不同，在水空间格局构建中也需评价与量化有关指标，并与城市规划设计实施阶段融合，有针对性的解决实际问题。

参　考　文　献

[1]　赵晶. 北京城市内涝特征及景观系统的雨洪调蓄潜力 [D]. 北京：北京大学，2012.

[2] 赵文智，程国栋. 生态水文学：揭示生态格局和生态过程水文学机制的科 [J]. 冰川冻土，2001 (4)：450-457.
[3] 夏军，丰华丽，谈戈，等. 生态水文学概念、框架和体系 [J]. 灌溉排水学报，2003 (1)：4-10.
[4] 乔梦曦. 区域开发不同尺度雨水系统关系研究 [D]. 北京：北京建筑大学，2013.
[5] 唐文超. 基于生态水文过程的城市水空间体系构建方法. 重庆：重庆大学，2015.
[6] Miyamoto H，Hashimoto T，Michioku K. Basin-Wide Distribution of Land Use and Human Population：Stream Order Modeling and River Basin Classification in Japan [J]. Environmental Management，2011，47 (5)：885-898.
[7] Oldroyd D R. 1. 5 Geomorphology in the First Half of the Twentieth Century [M] //Shroder J F. Treatise on Geomorphology. San Diego：Academic Press，2013：64-85.
[8] Tilley D R，Brown M T. Wetland networks for stormwater management in subtropical urban watersheds [J]. Ecological Engineering，1998，10 (2)：131-158.
[9] 梁静静，左其亭，窦明. 淮河流域水生态区划研究 [J]. 水电能源科学，2011，29 (1)：20-22.
[10] 刘丽君，王思思，张质明，等. 多尺度城市绿色雨水基础设施的规划实现途径探析 [J] //园林规划与建设，2017 (1)：123-128.

历史街区的可持续发展评估认证体系探析*

许熙巍，赵炜瑾
天津大学建筑学院

摘　要： 本文通过结合英国、美国、日本在可持续社区评估认证体系上的经验，分析历史街区的可持续发展的目标和建立历史街区可持续发展评估认证体系的必要性，总结其评估中应当涵盖的目标内容，提出历史街区的可持续发展评估指标、评估方式、评估步骤以及认证标准的建议形式，从而构建出一套完整的历史街区可持续发展评估认证体系，进而达到完善我国可持续标准体系，引导历史街区更新走向可持续发展的模式的目的。

关键词： 可持续；历史街区；评估认证；体系构建

全国各地的大中小城市，正在陷入自然环境严重污染和历史环境快速消失的双重危机之中[1]，可持续发展逐渐成为当今后工业时代最为重要的主题之一。从绿色建筑到可持续社区，近年来关于可持续评估认证体系的发展在世界范围内为可持续建设提供了内容越来越丰富框架越来越完善的决策支持。相似的，历史街区作为现阶段城市规划和更新涉及的重点对象，在规划-实施-管理全阶段也面临着诸如原有街区自然肌理的消失、商业化开发过度、人文价值被破坏等可持续发展的困境。历史街区可持续发展的目标绝不是环境景观的拆除与再造，也不只是单纯的物质环境修旧如旧式的整治和改善，而是基于城市风貌保护和历史文脉传承，将城市中新旧资源重新整合与再结构的过程[2]。由此可见，在当下高速的城市更新步伐中，建立一个完善灵活、具有指导意义和激励作用的历史街区的可持续发展评估认证体系对于促进历史街区的价值保护、文脉传承以及资源重组的可持续发展具有十分积极的作用。

1　可持续评估认证体系的发展

1.1　国外可持续社区评估认证体系发展概况

虽然以历史街区为评估对象或范围尺度的可持续认证体系没有正式出现，但是同尺度下的可持续社区评估认证体系的发展已经初具成果，在评估体系的阶段构成、内容及标准上，都具有较高的借鉴意义。目前国外应用范围较广的可持续社区评估体系有英国的BREEAM Community，美国绿色建筑委员会的LEED-ND，日本的CASBEE-City。

作为国际首例绿色建筑认证（BREEAM）的子系统之一，英国的BREEAM Community认证通过框架认证和最终认证两个灵活的认证阶段，以及建立发展原则——确定项目发展布局——细节设计三个审核步骤来保证宏观层面的策略评价和项目细节内容均能够纳入评估[3]。与此同时，在评估内容方面，其具有更全面和灵活的评估指标组合方法，来适应不同区域、类别的项目，内容涵盖气候和能源、资源、交通、生态、商业、社区、场所塑造和建筑[4]。

---

* 本文为国家国际科技合作专项项目（项目编号2014DEF70210）、国家自然科学基金（项目编号51678393）阶段性成果。

LEED-ND是美国绿色建筑协会2009年最新推出的LEED评估体系中层次最高的部分，是一套面向社区规划的可持续发展评估体系。其评价内容主要由“节约土地”、“环境保护”、“紧凑、完善、和谐社区”、“资源节约”、和“创新设计”五大部分组成[5]。与其他评估系统相比，LEED-ND也更加重视人的行为引导，强调社区多元融合，指标的明确界定使评估内容的科学性、易读性不断增强，实操性和市场应用情况较强，在最新的版本中也增加了“区域优先”模块，考虑不同区域的差异性[6]。同时，整个LEED评估体系与规划管理的相关部门结合紧密，土地利用规划申请的规划许可条件和可持续住区认证挂钩，实现了政策推动作用[7]。

“CASBEE-City”是日本绿色建筑委员会（JaGBC）和日本可持续建筑联合会（JSBC）为应对全球气候变化背景下的低碳城市发展愿景而开发的城市尺度建成环境综合性能评估体系，于2011年3月正式颁布。在评估方法上基于CASBEE特有的双轨制法，通过推算空间边界内部环境品质Q和外部环境负荷L的二维方法对未来环境政策效果的评价，Q集中在“环境”、“社会”、“经济”三重评估内容，L集中在温室气体排放、减少环境负荷与二氧化碳吸收量、碳排量减缓措施。并以城市的未来发展为导向，评估从现在到未来某个时段的环境政策的成效，使环境政策可以更有针对性地实施[8]。

1.2 国内可持续评估体认证体系发展现状

在街区这个尺度层面上，2014年10月1日我国第一部《绿色住区标准》正式施行，内容吸收了《绿色建筑评价标准》以及《绿色中国生态住宅技术评估手册》的部分探索成果以及西方相关可持续社区评估的部分原则，关注焦点围绕环境质量、使用者健康状况和经济平衡三个方面以及设计、规划、管理三种手段，虽然对于现阶段绿色住区行业的发展起到了一定促进作用，但由于正式的评估认证制度并未建立[9]。且与此同时，历史街区可持续评估认证体系也呈现出空白。

在历史街区可持续发展评估研究的学术领域，北京大学的吕斌教授根据北京南锣鼓巷地区开放式城市设计实践为例构建了适于我国的历史街区可持续再生规划绩效的社会评估体系，利用该体系分析评估了社会对象对于项目过程的参与度、定位认可度、效果满意度等，以问卷为主要形式进行了实施后评估，同时结合专家和媒体进行成果和影响力评价，内容如图1所示。戴林琳在《基于生态足迹模型的历史街区可持续发展研究》一文中，选取适用于中观街区尺度的生态足迹成分分析法思路，将生态足迹分为居民方和游客方两大成分，在此基础上形成历史街区生态足迹模型，以南锣鼓巷街区为例，评估结果为生态足迹总供给小于总需求[10]。天津大学任娟在硕士论文中应用环境容量的概念，在人口、土地、配套设施、交通、公建等方面通过对五大道历史街区的环境容量指标进行分析，对保护方案进行评估，针对人口、资金、土地利用、配套设施等方面提出增大容量的方法[11]。总体来说，国内历史街区可持续发展评

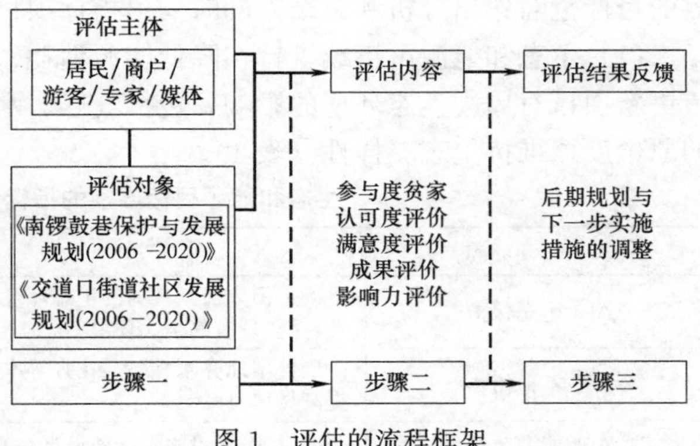

图1 评估的流程框架

来源：参考文献［2］

估体系的研究已开始了初步的探索，但不管是在历史街区更新发展全阶段的覆盖性还是评估的指标化体系化都还有所不足，缺少一个完整的评估认证体系的出现。

2 历史街区可持续发展评估认证的必要性及内容

2.1 历史街区可持续发展的目标和评估认证体系建立的意义

历史街区不同于一般情况下的社区或是街区，由于历史街区在文化遗产资源方面的特殊性，因而除了居住功能和生产配套功能，还应该承担城市商业、休闲功能，扮演地域文化载体的角色。那么在可持续发展要求的背景下，历史街区可持续再生的目标不仅是要实现“经济”的可持续，还要实现“环境”以及“社会文化”的可持续[2]，也就是说在涉及历史街区的规划和更新中，应当达到的可持续目标是：（1）减少项目本身对历史环境、自然环境的破坏性影响；（2）使项目发展目标符合当地长期的历史环境、社会及经济利益；（3）为历史街区的发展提供可持续标准，促进街区动态均衡发展。而建立评估认证体系的目的则是通过制定标准引导项目的开发、规划、设计、实施的过程以达到历史街区可持续发展目标，与此同时，加深开发商、居民、规划设计人员以及施工人员对历史街区可持续发展必要性的认知，进而逐步推进历史街区可持续发展的市场认知，保证历史街区在未来发展实践中趋向生态环境、历史环境和社会经济的可持续发展。

2.2 历史街区可持续发展评估的内容

根据历史街区可持续发展的目标以及建立评估认证体系的目的，并结合国外可持续社区评估体系的建立经验，可以发现对于历史街区可持续发展的要求既有可持续社区要求所涵盖的能源、经济、社会、交通等方面，又有其在历史环境特点下所要求的空间保护、文化延续、动态管理等方面可持续发展的要求。因此有必要对历史街区可持续发展评估所涵盖的目标范畴作出分析和总结，同时列出指标项目：

（1）生态和能源可持续：旨在降低能源消耗、减少碳排放，同时降低历史街区作为城市更新项目对周边生态环境的影响，包括气候、水体、绿地、生物等，注重保持生态环境的原生度，维持生态多样性（表1）。

生态和能源目标层下的指标内容及评价目的　　表1

A 生态和能源	评估目标
A01 生态保护	确定历史街区其周围生态环境的生态价值(水体、绿地等),保持并提高其物种多样性,保护现有的生态环境
A02 本地植物	确保本地乔木、灌木、花卉等本地植物的留存率和应用率,可以为基地生态价值的提高做出贡献
A03 能源节约	通过建筑、设施等能效设计与管理模式提高历史街区整体的综合效率
A04 可再生能源利用	促进可再生能源如太阳能的开发利用以减少化石能源的使用和 CO_2 排放
A05 降低热岛效应	通过合理的空间处理方式和仿生设计加强自然空气流通以及减少主动制冷的需求

（2）资源利用可持续：旨在降低历史街区更新的资源成本，在项目建设、运行中有效利用水、建筑材料和废弃物，减少对环境的负面影响，充分利用现有基础设施（表2）。

资源利用目标层下的指标内容及评价目的　　表2

B 资源利用	评估目标
B01 水资源利用规划	在历史街区总体规划中建立水资源利用策略

续表

B资源利用	评估目标
B02 水资源消耗	减少历史街区的非饮用水整体用水量,规划建设用水回收循环系统
B03 雨水回收	确保绿地景观、屋顶空间等雨水回收系统的规划建设,减少地表径流
B04 建筑材料再生	在老建筑拆改过程中使用建筑本身材料进行可再生利用,或者加大低环境影响材料比例
B05 使用当地材料	鼓励使用当地建设材料,节约建设成本、呼应当地环境
B06 有机垃圾处理	提高厨余、植物等有机垃圾利用率,在花园和景观中做有机物堆肥处理
B07 基础设施利用	充分利用原有基础设施,在此基础上提高设施水平,并为日后发展留出发展余量

(3) 物质空间可持续：旨在保留历史街区建筑、空间、风貌特色，最大限度地保护和利用当地历史文化遗产，营造地域性的、宜居的、原真的可持续性空间，避免过度开发、过度商业化、大拆大建等问题（表3）。

物质空间目标层下的指标内容及评价目的　　表3

C物质空间	评估目标
C01 土地开发	保证原有土地性质留存比,控制商业开发程度,在历史街区保护控制条件下高效、弹性地利用土
C02 建筑保留	确保历史街区建筑保留度,以现状建筑的保留、修缮、改造为主,降低拆除重建比例,最大化建筑历史、文化、审美价值
C03 街巷空间	避免过度拓宽街道,控制高宽比为舒适尺度(大于0.5),充分利用植物造景、灰空间等方式,营造多样性的、生活化的、安全的宅前空间
C04 肌理延续	控制新建建筑以原有空间肌理特征为主线布局,研究当地建筑空间布局特征,以此为逻辑确保布局逻辑、进深与宽度的确定
C05 尊重地域环境	尊重场地的原有地域特色,通过恰当的地域材料、色彩、符号呼应环境
C06 开放空间	确保公众能够方便地使用公共绿地、街边广场等高质量的开放空间

(4) 交通和防灾可持续：旨在确保历史街区交通系统的慢行性、开放性、舒适性，排除灾时疏散隐患，将开放空间回归给居民的生活，鼓励公共交通和共享交通（表4）。

交通和防灾目标层下的指标内容及评价目的　　表4

D交通和防灾	评估目标
D01 路网密度	保持历史街区细密路网、小尺度街区的特征,保证街区内交通与城市交通的连接、开放
D02 防灾疏散	确保历史街区在道路疏散上的畅通以及避难场地的完备,注意街区建筑防火间距的预留以及运用技术手段对建筑进行处理
D03 公交站点可达性	保证街区周边公共交通站点或枢纽的易达性和较高的分布程度,居民能够安全、快速地步行到达公交服务站点
D04 自行车路网	完善和规范自行车路网的完整性和安全性,鼓励历史街区内部使用自行车替代小汽车
D05 减少地面停车	通过汽车共享等方式降低居民对个人小汽车的依赖度,减少街区内停车面积,特别是道路两侧和开放空间,鼓励使用公共交通或其他出行方式
D06 多功能停车场	利用管理手段、建造技术等将停车场作为其他功能的灵活空间
D07 生活化宅前道路	在保留车行道的同时保证居民在住宅周围的安全活动空间,增强街道生活性,降低犯罪率

(5) 经济可持续：旨在促进当地经济发展的同时为历史街区的居民及周边人员提供工作岗位，以传统带动创新，挖掘可持续的经济动力，避免历史街区商业过度开发和生活功能的消失（表5）。

经济目标层下的指标内容及评价目的 表5

E 经济	评估目标
E01 区域产业策略	迎合当地区域经济的优势产业类型以促进街区的经济的发展，结合优势产业发展商业、服务业、创意文化等产业
E02 业态活力	保留历史街区传统业态形式，保证街区居民的日常生活氛围不被打破，同时鼓励发展新型商业、文化、创意等业态类型，相互融合互相促进，促进街区经济活力
E03 职住平衡	促进街区居民中劳动者的数量和就业岗位的数量趋向相等，使大部分居民可以就近工作，通勤交通非机动车化
E04 增加就业机会	通过更新开发过程中入住的新项目以及产业资源的再配置、再整合，为当地提供更多的工作机会，促进当地居民作为劳动力就业，促进技能提升与创新
E05 吸引投资	通过自身历史文化价值的复兴提高经济价值，吸引外部投资以提高经济持续发展能力，带来社会福利

(6) 社会和文化可持续：旨在避免历史街区更新绅士化的问题现象，强调原始社区的复兴、多元包容的人口构成、历史文脉的传承以及促进居民对历史街区的认同（表6）。

社会和文化目标层下的指标内容及评价目的 表6

F 社会和文化	评估目标
F01 原住民留存	保证历史街区原住民的留存比例，维系原有社会关系网络，促使人背后承载的生活、文化氛围得以延续
F02 人口结构策略	确保历史街区的更新项目建立在当地人口调查的基础上，并且能够在更新之后吸引不同层次的人群，促进街区可持续的活力
F03 包容性设计	鼓励无障碍设计和适合不同年龄段人群的设计以满足居住者的要求
F04 廉租策略	通过更新项目与社会性住宅的结合促进社区的社会融合性，预防社会不公平现象，通过廉租方式吸引不同人群，特别是从事创意产业的年轻人群，为历史街区注入新鲜活力
F05 街区认同	结合项目开发、活动策划、社区自治促进居民对于历史街区认同感的提升，增强街区的社会性、凝聚性
F06 文化保留	强调历史街区文化的保留和继承，特别是包括传统技艺、民间活动、艺术作品等非物质文化的保留，鼓励结合创意文化产业进行挖掘，促进文化多样性发展

(7) 管理可持续：旨在鼓励多元利益主体的参与和探讨，特别是历史街区居民作为公众参与一环的参与广度和深度，推进社区自治，促进历史街区管理和运行的动态平衡（表7）。

管理目标层下的指标内容及评价目的 表7

G 管理	评估目标
G01 公众参与	推动公众参与到历史街区更新过程中以确保他们的需求、想法和意见得到考虑，包括前期调查、原则制定、项目规划、实施管理全阶段，以历史街区中的人为服务对象
G02 专家与 NGO	鼓励专家与 NGO 参与更新过程，将更具前瞻性的意见带入决策系统，以非利益相关者、政策监督者的角色参与其中，避免一元化的管理模式
G03 探讨平台	建立政府、居民、开发商、NGO 与专家多方参与的探讨机制，保证价值认同和程序公正性，避免由于寻求短期利益造成的历史街区破坏，维持历史街区运行管理的动态平衡
G04 街区自治	促进社区组织的成形进行街区自治，定期组织活动或探讨会，提升历史街区居民的主人翁意识
G05 使用者手册	鼓励可持续的行为方式和生活方式，为历史街区商户单位或住宅单元提供相关信息，帮助居民转变观念和行为

3 历史街区可持续发展评估认证体系的构建

通过历史街区可持续发展评估内容的分析和总结，可以明确7项评估目标及41项评估指标，其中41项评估指标又依据指标的重要度分为强制性指标19项及非强制性指标22项。根据目标层和指标层的内容，需要对可持续发展评估及认证体系进行构建，来确定评估对象、评估方式、评估步骤、评估指标以及认证标准，从而真正意义上构建一套完整的历史街区可持续发展评估认证体系。

3.1 可持续发展评估对象与评估方式

历史街区可持续发展评估主要针对城市更新过程中，以历史街区为主要更新对象的项目规划及实施成果或单独从实施成果方面进行评估，评估可以覆盖规划前期的调查研究、规划原则的制定、项目规划的具体内容以及最终的实施效果全阶段。由于街区这样尺度的可持续评估更多地以整体为出发点，更注重对规划、建设、运营管理的过程指导控制，而不是一味地追求定量指标的最终结果[2]，所以评估方式主要采取专业评估人员结合区域性特征调整 7 个目标层的积分权重后，依据评估指标进行打分的评估方式，同时结合问卷、采访的方式来获得评估部分实施效果的依据。

3.2 可持续发展评估步骤

针对项目全阶段评估的步骤主要分为两步：发展规划评估——项目细节与成果评估。首先历史街区更新项目在提出全阶段评估认证申请后进入项目发展规划制定阶段，根据项目发展规划制定的原则内容，专业评估人员将依据第一阶段所需的 15 项强制性指标进行评估，覆盖了全部 7 个目标层，即只有 15 项强制性指标符合要求，才能进行下一阶段的评估认证。在第一阶段得分达标后，可以得到《项目规划认证》这种评估步骤的设置方式借鉴于英国 BREEAM Community 认证，目的在于第一阶段的强制性指标将作为根本性的发展原则，为整个项目未来的可持续设计发展奠定重要基础[3]。第二阶段分为项目细节设计与项目实施成果评估两个内容，由于历史街区更新项目往往涉及较为复杂的权属问题，更新改造的周期较长，历史街区的更新规划实施效果也是随之逐渐显现的，所以将项目细节设计和实施成果整合为第二阶段，在 4 个强制性指标达标后，进行其余 22 项非强制性指标评估，最后根据指标获取的积分和权重得到最终得分，达标后获得第二个认证——《项目成果认证》。而对于项目规划实施后成果的单独评估认证，则需在所有 19 个强制性指标和 22 个非强制性指标的综合要求下进行评估和打分，最后同样根据指标获取的积分和权重得到最终得分，获得《项目成果认证》（图 2）。

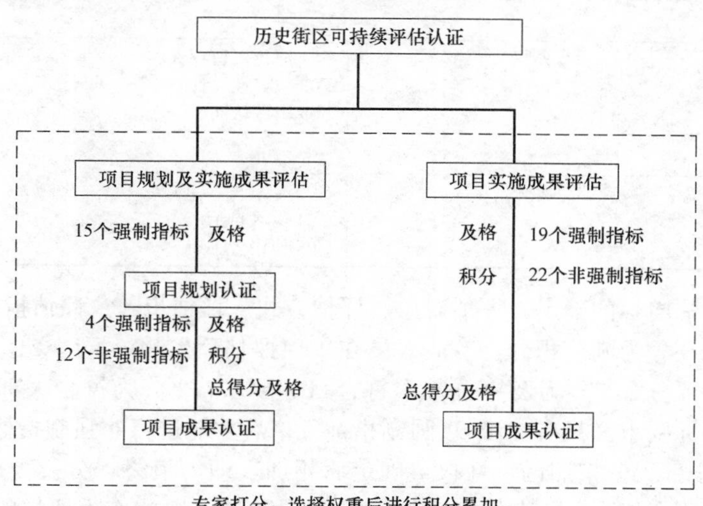

图 2 历史街区可持续发展评估认证流程图

来源：自绘

3.3 可持续发展评估指标及认证标准

评估指标如表8所示。

指标层所有指标项汇总（★为强制性指标，其余为非强制性指标） **表8**

第一阶段(发展规划)	第二阶段(项目细节)
生态和能源(5)	
A01 生态保护★ A03 能源节约★	A02 本地植物 A04 可再生能源利用 A05 降低热岛效应
资源利用(7)	
B01 水资源利用规划★ B04 建筑材料再生★	B02 水资源消耗 B03 雨水回收 B05 使用当地材料 B06 有机垃圾处理 B07 基础设施循环使用
空间布局(6)	
C01 土地开发★ C04 肌理延续★	C02 建筑保留★ C03 街巷空间 C05 尊重地域环境 C06 开放空间
交通和防灾(7)	
D01 路网密度★ D02 防灾疏散★	D03 公交站点可达性 D04 自行车路网 D05 减少地面停车★ D06 多功能停车场 D07 生活化宅前道路
经济(5)	
E01 区域产业策略★ E04 增加就业机会★	E02 业态活力★ E03 职住平衡 E05 吸引投资
社会和文化(6)	
F02 人口结构策略★ F04 廉租策略★ F06 文化保留★	F01 原住民留存★ F03 包容性设计 F05 街区认同
管理(5)	
G01 公众参与★ G03 探讨平台★	G02 专家与 NGO G04 街区自治 G05 使用者手册

根据以上评估内容的确定，评估对象、评估方式、评估步骤、评估指标的构建，建议最终以单项指标3分为满分积分，专业人员在单项评估后给出0、1、2、3四个等级的评估目标完成度的评分，1分为及格分基本符合目标要求，2分为符合大部分目标要求，3分为全部满足目标要求。只有在19项强制指标及格后才能进行非强制指标的积分，最后，将41项指标的全部得分按照区域性权重确定后相加，即为最终得分。可以将最终得分划分成四个等级：不合格、1星认证、2星认证、3星认证，以此作为评估的认证结果等级，激励开发者、规划师、居民、建造者积极践行历史街区可持续发展原则。

4 结语

在数量众多的历史街区更新项目中，出现过度开发、商业化、绅士化以及文化流失等问题的比比皆是，可持续发展的理念急需在历史街区的规划和管理运营中贯彻落实。通过借鉴国外较为成熟的可持续社区评估认证体系，结合历史街区在可持续发展中历史环境保护的特殊要求以及我国历史街区的发展特点，构建起一套历史街区可持续发展评估认证体系，相信能够对我国历史街区的更新和开发起到重要的指导作用，并催化体系认证、市场激励、社会认可的逐渐发展。

参 考 文 献

[1] 张松. 城市历史环境的可持续保护［J］. 国际城市规划，2017（2）：1-5.

[2] 吕斌，王春. 历史街区可持续再生城市设计绩效的社会评估——北京南锣鼓巷地区开放式城市设计实践［J］. 城市规划，2013（3）：31-38.

[3] 许熙巍，运迎霞. 英国可持续社区认证标准的方法、实践与启示［M］//. 建筑新技术 7. 北京：中国建筑工业出版社，2016：6.

[4] 李巍，叶青，赵强. 英国 BREEAM Communities 可持续社区评价体系研究［J］. 动感（生态城市与绿色建筑），2014（1）：90-96.

[5] 滕晓倩. 我国绿色住区评价标准与美国 LEED-ND 差异性研究［C］//中国城市科学研究会、中国绿色建筑与节能专业委员会、中国生态城市研究专业委员会. 第十届国际绿色建筑与建筑节能大会暨新技术与产品博览会论文集——S05 绿色房地产业的健康发展. 中国城市科学研究会、中国绿色建筑与节能专业委员会、中国生态城市研究专业委员会，2014：6.

[6] 李王鸣，刘吉平. 精明、健康、绿色的可持续住区规划愿景——美国 LEED-ND 评估体系研究［J］. 国际城市规划，2011（5）：66-70.

[7] 叶祖达. 低碳经济——城市规划如何应对气候变化［C］//. 2009 年城市规划年会论文集. 2009.

[8] 干靓. 从绿色建筑到低碳城市：日本"CASBEE-城市"评估体系初探［C］//中国城市科学研究会、中国建筑节能协会、中国绿色建筑与节能专业委员会. 第 8 届国际绿色建筑与建筑节能大会论文集. 中国城市科学研究会、中国建筑节能协会、中国绿色建筑与节能专业委员会，2012：10.

[9] 肖鹏. 关于绿色住区的概念和标准研究［J］. 价值工程，2013（5）：68-70.

[10] 戴林琳. 基于生态足迹模型的历史街区可持续发展研究——以北京南锣鼓巷为例［C］//中国城市规划学会、贵阳市人民政府. 新常态：传承与变革——2015 中国城市规划年会论文集（07 城市生态规划）. 中国城市规划学会、贵阳市人民政府，2015：10.

[11] 任娟. 基于环境容量的历史文化街区有机更新及其评估方法研究［D］. 天津：天津大学，2012.

城市再生视野下高密度城区绿地系统多维网络化建构规划实践研究*

左进[1]，董菁[1]，李晨[2]

1 天津大学建筑学院；2 天津市城市规划设计研究院

摘 要： 经济新常态下，我国城市建设从增量扩张逐步走向增存并行，城市高密度地区因建设用地紧缺和高强度开发的影响，面临绿地空间缺乏、布局支离破碎的困境。究其症结，传统的绿地系统规划因缺乏对城市高密度地区大量真实存在的复杂利益的协调，而导致绿地建设“交易成本”巨大、实施困难。本文提出基于城市再生理念，充分挖掘城市高密度地区存量空间资源，“变废为宝”，降低交易成本，建立新的绿地空间供给途径；进而以“分层级、成网络、多路径”为规划原则，创新提出“重塑骨架、寻绿成网、立体增绿”的行动规划策略，通过“天津环城铁路绿道公园规划”“天津河东区绿园道网络计划”等系列规划实践，建设集“生态涵养、公共服务、社区活力”于一体的城市绿色开放空间系统，促进城市空间翻转“变背为正”、价值提升，探索城市高密度地区绿地系统网络化、立体化、多层次建构的规划新方法，践行“城市修补、生态修复”的城市再生发展之路。

关键词： 城市再生；城市高密度地区；存量空间活化；绿地网络；多维

中国用不到40年时间完成超过50％的城市化率，这是一个高度“压缩型”的城市化进程[1]。快速的经济发展伴随着城市空间结构的失衡，城市绿地空间被大量蚕食。尤其在高密度的城市老城区，受到经济、社会、历史与用地条件等诸多复杂要素的影响，城市绿地系统的建设远滞后于城市发展的速度，绿地空间缺乏、布局支离破碎，传统的绿地系统规划因无视或回避现实矛盾导致无法落实往往沦为纸上蓝图，绿地空间在规划上的形态完美和现实的七零八落往往形成巨大反差。以天津河东区为例，区域面积约为42km^2，人口密度2.3万人/km^2，人均的公共绿地仅有2.4m^2[2]，远落后于天津总体规划中设定的人均公共绿地12m^2。

随着经济新常态下中国社会经济的转型，中国城市进入发展与结构性调整并行的阶段。在当前建设城市宜居环境的目标下，一方面是绿地空间的匮乏，另一方面则是城市高密度地区（已建成区域）土地紧缺，绿地得不到有效拓展。造成当前困境的原因是多方面的，但从根本上可以认为是在建成区城市绿地的规划扩张阻力远大于其在落实中创造价值的拉力。虽然绿地空间在建成区的失控并不能完全归责于城市规划，但本文试图从规划的角度思考其扩张受阻的症结，并结合天津环城铁路绿道公园规划（以下简称环城绿道）和天津河东区绿园道网络计划（以下简称绿园道计划）两项规划，尝试探索在城市高密度地区用地紧缺的现实情况下，如何以有限

* 基金支持：“十三五”国家重点研发计划课题（2016YFC0502903）。

的空间资源应对多元的空间价值诉求，充分梳理并利用城市存量空间，适度调整与完善城市既有的空间结构，重塑中心城区生态系统之脊梁；深化并拓展绿地空间“平面网络化、空间立体化”的多层次建设，构建城市高密度地区新型生态网络系统。

1 症结剖析

1.1 用地征收困难，交易成本巨大

从城市经营的角度来看，城市绿地并不能为利益主体产生直接的收益，而是间接地提升绿地周边经营性用地（如居住用地、商业用地等）的“溢价”。换言之，城市绿地的建设费用与用地的“机会成本”需要以经营性用地的增值来进行覆盖，城市绿地为城市带来的效益牢牢“捆绑”在周边经营性用地之上，孤立地考虑城市绿地的实施会面临“只投入、无产出”的财务悖论[3]。财务上的困境会直接且严重地削弱相关实施主体对于城市绿地系统问题的关注，从而从根本上限制了城市绿地的供给与城市绿地系统规划的落地实施。

城市绿地空间是城市重要的公共资源，传统城市规划通过制定景观绿化的格局，配置各类城市绿地来实现城市绿地系统的建构。但这是城市化 1.0 阶段，建立在基于工程学的增量规划基础上的规划方式，其中暗含一个假设：城市产权是单一的，绿地系统的布置是在一张“白纸”上，通过技术的合理性构造出一个高度理想化的城市绿地系统空间布局。当前城市化 2.0 时期，在高密度的老城区，面对一张已经建成的、布满各种颜色的“色块”现状图，通过简单的征地实施绿地系统建设，则往往因为大量真实存在的复杂矛盾而导致交易成本巨大、困难重重[4]。因此，在城市高密度地区，绿地空间的规划与实施，需要充分了解并尊重城市已建成区的现状，重新挖掘低效的、废弃的存量空间资源，寻找可能的、低成本的方式，综合系统的建构绿地系统框架，让城市绿地的价值显现，并通过合理的利益分配机制，让这部分收益“反哺”给城市绿地的实施主体，从而绕过财务问题的约束，尽可能多地增加城市绿地空间，并在各主体间的利益协调下促进城市绿地系统的有效实施。

1.2 蓝图式规划，缺乏落实行动指导

目前传统的城市绿地系统规划仍是以蓝图式规划为主，往往局限于城市规划系统内部的封闭式的技术过程，重方案、轻行动，具体表现在以下两个方面：首先，绿地系统规划作为总体规划中重要的且不可缺少的专项规划，对城市绿地的目标、结构和布局有着统筹性安排。但其规划重点主要致力于高度理想化的绿色空间形态布局，却又缺乏具体的坐标定位，在通过控制性详细规划的编制实现对城市绿地空间控制的过程中，受到现实空间的利益冲突和总规对划定绿地空间的模糊性等诸多方面影响，往往难以实现从“目标”到“指标”的转化[5]。其次，传统空间设计导向下的绿地系统规划编制较为偏重于艺术性，对于具体绿地空间的落实缺乏充分和具体的行动指导和跟踪，由于对作为规划实施主体的基层政府的利益诉求分析与研究往往不足，从而导致规划的绿地空间在具体建设决策时难以抵御重重压力，在一个又一个具体项目的变通实施中，绿地空间节节后退，无法适应多样化的城市建设需求。

2 基于城市再生理念的天津高密度城区绿地系统多维网络化建构规划实践

增存并行的城市发展趋势下，城市高密度地区绿地系统规划发展的新契机，即是基于城市再生理念，充分挖掘存量空间资源，通过相对较低的成本，建立新的绿地空间供给途径；在“分层次、成网络、多路径”的规划原则下，通过“重塑骨架、延伸经络、丰满血肉”的行动规划策略，从而以绿地空间为触媒，改善公共空间环境，优化城市功能结构，建立城市绿地和城市功能的良性互动，带动区域城市空间价值提升。

2.1 变废为宝，骨架的重塑——天津环城铁路绿道公园规划

天津是中国铁路文化的发源地，铁路更是带动天津近代工业繁荣发展的支柱。以铁路为中心，沿线聚集了大量工厂、仓库和工人新村。然而近年来随着传统工业的转型和中心城区的退二进三，传统工业或衰或迁，铁路也因此被逐渐废弃和忽视（图 1)。“天津环城铁路绿道公园规划”提议将濒临废弃的环城铁路进行生态化改造，成为中国的“HIGH-LINE PARK”。天津环城绿道以已废弃或即将废弃的铁路资产为依托，串联沿线河道、公园绿地以及城市零散用地和闲置土地，形成贯穿天津七个城区、总长度为 45km、平均宽度 100m 的集“生态涵养、工业文化、公共服务”等功能为一体的市级绿色开放空间，与天津外环绿带及海河等四条河道共同形成“两环四射”的城市绿地空间系统（图 2)。该骨架的形成连接了天津市一主两副三大中心、十大重点项目，整合 30 多处工业遗存，为周边 69 个社区、4 万余城市居民提供配套设施，成为天津不可多得的城市级绿道资源[7]。

图 1 铁路及周边资源的困境

规划在城市高密度地区，寻找城市级的、未经充分利用或处于价值洼地的存量用地，如废弃（或即将废弃）的铁路线等，在产权基本不变的原则下，通过政府部门（或机构）间的协调合作，有效降低交易成本，并进一步结合城市河道、景观道等形成开放的城市绿地系统新骨架，使区域内的城市功能空间翻转，“变背为正”，从而促进存量资产活化再利用、社区配套升级，带动了周边区域城市空间的价值提升。

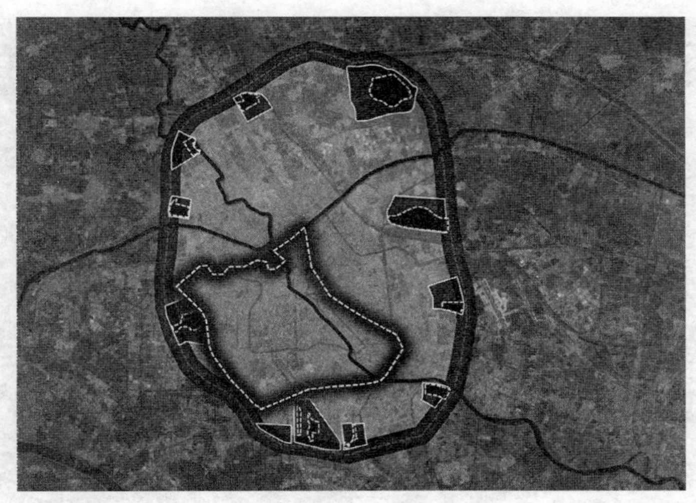

图 2 天津“两环四射”的城市绿地空间系统

2.2 寻绿成网，经络的延伸——河东区绿园道网络计划

天津中心城区的绿地系统在环城绿道等的总体架构下，要尽可能大的发挥绿地空间的生态效益，需要使“绿”有效连通成“网”。在现有行政体制下，需要重点以各行政区为主体，保障其有效落实和延伸。天津市河东区在 2016 年编制的“近期发展行动规划”中，提出在增存并行发展格局下，河东区网络化绿地空间建构的总体思路：一方面，建立新的空间资源观—从增量扩张走向存量提升，从功能建设走向活力营造。重视自上而下的引导，以环城绿道为主轴，充分挖掘废弃铁路支线、河道、林荫道等城市要素，整合周边活力点，以低成本的营造方式形成都市绿色脉络和经济活力带。另一方面，建立新的主体方法观—从蓝图式规划走向行动规划，从政府主导走向共享共建。重视自下而上的力量，有计划性的开展行动规划，形成“总体规划-近期建设规划-年度实施计划”的绿地空间网络构建的实施体系，鼓励企业、艺术家、居民等多方共建绿地空间，持续陪伴绿地网络的完善与衍生。

天津环城绿道约有 11km 贯穿河东区，包含由月牙河、小三线铁路、京山线铁路绿化带共同组成的一河两线，是环城绿道在天津区级行政单位中长度最长、类型最丰富的组成段。此外，河东区内含两条总长约 14km 二级河道，包含呈散点式分布的 10 余个面积不等的城市公园（图 3）。规划在现状绿地系统的基础上，结合天津环城绿道，梳理区域内的存量空间资源（图 4），基于用地产权基本不变、尽量减少利益冲突的前提，提出具有较强实施性的绿园道网络计划（图 5），具体包括护库河滨水绿园道、十五经路铁路绿园道、成林道林荫绿园道等，从而整合形成河东区绿地系统的“经络”，并将公园、绿地、特色景观、慢行系统等纳入绿园道系统，形成覆盖全区的绿色网络。在此基础上，以城市经营为理念、城市再生为方法，不断促进绿地网络系统周边空间资源的有效流转、优化配置与功能提升[8]。

图 3　天津河东区现状绿地系统

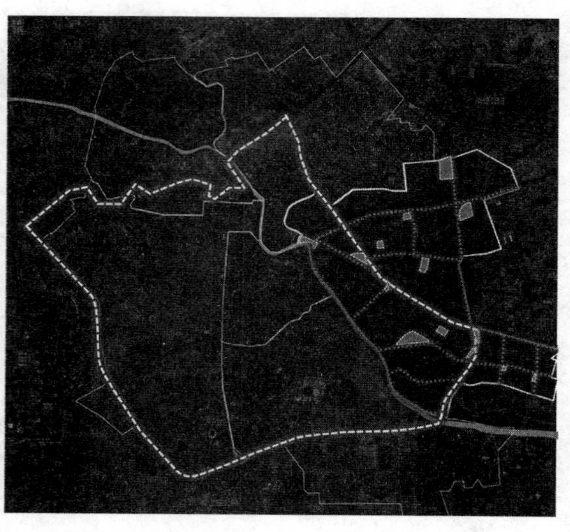

图 4　天津河东区绿道网络系统

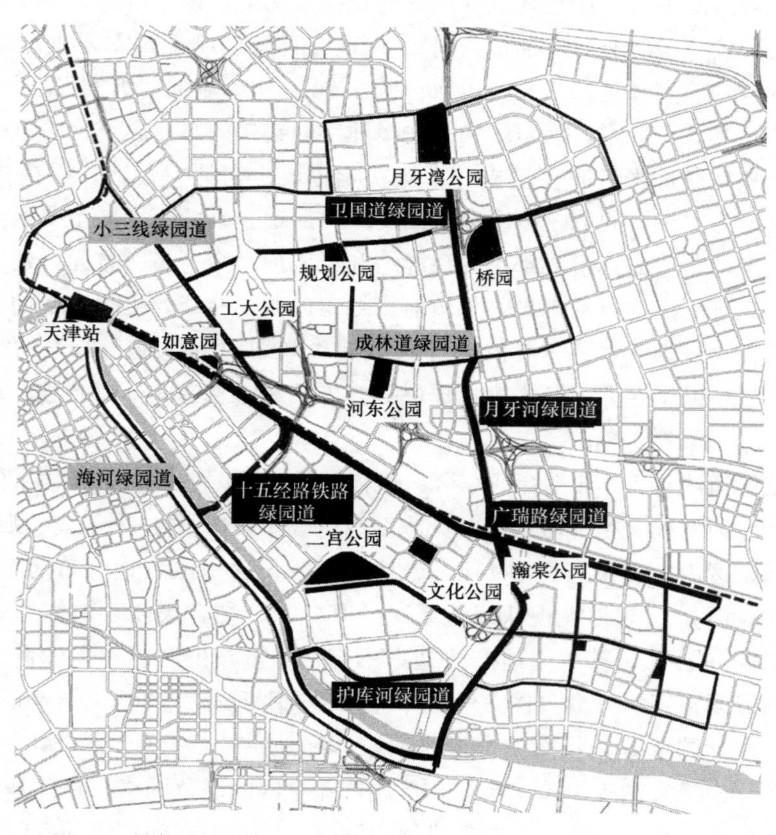

图 5　天津河东区绿园道计划

具体的规划方法：

（1）梳理利用现有的蓝绿廊道，对海河、月牙河、护库河等河道进行生态修复、生态环境提升的同时，充分利用河道的滨水空间进行多层次的景观规划设计，为其未来承载的复合功能提供空间基础，活化水岸区域，赋予蓝绿廊道多重空间意义。

（2）盘活线状存量空间，依托十五经路、小三线等闲置铁路建设绿廊，将闲置的废弃铁路转型为绿色公共开放空间。同时，充分利用产权主体清晰、可实施性强的存量资源，以其为空间载体，以区域内特色文化、产业等为内容，促进存量资源活化再利用，带动周边区域发展。

（3）强化现有绿荫大道，依托成林道、卫国道等现状绿化基础优良的林荫道，结合城市慢行系统的建设，扩展休闲空间，优化道路景观，构建与绿色交通相关联的绿化廊道。

规划在对现状问题进行汇整的基础上，以问题为导向，运用城市再生的方法开展河东区网络化绿地空间系统建构。同时，保持用地产权基本不变、结合用地情况进行绿道网络的梳理，避免了因强制征收过多土地进行绿地建设所带来的成本高企的问题，降低了绿地系统建设的交易成本，保证了绿道网络系统的可实施性。通过系统整合河流、铁路、道路绿地和公园，盘活存量空间资源，提高存量空间的使用效率，赋予生态空间多元功能。“绿园道网络系统”的形成，将以有限的绿地空间“经络”，最大化的优化提升区域城市空间的价值，为城市经济社会生态发展带来极大动能[6]。

2.3 立体增绿，血肉的丰满——绿化空间的立体化建构

在城市高密度地区，面对用地紧缺的现实情况，城市绿地空间系统除了平面网络化的延伸，还需要向上拓展，通过多维标高面的屋顶绿化建设立体化生态网络系统。近年来，城市立体绿化呈现出全球化、多样化、法制化的发展趋势。北京、杭州、合肥等城市先后开始通过专项补贴、绿地率折算等鼓励政策，积极鼓励市场力量共谋共建。北京、西安、上海、深圳等城市设立体绿化专项补贴；河北、重庆等制定绿化覆盖率指标鼓励政策；合肥、杭州等城市的折算绿地率指标鼓励政策——通过将屋顶绿化面积折算为绿地面积，参与绿地率计算。目前，我国的许多其他城市也正在不同层面积极研究推动立体绿化建设的相关政策。

“天津河东区老旧社区有机更新计划”以天津市中心城区老旧小区及远年住房改造为契机，利用河东区多层住宅屋顶和商业裙房屋顶，进行屋顶绿化和休闲设施建设。针对在防水、承重、养护等方面传统屋顶绿化难以大面积推广的症结，规划选取了新型可移动装配式轻型屋顶绿化产品（图 6），不但具有容器式、可装配、可移动、荷载轻、不渗漏、成本低、易养护等优点，而且冬季后复绿率高（华北地区复绿率可达 90%以上），并通过技术手段一次性解决传统建筑屋顶绿化在承重、防排水、防根穿刺、保温隔热等多方面的难题。经测算，河东区多层住宅屋顶面积为 422 万 m^2，24m 以下商业裙房屋顶面积为 109 万 m^2（图 7、图 8）。参考《天津市容园林“十三五”发展规划》中“2017 年公建屋顶可绿化率达 40%”的指标，计划可新增屋顶绿化面积共 212 万 m^2，丰富了立体绿化层

次（图 9）。

图 6 新型装配式轻型屋顶绿化产品实景

规划结合目前的老旧社区改造，通过用空间换绿地的方式，降低绿地系统有机更新的交易成本，保证规划的可实施性，使绿化空间从平面走向立体，进一步集约用地，拓展城市绿化的发展空间。而立体绿化产品在项目中的示范与推广作用以及其带来的综合效益，提高了企业、产权人等更多的实施主体参与立体绿化建设的积极性，实现多方出资、多方共赢，政府搭台、企业唱戏，从政府主导走向共享共建。

图 7 天津市河东区多层住宅分布

图 8 天津市河东区 24M 以下商业裙房分布

图 9　天津市河东区立体绿化规划分布

3　结语

增存并行的城市发展趋势下，面对城市高密度地区绿地空间匮乏、布局支离破碎的困境，基于城市再生理念，充分挖掘存量空间资源，通过合理的利益分配机制，以相对较低的成本，建立城市绿地空间供给的新途径，以绿地为触媒，提升周边经营性用地的溢价；在“分层级、成网络、多路径”的规划原则下，通过“重塑骨架、寻绿成网、立体增绿”的行动规划策略，探索城市高密度地区绿地网络的多层次系统建构。在天津的规划实践中，随着“天津环城铁路绿道公园规划”的逐步实施，以及“天津河东区绿园道网络计划”“天津河东区老旧社区更新计划”“天津河东区十五经路片区有机更新行动规划”等专项规划的实质推进，大量存量用地（空间）“变废为宝”，积极建设集“生态涵养、公共服务、社区活力”于一体的城市绿色开放空间系统，周边区域城市空间翻转“变背为正”、价值提升。天津正在积极探索一条“城市修补、生态修复”的城市再生发展之路。

致谢：

（注：“天津环城铁路绿道公园规划”获得 2015 年度全国优秀城乡规划设计一等奖，主要完成人包括：黄晶涛、邹哲、李芳、李丹、刘洋等。）

参 考 文 献

[1]　张京祥，陈浩．中国的“压缩”城市化环境与规划应对［J］．上海：城市规划学刊，2010（6）：10-21.

[2]　天津市城市规划设计研究院．天津河东区总体城市设计［R］．天津：2016.

[3]　苏平．空间经营的困局——市场经济转型中的城市设计解读［J］．上海：城市规划学刊，2013（3）：106-112.

[4] 赵燕京. 存量规划理论与实践 [J]. 北京：北京规划建设，2014 (4)：153-156.
[5] 廖远涛，肖荣波. 城市绿地系统规划层级体系构建 [J]. 南宁：规划师，2012 (3)：46-54.
[6] 王招林，何昉. 试论与城市互动的城市绿道规划 [J]. 北京：城市规划，2012 (10)：36-39.
[7] 天津市城市规划设计研究院. 天津环城铁路绿道公园规划. [EB/OL]. http：//www.yangqiu.cn/zhongshun98/679572.html. 天津：2013.
[8] 天津市城市规划设计研究院. 天津市河东区近期发展行动规划 [R]. 天津：2016.

可持续发展观下的建筑寿命研究*

陈健，戴路

天津大学建筑学院

摘　要：建筑物的拆除重建，一直被认为是城市更新的现象。但是，我国有许多未到设计使用年限的建筑物相继被拆除，出现建筑生命周期短暂的现象。本文以此为研究背景，在可持续发展观的“能源—环境—生态”和“社会—技术—环境”两个动态平衡前提下，分析了城市建筑的寿命问题，并从能源、生态、环境、社会和技术五个方面，构建了延长建筑寿命的策略框架。

关键词：可持续发展；建筑寿命；建筑系统；全寿命周期；策略

建筑如同人的身体一样。

建筑孕育于设计阶段，建造过程就像出生，完工后就像活着，老旧了会走向死亡，或者碰上意外而亡。它的呼吸是透过“嘴”一样的窗户，以及如“肺”一般的空调系统；它的流体（液体与气体的总称）透过“静、动脉”般的管线循环，并把资讯经由神经系统似的电线传到各处。建筑通过它头脑似的反馈系统对内部及外部条件的改变做出反应。它由外墙的“皮肤”保护，由梁、柱、楼板等“骨骼”系统支撑，再用基础般的“双脚”站立起来[1]。建筑，作为人们生活依存的众多客观实体之一，自诞生之日起，便由其创造者赋予容貌、形态、职能等，同时还为其限定了寿命。

1　可持续的发展观念及其两个动态三角形

欧洲最早提出可持续发展的概念，1987 年的布朗特兰德委员会给出可持续的定义——一种发展方式，这种方式既可以满足我们这一代人的需要，又不牺牲下一代满足他们需要和渴望的能力。换言之，可持续发展的基础是：第一，以低于自然的更新速率，来使用可再生的资源；第二，优化不可再生资源使用的效率。[2]

直到现在，布朗特兰德委员会的定义仍然是国际社会一致认可的可持续定义。1990 年，欧洲议会发表了《关于城市环境绿色文件》，面对日益加剧的城市生活质量恶化的问题，以及污染对健康、安全和全球气候变化造成影响等问题，这个文件提出了一个解决问题的总体方案，同时也唤醒了城市发展过程中的环境意识。1992 年，上述概念被《马斯特里赫特条约》采用，可持续发展的概念广泛地被国际社会认可与接受，逐渐成为可持续发展的标准。

1.1　能源、环境、生态动态平衡下的城市与建筑的可持续发展

可持续概念里涉及了三个核心内容：能源的保护与利用（保护不可再生的能源——石油、天然气、煤、矿物质等）、环境的保护与利用、生态的多样性与平衡，这三者构成了一个相对稳定的三角关系（图 1）。

---

* 基金项目：国家自然科学基金（项目批准号：51308379），天津市自然科学基金（合同编号：16JCYBJC22000）。

能源、环境和生态之间的相互约束关系，构成建筑、城市可持续发展的基本框架。三角形以内的建筑活动，建筑与材料的再利用、土地的使用、建筑与城市环境的协调，都可以持续进行。三角形以外的城市、建筑行为，从可持续发展的角度看，多是一种短期行为，其行动与目的并不是维护这种系统的平衡，而是一种过度地消耗、占有、浪费资源与破坏环境和生态平衡的行为。

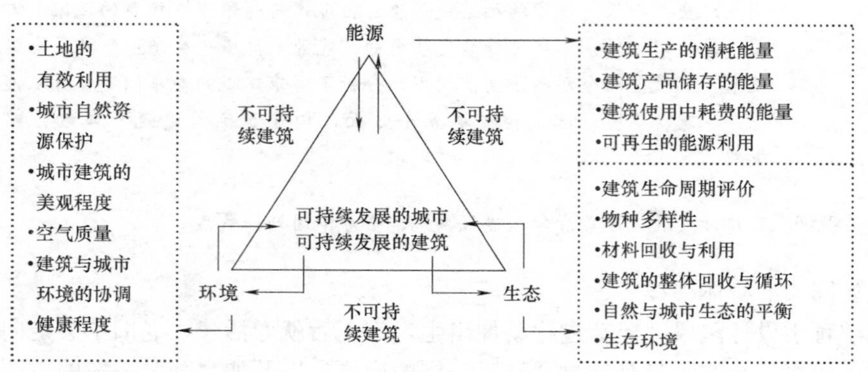

图 1　影响可持续发展的自然因素

来源：作者根据《可持续性建筑》（第 2 版）第 7 页中能源、生态、环境三角形，进行的扩展改绘

不可再生能源即不可恢复使用，改变这种现象，只有优化不可再生资源使用的效率；同时，开发可循环能源，风能、太阳能、地热能等就有可能成为未来生活的主要能源；环境保护更好地营造了人类生存的场所——城市与建筑，这种场所建立在生态平衡基础之上；维持物种多样性尤为重要；生态的平衡同样也要求人类对所能分配的有限资源充分利用，而不是过度索取。因此，上述各方面勾勒出人类生存与发展基本生态环境与物质环境。在这种环境下，研究城市与建筑的可持续发展就有了评判的依据和必要的前提条件。同样，建筑寿命问题的研究，在这一前提下，才会更有针对性和对未来发展的预见性。

1.2　社会、技术、环境动态平衡下的城市与建筑的可持续发展

与影响可持续发展的自然因素（能源、环境、生态的动态平衡）所不同的是社会、技术、环境的动态平衡，是更倾向于社会因素的影响（图 2）。

1992 年里约地球问题首脑会议通过的《21 世纪议程》，这是一个前所未有的可持续发展计划。《21 世纪议程》是将环境、经济和社会关注事项纳入一个单一政策框架的具有划时代意义的成就，提出 2500 余项各种各样的行动建议，涉及了上述三个方面的各个领域。通过《21 世纪议程》，社会将在各地形成它们自身的、与地区性技术和环境相关的、与众不同的可持续的发展形势。技术是利用环境资源满足建筑和其他人类需要的手段。设计是一种文化资本的化身，它使全球和地方利益在人类的空间、建筑样式和施工技术的层次上协调起来。技术技巧是与环境资本（土地、材料、能源）一样有价值的资源，也要对它进行调整，以适应可持续性的需要。没有知识与技能，社会就不能满足可持续发展的需要。[2]

因此，社会、技术与环境是影响可持续发展的社会因素，是从人类社会发展的角度看

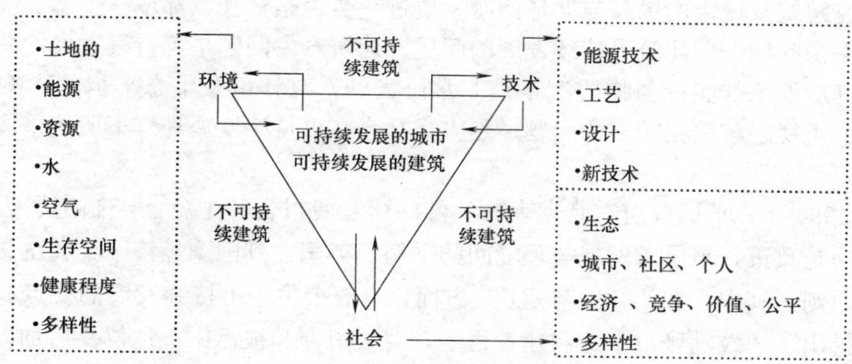

图 2 影响可持续发展的社会因素

来源：作者根据《可持续性建筑》（第 2 版）第 230 页中环境、技术、社会三角形，进行的扩展改绘

待可持续的问题。人类要长久的、健康的、和谐的与自然共存，必须研究人类自身的社会体系，调整自身体系来适应环境，同时合理使用资源，维持生态平衡。国家、法律、制度、经济、文化、历史、技术等等都是所要涉及的社会体系。

对于社会体系中最为复杂的城市与建筑系统而言，可持续发展是其必然性选择。城市、建筑的新陈代谢也与可持续发展的社会因素密不可分。设计、技术的发展是城市与建筑得以更新与保留的手段与方法；环境与资源是城市与建筑得以维持的空间形态与物质基础。

2 可持续发展两个动态平衡下的建筑寿命问题

社会、技术、环境动态平衡与能源、环境、生态动态平衡共同构成了可持续发展的社会因素与自然因素，城市与建筑的可持续发展也是基于这两种动态平衡发展的结果（图 3）。

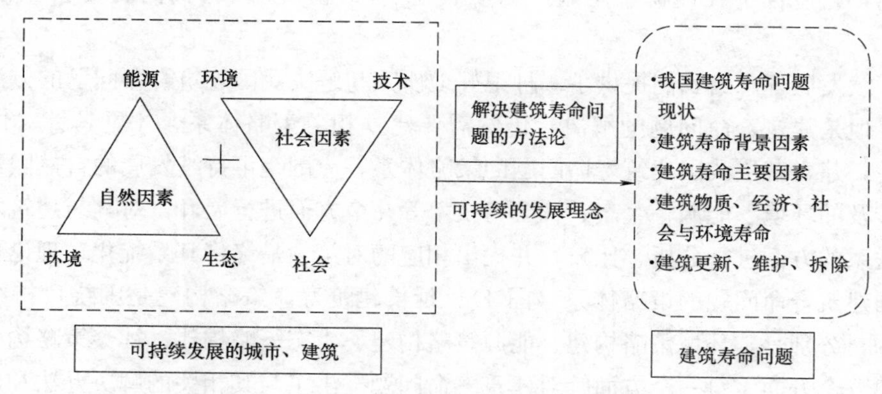

图 3 可持续发展与建筑寿命问题

来源：自绘

从微观的角度看，建筑的寿命问题是研究材料循环与再利用的问题；从宏观的角度

看，是研究建筑及城市的更新与循环问题，更进一步说是社会、环境、生态、技术和能源等的动态平衡问题，即建筑可持续发展的问题。建筑寿命问题是可持续发展的一个微循环问题，但其所涉及的能源与物质流量是非常巨大的，对环境及生态平衡的影响也是久远的。为此，重视与解决建筑寿命问题，是人类社会在可持续发展理念下所能采取的重要措施与方法。

早在 1994 年，英国政府在其发表的《可持续发展报告》中就已经制定了迈向可持续发展的方向与政策，来寻求发展与环境间的平衡。英国在其国家经济十个关键领域内提出了一系列原则。其中，在“开发与建筑”方面，有五个关于可持续发展的要点。在第三点中，明确提出了“鼓励城市土地和建筑再生，对被遗弃和被污染土地修复后加以利用、进行开发或者作为露天场所”[2]。

我国国家统计局发布的信息显示，2016 年房地产增加值占 GDP 的比重是 6.5%，如果加上建筑业，这个比例还要再高一些。在以拆旧盖新为主的建筑业 GDP 高速增长的背后，带来的是未来城市与建筑可持续发展的问题。[5]

建筑寿命问题是城市建筑的更新与拆除过程中最为核心的问题，它的诸多因素决定了建筑的“存与亡”。而城市建筑的更新与拆除过程中，虽然带来了国家经济的繁荣与发展，但它同时也带来了环境问题、生态问题、资源问题。因此，要解决中国城市的这些问题，可持续发展的理念是必然的选择。

3 建筑寿命策略体系的框架

在可持续的框架下，鼓励城市土地与建筑的再生，转化现有“旧”建筑所包含的劳动力、能源和材料的资源，对它们进行回收、转换后再重新投入使用，比拆除它们更有意义。另外，建筑是我国能源最大的占用者，同时也是经济发展最有力的支持者。我们对于建筑所做的每一项决定，都会在其建筑寿命期间、甚至寿命结束后相当长的一段时期内回馈给我们，它包含了在能源、土地、物质资源、环境、生态和我们的社会生活等方面影响。

可持续发展理念给我们提供了一种很好地研究与解决我国建筑寿命问题的方法论和评价体系，但是建筑寿命问题的解决，仍然需要建立相关策略体系，才更具针对性和预见性。因此，建立解决我国建筑寿命问题的策略体系，应围绕可持续发展的自然因素和社会因素所涉及的环境、能源、生态、社会与技术等几个方面进行展开，对其与建筑寿命问题有内在联系的方面进行分析、比较，并提出相应的对策，最终将其系统化、理论化，形成解决我国建筑寿命问题的策略体系（图 4）。延长建筑寿命策略构建是围绕可持续发展理念展开的，分别是：环境策略构建、能源策略构建、生态策略构建、社会策略构建与技术策略构建五个方面。每一个方面针对建筑寿命问题提出了与其相关的解决办法和建议。建筑寿命问题策略构建的真正目的就是：实现建筑的再循环与可持续化发展，使其拥有生命力与活力，形成由点到线再到面的发展过程，带动与实现街区甚至是城市的可持续化发展。

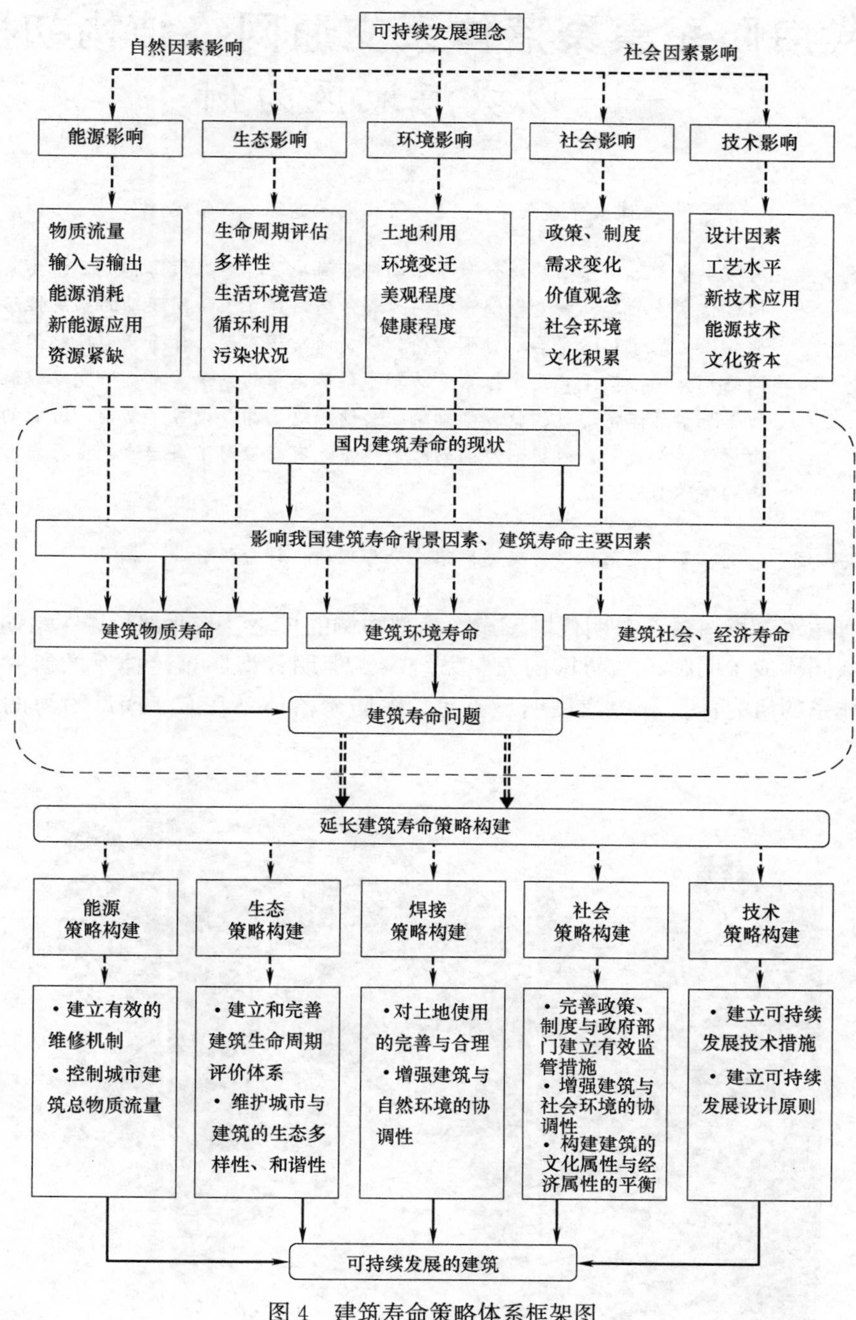

图 4　建筑寿命策略体系框架图

来源：自绘

参　考　文　献

［1］ 马斯特·李维，马里奥·萨瓦多里. 建筑生与灭：建筑物为何倒下去［M］. 顾天明，吴省斯译. 天津：天津大学出版社，2007.

［2］ 布赖恩·爱德华兹. 可持续性建筑［M］. 第 2 版. 北京：中国建筑工业出版社，2003.

明代海防军事聚落体系交通网络结构初探*

——以威海地区为例

谭立峰[1]，曹迎春[2]

1 天津大学建筑学院；2 河北大学建筑工程学院

摘 要：海防军事聚落体系由广泛分布于东南部沿海地区各等级聚落构成，诸要素通过信息、驻军、物资等因素的沟通和传递，建立了协同联动的系统性防御。论文基于GIS平台和分形理论，分析海防军事聚落体系交通网络的空间结构特征，基于此角度探索海防军事聚落体系的系统关系。研究发现海防军事聚落体系通过树状分形结构的交通网络，高效适应了复杂、漫长的海岸线，构建了高效规划空间的防御体系，有效应对了海疆地区生存与防御的特殊人地关系。

关键词：海防；军事聚落体系；交通网络；分形理论；计盒维数

明代海防军事聚落体系是明代国家东、南部防御的核心，与北部长城军事防御体系并驾齐驱，共同构成了明朝边疆防御的完整系统[1]。但明代海防聚落体系的研究相较长城军事防御体系的研究深度和广泛度明显不足。海防聚落体系在东、南部沿海的漫长防线

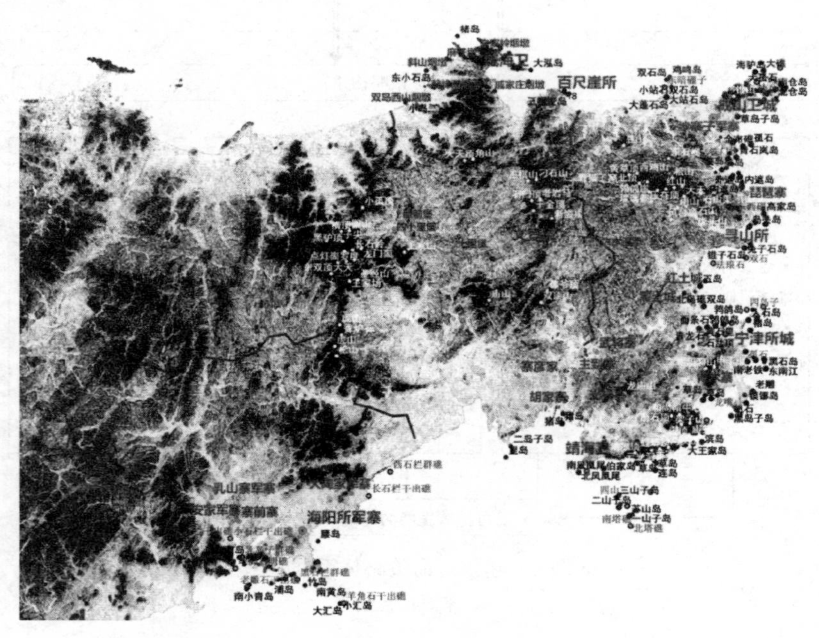

图 1 明代威海地区海防军事聚落体系

* 研究支撑基金：国家自然科学基金 51678391，河北省自然科学基金 E2015201081，国家自然科学基金 51778400。

上，建构了以卫城、所城、堡、寨为主体框架的防御体系，是明代政治、经济、军事、文化等各方面精髓相互作用下的综合产物。其中山东海防军事聚落在明代海防体系中具有重要的战略地位，在漫长的发展过程中逐渐形成了独特而实用的规划理念和原则，其海防聚落体系的布局规划层次丰富，等级严密，规模各异，对于当代城市聚落的规划理论研究依然有所启迪。交通网络便是各要素之间沟通与传递的核心渠道，是研究海防军事聚落体系系统关系的基础和重点。目前，用于研究古代聚落结构关系的交通网络难以考证，严重阻碍了相关研究进一步深化。论文以复原的威海地区海防军事聚落体系（图 1）的交通网络为基础，基于统计学和分形理论，探索道路网络的宏观系统关系。

1 研究数据和方法

1.1 研究数据

本文数据来源于“威海地区明代海防聚落空间地理信息系统（GIS 2.8）”数据库，以及基于此计算复原的“威海地区海防军事聚落体系交通网络”（图 2）。道路网络复原利用 GIS 的成本路径计算获得[2]；随后以配对 T 检验的方法检验了复原道路的精确性以及方法的可行性。

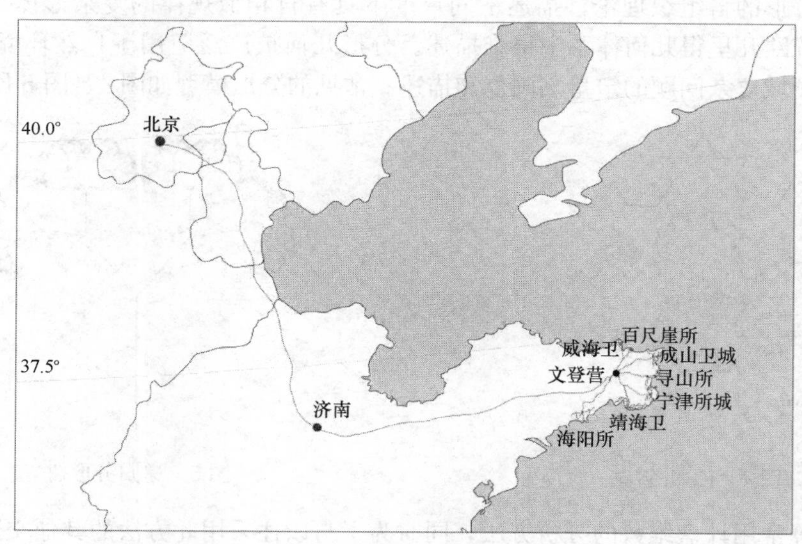

图 2 威海地区海防军事聚落体系交通网络复原图

1.2 研究方法

1.2.1 统计分析方法

前期道路复原的研究发现威海地区海防军事聚落体系交通网络存在显著的多层次自相似“放射组团”特征——高等级聚落与其下辖子聚落构成中心放射状道路结构（图 3），放射组团由最高管理机构北京趋向沿海逐层衍生更低等级、更小尺度单元，依次形成首都放射组团、营放射组团和卫所放射组团（卫所则放射到沿海岸线均匀分布的烟墩）。逐一统计并分析、比较各等级放射组团上下级聚落之间道路的长度和内在关系。

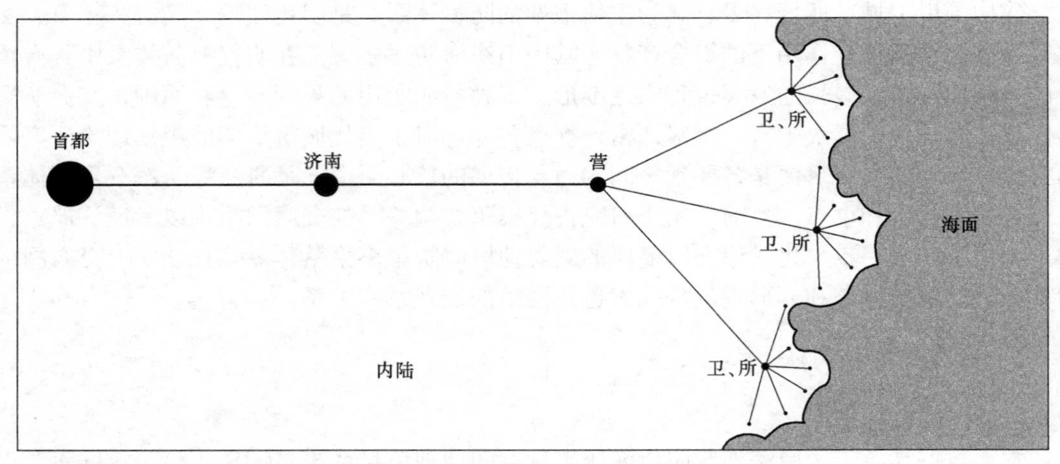

图 3　威海地区海防军事聚落体系交通网络空间结构

1.2.2　分形分析方法

美国数学家 B. B. Mandelbrot（1975）首次提出分形理论（Fractal Theory），它是综合系统论和分形的自组织理论，描述不同尺度下具有自相似规律的复杂形体[3]。通常这些形体在传统欧几里得几何体系中很难描述。分形几何被广泛应用于自然环境、地理学、城市体系等领域复杂问题的定量刻画复和描述。常见的分形模型如图 4、图 5 所示。

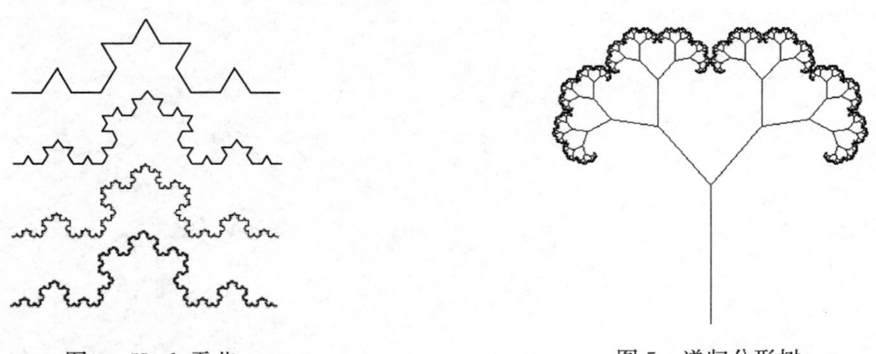

图 4　Koch 雪花　　　　图 5　递归分形树

分维计算常用计盒维数的分析方法，同时为了与以往采用此方法的其他交通网络分形研究成果，进行具有相同标准的比较。计盒维数计算方法如下：以方格网等分割对象，格边长为 d，逐步减小 d，如每次减为上次的一半，计算每次包含对象格子数，由此计算盒维数。D_{box}为计盒维数，计算公式如下：

$$D_{\text{box}}=\lim_{d\to 0}\frac{\log N(d)}{\log(1/d)} \tag{1}$$

2　计算与分析

2.1　统计分析

复原图显示，交通网络由京城开始，依据北京、济南、营、卫和所、烟墩由高到低的管理等级，形成多层级的树状集簇放射结构：北京—济南—文登营放射组团（北京同时管理众多府或镇等下级防御机构，此处以济南为研究对象，未列出其他机构）、文登营放射组团、卫所放射组团三个放射组团，每个放射组团尺度迅速缩小且呈现较好自相似特征。各组团以高等级的核心聚落为中心，由明朝内陆向海岸线呈放射状布局。进一步统计放射组团道路长度显示（图 6），各级放射组团内放射状交通线路长度与等级同步，呈现三个层次，以北京、济南到文登最大，营到卫、所居中，卫、所到烟墩最小，三层级之间差距巨大，而同等级道路长度虽有波动但差距不大，且道路长度均值稳定。综合交通路网结构与长度统计结果，推测交通网很可能遵循自相似衍生规则，即分形规律。

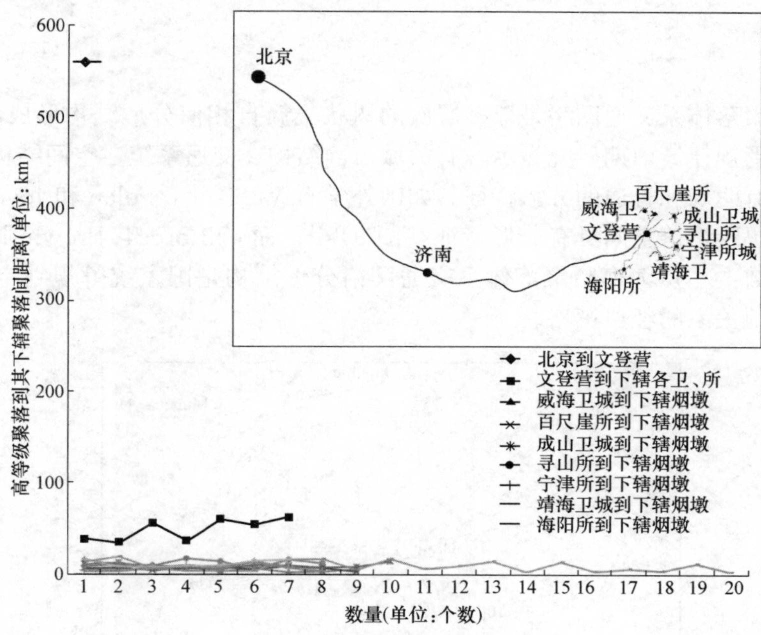

图 6　各组团道路长度统计

2.2　分形计算分析

数据显示，威海海防聚落体系交通网络计盒维数具有显著无标度区（图 7），维数值为 1.07，拟合系数 R^2 值为 0.997（表 1），威海海防聚落体系交通网络的分形特征明确、显著，数据良好拟合。参考现代和当代交通网络维数的整体发展趋势[4]，通常交通网络越发达则维数值越高。前期研究显示，同时期的北方明长城军事防御聚落体系各镇交通网络亦遵循分形结构，其分维约在 1.2 左右。由此可知威海海防聚落体系交通网络维数低于同时期的北方边疆长城军事防御体系的发育程度，而两者则均显著低于现代和当代高速公路维数 1.5，表明军

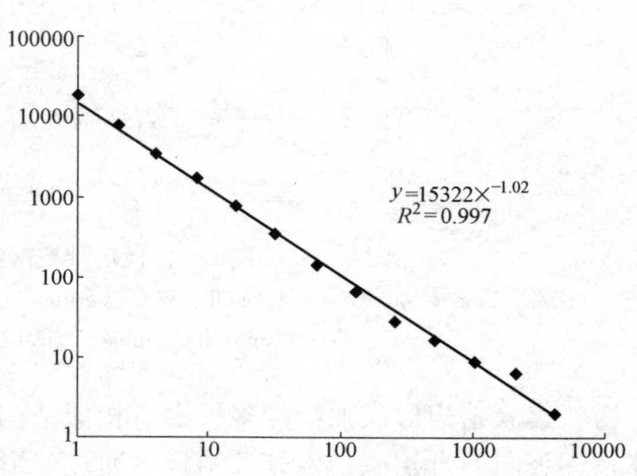

图 7　威海地区海防军事聚落体系交通网路计盒计算双对数图

事防御体系交通网络整体发展水平相对较低，且东南沿海防线的发育程度更低，可能与北部防线的防御压力大于东南部防线而发育出更高程度的路网结构有关，同时计算明确定位了明代威海地区聚落体系区域交通网在历史时空演化中的发育阶段和程度。

威海地区海防军事聚落体系交通网络计盒维数 **表 1**

	计盒维数	
	D	R^2
威海海防聚落体系	1.07	0.997

3 讨论

威海海防聚落体系交通网络是以多层次的树状集簇自相似分形结构形成的网状结构，遵循明确的分形规律。前期研究显示，有关城市群结构、交通系统、空间结构等类型的聚落系统往往具有明确和普遍的分形特征。如国外学者 William J. Folan 和 Joyce Marcus 等学者发现古代玛雅聚落空间具有分形特征（图 8）[5]；而 Clifford T. Brown 则确切计算了其分形结构参数[6]。威海海防聚落体系交通网络分形结构是国家统筹规划空间以应对边疆地区独特人地关系的经典策略。

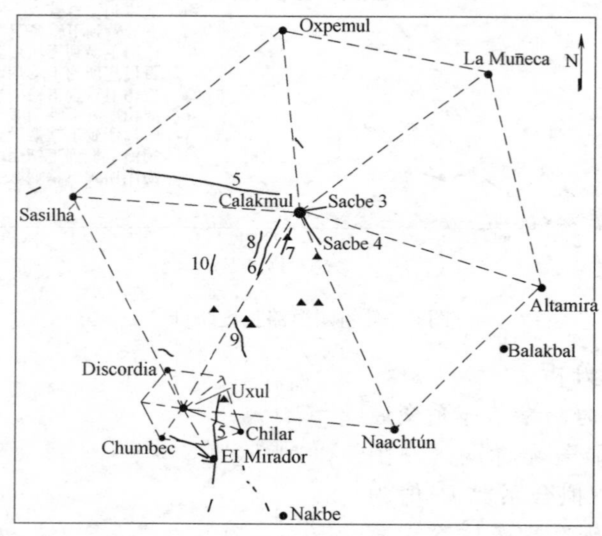

图 8　古代玛雅聚落空间分布形态

来源：Folan，WJ. Marcus J，Miller WF. Verification of a Maya settlement model through remote sensing [J]. Cambridge Archaeological Journal，1990，5 (2)：277-283.

树状集簇结构形成独特的多尺度自相似结构，以北京为核心基于树状的分形结构，聚落体系逐级向下自相似衍生分叉结构，通过分形扩散的模式，迅速占据了巨大的空间，填补了漫长且越来越细化的海岸线；同时，分形结构形成以少控多、逐层延展的结构模式，以有限的聚落数量和军事资源防控了庞大的空间范围，这与树木枝干的分形结构占据空间以充分利用阳光的理论模型一致（图 5）。众所周知，分形问题的肇始点之一：英国的海岸线长度问题[7]——在逐渐趋向更小尺度的过程中，海岸线的理论长度逐渐趋向无限。

而对于明朝海防来说，越来越小的尺度则是沿海防御最为关键的前冲战术阶段，越来越长的防线使防御活动变的愈加困难，而海防聚落体系交通网络的分形结构策略则很好适应了这种尺度不断缩小但防线愈加漫长的空间问题。

树状分形结构具有良好的拓扑适应性，基于不变的管理关系，通过空间形态的自由变化很好适应了复杂的地理环境和线性海岸线蜿蜒的形态。此特性是所有适应性的基础，建立了理论模型与现实形态沟通的桥梁。同时，基于分形的伸缩对称性[8]，树状结构具有很好的拓展性，很容易衍生出新的自相似单元或枝杈，以灵活适应复杂多变的防御需求。威海海防聚落体系交通网络可根据防御需求方便的增加或减少不同尺度的自相似组团及分叉数量，以适应海岸地区及海岸线极其复杂多变的空间形态。靖海卫城下辖显著增多的烟墩层次，实质就是特殊地区在常规防御结构之上根据防御需求衍生出的独特结构，以强化局部的战略防御[9]。而这种新的衍生所造成的拟合偏差正是分形结构理论模型与实际现象间差异的主要原因之一，但在统计意义层面，此差异是可以接受并且必然出现的——正是此差异才是大自然和人类社会丰富多彩、神奇绚丽的源泉。此外，交通网络的等级梯度分布模式从腹内到海岸线形成巨大的防御纵深，有效增强防御的可靠性和稳定性。

4 结论

威海海防聚落体系的交通网络，采用树状分形结构建构出高效规划和利用空间的结构，有效完成独特的海岸线防御。本研究主要关注交通网络的实体结构，仅仅建立了交通网络系统关系研究的基础，未来将基于动态模拟方法进一步考察海防聚落体系交通网络的动态运行模式和防御机制。

参考文献

[1] 谭立峰. 山东传统堡寨式聚落研究［D］. 天津：天津大学，2004.

[2] 曹迎春，张玉坤，张昊雁. 基于GIS的明代长城边防图集地图道路复原——以大同镇为例［J］. 河北农业大学学报，2014，37（2）：138-144.

[3] Mandelbrot B B，The Fractal Geometry of Nature［M］. San Francisco：Freeman，1982：1-460.

[4] 管楚度. 交通区位论［M］. 北京：人民交通出版社，2000.

[5] Folan W J，Marcus J，Miller W F. Verification of a Maya settlement model through remote sensing［J］. Cambridge Archaeological Journal，1990，5（2）：277-283.

[6] Brown C T，Witschey W R T. The fractal geometry of ancient Maya settlement［J］. Journal of Archaeological Science，2003（30）：1619-1632.

[7] Batty M，Longley P A. Fractal Cities：A Geometry of Form and Function［M］. London：Academic Press，1994.

[8] 陈彦光. 分形城市系统：标度·对称·空间复杂性［M］. 北京：科学出版社，2008.

[9] 谭立峰，刘文斌. 明代辽东海防体系建制与军事聚落特征研究［J］. 天津大学学报（社会科学版），2014（5）：421-426.

低影响开发模式下的居住组团雨水生态设施系统规划设计研究
——以河南省驻马店石庄新社区规划为例*

苗展堂[1]，权海源[2]，姜慧[1]

1 天津大学建筑学院；2 天津大学城市规划设计研究院

摘　要： 本文引入低影响开发理念，提出构建源头控制的雨水生态设施系统新模式的意义。以河南省驻马店石庄新社区规划的居住组团为例，提出和构建了庭院级和组团级两级雨水生态设施系统，并从集流雨量、径流水力、渗流面积和储流容积四个因子对系统进行了设计验算，最后从雨水的管道覆盖面、流程设置、资源化程度、径流污染程度和组团洪峰强度五个方面与运用传统方法编制的雨水工程规划进行了比较分析。

关键词： 低影响开发模式；雨水设施系统；SWMM；基础设施规划；雨水入渗

近些年来，我国许多城市日益频繁遭受不同程度的内涝灾害，甚至出现了“逢雨必淹、暴雨围城”的城市困境。2012 年 7 月 21 日至 22 日，北京遭遇特大暴雨，全市平均降雨量 170mm，城区平均降雨量 215mm，房山区河北镇为 460mm，接近 500 年一遇，为自 1951 年以来有完整气象记录最大降雨量。2014 年 5 月 11 日，深圳遭遇 2008 年以来最强暴雨袭击，最大降雨量接近 450mm，局部出现特大暴雨，深圳这座只有 30 多年历史的新城大范围出现严重内涝。而根据建设部 2010 年对 349 个城市内涝情况调研的情况，2008—2010 年共有 289 个城市发生了不同程度的内涝，占调查城市数的 80%[1]。

在上述背景下，学术界正在反思传统雨水设施规划中单纯依靠提高重现期和增大雨水管径实现“快速排放”的雨水利用模式。《室外排水设计规范》GB 50014—2006 先后在 2011 年、2013 年和 2014 年[2]紧密地进行了局部调整和修订，也说明了我国对城市雨水设施系统建设模式的重新思考与探索。经过近几年的探讨，现在基本上达成了源头控制系统（LID 模式）、雨水管道系统（小排水系统）和大排水系统共同构筑城市防涝系统的共识[2]。

其中，雨水管道系统和大排水系统规划建设的目的仅仅是为了解决日益严重的“内涝”问题，这将使本应补充地下水源的雨水资源被快速排放，会加剧城市地下水漏斗和地面沉降问题；而源头控制系统即“低影响开发模式”，则是将雨水视为“资源”，认为雨水属于城市生态系统的一个有机组成部分。基于这种理念，城市雨水基础设施建设应尽量就地进行渗透、回用，提倡“微循环”利用[3]和非共享建设[4]的就地利用，这不但可以降低雨水输送管径和减少雨水泵站设置，还能够恢复城市水资源本应有的“微循环”方式，弥补了“内涝”解决越彻底将使水资源短缺和“地漏”问题越严重的恶性循环缺陷。因此，构建基于低影响开发模式的雨水生态设施系统（即源头控制系统）将成为城市防涝系统不可或缺的部分，也是彻底解决城市水资源短缺、地漏、内涝、水系污染等城市综合问

* 基金项目：教育部博士点基金资助项目（20100032110047）。

题的一个途径之一。本文提出在“源头”的居住组团雨水基础设施规划中，将 LID 设施雨水渗透和雨水回用对雨洪的“削减”、景观水体的雨水“蓄滞”，与雨水管道设施的雨洪“排放”结合起来的“源头控制”雨水生态设施系统新模式。

1 居住组团“层级式”雨水生态设施系统架构

为了将雨水设施规划与居住区规划和景观设计同步统一考虑，基于低影响开发理念在驻马店石庄新社区的居住组团规划中，通过采用竖向错层设计将居住区竖向设计与雨水重力流要求结合、通过采用多级雨水花园系统将居住区绿地系统设计与雨水设施系统相结合、通过采用“入渗”、“回用”、“调蓄”多设施组合将居住区景观设计与雨水设施流程相结合，通过采用人车分流系统将居住区道路交通设计与雨水分类收集净化相结合、尝试适宜于居住组团的“源头控制”雨水生态设施新体系。整个石庄新社区的居住区雨水设施系统由小至大分为庭院级、组团级和社区级三个层次的雨水设施系统。本文主要架构了庭院雨水设施系统和组团雨水设施系统，并进行了相应的系统设计验算。

1.1 庭院级雨水生态设施系统

庭院级雨水生态设施系统分为居住庭院雨水设施系统和停车庭院雨水设施系统两种类型。

1）居住庭院雨水设施系统

居住庭院雨水设施系统由集流系统、径流系统及渗流系统组成。其雨水设计流程为：靠近居住庭院一侧坡屋面或平屋顶雨水通过屋顶雨水系统组织汇流至水落管中，屋顶可因地制宜设置屋顶绿化或屋顶家庭菜园，从而实现雨水的第一步渗透利用。在水落管底部设置雨水尊（容量为 $1m^3$），雨水尊初期雨水弃流，过量雨水溢流至周边凹式绿地内渗透，雨水尊中储存雨水可进行回用，实现了雨水的第二步利用。凹式绿地雨水实现了雨水的就地入渗，是雨水的第三步利用。凹式绿地内超过 100mm 深度的雨水则通过道路上设置的过水槽汇入庭院绿地中。庭院绿地同样采用凹式绿地做法，高程低于周边庭院道路，庭院绿地中央位置东西向设置植被浅沟，由庭院周边向中央汇水，因此庭院周边高程高，靠近组团中央高程低（利于庭院雨水向组团雨水输送），植被浅沟在输送雨水的同时实现了雨水就地入渗，是雨水的第四步利用。在庭院绿地最低处规划设置庭院雨水花园，整个居住庭院雨水经各个设施截留渗透后盈余的雨水最后都汇流至庭院雨水花园，庭院雨水花园是居住庭院中雨水入渗的核心设施，实现了庭院雨水的第五步利用。

2）停车庭院雨水设施系统

停车庭院的雨水流程与居住庭院的稍有差异。靠近停车庭院一侧的平屋顶也可设置屋顶绿化或屋顶家庭菜园实现雨水的第一步屋顶渗透利用。在每个屋顶雨水的水落管底部设置容量为 $1m^3$ 的雨水尊储存雨水进行回用，同样实现了雨水的第二步储流利用。雨水尊初期雨水弃流至就近的凹式绿地中，过量雨水通过过水槽溢流至停车庭院中央东西向的凹式绿地内渗透，停车庭院机动车道路和地面停车场分别采用透水沥青路面和草坪砖车位对降落其上的雨水进行初步渗透，入渗不了所形成的雨水径流则通过地面坡降汇流至中央东西向的凹式绿地中，凹式绿地与透水铺装实现了雨水的就地入渗，是雨水的第三步渗透利用。停车庭院绿地中央位置东西向设置植被浅沟，依靠重力流将雨水向组团周边的机动车道路方向输送。所以，其高程设置是远离组团中心的部分高程低、靠近组团中心的部分高程高，与居住庭院的正好相反。植被浅沟在输送雨水的同时实现了雨水就地入渗，是雨水的第四步渗透利用。在停车庭院绿地最低处规划设置停车庭院的雨水花园，整个停车庭院雨水经各个设施储留和渗透后盈余的雨水最后都经植被浅沟汇流至该雨水花园，成为停车庭院中雨水入渗的核心设施，实现了庭院雨水的第五步渗透利用。由于停车庭院的雨水受机动车影响径流污染相对比较严重，因此停车庭院雨水花园溢流雨水通过溢流管排入组团周边的机动车道路下设置的渗排一体式雨水管道中渗透排放。

1.2　组团级雨水生态设施系统

各个居住庭院雨水花园所盈余的超量雨水通过设置在庭院雨水花园的溢流管就近输送至组团中心的小高层片区内，因居住庭院规划高程平均为 1.20m，因此可在溢流管出水处设置小型喷泉，将庭院盈余雨水通过自由设置在绿化中的植被浅沟输送至组团中央的雨水花园。雨水花园设置宜在中心位置，主要可以使输送雨水的植被浅沟路径最短，从而使坡降减少，组团竖向改造工程量降低。因停车场和机动车道路的雨水径流污染较为严重，因此在组团外围的机动车道路及停车场底下敷设渗排一体式雨水管道，雨水经地表植被浅沟进行初期净化后，进入雨水管道渗排系统进行再次渗透，补充地下水源。而组团雨水花园所渗透不了的过多雨水则通过南北两条溢流管分别输送至组团周边的渗排一体式雨水管道内（图 1）[5]。

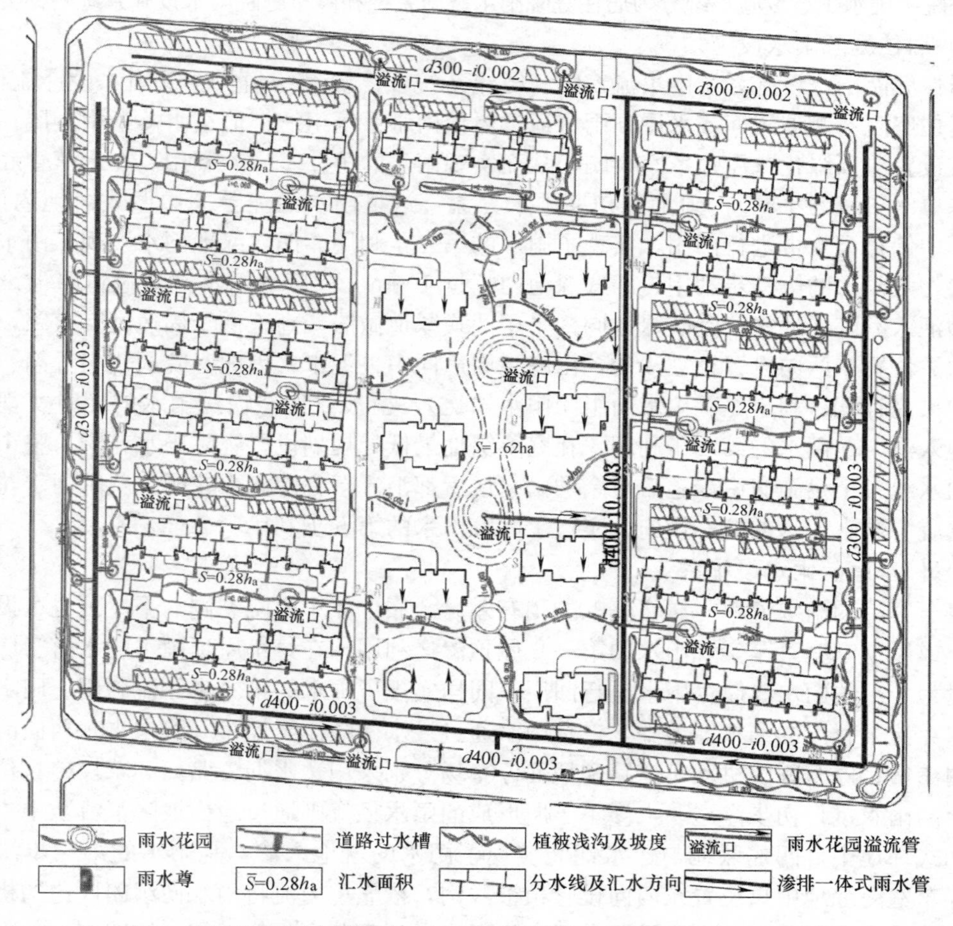

图 1　石庄新型农村社区居住组团“层级式”雨水设施系统规划图

资料来源：自绘

2 居住庭院“层级式”雨水生态设施系统设计验算

由于雨水生态设施系统所涉及的因子参数较多，而驻马店石庄新社区居住组团面积较大、所涉及的雨水生态系统较为庞杂。因此本文选取组团中具有典型代表性的最微小的两个庭院（居住庭院和停车庭院）作为研究对象，从集流雨量、径流水力、渗流面积和储流容积四个因子对系统进行了设计验算。

2.1 集流雨量计算

1）集流面积

居住庭院集流面基本由三部分构成：一为屋顶集流面，建筑设计中为体现传统建筑的特色而采用了坡屋顶及瓦屋面，该部分集流面的面积为自屋顶屋脊线至居住庭院一侧檐墙的屋顶面积（约为全部屋顶面积的 1/2），其面积为 1011.95m^2；二为铺装集流面，主要为采用透水性铺装的庭院内步行道路，其面积为 598.03 m^2；三为绿地集流面，主要由建筑与步行道路间及庭院中心的凹式绿地构成，其面积为 1176.13 m^2。

停车庭院集流面基本由三部分构成：一为屋顶集流面，该部分集流面实际上为朝向停车庭院一侧的屋顶面积，其面积为 1011.95 m^2；二为铺装集流面，主要为机动车道路及其与停车库联系的铺装，其面积为 1218.97 m^2；三为绿地集流面，主要指地面停车位之间的凹式绿地，其面积为 337.56 m^2；四为停车位集流面，即采用植草砖铺砌的地面停车位，该部分面积为 480.63 m^2。

2）径流系数

参照《建筑与小区雨水利用工程技术规范》中雨量径流系数 ψ_c 和流量径流系数 Ψ_m 的规定[6]，根据居住庭院及停车庭院的各类集流面采用的各种材料，其径流系数如表 1 所示。

集流面径流系数表 **表 1**

集流面类型	下垫面种类	雨量径流系数 ψ_c	流量径流系数 ψ_m
屋顶集流面	硬屋面和沥青屋面	0.8～0.9	1.0
道路集流面	混凝土和沥青路面	0.8～0.9	0.9
停车庭院铺装集流面	块石等铺砌路面	0.5～0.6	0.7
居住庭院铺装集流面	干砌砖、石及碎石路面	0.4	0.5
绿地集流面	绿地	0.15	0.25

3）集流雨量

（1）雨水设计径流总量计算

雨水设计径流总量应按下式计算：

$$W=10\psi_c h_y F \tag{1}$$

其中：设计降雨厚度 h_y 参照《建筑与小区雨水利用工程技术规范》“全国主要城市降雨量资料表”可得：一年一遇日降水量为 64.0mm，两年一遇日降水量为 78.3mm[7]。

（2）居住庭院雨水设计径流总量

居住庭院雨量径流系数 ψ_c 通过加权平均计算：

$$\psi_{c居}=\frac{\psi_{c屋顶}\times F_{屋顶}+\psi_{c铺装}\times F_{铺装}+\psi_{c绿地}\times F_{绿地}}{F_{屋顶}+F_{铺装}+F_{绿地}}$$

$$=\frac{0.8\times0.101195+0.4\times0.059803+0.15\times0.117613}{0.101195+0.059803+0.117613} \tag{2}$$

$$=0.44$$

因此，

一年一遇居住庭院雨水设计径流总量 W 为：

$$W_{居}=10\psi_{c居}h_{y}F_{居}=10\times0.44\times64.0\times0.278611=78.46\text{m}^3 \tag{3}$$

两年一遇居住庭院雨水设计径流总量 W 为：

$$W_{居}=10\psi_{c居}h_{y}F_{居}=10\times0.44\times78.3\times0.278611=95.99\text{m}^3 \tag{4}$$

（3）停车庭院雨水设计径流总量

停车庭院雨量径流系数 ψ_c 通过加权平均计算：

$$\psi_{c车}=\frac{\psi_{c屋顶}\times F_{屋顶}+\psi_{c铺装}\times F_{铺装}+\psi_{c绿地}\times F_{绿地}+\psi_{c停车位}\times F_{停车位}}{F_{屋顶}+F_{铺装}+F_{绿地}+F_{停车位}}$$

$$=\frac{0.8\times0.101195+0.5\times0.121897+0.15\times0.033756+0.4\times0.048063}{0.101195+0.121897+0.033756+0.048063} \tag{5}$$

$$=0.55$$

因此，

一年一遇停车庭院雨水设计径流总量 W 为：

$$W_{车}=10\psi_{c车}h_{y}F_{车}=10\times0.55\times64.0\times0.304911=107.33\text{m}^3 \tag{6}$$

两年一遇停车庭院雨水设计径流总量 W 为：

$$W_{车}=10\psi_{c车}h_{y}F_{车}=10\times0.55\times78.3\times0.304911=131.31\text{m}^3 \tag{7}$$

2.2　径流水力计算

1）暴雨强度公式

石庄新社区现状为村庄，没有暴雨、雨量统计资料，因此其暴雨强度计算就近参照驻马店市暴雨强度公式，即：

$$q=\frac{167\times9.229(1+0.914lgP)}{(t+12)^{0.688}}(\text{L}/(\text{s}\cdot\text{hm}^2)) \tag{8}$$

2）居住庭院雨水设计流量

居住庭院流量径流系数 ψ_m 通过加权平均计算：

$$\psi_{m居}=\frac{\psi_{m屋顶}\times F_{屋顶}+\psi_{m铺装}\times F_{铺装}+\psi_{m绿地}\times F_{绿地}}{F_{屋顶}+F_{铺装}+F_{绿地}}$$

$$=\frac{1.0\times0.101195+0.5\times0.059803+0.25\times0.117613}{0.101195+0.059803+0.117613} \tag{9}$$

$$=0.58$$

因此，两年一遇居住庭院植被浅沟雨水设计流量：

$$Q_{居}=\psi_{m居}qF_{居}=0.58\times\frac{167\times9.229(1+0.914\lg2)}{(15+12)^{0.638}}\times0.14=19.49\text{L/s} \tag{10}$$

居住庭院植被浅沟断面设计及核算

根据规划方案的特点，初选了多个植被浅沟断面进行多次试算，最终设定较为合理的植被浅沟相关参数如下：植被浅沟长度为30m；曼宁系数 n 为0.025；浅沟纵向坡度 $i_{居}$ 为

0.005；浅沟断面坡度 $i_{0居}$ 为 2；断面上底 $a_{居}$ 取 0.65m；断面下底 $b_{居}$ 取 0.25m；断面高度 $h_{居}$ 取 0.1m；断面斜边的水平长度 $e_{居}$ 取 0.2m。

居住庭院植被浅沟径流系统水力半径为：

$$R_{居}=\frac{(b_{居}+e_{居})h_{居}}{b_{居}+2\sqrt{h_{居}^2+e_{居}^2}}=\frac{(0.25+0.2)\times 0.1}{0.25+2\sqrt{0.1^2+0.2^2}}=0.065\text{m} \tag{11}$$

居住庭院植被浅沟所设计断面能够输送雨水径流量为：

$$\begin{aligned}Q_{居}&=1000\times\frac{A_{居}\sqrt[3]{R_{居}^2}\sqrt{i_{居}}}{n_{居}}=1000\times\frac{(0.25+0.2)\times 0.1\times\sqrt[3]{0.065^2}\times\sqrt{0.005}}{0.025}\\&=20.57\text{L/s}>19.49\text{L/s}\end{aligned} \tag{12}$$

因此，植被浅沟断面设计流量满足居住庭院两年一遇雨水设计流量。同时，居住庭院植被浅沟过水断面的平均流速验算为：

$$v_{居}=\frac{Q_{居}}{A_{居}}=\frac{20.57\times 0.001}{(0.25+0.2)\times 0.1}=0.46\text{m/s}<0.8\text{m/s} \tag{13}$$

满足植被浅沟最大设计流速要求[8]。

3）停车庭院雨水设计流量

停车庭院流量径流系数 ψ_m 通过加权平均计算：

$$\begin{aligned}\psi_{m车}&=\frac{\psi_{m屋顶}\times F_{屋顶}+\psi_{m铺装}\times F_{铺装}+\psi_{m绿地}\times F_{绿地}+\psi_{m停车位}\times F_{停车位}}{F_{屋顶}+F_{铺装}+F_{绿地}+F_{停车位}}\\&=\frac{1.0\times 0.101195+0.7\times 0.121897+0.25\times 0.033756+0.5\times 0.048063}{0.101195+0.121897+0.033756+0.048063}\\&=0.72\end{aligned} \tag{14}$$

因此，两年一遇停车庭院植被浅沟雨水设计流量：

$$Q_{车}=\psi_{m车}qF_{车}=0.72\times\frac{167\times 9.229(1+0.914\lg 2)}{(15+12)^{0.638}}\times 0.22=38.02\text{L/s} \tag{15}$$

同理，停车庭院植被浅沟相关参数如下：植被浅沟长度为 30m，曼宁系数 $n_{车}$ 为 0.025，浅沟纵向坡度 $i_{车}$ 为 0.005，浅沟断面坡度 $i_{0车}$ 为 2；断面上底 $a_{车}$ 取 0.8m；断面下底 $b_{车}$ 取 0.2m；断面高度 $h_{车}$ 取 0.15m，断面斜边的水平长度 $e_{车}$ 取 0.3m。

停车庭院植被浅沟径流系统水力半径为：

$$R_{车}=\frac{(b_{车}+e_{车})h_{车}}{b_{车}+2\sqrt{h_{车}^2+e_{车}^2}}=\frac{(0.2+0.3)\times 0.15}{0.2+2\sqrt{0.15^2+0.3^2}}=0.09\text{m} \tag{16}$$

停车庭院植被浅沟所设计断面能够输送雨水径流量为：

$$\begin{aligned}Q_{车}&=1000\times\frac{A_{车}\sqrt[3]{R_{车}^2}\sqrt{i_{车}}}{n_{车}}=1000\times\frac{(0.2+0.3)\times 0.15\times\sqrt[3]{0.09^2}\times\sqrt{0.005}}{0.025}\\&=42.60\text{L/s}>38.02\text{L/s}\end{aligned} \tag{17}$$

因此，植被浅沟断面设计流量满足停车庭院两年一遇雨水设计流量。同时，停车庭院植被浅沟过水断面的平均流速验算为：

$$v_{车}=\frac{Q_{车}}{A_{车}}=\frac{42.60\times0.001}{(0.2+0.3)\times0.15}=0.568\text{m/s}<0.8\text{m/s} \tag{18}$$

满足植被浅沟最大设计流速要求[8]。

2.3 渗流面积计算

1）参数选取

驻马店石庄新社区的工程地质分类属“一般黏性土”至“老黏性土”系列，距地表20m以上地层一般具黏土性特点，距地表20m以下属老黏土类。黏土的渗透系数一般小于1.16×10^{-6}m/s，而雨水入渗适宜于渗透系数为10^{-6}m/s～10^{-3}m/s的土壤，考虑到该片区的土壤情况并不适宜快速入渗模式，因此，在雨水花园砾石垫层构造层次中增加了直径为100mm的集水穿孔管，将净化雨水由集水管收集输送至组团雨水花园或蓄水池等蓄积系统中，避免因入渗速度慢而使渗透区产生厌氧现象。

相关参数选取：综合安全系数$\alpha=0.8$；土壤渗透系数$K=1.16\times10^{-6}$m/s；下渗起止断面间的水力坡度$J=1.0$；渗透时间$t_s=24\text{h}=86400\text{s}$。

2）雨水花园面积确定

居住庭院雨水花园面积为：

$$\begin{aligned}A_s&=\frac{W_s-W_{s雨水尊}}{\alpha KJt_s}=\frac{10\psi_c h_y F-W_{s雨水尊}}{\alpha KJt_s}\\&=\frac{78.46-12\times1.0}{0.8\times1.16\times10^{-6}\times1.0\times86400}\\&=828.89\text{m}^2\end{aligned} \tag{19}$$

然而，整个庭院的中心绿地为500m²，建设828.89m²的雨水花园显然是不现实的，因此从实用的角度出发，规划将中心绿地的200m²建设成为雨水花园，这样既能满足庭院景观的需要，又能够使雨水花园不会占用过多的用地，影响其他功能的布置。

3）溢流管口管径及高程

相关高程设计参数：周边庭院步行道路标高为51.40m，凹式绿地比道路标高低0.1m，为51.30m。而居住庭院植被浅沟$h_{居}$为0.1m，浅沟纵向坡度$i_{居}$为0.005，因此植被浅沟起点沟底标高为51.20m，植被浅沟长度为30m，植被浅沟终点沟底标高为51.05m。雨水花园的蓄水深度为250mm，雨水花园的标高与植被浅沟终点沟底标高一致，为51.05m，溢流管口高程为51.30m。

同理，停车庭院的道路标高为49.70m（比居住庭院低1.7m，以达到错出2.20m停车库高差目的），其植被浅沟$h_{车}$为0.15m，浅沟纵向坡度$i_{车}$为0.005，因此植被浅沟起点沟底标高为49.45m，植被浅沟长度为40m，植被浅沟终点沟底标高为49.25m。雨水花园的蓄水深度为250mm，雨水花园的标高为49.25m，与植被浅沟最低点标高一致，溢流管口高程为49.50m。

2.4 储流容积计算

单一雨水尊所覆盖屋顶集流面一年一遇雨水设计径流总量W为：

$$W_{雨水尊}=10\psi_{c屋顶}h_y F_{屋顶}=10\times0.8\times64.0\times0.007679=3.93\text{m}^3 \tag{20}$$

为了提高雨水尊的利用效率，参照“水保容量”将24h雨水量的1/3作为储流容积，并结合实际雨水尊设备容量规格，最终本规划确定储流系统的雨水尊容量采用 1m³。

3　与传统雨水工程规划差异比较

3.1　雨水管道覆盖面不同

在传统雨水工程规划中，雨水由各种汇流面集中至高程最低处的道路，因此基本所有道路底下都会敷设雨水管道（图 2）。而契合 LID 理念的“层级式”雨水设施系统中仅在有机动车通行的道路，即组团外围机动车道路及社区主干道规划有雨水管道，而居住庭院及组团绿地中没有雨水管道（图 3），这样可以将水质污染程度不同的雨水分别进行收集利用，并可降低雨水管道的基础设施投资（表 2）。

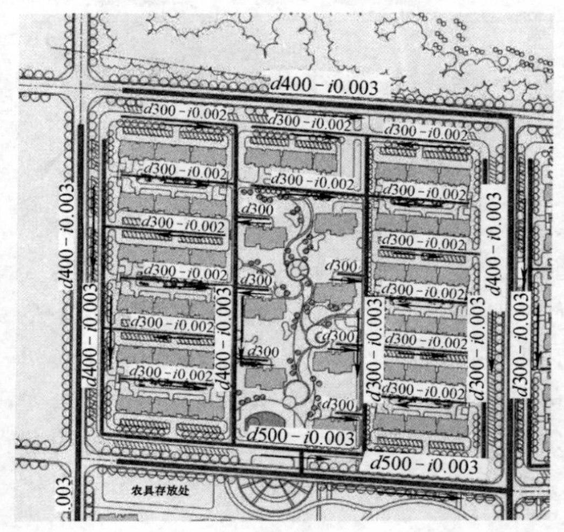

图 2　传统规划方法中的雨水管道覆盖范围图

资料来源：自绘

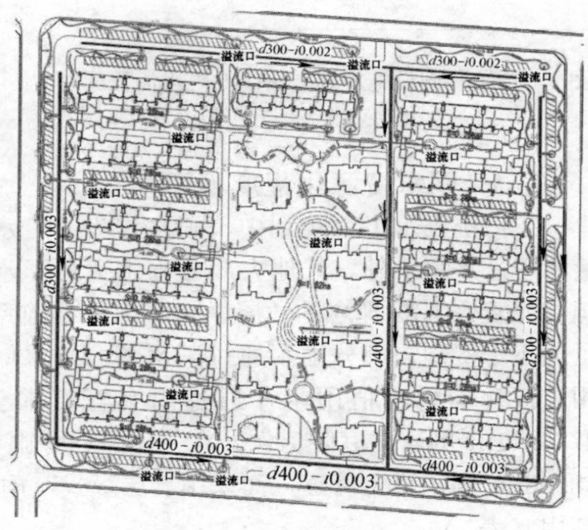

图 3　“层级式”雨水设施系统中的雨水管道覆盖范围图

资料来源：自绘

采用不同雨水设施系统时居住组团雨水管道管径与长度比较　　**表 2**

雨水设施系统类型	D300 雨水管长度(m)	D400 雨水管长度(m)	D500 雨水管长度(m)
居住组团采用传统雨水工程规划	1447	682	288
“层级式”居住组团雨水生态设施系统	684	521	0

3.2　雨水流程设置不同

在传统雨水工程规划中，雨水由屋顶通过水落管流至地面散水或明沟，与铺装、绿地等集流面汇集雨水集中后，流入道路雨水口而进入地下雨水管道系统，雨水管道系统将多个雨水口的雨水集中（图 4）。而契合 LID 理念的“层级式”雨水设施系统的设计流程为居住庭院屋面集流雨水与铺装、绿地集流雨水共同通过植被浅沟输送至庭院雨水花园，庭院雨水花园“消纳”一年一遇日降雨量，庭院雨水花园中设置溢流管，将超过入渗能力的雨量输送至组团雨水花园，组团雨水花园同时还入渗组团绿地周边的小高层住宅屋顶的集流雨水及周边铺装、绿地集流雨水。组团雨水花园“消纳”两年一遇日降雨量，并通过溢流管将过多雨水输送至社区雨水花园或周边雨水管道系统（图 5）。

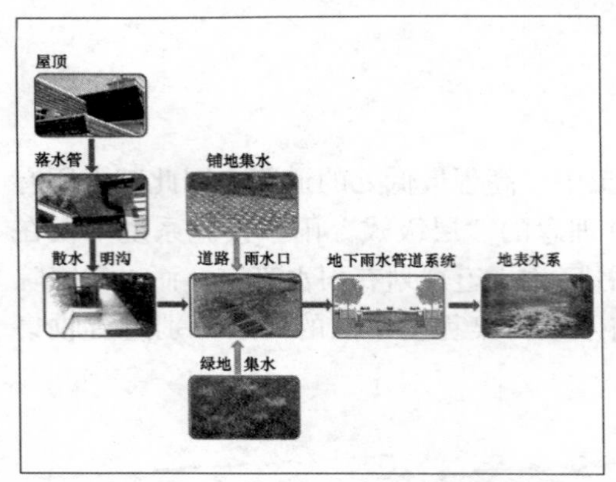

图 4　传统基础设施规划方法中的雨水流程图
资料来源：自绘

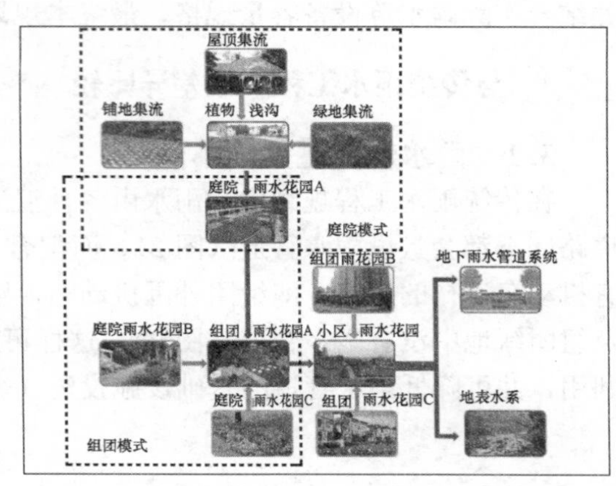

图 5　契合 LID 理念的雨水设施系统流程图
资料来源：自绘

3.3　雨水资源化程度不同

在传统雨水工程规划中，雨水作为“废水”看待，需要迅速将其“排”走[9]，除少量渗透进入地下外，其他大部分雨水通过雨水管道排放至远距离的河道，增加了雨洪负担。而契合 LID 理念的“层级式”雨水设施系统中则是将部分雨水入渗进入地下，补充了地下水资源；部分雨水通过雨水尊、雨水储存池存贮起来供植物浇灌、冲车等方式回用；仅有少量峰值雨量才通过雨水管道排至周边水体，减少了雨洪负担。以面积为 2786.11m^2 的居住庭院为例，在一年一遇降雨量条件下，用传统雨水工程规划方法时约有 78.46m^2 雨水排入管道；而采用“层级式”雨水设施系统则将 178.31m^2 雨水全部资源化利用（表 3）。

采用不同雨水设施系统时居住庭院雨水资源化程度比较　　**表 3**

雨水设施系统类型	重现期	总降雨雨量(m^3)	渗透和回用资源量(m^3)	外排雨量(m^3)
居住庭院采用传统雨水工程规划	一年一遇	178.31	99.85	78.46
	两年一遇	218.15	122.16	95.99
“层级式”居住庭院雨水生态设施系统	一年一遇	178.31	178.31	0.00
	两年一遇	218.15	196.76	21.39

3.4　径流污染程度不同

在传统雨水工程规划中，将屋顶、铺装、绿化、道路等各种集流面上收集的不同污染程度的径流全部统一汇流至地下雨水管道系统，然后连同道路上、雨水口内、管道中积存的垃圾（图 6、图 7）一起通过雨水径流带入河道、湖泊等地表水系中[8]。不仅不同水质的雨水全部混杂在一起被污染，而且还加重了其他地表水系的污染程度。而契合 LID 理念的“层级式”雨水设施系统则将污染严重的道路、停车场等雨水与铺装、绿化、屋顶等污染相对较小的雨水分离后单独利用，并且通过凹式绿地、植被浅沟、雨水花园等设施体系逐层对雨水进行水质净化，使最终溢流进入雨水管道系统的雨水经过多次的水质净化过程，最大化减少甚至不会产生其他水系的污染。

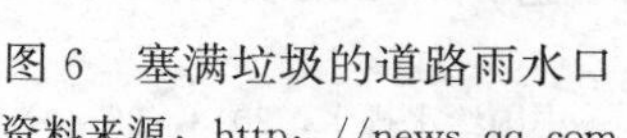

图 6　塞满垃圾的道路雨水口
资料来源：http：//news. qq. com

图 7　雨水口成为垃圾收纳容器
资料来源：http：//news. xinhuanet. com

3.5　组团洪峰强度不同

在传统雨水工程规划中，绝大多数雨水转变成直接径流量而促使高强度雨洪洪峰的出现。如表 4 所示，以面积为 2786.11m^2的居住庭院为例，经 SWMM 模型模拟分析，一年一遇降水量时形成 0.049m^2/s 的洪峰流量；两年一遇降水量时形成 0.062m^2/s 的洪峰流量。而契合 LID 理念的“层级式”雨水设施系统，则是在庭院中将雨水通过凹式绿地、透水铺装、植被浅沟和雨水花园等渗透设施进行入渗减量、通过雨水尊等储存设施进行收集减量，然后再通过雨水花园将一部分雨水蓄存起来；多余雨水继续通过组团植被浅沟渗透减量后进入组团雨水花园，通过组团雨水花园的渗透和蓄存继续使雨水减量；最后雨水进入组团雨水调蓄池中进行雨洪调峰处理。因此这种设计方法使整个居住组团的洪峰强度大大削弱。仍然以居住庭院为例，一年一遇降水量时没有雨水流出居住庭院，即洪峰为零；两年一遇降水量时的洪峰流量仅为 0.025m^3/s。

采用不同雨水设施系统时居住庭院洪峰流量对比　　**表 4**

雨水设施系统类型	一年一遇降雨量时洪峰流量	两年一遇降雨量时洪峰流量
居住庭院采用传统雨水工程规划	0.049m^3/s	0.062m^3/s
“层级式”居住庭院雨水生态设施系统	0m^3/s	0.025m^3/s

4　结语

完善的雨水设施体系是保障城市系统正常运转的基础条件，而环境友好的雨水设施体系则是建设可持续城市系统的保障。传统的城市雨水设施建设将雨水排斥在城市生态系统之外，不利于城市的可持续发展。为此，应结合居住区绿地系统布局并运用新颖设计理念，将居住区布局规划与雨水工程规划结合起来，契合 LID 理念构建“层级式”雨水设施系统。这一系统有利于实现雨水资源化、降低基础设施建设成本、减少水系污染、缓解雨洪问题，是我国雨水基础设施规划调整的主要方向[10]。

参　考　文　献

[1]　中华人民共和国水利部. 中国水资源公报 2010 [R]. 北京：中国水利水电出版社，2011：1-22.

[2] 中华人民共和国住房和城乡建设部，中华人民共和国国家质量监督检验检疫总局. GB 50014—2006 室外排水设计规范（2014年版）[S]. 北京：中国计划出版社，2014：28-29.

[3] 仇保兴. 重建城市微循环——一个即将发生的大趋势 [J]. 城市发展研究，2011，18（5）：1-13.

[4] 苗展堂，运迎霞，黄焕春. 村镇选择性共享类基础设施共享门槛分析——以污水处理设施为例 [J]. 天津大学学报（社会科学版），2012，14（5）：422-426.

[5] 苗展堂，孙奎利，李婧. 契合 LID 的“层级式”居住区雨水设施系统规划新模式 [J]. 中国给水排水，2014，30（16）：22-26.

[6] 中华人民共和国建设部，中华人民共和国质量监督检验检疫总局. GB 50400—2006 建筑与小区雨水利用工程技术规范 [S]. 北京：中国建筑工业出版社，2006：10-11.

[7]《建筑与小区雨水利用工程技术规范》编制组. 建筑与小区雨水利用工程技术规范实施指南 [M]. 北京：中国建筑工业出版社，2008：32-33.

[8] 张炜，车伍，李俊奇. 植被浅沟在城市雨水利用系统中的应用 [J]. 给水排水，2006，32（8）：33-37.

[9] 王建龙，车伍，易红星. 基于低影响开发的城市雨洪控制与利用方法 [J]. 中国给水排水，2009，25（14），6-9.

[10] 苗展堂，王昭. 基于 LID 的干旱半干旱区城市雨水设施体系模式 [J]. 中国给水排水，2013，29（5）：55-58.

京津冀地区全域水系统生态修复规划思路探究
——以河北省昌黎县为例

吴正平，刘京，张建国
天津大学城市规划设计研究院

摘　要：针对目前各涉水部门治水管水缺乏协调性、编制各类涉水规划缺乏关联性、各类涉水规划的编制及评估缺乏科学性的问题，文章从编制水系统生态修复规划需要关注的重点入手，结合河北省昌黎县水系统规划编制的规划实践，提出以全域水资源平衡分析为科学引导，各类涉水工程规划统筹协调，各类别水资源整合利用，各层次污水处理及水污染防治措施分类规划，并与水环境生态修复紧密结合，达到协同最优综合方案的全域水系统生态修复规划思路，以期为京津冀地区全域水系统生态修复相关研究提供借鉴。

关键词：京津冀一体化；水系统规划；城市双修；城市生态修复

随着我国城市化进程的快速推进，城市人口增加迅速，生活生产需求进一步提高，能源消耗与日俱增，城市生态环境出现各类污染问题，其中水环境的污染情况尤为严重，城区污水横流、河湖水系污染严重，必将导致城市自然水循环的破坏、城市与流域水环境的恶化，最终导致城市水资源的不可持续利用[1]。2016 年中国环境状况公报显示，我国 1940 个国考断面中，Ⅲ类及以下水质断面高达 60.2％。在此大背景下，国务院及住建部相继出台了《关于进一步加强城市规划建设管理工作的若干意见》《关于加强生态修复城市修补工作的指导意见》等一系列政策文件，对城市生态修复、城市修补提出了明确的指导意见、基本原则和主要任务目标。然而，城市水系统是城市复杂大系统的重要组成部分，是水的自然循环和社会循环在城市空间的耦合系统，涉及城市水资源的开发、利用、保护、管理的全过程，不仅需要系统的思维和科学方法，还需要系统的战略和规划[2]。长期以来，我国城市水系统的发展一直缺乏科学系统的理论指导，城市水系统健康循环体系尚未建立[3]。现行的城市涉水规划体系呈现出专业分工、部门分管和系统分割的显著特征，虽然部门分工明确，执行力较强，但是造成水系统规划缺乏全局性、协调性和系统性也是显而易见的[4]。因此本文在归纳总结现阶段涉水规划存在问题的基础上，结合具体的规划实践探讨全域水系统生态修复规划的编制思路，以期为京津冀地区全域水系统的生态修复规划提供借鉴。

1　现阶段涉水工程管理及规划存在问题

1.1　各部门治水管水缺乏协调性

水资源具有多功能性，水环境质量改善是一项系统工程，这就决定了没有任何一个政府部门可以胜任水污染防治的全部工作。我国现行的涉水部门有水利、环保、农业、渔业、林业、国土、交通等，各部门从自身职能、行业角度出发开展工作，根据自身需要制定各自管理目标，各涉水部门以本部门为主，牵头制定了水法、水土保持法、渔业法、土地管理法、森林法、航道法等一系列法律法规，牵头制定法律法规的部门也依法成为相关行业及领域涉水事务的主管部门。虽然从形式上看，各部门都在履责监管，但目标的冲突必然带来实际管理上的不协调，导致“九龙争水”，不利于水环境质量改善和水污染防治工作开展。

1.2 编制各类涉水规划缺乏关联性

目前我国城市涉水规划体系呈现出专业分工、部门分管的显著特征，如水利部门有城市水资源综合利用规划，环保部门有水环境保护规划，住建部门有给排水工程规划及防洪排涝工程规划，规划部门有城市水系修复规划及海绵城市建设规划等。由于各部门均以本部门管理目标为根本出发点，导致各类涉水规划往往缺乏内在关联性。如城市给水工程规划中需要对全市域用水总量进行预测，包括生活用水、工业用水、环境用水等各分项，现阶段城市给水工程规划中对于环境用水的预测往往粗略计算，其预测值与城市水系修复规划中的环境用水量往往出入颇大。再如城市雨水工程规划与防洪排涝规划及海绵城市规划中关于各地块雨量径流量的计算公式往往参照不同规范，规划基础数据存在较大差异，导致各类规划之间衔接不畅。

1.3 各类涉水规划的编制及评估缺乏科学性

随着云时代的到来，大数据的利用已经逐渐成为各类规划编制的科学基础，各类涉水规划目前多数仍停留在粗犷的设施布局而缺乏精细化计算，尤其是在雨水工程规划、防洪排涝规划和海绵城市规划中，基础数据的处理应用对规划设计起着举足轻重的作用，而现阶段的此类规划中很少体现出先进的数据处理和评估模型，从而使规划结果缺乏科学性。

现阶段我国涉水工程在管理体制上缺乏协调性，在规划编制上缺乏内在关联性，在基础数据处理上缺乏科学性，从而使得各类涉水工程无法真正达到使水资源充分利用、水环境质量改善和水污染防治的目的，因此，全域水系统生态修复规划编制的关键在于研究各类涉水规划的内在联系性，各专业之间互相统筹，达到协同最优综合方案，同时统一基础数据的处理和评价方法，探索各类涉水部门“整合式执法”的管理体制，进而指导全域的涉水工程建设。

2 《河北省昌黎县水系统规划》编制内容要点

河北省昌黎县位于环渤海经济圈中心区域，京津唐经济区与辽东南经济区的相交点。昌黎县是秦皇岛与唐山经济联系的重要区域，是冀东地区城市往来的经济走廊，也是秦皇岛市与京津冀协同发展区联系的重要节点。按照上位规划的定位，昌黎县将致力打造全国精品葡萄酒产业基地、京津冀都市群的滨海型休闲度假区和滨海文化名城、冀东地区优质农业种植区和都市农业加工区。但是现状全县域水环境质量恶化，地表四河八沟及地下水水环境质量安全亟待提升，同时存在多部门治水管水不协调的现实矛盾，当地政府于2016年2月启动全域水系生态修复工程，以中心城区、园区、乡镇、村庄及北部山区等五类地区的水源保护、污水处理和利用、雨水资源利用、全县域范围内四河八沟的生态修复为重点，成立县域水系生态修复工程领导小组及工作小组，由县规划局联合水务、环保、建设等部门启动县域水系生态修复工程的规划编制工作。

《河北省秦皇岛市昌黎县水系统规划（2016—2030年）》(下文简称《规划》）确定以全

县域水环境生态修复为目标，以水生态健康为导向，以水景观优美为特色，以饮用水质量安全为底线的规划思路，通过统筹研究城乡建设与水资源的相互依存关系，将城乡建设开发与水源保护、用水安全、水污染治理、水资源利用、岸线利用及整治、水生态修复等结合起来，形成以中心城区、园区、乡镇、村庄及北部山区等五类地区的水源保护、污水处理和利用、雨水资源利用、水系生态修复为重点的分类规划措施，各专业之间互相统筹，达到协同最优综合方案，并与全县生态红线规划、绿地系统规划等相关专业规划互相协调，从而提升昌黎县的水生态环境品质，指导全县涉水工程的具体建设。

2.1 全县域各层面各类别用水平衡分析

《规划》以水资源平衡分析为科学引导，各类涉水工程规划用水需求统筹协调，避免各自预测需水量而缺乏内在联系的常见问题。

全县域中心城区、园区、乡镇、村庄及北部山区等五类地区的用水需求主要有生活生产用水、农林牧渔用水以及水系河道用水。其中生活生产用水指标依据《城市给水工程规划规范》和《村镇供工程设计规范》区分为城区园区级和村庄山区级两类指标，农林牧渔用水指标依据《河北省用水定额》中燕山山前平原区主要作物的灌溉用水指标，水系河道用水则根据不同河段的规划水位及各河道沟渠的长度、断面参数确定保持水量，综合考虑换水周期，每季度的降雨量、蒸发量、下渗量确定各河段每日补充水量，体补水原则是考虑需水量以及河道功能的季节性差异，各季节补水重点为："春季以生态恢复为首，夏季以行洪排涝为重，秋季以生态景观为主，冬季以基流保持为本。"

全县域范围可供水量主要有地下水源、外调水源——"引青济秦地表水引水工程"和非常规水源，其中非常规水源按照"按需定量"原则考虑污水回用，主要用于道路浇洒，绿地浇灌和水系河道补水。经过科学预测分析，县域范围全年各季度用水将实现平衡。

2.2 水源保护规划

《规划》依据《地下水质量标准》，对现状城区园区利用的集中地下水源地和村庄山区利用的分散地下水井进行水质评价，经评价得到地下水源的水质级别及污染源可能性分析，提出集中式地下水源地、村镇水源保护区、水库备用水源地三大类水源地保护区范围（图1）及污染防治策略。

2.3 给水工程规划

《规划》首先明确中心城区、园区、乡镇、村庄及北部山区等五类地区的生活生产用水总量，按照

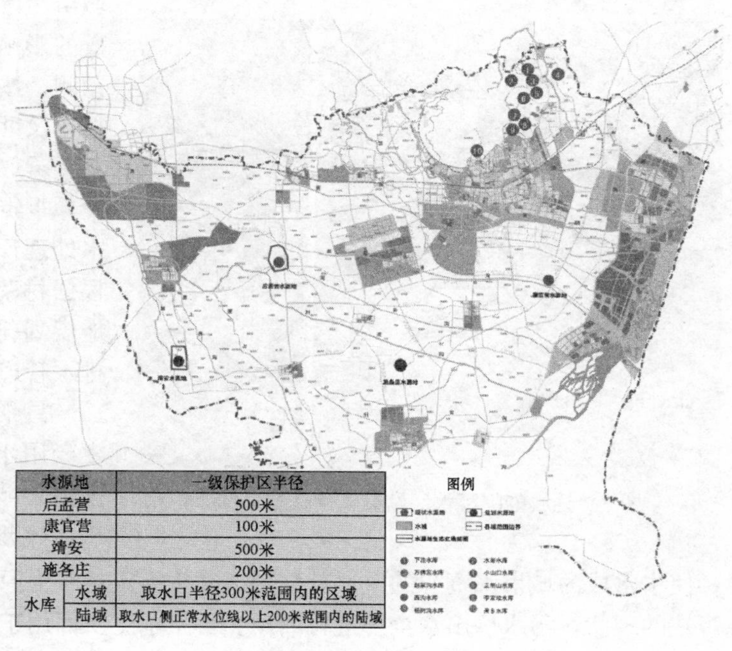

水源地		一级保护区半径
后孟营		500米
康官营		100米
靖安		500米
施各庄		200米
水库	水域	取水口半径300米范围内的区域
	陆域	取水口侧正常水位线以上200米范围内的陆域

图1　县域范围水源地保护规划图

集中地下水源供给城区园区、分散地下水井供给村庄山区的原则规划水源，同时考虑将地表水库作为应急备用水源，平时主要用于农田灌溉，应急时作为生活水源，另外考虑未来昌黎县的发展需求及自身区位特点，规划海水作为远期潜在水源。《规划》深入分析上位城区总规和各工业区、镇区总规并结合现状调研情况，从全县域角度优化各类集中给水厂站设施的布局（图 2），为下一步指导编制专项规划和控制性详细规划的提供了参考依据。

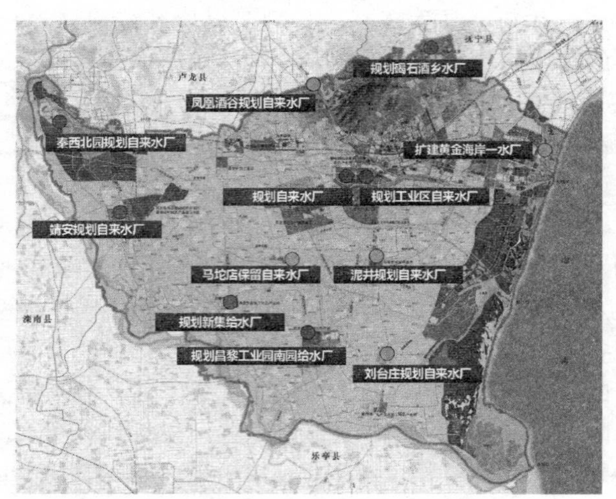

图 2　县域范围给水厂站设施优化布局图

2.4　污水及再生水工程规划

《规划》根据给水工程规划确定的城市需水量，考虑了水在使用过程中的自然损耗和城市污水收集系统覆盖情况对污水量的影响因素，对城市污水量进行预测。按照中心城区、园区、乡镇、村庄及北部山区等五类地区的污水量差异、收水集中度、水质污染程度，重点考虑城区园区规划集中污水处理厂（图 3），村庄及北部山区根据村落和农户的分布，因地制宜地规划排水系统，尽量避免长距离排水管道的建设（图 4）。

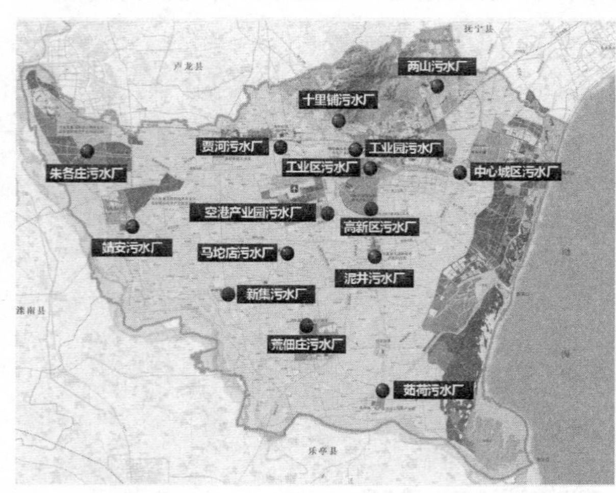

图 3　县域范围污水厂站设施优化布局图

昌黎县水资源较为紧张，生活、生产用水高度依赖地下水资源。依据全县域各层面各类别用水平衡分析，《规划》引入再生水水系统建设，使中水成为城市水资源的重要补充，以“按需定量”为原则，综合考虑昌黎县域水资源短缺的现状，污水厂出水全部进行回用。再生水主要回用于道路、绿地浇洒等城市杂用水、工业用水和水系生态补水，再生水水质满足《城市污水再生利用》系列标准中各类水质标准要求。再生水用于水系生态的补水方案与周边水系紧密结合，充分考虑再生水管线的敷设难度，形成科学合理、易于实施调水方案（图 5）。

图 4　县域范围农村污水处理分区图

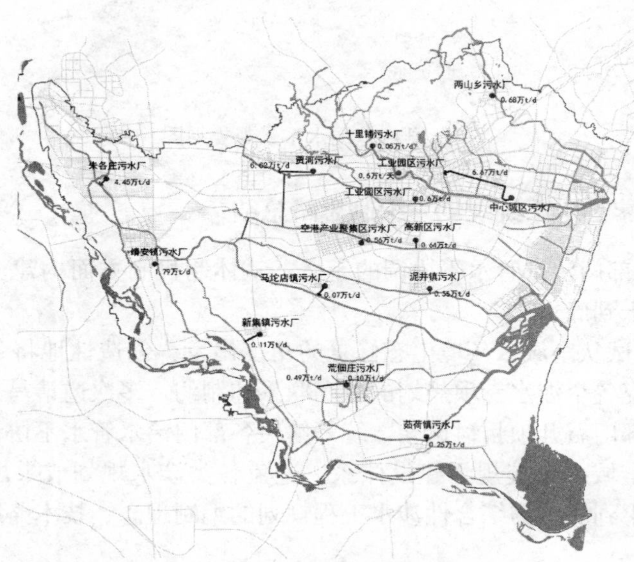

图 5　县域范围再生水厂出水水系补水路径规划图

2.5　水系专项规划

《规划》首先根据水域功能类别将昌黎县水系划分为防洪排涝类、生态环境类、景观娱乐类和复合功能类四类水体。在确保防洪安全、生态稳定的前提下，研究确定合理的水系空间形态，明确沿河绿线、蓝线及管控要求。根据不同河段的规划水位及各河道沟渠的长度、断面参数确定保持水量，综合考虑换水周期，每季度的降雨量、蒸发量、下渗量确定各河段每日补充水量，结合再生水工程规划确定水系河道补水方案（图 5）。根据《防洪规划标准》及相关规定，提高现有各河道防洪标准，并根据《秦皇岛市水文手册》中设计洪峰流量计算公式对河道防洪流速和排涝水量进行校核。《规划》通过研究提升水体自净能力的水生态修复措施，综合考虑防洪、亲水、景观、生态等功能要求，分类提出河道断面形态和整治措施，同时从昌黎县水系布局及整体景观格局入手，通过综合整治水环境，结合绿地系统及其他各类景观构成要素，构建“点、线、面”相结合、有水即绿、水绿紧密结合的城市水系（图6）。

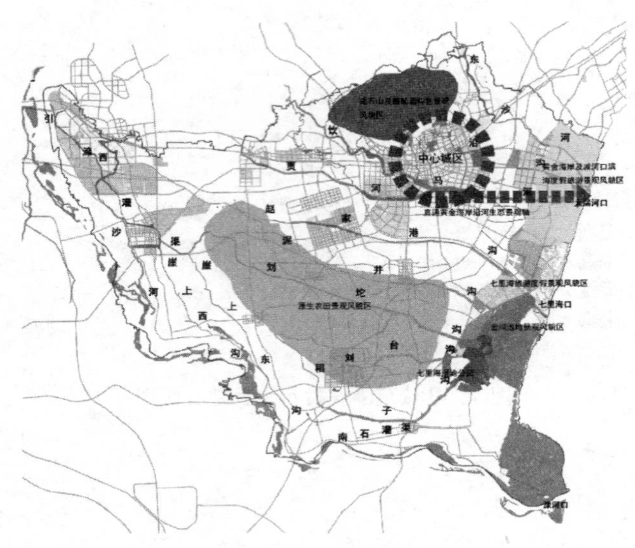

图6　县域范围水系景观规划图

3 《河北省昌黎县水系统规划》编制思路总结

1）统筹解决各部门治水管水不协调的矛盾，从体制机制方面构建全域水系统规划建设体系，一张蓝图干到底。

《规划》首次尝试从全域水环境生态修复的角度出发，创造性地将各类涉水专项工程统一协调，重点研究各个涉水专项规划的相互联系和制约，多次邀请昌黎县环保局、水务局、市政建设局等部门召开项目讨论会，统筹解决各部门治水管水不协调的矛盾，从体制机制方面提出构建全域水系统规划建设体系，避免各类涉水规划成果出现重复和相互制约，力争一张蓝图干到底，为综合性涉水工程规划的编制理念、技术路线等方面做了积极深入的探索。

2）为河北省乃至京津冀地区在城市双修方面的全域水环境生态修复规划提供示范借鉴意义。

2017年6月，河北省住房和城乡建设厅发布了《河北省“城市双修”工作实施方案》，实施方案要求制定“城市双修”实施计划，将“城市双修”工作细化成具体工程项目，提出工作目标和任务，建立项目库，明确项目位置、类型、数量、规模、阶段性目标和完成时间，合理安排建设时序和资金，落实实施主体。同时要求落实《河北省城市（县城）黑臭水体整治专项行动方案》，深入开展黑臭水体整治工作。经排查有黑臭水体的城市，遵循“控源截污、内源治理、生态修复”的基本技术路线制定整治计划，并组织实施。《规划》的编制为河北省乃至京津冀地区在城市双修方面，在全域水环境生态修复方面提供示范借鉴意义。

3）在规划内容把控和指标体系构建上，从以下几方面为全域水环境生态修复规划提供新思路新方法。

（1）水的稳定化：在规划层面，把全县域范围内所有涉水工程进行统筹协调，梳理涉水工程之间矛盾和问题，进而确定全县域范围内水系的形态与建设用地、绿地、道路等的衔接问题，蓝线保护控制划定。

（2）水的丰盈化：在常规水资源利用的基础上，整合区内再生水、雨水等非常规水资源，提出切实可行的利用措施，保证水资源的充分合理利用。

（3）水的健康化：按照中心城区、园区、乡镇、村庄及北部山区五级层面要求，提出与之相对应的污水收集处理措施，保证污水的达标处理。同时针对面源污染对初期雨水的影响，提出防治相结合的污染防治措施。

（4）水的生态化：根据区内四河八沟的水系水环境情况，在水自净能力提升方面、生物多样性修复方面提出工程措施，保证区内各类亲水空间营造的水质需求。

（5）基础设施的区域性优化：从中心城区、园区、乡镇、村庄及北部山区五级层面对给水厂、污水厂及再生水厂的建设进行统筹考虑和优化布局，体现基础设施的区域共享和系统协调性，提升整体的投资效率和管理效率。

4 京津冀地区全域水环境生态修复规划思路探究

4.1 以全域水资源平衡为切入点，编制全域水系统综合规划

以往水资源平衡规划很少详细分析区域地表水可供水量与河道生态补水量之间的关系，因此难以将供排水规划、防洪排涝规划与河道生态修复规划统一协调，提倡对各季度河道水系补水量进行详细分析，找出水系统循环过程的演变逻辑，建立科学合理的全域水系统综合规划的数据支撑。

4.2 因地制宜定位京津冀区域海河水系各区段水体功能，明确生态修复指标

水体功能主要分为防洪排涝、景观娱乐和生态环境三类，水体功能对河道蓝绿线控制宽度、防洪排涝设计、水体生态修复措施以及水体景观规划布置等有重要影响，建议京津冀全域水系（主要是海河水系）依据沿途城区段河郊区段的各自需求，明确沿途各区段水体功能，从而明确各区段生态修复指标。

4.3 以地理空间为基础，提倡京津冀“水系规划和管理一张图”

借鉴武汉等地的“规划一张图”理念，倡导京津冀实现“水系规划和管理一张图”，以天地图为基础，蓝线绿线控制范围、水质标准、生态修复措施、护岸形式、景观布局等各项涉水工程纳入“水系规划一张图”，便于各沿线地区部门管理。

4.4 建立全域水系生态大数据，积极推进“水生态瞭望台”平台建设

积极推进京津冀全域水系生态大数据的建设工作，包括湖泊、流域水环境监测数据管理、水库，河川水生态监测记录、景观湖泊水生态管理预警、市政供水、排水水质、水量数据管理，积极推进“水生态瞭望台”平台建设，为京津冀地区水系生态修复提供及时、专业、全面的大数据支撑。

4.5 建立模型工具进行分析和评估

在京津冀水系生态修复规划中，纳入以下模型工程，使规划设计更加科学合理。①HEC-HMS模型[5]：模型用相互联系的水文和水力学要素表示流域水文过程，由降雨

模拟直接径流过程及河道水流演进过程，是较为全面的降雨径流模拟模型。②SCS-GIS 模型[6]：通过 GIS 空间模拟技术与 SCS-CN 模型相结合，将雨水直接径流量的分布在城市空间中表现出来，直观地反映出建成区内易涝的地块。③CA-BP 模型[7]：运用分布式元胞自动机模型（CA）和 BP 神经网络模型，构建城市土地利用变化及水质响应模拟模型。④GWR 模型[8]：可应用于空间数据以探讨土地利用类型与水质指标之间的空间变化关系。

4.6 探讨规划、实施及管理过程中先进合理的多部门协调机制

在京津冀全域水系生态修复过程中，必须从规划、实施和管理中确定合理的多部门协调机制，以促进全域水系工程的顺利开展，建议以下形成机制：①规划机制：编制《全域水系统综合规划》作为其他水专项规划的基础；②协调机制：构建省级、市级、区县级等多层级部门联席会议机制；③检测机制：成立独立第三方水质检测及水生态评级机构；④信息机制：促进“水系一张图”的编制，主动对公众公开信息；⑤监督机制：鼓励各种涉水组织和公众参与流域管理的有效机制。

参 考 文 献

[1] 张杰，丛广志．我国水环境恢复工程方略［J］．中国工程科学，2002，4（8）：44-49.

[2] 邵益生，张志果．城市水系统及其综合规划［J］．城市规划，2014，38（增刊 2）：36-41.

[3] 仇保兴．应对机遇与挑战——中国城镇化战略研究主要问题及对策（第二版）［M］．北京：中国建筑工业出版社，2009.

[4] 邵益生．关于我国城市水安全问题的战略思考［J］．给水排水，2014，40（9）：1-3.

[5] 郑鹏，林韵，潘文斌等．基于 HEC-HMS 模型的八一水库流域洪水重现期研究［J］．生态学报，2013，33（4）：1268-1275.

[6] 汤鹏，王玮，张展等．基于“SCS-GIS”的城市雨洪格局研究——以扬州江都区为例［J］．南京林业大学学报（自然科学版），2018，42（1）.

[7] 宁雄．基于分布式 CA 和 BP 水质模型的城市空间增长边界研究［D］．北京：清华大学环境学院，2015.

[8] 梁平，郭益鸣，刘文文．基于 GWR 模型的汉江流域土地利用类型与水质关系评估［J］．安全与环境工程，2017，24（2）：67-90.

生态城市关键性指标体系对比分析

Alheji Ayman Khaled B，王立雄
天津大学建筑学院天津市建筑物理环境与生态技术重点实验室

摘　要： 随着城市人口的不断增长和自然资源的减少，生态城市的设计策略和技术方法也不断更新。本文通过比较天津中新生态城、曹妃甸生态城和马斯达尔生态城市的生态指标和具体目标要求，针对生态城共有的生态、社会和经济等可持续性问题展开研究，对不同生态城市的指标体系和指标要求进行对比，研究分析各生态城指标体系之间的区别与联系，从而得出生态城市指标的确定会因所在区域的环境与传统文化所产生的差异，为今后生态城市的设计提供理论指导。

关键词： 生态城；天津中新生态城；马斯达尔；可持续性；关键性指标

生态城市是运用生态学的原理和方法，指导城乡发展而建立的空间布局合理，基础设施完善，环境整洁优美，生活安全舒适，物质、能量、信息高效利用，从而实现人与自然互惠共生的复合生态系统。实现生态城市的必要手段是对政策的协调、控制与引导，对区域现状、经济与自然资源的高度和谐，既保证经济效益增长，又减少对环境的影响，同时能够提升公民参与度和决策透明度。随着中国城市化进程加快，中国的城市化率已达到48%，预计将在2050年上升到75%[1]。同时，中国人口的增长与国土资源日益紧张的矛盾，通过土地改革的方式寻求城市的可持续发展成为一种有效的解决措施。如何运用科学的分析方法，有效地整合土地资源，建设生态型城市，实现经济发达、社会进步、生态保护的城市可持续发展成为亟待解决的问题。

1　生态城市的概念

“生态城市”的理念引发了地方政府、房地产企业、规划设计企业的集体关注，然而这一概念至今还未有一个标准的定义[2]。“生态城市”基于可持续发展理念，着眼将该理念落实于城市的规划、设计和管理的整个设计流程中。城市规划中的“可持续性”是指通过管理城市化的发展过程，以平衡整个社会的社会、经济和环境需要，确保我们子孙后代的利益不会受到损害[3]。因此，生态城市是以绿色可持续理念为中心的城市规划基本理念，更是实现城市可持续发展的一种基本策略。

2　天津中新生态城概述

天津于2007年9月制定了《天津生态城市建设规划纲要》，并于2008年1月制定了《天津生态城市建设行动计划》，旨在2015年实现国家生态城市标准化建设思路。作为示范区域，生态城项目已在天津滨海新区（TBNA）全面建设[4]。

天津中新生态城毗邻渤海湾，由中国和新加坡合作建立，已成为中国近年来实施的生态保护与城市建设相结合的典范（图1）。该生态城面积约为34km^2[5]，主要由盐场，盐碱荒地和鱼塘组成，目标建设成为资源节约型、环境友好型、生态宜居的新型城市，同时也是一个展示环保节能和绿色建筑技术集成的应用平台。该项目总体规划由中国城市规划

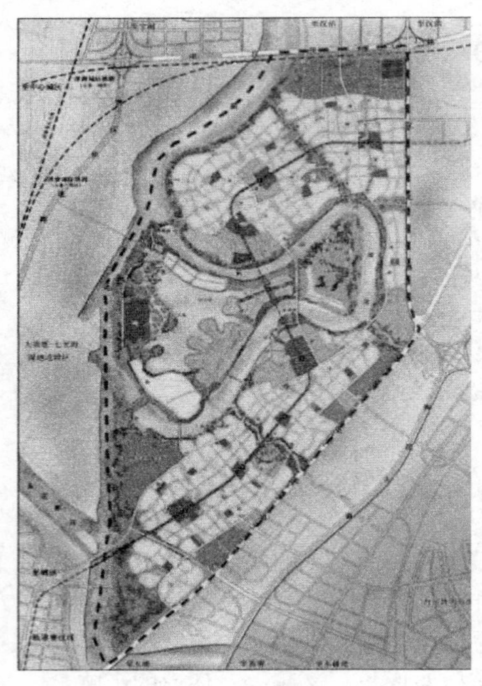

图 1　天津中新生态城

设计研究院、天津市城市规划设计研究院和新加坡城市重建局的新加坡规划小组联合完成[6]。启动工程已于 2013 年完成，整体项目将于 2020 年全面竣工。届时，生态城预计可容纳约 35 万人，而中国目前有一半以上的城市人口规模小于 50 万[7]。

为了便于工作和生活，天津中新生态城的各功能模块由可综合混合使用的“生态小区”组成，通过 400m×400m 的模块化网格形成街区、住区和城市中心。生态模块整合了不同的土地功能分区，包括教育、商业活动、工作场所和娱乐设施等。生态城通过整合 4～5 种生态模块，以便容纳 20 万名混合型居住居民，避免城市贫富差距加大。同时，生态城每在 500m 的活动范围内提供日常服务和生活必需的功能服务。此外，生态城采用非机动车和公共交通相结合的综合绿色交通网络，城市轻轨交通为主，绿色交通覆盖率达到 90％ 以上[8]。

3　天津中新生态城的关键绩效指标

天津中新生态城以 26 个关键绩效指标（KPI）来指导其规划和建设[9]。这些关键绩效指标的制定参考了中国和新加坡的国家标准，以两者中较高的标准作为设计和规划标准，同时结合天津当地的自然和气候条件，确定 22 个定量 KPI 指标和 4 个定性 KPI 指标，启动区和整个生态城计划分别在 2013 年和 2020 年完成上述 KPI，表 1～表 3 是已完成的和未来要完成的 KPI 数据指标[10]。

量化关键绩效指标（自然环境）　　表 1

序号	KPI 区域和细节	指标要求	时间
1	环境空气质量	环境空气质量达到或超过中国环境空气质量二级标准的天数超过 310 天（365 天中的 85％）	2013
		空气中二氧化硫和氮氧化物的规定限值达到环境空气质量一级标准天数≥155 天	2013
		满足了中华人民共和国国家标准 GB 3095—1996 的标准规定	2013
2	水体质量	满足了华人民共和国国家标准 GB 3838—2002 中对Ⅳ级地表水质量的要求	2020
3	自来水达到的饮用水标准	100％	已完成

续表

序号	KPI 区域和细节	指标要求	时间
4	在不同的功能区域中噪声污染水平应符合规定的标准	100%	已完成
5	单位 GDP 的碳排放	150 碳每百万美元	已完成
6	自然湿地的净亏损	0	已完成
		人工环境	
7	绿色建筑比例	100%	已完成
8	当地植物指数	≥0.7	已完成
9	人均公共绿地	人均≥12m²	已完成
10	人均生活用水消耗	人均≤120L/d	已完成
		生活方式	
11	国内人均废弃物产生	人均每天≤0.8kg	已完成
12	绿色出行比例	≥30%	已完成
		≥90%	2020
		基础设施	
13	总固体废物回收率	≥60%	已完成
14	500m 内提供免费的娱乐和体育设施的步行距离	100%	已完成
15	净化有毒危险固体废物	100%	已完成
16	无障碍的可访问性	100%	已完成
17	服务网络覆盖	100%	已完成
		管理	
18	公共住房的比例	≥20%	已完成
		经济可持续性	
19	可再生能源的使用	≥20%	2020
20	非传统来源供水	≥50%	2020

量化关键绩效指标（技术创新） **表 2**

序号	KPI 区域和细节	信息价值	时间表
21	研发的科学家和工程师数量/1 万个劳动力	≥50 人/年	2020
22	住房就业平衡指数	≥50%	已完成

量化关键绩效指标（其他） **表 3**

KPI 区域	KPI 细节
协调自然生态	通过绿色消费和低碳行动保持一个安全、健康的生态
协调区域政策	采用创新的政策，促进区域合作和改善环境周围的地区
协调社会文化	保护历史文化遗产，保护风景资源
协调区域经济	在区域促进合理的函数分工水平

天津中新生态城的绩效标准比环保部的生态城市标准更为全面和严格[11]，并且更透明公开。总的来说，指标体系的构建对生态城市的成功发挥着很重要的指导作用。因此，应该借鉴国内、外生态城市的指标体系，利用天津-新加坡生态城市的地域优势，建设完善生态城市的管理和运营体系。

一方面，生态城市指标体系突出了生态城市的特点，是生态城市规划建设效果的判断标准，因此得到了广泛的研究。以中国为例，自 2003 年以来，“生态国家、生态城市和生态省（试点）”的建设指标已经出台，天津中新生态城控制系统中的大部分指标都采用该通用标准。因此，通用标准已成为当前研究的关键参考，特别是研究不同城市之间的共同特征。通用指标具有很强的适用性，应该在每个生态城市建设中加以考虑。根据城市复合生态系统各个组成部分之间的关系，生态城市指标可以分为资源与环境系统指标、社会经济系统指标和子系统间相互作用指标等 24 项指标。例如，资源环境系统指标反映了资源环境子系统的状况，如大气质量、森林覆盖率等；社会经济系统指标描述了社会经济发展状况，如人均可支配收入和基尼系数。子系统之间的相互作用指标则揭示了两个子系统之间的相互关系。具体体现为社会经济系统对资源环境系统的利用效率和压力强度以及万元 GDP 能耗、化学需氧量排放强度和环境投资比例等。

另一方面，随着城市的快速发展，保留不同城市的独特性日益重要。现行的国家标准不能解决当前存在的特性问题，因此在众多的生态城市规划中，研究人员采用的指标与国家环保总局发布的规定并不完全一致，这些必要的补充和修改将作为发现城市之间差异的关键性指标。就天津中新生态城市指标体系而言，研究从控制系统中选取 10 个指标作为通用指标：环境空气质量、水体质量、达到饮用水标准的自来水量、噪声污染水平、地方植物指数、人均公共绿地面积、绿色出行比例、500m 范围内的免费娱乐和体育设施数、无障碍通道和服务网络覆盖等。在后续的研究内容中，依据这 10 个常见指标对天津中新生态城与国内外其他生态城市进行对比分析。

4 曹妃甸国际生态城

4.1 曹妃甸国际生态城概述

曹妃甸国际生态城位于河北曹妃甸工业区龙河和苏河之间，规划面积约 30km^2。规划建设的土地面积 80km^2，长期用地规划建设用地 150km^2。曹妃甸国际生态城的城市目标为“世界级的生态城市、港口城市、沿海城市、示范城市、国际城市和环渤海地区的主要城市”。其规划充分以尊重自然，形成系统、开放、自然的生态系统为理念，以丰富的想象力勾画出一个集城市、农田、自然为一体的混合体的城市，注重农业资源和耕地保护，强调农业可持续发展，关注农业建设问题[12]。

曹妃甸国际生态城位于东北曹妃甸工业区龙河和苏河之间，其规划面积为 30km^2；近期规划建设的生态土地面积为 80km^2，长期用地规划建设用地为 150km^2。曹妃甸国际生态城从建立之初就明确了其“世界级的生态城市、港口城市、沿海城市、示范城市、国际城市和环渤海地区的主要城市”等城市目标。其规划充分利用自然环境，形成集成、开放、自然的生态系统，以丰富的想象力和多变的想法勾画出一个将水系、城市、农田融为一体的城市，并且注重农业资源和耕地保护，强调农业可持续发展，关注农业建设问题[12]。

4.2 中新生态城与曹妃甸生态城特征指标对比

通过对中新生态城与曹妃甸生态城的比较，得出以下几个共同的特征指标：

4.2.1 绿色建筑指标

两个生态城市都要求建筑都应达到绿色建筑标准，在生态城市建立过程中，从设计到施工都需要考虑环境保护和生态建设的平衡，充分利用节能建筑材料和绿色高新技术，所有建筑都要求使用新材料代替传统建筑材料，以确保项目的生态效果。例如：墙体主要采用超轻质材料；围护结构采用低辐射玻璃；使用太阳能热水系统；路面使用绿色建材并设置渗透水回收系统。

4.2.2 人均公共绿地

天津中新生态城沿着河道和湿地构建了楔形绿色空间，从而构建区域生态走廊；通过自行车出行和步行系统的结合，建立了大范围的绿色走廊体系和“储层-河湿地-绿色”多层次生态网络结构，从而为人们提供大量的绿色空间。曹妃甸生态城的运河和绿色走廊贯穿了整个城市，优质的水景观和绿色景观为社会提供了一个拥有生态功能的美妙娱乐空间，位于市中心的海滨则成为城市水景观的标志。

4.2.3 绿色交通

基于创造舒适环境的需求，城市采用慢行交通体系，构建了包括“铁路运输、城市公交主干线，公交支线”在内的公交服务系统，组成了绿色便行的公交网络。各级生态社区中心和公交车站的生态城区域提供高可访问性公共交通服务，以便于公交线路和慢行系统之间的接口能够满足区域和周边区域及外围总线之间的快速联系。在曹妃甸生态城，大力推行低污染汽车、电车巴士、现代有轨电车、轻轨等出行方式，不鼓励私家车出行模式。在生态城以科学、合理的公共设施安排构建以绿色交通为基础的绿色城市布局。

4.2.4 可再生能源的使用

两个生态城都要求对风能、太阳能、潮汐能、地热能等可再生能源进行利用，煤炭则作为辅助能源。

4.2.5 人均日用水量

两个生态城所处省份均位于缺水地区，为了减少水资源消耗，降低人均用水量是至关重要的，因此要求每个人每天用水量不应超过 120L，在建筑中采用节水型器具，同时利用城市雨水收集和城市中水利用等也是关键性节水措施。

5 马斯达尔生态城与天津生产指标对比分析

5.1 马斯达尔生态城概述

马斯达尔城占地约 6km^2，目标成为世界上最佳可持续发展城市之一，它是一个新兴的全球清洁技术聚集地（图 2）。马斯达尔城位于阿布扎比市区 17km 处，是一个非常有利于当前和未来的可再生能源和清洁技术展示、销售、研究、开发、测试和实现的城市[13]。这座城市建成后在容纳 4 万名居民和数以百计的企业的同时，在生活和工作的社区采用全系列的可再生能源和可持续发展技术。

5.2 关键绩效指标比较

表 4～表 12 中总结了马斯达尔生态城市和天津中新生态城的指标和目标，通过对比可以发现指导两座城市建设整体的目标和原则[14]。

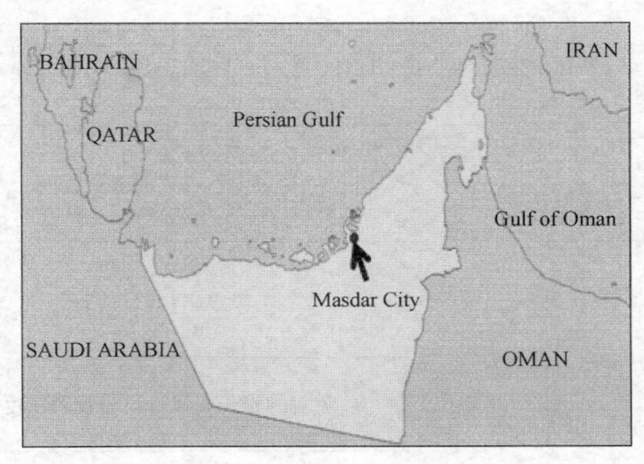

图 2 马斯达尔生态城

零碳排放 **表 4**

	指标	目标
马斯达尔生态城	可再生能源占总能源供应比例	100%
	供电系统产生的碳排放量	零
	建筑节能性	能源利用效率最大化
	建筑材料和植物的隐含碳排放	追踪建材隐含碳排放并通过可再生能源发电或马斯达尔特定的碳交易计划抵消部分隐含碳排放
天津中新生态城	单位 GDP 碳排放	小于等于 150t/100 万美元
	可再生能源利用比例	到 2020 年,太阳能、地热能等可再生能源利用比例达到 20%
	原生植被指数	本地植物/植被占总体植被覆盖量的 70%

零废弃物 **表 5**

	指标	目标
马斯达尔生态城	从垃圾填埋场转移量	在 2020 年超过 99%
	废物最小化	30%的基本线
	固体废弃物的回收和生物处理	部分废弃物经堆肥等处理转变为有机肥料实现二次利用;第二阶段:回收 50%堆肥 16%热处理 33%
天津中新生态城	废弃物处理量	所有废弃物实现无毒处理
	人均每日废物产生量	每人产生的废物应不超过 0.8kg/d
	废弃物整体回收率	60%

可持续交通 **表 6**

	指标	目标
马斯达尔生态城	城市零排放区域内交通二氧化碳排放量	首要目标:0kg/年
	马斯达尔的基于出行的土地百分比	到 2020 年 55%的私人汽车和公共交通的 45%
	航空交通	生产报告的第一年结束时占领总结基线监控航空运输和增量年度百分比减少
	居民出行方式的改变程度	生产报告的第一年结束时占领知识和居民交通行为和设置年度目标增加和行为改变
天津中新生态城	绿色出行的比例	2020 年绿色出行方式占全部出行方式的 90%,即非电动交通工具,步行,乘坐公共交通
	免费的娱乐和体育设施设置密度	实现生态城居民步行 500m 以内到达娱乐和体育设施
	无障碍的可访问性	生态城市应该有 100%无障碍访问

可持续的材料 **表 7**

	指标	目标
马斯达尔生态城	建筑材料的隐含碳排放	第一阶段研究目标：实现建材隐含碳排放量小于 $600kgCO_2/m^2$；后续阶段的工作在实现第一阶段目标基础上，继续追踪建材隐含碳排放量并通过现场可再生能源发电或马斯达尔特定的碳交易计划抵消隐含碳排放量
	建筑再生材料的百分比	第一阶段基准回收的建筑结构 后续阶段增加回收材料达 25％
	可持续的木材占比	100％
天津中新生态城	完善回收产业的发展，促进周边地区的有序发展	

可持续水资源 **表 8**

	指标		目标
马斯达尔生态城	水资源消耗量	国内	$140L/(m^2 \cdot d)$（37L/人的新水，剩余的水提供现场回收来源）
		办公、商业和工业	由 $3.85L/(m^2 \cdot d)$ 减少到 $2.35L/(m^2 \cdot d)$
	回收水的来源比例（直接或间接回收）		到 2020 年达到 100％
天津中新生态城	水体质量		水质的满足 2020 年中国的最新国标的第四级
	给水水质		水龙头出水达到直接饮用标准
	非传统来源水占总供水量百分比		到 2020 年 50％的供水将由非传统来源水提供，如海水淡化和再生水
	人均生活用水量		小于等于 120L/(d·人)

野生动物栖息地 **表 9**

	指标	目标
马斯达尔生态城	现有的生物多样性保护	重新安置通过环评过程确定有价值的物种
	加强生物多样性	投资至少一个阿联酋生物多样性项目的预算
	保护现有的生物容量	现有的生物承载力很低，没有目标的需要
	增强生物容量 2010—2015 年	预算允许投资在一个区域的项目来支持当地的生态承载力增加
天津中新生态城	城市劳动力中科学家和工程师所占比例	截至 2020 年，生态城市每 1 万名员工中至少应有 50 名科学家和工程师

文化和遗产 **表 10**

	指标	目标
马斯达尔生态城	建筑形式和建筑设计与当地文化和遗产的融合	为构建马斯达尔阴影使用狭窄街道
		在城市中利用风斗被动通风
		使用围墙护城的元素建立一个有围墙的城市
	当地文化和遗产融入城市的相关行为	马斯达尔文化活动日历
		社区议会
	建筑形式和建筑设计形成可视的可持续性	可再生能源技术融入城市
		实现零排放交通
		整个城市提供隔离的垃圾收集设施
	通过资金和人员支持可持续发展在城市的运行	一年一度的敲门和海报宣传方案，回收利用，结合阿布扎比市政府的基础设施和影响循环刺激本地区循环产业
		提高居民节水意识，推广使用节水器具和屋内回收设施
天津中新生态城	绿色建筑达标率	100％
	突出河口文化保护的历史和文化遗产，体现其独特性	

平等和公平贸易 **表 11**

	指标	目标
马斯达尔生态城	国际劳工最高标准工资以及安全保障	从第一天每个人都在为建设和运营的马斯达尔工作
	关注社会弱势群体	确定目标项目拓展员工的数量
	为给弱势群体建立一个提供相关业务的机会，如回收、餐饮、建筑沙袋	识别组织/业务机会 开发特定于组织目标或商业机会识别（如预期的营业额在5年，5年的员工数量）
天津中新生态城	就业住房平衡指数	50％以上的就业居民生态城市应该年受雇于生态城

健康和娱乐 **表 12**

	指标	目标
马斯达尔生态城	以提高居民生活舒适度为目标的城市构建形式和建筑设计原则	扩大零排放区
		遍布城市的步行和骑自行车道
		庭院建筑和街道最大限度使用天然采光，太阳能控制玻璃日光传输＞65％
		避免使用含有甲醛等挥发性有机化合物的装饰材料如PVC地毯底布，墙纸
		构建马斯达尔图书馆
		建立马斯达尔社区中心

续表

	指标	目标
马斯达尔生态城	为马斯达尔每个族群提供便利	定义马斯达尔居民的人口群体（年龄、种族、性别、收入）
		2015年娱乐场所为每个族群开放，如羽毛球场、溜冰场、托儿所
		到2015年正在进行的项目每组如瑜伽课，阅读小组、戏剧工作坊、烹饪
	节日的庆祝	确定马斯达尔设有代表处的国家
		马斯达尔一年一度的庆典或事件包括所有设有代表处的国家的主要节日
	居民满意度	监测调查每年生产情况
		70%以上居民对居住环境满意
		邻居之间交流较为频繁
天津中新生态城	自然湿地的净亏损量	无
	人均公共绿地面积	$12m^2$/人
	负担得起公共住房的比例	公共住房提供20%以上的住房补贴

在生态城市的实际建设过程中，往往需要根据当地条件进行适应性建设，比如在马斯达尔政府，建设了一座10MW的太阳能农场为生态城市提供大部分电力，这和当地良好的日照条件是不可分割的。天津中新生态城则采用风光互补系统，因为天津地区风力资源相对丰富。在城市空间建设中也需要根据区域气候和资源环境进行调整。根据几百年来积累的经验，马斯达尔的生态城建设广泛采用如狭窄的街道、天然材质、公共空间等措施来应对炎热的气候，从而达到既节能又能够提供舒适的微环境等目的。

6 结论

生态城市指标的制定依赖地域条件、当地文化和周边环境，需要根据不同的国家情况和地区特点制定相应的生态城市关键指标，只有这样才能更好地指导生态城市的建设，提高城市的居住环境品质，建立适于本地人生活的具有可持续发展功能的生态城市。

参 考 文 献

[1] Chan KW. Population Distribution, Urbanization, Internal Migration and Development: An International Perspective [M]. United Nations Department of Economic and Social Affairs Population Division, 2011.

[2] YIP, Stanley C T. Planning for Eco-Cities in China: Visions, Approaches and Challenges [C] //44th ISOCARP Congress 2008, International Society of City and Regional Planning, Dalian, China, 2008

[3] Hald M. Sustainable Urban Development and the Chinese Eco-City Concepts, Strategies, Policies and Assessments [R]. Fridtjob Nansen Institute, 2009.

[4] Chen M, Peterson C, Baeumler A, Sino-Singapore. Tianjin Eco-City: A Case Study of an Emerging Eco-City in China [R]. Technical Assistance (TA) Report. November 2009.

[5] Li Y F, Shepherd J, Layke J, et al. Essential Buildings the Emergence of "low-Carbon Cities" in Post-industrial

urban China [Z] . 2011.

[6] The Sino-Singapore Tianjin Eco-City: A Practical Model for Sustainable Development [R] . UNEP South-South Cooperation Case Study. March 2013.

[7] Urban Innovations and Best Practices [EB/OL] . 2010. http: //www. adb. org/urbandev.

[8] Bongardt D, Schmid D, Huizenga C. Sustainable Transport Evaluation. Developing Practical Tools for Evaluation in the Context of the CSD Process [R]. Todd Litman for the SLoCaT Partnership. March 2011.

[9] The Sino-Singapore Tianjin Eco-City: A Practical Model for Sustainable Development [R] . UNEP South-South Cooperation Case Study. March 2013.

[10] Chandi R D. Key Performance Indicators [J] . Journal of the American Dental Association, 2009, 144 (3): 242, 244.

[11] Baumler A, Ljiasz-Vasquez E, Mehndiratta S (editovs). Sustainable Low-Carbon City Development in China. [R]. The World Bank, 2012.

[12] Zhang Y. The Chinese Future Eco-city-A Specialized Analysis of Caofeidian International Eco-city [Z] . 2010.

[13] Learning to change the world [R] . Masdar Institute.

[14] Masdar Outline Sustainability Action Plan bench-marked against One Planet LivingTM [R] . Abu Dhabi Future Energy Company. FEBRUARY 2008.